ISBN 978-0-282-05829-6
PIBN 10611291

MEMORIE

DELLA REALE ACCADEMIA

DELLE SCIENZE

DI TORINO

MEMORIE

DELLA

REALE ACCADEMIA

DELLE SCIENZE

DI TORINO

SERIE SECONDA

Tomo XXIII.

TORINO

DALLA STAMPERIA REALE

MDCCCLXVI

INDICE

ELENCO

DEGLI

ACCADEMICI RESIDENTI, NAZIONALI NON RESIDENTI, E STRANIERI

AL 1° DI NOVEMBRE MDCCCLXVI

ACCADEMICI NAZIONALI

Presidente

S. E. Sclopis di Salerano, Conte Federigo, Senatore del Regno, Ministro di Stato, Primo Presidente onorario di Corte d'Appello, Presidente della Regia Deputazione sovra gli studi di Storia patria, Socio non residente della Reale Accademia di Scienze morali e politiche di Napoli, Membro onorario del Regio Istituto Lombardo di Scienze e Lettere, Socio corrispondente dell'Istituto Imperiale di Francia (Accademia delle Scienze morali e politiche) e del R. Istituto Veneto di Scienze, Lettere ed Arti, Gr. Cord. ❋, Cav. e Cons. ✠, Cav. Gr. Cr. della Concez. di Port., Cav. della L. d'O. di F.

Vice-Presidente

Moris, Dottore Giuseppe Giacinto, Senatore del Regno, Professore di Botanica nella Regia Università, Direttore del Regio Orto Botanico, Socio della Reale Accademia di Medicina di Torino, Uno dei XL della Società Italiana delle Scienze residente in Modena, Gr. Uffiz. ❋, Cav. e Cons. ✠.

Tesoriere

Peyron, Abate Amedeo, Teologo Collegiato, Professore emerito di Lingue Orientali, Membro della Regia Deputazione sovra gli studi di Storia patria, Socio Straniero dell'Istituto Imperiale di Francia (Accademia delle Iscrizioni e Belle Lettere), Accademico corrispondente della Crusca, ecc. Gr. Cord. ✻, Cav. e Cons. ✠, Cav. dell'O. del Merito di Pr., Cav. Gr. Cr. dell'O. di Guadal. del Mess., Cav. della L. d'O. di F.

Tesoriere Aggiunto

Sismonda, Angelo, Senatore del Regno, Professore di Mineralogia e Direttore del Museo Mineralogico della Regia Università, Membro della Società Geologica di Londra, e dell'Imp. Società Mineralogica di Pietroborgo, Uno dei XL della Società Italiana delle Scienze residente in Modena, Gr. Uffiz. ✻, ✠, Cav. dell'O. Ott. del Mejidié di 2.ª cl., Comm. di 1.ª cl. dell'O. di Dannebrog di Dan., Comm. dell'O. della St. pol. di Sv., e dell'O. di Guadal. del Mess., Uffiz. dell'O. di S. Giac. del Mer. Scient. Lett. ed Art. di Port., Cav. della L. d'O. di F.

CLASSE DI SCIENZE FISICHE E MATEMATICHE

Direttore

Sismonda, Angelo, *predetto*.

Segretario Perpetuo.

Sismonda, Eugenio, Dottore in Medicina, Professore Sostituito di Mineralogia nella R. Università, Professore di Storia Naturale nel Liceo Cavour, Socio della Reale Accademia di Medicina di Torino, Uno dei XL della Società Italiana delle Scienze residente in Modena, Comm. ✵, ✠.

Segretario aggiunto.

Sobrero, Ascanio, Dottore in Medicina ed in Chirurgia, Professore di Chimica docimastica nella Scuola di applicazione per gli Ingegneri, Membro del Collegio di Scienze fisiche e matematiche, Comm. ✵.

ACCADEMICI RESIDENTI

Moris, Giuseppe Giacinto, *predetto*.

Cantu', Gian Lorenzo, Senatore del Regno, Dottore Collegiato in Medicina, Medico in 1° della R. Persona e Famiglia, Professore emerito di Chimica generale nella Regia Università, Ispettore presso il Consiglio superiore militare di Sanità, Socio della Reale Accademia di Medicina di Torino, Gr. Uffiz. ✵.

Sismonda, Angelo, *predetto*.

S. E. Menabrea, Conte Luigi Federigo, Senatore del Regno, Luogotenente Generale nel Corpo Reale del Genio Militare, Primo Aiutante di Campo di S. M., Professore emerito di Costruzioni nella Regia Università, Uno dei XL della Società Italiana delle Scienze residente in Modena, Cav. dell'O. Supr. della SS. Annunz., Gr. Cord. ✵, ✠, Gr. Cr. ✪, dec. della Med. d'oro al Valor Militare, Gr. Cr. degli Ord. di Leop. del Belg. e di Dannebrog di Dan., Comm. degli Ordini della L. d'O. di F., di Carlo III di Sp., del M. Civ. di Sass., e di C. di Port.

Mosca, Carlo Bernardo, Senatore del Regno, Primo Architetto di S. M., Primo Ingegnere Architetto dell'Ordine de' Ss. Maurizio e Lazzaro, Ispettore di Prima Classe nel Corpo Reale del Genio Civile, Socio della Reale Accademia delle Belle Arti di Torino, dell'Accademia Pontificia di San Luca di Roma e della R. Accademia delle Belle Arti di Milano, Gr. Uffiz. ✻, Cav. e Cons. ✠, Uffiz. della L. d'O. di F.

Sismonda, Dottore Eugenio, *predetto.*

Sobrero, Dottore Ascanio, *predetto.*

Cavalli, Giovanni, Luogotenente Generale, Comandante Generale della R. Militare Accademia, Membro dell'Accademia delle Scienze militari di Stoccolma, Gr. Uffiz. ✻, ✠, Comm. ✪, Gr. Cord. degli Ord. di S. St. e di S. Anna di R., Uffiz. della L. d'O. di F., dell'O. Mil. Portogh. di Torre e Spada, e dell'O. di Leop. del B., Cav. degli O. della Sp. di Sv., dell'A. R. di 3.ª cl. di Pr., del Mejidié di 3.ª cl., di S. Wl. di 4.ª cl. di R.

Berruti, Secondo Giovanni, Professore emerito di Fisiologia sperimentale nella R. Università, Socio della Reale Accademia di Medicina di Torino, Membro onorario della Società Italiana delle Scienze residente in Modena, Comm. ✻.

Richelmy, Prospero, Professore di Meccanica applicata e Direttore della Scuola di applicazione per gli Ingegneri, Comm. ✻.

De Filippi, Dottore Filippo, Senatore del Regno, Professore di Zoologia e Direttore del Museo Zoologico della Regia Università, Uno dei XL della Società Italiana delle Scienze residente in Modena, Socio della Reale Accademia di Medicina di Torino, Comm. ✻.

Sella, Quintino, Membro del Consiglio delle Miniere, Uno dei XL della Società Italiana delle Scienze residente in Modena, Membro dell'Imp. Società Mineralogica di Pietroborgo, Gr. Cord. ✻.

Delponte, Giambattista, Dottore in Medicina e in Chirurgia, Professore Sostituito di Botanica nella Regia Università, Socio della Reale Accademia di Medicina di Torino, Uffiz. ✻.

Genocchi, Angelo, Professore di Calcolo differenziale ed integrale nella R. Università di Torino, Uno dei XL della Società Italiana delle Scienze residente in Modena, Uffiz. ✻.

Govi, Gilberto, Professore di Fisica nella R. Università, Uffiz. ✻.

Moleschott, Jacopo, Professore di Fisiologia nella R. Università, Socio della R. Accademia di Medicina di Torino, Comm. ✻.

Gastaldi, Bartolomeo, Dottore in ambe leggi, Professore di Mineralogia nella Scuola di applicazione per gli Ingegneri; Uffiz. ✻.

Ballada di S. Robert, Conte Paolo.

ACCADEMICI NAZIONALI NON RESIDENTI

Bertoloni, Antonio, Dottore in Medicina, Professore emerito di Botanica nella Regia Università di Bologna, Uno dei XL della Società Italiana delle Scienze residente in Modena; ✠.

De Notaris, Giuseppe, Dottore in Medicina, Professore di Botanica nella Regia Università di Genova, Uno dei XL della Società Italiana delle Scienze residente in Modena, Comm. ✻, ✠.

Cerise, Lorenzo, Dottore in Medicina, ✠, Cav. della L. d'O. di F., a Parigi.

Panizza, Bartolomeo, Senatore del Regno, Professore di Anatomia nella R. Università di Pavia, Uno dei XL della Società Italiana delle Scienze residente in Modena, Socio corrispondente dell'Istituto Imperiale di Francia, Comm. ✻, ✠.

Matteucci, Carlo, Senatore del Regno, Direttore del R. Museo di Fisica e Storia naturale di Firenze, Presidente della Società italiana delle Scienze residente in Modena, Socio corrispondente dell'Istituto Imperiale di Francia (Accademia delle Scienze), Gr. Cord. ✻, ✠, Comm. della L. d'O. di F.

Savi, Paolo, Senatore del Regno, Professore di Anatomia comparata e Zoologia nella Regia Università di Pisa, Uno dei XL della Società Italiana delle Scienze residente in Modena, Comm. ✻, ✠, a Pisa.

Brioschi, Francesco, Senatore del Regno, Professore di Meccanica razionale e sperimentale presso la R. Scuola di applicazione degli Ingegneri in Milano e Direttore della Scuola medesima, Uno dei XL della Società Italiana delle Scienze residente in Modena, Comm. ✻ e dell'O. di C. di Port.

Cannizzaro, Stanislao, Professore di Chimica nella R. Università di Palermo, Uno dei XL della Società Italiana delle Scienze residente in Modena, Comm. ✻.

Betti, Enrico, Professore di Analisi superiore e Fisica matematica nella R. Università di Pisa, Uno dei XL della Società Italiana delle Scienze residente in Modena; Uffiz. ✻.

Scacchi, Arcangelo, Senatore del Regno, Professore di Mineralogia nella R. Università di Napoli, Uno dei XL della Società Italiana delle Scienze residente in Modena, Comm. ✱.

ACCADEMICI STRANIERI.

Élie di Beaumont, Giambattista Armando Lodovico Leonzio, Senatore dell'Impero Francese, Ispettore generale delle Miniere, Membro del Consiglio Imperiale dell'Istruzione pubblica, Professore di Storia naturale dei corpi inorganici nel Collegio di Francia, Segretario Perpetuo dell'Accademia delle Scienze dell'Istituto Imperiale, Comm. ✱, Gr. Uffiz. della L. d'O. di F., a Parigi.

Herschel, Giovanni Federico Guglielmo, Membro della Società Reale di Londra, Socio Straniero dell'Istituto Imperiale di Francia, a Londra.

Poncelet, Giovanni Vittorio, Generale del Genio, Membro dell'Istituto Imperiale di Francia, Gr. Uffiz. della L. d'O. di F., a Parigi.

Faraday, Michele, Membro della Società Reale di Londra, Socio Straniero dell'Istituto Imperiale di Francia, Comm. della L. d'O. di F., a Londra.

Liebig, Barone Giusto, Professore di Chimica nella R. Università di Monaco (*Baviera*), Socio Straniero dell'Istituto Imperiale di Francia, ✱, Uffiz. della L. d'O. di F., a Monaco.

Dumas, Giovanni Battista, Senatore dell'Impero Francese, Vice-Presidente del Consiglio Imperiale dell'Istruzione pubblica, Professore di Chimica alla Facoltà delle Scienze di Parigi, Membro dell'Istituto Imperiale di Francia, Gr. Cr. della L. d'O. di F., a Parigi.

Brewster, Davide, Preside dell'Università di Edimborgo, Socio Straniero dell'Istituto Imperiale di Francia, Uffiz. della L. d'O. di F., a Edimborgo.

Billiet, S. Em. Alessio, Cardinale, Arcivescovo di Ciamberì, Presidente Perpetuo onorario dell'Accademia Imperiale di Savoia, Gr. Cord. ✱; già *Accademico nazionale non residente*.

De Baër, Carlo Ernesto, Professore nell'Accademia Medico-chirurgica di S. Pietroborgo, Socio corrispondente dell'Istituto Imperiale di Francia.

Agassiz, Luigi, Direttore del Museo di Storia naturale di Cambridge (America), Socio corrispondente dell'Istituto Imperiale di Francia.

CLASSE DI SCIENZE MORALI, STORICHE E FILOLOGICHE

Direttore

SAULI D'IGLIANO, Conte Lodovico, Senatore del Regno, Membro della Regia Deputazione sovra gli Studi di Storia patria, Accademico di Onore dell'Accademia Reale di Belle Arti, Gr. Uffiz. ✠, Cav. e Cons. ✤.

Segretario Perpetuo

GORRESIO, Gaspare, Prefetto della Regia Biblioteca della Università, Socio corrispondente dell'Istituto Imperiale di Francia (Accademia delle Iscrizioni e Belle Lettere), della R. Accademia della Crusca e di altre Accademie nazionali e straniere, Comm. ✠, ✤, Comm. dell'O. di Guadal. del Mess., Uffiz. della L. d'O. di F.

ACCADEMICI RESIDENTI

PEYRON, Amedeo, *predetto*.

S. E. MANNO, Barone Giuseppe, Senatore del Regno, Ministro di Stato, Primo Presidente onorario della Corte di Cassazione, Membro della Regia Deputazione sovra gli studi di Storia patria, e della Giunta d'Antichità e Belle Arti, Accademico corrispondente della Crusca, G. Cord. ✠, Cav. e Cons. onor. ✤.

SAULI D'IGLIANO, Conte Lodovico, *predetto*.

S. E. SCLOPIS DI SALERANO, Conte Federigo, *predetto*.

S. E. CIBRARIO, Conte Giovanni Antonio Luigi, Senatore del Regno, Ministro di Stato, Primo Presidente di Corte d'Appello, Primo Segretario di S. M. pel Gran Magistero dell'Ordine de'Ss. Maurizio e Lazzaro, Vice-Presidente della Regia Deputazione sovra gli studi di Storia patria, Membro della Giunta di Antichità e Belle Arti, Socio corrispondente dell'Istituto Imperiale di Francia (Accademia delle Scienze morali e politiche), Presidente onorario della Società dei *Sauveteurs* di Francia, Gr. Cord. ✠,

Cav. e Cons. ✠, Gr. Cr. degli Ord. di Leop. del B., della Concez. di Port., di Carlo III di Sp., del Leone dei P. B., di W. di Sv., Cav. dell'O. Ott. del Mejid. di 1.ª cl., Gr. Uffiz. della L. d'O. di F., Comm. dell'O. di Cr. di Port., Cav. di Croce in oro del Salv. di Gr., Cav. degli Ord. di S. Stan. di 2.ª cl. di Russia e dell'Aq. rossa di 3.ª cl. di Pr., freg. della Gr. Med. d'oro di R. pel merito scientifico e letterario.

Baudi di Vesme, Conte Carlo, Senatore del Regno, Segretario della Regia Deputazione sovra gli studi di Storia patria, Comm. ✱, ✠.

Promis, Domenico Casimiro, Bibliotecario di S. M., Vice-Presidente della Regia Deputazione sovra gli studi di Storia patria, Comm. ✱.

Ricotti, Ercole, Senatore del Regno, Maggiore nel R. Esercito, Professore di Storia moderna e d'arte critica nella R. Università, Membro della Regia Deputazione sovra gli studi di Storia patria, Comm. ✱, ✠, ✪.

Bon-Compagni, Cavaliere e Presidente Carlo, Membro della Regia Deputazione sovra gli studi di Storia patria e del Collegio di Belle Lettere e Filosofia della R. Università, Gr. Cord. ✱, ✠.

Promis, Carlo, Professore di Architettura nella Scuola di applicazione per gli Ingegneri, Regio Archeologo, Ispettore dei Monumenti d'Antichità, Membro della Regia Deputazione sovra gli studi di Storia patria, Accademico d'onore dell'Accademia Reale di Belle Arti.

Gorresio, Gaspare, *predetto*.

Barucchi, Avvocato Francesco, Professore emerito di Storia antica nella R. Università, Uffiz. ✱.

Bertini, Giovanni Maria, Professore di Storia della Filosofia antica nella Regia Università, Uffiz. ✱.

Fabretti, Ariodante, Professore di Archeologia greco-latina nella Regia Università, Assistente al Museo di Antichità ed Egizio, Uffiz. ✱.

Ghiringhello, Giuseppe, Dottore in Teologia, Professore di Sacra Scrittura nella Regia Università, Uffiz. ✱.

Peyron, Bernardino, Professore di Lettere, Vice-Bibliotecario della R. Biblioteca della Università, ✱.

Reymond, Gian Giacomo, Professore di Economia politica nella Regia Università, ✱.

Ricci, marchese Matteo.

ACCADEMICI NAZIONALI NON RESIDENTI

Manzoni, Nob. Alessandro, Senatore del Regno, Accademico corrispondente della Crusca, a Milano.

Coppi, Abate Antonio, Socio della Pontificia Accademia di Archeologia, ✠, ✥, a Roma.

S. E. Charvaz, Monsignor Andrea, Arcivescovo di Genova, C. O. S. SS. N., Gr. Cord. ✠, Gr. Cr. dell'O. di Cr. di Port.

Spano, Giovanni, Dottore in Teologia, Professore emerito di Sacra Scrittura e Lingue Orientali nella R. Università di Cagliari, Comm. ✠.

Carutti di Cantogno, Domenico, Ministro residente presso la Corte dei Paesi Bassi, Membro della Regia Deputazione sovra gli studi di Storia patria, Comm. ✠, ✥, Gr. Cord. dell'O. d'Is. la Catt. di Sp., Gr. Uffiz. dell'O. di Leop. del B.

Tola, Pasquale, Consigliere nella Corte d'Appello di Genova, Membro della Regia Deputazione sovra gli studi di Storia patria, Comm. ✠.

Amari, Michele, Senatore del Regno, Professore onorario di Storia e Letteratura araba nel R. Istituto superiore di perfezionamento di Firenze, Socio corrispondente dell'Istituto Imperiale di Francia (Accademia delle Iscrizioni e Belle Lettere), Gr. Uffiz. ✠, ✥.

ACCADEMICI STRANIERI.

Brugière di Barante, Barone Amabile Guglielmo Prospero, Membro dell'Istituto Imperiale di Francia, Gr. Cr. della L. d'O. di F., Gr. Cord. di S. Aless. Newski di R., a Parigi.

Thiers, Luigi Adolfo, Membro dell'Istituto Imperiale di Francia, Gr. Uffiz. della L. d'O., a Parigi.

Boeckh, Augusto, Professore nella Regia Università e Segretario Perpetuo della Reale Accademia delle Scienze di Berlino, Socio Straniero dell'Istituto Imperiale di Francia, Cav. della L. d'O. di F.

Cousin, Vittorio, Professore onorario di Filosofia della Facoltà di Lettere di Parigi, Membro dell'Istituto Imperiale di Francia, Comm. della L. d'O. di Fr.

Grote, Giorgio, Membro della Società Reale di Londra, Socio Straniero dell'Istituto Imperiale di Francia (Accademia delle Scienze morali e politiche), a Londra.

Mommsen, Teodoro, Professore di Archeologia, Membro della Reale Accademia delle Scienze di Berlino, Socio corrispondente dell'Istituto Imperiale di Francia (Accademia delle Iscrizioni e Belle Lettere), a Berlino.

Müller, Massimiliano, Professore di Letteratura straniera nell'Università di Oxford, Socio corrispondente dell'Istituto Imperiale di Francia (Accademia delle Iscrizioni e Belle Lettere).

Ritschl, Federico, Socio corrispondente dell'Istituto Imperiale di Francia (Accademia delle Iscrizioni e Belle Lettere), ecc., in Lipsia.

MUTAZIONI

accadute nel Corpo Accademico dopo la pubblicazione del precedente Volume.

MORTI

26 Novembre 1865.

Cavedoni, Monsignor Celestino, Professore di Sacra Scrittura e Lingua santa nella Regia Università di Modena, Bibliotecario della R. Biblioteca Palatina, Presidente della Deputazione di Storia patria per le Provincie Modenesi, Socio corrispondente dell'Istituto Imperiale di Francia (Accademia delle Iscrizioni e Belle Lettere), Uffiz. ✠, ✠.

17 Febbraio 1866.

Martini, Pietro, Dottore in ambe Leggi, Presidente della Biblioteca della Regia Università di Cagliari, Membro della Regia Deputazione sovra gli studi di Storia patria, Comm. ✠, ✠.

9 Giugno 1866.

Marianini, Stefano, Professore di Fisica sperimentale nella Regia Università di Modena, Presidente della Società Italiana delle Scienze residente in Modena, Socio corrispondente dell'Istituto Imperiale di Francia, ✠, ✠.

15 Settembre 1866.

Varese, Carlo, Dottore in Medicina, ✠.

NOMINE

Moleschott, Jacopo, Professore di Fisiologia nella R. Università, Socio della R. Accademia di Medicina di Torino, Comm. ✠, nominato il giorno 6 dicembre 1863 ad *Accademico residente* nella Classe di Scienze fisiche e matematiche (V. *Notizia storica*, premessa al Vol. XXII, pag. CX e CXII).

BALLADA DI S. ROBERT, Conte Paolo, nominato il giorno 26 novembre 1865 ad *Accademico residente* nella Classe di Scienze fisiche e matematiche.

DE BAER, Carlo Ernesto, Professore all'Accademia Medico-chirurgica di S. Pietroborgo, Socio corrispondente dell'Istituto Imperiale di Francia (Accademia delle Scienze), nominato il giorno 24 dicembre 1865 ad *Accademico straniero* nella Classe di Scienze fisiche e matematiche.

AGASSIZ, Luigi, Direttore del Museo di Storia naturale di Cambridge (America), Socio corrispondente dell'Istituto Imperiale di Francia (Accademia delle Scienze), nominato il giorno 24 dicembre 1865 ad *Accademico straniero* nella Classe di Scienze fisiche e matematiche.

RITSCHL, Federico, Socio corrispondente dell'Istituto Imperiale di Francia (Accademia delle Iscrizioni e Belle Lettere), nominato il giorno 14 gennaio 1866 ad *Accademico straniero* nella Classe di Scienze morali, storiche e filologiche.

SCIENZE

FISICHE E MATEMATICHE

MÉMOIRE

Sur la loi du refroidissement des corps sphériques et sur l'expression de la Chaleur Solaire dans les Latitudes **Circumpolaires** *de la Terre*

PAR

JEAN PLANA.

Lu dans la séance du 21 juin 1863.

« L'analyse mathématique, empruntant la connaissance
» d'un petit nombre de faits généraux, supplée à nos
» sens et nous rend en quelque sorte témoins de tous
» les changemens qui s'accomplissent par le mouvement
» de la chaleur dans l'intérieur des corps ».

FOURIER, page 83 de la seconde partie de sa *Théorie de la Chaleur*.

Préface

Par le seul titre des deux Chapitres dont ce Mémoire est composé on conçoit, de prime abord, qu'il s'agit de deux recherches fort différentes qui paraissent tout-à-fait indépendantes. Mais la circonstance de la question que j'ai traitée dans mon précédent Mémoire (présenté à l'Académie le 9 mars de cette même année) suffit pour expliquer la succession et le sujet de ces deux Chapitres. L'indication succinte que je vais donner sur quelques-uns des principaux résultats est propre à définir le but que je me suis proposé, quoiqu'elle n'en soit pas une espèce de concentration synoptique.

La loi mathématique du refroidissement des globes solides est, en général, exprimée par une suite de termes exponentiels, dont l'exposant proportionnel au temps écoulé depuis le commencement du refroidissement, a pour facteur une quantité dépendante de la solution d'une équation transcendante. Les racines en nombre infini, toutes réelles et fort inégales de cette équation, n'ont pas encore été données par des séries *littérales* convergentes. Je me suis proposé de remplir cette espèce de lacune existente dans la Théorie de la Chaleur en composant le premier Chapitre de ce Mémoire. Par la considération des fonctions des éléments, ainsi mises en évidence, on pourra juger de quelle manière les observations doivent être comparées à la Théorie, afin que les trois éléments de la chaleur relatifs aux matières solides soient convenablement déterminés. L'ensemble de cette analyse démontre, que, pour établir rationnellement les lois du refroidissement des globes, on doit, en général, considérer trois cas distincts, dont le caractère est algébriquement défini. On verra que le cas relatif au refroidissement *séculaire* du globe de la Terre n'avait pas encore été soumis à l'analyse d'une manière aussi complète que celle exposée au septième et dernier paragraphe de ce premier Chapitre.

Dans le second Chapitre je remplis la promesse que je faisais vers la fin de mon précédent Mémoire en exposant l'analyse complète relative à la loi des températures des régions circumpolaires, dues uniquement à l'action échauffante du Soleil.

La loi de l'intensité de cette action depuis l'équateur jusqu'au cercle polaire a été donnée par Poisson en 1835. Et il avait donné le principe général qu'il fallait suivre pour la compléter jusqu'au pôle. Par une singulière conception il ne voyait pas dit-il « *des applications utiles* » dans le complément de sa Théorie. Et cependant on verra dans ce Mémoire, que de là dérive la démonstration d'un des plus intéressans phénomènes de la Philosophie Naturelle. Car on y découvre la preuve mathématique que l'intensité *moyenne* de la chaleur solaire est *croissante* depuis le cercle polaire jusqu'au pôle. En outre, on découvre qu'il y a des termes périodiques variables avec la longitude du Soleil, affectés de coefficiens qui sont fonctions de la latitude géographique. Mais la distance qui sépare ces résultats du principe général qui les donne est énorme. Et je n'entreprends pas de les résumer dans ce préambule; persuadé que cela n'est pas possible, avec clarté, par l'emploi du seul langage ordinaire. Dans l'état actuel de nos connaissances sur le système du monde, on ne peut pas attribuer à ce langage la faculté d'exprimer, sans obscurité, plusieurs lois physiques qui régissent la matière dans ses modifications. J'adhère par une profonde conviction à la maxime de Fourier, que la clarté est l'attribut principal de l'analyse mathématique, et qu'elle seule peut rapprocher les phénomènes les plus divers, et découvrir les analogies secrètes qui les unissent.

CHAPITRE PREMIER

Sur les lois mathématiques du refroidissement des globes placés dans une vaste enceinte où la température est censée invariable

§ I.

La formule générale de Fourier, citée à la page 293 de l'ouvrage de Poisson, donne:

$$(1) \ldots \quad ru = \frac{2}{l} \cdot \Sigma \cdot \frac{\theta \sin.\left(\frac{\theta r}{l}\right)}{\theta - \frac{1}{2}\sin. 2\theta} \cdot e^{-\frac{a^2 . \theta^2 t}{l^2}} \int_0^l \sin.\left(\theta \cdot \frac{r}{l}\right) . F(r) . r dr \ ,$$

en faisant $\theta = \rho l$. La caractéristique Σ comprend tous les termes semblables, formés par les racines réelles et positives (en nombre infini) de l'équation transcendante

$$(2) \ldots\ldots\ldots \quad \theta \cos. \theta = (1 - b l) . \sin. \theta \ .$$

La fonction $F(r)$ représente la loi des températures initiales; r étant le rayon d'une surface sphérique quelconque, concentrique au globe, dont la lettre l représente le rayon de sa surface extérieure. Les deux constantes a^2 et b, sont $a^2 = \frac{k}{c}$, $b = \frac{p}{k}$, conformément aux définitions des trois quantités c, k, p, données par Poisson aux pages 286, 289, et à la page 3 de son Supplément. La quantité p, relative à l'état de la surface du globe et croissante avec son pouvoir rayonnant, est désignée par *conductibilité extérieure* du corps par Fourier (Lisez la page 354 de sa *Théorie de la Chaleur* publiée en 1822), tandis que la lettre k représente la *conductibilité propre* (ou *calorifique*) de la matière du corps. La lettre c désigne la chaleur spécifique de la matière *rapportée* à l'unité de volume, celle de l'eau étant prise pour unité. La lettre $b = \frac{p}{k} = \frac{p}{c a^2}$ représente le rapport de deux nombres, dont chacun exprime le produit d'un nombre abstrait par une surface; ou (pour parler avec plus de précision) volume prismatique dont la hauteur est l'unité. Car on doit entendre que l'on fait $\frac{k}{c}=a^2 \times 1$. C'est en ce sens que l'on fait :

$$a=5^{m},11655\,; \quad b=1,0579\,; \quad c=0,5614\,;$$
$$k=14^{m.c.},643\,; \quad p=15^{m.c.},5365\,,$$

pour le terrain du jardin de l'Observatoire de Paris, l'unité linéaire étant le mètre, et l'unité de temps l'année julienne

$$=365^{\text{jours}},25=365,25.\,24.\,60'=(673)^2\,.$$

Et que l'on fait :

$$a=9^{m},39481\,; \quad b=\frac{2}{15}\,; \quad c=0,8862\,;$$
$$k=78^{m.c.},2085=\frac{673}{10^{0}}\cdot\left[(\sqrt{11,621})^2.\,0,8862\right]\,;$$
$$p=\frac{2k}{15}=10^{m.c.},4291\,,$$

pour le fer poli dont 7,788 est la pesanteur spécifique, celle de l'eau étant prise pour unité.

Il importe de ne pas perdre de vue que, après avoir obtenu les valeurs numériques de a et b, avec une unité de temps déterminée, on doit remplacer a par $\frac{a}{\sqrt{m}}$, et b par $b.\sqrt{m}$, si la nouvelle unité était égale à $\frac{1}{m^2}$ relativement à la première. Ainsi, ayant calculé, par exemple, les valeurs de a, b, en prenant l'*heure* pour unité de temps, il faudrait remplacer a par $\frac{a}{\sqrt{60}}=\frac{a}{7,7459}$, et b par $b.\sqrt{60}=b.\,7,7459$ pour les rapporter à la *minute* prise comme unité de temps.

Lorsque les valeurs de a et b ont été trouvées en prenant l'année julienne pour unité de temps, il faudra remplacer a par $\frac{a}{673}$, et b par $b.(673)$, si l'on veut rapporter ces deux constantes à celles que l'on doit leur substituer, en prenant la *minute* pour unité de temps.

Le produit. $G=\frac{\pi}{\varepsilon.\,4.\,79}\cdot a^2bch=\frac{\pi}{\varepsilon.\,4.\,79}\cdot bkh$, en faisant :

$$H_{(0)} = \frac{2hM}{D}\ ; \qquad M = \frac{\pi}{2}\cdot \sin.\mu.\sin.\gamma - 2\alpha Q\ ;$$

$$D = \sqrt{\left(1+\frac{\sqrt{\pi}}{ab}\right)^2 + \left(\frac{\sqrt{\pi}}{ab}\right)^2}\ ; \qquad \gamma = \text{obliquité de l'Ecliptique},$$

donne :

$$G = \frac{\pi}{\varepsilon.8.79}\cdot\frac{H_{(0)}}{M}\cdot bk.\sqrt{\left(1+\frac{\sqrt{\pi}}{ab}\right)^2 + \left(\frac{\sqrt{\pi}}{ab}\right)^2}\ ,$$

pour l'expression analytique de la hauteur (en mètres) du prisme de glace (ayant pour base un mètre carré), qui serait fondu, pendant une année entière, par la chaleur solaire, à la latitude boréale μ de la surface de la Terre. Le produit de l'excentricité α de l'orbite de la Terre par la fonction de la latitude $2Q$ peut être calculé par les formules que j'ai données dans mon précédent Mémoire. La lettre $H_{(0)}$ désigne la moyenne différence annuelle des températures *maximum* et *minimum*, observées (par hypothèse) à la surface du Sol. Mais, abstraction faite du produit $\frac{\pi}{\varepsilon.8.79}\cdot\frac{H_{(0)}}{M}$, on obtient avec les élémens a et b, relatifs à la Terre :

$$bk = (1,05719).(0,5614).(5,11655)^2 = 15,5357\ ;$$

$$bk.\sqrt{\left(1+\frac{\sqrt{\pi}}{ab}\right)^2 + \left(\frac{\sqrt{\pi}}{ab}\right)^2} = (1,36745).(15,5357) = 21,2435\ .$$

Les valeurs de a et b, relatives au fer, donnent :

$$bk = \frac{2k}{15}\cdot(0,8862).(9,3948)^2 = 10,4291\ ;$$

$$\sqrt{\left(1+\frac{\sqrt{\pi}}{ab}\right)^2 + \left(\frac{\sqrt{\pi}}{ab}\right)^2} = \sqrt{6,5176+2,0113} = 2,9204\ ;$$

$$bk.\sqrt{\left(1+\frac{\sqrt{\pi}}{ab}\right)^2 + \left(\frac{\sqrt{\pi}}{ab}\right)^2} = (10,4291).(2,9204) = 30,4600\ .$$

Le rapport $\frac{G'}{G}$ des deux hauteurs,

$$G' = \frac{\pi}{\varepsilon'.8.79}\cdot\frac{H_{(0)}}{M}\cdot(30,46)\ ; \qquad G = \frac{\pi}{\varepsilon.8.79}\cdot H_{(0)}\cdot(21,2435)\ ;$$

est donc tel, que

$$\frac{G'}{G} = 1,4339\cdot\frac{\varepsilon}{\varepsilon'}\ .$$

La valeur de G pour Paris, calculée en faisant $c = 0,5614$, et la température $h = 35°,926$ est:

$$G = 5^m,5489 .$$

De là on tire $G' = \frac{\varepsilon}{\varepsilon'} \cdot (7^m,9561)$. Les facteurs qui concourent à la formation de ce résultat étant ainsi déclarés, on voit qu'il est indépendant de la valeur absolue de la température $\frac{H_{(0)}}{2M}$.

D'après cela, on conçoit la cause qui faisait trouver

$$G' = 2(3^m,1) = 6^m,2$$

par Fourier, au lieu de $G' = 7^m,95 \cdot \frac{\varepsilon}{\varepsilon'}$. (Lisez la page 19 de la seconde partie de sa *Théorie de la Chaleur*, Chapitre XII). Sa formule théorique était exacte; mais il employait des valeurs numériques moins bien déterminées pour les élémens physiques qu'elle renferme.

En supposant que l'on ait rendu l'état de la surface du fer, tel que l'on ait $\varepsilon' = \varepsilon$, on voit, par ce résultat, que la chaleur solaire fondrait, pendant une année entière sur un globe de fer, de même diamètre, substitué à la Terre, une couche de glace plus grande, dans le rapport de $8^m,84$ à $5^m.55$. Mais cette analyse met en évidence l'impossibilité d'avoir des idées précises sur un tel rapport idéal, sans la connaissance de chacun des *dix* élémens a, b, c, h, ε; $a' = a(1,83615)$; $b' = b(0,18915)$; $c' = c(1,5786)$; $h' = h$; $\varepsilon' = \varepsilon$ qui concourent à sa formation.

Si l'excès $H_{(0)}$ *du maximum annuel sur le minimum annuel* était observé avec un thermomètre, enfoncé sous le terrain à la profondeur x, peu différente d'un mètre, on pourrait évaluer la quantité $\varepsilon . G$ avec la formule

$$(3) \; \ldots\ldots \quad \varepsilon G = \frac{\pi . H_{(0)} . e^{\frac{x}{a} . \sqrt{\pi}}}{4 . 79 . 2M} \cdot c b a^2 . \sqrt{\left(1 + \frac{\sqrt{\pi}}{ab}\right)^2 + \left(\frac{\sqrt{\pi}}{ab}\right)^2},$$

sans la connaissance de la température h, après avoir calculé la valeur correspondante de M. Pour Paris, par exemple, l'on a $M = 0,44837$, et pour Turin on doit faire $M = 0,41904$.

La chaleur solaire, avant d'avoir traversé l'atmosphère de la Terre, a une intensité plus grande dans le rapport de 4 à 3 environ. On peut supposer qu'elle atteint la surface de la Lune sans avoir rien perdu de cette intensité ; et en conclure, que la couche de glace fondue à la surface de la Lune (pendant une année) doit être à-peu-près de $5^m, 55 . \frac{4}{3} = 7^m, 40$. Et comme la température h est le produit de $35^\circ, 924$ par le rapport inconnu $\frac{f}{\lambda}$ de la faculté *absorbante* f à la faculté *émissive* λ de la chaleur rayonnante, on peut considérer ce rapport plus grand pour la chaleur incidente sur la surface de la Lune, que pour la même chaleur incidente à la limite qui termine l'atmosphère terrestre ; ce qui doit contribuer plutôt à augmenter qu'à diminuer l'épaisseur $G = \frac{1}{\varepsilon} \cdot (7^m, 40)$.

§ II.

D'après le résultat des expériences de M.r NEUMANN, la conductibilité propre k'' de la glace est exprimée par

$$k'' = (0, 5).(6, 73).(0, 6871 = 2, 3118 .$$

Et d'après les expériences de M.r POUILLET sur la chaleur solaire, relativement à l'eau, je fais $h'' = \frac{3}{4}.(6^\circ, 72) = 5^\circ, 04$ pour exprimer la température produite par son action (incidente normalement) sur la surface de l'eau, après avoir traversé l'atmosphère terrestre (Voyez la page 712 du second Volume du *Traité de Physique*).

Cela posé, si l'on suppose la conductibilité *propre* de l'eau égale à celle de la glace, en prenant $c'' = 1$. pour la chaleur spécifique de l'eau, et faisant $b'' = \frac{p''}{k''}$ pour le rapport de sa conductibilité extérieure p'' à sa conductibilité propre k'', nous avons :

$$\pi . \frac{c''}{0, 5} \cdot (0, 5) . a''^2 b'' . h'' = 2\pi . k'' h'' . b'' = b'' (73^\circ, 208) .$$

La même chaleur solaire réduite à l'intensité $\frac{h}{h''} = \frac{35^\circ, 940}{5^\circ, 04}$ donne :

$$\pi c a^2 b \cdot \frac{h}{h''} = \frac{1753^\circ, 5}{h''} = b (329^\circ, 12) ,$$

relativement à la Terre. Donc, en prenant $b'' = 4, 7522$, ces deux produits seront égaux. Suivant cette manière de voir, les trois élémens a'', b'', c'' sont, à l'égard d'un globe d'eau :

$$c''=1\,; \qquad a''=\sqrt{2,3118}=1^m,5195\,; \qquad b''=4,7522\,;$$

et l'on a :

$$k=(0,5).(\sqrt{0,6871})^2.\frac{673}{100}=2,3118\,; \quad c''a''^2=k''=2^{m.c.},3118\,;$$

$$p''=k''.(4,7522)\,.$$

Il suit de là, qu'en faisant :

$$\frac{\pi c a^2 b h}{h''.4.79}=G_{(0)}=\frac{329,2}{4.79}=1^m,04177\,;$$

$$\frac{\pi c'' a''^2 b'' h''}{4.79}=G''=\frac{173,95}{4.79}=0^m,55048\,;$$

nous avons :

$$\frac{G''}{h''.G_{(0)}}=\frac{173,95}{(329,20).h''}=\frac{0,52841}{h''}\,,$$

pour le rapport des deux épaisseurs de la glace fondue par la chaleur solaire, incidente normalement à la surface de l'eau et à la surface de la Terre. De sorte que

$$G''=(0,52841).(1,04177)=0^m,55048$$

sera l'épaisseur de la glace qui serait fondue par la chaleur solaire absorbée par l'eau. Donc, en désignant par S la surface des continents, l'on aura $S(2,7)$ pour la surface totale des mers ; et l'équation

$$(5^m,55).S+(0^m,55048).(2,7.S)=(3,7).S\,G_{(1)}\,,$$

donnera :

$$G_{(1)}=\frac{5^m,55+0^m,55048.(2,7)}{3,7}=\frac{7^m,036}{3,7}=1^m,9016$$

pour l'épaisseur moyenne de la couche de glace, enveloppante la surface totale de la Terre, qui serait fondue par la chaleur solaire pendant une année entière. Au reste, pour l'eau, dans son état de fluidité, cette valeur de $k''=2^{m.c.},3118$ doit être probablement trop grande.

Remarquons que l'on a $\frac{ab}{\sqrt{\pi}}=3,0516$ pour la Terre, et $\frac{ab}{\sqrt{\pi}}=0,70673$ pour un globe de fer. Donc pour la Terre

$$\text{arc.}\left(\text{tang.}=\frac{1}{1+\frac{ab}{\sqrt{\pi}}}\right)=13^\circ.\,51'.\,51''=\delta\,;$$

et pour le globe de fer

$$\text{arc.}\left(\text{tang.} = \frac{1}{1+\frac{ab}{\sqrt{\pi}}}\right) = 30^\circ.\ 22'.\ 0'' = \delta'\ .$$

Le principal terme des inégalités annuelles de la température, à la profondeur x, *plus grande qu'un mètre*, étant désigné par w, nous avons, pour la Terre :

$$w = \frac{Mh}{D}\cdot e^{-\frac{x.\sqrt{\pi}}{a}}\,\text{sin.}\left\{2\pi t - \frac{x.\sqrt{\pi}}{a} - \delta\right\}\ ;$$

le temps t étant compté du jour de l'équinoxe du printemps, avec l'année prise pour unité. Ainsi la constante de l'argument serait δ' (plus grande que le double de δ), si elle était évaluée avec les élémens a et b, relatifs au fer. Le rapport $\frac{78,21}{14,64} = 5,343$ de la conductibilité *propre* du fer à celle de la Terre est environ la moitié de celui (de *neuf*) que Fourier concluait par estime d'une observation de Saussure. Cette observation donnerait $19^\circ.\ 7'$, au lieu de $13^\circ.\ 52'$. Si la double condition d'avoir $x > 1$, et $\frac{x.\sqrt{\pi}}{a} + \delta = \frac{\pi}{4}$ est satisfaite, l'échauffement de l'intérieur du Sol succédera à son refroidissement à un huitième d'année après le jour de l'équinoxe du printemps.

§ III.

L'intégration par partie donne :

$$\int r\,dr.\,\text{sin.}\left(\frac{\theta.r}{l}\right).F(r) = \frac{l^2}{\theta^2}\cdot\int F(r)\,d.\left\{\text{sin.}\left(\frac{\theta.r}{l}\right) - \frac{\theta.r}{l}\cdot\cos.\left(\frac{\theta.r}{l}\right)\right\}$$

$$= \frac{l^2}{\theta^2}\cdot F(r).\left\{\text{sin.}\left(\frac{\theta.r}{l}\right) - \frac{\theta.r}{l}\cdot\cos.\left(\frac{\theta.r}{l}\right)\right\}$$

$$-\frac{l^2}{\theta^2}\cdot\int\left\{\text{sin.}\left(\frac{\theta.r}{l}\right) - \frac{\theta.r}{l}\cdot\cos.\left(\frac{\theta.r}{l}\right)\right\}.F'(r)\,dr\ ,$$

en posant $F'(r) = \frac{d.F(r)}{dr}$. Donc, en faisant $F(l) = A$, et excluant toute fonction de r qui deviendrait infinie en posant $r = 0$, l'on a :

$$(4) \ldots\ldots \int_0^l r\,dr.\sin.\left(\frac{\theta.r}{l}\right).F(r) = \frac{A\,l^2}{\theta^2}.\left\{\sin.\theta - \theta.\cos.\theta\right\}$$

$$-\frac{l^2}{\theta^2}.\int_0^l \left\{\sin.\left(\frac{\theta.r}{l}\right) - \frac{\theta.r}{l}.\cos.\left(\frac{\theta.r}{l}\right)\right\}.F'(r)\,dr\ .$$

Maintenant, si l'on fait:

$$(5) \ldots \left\{\sin.\left(\frac{\theta.r}{l}\right) - \frac{\theta.r}{l}.\cos.\left(\frac{\theta.r}{l}\right)\right\}.F'.\left(\frac{\theta.r}{l}.\frac{l}{\theta}\right) = \Pi.\left(\frac{\theta.r}{l}\right)\ ,$$

l'on aura:

$$(6) \int_0^l r\,dr.\sin.\left(\frac{\theta.r}{l}\right).F(r).V = \frac{l^2}{\theta^2}.(\sin.\theta - \theta.\cos.\theta) - \frac{l}{\theta}.\int_0^l \Pi.\left(\frac{\theta.r}{l}\right).d.\left(\frac{\theta.r}{l}\right)\ .$$

En substituant cette valeur dans l'équation (1), nous aurons:

$$(7) \ldots\ldots u = 2A.\Sigma.e^{-\frac{a^2\theta^2 t}{l^2}}.\frac{\sin.\left(\frac{\theta.r}{l}\right)}{\left(\frac{\theta.r}{l}\right)}.\left\{\frac{\sin.\theta - \theta.\cos.\theta}{\theta - \sin.\theta.\cos.\theta}\right\}$$

$$-2\Sigma.\frac{1}{r}.\frac{e^{-\frac{a^2\theta^2.t}{l^2}}.\sin.\left(\frac{\theta.r}{l}\right)}{\theta - \sin.\theta.\cos.\theta}.\int_0^l \Pi.\left(\frac{\theta.r}{l}\right).d.\left(\frac{\theta.r}{l}\right)\ .$$

Soit $\frac{\theta.r}{l} = q$, l'on aura:

$$\int_0^l \Pi.\left(\frac{\theta.r}{l}\right).d.\left(\frac{\theta.r}{l}\right) = \int_0^\theta \Pi(q).dq\ .$$

En nommant $\Omega'(\theta)$ cette fonction de θ, on écrira l'équation

$$(6)' \ldots\ldots\ldots \int_0^l \Pi.\left(\frac{\theta.r}{l}\right).d.\left(\frac{\theta.r}{l}\right) = \Omega'(\theta)\ .$$

Cela posé, si l'on fait:

$$\frac{\frac{l}{r}.\sin.\left(\frac{\theta.r}{l}\right)}{\theta-\sin.\theta.\cos.\theta}=\psi_{(1)}(\theta^2).\psi_{(2)}\left(\frac{r^2}{l^2}.\theta^2\right),$$

l'on aura :

$$(8)\ldots\ldots\; u= 2A.\Sigma.e^{-\frac{a^2\theta^2.t}{l^2}}.\frac{\sin.\left(\theta.\frac{r}{l}\right)}{\left(\theta.\frac{r}{l}\right)}.\left\{\frac{\sin.\theta-\theta.\cos.\theta}{\theta-\sin.\theta.\cos.\theta}\right\}$$

$$-\frac{2}{l}.\Sigma.e^{-\frac{a^2\theta^2.t}{l^2}}.\,\Omega'(\theta).\psi_{(1)}(\theta^2).\psi_{(2)}.\left(\frac{r^2}{l^2}.\theta^2\right).$$

On voit par là, que le point principal de la question consiste dans la recherche des racines réelles de l'équation (2), exprimées *littéralement.*

Pour détruire la possibilité des racines imaginaires, capables de satisfaire à une telle équation, il faut recourir au théorême démontré par Poisson; que deux quelconques θ, θ' de ses racines inégales doivent remplir la condition exprimée par l'égalité

$$\int_0^l \sin.\left(\frac{\theta.r}{l}\right).\sin.\left(\frac{\theta'.r}{l}\right).dr=0\;;$$

(voyez les pages 293 et 294) la variable r étant la distance d'une couche sphérique au centre du globe.

§ IV.

Pour cela, observons d'abord que, en faisant $3bl=\mathrm{a}$, $3(1-bl)=g$, l'on a ;

$$1=(1-bl).\left\{\frac{\sin.\theta}{\theta.\cos.\theta}-1\right\}+1-bl\;;$$

d'où l'on tire :

$$(9)\ldots\ldots\ldots\; \mathrm{a}=(1-bl)\theta^2+g.\left\{\frac{\sin.\theta-\theta.\cos.\theta}{\theta.\cos.\theta}-\frac{\theta^2}{3}\right\}.$$

Cela posé, si l'on observe que

$$\frac{1-\frac{\theta^2}{6}}{1-\frac{\theta^2}{2}}=1+\frac{\frac{1}{3}\theta^2}{1-\frac{1}{2}\theta^2}\;;$$

$$\frac{\sin.\theta}{\theta.\cos.\theta}=\left\{\frac{1-\frac{\theta^2}{2}}{1-\frac{\theta^2}{6}}\right\}.\left\{1+\frac{\frac{1}{3}\theta^2}{1-\frac{1}{3}\theta^2}\right\}.\frac{\sin.\theta}{\theta.\cos.\theta}\;;$$

en faisant

(10) .... $$\varphi'(\theta^2)=1-\frac{\left(1-\frac{\theta^2}{2}\right)}{\left(1-\frac{\theta^2}{6}\right)}.\frac{\sin.\theta}{\theta.\cos.\theta}\;,$$

l'on aura:

(9)' .... $$a=\frac{(1-bl)\theta^2}{1-\frac{1}{3}\theta^2}-\frac{g\varphi'(\theta^2)}{1-\frac{1}{3}\theta^2}.\left\{1-\frac{\theta^2(2-a)}{3g}\right\}.$$

Maintenant, si nous faisons:

(11) .... $$\frac{g}{3}.\left\{3-(g-1)\theta^2\right\}.\varphi'(\theta^2)=\varphi(\theta^2)\;,$$

l'on aura l'équation

(12) .... $$\theta^2=a-\varphi(\theta^2)\;,$$

équivalente à l'équation (2). La fonction $\varphi'(\theta^2)$, étant développée suivant les puissances de θ^2, l'on a:

(13)...
$$\varphi'(\theta^2)=\frac{+\left(1-\frac{\theta^2}{6}\right).\frac{\theta^4}{2.3.4}.\left\{1-\frac{\theta^2}{5.6}+\frac{\theta^4}{5.6.7.8}-\text{etc.}\right\}-\left(1-\frac{\theta^2}{2}\right).\frac{\theta^4}{2.3.4.5}.\left\{1-\frac{\theta^2}{6.7}+\frac{\theta^4}{6.7.8.9}-\text{etc.}\right\}}{\left(1-\frac{\theta^2}{2}\right).\left\{1-\frac{\theta^2}{2}+\frac{\theta^4}{2.3.4}-\text{etc.}\right\}}\;;$$

$$\varphi'(\theta^2)=M_{(1)}\theta^4+M_{(2)}\theta^6+M_{(3)}\theta^8+\text{etc.}\;;$$

$$M_{(1)}=\frac{1}{30}\;;\quad M_{(2)}=\frac{37}{30.42}\;;\quad M_{(3)}=-\frac{1487}{30.1512}\;;$$

$$M_{(4)}=-\frac{1}{30}.\frac{396499}{166320}\;;\quad \text{etc.}$$

Cette série sera nécessairement convergente par sa nature.

En développant la valeur de θ^2 et celle de θ par la formule générale de LAGRANGE, on aura:

$$(14) \ldots \quad \theta^2 = a - \varphi(a) + \frac{1}{2} \cdot \frac{d}{da} \cdot \{\varphi^2(a)\} - \frac{1}{2.3} \cdot \frac{d^2}{da^2} \cdot \{\varphi^3(a)\}$$
$$+ \frac{1}{2.3.4} \cdot \frac{d^3}{da^3} \cdot \{\varphi^4(a)\} - \text{etc.} ;$$

$$(15) \ldots \quad \theta = \sqrt{a} - \frac{1}{2} \cdot a^{-\frac{1}{2}} \varphi(a) - \frac{1}{2} \cdot \frac{1}{2} \cdot \frac{d}{da} \cdot \{a^{-\frac{1}{2}} \varphi^2(a)\}$$
$$+ \frac{1}{2} \cdot \frac{1}{2.3} \cdot \frac{d^2}{da^2} \cdot \{a^{-\frac{1}{2}} \varphi^3(a)\} - \frac{1}{2} \cdot \frac{1}{2.3.4} \cdot \frac{d^3}{da^3} \cdot \{a^{-\frac{1}{2}} \varphi^4(a)\}$$
$$+ \frac{1}{2} \cdot \frac{1}{2.3.4.5} \cdot \frac{d^4}{da^4} \cdot \{a^{-\frac{1}{2}} \varphi^5(a)\} - \text{etc.}$$

La fonction $\varphi(a)$ étant de la forme

$$(16) \ldots\ldots \begin{cases} \varphi(a) = Ma^2 + M'a^3 + M''a^4 + M'''a^5 + \text{etc.} ; \\ M = gM_{(1)} ; \qquad M' = gM_{(2)} - (g-1)M_{(1)} ; \\ M'' = gM_{(3)} - (g-1)M_{(2)} ; \qquad \text{etc.} ; \end{cases}$$

conformément à l'équation (13), il est clair que la valeur de θ sera de la forme

$$(17) \ldots\ldots \quad \theta = \sqrt{a} \cdot \{1 + Na + N'a^2 + N''a^3 + \text{etc.}\} ,$$

et celle de θ^2 de la forme

$$(18) \begin{cases} \theta^2 = a \cdot \{1 + Ga + G'a^2 + G''a^3 + \text{etc}\} ; \\ \theta^2 = a - \{Ma^2 + M'a^3 + M''a^4 + M'''a^5 + \text{etc.}\} \\ \quad + \{Ma^2 + M'a^3 + M''a^4 + \text{etc.}\} . \{2Ma + 3M'a^2 + 4M''a^3 + \text{etc.}\} \\ \quad - \{Ma^2 + M'a^3 + \text{etc.}\} . \{5M^2a^2 + 12MM'a^3 + \text{etc.}\} \\ \quad + (Ma^2 + \text{etc.}) . (2^3M^3a^3 + \text{etc.}) \\ \quad + \tfrac{3}{2} . \{M^2a^4 + \text{etc.}\} . \{2Ma + \text{etc.}\} . \{2M + \text{etc.}\} \\ \quad + \text{etc.} \end{cases}$$

Donc, en posant :

$$(19) \ldots\ldots \quad \Omega(a) = G + G'a + G''a^2 + \text{etc.} ,$$

nous avons :

$$(20) \ldots\ldots\ldots\ldots \quad \theta^2 = a + a^2 . \Omega(a) .$$

Maintenant, si l'on fait

$$(21)\ \ldots\quad \frac{\sin.\left(\frac{\theta.r}{l}\right)}{\left(\frac{\theta.r}{l}\right)}\cdot\left\{\frac{\sin.\theta-\theta.\cos.\theta}{\theta-\sin.\theta.\cos.\theta}\right\}=\Gamma.\left(\frac{\theta^2.r^2}{l^2}\right).\Gamma'(\theta^2)=\psi(\theta^2),$$

l'on aura (en fonction de a), en faisant $\psi'(a)=\frac{d.\psi(a)}{da}$:

$$(22)\ \ldots\quad \psi(\theta^2)=\psi(a)-\psi'(a).\varphi(a)+\frac{1}{2}\cdot\frac{d}{da}\cdot\left\{\psi'(a).\varphi^2(a)\right\}$$
$$-\frac{1}{2.3}\cdot\frac{d^2}{da^2}\cdot\left\{\psi'(a).\varphi^3(a)\right\}+\frac{1}{2.3.4}\cdot\frac{d^3}{da^3}\cdot\left\{\psi'(a).\varphi^4(a)\right\}$$
$$-\text{etc.}$$

La fonction $\psi(\theta^2)$ étant, conformément à l'équation (21), de la forme

$$\psi(\theta^2)=\left(1+B\cdot\frac{\theta^2.r^2}{l^2}+B'\cdot\frac{\theta^4.r^4}{l^4}+\text{etc.}\right).(1+N_{(1)}\theta^2+N_{(2)}\theta^4+\text{etc.});$$

il est clair que l'expression de $\psi(a)$, en série, sera de la forme

$$(23)\ \ldots\ldots\quad \psi(a)=1+E\,a+E'\,a^2+E''\,a^3+\text{etc.};$$

d'où l'on tire :

$$(24)\ \ldots\ldots\quad \psi'(a)=E+2E'\,a+3E''\,a^2+\text{etc.}.$$

Le produit $\psi(a).\varphi(a)$ sera de la forme

$$(25)\ \ldots\ldots\quad \varphi'(a).\varphi(a)=P\,a^2+P'\,a^3+P''\,a^4+\text{etc.};$$

et l'on aura :

$$\frac{d}{da}\cdot\left\{\psi'(a).\varphi^2(a)\right\}=P_{(1)}\,a^3+P'_{(1)}\,a^4+P''_{(1)}\,a^5+\text{etc.};$$

$$\frac{d^2}{da^2}\cdot\left\{\psi'(a).\varphi^3(a)\right\}=P_{(2)}\,a^4+P'_{(2)}\,a^5+P''_{(2)}\,a^6+\text{etc.};$$

$$\frac{d^3}{da^3}\cdot\left\{\psi'(a).\varphi^4(a)\right\}=P_{(3)}\,a^5+P'_{(3)}\,a^6+P''_{(3)}\,a^7+\text{etc.};$$

$$\frac{d^4}{da^4}\cdot\left\{\psi'(a).\varphi^5(a)\right\}=P_{(4)}\,a^6+P'_{(4)}\,a^7+P''_{(4)}\,a^8+\text{etc.};$$

etc.

Donc la valeur de $\psi(\theta^2)$ sera donnée, en dernière analyse, par une série convergente, dont l'*unité positive* sera le premier terme; de sorte que l'on aura:

$$(26) \ldots\ldots\ldots \qquad \psi(\theta^2) = 1 + \text{fonct.}(\text{a}) \, .$$

Mais, pour mettre en évidence les termes multipliés par les puissances *paires* de $\frac{r}{l}$, qui entrent dans le produit

$$(27) \ldots\ldots\ldots \qquad \psi(\theta^2) = \Gamma.\left(\frac{\theta^2.r^2}{l^2}\right).\Gamma'(\theta^2) \, ,$$

nous écrirons:

$$(28) \ldots\ldots\ldots \qquad \psi(\theta^2) = 1 + f_{(1)}.\left\{\text{a}, \Sigma.\left(\frac{r}{l}.\sqrt{\text{a}}\right)^{2i}\right\} .$$

Telle est l'expression du premier membre de l'équation (21). Et l'on aura, d'après cette analyse [en vertu de l'équation (20)]:

$$(29) \ldots \quad e^{-\frac{a^2}{l^2}.\theta^2 t} = e^{-\frac{a^2}{l^2}.\text{a}t} . e^{-\frac{a^2 t}{l^2}.\text{a}^2.\Omega(\text{a})} ;$$

$$(30) \ldots \quad e^{-\frac{a^2}{l^2}.\theta^2 t}.\psi(\theta^2) = e^{-\frac{a^2}{l^2}.\text{a}t} . e^{-\frac{a^2 t}{l^2}.\text{a}^2.\Omega(\text{a})} . \left\{1 + f_{(1)}.\left[\text{a}, \Sigma.\left(\frac{r}{l}.\sqrt{\text{a}}\right)^{2i}\right]\right\} ;$$

ce qui revient à dire que

$$(29)' \ldots \quad e^{-\frac{a^2}{l^2}.\theta^2 t} = e^{-\frac{3ba^2t}{l}} . e^{-9b^2a^2t.\Omega(\text{a})} ;$$

$$(30)' \ldots \quad e^{-\frac{a^2}{l^2}.\theta^2 t}.\psi(\theta^2) = e^{-\frac{3ba^2t}{l}} . e^{-9b^2a^2t.\Omega(\text{a})}. \left\{1 + f_{(1)}.\left[\text{a}, \Sigma.\left(\frac{r}{l}.\sqrt{\text{a}}\right)^{2i}\right]\right\} .$$

La première partie de la valeur de u, qu'on voit dans le second membre de l'équation (8), est ainsi exprimée d'une manière explicite en fonction des deux variables t, $\frac{r}{l}$, et de la constante a qui entre dans le second membre de l'équation fondamentale (12). On doit se rappeler, que la fonction

$$(31) \ldots \quad \varphi(\theta^2) = g.\left\{1 - \frac{(g-1)}{3}.\theta^2\right\}.\left\{M_{(1)}\theta^4 + M_{(2)}\theta^6 + \text{etc.}\right\} ,$$

doit être formée *sans* remplacer g par sa valeur $3 - \text{a}$, afin de ne pas introduire des termes *étrangers* au théorême de Lagrange en résolvant l'équation (12). C'est après avoir écrit

$$(32)\ldots\quad \varphi(\mathrm{a})=g.\left\{1-\frac{(g-1)}{3}\cdot\mathrm{a}\right\}.\left\{M_{(1)}\mathrm{a}^2+M_{(2)}\mathrm{a}^3+\text{etc.}\right\},$$

qu'on doit exécuter les différentiations relativement au paramètre a.

§ V.

Dans le cas de $bl<1$, il est évident que l'on aurait:

$$1-bl=\frac{\pi}{4}-\beta', \qquad \text{ou} \qquad 1-bl=\frac{\pi}{4}+\beta\,.$$

Dans le premier de ces deux cas, si l'on fait $\theta=\frac{\pi}{4}-q'$, l'équation (2) donne:

$$\frac{\pi}{4}-q'=\frac{(1-bl).(1-\text{tang}.q')}{1+\text{tang}.q'}\;;$$

d'où l'on tire, en faisant $G=\frac{\pi}{4}+(1-bl)$:

$$(33)\;\ldots\ldots\ldots\quad q'=\beta'-(q'-G).\text{tang}.q'\,.$$

Cette équation, résolue par la série de Lagrange, donne:

$$q'=\beta'-(\beta'-G).\text{tang}.\beta'+\frac{1}{2}\cdot\frac{d}{d\beta'}\cdot\left\{(\beta'-G)^2.\text{tang}.^2\beta'\right\}-\text{etc.}\;;$$

$$\theta=(1-bl)-2(1-b'l).\text{tang}.\beta'-\frac{1}{2}\cdot\frac{d}{d\beta'}\cdot\left\{(\beta'-G)^2.\text{tang}.^2\beta'\right\}-\text{etc.}\;;$$

$$\begin{aligned}\theta^2=\left(\frac{\pi}{4}-q'\right)^2= &\left(\frac{\pi}{4}-\beta'\right)^2+2.\left(\frac{\pi}{4}-\beta'\right).(\beta'-G).\text{tang}.\beta'\\ &+\frac{2}{2}\cdot\frac{d}{d\beta'}\cdot\left\{\left(\frac{\pi}{4}-\beta'\right).(\beta'-G)^2.\text{tang}.^2\beta'\right\}\\ &+\frac{2}{2.3}\cdot\frac{d}{d\beta'^2}\cdot\left\{\left(\frac{\pi}{4}-\beta'\right).(\beta'-G)^3.\text{tang}.^3\beta'\right\}\\ &+\text{etc.}\;;\end{aligned}$$

$$(34)\;\ldots\ldots\quad \theta^2=(1-bl)^2-4(1-bl)^2.\left\{2+\text{tang}.^2\beta'\right\}.\text{tang}.\beta'+\text{etc.}$$

Dans le second cas, si l'on fait $1-bl=\frac{\pi}{4}+\beta$, $\theta=\frac{\pi}{4}+q$, l'on aura l'équation

(35) .... $q=\beta+(q+G).\text{tang.}\,q$;

de laquelle on tire :

$$q=\beta+(G+\beta).\text{tang.}\,\beta+\frac{1}{2}\cdot\frac{d}{d\beta}\cdot\left\{(G+\beta)^2.\text{tang.}^2\beta\right\}+\text{etc.};$$

$$\theta=(1-bl)+2(1-bl).\text{tang.}\beta+\frac{1}{2}\cdot\frac{d}{d\beta}\cdot\left\{(G+\beta)^2.\text{tang.}^2\beta\right\}+\text{etc.};$$

$$\theta^2=\left(\frac{\pi}{4}+q\right)^2=\left(\frac{\pi}{4}+\beta\right)^2+2.\left(\frac{\pi}{4}+\beta\right).(G+\beta).\text{tang.}\beta$$
$$+\frac{2}{2}\cdot\frac{d}{d\beta}\cdot\left\{\left(\frac{\pi}{4}+\beta\right).(G+\beta)^2.\text{tang.}^2\beta\right\}$$
$$+\text{etc.};$$

(36) .... $\theta^2=(1-bl)^2+4(1-bl)^2$
$$+4(1-bl)^2.\text{tang.}\beta.\left\{3-bl+2(1-bl).\text{tang.}^2\beta\right\}$$
$$+8(1-bl)^2.\text{tang.}^2\beta+\text{etc.}$$

Au lieu de ces deux séries, ordonnées suivant les puissances de $(1-bl)$, la série (20) du § précédent, ordonnée suivant les puissances de $3bl$, comprend l'un et l'autre de ces deux cas, et démontre que la plus petite valeur de θ^2 est susceptible d'être mise sous la forme

$$\theta^2=3bl+M'_{(1)}(3bl)^2+M'_{(2)}(3bl)^3+\text{etc.}$$

De sorte que l'on a :

$$\frac{a^2\theta^2t}{l^2}=\frac{a^2.3b}{l}\cdot t+a^2t.\left\{(3b)^2M'_{(1)}+(3b)^3l.M'_{(2)}+\text{etc.}\right\}.$$

Et comme $a^2=\frac{k}{c}$, $b=\frac{p}{k}$, et par conséquent $a^2b=\frac{p}{c}$, on obtiendra,

(37) ... $\frac{a^2\theta^2t}{l^2}=\frac{3pt}{cl}+\frac{3^2.tp^2}{kc}\cdot\left\{M'_{(1)}+3bl.M'_{(2)}+\text{etc.}\right\}.$

Les autres valeurs de θ^2, rapidement croissantes, qui satisfont à l'équation (2), on les obtiendra en posant $\theta=\frac{3}{2}\cdot\pi-\theta_{(2)}$, $\theta=\frac{7}{2}\cdot\pi-\theta_{(3)}$; et en général $\theta=(4n-1)\cdot\frac{\pi}{2}-\theta_{(n)}$. La substitution de cette valeur de θ dans l'équation (2) donne :

$$(4n-1)\cdot\frac{\pi}{2}-\theta_{(n)}=\frac{(1-bl)}{\text{tang.}\,\theta_{(n)}}\ ;$$

d'où l'on tire

(38) ....
$$\text{tang.}\,\theta_{(n)}=\mathrm{a}_{(n)}+\frac{\theta_{(n)}\,\text{tang.}\,\theta_{(n)}}{G_{(n)}}\ ,$$

en faisant

$$\mathrm{a}_{(n)}=\frac{2(1-bl)}{\pi(4n-1)}\ ;\qquad G_{(n)}=(4n-1)\cdot\frac{\pi}{2}\ .$$

Remarquons maintenant, que, de l'équation

$$\text{tang.}\,X=\mathrm{a}+\frac{X.\,\text{tang.}\,X}{G}\ ,$$

on tire:

$$X=\int\frac{d.\,\text{tang.}\,\mathrm{a}}{1+\text{tang.}^2\,\mathrm{a}}+\frac{\mathrm{a}}{G}\cdot\Big\{\text{arc.}[\text{tang.}=\mathrm{a}]\Big\}.\cos.^2\mathrm{a}$$
$$+\frac{1}{2G^2}\cdot\frac{d}{d\mathrm{a}}\cdot\Big\{\cos.^2\mathrm{a}.\,\mathrm{a}^2.\{\text{arc.}[\text{tang.}=\mathrm{a}]\}^2\Big\}$$
$$+\frac{1}{2.3.G^3}\cdot\frac{d^2}{d\mathrm{a}^2}\cdot\Big\{\cos.^2\mathrm{a}.\,\mathrm{a}^3.\{\text{arc.}[\text{tang.}=\mathrm{a}]\}^3\Big\}$$
$$+\text{etc.}\ ;$$

en observant que

$$X=\int\frac{d.\,\text{tang.}\,X}{1+\text{tang.}^2\,X}\ .$$

Donc, en faisant $\mathrm{a}=\text{tang.}\,\psi$, l'on a:

(39) .. ..
$$X=\psi.\Big\{1+\frac{\mathrm{a}.\cos.^2\mathrm{a}}{G}\Big\}+\frac{1}{2G^2}\cdot\frac{d}{d\mathrm{a}}\cdot\{\psi^2\mathrm{a}^2.\cos.^2\mathrm{a}\}$$
$$+\frac{1}{2.3.G^3}\cdot\frac{d^2}{d\mathrm{a}^2}\cdot\{\psi^3\mathrm{a}^3.\cos.^2\mathrm{a}\}+\frac{1}{2.3.4.G^4}\cdot\frac{d\mathrm{a}^3}{d^3}\cdot\{\psi^4\mathrm{a}^4.\cos.^2\mathrm{a}\}$$
$$+\text{etc.}\ ;$$

$$\frac{d.\psi^m}{d\mathrm{a}}=\frac{m.\psi^{m-1}}{1+\mathrm{a}^2}\ ;$$

$$\frac{d^2.\psi^m}{d\mathrm{a}^2}=\frac{m(m-1).\psi^{m-2}}{(1+\mathrm{a}^2)^2}+m.\psi^{m-1}.\frac{d(1+\mathrm{a}^2)^{-1}}{d\mathrm{a}}\ ;$$

$$\frac{d^3.\psi^m}{d\mathrm{a}^3}=\frac{m(m-1)(m-2).\psi^{m-3}}{(1+\mathrm{a}^2)^3}+\frac{m(m-1).\psi^{m-2}}{1+\mathrm{a}^2}\cdot\frac{d(1+\mathrm{a}^2)^{-1}}{d\mathrm{a}}$$
$$+m.\psi^{m-1}.\frac{d^2(1+\mathrm{a}^2)^{-1}}{d\mathrm{a}^2}\ ;$$

etc.

Pour exécuter les différentiations indiquées à l'égard des produits de la forme $a^i.\cos.^2 a.\psi^i$, il conviendra d'employer le principe connu

$$\frac{d^m(yz)}{da^m}=y.\frac{d^m z}{(da)^m}+m.\frac{dy}{da}.\frac{d^{m-1}y}{(da)^{m-1}}+\frac{m(m-1)}{2}.\frac{d^2y}{da^2}.\frac{d^{m-2}z}{(da)^{m-2}}$$
$$+\ldots\ldots m.\frac{d^{m-1}y}{(da)^{m-1}}.\frac{dz}{da}+z.\frac{d^m y}{(da)^m}.$$

Il est manifeste, qu'en faisant:

$$\theta=\frac{5}{2}.\pi+\theta'_{(2)}\ ;\ \theta=9.\frac{\pi}{2}+\theta'_{(3)}\ ;\ \ldots\ldots;\ \theta=(4n+1).\frac{\pi}{2}+\theta'_{(n)},$$

on pourra résoudre de la même manière l'équation

$$(4n+1).\frac{\pi}{2}-\theta'_{(n)}=\frac{1-bl}{\text{tang}.\theta'_{(n)}}.$$

Pour avoir les valeurs de θ^2, qui sont celles dont nous avons besoin, il faudra employer la formule

$$(40)\ldots\ \theta^2=\left\{(4n-1).\frac{\pi}{2}-a\right\}^2-\frac{2}{G}.\left\{(4n-1).\frac{\pi}{2}-a\right\}.\psi a.\cos.^2 a$$
$$-\frac{2}{2.G^2}.\frac{d}{da}.\left\{\left[(4n-1).\frac{\pi}{2}-a\right].\psi^2 a^2.\cos.^2 a\right\}$$
$$-\frac{2}{2.3.G^3}.\frac{d^2}{da^2}.\left\{\left[(4n-1).\frac{\pi}{2}-a\right].\psi^3 a^3.\cos.^3 a\right\}$$
$$-\text{etc.}$$

Pour exprimer l'arc ψ en fonction de a par une série convergente et fort régulière on pourra employer la série

$$\psi=\frac{a}{1+a^2}.\left\{1+\frac{2}{3}.\left(\frac{a^2}{1+a^2}\right)+\frac{2.4}{3.5}.\left(\frac{a^2}{1+a^2}\right)^2+\frac{2.4.6}{3.5.7}.\left(\frac{a^2}{1+a^2}\right)^3+\text{etc.}\right\},$$

donnée par M.r J. De Stainville à la page 448 de ses *Mélanges d'Analyse*.

Les racines $\theta^2=\left(\frac{3}{2}.\pi-\theta_{(2)}\right)^2$; $\theta^2=\left(\frac{5}{2}.\pi-\theta'_{(2)}\right)^2$; etc. croissantes avec une grande rapidité qui entrent dans l'expression de la température u du globe ont été considérées par Fourier. Mais leur expression littérale par des séries convergentes me paraît une addition importante pour la théorie du refroidissement des corps sphériques.

Toutefois il est essentiel d'ajouter que, dans le cas où le produit $3bl$ serait une fraction fort petite, par la double condition d'une grande valeur de l multipliée par une valeur fort petite de $3b=\frac{3p}{k}$, il ne faudrait pas croire, que la grande inégalité des valeurs approchées $\frac{3\pi}{2}$, $\frac{5\pi}{2}$, $\frac{7\pi}{2}$, etc. de θ détruit la nécessité de sommer la suite infinie des termes exponentiels

$$N_{(1)}e^{-\frac{9a^2\pi^2t}{l^2}}+N_{(2)}e^{-\frac{25a^2\pi^2t}{l^2}}+\text{etc.},$$

si le temps t, écoulé depuis le commencement du refroidissement, n'avait pas atteint la limite requise pour rendre le produit $a.\sqrt{t}$ plus grand que l. Alors, la question rentre dans le cas exceptionnel que j'ai traité dans mon précédent Mémoire, à l'aide de la transformation, due à Poisson, relativement à la somme analogue de ces quantités exponentielles.

§ VI.

Mais à l'égard des corps sphériques, pour lesquels le produit bl est plus grand que le nombre π, on doit reprendre l'équation (2), et la résoudre en y faisant $\theta=\pi-X$; ce qui la change en

(41) .... $$X=\text{a}+g\varphi(X),$$

en posant $\text{a}=\frac{\pi}{bl}$, $g=1-\frac{1}{bl}$, $\varphi(X)=X-\text{tang}.X$.

De cette équation on tire:

$$X=\text{a}+g\varphi(\text{a})+\frac{g^2}{2}\cdot\frac{d}{d\text{a}}\cdot\{\varphi^2(\text{a})\}+\text{etc.};$$

$$\theta^2=(\pi-X)^2=(\pi-\text{a})^2-2g(\pi-\text{a}).\varphi(\text{a})-\frac{2}{2}\cdot g^2\cdot\frac{d}{d\text{a}}\cdot\{(\pi-\text{a}).\varphi^2(\text{a})\}$$
$$-\frac{2}{2.3}\cdot g^3\cdot\frac{d^2}{d\text{a}^2}\cdot\{(\pi-\text{a}).\varphi^3(\text{a})\}-\text{etc.}$$

Mais $\varphi(a) = a - \text{tang.}\, a$; $\quad \frac{d}{da} \cdot \varphi^2(a) = -2\varphi(a) . \text{tang.}^2 a$;

$$\frac{d^2}{da^2} \cdot \varphi^3(a) = -3 \cdot \frac{d}{da} \cdot \left\{ \varphi^2(a) . \text{tang.}^2 a \right\} ;$$

$$\frac{d^3}{da^3} \cdot \varphi^4(a) = -4 \cdot \frac{d^2}{da^2} \cdot \left\{ \varphi^3(a) . \text{tang.}^2 a \right\} ;$$

etc.

Donc en employant la série fort convergente

$$\varphi(a) = a - \text{tang.}\, a = \text{tang.}\, a . \sin.^2 a$$
$$+ \sin.^3 a . \cos. a . \left\{ \frac{2}{3} + \frac{2.4}{3.5} \cdot \sin.^2 a + \frac{2.4.6}{3.5.7} \cdot \sin.^4 a + \text{etc.} \right\} ,$$

on aura :

$$(42) \ldots \quad \theta = \pi - a - g . \text{tang.}\, a . \sin.^2 a - g . \sin.^3 a . \cos. a . \left\{ \frac{2}{3} + \text{etc.} \right\}$$
$$+ g^2 \varphi(a) . \text{tang.}^2 a + \frac{g^3}{2} \cdot \frac{d}{da} \cdot \left\{ \varphi^2(a) . \text{tang.}^2 a \right\}$$
$$+ \frac{g^4}{2.3} \cdot \frac{d^2}{da^2} \cdot \left\{ \varphi^3(a) . \text{tang.}^2 a \right\}$$
$$+ \frac{g^5}{2.3.4} \cdot \frac{d^3}{da^3} \cdot \left\{ \varphi^4(a) . \text{tang.}^2 a \right\} + \text{etc.} ;$$

$$(43) \ldots \quad \theta^2 = (\pi - a)^2 - 2g(\pi - a) . \text{tang.}\, a . \sin.^2 a$$
$$- 2g(\pi - a) . \sin.^3 a . \cos. a . \left\{ \frac{2}{3} + \frac{2.4}{3.5} \cdot \sin.^2 a + \text{etc.} \right\}$$
$$- g^2 \cdot \frac{d}{da} \cdot \left\{ (\pi - a) . \varphi^2(a) \right\} - \frac{g^3}{3} \cdot \frac{d^2}{da^2} \cdot \left\{ (\pi - a) . \varphi^3(a) \right\}$$
$$- \text{etc.}$$

Si l'on avait $bl > 2\pi$, en faisant $\theta = 2\pi - X$, l'équation (2) deviendrait :

$$X = \frac{2\pi}{bl} + \frac{(bl - 1)}{bl} \cdot (X - \text{tang.}\, X) .$$

Donc, en remplaçant a par 2a, sans faire aucun changement dans l'expression de g, ces formules donneront :

$$\theta = 2\pi - 2a - g . \text{tang.}\, 2a . \sin.^2 2a - \text{etc.} ;$$
$$\theta^2 = (2\pi - 2a)^2 - 2g(2\pi - 2a) . \text{tang.}\, 2a . \sin.^2 2a - \text{etc.}$$

Si l'on avait $bl > 3\pi$, il est clair, qu'en posant $\theta = 3\pi - X$, l'on aurait de la même manière:

$$X = \frac{3\pi}{bl} + \frac{(bl-1)}{bl}.(X - \text{tang.}X)\,.$$

Donc, on aurait cette valeur de X, et celles de θ et θ^2 par le changement de a en 3a. En général, si l'on a $bl > i\pi$, i étant un nombre entier, l'on aura:

$$(44)\ldots\quad \theta^2 = (i\pi - i\text{a})^2 - 2g(i\pi - i\text{a}).\,\text{tang.}\,i\text{a}.\,\text{sin.}^2\,i\text{a} - \text{etc.},$$

pour la plus grande valeur de θ^2. Et comme alors l'on a aussi

$$bl > (i-1)\pi\,,\qquad bl > (i-2)\pi\,,\qquad \ldots\ldots\qquad bl > \pi\,,$$

on peut regarder cette dernière formule comme propre à donner toutes les valeurs de θ^2, en y faisant $i = 1, 2, 3, 4, \ldots\ldots$ Et si le produit bl est un fort grand nombre, il suffira de faire

$$(45)\ \ldots\ldots\ldots\ldots\quad \theta^2 = i^2\pi^2.\left(1 - \frac{1}{bl}\right)^2.$$

Alors la plus petite valeur de θ sera $\theta = \pi$, et

$$\theta = \pi.\left(1 - \frac{1}{bl}\right),\quad \theta = 2\pi.\left(1 - \frac{1}{bl}\right),\quad \theta = 3\pi.\left(1 - \frac{1}{bl}\right),\quad \text{etc.}$$

seront les valeurs successives de θ écrites dans l'ordre de leur grandeur.

§ VII.

Cette déduction, principalement appliquable au cas du refroidissement *séculaire* du globe de la Terre, est celle qui offre le moyen de sommer la série des termes exponentiels qui entrent dans la formule (1) de Fourier, ainsi qu'on va le voir par l'analyse suivante.

En posant $V = (1 - bl)^2 + \theta^2$, l'équation (2) donne:

$$\text{sin.}\theta = \frac{\theta}{\sqrt{V}}\,;\qquad \text{cos.}\theta = \frac{1 - bl}{\sqrt{V}}\,;$$

partant nous avons:

$$\frac{\theta}{\theta - \text{sin.}\theta.\,\text{cos.}\theta} = \frac{V}{V - (1 - bl)}\,.$$

Donc, en écrivant r' au lieu de r, *sous le signe intégral*, et remplaçant ensuite le produit

$$2\sin.\left(\frac{\theta r}{l}\right).\sin.\left(\frac{\theta r'}{l}\right) \quad \text{par} \quad \cos.\frac{\theta}{l}.(r'-r)-\cos.\frac{\theta}{l}.(r'+r) ,$$

l'on aura au lieu de l'équation (1):

(1)' .... $u=$

$$\frac{1}{lr}.\Sigma.\frac{V.e^{-\frac{a^2\theta^2 t}{l^2}}}{V-(1-bl)}.\int_0^l dr'.r'F(r').\left\{\cos.\frac{\theta}{l}.(r'-r)-\cos.\frac{\theta}{l}.(r'+r)\right\}.$$

Maintenant, si l'on remplace l'exponentielle par l'intégrale définie, qui lui est égale:

$$e^{-\frac{a^2\theta^2 t}{l^2}}=\frac{1}{\sqrt{\pi}}.\int_{-\infty}^{\infty} dX.e^{-X^2}\cos.\left[2a.\sqrt{t}.\frac{\theta}{l}.X\right] ;$$

et si l'on fait:

$$p=2a.\sqrt{t}.\frac{\theta}{l} ; \quad q=\frac{\theta}{l}.(r'-r) ; \quad q'=\frac{\theta}{l}.(r'+r) ,$$

cette expression de u sera transformée en celles-ci:

$$(1)''\ldots\ u=\frac{1}{2lr.\sqrt{\pi}}.\int_0^l \frac{dr'.r'F(r').V}{V-(1-bl)}.\left\{\begin{array}{l} \int_{-\infty}^{\infty}\Sigma.dX.e^{-X^2}.\cos.(pX+q) \\ +\int_{-\infty}^{\infty}\Sigma.dX.e^{-X^2}.\cos.(pX-q) \\ -\int_{-\infty}^{\infty} dX.e^{-X^2}.\cos.(pX+q') \\ -\int_{-\infty}^{\infty} dX.e^{-X^2}.\cos.(pX-X') \end{array}\right\}.$$

Mais, en posant $\beta=1-\frac{1}{bl}$; $l'=\frac{1}{b^2.\beta}$, l'on a:

$$\frac{V}{V-(1-bl)}=\beta+\frac{l'.\theta^2}{bl(l^2+l'.\theta^2)} .$$

Donc, en considérant séparément les deux parties qui composent la valeur de u, si l'on fait $u=u'+u''$, nous aurons:

$$(1)''' \left\{ \begin{array}{l} u' = \\ \dfrac{\beta}{2lr.\sqrt{\pi}} \cdot \int_0^l dr'.r'F(r'). \left\{ \begin{array}{l} \int_{-\infty}^{\infty} dX.e^{-X^2}.\Sigma.\{\cos.(pX+q)+\cos.(pX-q)\} \\ -\int_{-\infty}^{\infty} dX.e^{-X^2}.\Sigma.\{\cos.(pX+q')+\cos.(pX-q')\}; \end{array} \right. \\ u'' = \\ \dfrac{l'}{2blr.\sqrt{\pi}} \cdot \int_0^l dr'.r'F(r'). \left\{ \begin{array}{l} \int_{-\infty}^{\infty} dX.e^{-X^2}.\Sigma.\dfrac{\theta^2.\{\cos.(pX+q)+\cos.(pX-q)\}}{l^2+l'.\theta^2} \\ -\int_{-\infty}^{\infty} dX.e^{-X^2}.\Sigma.\dfrac{\theta^2.\{\cos.(pX+q')+\cos.(pX-q')\}}{l^2+l'.\theta^2}. \end{array} \right. \end{array} \right.$$

Dans le cas, où le produit bl est un fort grand nombre, l'on a, en général, $\theta = i\pi.\beta$; i étant un nombre quelconque entier de la suite naturelle $i = 1, 2, 3$, etc. : et

$$pX+q = \frac{i\pi\beta}{l}\cdot(X.2a.\sqrt{t}+r'-r) \; ; \; pX+q' = \frac{i\pi\beta}{l}\cdot(X.2a.\sqrt{t}+r'+r).$$

Donc, en faisant pour plus de simplicité :

$$X.2a.\sqrt{t}+r'-r = \varpi \; ; \qquad X.2a.\sqrt{t}-(r'-r) = \varpi' \; ;$$
$$X.2a.\sqrt{t}+r'+r = \varpi'' \; ; \qquad X.2a.\sqrt{t}-(r'+r) = \varpi''' \; ,$$

nous avons, abstraction faite, pour le moment, de la seconde partie u'' de u :

$(1)^{\text{IV}}$ ....

$$u = \frac{\beta}{2lr.\sqrt{\pi}} \cdot \int_0^l dr'.r'F(r'). \left\{ \begin{array}{l} \int_{-\infty}^{\infty} dX.e^{-X^2}.\left\{ \sum_1^{\infty}.\cos.\left(\dfrac{i\pi\beta\varpi}{l}\right) + \sum_1^{\infty}.\cos.\left(\dfrac{i\pi\beta\varpi'}{l}\right) \right\} \\ -\int_{-\infty}^{\infty} dX.e^{-X^2}.\left\{ \sum_1^{\infty}.\cos.\left(\dfrac{i\pi\beta\varpi''}{l}\right) + \sum_1^{\infty}.\cos.\left(\dfrac{i\pi\beta\varpi'''}{l}\right) \right\} \end{array} \right\}.$$

Pour découvrir les fonctions de r', implicitement renfermées dans les valeurs de ces intégrales définies dépendantes de la variable unique X, il convient de les rapporter, séparément, aux quantités variables ϖ, ϖ', ϖ'', ϖ''', en faisant respectivement :

$$X=\frac{\varpi-(r'-r)}{2a.\sqrt{t}}\;;\qquad X=\frac{\varpi'+(r'-r)}{2a.\sqrt{t}}\;;$$

$$X=\frac{\varpi''-(r'+r)}{2a.\sqrt{t}}\;;\qquad X=\frac{\varpi'''+(r'+r)}{2a.\sqrt{t}}\;;$$

$$dX=\frac{d\varpi}{2a.\sqrt{t}}\;;\quad dX=\frac{d\varpi'}{2a.\sqrt{t}}\;;\quad dX=\frac{d\varpi''}{2a.\sqrt{t}}\;;\quad dX=\frac{d\varpi'''}{2a.\sqrt{t}}\,.$$

La première de ces quatre intégrales devient par là :

$$\frac{1}{2a.\sqrt{t}}\cdot\int_{-\infty}^{\infty}d\varpi.e^{-U^2}.\sum_{1}^{\infty}\cdot\cos.\left(\frac{i\pi\beta\varpi}{l}\right)\ldots\ldots.(m)\;;$$

en posant

$$U=\frac{\varpi-(r'-r)}{2a.\sqrt{t}}\,.$$

Maintenant, par un artifice éminemment algébrique, il est permis d'introduire sous le signe $.\sum\limits_{1}^{\infty}.$ le facteur exponentiel $e^{-i\lambda}$, en considérant λ comme une quantité *positive* très-petite. Alors, la série $.\sum\limits_{1}^{\infty}.\cos.\left(\frac{i\pi\beta\varpi}{l}\right)$, dont la convergence n'est pas évidente, devient la limite de la série convergente :

$$\sum_{1}^{\infty}.e^{-i\lambda}.\cos.\left(\frac{i\pi\beta\varpi}{l}\right)\,,$$

et sa sommation, sous forme finie, devient possible, à l'aide de l'équation connue :

$$1+2\cdot\sum_{1}^{\infty}\cdot e^{-i\lambda}.\cos.\left(\frac{i\pi\beta\varpi}{l}\right)=\frac{1-e^{-2\lambda}}{1-2e^{-\lambda}.\cos.\left(\frac{\pi\beta\varpi}{l}\right)+e^{-2\lambda}}\,.$$

De sorte que l'on a :

$$(m)'\ldots\ldots\frac{(1-e^{-2\lambda})}{4a.\sqrt{t}}.\left\{\int_{-\infty}^{\infty}\frac{d\varpi.e^{-U^2}}{1-2e^{-\lambda}.\cos.\left(\frac{\pi\beta\varpi}{l}\right)+e^{-2\lambda}}-\int_{-\infty}^{\infty}d\varpi.e^{-U^2}\right\}\,,$$

pour la valeur de l'intégral (m). En considérant les élémens *différentiels* de la première de ces deux parties, il est certain qu'il y aura celui qui rend $\frac{\pi\beta\varpi}{l}$ quantité positive ou négative fort petite, mais *finie*. Soit $y=\frac{\pi\beta\varpi}{l}$, une quelconque de ces valeurs, à leur égard

$$d\varpi=\frac{l.dy}{\pi\beta}\,;\qquad \cos.\left(\frac{\pi\beta\varpi}{l}\right)=1-\frac{y^2}{2}\,.$$

Donc, en faisant

$$1-e^{-2\lambda}=2\lambda\,;\qquad (1-e^{-\lambda})^2=\lambda^2,$$

l'on aura à sommer la totalité des élémens différentiels

$$\frac{l}{\pi\beta.2a.\sqrt{t}}\cdot\frac{\lambda dy}{\lambda^2+y^2}\cdot e^{-U'^2}\,;$$

en posant

$$U'=\frac{(r'-r)}{2a.\sqrt{t}}\cdot\left\{1-\frac{ly}{\pi\beta.(r'-r)}\right\}.$$

Or, en observant que

$$\begin{aligned}e^{-P^2(1-Qy)^2}&=e^{-P^2}.e^{2P^2Qy}.e^{-P^2Q^2y^2}\\&=e^{-P^2}.\left\{1+2P^2Qy+\text{etc.}\right\}.\left\{1+P^2Q^2y^2+\text{etc.}\right\}\\&=e^{-P^2}.\left\{1+Gy+G'y^2+G''y^3+\text{etc.}\right\},\end{aligned}$$

et que l'on doit donner à y toutes les valeurs, soit positives, soit négatives, fort petites, on reconnaît que la somme des élémens relatifs à la variable y doit se réduire à la série ordonnée suivant les puissances *paires* de y. Donc, en vertu de la petitesse illimitée de la quantité λ, on peut réduire au seul premier terme l'intégration relative à y et l'exprimer par

$$\frac{l}{\pi\beta.2a.\sqrt{t}}\cdot e^{-U''^2}.\int_{-y}^{+y}\frac{\lambda dy}{\lambda^2+y^2}\,;$$

où $U''=\frac{(r'-r)}{2a.\sqrt{t}}$, et

$$\int_{-y}^{+y}\frac{\lambda dy}{\lambda^2+y^2}=2\,\text{arc.}\left\{\text{tang.}=\frac{y}{\lambda}\right\}$$

Actuellement, si l'on fait la quantité auxiliaire λ infiniment petite, et même égale à zéro, il est évident que cette intégrale se réduit à $2.\frac{\pi}{2}=\pi$. Donc, à la limite de la petitesse de λ, la quantité précédente, désignée par $(m)'$, est égale à

$$(m)'' \ldots\ldots + \frac{l\pi}{\pi\beta . 2a.\sqrt{t}} . e^{-U''^2}.$$

Pour plus de clarté j'ajouterai, que l'on a, en général :

$$\int_{-y}^{+y} \frac{(ly)^{2m}.\lambda l dy}{\lambda^2+y^2} = (-1)^m.(\lambda l)^{2m}.l.\int_{-y}^{+y} \frac{\lambda dy}{\lambda^2+y^2};$$

et que par conséquent, les termes de la série précédente, ordonnée suivant les puissances *paires* de ly donnent une quantité absolument *nulle*, en posant $\lambda = 0$.

Ce raisonnement, appliqué à chacune des quatre intégrales, relatives à X, qu'on voit dans le second membre de l'équation $(1)^{\text{IV}}$, démontre que l'on a $\left(\text{en posant } U^{\text{IV}} = \frac{r'+r}{2a.\sqrt{t}}\right)$:

$$(1)^{\text{V}} \ldots\ldots u = \frac{1}{2r.\sqrt{\pi}.2a.\sqrt{t}} . \int_0^l dr'.r'F(r').\left\{2e^{-U'''^2} - 2e^{-U^{\text{IV}\,2}}\right\}.$$

Mais, en revenant sur nos pas, on conçoit, que rien n'empêche de répéter le même raisonnement, en remplaçant $\frac{\pi\beta\varpi}{l}$ par $2\pi+y$, par $4\pi+y$, et, en général, par $2n\pi+y$ dans l'intégrale $(m)'$; ce qui revient à remplacer ϖ par $2n\pi + \frac{ly}{\pi\beta}$ dans la fonction exponentielle. Alors, le terme principal de l'intégrale, relative à y, deviendra :

$$\frac{l}{\pi\beta.2a.\sqrt{t}} . e^{-U''^2} . \int_{-y}^{+y} \frac{\lambda dy}{\lambda^2+y^2};$$

en posant

$$U'' = \left[2n\pi - \frac{\pi\beta}{l}.(r'-r)\right] . \frac{l}{\pi\beta.2a.\sqrt{t}},$$

et l'on aura, au lieu de la fonction $(m)''$, la quantité

$$(m)''' \ldots\ldots + \frac{l\pi}{\pi\beta.2a.\sqrt{t}} . e^{-U''^2};$$

où l'on pourra prendre pour n tous les nombres entiers $1, 2, 3, \ldots\ldots \infty$. Il faudra donc, pour compléter la valeur de u avec toute l'étendue que comporte son expression primitive $(1)^{\text{IV}}$, ajouter au second membre de l'équation $(1)^{\text{V}}$, les nouveaux termes introduits par 2π, 4π, etc. Alors, en séparant les quatre termes donnés par $n=1$, nous aurons :

(40) .... $u = u' =$

$$\frac{1}{2r.a.\sqrt{\pi t}} \cdot \int_0^l dr'.r'F(r'). \left\{ e^{-U'''^2} - e^{-U^{\text{IV}2}} \right\}$$

$$+ \frac{1}{4r.a.\sqrt{\pi t}} \cdot \int_0^l dr'.r'F(r'). \left\{ e^{-T'^2} - e^{-T''^2} + e^{-T'''^2} - e^{-T^{\text{IV}2}} \right\}$$

$$+ \frac{1}{4r.a.\sqrt{\pi t}} \cdot \int_0^l dr'.r'F(r') \cdot \sum_2^\infty \cdot \left\{ e^{-T^{\text{V}2}} - e^{-T^{\text{VI}2}} + e^{-T^{\text{VII}2}} - e^{-T^{\text{VIII}2}} \right\};$$

en posant

$$T' = \frac{2l - \beta(r' - r)}{2a.\sqrt{\beta t}}; \qquad T'' = \frac{2l + \beta(r' - r)}{2a.\sqrt{\beta t}};$$

$$T''' = \frac{2l - \beta(r' + r)}{2a.\sqrt{\beta t}}; \qquad T^{\text{IV}} = \frac{2l + \beta(r' + r)}{2a.\sqrt{\beta t}};$$

$$T^{\text{V}} = \frac{2nl - \beta(r' - r)}{2a.\sqrt{\beta t}}; \qquad T^{\text{VI}} = \frac{2nl + \beta(r' - r)}{2a.\sqrt{\beta t}};$$

$$T^{\text{VII}} = \frac{2nl - \beta(r' + r)}{2a.\sqrt{\beta t}}; \qquad T^{\text{VIII}} = \frac{2nl + \beta(r' + r)}{2a.\sqrt{\beta t}}.$$

Considérons maintenant la seconde partie de u qui a été désignée par u''. Pour cela, il y a de l'avantage à reprendre l'équation (1)'. En y remplaçant

$$\frac{V}{V - (1 - bl)} \quad \text{par} \quad \beta + \frac{l'\theta^2}{b(l^2 + l'\theta^2)} = \beta + \frac{1}{bl} - \frac{l}{b(l^2 + l'\theta^2)},$$

on aura

(41) .... $u =$

$$\frac{\left(\beta + \frac{1}{bl}\right)}{lr} \cdot \Sigma . e^{-\frac{a^2\theta^2 t}{l^2}} . \int_0^l dr'.r'F(r'). \left\{ \cos.\frac{\theta}{l} \cdot (r' - r) - \cos.\frac{\theta}{l} \cdot (r' + r) \right\}$$

$$- \frac{1}{br} \cdot \Sigma . \int_0^l dr'.r'F(r'). \left\{ \frac{\cos.\frac{\theta}{l} \cdot (r' - r)}{l'\theta^2 + l^2} - \frac{\cos.\frac{\theta}{l} \cdot (r' + r)}{l'\theta^2 + l^2} \right\}$$

$$- \frac{1}{br} \cdot \Sigma . \int_0^l \frac{dr'.r'F(r'). \left(e^{-\frac{a^2\theta^2 t}{l^2}} - 1 \right)}{l'\theta^2 + l^2} \cdot \left\{ \cos.\frac{\theta}{l} \cdot (r' - r) - \cos.\frac{\theta}{l} \cdot (r' + r) \right\}.$$

La première de ces trois parties est déterminée en multipliant par $\frac{bl}{bl-1}$ le second membre de l'équation (40). Et pour déterminer la seconde, dans le cas de $\theta = i.\pi\beta$, il faut remarquer, qu'en faisant

$$g = \frac{l}{(\pi\beta).\sqrt{l'}} \; ; \quad \theta' = \frac{\pi\beta}{l}.(r'-r) \; ; \quad \theta'' = \frac{\pi\beta}{l}.(r'+r) \; ,$$

l'on a (ici où l'arc θ' est plus petit que π):

$$\sum_1^\infty . \frac{g^2.\cos.i\theta'}{i^2+g^2} = -\frac{1}{2} + \frac{\pi g}{2}.\frac{\{e^{-g\theta'} + e^{-2g\pi+g\theta'}\}}{1-e^{-2g\pi}} \; ;$$

(voyez la page 169 du second Volume des *Exercices de Calcul Intégral* par LEGENDRE; et la page 317 du 18.ème Cahier du *Journal de l'École Polytecnique*).

Il suit de là que l'on a:

$$(42) \; \ldots\ldots \quad \frac{-1}{br.l^2}.\int_0^l dr'.r'F(r').\sum_1^\infty.\frac{g^2.\cos.i\theta'}{i^2+g^2} =$$

$$\frac{1}{2br.l^2}.\int_0^l dr'.r'F(r') - \frac{1}{2lr(1-e^{-\pi g})}.\int_0^l dr'.r'F(r').\frac{[1+e^{-2g(\pi-\theta')}]}{e^{g\theta'}} \; .$$

En intégrant par partie, et faisant

$$F'(r') = \frac{d.F(r')}{dr'} \; ; \quad \theta''' = \frac{\pi.\beta r}{l} \; ; \quad \theta^{\text{IV}} = \pi\beta.\left(1+\frac{r}{l}\right) \; ,$$

on trouvera que l'on a:

$$(43) \; \frac{-1}{br.l^2}.\int_0^l dr'.r'F(r').\sum_1^\infty.\frac{g^2.\cos.i\theta''}{i^2+g^2} = \frac{1}{bl'(\pi\beta)^2}.\int_0^l dr'.F(r').\sum_1^\infty.\frac{\cos.i\theta''}{i^2+g^2}$$

$$-\frac{(\pi\beta)^2}{br}.\int_0^l dr'.F'(r').\sum_1^\infty.\left\{\frac{g^2.\cos i\theta''}{i^2+g^2} + i\theta''.\frac{g^2.\sin.i\theta''}{i^2+g^2}\right\}$$

$$-\frac{(\pi\beta)^2.F(l)}{br}.\sum_1^\infty.\left\{\frac{g^2.\cos.i\theta^{\text{IV}}}{i^2+g^2} + \frac{i\theta^{\text{IV}}.g^2.\sin.i\theta^{\text{IV}}}{i^2+g^2}\right\}$$

$$+\frac{(\pi\beta)^2.F(0)}{br}.\sum_1^\infty.\left\{\frac{g^2.\cos.i\theta'''}{i^2+g^2} - \theta'''.\frac{d.}{d\theta'''}\left[\frac{g^2.\cos.i\theta'''}{i^2+g^2}\right]\right\} \; .$$

Et comme $\theta''' < \pi$, le dernier terme de cette équation est égal, sous forme finie, à :

$$-\frac{(\pi\beta)^2.F(0)}{2br}+\frac{(\pi\beta)^2.\pi g.F(0)}{2bre^{g\theta'''}(1-e^{-2\pi g})}.\left\{\begin{array}{l}1-g\theta'''.(1-g\theta''')\\ +(1-2g\theta'''^2).e^{-g(2\pi-3\theta''')}\end{array}\right\}.$$

Pour des globes, dont le rayon l est fort grand, il est manifeste, que ces parties de la valeur de u, doivent être fort petites en comparaison de la première.

Il est évident que la *troisième* partie de la valeur de u, posée dans le second membre de l'équation (41), est *plus petite* que la seconde, puisque le facteur $e^{-\frac{a^2\theta^2 t}{l^2}}-1$ est nécessairement plus petit que l'unité. Il suffit ici de savoir, que cette troisième partie, variable avec le temps t, est néanmoins une quantité inférieure à celles qui constituent le second membre des équations (42), (43). De sorte que l'équation (40) est, en dernière analyse, la transformation capitale de la formule (1) de FOURIER, inhérente à l'équation (2), qui, seule, peut donner la véritable loi du refroidissement des grands globes pour des époques comprises entre le commencement du refroidissement et le commencement de leur *refroidissement final*, pourvu que la condition, que le produit bl soit un fort grand nombre ait lieu. La formule (40) s'accorde avec celle que POISSON a publiée le premier en 1837 (voyez la page 50 du Supplément à son Ouvrage *Sur la Théorie de la Chaleur*). Elle est de la plus haute importance pour la théorie du refroidissement *séculaire* du globe de la Terre. On peut lire dans mon précédent Mémoire (pages 55-61) les argumens et les calculs par lesquels j'ai démontré que les résultats obtenus en supposant $l=\infty$, ne sont pas appliquables à la véritable loi du refroidissement séculaire du globe de la Terre, produit par la chaleur d'*origine*.

L'ensemble de toute l'analyse que je viens d'exposer démontre, que pour établir rationnellement les lois du refroidissement des globes, placés dans une vaste enceinte, où la température demeure invariable, on doit [afin de faire ressortir en langage algébrique les conséquences du principe que l'intensité du rayonnement des globes est, à chaque instant, proportionnelle à l'excès de la température de la partie rayonnante sur celle du milieu dans lequel elle rayonne] considérer, en général, trois cas. Le premier et le second sont déterminés par la grandeur du produit

$bl = \frac{p}{k} \cdot l$, suivant qu'il est plus petit que l'unité, ou un fort grand nombre. Le troisième cas, qui exige l'emploi de la formule (40), comprend la distinction relative aux époques du refroidissement.

La connaissance des trois élémens a, b, c est indispensable pour apprécier des énormes différences qui peuvent avoir lieu dans ces phénomènes. Et pour en offrir un exemple frappant je ferai remarquer, que d'après les expériences de M.r Neumann, l'on a, pour la houille, en prenant le mètre pour unité de longueur, et l'année pour unité de temps:

$c =$ chaleur spécifique $= 0,26$;

$k =$ conductibilité propre $= ca^2 = (0,26).(6,73).(0,0697)$;

$k = 0,12196$; $a = 0^m,6849$.

Le rapport $b = \frac{p}{k}$ n'est pas connu (que je sache); mais on doit le supposer assez grand pour considérer le produit bl comme supérieur au nombre π pour des globes de houille, dont le rayon serait de plusieurs mètres. Alors, on peut réduire à

$$u = A.e^{-\frac{a^2\pi^2 t}{l^2}} = A.e^{-\frac{k\pi^2 t}{c.l^2}} = A.e^{-\frac{4,6296}{l^2}.t},$$

l'expression de leur température finale, en désignant par A leur température initiale. En supposant $l = 10^m$, cette formule donne environ cent années (98,476) pour abaisser sa température initiale au centième, en vertu de l'équation

$$e^{-0,046296.t} = 100 .$$

Pour $l = (112).(6364500)$, qui est le rayon du Soleil, exprimé en mètres, en le supposant un globe de charbon (matière dont la densité égale à-peu-près la densité moyenne de la masse du Soleil), il faudrait, pour diminuer sa température d'*un millionième* de sa température initiale, un nombre d'années déterminé par l'équation

$$e^{-\frac{4,6296}{l^2}.t} = 1 - \frac{1}{(10)^6} ;$$

c'est-à-dire :

$$t = \frac{(112)^2.(6,3645)^2.(10)^6}{4,6296} = (109749).(10)^6 .$$

En anéantissant par la pensée la photosphère qui entoure le globe opaque du Soleil, et appliquant ce calcul à sa masse même, il n'y aura là aucune réalité; mais la conjecture que le rapport $p:k$ des deux conductibilités, extérieure et intérieure, soit, pour le Soleil, un fort grand nombre, n'est, peut-être, pas tout-à-fait inadmissible. La valeur de p dépend de l'état de la superficie, de la pression et de la nature du milieu qui l'entoure.

La double circonstance de la grandeur du rapport $b=\frac{p}{k}$, et de la grandeur du rayon l, porte à considérer la température qui doit avoir lieu à la surface même du Soleil. En désignant par A la température initiale et uniforme pour tous les points de sa masse, si l'on suppose $\sqrt{t}<l$, la température v de sa surface est exprimée par

$$v=\frac{2A}{\sqrt{\pi}}\cdot\int_0^{k'\xi} dy.e^{-y^2}=A.\left\{1-\frac{2}{\sqrt{\pi}}\cdot\int_{k'\xi}^{\infty} dy.e^{-y^2}\right\},$$

où

$$k'\xi=\frac{2l}{(bl-1).2a.\sqrt{t}}=\frac{1}{\sqrt{t}.ab.\left(1-\frac{1}{l}\right)}=\frac{\sqrt{kc}}{\sqrt{t}.p.\left(1-\frac{1}{l}\right)},$$

conformément à la première des deux formules (56), posées dans mon précédent Mémoire (page 46). Or, en série convergente l'on a:

$$v=\frac{1}{\sqrt{t}}\cdot\frac{2A}{\sqrt{\pi}}\cdot\frac{\sqrt{kc}}{p.\left(1-\frac{1}{l}\right)}\cdot\left\{1-\frac{kc}{3t.p^2.\left(1-\frac{1}{l}\right)^2}+\frac{k^2c^2}{10t^2.p^4.\left(1-\frac{1}{l}\right)^4}-\text{etc.}\right\}.$$

Donc la température v sera bientôt beaucoup plus petite que la température A, en vertu de la petitesse du produit

$$\frac{\sqrt{kc}}{\sqrt{\pi t}.p.\left(1-\frac{1}{l}\right)};$$

ce qui fera cesser l'incandescence lumineuse de la surface dont la lumière est susceptible d'être *polarisée*. Néanmoins l'incandescence sensible peut avoir la durée de quelques années, puisque, en supposant successivement:

$$p.\sqrt{i}.\left(1-\frac{1}{l}\right)=\sqrt{kc}\ ; \qquad p.\sqrt{i}.\left(1-\frac{1}{l}\right)=3.\sqrt{kc}\ ,$$

la formule finie, calculée par la Table de KRAMP, donne:

$$v=\frac{2A}{\sqrt{\pi}}.\{0,886227-0,139403\}=A(0,84266)\ ;$$

$$v=\frac{2A}{\sqrt{\pi}}.\{0,886227-0,000019\}=A(1,00000)\ .$$

Mais, si l'on fait $p.\sqrt{i}.\left(1-\frac{1}{l}\right)=4.\sqrt{kc}$, la série donne:

$$v=\frac{2A}{\sqrt{\pi}}.\frac{1}{4}.\left(1-\frac{1}{3,16}+\frac{1}{10}.\frac{1}{(16)^2}-\text{etc.}\right)=$$

$$A(0,28210-0,005877+0,000110-\text{etc.})=A(0,27633)\ .$$

Peut-être ce calcul (tout-à-fait hypothétique) a-t-il quelque intérêt pour offrir une explication probable des phénomènes présentés par les étoiles nouvelles et *temporaires* de 1572, 1604, 1670. L'étoile *temporaire* de quatrième grandeur, aperçue par M.r HIND la nuit du 28 avril 1848, présentait une couleur rougeâtre; mais j'ignore si la polarisation de sa lumière a été reconnue à l'aide du polariscope.

La lumière non polarisable de la photosphère du Soleil accuse l'existence des oscillations de la matière éthérée dans l'espace; mais la chaleur *obscure* qui l'accompagne, et les taches que l'on voit sur son disque, accusent l'opacité de sa surface, et rendent probable l'hypothèse que le globe du Soleil doit avoir une température fort élevée dans son intérieur.

Sur ce point, il faut considérer, que la grandeur de l'élément b et la petitesse de la fraction $\frac{1}{l}$, peuvent rendre le *second* terme de la série

$$u=f+f.\left(b-\frac{1}{l}\right).x+g'x^2+\text{etc.}\ ,$$

que j'ai donnée à la page 47 de mon précédent Mémoire beaucoup plus grand que la température f de la surface du Soleil, même pour une profondeur x qui soit égale à un petit nombre de mètres.

On ne doit jamais perdre de vue, que la conductibilité propre des corps (indépendante de l'état de leurs surfaces) est un élément tout-à-fait spécifique, dû au rayonnement moléculaire de la chaleur dans leur intérieur, qui s'étend au de-là du contact à des distances *finies* quoique insensibles. Son expression analytique a été donnée par Poisson à la page 98 de son Ouvrage par l'équation

$$k=\int_0^\infty dr.r^2 F(r) ,$$

où $F(r)$ désigne une de ces fonctions, dont le caractère est d'être très-rapidement variable avec la distance r. Au § II de ce Mémoire, j'ai supposé la quantité k, relative à l'eau, égale à celle relative à la glace. Un argument favorable à cette égalité (qui est loin d'être évidente), a été exposé par Poisson vers la fin de sa *Note sur le rayonnement moléculaire* (page 532). La fonction inconnue $F(r)$ est semblable à celle qui mesure le pouvoir réfringent des corps pour la lumière. On sait que la sommation des élémens différentiels, dépendante des fonctions de ce genre, n'est pas toujours réductible à une intégrale définie, lorsqu'il y a changement de signe dans les valeurs de la fonction pour celles de la variable comprises entre ces limites. Mais ces cas d'exception n'ont pas lieu dans le phénomène du rayonnement de la chaleur *non latente* dont il est ici question.

Les argumens solides exposés par Poisson, dès l'année 1815, aux pages 16, 17 et 83 de son premier grand Mémoire sur la *Théorie de la Chaleur* (Cahier 19.ème du Journal de l'École Polytechnique), n'ont pas obtenu l'adhésion de Fourier; au point que, en 1822, il a continué de se montrer contraire à la conception émise (la première fois en 1809) par Laplace. Mais, tout bien considéré, il me paraît impossible de justifier Fourier d'avoir publiées en 1822 les idées qu'on lit sur ce point aux pages 592, 593, 594 de son Ouvrage. Elles offrent un singulier contraste au Lecteur qui les rapproche des pages 116, 117 de l'Ouvrage de Poisson, publié en 1835. Là les objections sont posées d'une manière péremptoire: si elles avaient été publiées deux années plus tôt, il faut penser que, Arago, se serait abstenu d'accorder, en quelque sorte, son approbation à cette ténacité de Fourier, en disant publiquement le 18 novembre 1833 que Fourier croyait injustes « *les quelques restrictions* » émises par les trois immortels Commissaires de l'Académie des Sciences pour juger la pièce qui devait être couronnée en 1812. Le silence sur cette résistance de Fourier eût été préférable à la citation de la preuve qu'il a fait imprimer sa pièce couronnée « *sans y changer un seul mot* »

(Voyez la page 341 du premier Volume des *Notices Biographiques d'Arago*). Mais cette espèce d'aberration d'esprit n'empêchera pas la postérité de considérer Fourier comme un des plus grands génies qui ont reculé les bornes de la Philosophie Naturelle, et illustré au plus haut degré le XIX siècle.

Pour remplir la promesse, que je faisais vers la fin de mon précédent Mémoire, je vais exposer dans le Chapitre suivant l'analyse propre à évaluer, numériquement, les températures des régions circumpolaires dues *uniquement à l'action échauffante du Soleil;* action intermittente par l'alternative du jour et de la nuit; mais réduite par Poisson à une fonction *continue du temps* à l'aide des séries composées de termes périodiques; ce qui a changé la face de cette question éminemment importante pour les progrès de la Physique Terrestre.

CHAPITRE SECOND

Sur l'expression analytique de la Chaleur solaire, relativement aux latitudes géographiques Circumpolaires

---

§ I.

Je me propose d'exécuter l'intégration de la fonction V, établie à la page 484 de l'Ouvrage de Poisson, conformément au précepte énoncé à la page 491, en supposant la latitude μ plus grande que $90^\circ - \gamma$; γ désignant l'obliquité de l'Ecliptique; et excluant pour plus de clarté la latitude précisément égale à celle du cercle polaire.

Soient $V_{(1)}$, $V_{(2)}$, $V_{(3)}$, $V_{(4)}$, $V_{(5)}$ les cinq parties dont se compose la fonction V pour le cas particulier dont il est ici question. Je commence par la fonction $V_{(2)}$, qui est la plus importante pour l'objet actuel. Pour cela, on doit faire $\psi'_{(1)} = \pi$ dans l'expression de V, et en nommant φ l'angle auxiliaire, déterminé par l'équation

$$(1) \ldots\ldots\ldots\ldots \qquad \cos.\varphi = \frac{\cos.\mu}{\sin.\gamma},$$

on doit prendre $v' = \frac{\pi}{2} - \varphi$, $v' = \frac{\pi}{2} + \varphi$ pour les limites de cette intégration, relative à la variable v'. En séparant du signe Σ le terme qui répond à $i = 1$, l'on a d'abord:

$$(2) \ldots \quad V_{(2)} = \sin.\mu.\sin.\gamma.\left\{\pi.\int dv'.\sin.v' + \pi.\int dv'.\cos.(v - v').\sin.v'\right\}$$

$$+ \frac{\sin.\mu.\sin.\gamma}{2\pi}.\left\{\begin{array}{l} \pi.\sum\limits_2^\infty.dv'.\sin.(iv + v' - iv') \\ -\pi.\sum\limits_2^\infty.dv'.\sin.(iv - v' - iv') \end{array}\right\};$$

ce qui revient à dire, que

$$\frac{V_{(2)}}{\sin.\mu.\sin.\gamma}=$$

$$\int dv'.\sin.v'+v.\int dv'.\sin.2v'+\sin.v.\left\{\int dv'-\int dv'.\cos.2v'\right\}$$
$$+\sum_2^\infty.\sin.iv.\int dv'.\left\{\cos.(i-1).v'-\cos.(i+1).v'\right\}$$
$$-\sum_2^\infty.\cos.iv.\int dv'.\left\{\sin.(i-1).v'-\sin.(i+1).v'\right\}.$$

Donc, entre les limites données, l'on a :

$$\frac{V_{(2)}}{\sin.\mu.\sin.\gamma}=\sin.\varphi+\varphi.\sin.v$$
$$+\sum_2^\infty.\frac{\sin.iv}{i^2-1}.\left\{\begin{array}{l}\sin.\varphi.\left[\sin.i.\left(\frac{\pi}{2}-\varphi\right)-\sin.i.\left(\frac{\pi}{2}+\varphi\right)\right]\\ -i\cos.\varphi.\left[\cos.i.\left(\frac{\pi}{2}+\varphi\right)-\cos.i.\left(\frac{\pi}{2}-\varphi\right)\right]\end{array}\right\}$$
$$-\sum_2^\infty.\frac{\cos.iv}{i^2-1}.\left\{\begin{array}{l}\sin.\varphi.\left[\cos.i.\left(\frac{\pi}{2}-\varphi\right)+\cos.i.\left(\frac{\pi}{2}+\varphi\right)\right]\\ +i\cos.\varphi.\left[\sin.i.\left(\frac{\pi}{2}-\varphi\right)-\sin.i.\left(\frac{\pi}{2}+\varphi\right)\right]\end{array}\right\};$$

d'où l'on tire :

$$\frac{V_{(2)}}{\sin.\mu.\sin.\gamma}=\sin.\varphi+\varphi.\sin.v$$
$$-2.\sum_2^\infty.\frac{\sin.iv}{i^2-1}.\left\{\sin.\varphi.\sin.i\varphi.\cos.\frac{i\pi}{2}-i\cos.\varphi.\sin.i\varphi.\sin.\frac{i\pi}{2}\right\}$$
$$-2.\sum_2^\infty.\frac{\cos.iv}{i^2-1}.\left\{\sin.\varphi.\cos.i\varphi.\cos.\frac{i\pi}{2}-i\cos.\varphi.\sin.i\varphi.\cos.\frac{i\pi}{2}\right\}.$$

En séparant les termes donnés par $i=2$, l'on a :

$$\frac{V_{(2)}}{\sin.\mu.\sin.\gamma}=\sin.\varphi+\varphi.\sin.v+\frac{2}{3}.\sin\varphi.\sin.2\varphi.\sin.2v$$
$$+\frac{2}{3}.\left\{\sin.\varphi.\cos.2\varphi-2\cos.\varphi.\sin.2\varphi\right\}.\cos.2v$$
$$-2\sin.\varphi.\sum_3^\infty.\frac{\sin.iv}{i^2-1}.\sin.i\varphi.\cos.\frac{i\pi}{2}+2\cos.\varphi.\sum_3^\infty.\frac{\sin.iv}{i^2-1}.i\sin.i\varphi.\sin.\frac{i\pi}{2}$$
$$-2\sin.\varphi.\sum_3^\infty.\frac{\cos.iv}{i^2-1}.\cos.i\varphi.\cos.\frac{i\pi}{2}+2\cos.\varphi.\sum_3^\infty.\frac{\cos.iv}{i^2-1}.i\sin.i\varphi.\cos.\frac{i\pi}{2}.$$

Actuellement, si l'on observe, que les valeurs paires de i: 4, 6, 8, etc. donnent:

$$\sum_3^\infty \frac{\sin. i\nu}{i^2-1} \cdot i \sin. i\varphi . \sin. \frac{i\pi}{2} = 0 ,$$

on verra, que

$$\sum_3^\infty \frac{\sin. i\nu}{i^2-1} \cdot \sin. i\varphi . \cos. \frac{i\pi}{2} = \sum_2^\infty . \frac{(-1)^i . \sin. 2i\nu . \sin. 2i\varphi}{4i^2-1} ;$$

$$\sum_3^\infty . \frac{\sin. i\nu}{i^2-1} \cdot i \sin. i\varphi . \sin. \frac{i\pi}{2} = \sum_2^\infty . \frac{(-1)^{i-1}(2i-1)\sin.(2i-1)\nu}{(2i-1)^2-1} \cdot \sin.(2i-1)\varphi ;$$

ce qui rend l'équation précédente équivalente à celle-ci:

$$(3) \ldots\ldots\ldots \quad \frac{V_{(2)}}{\sin. \mu . \sin. \gamma} = \sin. \varphi + \varphi . \sin. \nu$$

$$- \frac{2}{3} \cdot \sin. \varphi . \cos. 2\nu + \frac{1}{3} \cdot \left\{ \sin.(2\nu - \varphi) - \sin.(2\nu + 3\varphi) \right\}$$

$$- 2 . \sum_2^\infty . \frac{(-1)^i}{4i^2-1} \cdot \left\{ \begin{array}{l} [\sin. \varphi . \sin. 2i\varphi] . \sin. 2i\nu \\ + [\sin. \varphi . \cos. 2i\varphi - 2i \cos. \varphi . \sin. 2i\varphi] . \cos. 2i\nu \end{array} \right\}$$

$$+ 2 \cos. \varphi . \sum_2^\infty . \frac{(-1)^{i-1}(2i-1)}{(2i-1)^2-1} \cdot \sin.(2i-1)\varphi . \sin.(2i-1)\nu .$$

Pour éliminer de cette expression le signe ambigu $(-1)^i$, nous écrirons:

$$(3)' \ldots\ldots\ldots \quad \frac{V_{(2)}}{\sin. \mu . \sin. \gamma} = \sin. \varphi + \varphi . \sin. \nu$$

$$- \frac{2}{3} \cdot \sin. \varphi . \cos. 2\nu + \frac{1}{3} \cdot \left\{ \sin.(2\nu - \varphi) - \sin.(2\nu + 3\varphi) \right\}$$

$$- 2 \sin. \varphi \cdot \sum_2^\infty \cdot \frac{\cos. 2i . \left[\nu - \varphi + \frac{\pi}{2}\right]}{4i^2-1}$$

$$- 2 \cos. \varphi \cdot \sum_2^\infty \cdot i . \left\{ \frac{\sin. 2i . \left(\nu - \varphi + \frac{\pi}{2}\right) - \sin. 2i . \left(\nu + \varphi + \frac{\pi}{2}\right)}{4i^2-1} \right\}$$

$$- \cos. \varphi \cdot \sum_2^\infty \cdot (2i-1) . \left\{ \frac{\cos.(2i-1)(\nu - \varphi + \pi) - \cos.(2i-1)(\nu + \varphi + \pi)}{(2i-1)^2-1} \right\} .$$

En ajoutant au second membre les termes

$$+\frac{2}{3}\cdot\left\{\begin{array}{l}\sin.\varphi.\cos.2.\left(\nu-\varphi+\frac{\pi}{2}\right)\\+\cos.\varphi.\left[\sin.2.\left(\nu-\varphi+\frac{\pi}{2}\right)-\sin.2.\left(\nu+\varphi+\frac{\pi}{2}\right)\right]\end{array}\right\},$$

on pourra remplacer $\cdot\overset{\infty}{\underset{2}{\Sigma}}\cdot$ par $\cdot\overset{\infty}{\underset{1}{\Sigma}}\cdot$ dans la troisième et quatrième ligne et écrire l'équation

(3)''. . . . . $$\frac{V_{(2)}}{\sin.\mu.\sin.\gamma}=$$

$$\sin.\varphi+\varphi\sin.\nu+\frac{1}{3}\cdot\{\sin.(2\nu-\varphi)-\sin.(2\nu+3\varphi)$$

$$-\frac{2}{3}\cdot\sin.\varphi.\{\cos.2\nu+\cos.(2\nu-2\varphi)\}$$

$$-\frac{2}{3}\cdot\cos.\varphi.\{\sin.(2\nu-2\varphi)-\sin.(2\nu+2\varphi)\}$$

$$-\sin.\varphi\cdot\overset{\infty}{\underset{1}{\Sigma}}\cdot\frac{2\cos.2i.\left(\nu-\varphi+\frac{\pi}{2}\right)}{4i^2-1}$$

$$-\cos.\varphi\cdot\overset{\infty}{\underset{1}{\Sigma}}.2i.\left\{\frac{\sin.2i.\left(\nu-\varphi+\frac{\pi}{2}\right)-\sin.2i.\left(\nu+\varphi+\frac{\pi}{2}\right)}{4i^2-1}\right\}$$

$$-\cos.\varphi.\overset{\infty}{\underset{2}{\Sigma}}.(2i-1).\left\{\frac{\cos.[(2i-1)(\nu-\varphi+\pi)]-\cos.[(2i-1)(\nu+\varphi+\pi)]}{(2i-1)^2-1}\right\}.$$

Rien n'empêche de remplacer dans la dernière ligne $\nu-\varphi+\pi$, $\nu+\varphi+\pi$ par $\nu-\varphi-\pi$, $\nu+\varphi-\pi$, respectivement; et alors on l'écrira ainsi:

$$-\cos.\varphi.\overset{\infty}{\underset{2}{\Sigma}}.(2i-1).\left\{\frac{\cos.[(2i-1)(\nu-\varphi-\pi)]-\cos.[(2i-1)(\nu+\varphi-\pi)]}{(2i-1)^2-1}\right\}.$$

De même, en remplaçant

$$2i\cdot\left(\nu-\varphi+\frac{\pi}{2}\right),\qquad 2i.\left(\nu+\varphi+\frac{\pi}{2}\right),$$

par

$$2i.\left(\nu-\varphi-\frac{\pi}{2}\right),\qquad 2i.\left(\nu+\varphi-\frac{\pi}{2}\right);$$

ou par

$$2i.\left(\nu-\varphi+\frac{\pi}{2}-2\pi\right)=2i.\left(\nu-\varphi-\frac{3\pi}{2}\right),\qquad 2i.\left(\nu+\varphi-\frac{3\pi}{2}\right),$$

on rendra ces arcs, multiples du nombre pair $2i$, plus petits que 180°; et alors on sait que l'on a en général:

$$(4) \ldots\ldots\ldots\ldots \left\{ \begin{array}{l} -2\cdot\sum\limits_{1}^{\infty}\cdot\dfrac{\cos. 2i\psi}{4i^2-1} = -1 + \dfrac{\pi}{2}\cdot\sin.\psi\ ; \\ +2\cdot\sum\limits_{1}^{\infty}\cdot\dfrac{i\sin. 2i\psi}{4i^2-1} = \dfrac{\pi}{4}\cdot\cos.\psi\ ; \end{array} \right.$$

pour tout arc ψ compris entre les limites $\psi=0$, $\varphi=\pi$, sous la condition expresse d'exclure les deux limites. Car, pour $\psi=0$, ou $\psi=\pi$, on a l'équation

$$2\cdot\sum_{1}^{\infty}\cdot\frac{1}{4i^2-1} = 2\cdot\left(\frac{1}{3}+\frac{1}{3.5}+\frac{1}{5.7}+\text{etc.}\right)$$
$$= \left(1-\frac{1}{3}\right)+\left(\frac{1}{5}-\frac{1}{7}\right)+\left(\frac{1}{7}-\frac{1}{9}\right)+\text{etc.}\ ;$$

de sorte que

$$(5) \ldots\ldots\ldots\ldots \quad 2\cdot\sum_{1}^{\infty}\cdot\frac{1}{4i^2-1} = \frac{\pi}{4}\ .$$

Il suit de là, qu'en désignant par $m\pi$, $m'\pi$ des multiples convenables de π, on aura les équations

$$(6) \ldots \left\{ \begin{array}{l} -2\cdot\sum\limits_{1}^{\infty}\cdot\dfrac{\cos. 2i.\left(\nu-\varphi+\frac{\pi}{2}\right)}{4i^2-1} = -1 + \dfrac{\pi}{2}\cdot\sin.\left(\nu-\varphi+\dfrac{\pi}{2}-m\pi\right)\ ; \\ +2\cdot\sum\limits_{1}^{\infty}\cdot\dfrac{i\sin. 2i.\left(\nu-\varphi+\frac{\pi}{2}\right)}{4i^2-1} = \dfrac{\pi}{4}\cdot\cos.\left(\nu-\varphi+\dfrac{\pi}{2}-m\pi\right)\ ; \\ +2\cdot\sum\limits_{1}^{\infty}\cdot\dfrac{i\sin.\left(\nu+\varphi+\frac{\pi}{2}\right)}{4i^2-1} = \dfrac{\pi}{4}\cdot\cos.\left(\nu+\varphi+\dfrac{\pi}{2}-m'\pi\right)\ . \end{array} \right.$$

Ces égalités fort remarquables, données par Fourier aux pages 238-242 de sa *Théorie de la Chaleur*, sont ici appliquées à la solution d'une question de haute Physique, qui par là sont mises en connexion avec le problème des *cordes vibrantes*.

§ II.

En réduisant la valeur de V de la page 484, précédemment citée, aux deux seuls termes *indéfinis*

$$(7)\quad V=\frac{\sin.\mu.\sin.\gamma}{2\pi}\cdot\int\psi'_{(1)}\sin.\upsilon\,d\upsilon'+\frac{1}{2\pi}\cdot\int d\upsilon'.\sqrt{\cos.^2\mu-\sin.^2\gamma.\sin.^2\upsilon'}\,,$$

l'on aura, en intégrant par partie :

$$(7)'\ldots\ldots\quad V=\frac{\sin.\mu.\sin.\gamma}{2\pi}\cdot\left\{-\psi'_{(1)}\cos.\upsilon'+\int d\upsilon'.\cos.\upsilon'.\frac{d\psi'_{(1)}}{d\upsilon'}\right\}$$
$$+\frac{1}{2\pi}\cdot\int d\upsilon'.\sqrt{\cos.^2\mu-\sin.^2\gamma.\sin.^2\upsilon'}\;;$$

où

$$(8)\ldots\left\{\begin{array}{l}\cos.\mu.\sin.\psi'_{(1)}=\dfrac{\sqrt{\cos.^2\mu-\sin.^2\gamma.\sin.^2\upsilon'}}{\sqrt{1-\sin.^2\gamma.\sin.^2\upsilon'}}\;;\\[2ex] \cos.\upsilon'.\dfrac{d\psi'_{(1)}}{d\upsilon'}=\dfrac{\sin.\mu.\sin.\gamma.\cos.^2\upsilon'}{(1-\sin.^2\gamma.\sin.^2\upsilon').\sqrt{\cos.^2\mu-\sin.^2\gamma.\sin.^2\upsilon'}}\;;\\[2ex] \cos.\varphi=\dfrac{\cos.\mu}{\sin.\gamma}\,.\end{array}\right.$$

Cela posé, si l'on fait

$$(9)\ldots\ldots\ldots\left\{\begin{array}{l}\sin.\upsilon'=\cos.\varphi.\sin.\theta\;;\\[1ex] d\upsilon'=\dfrac{\cos.\varphi.\cos.\theta.d\theta}{\sqrt{1-\cos.^2\varphi.\sin.^2\theta}}\;;\\[2ex] d\psi'_{(1)}=\dfrac{\sin.\mu.d\theta.\cos.\theta}{\sqrt{1-\sin.^2\theta}.(1-\cos.^2\mu.\sin.^2\theta)}\;;\end{array}\right.$$

les six valeurs particulières et correspondantes des variables υ', $\psi'_{(1)}$, θ seront :

$$(10)\left\{\begin{array}{l}\left(\upsilon'=0\;;\quad \psi'_{(1)}=\dfrac{\pi}{2}\;;\ \theta=0\right);\ \left(\upsilon'=\dfrac{\pi}{2}-\varphi\;;\ \psi'_{(1)}=\pi\;;\ \theta=\dfrac{\pi}{2}\right);\\[2ex] \left(\upsilon'=\dfrac{\pi}{2}+\varphi\;;\ \psi'_{(1)}=\pi\;;\ \theta=\dfrac{\pi}{2}\right);\ \left(\upsilon'=\dfrac{3\pi}{2}-\varphi\;;\ \psi'_{(1)}=\pi\;;\ \theta=\dfrac{3\pi}{2}\right);\\[2ex] \left(\upsilon'=\dfrac{3\pi}{2}+\varphi\;;\ \psi'_{(1)}=\pi\;;\ \theta=\dfrac{3\pi}{2}\right);\ \left(\upsilon'=2\pi\;;\quad \psi'_{(1)}=\dfrac{\pi}{2}\;;\ \theta=2\pi\right).\end{array}\right.$$

Donc, en désignant par $V'_{(1)}$, $V'_{(3)}$, $V'_{(5)}$ les parties de $V_{(1)}$, $V_{(3)}$, $V_{(5)}$, respectivement correspondantes aux limites de l'intégration qui leur est relative pour les deux termes posés dans le second membre de l'équation (7), nous aurons, en vertu des équations (8) et (10) :

$$(7)^{\text{II}}\left\{\begin{aligned}
&V'_{(1)}=\frac{\sin.\mu.\sin.\gamma}{2\pi}.\int_{0}^{\frac{\pi}{2}-\varphi}\psi'_{(1)}\sin.v'.dv'+\frac{1}{2\pi}.\int_{0}^{\frac{\pi}{2}-\varphi}dv'.\sqrt{\cos.^2\mu-\sin.^2\gamma.\sin.^2v'}\;;\\
&V'_{(1)}=\frac{\sin.\mu.\sin.\gamma}{2\pi}.\left\{-\pi\sin.\varphi+\frac{\pi}{2}+\int^{\frac{\pi}{2}-\varphi}dv'.\cos.v'.\frac{d\psi'_{(1)}}{dv'}\right\}\\
&\qquad+\frac{1}{2\pi}.\int_{0}^{\frac{\pi}{2}-\varphi}dv'.\sqrt{\cos.^2\mu-\sin.^2\gamma.\sin.^2v'}\;;
\end{aligned}\right.$$

$$(7)^{\text{III}}\left\{\begin{aligned}
&V'_{(3)}=\frac{\sin.\mu.\sin.\gamma}{2\pi}.\int_{\frac{\pi}{2}+\varphi}^{\frac{3\pi}{2}-\varphi}\psi'_{(1)}\sin.v'.dv'+\frac{1}{2\pi}.\int_{\frac{\pi}{2}+\varphi}^{\frac{3\pi}{2}-\varphi}dv'.\sqrt{\cos.^2\mu-\sin.^2\gamma.\sin.^2v'}\;;\\
&V'_{(3)}=\frac{\sin.\mu.\sin.\gamma}{2\pi}.\left\{-\pi\sin.\varphi+\int_{\frac{\pi}{2}+\varphi}^{\frac{3\pi}{2}-\varphi}dv'.\cos.v'.\frac{d\psi'_{(1)}}{dv'}+\pi\sin.\varphi\right\}\\
&\qquad+\frac{1}{2\pi}.\int_{\frac{\pi}{2}+\varphi}^{\frac{3\pi}{2}-\varphi}dv'.\sqrt{\cos.^2\mu-\sin.^2\gamma.\sin.^2v'}\;;
\end{aligned}\right.$$

$$(7)^{\text{IV}}\left\{\begin{aligned}
&V'_{(5)}=\frac{\sin.\mu.\sin.\gamma}{2\pi}.\int_{\frac{3\pi}{2}+\varphi}^{2\pi}\psi'_{(1)}\sin.v'.dv'+\frac{1}{2\pi}.\int_{\frac{3\pi}{2}+\varphi}^{2\pi}dv'.\sqrt{\cos.^2\mu-\sin.^2\gamma.\sin.^2v'}\;;\\
&V'_{(5)}=\frac{\sin.\mu.\sin.\gamma}{2\pi}.\left\{-\frac{\pi}{2}+\pi\sin.\varphi+\int_{\frac{3\pi}{2}+\varphi}^{2\pi}dv'.\sqrt{\cos.^2\mu-\sin.^2\gamma.\sin.^2v'}\right.\\
&\qquad+\frac{1}{2\pi}.\int_{\frac{3\pi}{2}+\varphi}^{2\pi}dv'.\sqrt{\cos.^2\mu-\sin.^2\gamma.\sin.^2v'}\;.
\end{aligned}\right.$$

Il résulte de ces trois équations, que dans la somme $V'_{(1)}+V'_{(3)}+V'_{(5)}$, la partie *délivrée du signe intégral* se réduit à zéro; savoir:

$$(11)\ldots\ \frac{\sin.\mu.\sin.\gamma}{2\pi}.\left\{+\frac{\pi}{2}+\pi\sin.\varphi-\pi\sin.\varphi-\pi\sin.\varphi-\frac{\pi}{2}+\pi\sin.\varphi\right\}=0\ :$$

En exprimant par la variable θ la valeur de $V'_{(1)}$, soumise au signe intégral, si on la représente par $V''_{(1)}$, nous aurons, en posant

$$\Delta=\sqrt{1-\cos.^2\varphi.\sin.^2\theta}\ ,$$

$$(12)\ \ldots\ V''_{(1)}=\frac{\sin.^2\mu.\sin.^2\gamma.\cos.\varphi}{2\pi}.\int_0^{\frac{\pi}{2}}\frac{\Delta.d\theta.\cos.\theta}{(1-\cos.^2\mu.\sin.^2\theta).\sqrt{1-\sin.^2\theta}}$$

$$+\frac{\cos.\mu.\cos.\varphi}{2\pi}.\int_0^{\frac{\pi}{2}}\frac{d\theta.\cos.\theta.\sqrt{1-\sin.^2\theta}}{\Delta}\ ,$$

en observant qu'on ne doit pas remplacer $\sqrt{1-\sin.^2\theta}$ par $\cos.\theta$, afin que la condition, que le radical $\sqrt{\cos.^2\mu-\sin.^2\gamma.\sin.^2\nu'}$ soit toujours une quantité *positive*, même pour $\cos.\mu=\sin.\gamma$, soit remplie. Maintenant il est manifeste, qu'en représentant par $V''_{(3)}$, $V''_{(5)}$ les valeurs analogues de $V'_{(1)}$, $V'_{(3)}$, l'on a:

$$(13)\ \ldots\ V''_{(3)}=\frac{\sin.^2\mu.\sin.^2\gamma.\cos.\varphi}{2\pi}.\int_{\frac{\pi}{2}}^{\frac{3\pi}{2}}\frac{\Delta.d\theta.\cos.\theta}{(1-\cos.^2\mu.\sin.^2\theta).\sqrt{1-\sin.^2\theta}}$$

$$+\frac{\cos.\mu.\cos.\varphi}{2\pi}.\int_0^{\frac{\pi}{2}}\frac{d\theta.\cos.\theta.\sqrt{1-\sin.^2\theta}}{\Delta}\ ;$$

$$(14)\ \ldots\ V''_{(5)}=\frac{\sin.^2\mu.\sin.^2\gamma.\cos.\varphi}{2\pi}.\int_{\frac{3\pi}{2}}^{2\pi}\frac{\Delta.d\theta.\cos.\theta}{(1-\cos.^2\mu.\sin.^2\theta).\sqrt{1-\sin.^2\theta}}$$

$$+\frac{\cos.\mu.\cos.\varphi}{2\pi}.\int_0^{\frac{\pi}{2}}\frac{d\theta.\cos\ \theta.\sqrt{1-\sin.^2\theta}}{\Delta}\ .$$

Or, en faisant la somme $V''_{(1)}+V''_{(3)}+V''_{(5)}$, il est facile de voir que le coefficient commun, extérieur au signe d'intégration, constitue une quantité précisément égale à zéro. De sorte que l'on a l'équation remarquable

$$(15) \ldots\ldots\ldots \qquad V''_{(1)}+V''_{(3)}+V''_{(5)}=0\,,$$

en vertu de la condition, que le radical $\sqrt{1-\sin.^2\theta}$ doit être pris *positivement* pour tous les élémens de ces intégrales.

Je ne puis m'empêcher de faire observer que si, par méprise, on remplaçait $\sqrt{1-\sin.^2\theta}$ par $\cos.\theta$ (sans aucune distinction) la somme des trois équations (12), (13), (14) donnerait, en écrivant π' au lieu de $\frac{\pi}{2}$:

$$V''_{(1)}+V''_{(3)}+V''_{(5)}=$$

$$\frac{4\sin.^2\mu.\sin.^2\gamma.\cos.\varphi}{2\pi}.\int_0^{\pi'}\frac{\Delta.d\theta}{1-\cos.^2\mu.\sin.^2\theta}+\frac{4\cos.\mu.\cos.\varphi}{2\pi}.\int_0^{\pi'}\frac{d\theta.\cos.^2\theta}{\Delta}$$

$$=\frac{2}{\pi}.\sin.^2\mu.\sin.^2\gamma.\cos.\varphi.\int_0^{\pi'}\frac{d\theta}{\Delta}.\left\{1+\frac{\cos.^2\varphi}{\cos.^2\mu}-\frac{1}{1-\cos.^2\mu.\sin.^2\theta}\right\}$$

$$+\frac{2}{\pi}.\cos.\mu.\cos.\varphi.\int_0^{\pi'}\frac{d\theta.\cos.^2\theta}{\Delta}$$

$$=\frac{2}{\pi}.\cos.\mu.\cos.\varphi.\int_0^{\pi'}\frac{d\theta}{\Delta}\left\{1-\sin.^2\theta+\frac{\sin.^2\mu(1+\sin.^2\gamma)}{\cos.\mu}-\frac{\sin.^2\mu.\sin.^2\gamma}{\cos.\mu[1-\cos.^2\mu.\sin.^2\theta]}\right\}$$

$$=\frac{2}{\pi}.\cos.\mu.\cos.\varphi.\left[1+(1+\sin.^2\gamma).\sin.\mu.\operatorname{tang}.\mu\right].\int_0^{\pi'}\frac{d\theta}{\Delta}$$

$$-\frac{2}{\pi}.\cos.\mu.\cos.\varphi.\int_0^{\pi'}\frac{d\theta.\sin.^2\theta}{\Delta}$$

$$-\frac{2}{\pi}.\sin.^2\mu.\sin.^2\gamma.\cos.\varphi.\int_0^{\pi'}\frac{d\theta}{\Delta.(1-\cos.^2\varphi.\sin.^2\gamma.\sin.^2\theta)}$$

$$=\frac{2}{\pi}\cdot\cos.\mu.\cos.\varphi.\left[-\text{tang.}^2\varphi+(1+\sin.^2\gamma).\sin.\mu.\text{tang.}\mu\right].\int_0^{\pi'}\frac{d\theta}{\Delta}$$

$$-\frac{2}{\pi}\cdot\sin.\gamma.\int_0^{\pi'}d\theta.\Delta-\frac{2}{\pi}\cdot\sin.^2\mu.\sin.^2\gamma.\cos.\varphi.\int_0^{\pi'}\frac{d\theta}{\Delta.(1-\cos.^2\varphi.\sin.^2\gamma.\sin.^2\theta)}$$

$$=-\frac{2}{\pi}\cdot\sin.\gamma.\int_0^{\pi'}d\theta.\Delta+\frac{2}{\pi}\cdot\cos.\mu.\cos.\varphi.(\sin.\mu.\text{tang.}\mu.-\text{tang.}^2\varphi).\int_0^{\pi'}\frac{d\theta}{\Delta}$$

$$-\frac{2}{\pi}\cdot\sin.\mu.\cos.\mu.\sin.\gamma.\text{tang.}\gamma.\left\{E(\gamma).\int_0^{\pi'}\frac{d\theta}{\Delta}-F(\gamma).\int_0^{\pi'}d\theta.\Delta\right\},$$

au lieu de zéro, en posant

$$E(\gamma)=\int_0^{\gamma}d\theta.\Delta\;;\qquad F(\gamma)=\int_0^{\gamma}\frac{d\theta}{\Delta}.$$

Pour sentir l'énorme différence de ces deux résultats, il suffit de remarquer, que cette dernière formule étant appliquée au cercle polaire, où $\varphi=0$, $\cos.^2\varphi=1$, l'on aurait la quantité *infinie* exprimée par

$$-\sin.\gamma+\frac{2}{\pi}\cdot\sin.^2\mu.\left(1-\frac{\sin.^2\gamma.\text{tang.}\gamma}{\text{tang.}\mu}\right).\int_0^{\pi'}\frac{d\theta}{\cos.\theta}$$

$$+\frac{2}{\pi}\cdot\sin.\mu.\cos.\mu.\sin.\gamma.\text{tang.}\gamma.\int_0^{\gamma}\frac{d\theta}{\cos.\theta};$$

où

$$\int_0^{\pi'}\frac{d\theta}{\cos.\theta}=\text{Log. tang.}\left(\frac{\pi}{2}\right)=\text{Log. }(\textit{infini}).$$

Et dans le cas de $\varphi=0$, l'expression *primitive* de $V''_{(1)}+V''_{(3)}+V''_{(5)}$ étant

$$\frac{\sin.\gamma}{2\pi}.\left\{\int_0^{\frac{\pi}{2}}dv'.\cos.v'+\int_{\frac{\pi}{2}}^{\frac{3\pi}{2}}dv'.\cos.v'+\int_{\frac{3\pi}{2}}^{2\pi}dv'.\cos.v'\right\},$$

il est évident que sa valeur est égale à zéro. Cette explication est propre à faire voir que, dans cette analyse, on doit appliquer les principes connus avec une circonspection délicate.

§ III.

En posant

$$W = \frac{\sin.\mu.\sin.\gamma}{2\pi}.\left\{\cos.v.\int dv'.\sin.v'.\cos.v'.\psi'_{(1)} + \sin.v.\int dv'.\sin.^2 v'.\psi'_{(1)}\right\},$$

l'on a, en intégrant par partie :

$$W = \frac{\sin.\mu.\sin.\gamma}{4\pi}.\left\{\begin{array}{l} -\cos.v.\left[\psi'_{(1)}\cos.2v' - \int dv'.\cos.2v'.\frac{d\psi'_{(1)}}{dv'}\right] \\ +\sin.v.\left[\int dv'.\psi'_{(1)} - \int dv'.\cos.2v'.\psi'_{(1)}\right] \end{array}\right\},$$

Donc, entre les limites $v'=0$, $v'=\frac{\pi}{2}-\varphi$, nous avons, d'après les équations (10) :

$$W = \frac{\sin.\mu.\sin.\gamma}{4\pi}.\left\{-\pi\cos.(\pi-2\varphi)+\frac{\pi}{2}.\cos.0\right\}.\cos.v$$

$$+ \text{ les termes affectés du signe intégral.}$$

Entre les limites $v'=\frac{\pi}{2}+\varphi$, $v'=\frac{3\pi}{2}-\varphi$, l'on a :

$$W = \frac{\sin.\mu.\sin.\gamma}{4\pi}.\left\{-\pi\cos.(3\pi-2\varphi)+\pi\cos.(\pi+2\varphi)\right\}.\cos.v$$

$$+ \text{ les termes affectés du signe intégral.}$$

Entre les limites $v'=\frac{3\pi}{2}+\varphi$, $v'=2\pi$, l'on a :

$$W = \frac{\sin.\mu.\sin.\gamma}{4\pi}.\left\{-\frac{\pi}{2}.\cos.4\pi+\pi\cos.(3\pi+2\varphi)\right\}.\cos.v$$

$$+ \text{ les termes affectés du signe intégral.}$$

Dans la somme de ces trois parties, le coefficient de $\frac{\sin.\mu.\sin.\gamma}{4\pi}.\cos.v$ est égal à zéro ; savoir :

$$\frac{\pi}{2}+\pi\cos.2\varphi+\pi\cos.2\varphi-\pi\cos.2\varphi-\frac{\pi}{2}-\frac{\pi}{2}.\cos.2\varphi=0\ .$$

Il suit de là, qu'en désignant par W' la première de ces trois parties, données par la fonction W, l'on a, en conservant seulement les termes affectés du signe intégral:

$$W'=\frac{\sin.\mu.\sin.\gamma}{4\pi}.\left\{\cos.\nu.\int_0^{\frac{\pi}{2}-\varphi} d\nu'.\cos.2\nu'.\frac{d\psi'_{(1)}}{d\nu'}+\sin.\nu.\int_0^{\frac{\pi}{2}-\varphi} d\nu'.(1-\cos.2\nu')\psi'_{(1)}\right\}.$$

En exprimant ces intégrales par la variable θ, à l'aide des formules du § précédent, on verra qu'en posant

$$\frac{d\theta.\cos.\theta.\sin.^2\theta}{\Delta}=df(\theta)\ ;\quad F(\theta)=\int\frac{d\theta.\cos.\theta}{(1-\cos.^2\mu.\sin.^2\theta).\sqrt{1-\sin.^2\theta}},$$

l'on a $\left(\text{en écrivant } \pi' \text{ au lieu de } \frac{\pi}{2}\right)$:

$$W'=\frac{\sin.^2\mu.\sin.\gamma.\cos.\varphi}{4\pi}.\cos.\nu.\int_0^{\pi'}\frac{(1-2\cos.^2\varphi.\sin.^2\theta)}{(1-\cos.^2\mu.\sin.^2\theta).\sin.^2\theta.\sqrt{1-\sin^2\theta}}$$

$$+\frac{\sin.^2\mu.\sin.\gamma.\cos.^3\varphi}{4\pi}.\sin.\nu.\int_0^{\pi'}F(\theta).df(\theta)\ ;$$

où

$$f(\theta)=-\frac{\Delta.\sin.\theta}{2\cos.\varphi}+\frac{1}{2\cos.^3\varphi}.\text{arc.}\left\{\sin.=\cos.\varphi.\sin.\theta\right\}\ ;$$

$$\sin.\mu.F(\theta)=\int\frac{\cos.\theta}{\sqrt{1-\sin.^2\theta}}.d.[\text{arc. tang.}=\sin.\mu.\text{tang.}\theta]\ ;$$

$$\int F(\theta).d.f(\theta)=F(\theta).f(\theta)-\int\frac{f(\theta).d\theta.\cos.\theta}{(1-\cos.^2\mu.\sin.^2\theta).\sqrt{1-\sin.^2\theta}}.$$

Donc, dans cette valeur de W', le terme multiplié par $\sin.\nu$ est égal à

$$+\frac{\sin.^2\mu.\sin.\gamma.\cos.^3\varphi}{2\pi}.\sin.\nu.\left\{f\left(\frac{\pi}{2}\right).F\left(\frac{\pi}{2}\right)-\int_0^{\pi'}\frac{f(\theta).d\theta.\cos.\theta}{(1-\cos.^2\mu.\sin.^2\theta).\sqrt{1-\sin.^2\theta}}\right\}.$$

Le terme multiplié par $\cos.\nu$ a la même valeur, soit entre les limites 0, $\frac{\pi}{2}$, soit entre les limites $\frac{3\pi}{2}$, 2π: et une valeur double entre les limites

$\frac{\pi}{2}, \frac{3\pi}{2}$. Donc, la somme $W'+W''+W'''$, donnée par la fonction W, est telle que l'on a :

$$W'+W''+W'''=$$

$$+\frac{4\sin.^2\mu.\sin.\gamma.\cos.\varphi}{4\pi}.\cos.\nu.\int_0^{\pi'}\frac{(1-2\cos.^2\varphi.\sin.^2\theta).\cos.\theta\, d.f(\theta)}{(1-\cos.^2\mu.\sin.^2\theta).\sin.^2\theta.\sqrt{1-\sin.^2\theta}}$$

$$-\frac{\sin.^2\mu.\sin.\gamma.\cos.^3\varphi}{2\pi}.\sin.\nu.\left\{\int_0^{\pi'}F(\theta)\,d.f(\theta)+\int_0^{3\pi'}F(\theta)\,d.f(\theta)+\int_0^{2\pi}F(\theta)\,d.f(\theta)\right\}$$

$$+\frac{\sin.^2\mu.\sin.\gamma.\cos.^3\varphi}{2\pi}.\sin.\nu.\left\{\begin{array}{l}f\left(\frac{\pi}{2}\right).F\left(\frac{\pi}{2}\right)+f\left(\frac{3\pi}{2}\right).F\left(\frac{3\pi}{2}\right)-f\left(\frac{\pi}{2}\right).F\left(\frac{\pi}{2}\right)\\ +f(2\pi).F(2\pi)-f\left(\frac{3\pi}{2}\right).F\left(\frac{3\pi}{2}\right)\end{array}\right\}.$$

Mais

$$\int_{\pi'}^{3\pi'}.=\int_0^{3\pi'}.-\int_0^{\pi'};\qquad \int_{3\pi'}^{2\pi}.=\int_0^{2\pi}.-\int_0^{3\pi'};$$

donc la somme des trois parties, affectées du signe intégral qui multiplie $\sin.\nu$, est égale à

$$\int_0^{2\pi}F(\theta).df(\theta)=0\ ;$$

ainsi que la somme des cinq parties délivrées du signe intégral. L'on a donc, en posant $X=\sin.\theta$:

$$W'+W''+W'''=\frac{\sin.^2\mu.\cos.\mu}{\pi}.\cos.\nu.\int_0^1\frac{dX(1-2X^2.\cos.^2\varphi}{(1-X^2.\cos.^2\mu).\sqrt{1-X^2.\cos.^2\varphi}}.$$

Et comme

$$\cos.^2\mu.\int\frac{X^2.dX}{(1-X^2.\cos.^2\mu).\sqrt{1-X^2.\cos.^2\varphi}}=$$

$$\int\frac{dX}{\sqrt{1-X^2.\cos.^2\varphi}}-\int\frac{dX}{(1-X^2.\cos.^2\mu).\sqrt{1-X^2.\cos.^2\varphi}},$$

on tire de là l'équation

$$W'+W''+W'''=-\frac{2\sin.^2\mu}{\pi.\cos.\mu.\cos.\varphi}\cdot\left(\frac{\pi}{2}-\varphi\right).\cos.\nu$$

$$+\frac{\sin.^2\mu.\cos.^2\mu}{\pi}\cdot\left(1+\frac{2\cos.^2\varphi}{\cos.^2\mu}\right).\cos.\nu.\int_0^1\frac{dX}{(1-X^2.\cos.^2\mu).\sqrt{1-X^2.\cos.^2\varphi}},$$

par laquelle il est démontré que l'on a :

$$W'+W''+W'''=$$

$$\left\{\begin{array}{l}-\sin.\gamma.\tang.^2\mu.\left(1-\frac{2\varphi}{\pi}\right)\\ +\frac{\sin.^2\mu.\cos.\mu.(2+\sin.^2\gamma)}{\pi\sin.^2\gamma.\sqrt{\cos.^2\varphi-\cos.^2\mu}}\cdot\text{arc.}\left[\tang.=\sqrt{\cos.^2\varphi-\cos.^2\mu}\right]\end{array}\right\}.\cos.\nu\,.$$

Maintenant si l'on observe que

$$\cos.^2\varphi-\cos.^2\mu=\frac{\cos.^2\mu}{\sin.^2\gamma}-\cos.^2\mu=\left(\frac{\cos.\mu}{\tang.\gamma}\right)^2,$$

il est évident, qu'en posant

(16) .... $\tang.\varphi'=\frac{\cos.\mu}{\tang.\gamma}$,

l'on a ce résultat fort remarquable

(17) .... $W'+W''+W'''=$

$$\left\{-\sin.\gamma.\tang.^2\mu.\left(1-\frac{2\varphi}{\pi}\right)+\frac{\varphi'.\sin.^2\mu.(2+\sin.^2\gamma)}{\pi.\sin.\gamma.\cos.\gamma}\right\}.\cos.\nu\,.$$

Par la série de Stainville, que j'ai déjà citée vers la fin du § V du premier Chapitre, on voit que l'arc φ' est une fonction de l'obliquité γ de l'écliptique et de la latitude μ, exprimée par la série

(18) ... $\varphi'=\frac{\cos.\mu.\tang.\gamma}{\tang.^2\gamma+\cos.^2\mu}\cdot\left\{1+\frac{2}{3}\cdot\left(\frac{\cos.^2\mu}{\cos.^2\mu+\tang.^2\gamma}\right)+\text{etc.}\right\}$.

§ IV.

Les deux parties de V, que je désigne par $W_{(1)}$, en posant

$$W_{(1)}=\frac{\cos.\nu}{\pi}\cdot\int d\nu'.\cos.\nu'.\sqrt{\cos.^2\mu-\sin.^2\gamma.\sin.\nu'}$$

$$+\frac{\sin.\nu}{\pi}\cdot\int d\nu'.\sin.\nu'.\sqrt{\cos.^2\mu-\sin.^2\gamma.\sin.\nu'}\;;$$

sont faciles à évaluer. Car, en les exprimant par la variable θ, l'on a d'abord :

$$W_{(1)} = \frac{\cos.\nu}{\pi}.\cos.\varphi.\cos.\mu.\int d\theta.\cos.\theta.\sqrt{1-\sin.^2\theta}$$

$$+\frac{\sin.\nu}{\pi}.\cos.^2\varphi.\cos.\mu.\int\frac{d\theta.\cos.\theta.\sqrt{1-\sin.^2\theta}.\sin.\theta}{\Delta}.$$

Or, il est clair, que le coefficient de $\cos.\nu$ est *nul* dans la somme

$$\frac{\cos.\nu}{\pi}.\cos.\varphi.\cos.\mu.\left\{\int_0^{\pi'} d\theta.\cos.\theta.\sqrt{1-\sin.^2\theta}+\int_{\pi'}^{3\pi'}.\text{Idem}+\int_{3\pi'}^{2\pi}.\text{Idem}\right\},$$

et que le terme multiplié par $\sin.\nu$ est aussi *nul* dans la même somme, en observant que

$$\int_0^{\pi'}\frac{d\theta.\cos.\theta.\sin.\theta.\sqrt{1-\sin.^2\theta}}{\Delta}+\int_{3\pi'}^{2\pi}\frac{d\theta.\cos.\theta.\sin.\theta.\sqrt{1-\sin.^2\theta}}{\Delta}=0;$$

$$\int_{\pi'}^{3\pi'}\frac{d\theta.\sin.\theta.\cos.\theta.\sqrt{1-\sin.^2\theta}}{\Delta}=0.$$

Maintenant si l'on fait

$$W_{(2)} = \frac{1}{\pi}.\sum_2^{\infty}.\cos.i\nu.\int d\nu'.\cos.i\nu'.\sqrt{\cos.^2\mu-\sin^2\gamma.\sin.^2\nu'}$$

$$+\frac{1}{\pi}.\sum_2^{\infty}.\sin.i\nu.\int d\nu'.\sin.i\nu'.\sqrt{\cos.^2\mu-\sin.^2\gamma.\sin.^2\nu'},$$

l'on aura, par la variable θ :

$$W_{(2)} = \frac{\cos.\mu.\cos.\varphi}{\pi}.\sum_2^{\infty}.\cos.i\nu.\int\frac{d\theta.\cos.\theta.\sqrt{1-\sin.^2\theta}.\cos.i\nu'}{\Delta}$$

$$+\frac{\cos.\mu.\cos.\varphi}{\pi}.\sum_2^{\infty}.\sin.i\nu.\int\frac{d\theta.\cos.\theta.\sqrt{1-\sin.^2\theta}.\sin.i\nu'}{\Delta}.$$

Donc, par la seule inspection des formules d'EULER

$$\cos.i\nu' = 2^{i-1}.\cos.^i\nu' - \frac{i}{1}.2^{i-3}.\cos.^{i-2}\nu' + \text{etc.};$$

$$\sin.i\nu' = \sin.\nu'.\left\{2^{i-1}.\cos.^{i-1}\nu' - \frac{(i-2)}{1}.2^{i-3}.\cos.^{i-3}\nu' + \text{etc.}\right\},$$

on reconnaît, qu'en faisant $\sin.\nu' = \cos.\varphi.\sin.\theta$, on doit avoir, pour toute valeur *paire* ou *impaire* de i:

$$\int_0^{\pi'} . + \int_{\pi'}^{3\pi'} . + \int_{3\pi'}^{2\pi} . \frac{d\theta.\cos.\theta.\sqrt{1-\sin.^2\theta}.\sin.i\nu'}{\Delta} = 0 ;$$

et que les valeurs *paires* de i rendent *nulle* l'intégrale qui multiplie $\cos.i\nu$. De sorte que l'on a:

$$W_{(2)} =$$

$$\frac{4\cos.\mu.\cos.\varphi}{\pi}.\overset{\infty}{\underset{2}{\Sigma}}.\cos.(2i-1).\nu.\int_0^{\pi'}\frac{d\theta.\cos.\theta.\sqrt{1-\sin.^2\theta}.\cos.(2i-1).\nu'}{\Delta}.$$

Et comme ici on peut remplacer

$$\sqrt{1-\sin.^2\theta} \quad \text{par} \quad \cos.\theta$$

$\left(\text{entre les limites } 0 \text{ et } \frac{\pi}{2}\right)$ l'on a:

$$(19) \;...\; W_{(2)} = \frac{4\cos.^2\mu}{\pi.\sin.\gamma}.\overset{\infty}{\underset{2}{\Sigma}}.\cos.(2i-1).\nu.\int_0^{\pi'}\frac{d\theta.\cos.^2\theta.\cos.(2i-1).\nu'}{\Delta} ;$$

$$(20) \;...\; W_{(2)} = \frac{4\cos.^2\mu}{\pi.\sin.\gamma}.\overset{\infty}{\underset{2}{\Sigma}}.\cos.(2i-1).\nu.\int_0^{\pi'} d\theta.\cos.^2\theta.\frac{\cos.(2i-1).\nu'}{\cos.\nu'} .$$

D'après la formule connue (voyez Lacroix, Tom. 1.er, p. 83)

$$\frac{\cos.(2i-1).\nu'}{\cos.\nu'} =$$

$$1 - \frac{[(2i-1)^2-1]}{2}.\sin.^2\nu' + \frac{[(2i-1)^2-1].[(2i-1)^2-9]}{2.3.4}.\sin.^4\nu'$$

$$- \frac{[(2i-1)^2-1].[(2i-1)^2-9].[(2i-i)^2-25]}{2.3.4.5.6}.\sin.^6\nu' + \text{etc.} ;$$

en remplaçant $\sin.^2\nu'$ par sa valeur $\cos.^2\varphi.\sin^2\theta$, nous aurons.

$$\int_0^{\frac{\pi}{2}} d\theta . \cos.^2\theta . \frac{\cos.(2i-1).v'}{\cos.v'} =$$

$$\int_0^{\frac{\pi}{2}} d\theta . \cos.^2\theta . \left\{ 1 - B_{(1)} \cos.^2\varphi . \sin.^2\theta + B_{(2)} \cos.^4\varphi . \sin.^4\theta - B_{(3)} \cos.^6\varphi . \sin.^6\theta + \text{etc.} \right.$$

$$= \frac{\pi}{4} . \left\{ \begin{array}{l} 1 - \dfrac{B_{(1)} \cos.^2\varphi}{4} + \dfrac{B_{(2)} \cos.^4\varphi . (1.\,3)}{4.\,6} - B_{(3)} \cos.^6\dfrac{\varphi . (1.\,3.\,5)}{4.\,6.\,8} \\ \ldots\ldots + (-1)^i . \cos.^{2i}\varphi\, B_{(i)} . \left(\dfrac{1.\,3.\,5.\ldots\ldots 2i-1}{4.\,6.\,8.\ldots\ldots 2i} \right) \end{array} \right\} .$$

Il suit de là, que l'équation (20) donnera pour $W_{(2)}$ une expression de cette forme :

(21) .... $W_{(2)} =$

$$\frac{\cos.^2\mu . \sin.^2\varphi}{\sin.\gamma} . \sum_2^{\infty} . \cos.(2i-1).v . \left\{ \begin{array}{l} (-1) + B'_{(1)} \sin.^2\varphi + B'_{(2)} \sin.^4\varphi \\ + B'_{(3)} \sin.^6\varphi \ldots\ldots + B'_{(i)} \sin.^{2i-4}\varphi \end{array} \right\} .$$

Les premiers termes sont :

$$(22)\quad W_{(2)} = \frac{\cos.^2\mu . \sin.^2\varphi}{\sin.\gamma} . \left\{ \begin{array}{l} \cos.3v - (1 - 2\sin.^2\varphi) . \cos.5v \\ + (1 - 5\sin.^2\varphi + 5\sin.^4\varphi) \cos.7v \\ - (1 - 9\sin.^2\varphi + 21\sin.^4\varphi - 14\sin.^6\varphi) . \cos.9v \\ + \text{etc.} \end{array} \right\} .$$

Ces termes, et celui qu'on voit dans le second membre de l'équation (17), obtenue dans le § précédent, doivent être ajoutés à ceux posés dans le second membre de l'équation (3)'', établie dans le premier §, après l'avoir multiplié par $\sin.\mu . \sin.\gamma$. Mais, outre cela, il faudra compléter cette analyse par l'addition des termes que je vais considérer.

§ V.

Soit

$$(23) \ldots \frac{2\pi . W_{(3)}}{\sin.\mu . \sin.\gamma} = \sum_2^{\infty} . \cos.iv . \psi'_{(1)} . \left\{ \frac{\cos.(i-1).v'}{i-1} - \frac{\cos.(i+1).v'}{i+1} \right\}$$

$$- \sum_2^{\infty} . \cos.iv . \int dv' . \frac{d\psi'_{(1)}}{dv'} . \left\{ \frac{\cos.(i-1).v'}{i-1} - \frac{\cos.(i+1).v'}{i+1} \right\} .$$

D'après les formules posées dans le § II, il est facile de voir, qu'en désignant par $W'_{(3)}$ la valeur de $W_{(3)}$, entre les limites $v'=0$, $v'=\frac{\pi}{2}-\varphi$, l'on a :

$$(24)\ldots\ldots\ldots\quad \frac{2\pi W'_{(3)}}{\sin.\mu.\sin.\gamma}=$$

$$\overset{\infty}{\underset{2}{\Sigma}}.\cos.iv.\left\{\begin{array}{l}\dfrac{\pi.\cos.(i-1).\left(\frac{\pi}{2}-\varphi\right)}{i-1}-\dfrac{\pi.\cos.(i+1).\left(\frac{\pi}{2}-\varphi\right)}{i+1}\\ -\dfrac{\pi}{2}.\left[\dfrac{1}{i-1}-\dfrac{1}{i+1}\right]\end{array}\right\}$$

$$-\overset{\infty}{\underset{2}{\Sigma}}.\cos.iv.\int_0^{\frac{\pi}{2}-\varphi}\frac{dv'.\cos.v'.\left\{\dfrac{\cos.(i-1).v'}{i-1}-\dfrac{\cos.(i+1).v'}{i+1}\right\}}{(1-\sin.^2\gamma.\sin.^2v').\sqrt{\cos.^2\mu-\sin.^2\gamma.\sin.^2v'}}.$$

Donc, en introduisant la variable θ sous le signe intégral, l'on aura :

$$W'_{(3)}=-\frac{\sin.\mu.\sin.\gamma}{2}.\overset{\infty}{\underset{2}{\Sigma}}.\frac{\cos.iv}{i^2-1}$$

$$+\frac{\sin.\mu.\sin.\gamma}{2}.\overset{\infty}{\underset{2}{\Sigma}}.\cos.iv.\left\{\frac{\cos.(i-1).\left(\frac{\pi}{2}-\varphi\right)}{i-1}-\frac{\cos.(i+1).\left(\frac{\pi}{2}-\varphi\right)}{i+1}\right\}$$

$$-\frac{\sin.^2\mu.\sin.^2\gamma.\cos.\varphi}{2\pi.\cos.\mu}.\left\{\begin{array}{l}\overset{\infty}{\underset{2}{\Sigma}}.\dfrac{\cos.iv}{i-1}.\displaystyle\int_0^{\pi'}\frac{d\theta.\cos.\theta.\cos.(i-1).v'}{(1-\cos.^2\mu.\sin.^2\theta).\sqrt{1-\sin.^2\theta}}\\ -\overset{\infty}{\underset{2}{\Sigma}}.\dfrac{\cos.iv}{i+1}.\displaystyle\int_0^{\pi'}\frac{d\theta.\cos.\theta.\cos.(i+1).v'}{(1-\cos.^2\mu.\sin.^2\theta).\sqrt{1-\sin.^2\theta}}\end{array}\right\}.$$

En désignant par $W''_{(3)}$, $W'''_{(3)}$ les valeurs données par la fonction $W_{(3)}$, entre les limites $v'=\frac{\pi}{2}+\varphi$, $v'=\frac{3\pi}{2}-\varphi$; $v'=\frac{3\pi}{2}+\varphi$, $v'=2\pi$, respectivement, on obtient de la même manière les équations (en écrivant π' au lieu de $\frac{\pi}{2}$ pour indiquer les limites de l'intégration):

$$W''_{(3)}=$$

$$\frac{\sin.\mu.\sin.\gamma}{2}.\sum_{2}^{\infty}.\cos.i\upsilon.\left\{\begin{array}{l}\frac{\cos.(i-1).\left(\frac{3\pi}{2}-\varphi\right)}{i-1}-\frac{\cos.(i+1).\left(\frac{3\pi}{2}-\varphi\right)}{i+1}\\ -\left(\frac{\cos.(i-1).\left(\frac{\pi}{2}+\varphi\right)}{i-1}-\frac{\cos.(i+1).\left(\frac{\pi}{2}+\varphi\right)}{i+1}\right)\end{array}\right\}$$

$$-\frac{\sin.^2\mu.\sin.^2\gamma.\cos.\varphi}{2\pi.\cos.\mu}.\left\{\sum_{2}^{\infty}.\frac{\cos.i\upsilon}{i-1}.\int_{\pi'}^{3\pi'}\Pi.d\theta-\sum_{2}^{\infty}.\frac{\cos.i\upsilon}{i+1}.\int_{\pi'}^{3\pi'}\Pi'.d\theta\right\},$$

$$W'''_{(3)}=$$

$$\frac{\sin.\mu.\sin.\gamma}{2}.\sum_{2}^{\infty}.\cos.i\upsilon.\left\{\begin{array}{l}\frac{1}{2}.\frac{\cos.(i-1).2\pi}{i-1}-\frac{1}{2}.\frac{\cos.(i+1).2\pi}{i+1}\\ -\left(\frac{\cos.(i-1).\left(\frac{3\pi}{2}+\varphi\right)}{i-1}-\frac{\cos.(i+1).\left(\frac{3\pi}{2}+\varphi\right)}{i+1}\right)\end{array}\right\}$$

$$-\frac{\sin.^2\mu.\sin.^2\gamma.\cos.\varphi}{2\pi.\cos.\mu}.\left\{\sum_{2}^{\infty}.\frac{\cos.i\upsilon}{i-1}.\int_{3\pi'}^{2\pi}\Pi.d\theta-\sum_{2}^{\infty}.\frac{\cos.i\upsilon}{i+1}.\int_{3\pi'}^{2\pi}\Pi'.d\theta\right\};$$

en posant, pour plus de simplicité :

$$\Pi=\frac{\cos.\theta.\cos.(i-1).\upsilon'}{(1-\cos.^2\mu.\sin.^2\theta).\sqrt{1-\sin.^2\theta}};\quad \Pi'=\frac{\cos.\theta.\cos.(i+1).\upsilon'}{(1-\cos.^2\mu.\sin.^2\theta).\sqrt{1-\sin.^2\theta}}.$$

Cela posé, on reconnaît avec une légère réflexion, que dans la somme $W'_{(3)}+W''_{(3)}+W'''_{(3)}$, on aura pour toute valeur *impaire* de i; 3, 5, 7, etc. :

$$\int_{0}^{\pi'}\Pi.d\theta+\int_{\pi'}^{3\pi'}\Pi.d\theta+\int_{3\pi'}^{2\pi}\Pi.d\theta=0;\qquad \int_{0}^{\pi'}\Pi'.d\theta+\int_{\pi'}^{3\pi'}\Pi'.d\theta+\int_{3\pi'}^{2\pi}\Pi'.d\theta=0;$$

et que pour les valeurs *paires* de i; 2, 4, 6, etc. l'on a :

$$\int_{0}^{\pi'}\Pi.d\theta+\int_{\pi'}^{3\pi'}\Pi.d\theta+\int_{3\pi'}^{2\pi}\Pi.d\theta=4.\int_{0}^{\pi'}\Pi.d\theta;$$

$$\int_{0}^{\pi'}\Pi'.d\theta+\int_{\pi'}^{3\pi'}\Pi'.d\theta+\int_{3\pi'}^{2\pi}\Pi'.d\theta=4.\int_{0}^{\pi'}\Pi'.d\theta.$$

Donc, en observant que le terme affecté de $.\sum\limits_2^\infty.\frac{\cos.iv}{i^2-1}$ qui entre dans la valeur de $W'_{(3)}$, est détruit par celui, de signe contraire, qui entre dans la valeur de $W''_{(3)}$, on obtiendra l'équation

(25) .... $W'_{(3)}+W''_{(3)}+W'''_{(3)}=$

$$\frac{\sin.\mu.\sin.\gamma}{2}.\sum_2^\infty.\frac{\cos.iv}{i-1}.\left\{\begin{array}{l}\cos.(i-1).\left(\frac{\pi}{2}-\varphi\right)-\cos.(i-1).\left(\frac{\pi}{2}+\varphi\right)\\ +\cos.(i-1).\left(\frac{3\pi}{2}-\varphi\right)-\cos.(i-1).\left(\frac{3\pi}{2}+\varphi\right)\end{array}\right\}$$

$$-\frac{\sin.\mu.\sin.\gamma}{2}.\sum_2^\infty.\frac{\cos.iv}{i+1}.\left\{\begin{array}{l}\cos.(i+1).\left(\frac{\pi}{2}-\varphi\right)-\cos.(i+1).\left(\frac{\pi}{2}+\varphi\right)\\ +\cos.(i+1).\left(\frac{3\pi}{2}-\varphi\right)-\cos.(i+1).\left(\frac{3\pi}{2}+\varphi\right)\end{array}\right\}$$

$$-\frac{2\sin.^2\mu.\sin.^2\gamma.\cos.\varphi}{\pi.\cos.\mu}.\sum_1^\infty.\left\{\begin{array}{l}\frac{\cos.2iv}{2i-1}.\int_0^{\pi'}\frac{d\theta.\cos.(2i-1).v'}{1-\cos.^2\varphi.\sin.^2\gamma.\sin.^2\theta}\\ -\frac{\cos.2iv}{2i+1}.\int_0^{\pi'}\frac{d\theta.\cos.(2i+1).v'}{1-\cos.^2\varphi.\sin.^2\gamma.\sin.^2\theta}\end{array}\right\},$$

en se rappelant, qu'entre les limites $\theta=0$, $\theta=\frac{\pi}{2}$ on peut remplacer $\sqrt{1-\sin.^2\theta}$ par $\cos.\theta$ dans les valeurs de Π et Π'.

Maintenant, si l'on fait

$$\frac{2\pi.W_{(4)}}{\sin.\mu.\sin.\gamma}=\sum_2^\infty.\sin.iv.\psi'_{(1)}.\left\{\frac{\sin.(i-1).v'}{i-1}-\frac{\sin.(i+1).v'}{i+1}\right\}$$
$$-\sum_2^\infty.\sin.iv.\int dv'.\frac{d\psi'_{(1)}}{dv'}.\left\{\frac{\sin.(i-1).v'}{i-1}-\frac{\sin.(i+1).v'}{i+1}\right\};$$

on aura, entre les limites $v'=0$, $v'=\frac{\pi}{2}-\varphi$:

$$(26)\ \frac{2\pi.W'_{(4)}}{\sin.\mu.\sin.\gamma}=\sum_2^\infty.\sin.iv.\left\{\frac{\pi.\sin.(i-1).\left(\frac{\pi}{2}-\varphi\right)}{i-1}-\frac{\pi.\sin.(i+1).\left(\frac{\pi}{2}-\varphi\right)}{i+1}\right\}$$
$$-\sum_2^\infty.\sin.iv.\int_0^{\pi'-\varphi}\frac{dv'.\cos.v'.\left\{\frac{\sin.(i-1).v'}{i-1}-\frac{\sin.(i+1).v'}{i+1}\right\}}{(1-\sin.^2\gamma.\sin.^2v').\sqrt{\cos.^2\mu-\sin.^2\gamma.\sin.^2v'}};$$

d'où l'on tire, en introduisant la variable θ :

$$W'_{(4)}=\frac{\sin.\mu.\sin.\gamma}{2}.\sum_{2}^{\infty}.\sin.iv.\left\{\frac{\sin.(i-1).\left(\frac{\pi}{2}-\varphi\right)}{i-1}-\frac{\sin.(i+1).\left(\frac{\pi}{2}-\varphi\right)}{i+1}\right\}$$

$$-\frac{\sin.^2\mu.\sin.^2\gamma.\cos.\varphi}{2\pi.\cos.\mu}.\left\{\sum_{2}^{\infty}.\frac{\sin.iv}{i-1}.\int_{0}^{\pi'}\Pi_{(1)}\,d\theta-\sum_{2}^{\infty}.\frac{\sin.iv}{i+1}.\int_{0}^{\pi'}\Pi'_{(1)}\,d\theta\right\};$$

en posant

$$\Pi_{(1)}=\frac{\cos.\theta.\sin.(i-1).v'}{(1-\cos.^2\mu.\sin.^2\theta).\sqrt{1-\sin.^2\theta}};$$

$$\Pi'_{(1)}=\frac{\cos.\theta.\sin.(i+1).v'}{(1-\cos.^2\mu.\sin.^2\theta).\sqrt{1-\sin.^2\theta}}.$$

En désignant par $W''_{(4)}$, $W'''_{(4)}$ les valeurs analogues correspondantes aux limites $v'=\frac{\pi}{2}+\varphi$, $v'=\frac{3\pi}{2}-\varphi$; $v'=\frac{3\pi}{2}+\varphi$, $v'=2\pi$, il est clair que dans la somme $W'_{(4)}+W''_{(4)}+W'''_{(4)}$ l'on a pour toute valeur de i, soit *paire*, soit *impaire* :

$$\int_{0}^{\pi'}\Pi_{(1)}\,d\theta+\int_{\pi'}^{3\pi'}\Pi_{(1)}\,d\theta+\int_{3\pi'}^{2\pi}\Pi_{(1)}\,d\theta=0\;;$$

$$\int_{0}^{\pi'}\Pi'_{(1)}\,d\theta+\int_{\pi'}^{3\pi'}\Pi'_{(1)}\,d\theta+\int_{3\pi'}^{2\pi}\Pi'_{(1)}\,d\theta=0\,.$$

De sorte que nous obtenons ici l'équation

(27) .... $W'_{(4)}+W''_{(4)}+W'''_{(4)}=$

$$\frac{\sin.\mu.\sin.\gamma}{2}.\sum_{2}^{\infty}.\frac{\sin.iv}{i-1}.\left\{\begin{matrix}\sin.(i-1).\left(\frac{\pi}{2}-\varphi\right)-\sin.(i-1).\left(\frac{\pi}{2}+\varphi\right)\\+\sin.(i-1).\left(\frac{3\pi}{2}-\varphi\right)-\sin.(i-1).\left(\frac{3\pi}{2}+\varphi\right)\end{matrix}\right\}$$

$$-\frac{\sin.\mu.\sin.\gamma}{2}.\sum_{2}^{\infty}.\frac{\sin.iv}{i+1}.\left\{\begin{matrix}\sin.(i+1).\left(\frac{\pi}{2}-\varphi\right)-\sin.(i+1).\left(\frac{\pi}{2}+\varphi\right)\\+\sin.(i+1).\left(\frac{3\pi}{2}-\varphi\right)-\sin.(i+1).\left(\frac{3\pi}{2}+\varphi\right)\end{matrix}\right\}.$$

Donc, en ajoutant cette équation à la précédente, désignée par (25), l'on aura :

$$(28)\ldots\quad (W'_{(3)}+W''_{(3)}+W'''_{(3)})+(W'_{(4)}+W''_{(4)}+W'''_{(4)})=$$

$$\frac{\sin.\mu.\sin.\gamma}{2}.\sum_2^\infty.\frac{1}{i-1}.\left\{\begin{array}{l}\cos.\left[i\nu-(i-1).\left(\frac{\pi}{2}-\varphi\right)\right]-\cos.\left[i\nu-(i-1).\left(\frac{\pi}{2}+\varphi\right)\right]\\ +\cos.\left[i\nu-(i-1).\left(\frac{3\pi}{2}-\varphi\right)\right]-\cos.\left[i\nu-(i-1).\left(\frac{3\pi}{2}+\varphi\right)\right]\end{array}\right\}$$

$$-\frac{\sin.\mu.\sin.\gamma}{2}.\sum_2^\infty.\frac{1}{i+1}.\left\{\begin{array}{l}\cos.\left[i\nu-(i+1).\left(\frac{\pi}{2}-\varphi\right)\right]-\cos.\left[i\nu-(i+1).\left(\frac{\pi}{2}+\varphi\right)\right]\\ +\cos.\left[i\nu-(i+1).\left(\frac{3\pi}{2}-\varphi\right)\right]-\cos.\left[i\nu-(i+1).\left(\frac{3\pi}{2}+\varphi\right)\right]\end{array}\right\}$$

$$-\frac{2\sin.^2\mu.\sin.\gamma}{\pi}.\sum_1^\infty.\cos.2i\nu.\int_0^{\frac{\pi}{2}}\frac{d\theta}{\Delta'}.\left\{\frac{\cos.(2i-1).\nu'}{2i-1}-\frac{\cos.(2i+1).\nu'}{2i+1}\right\};$$

en posant

$$\Delta'=1-\cos.^2\varphi.\sin.^2\gamma.\sin.^2\theta\ .$$

Maintenant, à l'aide de la formule connue

$$\frac{(-1)^{n-1}\cos.(2n-1)\nu'}{(2n-1)\cos.\nu'}=$$

$$1-\frac{[(2n-1)^2-1]}{2.3}\cos.^2\nu'+\frac{[(2n-1)^2-1][(2n-1)^2-9]\cos.^4\nu'}{2.3.4.5}-\text{etc.}\ ;$$

le dernier terme de cette équation, en y remplaçant $d\theta$ par

$$\frac{d\theta\cos.\nu'}{\cos.\nu'}=\frac{d\theta.\sqrt{1-\cos.^2\varphi\sin.^2\theta}}{\cos.\nu'}=\frac{\Delta\, d\theta}{\cos.\nu'}\ ;$$

deviendra égal à

$$(29)\ldots\left\{\begin{array}{l}\frac{-2\sin.^2\mu.\sin.\gamma}{\pi}.\sum_1^\infty.\cos.2i\nu.\int_0^{\frac{\pi}{2}}\frac{\Delta\, d\theta}{\Delta'}(-1)^{i-1}\left\{2-N_{(1)}\cos.^2\nu'+\text{etc.}\right\}\\ =\frac{-2\sin.^2\mu.\sin.\gamma}{\pi}.\sum_1^\infty.\cos.2i\nu.\int_0^{\frac{\pi}{2}}\frac{\Delta\, d\theta}{\Delta'}(-1)^{i-1}\left\{2-N_{(1)}\Delta^2+N_{(2)}\Delta^4-\text{etc.}\right\};\end{array}\right.$$

en posant

$$N_{(1)}=\frac{[(2i-1)^2-1]+[(2i+1)^2-1]}{2.3}=+\frac{4i^2}{3}\ ;$$

$$2.3.4.5.N_{(2)}=[(2i-1)^2-1][(2i-1)^2-9]+[(2i+1)^2-1][(2i+1)^2-9]$$
$$=2[5+4i^2+16i^4]\ ;$$

$$2.3.4.5.6.7.N_{(3)}=[(2i-1)^2-1][(2i-1)^2-9][(2i-1)^2-25]$$
$$+[(2i+1)^2-1][(2i+1)^2-9][(2i+1)^2-25]\ ;$$

etc.

Mais l'on a :

$$\frac{\Delta d\theta}{\Delta'}=\frac{d\theta}{\sin.^2\gamma.\Delta}-\cos.^2\varphi.\cos.^2\gamma.\frac{d\theta}{\Delta.\Delta'}\ ;$$

et par conséquent

$$\Delta^{2n}.\frac{\Delta d\theta}{\Delta'}=\frac{d\theta.\Delta^{2n-1}}{\sin.^2\gamma}-\cos.^2\varphi.\cos.^2\gamma\,\Delta^{2n-2}.\frac{\Delta d\theta}{\Delta'}$$

$$=\frac{d\theta.\Delta^{2n-1}}{\sin.^2\gamma}-\frac{\cos.^2\varphi.\cos.^2\gamma}{\sin.^2\gamma}d\theta\,\Delta^{2n-3}+(\cos.^2\varphi.\cos.^2\gamma)^2\,\Delta^{2n-4}.\frac{d\theta\,\Delta}{\Delta'}$$

$$=\frac{d\theta\,\Delta^{2n-1}}{\sin.^2\gamma}-\frac{\cos.^2\varphi}{\text{tang.}^2\gamma}d\theta\,\Delta^{2n-3}+\frac{(\cos.\varphi.\cos.\gamma)^4}{\sin.^2\gamma}d\theta\Delta^{2n-5}-(\cos.\varphi.\cos.\gamma)^6\Delta^{2n-4}.\frac{d\theta}{\Delta\Delta'}\ .$$

En outre on sait, que l'on peut réduire la différentielle $d\theta.\Delta^{2m-1}$, à la forme (m désignant un nombre entier et positif)

$$d\theta.\Delta^{2m-1}=G\frac{d\theta}{\Delta}+H.\Delta d\theta\ ;$$

G et H étant des coefficiens constans.

Donc la fonction (29) sera réductible à la forme

$$(30)\ldots-\frac{2.\sin.^2\mu.\sin.\gamma}{\pi}.\sum_{1}^{\infty}.\cos.2iv.\int_0^{\frac{\pi}{2}}\left\{G'\frac{d\theta}{\Delta}+H'\Delta d\theta+\frac{H''d\theta}{\Delta\Delta'}\right\}.$$

G', H', H'' désignant des coefficiens constans. D'après la notation et les formules de Legendre l'on a :

$$\int_0^{\frac{\pi}{2}}\frac{d\theta}{\Delta.\Delta'}=F'(\cos.\varphi)+\frac{\text{tang.}\gamma}{\sin.\mu}\left\{F'(\cos.\varphi)E(\gamma)-E'(\cos.\varphi)F(\gamma)\right\}$$

(Voyez la page 141 du 1.er Volume du Traité des Fonctions Elliptiques).

Il suit de là, que la fonction (29) deviendra égale à

$$(29)' \left\{ \begin{array}{l} -\frac{2.\sin.^2\mu.\sin.\gamma}{\pi}.\sum_1^\infty.(-1)^{i-1}\cos.2iv.\left\{(G'+H'')F'(\cos.\varphi)+H'E'(\cos.\varphi)\right\} \\ -\frac{2.\sin.\mu}{\pi}.\frac{\sin.^2\gamma}{\cos.\gamma}.\sum_1^\infty.(-1)^{i-1}\cos.2iv.\left\{F'(\cos.\varphi)E(\gamma)-E'(\cos.\varphi)F(\gamma)\right\}. \end{array} \right.$$

En désignant par $P_{(2)}\cos.2v$ le *premier* terme de cette formule, qui répond à $i=1$, il est manifeste par la forme primitive (29) que l'on a

$$P_{(2)}=-\frac{4\sin.^2\mu.\sin.\gamma}{\pi}.\int_0^{\frac{\pi}{2}}\frac{\Delta\, d\theta}{\Delta'}\left(1-\frac{2}{3}\Delta^2\right);$$

$$P_{(2)}=-\frac{4\sin.^2\mu.\sin.\gamma}{\pi}.\left\{ \begin{array}{l} \int_0^{\frac{\pi}{2}}\frac{\Delta\, d\theta}{\Delta'}-\frac{2}{3\sin.^2\gamma}.\int_0^{\frac{\pi}{2}}\Delta\, d\theta \\ +\frac{2}{3}.\frac{\cos.^2\varphi.\cos.^2\gamma}{\sin.^2\gamma}.\int_0^{\frac{\pi}{2}}\frac{d\theta}{\Delta}-\frac{2}{3}(\cos.^2\varphi.\cos.^2\gamma)^2\int_0^{\frac{\pi}{2}}\frac{d\theta}{\Delta\Delta'} \end{array} \right\};$$

$$P_{(2)}=-\frac{4\sin.^2\mu}{\pi\sin.\gamma}.\left\{ \begin{array}{l} (1+\frac{2}{3}\cos.^2\varphi.\cos.^2\gamma).\int_0^{\frac{\pi}{2}}\frac{d\theta}{\Delta}-\frac{2}{3}.\int_0^{\frac{\pi}{2}}\Delta\, d\theta \\ -(\cos.^2\varphi.\cos.^2\gamma).\left\{1+\frac{2}{3}(\cos.^2\varphi.\cos.^2\gamma)\right\}\sin.^2\gamma.\int_0^{\frac{\pi}{2}}\frac{d\theta}{\Delta\Delta'} \end{array} \right\}.$$

Et comme $\cos.\varphi.\cos.\gamma=\frac{\cos.\mu}{\text{tang}.\gamma}$, cette équation donne :

$$(31)\ldots\ P_{(2)}=-\frac{4\sin.^2\mu}{\pi\sin.\gamma}\left\{1+\frac{2}{3}\left(\frac{\cos.\mu}{\text{tang}.\gamma}\right)^2\right\}.\left\{1-(\cos.\mu.\cos.\gamma)^2\right\}F'(\cos.\varphi)$$
$$+\frac{8}{3\pi}.\frac{\sin.^2\mu}{\sin.\gamma}E'(\cos.\varphi)+\beta\left\{F'(\cos.\varphi)E(\gamma)-E'(\cos.\varphi)F(\gamma)\right\}$$

en posant

$$\beta=\frac{4}{\pi}\cos.\gamma.\sin.\mu.\cos.^2\mu\left\{1+\frac{2}{3}\left(\frac{\cos.\mu}{\text{tang}.\gamma}\right)^2\right\}.$$

Le terme $P_{(2)}\cos.2v$ appartient à la variation *semi-annuelle* de la chaleur solaire depuis le cercle polaire jusqu'au pôle. Ses valeurs pour des latitudes qui surpassent de quelques dixièmes de minutes seulement celle du cercle polaire sont plus grandes que celles du terme analogue $Q_{(2)}\cos.2v$ qui a lieu depuis l'Equateur jusqu'au cercle polaire inclusivement.

Il y a un cas particulier qui ne doit pas être calculé avec la formule générale (29); c'est celui où l'obliquité γ serait égale à 90°; ainsi que cela paraît avoir lieu pour la planète *Uranus*.

Alors l'on a $\Delta'=\Delta^2$; et par conséquent :

$$\int_0^{\frac{\pi}{2}}\frac{d\theta}{\Delta\Delta'}=\int_0^{\frac{\pi}{2}}\frac{d\theta}{\Delta^3}=\frac{1}{\sin.^2\varphi}\cdot\int_0^{\frac{\pi}{2}}\Delta\, d\varphi=\frac{1}{\sin.^2\varphi}E'(\cos.\varphi)\,.$$

De sorte que la fonction (29) devient :

$$-\frac{2.\sin.^2\mu}{\pi}\cdot\sum_1^{\infty}\cdot(-1)^{i-1}\cos.2iv.\int_0^{\frac{\pi}{2}}\frac{d\theta}{\Delta}\cdot\left\{2-N_{(1)}\Delta^2+N_{(2)}\Delta^4-\text{etc.}\right\};$$

c'est-à-dire indépendante de la transcendante Elliptique de troisième espèce.

En faisant $i=2$, la même formule (29) donne le terme $P_{(4)}\cos.4v$; où

$$P_{(4)}=\frac{2.\sin.^2\mu.\sin.^2\gamma}{\pi}\cdot\int_0^{\frac{\pi}{2}}\frac{d\theta\Delta}{\Delta'}\cdot\left(2-\frac{16}{3}\cdot\Delta^2+\frac{65}{12}\cdot\Delta^4\right)\,.$$

D'après les formules précédentes, cette équation est réductible à celle-ci ;

(32)...............

$$\frac{\pi P_{(4)}}{2.\sin.^2\mu.\sin.^2\gamma}=$$

$$\frac{2}{\sin.^2\gamma}\cdot\int_0^{\frac{\pi}{2}}\frac{d\theta}{\Delta}-2.\cos.^2\varphi.\cos.^2\gamma.\int_0^{\frac{\pi}{2}}\frac{d\theta}{\Delta\Delta'}-\frac{16}{3.\sin.^2\gamma}\cdot\int_0^{\frac{\pi}{2}}d\theta\Delta$$

$$+\frac{16}{3}\cdot\frac{\cos.^2\varphi}{\text{tang.}^2\gamma}\cdot\int_0^{\frac{\pi}{2}}\frac{d\theta}{\Delta}-\frac{16}{3}\cdot\cos.^4\varphi.\cos.^4\gamma.\int_0^{\frac{\pi}{2}}\frac{d\theta}{\Delta\Delta'}+\frac{65}{12}\cdot\frac{1}{\sin.^2\gamma}\cdot\int_0^{\frac{\pi}{2}}d\theta\Delta^3$$

$$-\frac{65}{12}\cdot\frac{\cos.^2\varphi}{\text{tang.}^2\gamma}\cdot\int_0^{\frac{\pi}{2}}d\theta\Delta+\frac{65}{12}\cdot\frac{\cos.^4\varphi.\cos.^4\gamma}{\sin.^2\gamma}\cdot\int_0^{\frac{\pi}{2}}\frac{d\theta}{\Delta}-\frac{65}{12}\cdot\cos.^6\varphi.\cos.^6\gamma\cdot\int_0^{\frac{\pi}{2}}\frac{d\theta}{\Delta\Delta'}\;;$$

où l'on a

$$\int_0^{\frac{\pi}{2}} d\theta\,\Delta^3 = \left(\frac{4}{3} - \frac{2}{3}\cdot\cos.^2\varphi\right)\cdot\int_0^{\frac{\pi}{2}} d\theta\,\Delta - \frac{\sin.^2\varphi}{3}\cdot\int_0^{\frac{\pi}{2}} \frac{d\theta}{\Delta}\,.$$

La conclusion de la discussion que je viens d'exposer est, que l'équation (28), en distinguant les valeurs *paires* et les valeurs *impaires* de i, donne en général:

$$(33)\ldots\quad \left[W'_{(3)} + W''_{(3)} + W'''_{(3)}\right] + \left[W'_{(4)} + W''_{(4)} + W'''_{(4)}\right] =$$
$$+ P_{(2)}\cos.2\nu + P_{(4)}\cos.4\nu \quad (^*)$$
$$-\frac{2.\sin.^2\mu.\sin.\gamma}{\pi}\cdot\sum_3^{\infty}\cdot(-1)^{i-1}\cos.2i\nu.\left\{(G'+H'')F^1(\cos.\varphi) + H'.E^1(\cos.\varphi)\right\}$$
$$-\frac{2.\sin.\mu}{\pi}\cdot\frac{\sin.^2\gamma}{\cos.\gamma}\cdot\sum_3^{\infty}\cdot(-1)^{i-1}\cos.2i\nu.\left\{F^1(\cos.\varphi)E(\gamma) - E^1(\cos.\varphi)F(\gamma)\right\}$$
$$+\frac{\sin.\mu.\sin.\gamma}{2}\times$$
$$\times\sum_2^{\infty}\cdot\left\{\frac{1}{4i^2-1}\cdot\left\{\begin{array}{l}
(2i+1)\cos.\left[2i\left(\nu+\varphi-\frac{\pi}{2}\right)+\frac{\pi}{2}-\varphi\right]\\
-(2i-1)\cos.\left[2i\left(\nu+\varphi-\frac{\pi}{2}\right)-\frac{\pi}{2}+\varphi\right]\\
-(2i+1)\cos.\left[2i\left(\nu-\varphi-\frac{\pi}{2}\right)+\frac{\pi}{2}+\varphi\right]\\
+(2i-1)\cos.\left[2i\left(\nu-\varphi-\frac{\pi}{2}\right)-\frac{\pi}{2}-\varphi\right]\\
+(2i+1)\cos.\left[2i\left(\nu+\varphi-\frac{3\pi}{2}\right)+\frac{3\pi}{2}+\varphi\right]\\
-(2i-1)\cos.\left[2i\left(\nu+\varphi-\frac{3\pi}{2}\right)-\frac{3\pi}{2}-\varphi\right]\\
-(2i+1)\cos.\left[2i\left(\nu-\varphi-\frac{3\pi}{2}\right)+\frac{3\pi}{2}+\varphi\right]\\
+(2i-1)\cos.\left[2i\left(\nu-\varphi-\frac{3\pi}{2}\right)-\frac{3\pi}{2}-\varphi\right]
\end{array}\right\}\right.$$

(*) Les termes soumis dans l'équation (28) aux signes $\sum_2^{\infty}.\frac{1}{i-1}$, $\sum_2^{\infty}.\frac{1}{i+1}$, en y faisant $i=2$ donnent *zéro*.

$$+\frac{\sin.\mu.\sin.\gamma}{2}\times$$

$$\times\sum_{2}^{\infty}.\left\{\frac{1}{(2i-1)^2-1}\left\{\begin{aligned}&\left[(2i-1)+1\right]\cos.\left[(2i-1)\left(\nu+\varphi-\frac{\pi}{2}\right)+\frac{\pi}{2}-\varphi\right]\\-&\left[(2i-1)-1\right]\cos.\left[(2i-1)\left(\nu+\varphi-\frac{\pi}{2}\right)-\frac{\pi}{2}+\varphi\right]\\-&\left[(2i-1)+1\right]\cos.\left[(2i-1)\left(\nu-\varphi-\frac{\pi}{2}\right)+\frac{\pi}{2}+\varphi\right]\\+&\left[(2i-1)-1\right]\cos.\left[(2i-1)\left(\nu-\varphi-\frac{\pi}{2}\right)-\frac{\pi}{2}-\varphi\right]\\+&\left[(2i-1)+1\right]\cos.\left[(2i-1)\left(\nu+\varphi-\frac{3\pi}{2}\right)+\frac{3\pi}{2}+\varphi\right]\\-&\left[(2i-1)-1\right]\cos.\left[(2i-1)\left(\nu+\varphi-\frac{3\pi}{2}\right)-\frac{3\pi}{2}-\varphi\right]\\-&\left[(2i-1)+1\right]\cos.\left[(2i-1)\left(\nu-\varphi-\frac{3\pi}{2}\right)+\frac{3\pi}{2}+\varphi\right]\\+&\left[(2i-1)-1\right]\cos.\left[(2i-1)\left(\nu-\varphi-\frac{3\pi}{2}\right)-\frac{3\pi}{2}-\varphi\right]\end{aligned}\right\}\right\}.$$

En outre il faut ajouter que la fonction désignée par $V_{(4)}$, au commencement du premier §, doit être nécessairement égale à zéro; puisque les limites de son intégration étant

$$\nu'=\frac{3\pi}{2}-\varphi,\qquad \nu'=\frac{3\pi}{2}+\varphi\ ,$$

sont réduites, par l'introduction de la variable θ au lieu de ν', aux limites égales

$$\theta=\frac{3\pi}{2}\ ;\qquad \theta=\frac{3\pi}{2}\ ;$$

conformément aux équations (10) établies vers le commencement du second §.

L'équation (3)″, en séparant les termes qui répondent à $i=1$ sous le signe $.\Sigma.$, donne

$$(34) \ldots\ldots \quad V_{(2)} = \sin.\mu.\sin.\gamma \times$$

$$\times \left\{ \begin{array}{l} \sin.\varphi + \varphi.\sin.\nu \\ + \frac{1}{3}.\left\{ 2\sin.(2\nu - \varphi) - \sin.(2\nu + \varphi) - \sin.(2\nu + 3\varphi) \right\} \\ - \sin.\varphi.\overset{\infty}{\underset{2}{\Sigma}}.\dfrac{2\cos.2i.\left\{\nu - \varphi + \frac{\pi}{2}\right\}}{4i^2 - 1} \\ - \cos.\varphi.\overset{\infty}{\underset{2}{\Sigma}}.\dfrac{2i.\left\{\sin.2i.\left(\nu - \varphi + \frac{\pi}{2}\right) - \sin.2i.\left(\nu + \varphi + \frac{\pi}{2}\right)\right\}}{4i^2 - 1} \\ - \cos.\varphi.\overset{\infty}{\underset{2}{\Sigma}}.\dfrac{(2i - 1\left\{\cos.\left[(2i-1)(\nu - \varphi + \pi)\right] - \cos.\left[(2i-1)(\nu + \varphi + \pi)\right]\right\}}{(2i-1)^2 - 1} \end{array} \right\}.$$

A l'aide des équations (17), (22), (33), (34) on pourra former l'expression de la température *extérieure* due à l'action solaire, et ensuite appliquer à cette fonction (qui tient lieu de celle désignée par ζ) le principe général exposé au N.° 194 de l'ouvrage de Poisson. Mais il faut avouer que ce résultat a été obtenu par une analyse assez difficile à suivre dans tous ses détails. Je l'ai exposée sans me permettre aucune de ces abréviations qui nuisent à la clarté, et cachent la complication inhérente à ce problème d'une manière illusoire.

La loi de la propagation des inégalités *périodiques* de la chaleur solaire dans l'intérieur de la Terre est connue. Et c'est par ses variations seulement que l'on peut déterminer, à la fois, les trois élémens a, b, h que ces formules renferment avec certitude. Les autres moyens directs pour mesurer l'intensité de la chaleur solaire ne fournissent pas immédiatement (que je sache) la véritable valeur du coefficient h, parceque la comparaison des températures solaires, observées à l'extérieur de la Terre, doit être faite d'après d'autres formules, dont la connexion avec celles-ci serait établie; ce qui n'est pas à ma connaissance. D'ailleurs, l'hypothèse que l'action de la chaleur solaire puisse être ainsi soumise à l'analyse, en considérant comme indépendante du temps, et variable seulement, avec la latitude, la température ξ due à l'action calorifique stellaire et atmosphérique, sans subir l'influence des inégalités diurnes et annuelles qui peuvent avoir lieu en tous les points de l'atmosphère, est appuyée par des argumens théoriques qui la rendent admissible (Lisez la page 473 de l'ouvrage de Poisson).

§ VI.

Loi de la chaleur solaire au Pôle.

Ce dernier résultat offre une conséquence importante qui mérite d'être présentée isolément. En adaptant au Pôle même de la Terre les termes affectés du signe $.\overset{\infty}{\underset{2}{\Sigma}}.$ dans le second membre de l'équation (33) il faudra faire $\sin.\mu = 1$, $\varphi = \frac{\pi}{2}$. Alors, ces termes se réduisent à

$$+\frac{\sin.\gamma}{2}\times$$

$$\times\sum_{2}^{\infty}\cdot\frac{1}{4i^2-1}\left\{\begin{array}{l}(2i+1)\cos.2i\nu-(2i-1)\cos.2i\nu\\+(2i+1)\cos.2i(\nu-\pi)-(2i-1)\cos.2i(\nu-\pi)\\+(2i+1)\cos.2i(\nu-\pi)-(2i-1)\cos.2i(\nu-\pi)\\-(2i+1)\cos.2i(\nu-2\pi)+(2i-1)\cos.2i(\nu-2\pi)\\=2(2i+1)\cos.2i\nu-2(2i-1)\cos.2i\nu\\=4\cos.2i\nu\end{array}\right\}$$

$$+\frac{\sin.\gamma}{2}\times$$

$$\times\sum_{2}^{\infty}\cdot\frac{1}{(2i-1)^2-1}\left\{\begin{array}{l}2i\cos.\left[(2i-1)(\nu-\pi)\right]-(2i-2)\cos.(2i-1)\nu\\+2i\cos.\left[(2i-1)(\nu-\pi)\right]-(2i-2)\cos.\left[(2i-1)(\nu-\pi)\right]\\+2i\cos.\left[(2i-1)(\nu-\pi)\right]-(2i-2)\cos.\left[(2i-1)(\nu-\pi)\right]\\-2i\cos.\left[(2i-1)(\nu-2\pi)\right]+(2i-2)\cos.\left[(2i-1)(\nu-2\pi)\right]\\=4i\cos.\left[(2i-1)(\nu-\pi)\right]-2(2i-2)\cos.\left[(2i-1)(\nu-\pi)\right]\\=4\cos.\left[(2i-1)(\nu-\pi)\right]=-4\cos.(2i-1)\nu\end{array}\right\}.$$

De sorte que leur somme est égale à

$$+2.\sin.\gamma\cdot\overset{\infty}{\underset{2}{\Sigma}}\cdot\frac{\cos.2i\nu}{4i^2-1}-2.\sin.\gamma\cdot\overset{\infty}{\underset{2}{\Sigma}}\cdot\frac{\cos.(2i-1)\nu}{(2i-1)^2-1}.$$

Mais l'équation (34), en y faisant $\sin.\mu = 1$, $\varphi = \frac{\pi}{2}$, donne, dans l'expression de $V_{(2)}$, les termes

$$- 2 . \sin.\gamma . \sum_2^\infty . \frac{\cos. 2 i v}{4 i^2 - 1} - \frac{2}{3} . \sin.\gamma . \cos. 2 v .$$

Donc, dans l'expression *totale* de la chaleur solaire, qui a lieu au Pôle précisément, la somme $. \sum_2^\infty . \frac{\cos. 2 i v}{4 i^2 - 1}$ est anéantie, et l'on a

$$(35) \ldots \quad V = \sin.\gamma . \left\{ 1 + \frac{\pi}{2} . \sin. v - \frac{2}{3} . \cos. 2 v - 2 . \sum_2^\infty . \frac{\cos.(2 i - 1) v}{(2 i - 1)^2 - 1} \right\} ;$$

Les équations (24) et (26) démontrent, que, au Pôle, les termes affectés du signe intégral sont *nuls*, d'après la circonstance, qu'en faisant $\varphi = \frac{\pi}{2}$, les deux limites de chacune des six intégrales $W'_{(3)}$, $W''_{(3)}$, $W'''_{(3)}$; $W'_{(4)}$, $W''_{(4)}$, $W'''_{(4)}$, sont *égales* en vertu des équations (10).

La formule (22), ayant pour facteur $\cos.^2 \mu$, donne $W_{(2)} = 0$ au Pôle.

Pour avoir l'intensité de la chaleur solaire, qui a lieu immédiatement *après* son incidence sur la surface de la Terre, il faut multiplier cette valeur de V par un coefficient h, lequel doit être déterminé par la comparaison de cette théorie avec des températures observées au dessous de la surface du sol, à quelques mètres de profondeur; là où les variations annuelles de la chaleur solaire sont encore sensibles. Par des observations de ce genre faites à Paris, pendant quatre années consécutives, l'on a obtenu pour h une température d'environ 36 degrés centigrades. Les observations semblables, faites dans d'autres localités, n'ont pas été calculées de manière à en faire ressortir ce coefficient, ni le coefficient désigné par b.

A la profondeur x au dessous de la surface du sol, la température U, qui doit avoir lieu, se déduit de celle de V, en employant le principe exposé par Poisson au N.° 194 de son ouvrage.

L'anéantissement de la somme

$$- 2 . \sum_2^\infty . \frac{\cos. 2 i v}{4 i^2 - 1} ,$$

que nous venons de démontrer, et son remplacement par la somme

$$- 2 . \sum_2^\infty . \frac{\cos. (2 i - 1) v}{(2 i - 1)^2 - 1} ,$$

nous découvre l'inexactitude de la formule (18) donnée par Poisson à la page 493 de son ouvrage ; ce qui tient à l'omission du calcul des autres intégrations qu'il fallait absolument exécuter afin d'avoir l'expression complète de la chaleur solaire, même pour les deux extrémités de la zone comprise entre le cercle polaire et le Pôle.

Pour écarter une complication inutile, j'ai évité de parler de l'hémisphère austral ; mais mes formules s'y adaptent également, en y changeant à la fois le signe de la latitude μ, et le signe de l'espèce de latitude auxiliaire désignée par φ. Alors on voit qu'il y a une parfaite égalité théorique entre les effets de la chaleur solaire pour les deux hémisphères, à deux latitudes égales. Les causes accessoires qui empêchent cette égalité ne dépendent pas de la seule action du Soleil, qui est le but de cette analyse, fondée sur la séparation de cette source de chaleur des autres sources dues à la chaleur *stellaire* et à la chaleur atmosphérique.

La formule (35), en y faisant $v=0$, donne pour l'équinoxe

$$V=\sin.\gamma.\left[1-\frac{2}{3}-2\cdot\left(\frac{1}{3^2-1}+\frac{1}{5^2-1}+\text{etc.}\right)\right].$$

Il est évident que l'on a

$$\frac{1}{3^2-1}+\frac{1}{5^2-1}+\text{etc.}>\frac{1}{3^2}+\frac{1}{5^2}+\text{etc.}=\frac{\pi^2}{8}-1=0,2337\ ;$$

et en développant chacune de ces fractions, comme la première, par la série $\frac{1}{3^2}\cdot\left(1+\frac{1}{3^2}+\frac{1}{3^4}+\text{etc.}\right)$, il devient évident que l'on a

$$\frac{1}{3^2-1}+\frac{1}{5^2-1}+\text{etc.}<\frac{0,2337}{1-0,2337}.$$

Donc l'on a

$$V<\sin.\gamma.(0,53)\ ;\ V>0,39\ .$$

En multipliant cette valeur de V par la température h, on voit que l'intensité *moyenne* de la chaleur solaire est égale à $h.\sin.\gamma=h(0,39)$; et que cette chaleur devient $\left(2,57+\frac{2}{3}\right)h.(0,39)$ au Solstice d'Été, et $\left(\frac{2}{3}-0,57\right)h.(0,39)$ au Solstice d'Hiver. Quelle que soit la valeur précise de h pour la zone comprise entre le cercle polaire et le Pôle, ce

résultat, ainsi démontré d'une manière incontestable, suffit pour rendre très-probable le fait, que la mer qui inonde le Pôle boréal doit être libre des glaces pendant plusieurs mois de l'année. Mais le mode d'existence d'un tel résultat, à travers une analyse aussi compliquée, serait difficilement saisi par ces seuls raisonnements physiques qui, bien considérés, sont étrangers à la puissance secrète du calcul intégral.

§ VII.

Sur la loi de la Chaleur Solaire, indépendante du temps, depuis le cercle polaire, exclusivement, jusqu'au Pôle.

La fonction de la latitude qui exprime cette loi est fort simple. Car, d'après l'analyse qui précède, en la désignant par Ph, l'on a

$$(36) \ldots\ldots \quad Ph = h.\sin.\mu.\sqrt{\sin.^2\gamma - \cos.^2\mu}\ .$$

C'est le terme *unique* indépendant de la longitude v du Soleil, qui a été trouvé dans l'expression de $V_{(2)}$ au premier §. Les autres fonctions $V_{(1)}$, $V_{(3)}$, $V_{(4)}$, $V_{(5)}$ ne renferment aucun terme qui ne soit pas variable avec le temps.

La loi de la Chaleur Solaire, indépendante du temps depuis l'Équateur jusqu'au cercle polaire, est exprimée par une fonction de la latitude telle, que, en la désignant par Qh, l'on a:

$$(37) \ldots \quad Qh = \frac{2h}{\pi}.\left\{\cos.\mu.\int_0^{\frac{\pi}{2}} dv'\Delta + \frac{\sin.^2\mu}{\cos.\mu}.\int_0^{\frac{\pi}{2}}\frac{dv'}{\Delta} - \frac{\sin.^2\mu.\cos.^2\gamma}{\cos.\mu}.\int_0^{\frac{\pi}{2}}\frac{dv'}{\Delta\,\Delta'}\right\},$$

en posant

$$\Delta = \sqrt{1 - \left(\frac{\sin.\gamma}{\cos.\mu}\right)^2.\sin.^2 v'}\ ; \quad \Delta' = 1 - \sin.^2\gamma.\sin.^2 v'\ .$$

Cette formule, en y faisant $\cos.\mu = \sin.\gamma$, donne:

$$Qh = \frac{2h}{\pi}.\left\{\sin.\gamma + \cos.^2\gamma.\int_0^{\frac{\pi}{2}}\frac{d.(\sin.\gamma.\sin.v')}{1 - \sin^2\gamma.\sin.^2 v'}\right\}\ ;$$

$$(38) \ldots \quad Qh = \frac{2h}{\pi} \cdot \left\{ \sin.\gamma. + \cos.^2\gamma.\text{Log.}\left(\frac{1+\sin.\gamma}{\cos.\gamma}\right)\right\} = h\,(0,373)\,.$$

De sorte que, la transition de la fonction Qh à la fonction Ph, a lieu par cette remarquable fonction de l'obliquité γ de l'Ecliptique, tandis que, au Pôle même, l'on a $Ph = h.\sin.\gamma$. Ces deux formules, appliquables à toutes les planètes, étant rapprochées de la formule

$$\cos.(D.Z) = \sin.\mu.\sin.\gamma.\sin.\nu + \cos.\mu.\cos.(D.M).\sqrt{1 - \sin.^2\gamma.\sin.^2\nu}\ ,$$

qui exprime la relation entre les distances angulaires $(D.Z)$, $(D.M)$ du Soleil au zénith et au méridien de chaque lieu, correspondantes à sa longitude ν, mettent en évidence l'influence de l'obliquité de l'Ecliptique sur l'intensité *moyenne* de la chaleur solaire incidente sur la surface de la Terre; intensité censée proportionnelle à la température désignée par la constante h; abstraction faite des autres causes de chaleur accessoires.

La formule (36) donne ces valeurs numériques

Latitude μ		P
67°. 13′	......	0, 07453 ;
67 . 32	......	0, 10471 ;
68 . 38	......	0, 14768 ;
69 . 32	......	0, 17850 ;
....	......	.... ;
75 . 32	......	0, 30027 ;
....	......	.... ;
79 . 0	......	0, 34310 ;
....	......	.... ;
89 . 0	......	0, 39777 .

Comme on voit, elles sont croissantes. Mais aux environs du cercle polaire (en deçà et au delà) (aux latitudes de $\mu = 66°.\ 32' - 41' = 65°.\ 51'$, et de $\mu = 66°.\ 32' + 41' = 67°.\ 13'$, par exemple) il y a des variations *périodiques* de la chaleur solaire qui sont assez considérables. Il faut les calculer avec les formules (31), (34), et avec la formule suivante, si $\mu > 90° - \gamma$. On donnera ci-après la formule analogue pour les environs de Tornéa, où $\mu < 90° - \gamma$.

En intégrant par rapport à μ les valeurs de P et Q, multipliées par $d\mu.\cos.\mu$, on aura:

$$hQ.\int_0^{\frac{\pi}{2}-\gamma} Q\,d\mu.\cos.\mu + h.\int_{\frac{\pi}{2}-\gamma}^{\frac{\pi}{2}} P\,d\mu.\cos.\mu\ ;$$

pour l'augmentation produite par la Chaleur Solaire, propagée jusqu'au centre de la Terre. Il est clair, que l'on a:

$$\int P\,d\mu.\cos.\mu = \frac{1}{3}(\sin.^2\gamma - \cos.^2\mu)^{\frac{3}{2}}\ ;$$

et par conséquent

$$\int_{\frac{\pi}{2}-\gamma}^{\frac{\pi}{2}} P\,du.\cos.u = \frac{1}{3}\sin.^3\gamma = 0,0215\ .$$

En retenant seulement les premiers termes de la fonction $Q.\cos.\mu$, l'on a:

$$Q.\cos.\mu = \left(1 - \frac{1}{4}\sin.^2\gamma\right) + \frac{\sin.^4\gamma}{4}.\text{tang.}\,2\gamma - \left(1 + \frac{1}{2}.\sin.^2\gamma\right)\cos.^2\gamma.\sin.^2\mu\ ,$$

d'où l'on tire:

$$\int_0^{\frac{\pi}{2}-\gamma} Q\,d\mu.\cos.\mu = \frac{\pi}{4} - \frac{\gamma}{2} + \frac{\sin.\,2\gamma}{4}.\left(1 - \frac{1}{2}.\sin.^4\gamma\right) = 0,7610\ ,$$

c'est-à-dire $h(0,7825)$ pour la valeur approchée dont la chaleur moyenne du Soleil est capable d'augmenter la température du centre de la Terre, abstraction faite de la modification due à la chaleur stellaire.

(Lisez les pages 523, 524 de l'Ouvrage de POISSON; les pages 57-59 de son Supplément, et les pages 76 et 77 de mon précédent Mémoire).

Toutefois il importe de concevoir la propagation de la Chaleur Solaire moyenne dans l'intérieur de la Terre, de manière qu'elle soit augmentée, depuis la surface, proportionnellement au rapport $\frac{x}{l}$ de la profondeur x à son rayon $l = 6364500$ mètres; ce qui rend les valeurs de $hQ + hQ.\frac{x}{l}$, et $hP + hP.\frac{x}{l}$ très-peu différentes de hQ et hP, même pour $\frac{x}{l} = \frac{1}{100}$.

De sorte que cette augmentation est tout-à-fait minime, en comparaison de celle égale à $\frac{x}{30}$, due à la chaleur d'origine pour la même profondeur x. La démonstration complète de cette Proposition exige une analyse fort délicate, qu'il faut lire aux N.os 176-179 de l'Ouvrage de POISSON. Le résultat que je cite ici est celui de la page 391, en posant $\zeta = hQ$, ou $\zeta = hP$, et faisant $\frac{bl}{bl-1} = 1$, $\frac{r}{l} = \frac{l}{l-x} = 1 + \frac{x}{l}$. La parvité du résultat ne doit pas empêcher de considérer cette Proposition comme une des plus importantes sous le rapport de la Théorie. En lisant les idées publiées (il y a environ un siècle) par MAIRAN, DE-LUC et ÆPINUS il est consolant de voir dissipées par FOURIER et POISSON une foule de fausses conceptions qui ont été acceptées comme des vérités physiques par les Savants du 18ème siècle, sur la Théorie de la Chaleur de la Terre.

La Théorie peut seule établir le fait de cette propagation de la Chaleur Solaire. Et Pierre PREVOST qui l'ignorait, vers le commencement du 19ème siècle (en 1809), n'a pas balancé pour se prononcer dans un sens qui lui est contraire. Car, à la page 310 de son important et original Ouvrage, *Sur le Chalorique rayonnant*, il dit « qu'il ne veut point af- » firmer que la Chaleur Solaire pénètre toute la masse de la Terre ».

Je dois, à ce sujet, ajouter une remarque propre à prévenir une erreur, qui pourrait être commise, en assimilant la propagation dans un globe, dont il est ici question, à celle qui aurait lieu dans un prisme dont la longueur L serait comparable à celle du rayon de la Terre. Car, si A et B désignent les températures des deux bases du prisme, maintenues *constantes*, il est démontré, que la température *permanente*, u, qui s'établira à une distance quelconque x de la première de ces deux bases, doit être exprimée par une fonction de x, telle que (voyez page 272 de l'Ouvrage de POISSON)

$$u = \frac{A.\left\{e^{(L-x)\sqrt{g}} - e^{-(L-x)\sqrt{g}}\right\} + B.\left\{e^{x\sqrt{g}} - e^{-x\sqrt{g}}\right\}}{e^{L\sqrt{g}} - e^{-L\sqrt{g}}},$$

où $g = \frac{p}{k} = b$, conformément aux définitions posées au commencement de ce Mémoire, si l'unité carré est la mesure des bases du prisme.

Donc, en supposant fort petite la fraction $\frac{x}{L}$, cette formule deviendra

$u = A + (B - A) \cdot \frac{x}{L}$, en négligeant le carré de $\frac{x}{L}$.

Or, dans le cas où la température B serait très-grande comparativement à la température A, on voit, que le second terme $(B - A) \cdot \frac{x}{L}$ serait lui-même une très-grande quantité en comparaison du produit $A \cdot \frac{x}{L}$, qui doit avoir lieu, si l'on considère le prisme comme faisant partie d'une sphère, depuis la surface jusqu'à son centre. Alors on a $u = hQ + hQ \cdot \frac{x}{l}$, et non $u = hQ + (C - hQ) \cdot \frac{x}{l}$; C étant la température du centre. Et comme cette dernière température peut être encore énorme actuellement, on conçoit qu'il est indispensable de ne pas confondre le cas du globe avec celui du prisme dans la Théorie de la Chaleur Solaire propagée dans l'intérieur de la Terre. En conséquence on doit lire avec circonspection le raisonnement publié par Poisson en 1823 à la page 71 du 19ème Cahier du *Journal de l'École Polythecnique*. Là, il s'agit de la propagation d'une température périodiquement *variable* avec le temps, tandis que la température de la Chaleur Solaire, dont nous parlons, est *indépendante* du temps, et variable avec la latitude géographique.

§ VIII.

Loi de la variation annuelle de la Chaleur Solaire, depuis le cercle polaire jusqu'au Pôle.

Soit $P_{(1)}h$ la somme des deux termes dépendans de sin. ν et cos. ν. D'après l'équation (3)$''$ donnée au premier paragraphe, et l'équation (17), obtenue au § III, nous avons:

(39) .... $$P_{(1)}h = hM . \sin. \nu + hN . \cos. \nu\ ,$$

en posant

$$M = \varphi . \sin. \mu . \sin. \gamma\ ;$$

$$N = \sin. \mu . \sin. \gamma . \left\{ \frac{\varphi' . \sin. \mu . (2 + \sin.^2 \gamma)}{\pi . \sin.^2 \gamma . \cos. \gamma} - \left(\frac{1 - 2\varphi}{\pi} \right) . \frac{\text{tang.} \mu}{\cos. \mu} \right\}\ ,$$

où $$\cos.\varphi = \frac{\cos.\mu}{\sin.\gamma} \; ; \quad \tang.\varphi' = \frac{\cos.\mu}{\tang.\gamma} \; .$$

Maintenant, si l'on fait

$$(40) \; \ldots\ldots\ldots \quad P_{(1)} = M'.\sin.(\nu + \varpi) \; ,$$

l'on aura:

$$M' = \frac{M}{\cos.\varpi} \; ; \quad \tang.\varpi = \frac{N}{M} \; .$$

Au Pôle l'on a $\varpi = 0$ et $M' = \frac{\pi}{2}.\sin.\gamma$. La chaleur solaire $h.\frac{\pi}{2}.\sin.\nu$ doit augmenter considérablement la température au Pôle à la proximité du solstice d'Été.

Pour les latitudes comprises entre l'Equateur et le cercle polaire, le coefficient de $\cos.\nu$ est nul, et l'on a:

$$(41) \; \ldots\ldots\ldots \quad P'_{(1)} h = h.\frac{\pi}{2}.\sin.\mu.\sin.\gamma.\sin.\nu \; .$$

C'est en cela qu'il y a une différence essentielle entre ces deux cas: différence qui disparaît pour le Pôle.

Le second membre de l'équation (22), étant multiplié par h, donnera les termes dont la période est un sous-multiple *impair* de l'année. On voit qu'ils ont pour facteur commun la fonction

$$h.\cos.^2\mu.\left(1 - \frac{\cos.^2\mu}{\sin.^2\gamma}\right) .$$

§ IX.

Développement de la Variation Semi-annuelle de la chaleur solaire depuis l'Equateur jusqu'au cercle polaire, inclusivement.

Par variation périodique semi-annuelle de la chaleur solaire j'entends celle ayant pour argument le double 2ν de la longitude du Soleil et ses multiples 4ν, 6ν, etc. Afin de faciliter la réduction aux transcendantes elliptiques de l'intégrale $Q_{(2i)}$, donnée à la page 488 de l'ouvrage de Poisson, j'ai formé la formule générale suivante. Soit

$$c = \frac{\sin.\gamma}{\cos.\mu} = \sin.\theta' \; ; \quad \Delta = \sqrt{1 - c^2.\sin.^2.\nu'} \; ; \quad \Delta' = 1 - \sin.^2\gamma.\sin.^2\nu' \; ;$$

on a d'abord l'équation

$$Q_{(2i)}.\cos.\mu = \frac{\sin.^2\gamma}{i\pi}.\int_0^{\frac{\pi}{2}} \frac{dv'.\cos.v'}{\Delta}.\Big\{\cos.(2i-1).v' - \cos.(2i+1).v'\Big\}$$

$$-\frac{2\sin.^2\mu.\sin.^2\gamma}{\pi(4i^2-1)}.\int_0^{\frac{\pi}{2}} \frac{dv'}{\Delta\Delta'}.\Big\{(1+\cos.2v').\cos.2iv' + 2i\sin.2v'.\sin.2iv'\Big\};$$

d'où l'on tire

$$[1] \ldots\; Q_{(2i)}.\cos.\mu = \frac{\sin.^2\gamma}{i\pi}.\int_0^{\frac{\pi}{2}} \frac{dv'.\cos.^2v'}{\Delta}.\Big\{\frac{\cos.(2i-1).v'}{\cos.v'} - \frac{\cos.(2i+1).v'}{\cos.v'}\Big\}$$

$$-\frac{\sin.^2\gamma.\sin.^2\mu}{\pi(4i^2-1)}.\int_0^{\frac{\pi}{2}} \frac{dv'}{\Delta\Delta'}.\Big\{2\cos.2iv' - (2i-1)\cos.(2i+2)v' + (2i+1)\cos.(2i-2)v'\Big\}.$$

Cela posé il est clair, que, à l'aide des formules connues

$$\cos.2nv' = (-1)^n.\Big\{1 - \frac{(2n)^2}{2}.\cos.^2v' + \frac{(2n)^2.[(2n)^2-4]}{2.3.4}.\cos.^4v' - \text{etc.}\Big\};$$

$$\frac{\cos.(2n-1)v'}{\cos.v'} = 1 - \frac{[(2n-1)^2-1]}{2}.\sin.^2v' + \frac{[(2n-1)^2-1][(2n-1)^2-9]}{2.3.4}.\sin.^4v' - \text{etc.}$$

(Voyez p. 83 du 1.er Volume du Calcul Différentiel de Lacroix), dont la première donne

$$(-1)^i.\Big\{2-(2i-1)(-1)+(2i+1)(-1)\Big\} = 0,$$

on peut obtenir l'équation

$$[2] \ldots\ldots\ldots\ldots \qquad Q_{(2i)}\cos.\mu =$$

$$\frac{\sin.^2\gamma}{i\pi}.\int_0^{\frac{\pi}{2}} \frac{dv'.\cos.^2v'.\sin.^2v'}{\Delta}.\Big\{A'_{(1)} + A'_{(2)}\sin.^2v' + \ldots\ldots + A'_{(i)}\sin.^{2i-2}v'\Big\}$$

$$-\frac{\sin.^2\mu.\sin.^2\gamma(-1)^i}{\pi(4i^2-1)}.\int_0^{\frac{\pi}{2}} \frac{dv'.\cos.^2v'}{\Delta\Delta'}.\Big\{A_{(1)} + A_{(2)}\cos.^2v' + \ldots\ldots + A_{(i+1)}\cos.^{2i}v'\Big\};$$

où l'on a :

$$A'_{(1)} = -\frac{[(2i-1)^2-1]}{2} + \frac{[(2i+1)^2-1]}{2} = 4i\,;$$

$$2.3.4.A'_{(2)} = [(2i-1)^2-1][(2i-1)^2-9] - [(2i+1)^2-1][(2i+1)^2-9]\,;$$

etc. ;

$$A_{(1)} = -(2i)^2 - (2i-1)\cdot\frac{(2i+2)^2}{2} + (2i+1)\cdot\frac{(2i-2)^2}{2} = 4(1-4i^2)\,;$$

$$2.3.4.A_{(2)} = 2(2i)^2.[(2i)^2-4] + (2i-1)(2i+2)^2.[(2i+2)^2-4]$$

$$-(2i+1)(2i-2)^2.[(2i-2)^2-4]\,;$$

etc. ;

$$\cos.^2 v'.\sin.^2 v'.\left\{A'_{(1)} + A'_{(2)}\sin.^2 v' + \ldots\ldots + A'_{(i)}\sin.^{2i-2} v'\right\}$$

$$= A'_{(1)}\sin.^2 v' + [A'_{(2)} - A'_{(1)}].\sin.^4 v' + [A'_{(3)} - A'_{(2)}].\sin.^6 v' + \ldots\ldots$$

$$\ldots\ldots\ldots + [A'_{(i)} - A'_{(i-1)}].\sin.^{2i} v' - A'_{(i)}\sin.^{2i+2} v'\,.$$

Maintenant, si l'on observe que $\sin.^2\gamma.\cos.^2 v' = \Delta' - \cos.^2\gamma$,

$$[3] \ldots\ldots \int_0^{\frac{\pi}{2}} \frac{dv'.\cos.^{2m} v'}{\Delta.\Delta'} = \frac{1}{\sin.^{2m}\gamma}.\int_0^{\frac{\pi}{2}} \frac{dv'\,\Delta'^{m-1}}{\Delta}.\left(1 - \frac{\cos.^2\gamma}{\Delta'}\right)^m,$$

et que l'on a les formules générales

$$[4] \ldots \left\{\begin{array}{l} c^2.\displaystyle\int_0^{\frac{\pi}{2}} \frac{dv'.\sin.^2 v'}{\Delta} = \int_0^{\frac{\pi}{2}} \frac{dv'}{\Delta} - \int_0^{\frac{\pi}{2}} dv'.\Delta\,; \\[2ex] c^2.(2m-1).\displaystyle\int_0^{\frac{\pi}{2}} \frac{dv'.\sin.^{2m} v'}{\Delta} = (2m-2)(1+c^2).\int_0^{\frac{\pi}{2}} \frac{dv'.\sin.^{2m-2} v'}{\Delta} \\[2ex] \qquad\qquad - (2m-3).\displaystyle\int_0^{\frac{\pi}{2}} \frac{dv'.\sin.^{2m-4} v'}{\Delta}\,, \end{array}\right.$$

il sera facile de réduire le second membre de l'équation [2] à la forme

$$[5] \ldots Q_{(2i)} \cos.\mu = \frac{\sin.^2\gamma}{i\pi}\left\{G.\int_0^{\frac{\pi}{2}}\frac{dv'}{\Delta} + G'.\int_0^{\frac{\pi}{2}} dv'\,\Delta\right\}$$

$$-\frac{\sin.^2\mu.\sin.^2\gamma.(-1)^i}{\pi(4i^2-1)}\left\{H.\int_0^{\frac{\pi}{2}}\frac{dv'}{\Delta} + H'.\int_0^{\frac{\pi}{2}} dv'\,\Delta + H''.\int_0^{\frac{\pi}{2}}\frac{dv'}{\Delta\Delta'}\right\};$$

où G, G'; H, H', H'', désignent des quantités constantes; fonctions de γ, de μ, et du nombre entier i. En faisant $i=1$, l'on aura:

$$Q_{(2)} = \frac{4\cos.\mu}{3\pi c^2}\cdot\left\{2(c^2-1)\cdot\int_0^{\frac{\pi}{2}}\frac{dv'}{\Delta} + (2-c^2).\int_0^{\frac{\pi}{2}} dv'\,\Delta\right\}$$

$$+\frac{8}{3\pi}\cdot\frac{\sin.^2\mu.\cos.\mu}{\sin.^2\gamma}\cdot\int_0^{\frac{\pi}{2}} dv'\,\Delta$$

$$-\frac{4\sin.^2\mu}{3\pi.\sin.^2\gamma.\cos.\mu}\cdot(1+\cos.^2\gamma+2\cos.^2\mu)\cdot\int_0^{\frac{\pi}{2}}\frac{dv'}{\Delta}$$

$$+\frac{4(2+\sin.^2\gamma)}{3\pi.\tang.^2\gamma}\cdot\sin.\mu.\tang.\mu.\int_0^{\frac{\pi}{2}}\frac{dv'}{\Delta\Delta'};$$

d'où l'on tire:

$$[6] \ldots \quad Q_{(2)} = \frac{4}{3\pi.\sin.^2\gamma}\cdot\left\{\begin{array}{l}(2-\sin.^2\gamma).\cos.\mu.\displaystyle\int_0^{\frac{\pi}{2}} dv'\,\Delta \\ -\dfrac{(1+\cos.^2\gamma-\cos.^2\mu.\sin.^2\gamma)}{\cos.\mu}.\displaystyle\int_0^{\frac{\pi}{2}}\frac{dv'}{\Delta} \\ +(2+\sin.^2\gamma).\cos.^2\gamma.\sin.\mu.\tang.\mu.\displaystyle\int_0^{\frac{\pi}{2}}\frac{dv'}{\Delta\Delta'}\end{array}\right\}.$$

Au cercle polaire, où $\sin.\mu = \cos.\gamma$; $c = 1$; $\Delta = \cos.v'$; cette formule donne :

$$Q_{(2)} = \frac{4}{3\pi.\sin.\gamma} \cdot (2 - \sin.^2\gamma)$$

$$+ \frac{4}{3\pi.\sin.^2\gamma} \int_0^{\frac{\pi}{2}} \frac{dv'}{\cos.v'} \cdot \left\{ \frac{(2+\sin.^2\gamma).\cos.^4\gamma}{\Delta'} - (1+\cos.^2\gamma - \sin.^4\gamma) \right\}.$$

Mais l'on a $\Delta' = 1 - \sin.^2\gamma.\sin.^2v'$,   et

$$(2 + \sin.^2\gamma).\cos.^4\gamma - (1 + \cos.^2\gamma - \sin.^4\gamma) = \sin.^2\gamma.(-1 - \cos.^2\gamma + \sin.^4\gamma) ;$$

$$1 + \cos.^2\gamma - \sin.^4\gamma = \cos.^2\gamma.(2 + \sin.^2\gamma) ;$$

$$Q_{(2)} = \frac{4}{3\pi.\sin.\gamma} \cdot (2 - \sin.^2\gamma).$$

$$+ \frac{4(1+\cos.^2\gamma - \sin.^4\gamma)}{3\pi.\sin.^3\gamma} \cdot \int_0^{\frac{\pi}{2}} \frac{dv'}{\cos.v'} \cdot \left\{ -1 + \frac{1}{\Delta'} - \frac{\sin.^2\gamma}{\Delta'} \right\}.$$

Cette équation donne :

$$Q_{(2)} = \frac{4(2-\sin.^2\gamma)}{3\pi.\sin.\gamma} + \frac{\cos.^2\gamma.(2+\sin.^2\gamma)}{3\pi.\sin.^3\gamma} \cdot \int_0^{\frac{\pi}{2}} \frac{dv'}{\cos.v'} \cdot \left\{ \frac{1}{\Delta'} - \frac{\sin.^2\gamma}{\Delta'} - 1 \right\} ;$$

$$\frac{1}{\Delta'.\sin.^2\gamma} - \frac{1}{\Delta'} - \frac{1}{\sin.^2\gamma} = \frac{1 - \Delta' - \sin.^2\gamma}{\Delta'.\sin.^2\gamma} = -\frac{\cos.^2v'}{\Delta'},$$

partant

$$Q_{(2)} = \frac{4(2-\sin.^2\gamma)}{3\pi.\sin.\gamma} - \frac{4(2+\sin.^2\gamma)}{3\pi.\tan g.^2\gamma} \cdot \int_0^{\frac{\pi}{2}} \frac{d.(\sin.\gamma.\sin.v')}{1 - \sin.^2\gamma.\sin.^2v'} ;$$

$$[7] \cdots \quad Q_{(2)} = \frac{4(2-\sin.^2\gamma)}{3\pi.\sin.\gamma} - \frac{4(2+\sin.^2\gamma)}{3\pi.\tan g.^2\gamma} \cdot \mathrm{Log}.\left(\frac{1 + \sin.\gamma}{\cos.\gamma} \right).$$

La formule [6], en y faisant

$$\int_0^{\frac{\pi}{2}} \frac{dv'}{\Delta\,\Delta'} = \int_0^{\frac{\pi}{2}} \frac{dv'}{\Delta} + \frac{\Omega.\left(\theta', \frac{\pi}{2} - \mu \right)}{\cos.\gamma.\tan g.\mu}$$

$$\Omega.\left(\theta', \frac{\pi}{2} - \mu \right) = F^1(c).E.\left(\frac{\pi}{2} - \mu \right) - E^1(c).F.\left(\frac{\pi}{2} - \mu \right),$$

donne :

$$Q_{(2)}=\frac{4}{3\pi.\sin.^2\gamma}.\left\{\begin{array}{l}(2-\sin.^2\gamma)\cos.\mu.\int_0^{\frac{\pi}{2}}d\varphi'\Delta\\ -\frac{[1+\cos.^2\gamma-\cos^2\mu.\sin.^2\gamma-(2+\sin.^2\gamma)\cos.^2\gamma.\sin.^2\mu]}{\cos.\mu}.\int_0^{\frac{\pi}{2}}\frac{d\varphi'}{\Delta}\end{array}\right.$$

$$+\frac{4\cos.\gamma.\sin.\mu.(2+\sin.^2\gamma)}{3\pi.\sin.^2\gamma}.\Omega.\left(\theta',\frac{\pi}{2}-\mu\right).$$

Mais

$$\left[1+\cos.^2\gamma-\cos.^2\mu.\sin.^2\gamma-(2+\sin.^2\gamma).(1-\sin.^2\gamma).\sin.^2\mu\right].\frac{1}{\cos.\mu}$$

$$=2\cos.^2\gamma.\cos.\mu+\sin.\mu.\text{tang}.\mu.\sin.^4\gamma\ ;$$

donc

$$[8]\ldots Q_{(2)}=\frac{4}{3\pi.\sin.^2\gamma}.\left\{\begin{array}{l}(2-\sin.^2\gamma).\cos.\mu.\int_0^{\frac{\pi}{2}}d\varphi'.\Delta\\ -\left[2\cos.^2\gamma.\cos.\mu+\sin.\mu.\text{tang}.\mu.\sin.^4\gamma\right].\int_0^{\frac{\pi}{2}}\frac{d\varphi'}{\Delta}\\ +\cos.\gamma.(2+\sin.^2\gamma).\sin.\mu.\Omega.\left(\theta',\frac{\pi}{2}-\mu\right)\end{array}\right\}.$$

Par faute typographique, il y a $2\cos.^2\gamma.\cos.^2\mu$ au lieu de $2\cos.^2\gamma.\cos.\mu$ à la page 488 de l'ouvrage de POISSON ; mais en rétablissant le terme qui doit s'y trouver conformément à la valeur de Q_1, qui précède, on voit que l'expression de $Q_{(2)}$ s'accorde avec celle-ci.

La valeur numérique du second membre de la formule [7] est remarquable par sa grandeur ; car en faisant $\gamma=23°.\ 28'$, l'on a :

$$4(2-\sin.^2\gamma)=7,36570\ ;$$

$$\frac{4(2-\sin.^2\gamma)}{3\pi.\sin.\gamma}=1,96258\ ;\quad \text{Log.}\frac{4(2+\sin.^2\gamma)}{3\pi.\sin.^2\gamma}=0,68674\ ;$$

$$\cos.^2\gamma.\text{Log. hyp.}^e\frac{(1+\sin.\gamma)}{\cos.\gamma}=0,18869\ ;$$

$$\frac{4(2+\sin.^2\gamma)}{3\pi.\text{tang}.^2\gamma}.\text{Log. hyp.}^e\frac{(1+\sin.\gamma)}{\cos.\gamma}.=0,91530\ ;$$

et par conséquent

$$Q_{(2)} = 1,96258 - 0,91530 = 1,04728 \ .$$

En appliquant la formule [8] à Tornéa, où l'on a:

$$\mu = 65^\circ.\ 50'.\ 50'' \ ; \quad \frac{\pi}{2} - \mu = 24^\circ.\ 9'.\ 10'' \ ;$$

$$\text{Log.} E^1(c) = 0,02665 \ ; \quad \text{Log.} E.\left(\frac{\pi}{2} - \mu\right) = 9,60999 \ ;$$

$$\text{Log.} F^1(c) = 0,45954 \ ; \quad \text{Log.} F.\left(\frac{\pi}{2} - \mu\right) = 9,63447 \ ;$$

on obtient:

$$Q_{(2)} = \frac{4}{3\pi.\sin.^2\gamma} \cdot (0,80112 - 2,13120 + 1,29245) \ ;$$

$$Q_{(2)} = \frac{4}{3\pi.\sin.^2\gamma} \cdot (-0,03763) = -0,10118 \ .$$

Relativement à Paris la formule [8], en y faisant $\mu = 48^\circ.\ 50'$, donne:

$$Q_{(2)} = \frac{4}{3\pi.\sin.^2\gamma} \cdot (1,71517 - 1,98200 + 0,26756) = \frac{4.\ 0,00073}{3\pi.\sin.^2\gamma} \ ;$$

$$Q_{(2)} = +0,00195 \ .$$

Et pour le tropique du Cancer, où $\mu = \gamma = 23^\circ.\ 28'$, l'on a:

$$Q_{(2)} = -0,07832.$$

La Chaleur Solaire, dont cette théorie donne l'expression en fonction de la longitude du Soleil, ne doit pas être interprétée comme mesure de la température, extérieure à la Terre, qui a lieu près de sa surface *avant* l'incidence de la lumière du Soleil contre cette même surface. Elle doit être interprétée comme une fonction qui mesure l'intensité de la Chaleur Solaire qui s'établit immédiatement *après* son incidence contre la Terre, en vertu du principe général « Que les rayons lumineux du » Soleil n'échauffent un corps qu'en raison de la quantité de ces rayons » qui se perdent dans cette substance, qui sont absorbés par elle ». En ce sens la fonction $hf(\nu)$, déterminée par cette théorie, sera la loi véritable de l'action solaire, obtenue par l'élimination des alternatives du jour et de la nuit, en conservant au phénomène toute sa réalité qui demeure inhérente à la fonction *continue*, par laquelle on a remplacé la fonction *discontinue* conformément à des principes de calcul incontestables.

On peut croire que Fourier ne considérait pas les effets de la chaleur solaire comme ayant pour cause capitale le principe que je viens d'énoncer. Sa manière de voir ce grand phénomène se refusait à une analyse mathématique, qui, conformément à l'épigraphe placée en tête de ce Mémoire, serait capable de faire connaître la liaison intime qui existe entre les températures extérieure et intérieure à la Terre. Fourier, éminemment clair dans toutes ses conceptions, a émis lui-même son opinion sur ce point dans un passage significatif qu'on lit à la page 61 de la seconde partie de son Ouvrage ainsi conçu: « Il faut bien remarquer qu'en » soumettant au calcul la question des températures terrestres nous avons » écarté tout ce qu'il pourrait y avoir d'hypothétique et d'incertain dans » la mesure de l'effet des rayons solaires. En effet, on peut regarder » l'état de la surface du globe comme donné par les observations, et il » s'agit ensuite d'en déduire l'état des molécules intérieures ». Et, Laplace, par une conception moins indéterminée, mais très-éloignée de la réalité a pris pour la température extérieure celle marquée par un thermomètre exposé à l'air libre et à l'ombre. Température dépendante, *d'une manière inconnue*, de la chaleur de l'air en contact avec l'instrument; de la chaleur rayonnante du Sol; de la chaleur atmosphérique agissant par son rayonnement, et de la chaleur *stellaire*. Par cette dernière source de chaleur on doit considérer la Terre comme placée dans une enceinte fermée de toutes parts, remplie d'un éther excessivement rare, et néanmoins capable d'absorber la chaleur. Sans cette faculté absorbante de la matière éthérée, qui remplit le firmament, il est permis de supposer avec Poisson que « la température en chaque point de l'espace planétaire serait » fort grande à moins que le nombre des étoiles incandescentes ne fût » extrêmement petit par rapport à celui des étoiles opaques ».

Soit $X+h(0,373)$ la température moyenne au cercle polaire, et

$$u=X+h(0,373)+hA.\sin.v+hB.\cos.2v$$

la température correspondante à la longitude v du Soleil. Par cette théorie l'on a:

$$A=\frac{\pi}{2}\sin.\gamma.\sin.\left(\frac{\pi}{2}-\gamma\right)\doteq 0,57378\ ;\quad B=Q_{(2)}=1,04728\ .$$

Le *maximum* de cette valeur de u aura lieu, lorsque $v=7^{\circ}.\,52'$; c'est-à-dire, huit jours après l'équinoxe du Printemps. Alors l'on aura:

$$u'=X+h(0,373+0,07855+1,00846)=X+h(1,4600)\ ,$$

en désignant par u' la température observée vers les derniers jours du mois de Mars. Cette équation donne:

$$h = \frac{u' - X}{1,4600} .$$

Et, comme la valeur de cette constante est nécessairement positive, il faudra que la différence $u' - X$ soit une quantité positive; ce qui ne peut avoir lieu, ici, qu'en supposant *négative* la température X, due à la chaleur stellaire et atmosphérique. Mais aux longitudes $v = 0$, $v = \frac{\pi}{2}$ de l'équinoxe et du solstice répondent les températures

$$u'' = X + h(0,373) + hB ; \qquad u''' = X + h(0,373) + hA - hB ;$$

partant l'on a:

$$h = \frac{u'' - u'''}{2B - A} = \frac{u'' - u'''}{1,51186} .$$

En égalant cette valeur de h à la précédente on obtient l'équation

$$\frac{u'' - u'''}{1,51186} = \frac{u' - X}{1,4600} ;$$

d'où l'on tire:

$$X = u' + \frac{1,4600}{1,51186} \cdot (u''' - u'') .$$

L'observation des trois températures u'', u', u''', qui repondent aux trois longitudes du Soleil $v = 0°$, $v = 7°.\,52''$, $v = 90°$ fera donc connaître celle de X et de h. Mais j'ignore, si de telles observations ont été faites avec une suffisante précision.

A une latitude qui surpasse de $1°.\,22'$ celle de Tornéa, l'on a:

$$\mu = 66°.\,32' + 41' = 67°.\,13' ;$$

$$\cos.\varphi = \frac{\cos.\mu}{\sin.\gamma} = \sin.(76°.\,31'.\,20'') ; \quad \text{tang.}\varphi' = \frac{\cos.\mu}{\text{tang.}\gamma} = \text{tang.}\,41°.\,44' ;$$

$$\text{Log.}\,F^{1}(\cos.\varphi) = 0,45741 ; \quad \text{Log.}\,E^{1}(\cos.\varphi) = 0,02727 ;$$

$$\text{Log.}\,F(\gamma) = 9,61484 ; \quad \text{Log.}\,E(\gamma) = 9,59259 .$$

Celà posé, la formule (40) donne:

$$\text{Log.}\,M = 8,93631 \;; \qquad \text{tang.}\,\varpi = 13,485 - 4,406 = 9,079 \;;$$

$$\varpi = 83^\circ.\,42'.\,50'' \;; \qquad M' = 0,79053 \;.$$

$$P_{(2)} = 0,79053.\,\text{sin.}\,(v + 83^\circ.\,43') \;.$$

Et la formule (31) donne:

$$P_{(2)} = -10,421 + 1,9294 + 0,1688 = -8,3228 \;.$$

La différence fort grande des deux inégalités périodiques semi-annuelles,

$$Q_{(2)}\,\text{cos.}\,2v = -0,10118\,\text{cos.}\,2v \;; \qquad P_{(2)}\,\text{cos.}\,2v = -8,3228\,\text{cos.}\,2v \;,$$

qui ont lieu à $41'$ au Sud et au Nord du cercle polaire, mérite d'être prise en considération, si on pourra faire des observations avec des thermomètres enfoncés dans ces deux localités.

SULL'ORO

CONTENUTO NEI FILONI ORIFERI

DELLA

VALLANZASCA

PROVINCIA DI NOVARA

PEL

CAVALIERE EUGENIO FRANCFORT

INGEGNERE DI MINIERE

Letta ed approvata nell'adunanza del 6 dicembre 1863.

La Vallanzasca dai tempi dei Romani sino ad oggi è stata evidentemente la regione che in Italia ha prodotto maggior quantità di oro.

Moltissime ricerche e coltivazioni di miniere furono di tempo in tempo intraprese in questa Valle, alcune delle quali coronate da grande successo. Così, p. es., nei secoli scorsi la produzione in oro della miniera *dei Cani*, situata nel comune di *S. Carlo*, fu importantissima; e tale è ancora oggidì quella della miniera di *Pestarena*.

Senza estendermi in considerazioni geologiche della valle, che troppo si scostino dallo scopo della presente Memoria, credo però utile di premetterne un breve cenno.

Le montagne fiancheggianti la valle che racchiudono le giaciture orifere sono principalmente composte di roccie azoiche, fra le quali le più importanti sono: il *micascisto*, lo *scisto talcoso*, i *scisti anfibolici*, ed il *gneiss*.

Si scorge in molti siti un passaggio graduale da una di queste roccie all'altra, e così più particolarmente dallo *scisto micaceo* al *scisto anfibolico*, e si vedono sovente segregazioni di quarzo e di felspato nelle medesime, che qualche volta assumono il carattere di masse, e per la loro continuazione longitudinale altre volte assomigliano a filoni.

Pochissimi minerali semplici sonosi finora qua e là scoperti in queste roccie, fra i quali i più importanti da me osservati sono il *granato*, certe varietà dell'*anfibolo* (come l'*attinolite*, la *tremolite*, l'*asbesto*) e raramente la *magnetite* e la *nigrina*.

Le giaciture che forniscono i minerali oriferi sono per la maggior parte parallele alla sfaldatura dei scisti, e seguono in moltissimi casi, e più particolarmente nella miniera dei *Cani*, le varie contorsioni che si scorgono ne'medesimi. La loro direzione ordinaria va dal Nord Est al Sud Ovest, e sono composte in molti casi solamente della roccia incassante in maggior o minore stato di decomposizione, ma per lo più in gran parte di *quarzo, pirite*, *pirrotina* e *mispickel.*

Qualche volta si trovano ne'medesimi anche la *calcopirite*, la *blenda*, la *galena*, la *calcite*, e negli affioramenti anche minerali provenienti dalla scomposizione dei solfuri ed arseniuri sopra citati, come p. es. la *limonite*, la *scorodite*, il *solfato di ferro*, e la *malachite*.

Queste giaciture variano nella loro potenza da pochi centimetri sino a qualche metro. Presentano in molti siti pareti regolari, ma il loro assieme è tale da qualificarli piuttosto come lenti segregate o filoni infrastratificati, che filoni veri nel senso tecnico della parola.

Gli studi che ho fatto dal 1858 sino ad oggi più specialmente sulle molte giaciture parallele della miniera *Cani*, aperte da antichi e recenti lavori, mi hanno persuaso, ch'esse devono piuttosto la loro origine all'azione chimica di acque per immensa serie di anni circolanti entro spaccature e fenditure parallele alla stratificazione degli schisti che ne permettevano l'infiltrazione, anzi che al riempimento di fessure preesistenti per via di iniezione o di sublimazione. Suppongasi che queste acque nel loro passaggio più o meno continuo eliminassero alcuni elementi dagli schisti e ve ne sostituissero altri, e si avrà per tal modo plausibile spiegazione del continuo cambiamento che nelle giaciture si scorge, dell'essere esse composte in molti punti esclusivamente della stessa roccia formante la montagna, in altri della medesima roccia decomposta, e ancora in altri dei minerali metalliferi sopra citati che richiamano l'opera del minatore.

Nè si può opporre a questa teoria la presenza in maggiore o minore quantità dei solfuri ed arseniuri, giacchè Bischoff nella sua « *Geologia chimica e fisica* » ha dimostrato ch'essi possono essere stati introdotti per l'azione di soluzioni acquee. Un fatto che parlerebbe in favore di questa teoria sarebbe il già accennato parallelismo delle giaciture colle roccie che le incassano ; e la sola cosa che alla medesima si potrebbe opporre, è la regolarità delle pareti che sembrerebbe indicare una fessura preesistente.

Pare tuttavia più ovvio il credere che tali pareti provengano da qualche spostamento delle masse adiacenti posteriore alla formazione delle giaciture stesse, il quale determinò dei fregamenti entro alle medesime, per cui le parti più dure, e specialmente il quarzo, ne spianarono e lisciarono le pareti.

Questa supposizione viene corroborata dal fatto che tali pareti sono sempre più distinte, e presentano strie laddove i giacimenti contengono maggior quantità di quarzo. Lasciando ulteriori considerazioni sull'origine di queste giaciture ad altra Memoria che mi riserbo di pubblicare, prima di entrare nell'argomento che forma la base della presente, mi limiterò ad accennare che i minerali contenuti nelle giaciture di Vallanzasca e considerati oriferi sono la *pirite*, il *mispickel* e la *pirrotina; e che in nessun caso è stata finora, per quanto mi consta, riconosciuta ad occhio nudo od armato di lente, la presenza dell'oro nativo.*

Malgrado le diligenti ricerche ed osservazioni che dall'anno 1858, epoca della mia prima visita alla Vallanzasca, sino al dì d'oggi non cessai di ripetere, solo recentemente mi riescì di trovare un unico campione, che presenta traccie di oro visibile, estratto da lavori di ricerca di recente intrapresi nella cava vecchia delle miniere *Cani*.

Questo fatto è tanto più sorprendente in quanto che nel filone maestro che dà luogo alle proficue coltivazioni della attigua val Toppa, e che si può considerare un vero filone in tutto il senso della parola, la presenza dell'oro nativo non è rara, che anzi quasi giornalmente se ne trova sparso nel quarzo latteo, che forma la ganga di quella potente giacitura.

Questa apparente assenza dell'oro nativo nelle giaciture della Vallanzasca ha dato luogo a diverse teorie, a quella in ispecie che l'oro ottenuto dai suddetti minerali col mezzo dell'amalgamazione praticata nella Vallanzasca vi fosse contenuto in combinazione con altri elementi, come p. es. col tellurio o l'arsenico, e non mancavano quelli che lo presumevano allo stato di solfuro entro la pirite.

Scopo di questa Memoria è di annunziare che *l'oro anche invisibile com'è nei minerali della Vallanzasca è contenuto nei medesimi allo stato di oro nativo estremamente diviso ed in polvere quasi impalpabile.*

Questa mia scoperta che ritengo di qualche importanza, mi è tanto più soddisfacente, inquantochè in una relazione del 12 agosto 1858 sopra i giacimenti della miniera *Cani* io diceva:

« È stato per lungo tempo questione fra i chimici mineralogici se » questo oro esista nella pirite di ferro come oro puro minutamente » sminuzzato o in istato di solfuro. Altri asserirono perfino ed hanno » sostenuto che esiste come ossido. Diligenti esami hanno però dimostrato » che può soltanto esistere meccanicamente diviso nelle piriti come puro » oro metallico e non in combinazione chimica. »

Da quando osai emettere questa opinione in poi non ho tralasciato diligenti studi ed esami per averne convincenti prove, al che mi trovai appianata la via, dacchè, or fa un anno circa, ho assunto la direzione della Società Inglese che ora coltiva le miniere *Cani*.

Questo accertamento diveniva tanto più importante dacchè quella Società erasi costituita con ingenti mezzi per introdurre un sistema più moderno e più perfetto di amalgamazione in luogo di quello tutt'ora adoperato nella Vallanzasca, il quale è solo utilmente applicabile ad un trattamento in piccola scala di minerali ricchi in oro.

Con 100 molini, quali sono in uso nella valle, si amalgamano al più quattro tonnellate di minerale in 24 ore con consumo considerevole di mercurio, perdita grandissima di metallo prezioso, e spesa notevole di mano d'opera e di forza motrice nei molini.

Egli è perciò che molte giaciture orifere esistenti nella Vallanzasca rimasero e stanno tuttora abbandonate, tutto che utilizzabili. La coltivazione si dovette restringere alle giaciture che contengono abbastanza oro per sopportare le perdite e spese poc'anzi accennate, e dare un ricavo discreto in oro sulle piccole quantità che giornalmente si possono trattare con quegli appareechi di amalgamazione, tanto più che l'oro si ricava molto argentifero e del valore di rado eccedente lire 2,60 per gramma.

Come ho già detto di sopra, è divisamento della nuova Società che coltiva le miniere *Cani* di introdurre un sistema d'amalgamazione capace di trattare giornalmente con economia e minor perdita in oro grandissime quantità di minerali anche tanto poveri che diano al saggio docimastico da 15 a 20 grammi di oro per tonnellata.

Lo Stabilimento a tal fine in costruzione a Battiggio, frazione del comune di S. Carlo, è destinato a trattare da 200 a 300 quintali in 24 ore, quantità facilmente ottenibili dai vasti lavori antichi e moderni delle miniere *Cani*, nei quali solamente quella parte dei filoni fu estratta, che era abbastanza ricca per subire le operazioni costose finora nella valle adottate per l'amalgamazione.

Era dunque sopratutto necessario che io ad ogni modo potessi sciogliere la questione, se l'oro si trovasse ne' minerali allo stato nativo meccanicamente diviso, ovvero in istato di chimica combinazione.

Lunga serie di esperimenti da me fatti nello scorso e nel corrente anno sopra parecchi minerali provenienti tanto dalle miniere *Cani*, che da altre località della valle, tutti più o meno piritiferi, e senza oro visibile nemmeno col microscopio, mi hanno felicemente portato alla conclusione che l'oro vi si trovi costantemente allo stato nativo.

Il sistema seguito per provare questo fatto fu il seguente: i minerali furono anzitutto torrefatti per scomporre la pirite ordinaria od arsenicale, e per produrre ossidi di ferro meno pesanti della pirite stessa. I minerali furono quindi ridotti in polvere impalpabile e vennero trattati nella così detta *batea*, piccolo apparecchio di lavaggio molto usato nelle miniere orifere del Brasile per fare simili prove, servendomi in questa operazione, che richiede mano esperta, del signor James Robets, ora Capo minatore dell'Impresa, il quale per una pratica molti anni fatta nell'Australia ed in America ha potuto rendersi abilissimo in tali operazioni.

In quasi tutti i casi l'oro divenne visibile dopo il compimento del lavaggio nella *batea*, e ciò che è straordinario molti campioni provenienti da punti nella miniera che all'amalgamazione ordinariamente in uso non davano punto oro, producevano nella *batea* una bella mostra del metallo prezioso.

Le ricerche sovracitate furono fatte, come dissi, in minerali torrefatti, affine di convertire il solfuro in ossido di ferro, che ha un minor peso specifico, e quindi si separa più facilmente dall'oro.

Ma siccome mi fu obbiettato che l'oro non sia già allo stato metallico nel minerale stesso, ma passi a questo stato per solo effetto della torrefazione, ho ripetuto le medesime esperienze in minerali non torrefatti e con mio pieno soddisfacimento mi riescì egualmente di ottenerne il metallo prezioso in particelle visibili.

Non niego che la concentrazione alla *batea* riesciva sempre meglio col minerale torrefatto, producendo una maggior quantità d'oro visibile.

Ma era al tempo stesso evidente che ciò dipendeva unicamente dall'essere più facilmente lavabile l'oro misto coll'ossido di ferro, di quello che è misto colla pirite.

Ho così pienamente provato che l'oro si trova realmente allo stato nativo nel minerale.

Ammesso questo fatto, resta a spiegarsi come avvenga che molti dei minerali da cui io ottenni oro trattandoli colla *batea*, non ne producono punto se trattati coll'amalgamazione ordinaria di Vallanzasca.

Ho già detto di sopra, e le mie esperienze lo confermano, che l'oro vi si trova estremamente diviso. Ora nel difettoso processo di amalgamazione che si usa in Vallanzasca l'acqua rinnovandosi continuamente nei molini durante l'operazione tiene in sospensione siffatte esilissime particelle d'oro, e le trasporta con se prima che esse giungano a contatto col mercurio.

Gli esperimenti si sono fatti sopra moltissimi minerali provenienti non solo dalle miniere *Cani*, ma da altre della Vallanzasca, e l'oro si è potuto ottenere nello stesso modo da quasi tutte, mentre parecchi mostravano oro nella *batea* anche senza torrefazione.

Parmi adunque di aver pienamente dimostrato che l'oro sia contenuto nei giacimenti della Vallanzasca in istato nativo.

Non credo di esagerare l'importanza di questa scoperta asserendo che dal lato industriale offre un nuovo campo alla produzione dell'oro in Vallanzasca, e che l'amalgamazione di grandi quantità di minerali che col sistema attualmente ivi adoperato fu impossibile perchè senza benefizio, può diventare proficua quando riconosciuto che la quistione dell'estrazione dell'oro da questi minerali è una quistione puramente meccanica, si corregga con mezzi analoghi il difetto dell'attuale amalgamazione.

Il risultato degli esperimenti vedesi dalla seguente tabella:

DESCRIZIONE dei Campioni provenienti dalla miniera dei *Cani* e dei saggi ottenuti sopra kil. 5 di Minerale per ciascun Campione.

N.° dei Campioni e saggi d'oro	DESCRIZIONE	PROVENIENZA	PESO del SAGGIO D'ORO ottenuto	OSSERVAZIONI
1	Composto di quarzo e pirite.	Galleria CAVA VECCHIA	725 milligr.i	Il saggio d'oro contiene pirite imperfettamente abbrostolita.
2	Composto di quarzo con poca pirite in istato di decomposizione.	Galleria PIAZZA NUOVA	391 »	L'oro ottenuto è in polvere finissima e contiene poca pirite.
3	Composto di molta pirite e di mispickel con traccia di galena.	Galleria ALBASINI	215 »	Il saggio d'oro è misto con molta pirite parzialmente decomposta.
4	Composto di pirite, quarzo, micascisto e limonite.	Galleria MAZZERIA	165 »	
5	Composto quasi esclusivamente di quarzo con tracce di pirite.	Altro sito nella Galleria PIAZZA NUOVA	155 »	L'oro contiene moltissima pirite parzialmente torrefatta.
6	Composto di quarzo e pirite.	Galleria CAVA VECCHIA	241 »	Il saggio contiene oro e pirite: fu lavato senza previa torrefazione.

Pallanza, 1 agosto 1863.

DETERMINAZIONE VOLUMETRICA

DELLO

ZINCO CONTENUTO NEI SUOI MINERALI

MEDIANTE UNA SOLUZIONE NORMALE DI FERRO CIANURO DI POTASSIO

MEMORIA

DI

MAURIZIO GALLETTI

SAGGIATORE IN CAPO ALL'UFFICIO DEL MARCHIO DEL CIRCONDARIO DI GENOVA
SOCIO CORRISPONDENTE DELLA SOCIETÀ DI FARMACIA DI TORINO

Letta nell'adunanza del 28 febbraio 1864.

Nel 1856, epoca in cui nell'Appennino ligure s'intrapresero con maggiore attività le ricerche dei depositi metalliferi, ed in principal modo del rame piritoso che tutti gli indizi lasciavano credere abbondevole in quelle roccie serpentinose, siccome in seguito ebbesi a verificare, ho avuto occasione di occuparmi della ricerca di un metodo di saggio per determinare il rame contenuto nei suoi minerali, il quale alla precisione dei risultati, accoppiasse pur anche la rapidità dell'operazione, e la facilità di esecuzione. Tali attributi mi parve scorgere nell'applicazione del ferro cianuro di potassio, agente dotato della massima sensibilità pel rame, attesochè una parte di questo metallo allo stato di cloruro ammoniacale acido, allungata in 500,000 parti d'acqua distillata, viene dal medesimo istantaneamente svelata, siccome ho potuto osservare nel corso delle operazioni intraprese all'oggetto di stabilire il metodo di determinazione che mi era proposto. I risultati ottenuti avendo perfettamente corrisposto a quanto io mi aspettava, ho compilato una Memoria intitolata: *Applicazione del ferro cianuro di potassio alla determinazione del rame contenuto nei suoi minerali mediante il saggio a volumi*, che ho presentata nello stesso anno alla Reale Accademia delle Scienze di Torino.

Al paragrafo in cui è cenno del rame bigio, ho dimostrato come il ferro cianuro di potassio si comportasse in modo identico col rame e collo zinco, e come con una soluzione normale appropriata dello stesso agente, si potesse pur anche determinare lo zinco contenuto ne' suoi minerali.

Trascorse lungo spazio senza che io abbia potuto occuparmi dell'applicazione di cui è questione; la scoperta fatta in questi ultimi tempi di depositi di calamina e filoni di blenda nella Valsassina, provincia di Como presso Lecco, ed alcuni campioni statimi presentati dal signor Meyer con incarico di determinarne il tenore, mi porsero l'opportunità, che colsi volontieri, di continuarne gli studi (1).

Prima d'intraprendere le operazioni su cui doveva venir appoggiato il metodo che mi era proposto, ho creduto opportuno far precedere alcuni sperimenti onde stabilire sino a qual punto la reazione si rendesse sensibile, mettendo a contatto il reattivo collo zinco in soluzioni allungatissime, ed ebbi ad osservare che introducendo una goccia di soluzione di ferro cianuro di potassio in una soluzione nitrica di un milligramma di zinco trattata con ammoniaca, e quindi acidificata ed allungata in 300 grammi d'acqua distillata, veniva questo immediatamente svelato.

L'esperienza avendo adunque dimostrato che l'indicato agente svelerebbe istantaneamente, ed in modo sensibile una parte di zinco contenuta in 300,000 parti d'acqua distillata, mi parve cessato ogni dubbio circa l'utilità della sua applicazione al saggio volumetrico dei minerali dello zinco.

Mi accinsi pertanto a preparare una soluzione normale di ferro cianuro di potassio, un decilitro della quale precipitasse un gramma di zinco puro allo stato di ferro cianuro zincico, ed operai nel seguente modo:

Due equivalenti di zinco puro $2 \times 406,50 = 813,00$ sono precipitati

---

(1) In Lombardia si trovano calamine e blende nelle valli Brembana, Seriana, Trompia e Sabbia, alcune volte nei calcari triassici, e spesso nei micaschisti.

La Sardegna offre anche in molte località dei filoni di blenda, ma accompagnati sempre dalla galena. I filoni di galena argentifera di *Sos Enattos* nella provincia di Nuoro, comune di Lula, sono associati a considerevoli strati di blenda, le cui liste seguono in vario senso i filoni stessi, e che nella scelta del minerale gli operai separano con estrema facilità, essendo pochissimo aderenti alla galena. Sebbene detti filoni trovinsi sui primordi della loro coltivazione, pur tuttavia negli scavi fattisi sinora sonosi diggià separati tali cumuli di blenda da potersi valutare a circa mille tonnellate.

Da alcuni campioni che mi occorse esaminare nello scorso anno, pare che nella provincia di Iglesias possano anche esistere dei depositi di calamina.

Non sembra quindi senza qualche importanza il poter determinare con facilità la ricchezza di detti minerali, perchè questa circostanza potrebbe concorrere molto a favorirne il commercio.

allo stato di ferro cianuro zincico da un equivalente di ferro cianuro di potassio cristallizzato, 2641, 1.

$$Fe, Cy^3, K^2, + 2Zn, Cl = 2K, Cl + Fe, Cy^3, Zn^2,$$
$$813,00 : 2641,1 :: 100 : X = 324,85.$$

Richiedendosi adunque 324, 85 di ferro cianuro di potassio cristallizzato per precipitare 100 di zinco puro allo stato di ferro cianuro zincico, ho preparato una soluzione normale sciogliendo grammi 32, 485 di ferro cianuro di potassio nell'acqua distillata in modo di avere un litro di soluzione.

Difficilmente il reattivo trovasi in tali condizioni di purezza da poter ottenere di primo slancio la soluzione normale perfettamente esatta; essa riuscì infatti debole, siccome risultò dallo sperimento fatto, introducendone un centilitro in una soluzione di 100 milligrammi di zinco puro allo stato di cloruro ammoniacale acidificata con acido acetico, ed allungata in circa 100 grammi d'acqua distillata. Fattavi pertanto la correzione coll'aggiunta di quella quantità di reattivo statami indicata dal calcolo, passai ad un nuovo sperimento, ed ebbi a riconoscere che lo stesso volume di soluzione normale precipitava compiutamente 100 milligrammi di zinco puro, poichè esplorato il liquido, dopo perfetta decantazione, esso non manifestò più nè la presenza dello zinco colla soluzione normale, nè quella del reattivo col cloruro di zinco ammonico acido, lo che valse a provarmi l'esattezza del titolo della medesima.

Ottenuta per tal modo la soluzione normale, ho proceduto ad alcuni saggi comparativi sopra vari campioni di minerali, il cui contenuto in zinco veniva preventivamente determinato allo stato d'ossido, ed i risultati ottenuti riuscirono perfettamente identici.

Il saggio dei minerali dello zinco devesi eseguire sopra mezzo gramma di minerale in natura ridotto in sottilissima polvere pei minerali ricchi, e sopra un gramma allorquando il contenuto in zinco non oltrepassa il 25 per cento. Si fa reagire la presa di saggio nell'acido cloro nitrico (1),

(1) È necessario il far reagire la blenda in prima col solo acido nitrico concentrato, e non aggiungere l'acido cloridrico sino a tanto che lo zolfo sia compiutamente spogliato delle particelle di minerale che porta seco nel separarsi, lo che avviene quand'esso trovasi ridotto in globuli aventi il suo colore naturale citrino.

e si prolunga la reazione sino a tanto che sia scacciato tutto l'acido nitrico. Si allunga con acqua distillata, e si satura con un eccesso d'ammoniaca caustica onde separarne il ferro allo stato d'ossido. Si ripone il matraccio al fuoco, e si mantiene allo stato di ebollizione durante qualche minuto; si passa quindi alla filtrazione raccogliendo il liquido in un ampollina della capacità di tre decilitri in circa, e si lava colla massima accuratezza l'ossido di ferro rimasto sul filtro con acqua distillata bollente, avvertendo di aggiungervi qualche goccia d'ammoniaca sul terminare della lavatura. Ottenuta per tal modo la soluzione di cloruro di zinco ammonico, si acidifica con acido acetico (1), e si passa alla precipitazione dello zinco colla soluzione normale di ferro cianuro di potassio.

La soluzione normale si misura in *pipettes* graduate; io mi servo abitualmente di *pipettes* della capacità di uno e di due centilitri pei minerali ricchi, e termino poscia l'operazione aggiungendo la soluzione con *pipettes* di minore capacità, sino al volume di un centimetro cubico. Ora un centimetro cubico di soluzione normale contenendo l'equivalente in ferro cianuro di potassio di dieci milligrammi di zinco, se per precipitare tutto lo zinco contenuto nella soluzione di cloruro di zinco ammonico acido proveniente dal gramma di minerale impiegato si richiederanno p. e. dieci centimetri cubici di soluzione normale, il minerale conterrà il dieci per cento di zinco, e così di seguito.

Quando sul terminare dell'operazione il precipitato riesce meno voluminoso, si procede in allora a quarti di centimetro cubico, dividendosi questo abitualmente in 16 goccie, e per tal modo si avranno anche le frazioni. Ad ogni addizione di soluzione normale è necessario di agitare la miscela, onde determinare più facilmente la combinazione e la deposizione del ferro cianuro di zinco. Il modo il più acconcio si è quello

(1) Onde evitare la perdita in zinco che potrebbe venir cagionata dal ripetuto immergere della carta esploratoria per assicurarsi dell'acidità della soluzione, ho trovato conveniente lo introdurre nella medesima alcune goccie di tintura di tornasole, la quale vi produce una leggiera colorazione azzurra che passa al rossiccio quando nel liquido predomina l'acido. Egli è però sempre da evitarsi l'impiego degli acidi minerali, perchè l'esperienza ha dimostrato che l'acidificazione ottenuta per mezzo di tali acidi, per poco che oltrepassi il limite strettamente necessario, ha il grave inconveniente di paralizzare la reazione, lo che si scorge dalla colorazione citrina che l'introduzione della soluzione normale comunica al liquido, la quale è dovuta ad una parte di ferro cianuro di potassio che non è entrata in combinazione collo zinco. Io vi ho perciò sostituito con evidente vantaggio l'acido acetico, col quale l'acidificazione del liquido può anche venir molto spinta senza che la reazione venga menomamente intorbidata.

d'imprimervi un movimento circolare, appoggiando il vaso sopra un piano orizzontale.

Occorre avvertire che la soluzione di cloruro di zinco deve essere portata a circa 40 gradi di calore, temperatura alla quale la deposizione del precipitato si compie con singolare prontezza; dal che ne risulta che un'operazione di saggio possa venir condotta a termine in meno di un'ora.

L'aspetto lattiginoso che prende la miscela allorquando la soluzione normale vi si trova in eccesso anche leggiero, è un segno che costantemente si manifesta per indicare il termine dell'operazione (1).

Nella blenda s'incontra spesse volte la presenza del piombo solforato; questo metallo rimane nella massima parte precipitato allo stato di solfato dall'acido solforico che viene generato dall'acidificazione dello zolfo durante la reazione; ma per ottenere completa la sua precipitazione fa d'uopo aggiungere dell'acido solforico, ed evaporare sino ad aver cacciato tutto l'acido nitrico, la cui presenza favorisce sensibilmente la soluzione del solfato di piombo.

Siccome dai caratteri fisici della calamina, non che dalla sua soluzione, essendo scolorata, non si può dedurre il contenuto in zinco in modo approssimativo, come praticasi pel rame, stante le gradazioni di colore che offrono le sue soluzioni ammoniacali in ragione della maggiore o minore quantità di metallo che contengono, è perciò necessario di eseguire le operazioni per doppio. Nella prima s'introduce la soluzione normale a riprese, avvertendo, per quanto sia possibile, di non eccedere. Nella seconda, la quale deve servire di controllo, s'introduce ad un tratto quasi tutta la quantità di soluzione normale richiesta, partendo un poco al disotto del titolo ottenuto nella prima. D'ordinario i risultati riescono identici; ma ad ogni modo il titolo del minerale sottoposto al saggio deve venire ognora stabilito sul risultato della seconda operazione, essendo logico il crederlo più esatto, perchè la soluzione normale non venne frazionata.

(1) L'intorbidamento che produce l'eccedenza della soluzione normale devesi attribuire ad un'azione semplicemente meccanica. In fatti, se in una soluzione in cui tutto lo zinco sia stato precipitato, si aggiunge un centimetro cubico di soluzione normale, l'aspetto lattiginoso non tarderà a manifestarsi; ma se vi si metterà a contatto un egual volume di soluzione titolata di zinco in cui siano contenuti 10 milligrammi di metallo, la miscela verrà restituita alla sua primiera trasparenza, ed esplorando poscia il liquido chiaro, si scorgerà che in esso non vi sarà più nè la presenza del reattivo, nè quella dello zinco, lo che proverà che la soluzione normale messa in eccesso trovavasi perfettamente libera.

Il reattivo in eccesso si scorge anche patentemente quando si esplora con un sale di rame la

Lo zinco viene abitualmente determinato nei laboratori allo stato d'ossido, precipitandolo in prima dalle sue soluzioni allo stato di carbonato. Questo metodo di determinazione offre qualche difficoltà specialmente nelle calamine, le quali sogliono essere accompagnate dalla calce e dalla magnesia, corpi che importa eliminare dallo zinco prima di procedere alla sua precipitazione col carbonato di soda, lo che richiede assai tempo e molte precauzioni, come ne richiedono sempre le operazioni di saggio per via umida, quando trattasi d'isolare un corpo che in natura trovasi accompagnato da altri, e la cui determinazione è appoggiata sul peso del precipitato che si ottiene mediante la doppia decomposizione. Il metodo invece che io propongo, oltre ad essere di estrema semplicità, epperciò agevole a chiunque abbia qualche abitudine di chimiche manipolazioni, offre anche il vantaggio della speditezza nell'operazione, comportando esso la presenza dei metalli terrosi i quali sfuggono all'azione del ferro cianuro di potassio, quando trovansi in soluzioni acide, senza perder nulla dal lato della precisione dei risultati. Le quali proprietà parmi possano meritargli la preferenza nei casi di determinazione dello zinco contenuto nei suoi minerali a cui viene particolarmente destinato.

Come la Memoria sulla determinazione volumetrica del rame citata in principio della presente, sottopongo pure questa all'esame delle persone competenti, e sarò lietissimo se il metodo di determinazione dello zinco che forma scopo della medesima, potrà venir giudicato di quell'utilità che mi sono proposto, ed otterrà la loro approvazione.

Genova, 5 giugno 1863.

---

soluzione che si sarà rischiarata dopo 24 ore di riposo. Dal che ne conseguo che l'intorbidamento sopra indicato non è dovuto a veruna eventuale reazione che possa render dubbio l'esito dell'operazione.

Coll'aggiunta della soluzione titolata di zinco si può anche retrocedere nell'operazione allorquando l'intorbidamento della miscela segua l'eccesso di reattivo.

SUPPLÉMENT AU MÉMOIRE

SUR

LES CORALLIAIRES DES ANTILLES

PAR

MM. P. DUCHASSAING DE FOMBRESSIN ET JEAN MICHELOTTI

Lu dans la Séance du 3 mai 1863.

L'accueil bienveillant que l'Académie Royale des Sciences a fait à notre Mémoire sur les Coralliaires des Antilles nous a encouragés à continuer nos études et nos recherches pour compléter autant que possible nos connaissances sur cette branche des radiaires de la mer Caraïbe.

Le résultat que nous avons l'honneur de soumettre à l'Académie Royale concerne soit des questions générales, soit beaucoup de connaissances partielles sur ces êtres peu ou point remarqués jusqu'ici.

Parmi les questions générales nous avons abordé celles qui s'attachent à la distribution, à la taille, à la profondeur dans la mer, ainsi qu'aux usages des coralliaires aux Antilles. En traitant des grandes familles nous espérons faire ressortir diverses particularités dignes de remarque. Telles sont par exemple l'urtication, qui, contrairement à ce qu'on a écrit, ne dépend pas du tout des filaments dits *nématocystes*, les tubercules, les glandes, les pores des Actinies; la nature de leur tissu charnu, qui ne diffère pas de celui des madrépores, le prolongement de la partie charnue suivant les différentes familles des zoanthaires, la variabilité dans la forme de leur bouche suivant la nature des calices des polypiers, les rapports qu'ont les madréporaires avec les actinaires, la relation zoologique que peut avoir le nombre des tentacules avec les cloisons pierreuses, les particularités du repli pré-buccal et de la cavité prébuccale (argument qui avait été simplement effleuré dans notre mémoire précédent), l'existence de fibres circulaires dans l'orifice supérieur, lesquelles, aussi bien que le système distinct des muscles du repli prébuccal, n'ont pas été décrites dans les autres ouvrages de zoophytologie, enfin les caractères de plusieurs espèces que nous considérons comme nouvelles.

Le développement de cet ordre zoologique, qui dans les mers tropicales (dont l'un de nous est un insulaire) est sans comparaison plus étendu que celui qu'on observe dans la zone tempérée, et les matériaux qui nous ont été fournis par l'obligeance de plusieurs naturalistes des Antilles, nous ont permis de former un supplément, dont la publication présentera peut-être quelque intérêt, et que nous nous faisons un devoir de soumettre à l'Académie Royale.

GÉNÉRALITÉS.

REMARQUES SUR LA GÉOGRAPHIE ZOOPHYTOLOGIQUE.

I.

Distribution.

Si l'on jette un coup d'œil général sur la Zoophytologie des îles Caraïbes, l'on voit bientôt que certaines formes de Coralliaires y dominent d'une manière évidente, tandis que d'autres semblent y manquer plus ou moins complètement.

Du reste chacun peut, notre travail à la main, reconnaître quels sont les genres qui se rencontrent dans le bassin Caraïbe et quels sont ceux qui y manquent ou n'y ont pas été rencontrés jusqu'à ce jour. Toutefois nous croyons pouvoir établir les règles suivantes comme à peu près démontrées :

1.° Les *Alcyonaires*, et parmi eux les *Gorgoniaires* surtout, paraissent prendre dans le bassin Caraïbe un développement relatif au nombre des espèces, qu'ils ne présentent nulle part ailleurs. Cependant les *Pennatulides* font exception, et n'y sont représentées que par le genre *Renilla*.

2.° Les *Actinaires* y sont communs comme dans toutes les mers du globe: cependant les *Zoanthes*, les *Palythoa*, les *Mamillifera* paraissent avoir un développement numérique plus considérable dans la mer des îles Caraïbes.

3.° Les *Antipathaires*, quoique moins communs que dans la mer des Indes, y sont cependant représentés par quelques espèces.

4.° Parmi les *Madréporaires* apores l'on n'y trouve qu'un petit nombre d'espèces appartenant aux groupes des *Caryophylliens* et des *Turbinoliens*; les *Stylinacées* n'y sont même représentées que par le genre *Stephanocaenia*; les *Oculinacées* et les *Eusmiliens* y présentent au contraire un assez bon nombre d'espèces; les *Astréens* y prennent un grand développement, sans atteindre cependant une proportion aussi grande que celle que nous avons indiquée pour les *Gorgones*.

5.° Les *Fongiens* manquent totalement, et y sont remplacés par un certain nombre de *Lophosériens*.

6.° Les *Madrépores* perforés ne présentent qu'un petit nombre de genres Caraïbes; ce sont les genres *Dendrophyllia*, *Madrepora* et *Porites*.

7.° On ne rencontre dans le bassin Caraïbe qu'un seul genre de *Madrépores* tubulés: c'est le genre *Millepora*, mais il est riche en espèces. Nous avons aussi mentionné un *Tubipore*, dont nous ne certifions pas cependant la patrie; car nous n'avons pas recueilli nous-mêmes l'échantillon qui a été mentionné dans notre mémoire précédent.

II.

Taille des Coralliaires.

Les Coralliaires doivent encore être examinés sous quelques points de vue généraux: aussi nous parlerons d'abord de leur taille qui devient quelquefois très-remarquable. Parmi les *Actiniens* certains genres agrégés couvrent de larges surfaces. Ainsi des rochers entiers sont souvent enveloppés par une couche continue et gluante, laquelle est formée soit par des *Palythoa*, soit par des *Mamillifères*. L'on se figure difficilement un tel développement, quand on n'a vu que les échantillons des musées.

Les *Gorgones* arrivent aussi quelquefois a une très-grande taille; ainsi en ce moment nous avons sous les yeux un spécimen de la *Pterogorgia pinnata*, qui a plus de dix pieds de hauteur.

Certains *Madréporaires* sont aussi susceptibles de prendre un grand développement, et ce sont les genres *Madrepora, Meandrina, Heliastraea, Colpophyllia*, *Diploria*, *Dendrogyra* et *Pectinia*, qui sont les plus remarquables à cet égard, car ils peuvent présenter une masse d'environ 2 ou 3 pieds cubes.

Dans la mer des Antilles, les différentes espèces de *Zoophytes* offrent un développement prodigieux quant à leur nombre: ainsi quand le temps est très-calme, l'on peut voir que le fond de la mer est couvert au loin par une couche non interrompue de ces êtres. Ils revêtent ce fond, comme en Europe il arrive aux Algues de le faire.

III.

Distribution des Zoophytes dans la profondeur de la mer.

Pendant les marées basses, l'on voit tout d'abord qu'il y a un certain nombre de *Zoophytes*, qui sont tout à fait littoraux, et sont exposés à rester hors de l'eau toutes les fois que le niveau de la mer vient à baisser. A chaque marée basse ces espèces se trouvent pour la plupart à sec, ou bien sont arrosées de temps en temps par les lames qui brisent dans leur voisinage. Mais ce ne sont guères que les *Actinaires*, y compris les *Zoanthes* et *Palythoa* et les *Mamillifères*, qui peuvent ainsi résister à l'action de l'air. Les animaux de ces deux derniers genres couvrent les rochers laissés à sec d'un tapis vivant, souvent très-étendu, dont la couleur est généralement verte, bleuâtre, ou d'un jaune plus ou moins foncé.

Dans les endroits peu profonds et couverts d'une mince couche d'eau l'on trouve un grand nombre d'espèces; ce sont les *Neoporites*, les *Cosmoporites*, les *Porites*, qui sont attachés aux flancs des rochers, les *Méandrines* qui quelquefois même restent à sec aux marées basses, les espèces du genre *Astraea* de MM. Edwards et Haime, les *Madrepora*, les *Solenastraea*, les *Phyllangia* et quelques autres encore. Ce sont là des espèces que l'on peut appeler sublittorales.

Par une profondeur plus grande, et que nous pouvons fixer entre 5 et 10 pieds, se rencontrent les *Pterogorgia*, les *Plexaura*, les *Eunicées*, les *Mussa*, *Colpophyllia*, *Lithophyllia*, *Symphyllia*, *Millepora*.

Plus profondément encore l'on trouve, entre 10 et 20 pieds, les *Dichocaenia*, les *Stephanophyllia* et les *Desmophyllum*.

Enfin il est des profondeurs plus grandes, que nous n'avons pu explorer, faute de moyens convenables. Ces profondeurs paraissent être habitées par certaines espèces, que nous n'avons trouvées que jetées sur les plages après les temps d'orage. Ce sont les *Juncella*, la *Funiculina cylindrica*, la *Solanderia*, qui paraissent habiter ces profondeurs où nous n'avons pu atteindre.

Certes l'on ne doit pas s'attendre à trouver constamment les Coralliaires dans les endroits et par les profondeurs que nous avons indiquées; car ils s'écartent quelquefois plus ou moins des limites que nous leur avons assignées, et nous n'avons parlé qu'en général (1). Ajoutons que les espèces littorales et sublittorales attirent immédiatement l'attention du voyageur, dont elles charment les regards, en étalant leurs couleurs éclatantes.

IV.

Usages.

Les Coralliaires ne sont pas d'un usage très-varié, quant à ce qui concerne l'économie domestique. Dans les îles du Vent, ou îles Caraïbes, l'on ramasse les *Madréporaires* les plus volumineux qui sont souvent aussi grands que de fortes pierres de taille, et l'on s'en sert pour les constructions dans toutes les localités où la pierre à bâtir n'est pas facile à trouver.

La meilleure chaux se tire aussi des *Madréporaires*, mais avant que de les soumettre à la cuite, l'on doit d'abord les mettre en tas et en plein air, afin que les matières animales se détruisent par la décomposition, et que la pluie puisse enlever le sel marin que ces polypiers renferment en assez grande quantité. La cuite se fait dans des fours destinés à cet usage, et la chaux que l'on obtient, est d'une qualité excellente.

Les populations pauvres de certaines îles peu fortunées, comme Tortole, St-Jean etc., vivent en grande partie de cette industrie; elles viennent vendre leur chaux dans les îles dont la population est plus aisée, et la débitent généralement au prix de 2 ou 3 francs le baril.

---

(1) J'étais occupé à corriger les épreuves de ce travail, lorsque je reçus, sous la date du 27 avril dernier, de M. DUCHASSAING, la note suivante: Un pêcheur italien, sur le navire *Icilia*, dans le but de trouver du corail aux Antilles, ayant dragué entre la Guadeloupe et les îles des *Saints*, a trouvé, à une profondeur de 300 à 400 mètres, trois espèces d'*Alcyoniens*, deux espèces de *Gorgoniens*, une espèce d'*Antipathes*, et deux espèces de *Polypiers pierreux*, parmi lesquelles cinq sont nouvelles, et les autres déjà connues furent ramassées sur le rivage où elles avaient été jetées par des circonstances fortuites.

Turin, ce 17 mai 1864. JEAN MICHELOTTI.

PARTIE DESCRIPTIVE.

ALCYONARIA.

Les êtres qui appartiennent à cette division ont tous 8 tentacules pinnés sur leurs bords. Ces tentacules sont généralement pétaliformes ou lancéolés ; ils naissent autour d'un disque central, au centre duquel se trouve la bouche (Voyez planche I, figure 1ère).

Nous ne décrirons pas le système circulatoire de ces animaux, ni leur structure interne, car ces choses sont connues grâce aux travaux récents des zoologistes, et surtout grâce aux recherches de MM. Milne Edwards et Haime.

Cependant nous dirons quelques mots sur la circulation générale du Polypier, qui est moins connue : nous prendrons pour sujets d'étude une *Plexaure*, une *Briarée* et un *Sympodium.*

Chez les *Plexaures* (comme chez toutes les *Gorgonides*) il existe entre l'axe et l'écorce une série de gros vaisseaux longitudinaux (pl. I, f. 2) qui courent tout le long de cet axe, et se prolongent jusqu'aux derniers ramuscules. Dans une coupe transversale, faite sur un Polypier vivant, l'on peut voir que ces vaisseaux restent béants, et qu'ils sont assez grands dans certaines espèces, pour que l'on y puisse introduire le bout d'une soie de sanglier.

Si au contraire l'on fait une coupe longitudinale, de manière à entamer suivant sa longueur l'un de ces vaisseaux, l'on voit que la membrane qui forme ses parois, est perforée de trous bien visibles avec une simple loupe (pl. I, f. 3). Ces trous sont les orifices des vaisseaux secondaires qui traversent en tous sens le cœnenchyme (voy. pl. I, f. 2). Ces vaisseaux secondaires nous ont paru se rendre dans la cavité post-gastrique des Polypes, ainsi que nous le verrons chez les *Sympodium.*

Il résulte de cet ensemble un arbre circulatoire très-complexe, destiné à la transmission de l'eau, et qui vient aboutir à chacun des Polypes. Ces observations sont certaines, et nous avons pu les répéter un grand nombre de fois.

Nous ajouterons que les canaux longitudinaux, ou vaisseaux principaux, sont logés dans les stries que présente l'axe corné, et que le nombre des stries d'une partie quelconque de cet axe indique le nombre des canaux longitudinaux. L'on compte jusqu'à 30 de ces vaisseaux sur une coupe transversale d'une grosse branche d'*Eunicea*. C'est en étudiant la planche I, f. 2, que l'on pourra se faire une idée de ce que nous venons d'exposer.

Chez les *Gorgonides* à écorce très-mince et à axe non strié, cette même disposition doit sans doute exister, mais les troncs vasculaires doivent être moins volumineux.

Dans les *Briarées* (pl. I, f. 4) cette circulation commune offre quelques différences avec ce que nous venons de dire. En effet les vaisseaux longitudinaux, au lieu d'être réunis en une couronne circulaire, comme chez les *Gorgonides*, sont disséminés dans toute l'épaisseur du Polypier; mais les plus volumineux sont situés vers la partie centrale. D'autres vaisseaux secondaires, obliques ou transversaux, font communiquer les chambres viscérales des Polypes avec les canaux longitudinaux.

Chez les *Sympodium* (pl. I, f. 5) nous avons trouvé encore quelques différences, bien que le plan général restât le même. Nous trouvons des canaux principaux plus larges disséminés dans la masse du Polypier, et d'autres canaux secondaires, qui se rendent de ceux-ci dans la cavité viscérale des Polypes. De plus nous avons pu voir, ainsi que l'indique notre figure, l'orifice de ces canaux secondaires dans les cellules ou calices des Polypes.

ALCYONIDES.

MALACODERMES

- Gemmation basilaire: *Anthelia*, *Sympodium*, *Ojeda*
- Gemmation latérale: *Alcyonium*, *Ammothea*, *Briarea*
- Gemmation mixte: *Xenia*

SCLÉROBASIQUES

GORGONIENS

Primnoa
Thesea
Swiftia
Chrysogorgia
Muricea
Acis
Blepharogorgia
Eunicea
Plexaura
Gorgonia
Leptogorgia
Lophogorgia
Pterogorgia
Villogorgia
Xiphigorgia
Rhipidogorgia
Hypnogorgia
Chrysogorgia

Juncella
Verrucella
Riisea

Isis
Mopsea
Solanderia

PENNATULIENS

Renilla

SCLÉRODERMIQUES

CORNULARIENS

Clavularia

TUBIPORIENS

Tubipora

ALCYONARIA NUDA ou MALACODERMES.

Genus SYMPODIUM Ehr., Coral.

Nota. Le genre *Sympodium* se distingue très-bien des autres genres par ses spicules irréguliers, et qui se rapportent à ce que Mr Valenciennes nomme des *Sclérites* à têtes, nom qui leur a été conservé par MM. Milne Edwards et Haime. Les *Xenia*, les *Ammothea* et les *Briarea* ont des sclérites fusiformes; le genre *Ojeda* a des spicules nummulitiformes, ainsi que nous l'avons dit dans notre précédent travail; enfin nous n'avons laissé parmi les *Alcyonium* que les espèces à spicules aciniformes et lisses.

1. Sympodium roseum Ehr., Coral. des roth. Meeres, pag. 61.
Polypi atro-nigricantes, tentaculis 8, longis, lanceolatis, acutis.
Hab. in ins. Guadalupae et sancti Thomae.

2. Sympodium verum nobis.
S. incrustans extus lutescens, roseo-tinctum; calycibus minoribus approximatis, prominulis; oribus stellatim fissis; polypis purpurascentibus.
Differt a S. roseo *calycibus minoribus approximatis, semper prominulis, atque colore polyporum.*
Hab. in corporibus submersis littoris insulae sancti Thomae.

Nous ferons remarquer ici, que dans le *Sympodium roseum* les calices sont toujours déprimés et enfoncés à leur centre, tandis que chez le *S. verum* les calices forment de petits mamelons saillants, surtout vers leur centre, en sorte que les dents qui closent l'ouverture sont toujours en saillie.

Genus OJEDA Duchass. et Michel.

Mémoire sur les Coralliaires des Antilles, pag. 14.

3. Ojeda luteola Duch. et Mich., Coral. des Ant., pag. 14.

Genus ALCYONIUM Lam.

4. Alcyonium Ceïcis Duch. et Mich., Coral. des Ant., pag. 14.

Genus AMMOTHEA Lam.

5. Ammothea polyanthes Duchass. et Mich., Coral. des Antilles, pag. 15, pl. I, fig. 6.

Polypi duabus lineis longi; tentaculis linearibus lanceolatis, acutis.

6. Ammothea parasitica Duchass. et Mich., Coral., pag. 15, pl. I, f. 3, 4, 5.

Genus XENIA Savigny.

Polypi elongati, tentaculis lanceolatis, acutis. V. nobis pl. I, fig. 6.

7. Xenia Caribæorum Duchass. et Mich., Coral., pag. 15, et pl. I, f. 8, 9, 10, 11.

8. Xenia capitata Duchass. et Mich., Coral., pag. 16, pl. I, f. 1, 2.

Genus BRIAREA Blv.

Polypi corpore nigro elongato; tentaculis longis acutis lanceolatis.

9. Briarea plexaurea Lamouroux, Exp. méth., pl. 76, f. 2, pag. 68.

10. Briarea capitata Duchass. et Mich., Coral., pag. 15, pl. VIII, f. 15.

11. Briarea Palma-Christi Duchass. et Mich., Coral., pag. 16, pl. I, f. 7.

12. Briarea asbestina (*Alcyonium*) Pallas., Elenc. Zooph., pag. 344. Esper, tom. II, tab. V (bona); Milne Edwards, Coral., vol. I, pag. 189; Duchass. et Mich., Coral., pag. 16.

ALCYONIDES SCLÉROBASIQUES.

PRIMNOACEAE.

EUPRIMNOACEAE.	MURICEAE.
Species cortice tenuiter squamuloso; calycibus squamosis.	*Species cortice spiculifero, nec tenuiter squamuloso; calycibus spiculiferis nec vere squamosis.*

EUPRIMNOACEAE.

Genus PRIMNOA.

13. PRIMNOA FLABELLUM EHR., Coral., pag. 134; DUCHASS. et MICHEL., Coral., pag. 17.

14. PRIMNOA GRACILIS MILNE EDW., Hist. des Coral., pag. 141; DUCHASS. et MICHEL., Coral., pag 17.

15. PRIMNOA REGULARIS DUCHASS. et MICHEL., Coral., pag. 17, pl. I, fig. 12, 13.

Genus THESEA DUCHASS. et MICHEL.

Polyparium cortice extus squamuloso, intus spiculis frequentibus praedito; cellulis extus squamosis, subalternis, prominulis; ore terminali, radiato.

Nous croyons utile de donner dans ce Mémoire quelques figures de cette espèce. La figure 2 de la planche II représente une portion du polypier de grandeur naturelle. La fig. 3 est un fragment grossi pour montrer les spicules qui se trouvent dans l'intérieur de l'écorce, après l'enlèvement de la couche des squames.

16. THESEA GUADALUPENSIS nobis, pl. II, fig. 2, 3.

Syn. ***Thesea exserta*** DUCHASS. et MICHEL.; non ***Gorgonia exserta*** SOL. et ELLIS; non ***G. exserta*** LAMOUROUX et aliorum.

Species ramosa, flabellata, ramis non coalescentibus, subaequalibus, gracilibus, rigidis, parum numerosis; cortice albo; cellulis subalternis, mammaeformibus, distantibus.

A Gorgonia exserta *auctorum differt forma flabellata nec paniculata, ramis paucioribus, polypis in siccis speciminibus non persistentibus, corticeque intus spiculifero.*

Hab. in Guadalupa.

C'est par erreur que nous avions rapporté à ce genre la *Gorgonia exserta*, que nous plaçons dans le genre qui suit. Quand cette espèce a été détériorée, la couche des squames peut tomber, et le polypier ressemble alors à ceux du genre *Acis*.

Genus SWIFTIA, novum genus.

Polyparium cortice tenuiter squamuloso, spiculis in cortice nullis; cellulis prominulis mammiformibus, squamoso-striatis; ore terminali; polypis persistentibus exsertis, extus spiculis magnis decussatim induratis.

Hoc genus diximus in honorem cl. R. SWIFT, *praeclari rei conchyliologicae investigatoris.*

17. SWIFTIA EXSERTA nobis, pl. II, fig. 4, 5; SOL. et ELLIS, pl. 15, f. 1; LAMOUROUX, Exposition méth., pl. 15, f. 1; non THESEA EXSERTA DUCHASS. et MICHEL., Coral. des Ant., pag. 18.

Hab. in ins. sanctae Crucis, ubi reperta fuit a cl. RIISE.

La fig. 4 est une portion du polypier de grandeur naturelle; la fig. 5 est un fragment de tige grossi pour en montrer la texture.

Nous ne donnons pas la description de cette espèce, qui a déjà été publiée par les auteurs. Nous avions bien à tort, dans notre Mémoire précédent, confondu cette espèce avec la *Thesea guadalupensis.*

Genus CHRYSOGORGIA, novum genus.

Polyparium cortice tenui, sub lente squamulis perparvis composito; cellulis senilibus subtectis; basi coarctatis, squamosis; ore terminali sub-8-lobato.

Hoc genus ad Riiseam *proxime accedit, a quo distinguitur cellulis sessilibus nec pedicellatis.*

18. CHRYSOGORGIA DESBONNI, sp. n. pl. I, fig. 7 et 8.

Species parva, e basi ramosa, primo aspectu Campanulariam, *aut* Laomedeam *referens, axe tereti succineo, cortice albo, tenui; cellulis distantibus.*

In insula Guadalupae prope urbem Moule specimina plura legit cl. DESBONNES, *medicinae doctor.*

Ce polypier n'a que 4 à 5 pouces de hauteur; sa tige principale a environ une demi-ligne d'épaisseur; les rameaux sont grêles, et supportent des cellules, qui sont 3 ou 4 fois plus épaisses qu'eux. La fig. 7 présente une portion grossie du polypier; la fig. 8 en est encore un fragment grossi.

Genus RIISEA Duchass. et Michel., Coral., pag. 18.

19. Riisea paniculata Duchass. et Michel., Coral. des Ant., pag. 18, pl. II, fig. 1, 2, 3.

MURICEAE.

Genus MURICEA Lamouroux.

Polypi in Muricea elegante *a nos visi, octotentaculati, parvi, fusci; tentaculis pectinatis.*

20. Muricea spicifera Lamouroux, Exp. méth., pag. 36, pl. 71, fig. 1, 2; Duchass. et Mich., Coral., pag. 19.
Hab. in omnibus insulis Caribaeis.

21. Muricea teretiuscula Duchass. et Michel.

22. Muricea elegans Duchass. et Michel.
Hab. in insulis Guadalupae, sanctae Crucis et sancti Thomae.

Genus ACIS Duchass. et Michel., Coral., pag. 19.

Polyparium ramosum, cortice e spiculis magnis fusiformibus nudis vel etiam in superficie squamulis deciduis formato; cellulis squamosis, remotis, subalternis, pustulaeformibus; ore terminali radiato.
A Muricea *valde distat cellulis raris subalternis nec congestis.*

Chez les *Muricées* les spicules qui entrent dans la composition de l'écorce, sont mêlés de matières animales et terreuses qui en recouvrent aussi la surface. Chez les *Acis* ces substances sont très-amoindries, en sorte que l'écorce semble composée uniquement de gros spicules nus; quelquefois cependant les spicules se trouvent dans certaines espèces; une couche très-légère de squamules très-fugaces recouvre ces spicules, mais elles ne peuvent être reconnues que dans les spécimens récemment recueillis: ces espèces établissent la transition avec le genre *Theséa.*

Dans notre Mémoire sur les *Coralliaires* il est dit, que l'écorce du polypier des *Acis* est composée de trois gros spicules; on doit lire qu'elle est composée de fort gros spicules, afin de rectifier cette faute d'impression.

23. Acis guadalupensis Duchass. et Michel., Coral., pag. 20, pl. X, fig. 14, 15.

24. Acis nutans nobis, pl. III, fig. 1, 2.

Polyparium in plano ramosum, ramis gracilibus crebre ramosis nec anastomosantibus, subalternis, irregulariter digestis; statura 5-7-pollicaris; ramuli cellulis prominulis subnodosis evanescentibus; axis fuscus, cortex miniaceus, cellularum ore atro-nigrescente.

Hab. in ins. sanctae Crucis.

Dans cette espèce les cellules semblent être éparses plutôt que distiques; elles sont peu élevées, et leur caractère squameux est moins marqué que dans l'espèce précédente. Les gros spicules qui forment l'écorce, quoique bien évidents, semblent être recouverts par une couche animale très-mince et très-fugace. L'on voit à l'ouverture des cellules les vestiges des tentacules qui sont armés de spicules.

La figure 1 est un fragment de grandeur naturelle; la fig. 2 est un autre fragment grossi pour montrer les spicules.

Genus BLEPHAROGORGIA, novus genus.

Polyparium ramosum cortice tenui e spiculis formato; cellulis sessilibus e spiculis formatis; ore terminali longe ciliato.

Os cellularum peristoma muscorum quorumdam bene refert; genera etenim Tortula, Dichranum, *etc. fructificationes habent cum peristomate ciliato, calycibus* Blepharogorgiae *haud dissimiles.*

Ad Blepharogorgiam (*Muricea Placomus* Ehrenb.) *referenda est.*

25. Blepharogorgia Schrammi nobis, pl. I, fig. 9, (un fragment grossi).

Flabellata, reticulata, crebre ramosa, axe nigerrimo, cortice albo, tenui, cellulis alternis distichis, cylindricis valde elongatis, basi attenuatis, apice ampliatis, ore spiculis 5-10 longe ciliato.

In Guadalupa prope urbem Basse-Terre legit cl. Schramm.

Les ramuscules terminaux sont grêles, et ont la grosseur d'un gros poil de sanglier; l'ouverture de chaque cellule étant rendue ciliée par 5 à 10 spicules très-longs, offre une grande ressemblance avec la fructification de certaines mousses, ainsi qu'Ehrenberg l'avait déjà remarqué pour la *Muricea Placomus*.

GORGONACEAE.

Genus EUNICEA.

Polypi tentaculis octo petaloideis pinnatis; quoties polypi in cellulis retracti sunt, ora cellularum plus minus clausa videntur.

26. EUNICEA MAMMOSA LAMOUROUX, Exp. méth., pl. 70, f. 3.

Habitat in variis insulis Caribaeis, praesertim in insulis Guadalupae, sancti Thomae et sancti Domingi.

27. EUNICEA ESPERI DUCHASS. et MICHEL., Coral., pl. II, f. 4, 5, p. 20.

In insula sancti Thomae.

28. EUNICEA CLAVARIA LAMOUROUX, Exp. méth., pl. 18, f. 2, p. 36.

Species vulgatissima quae reperitur in variis insulis Caribaeis; specimina habemus ex insulis Guadalupae, sancti Thomae, sanctae Crucis etc.

29. EUNICEA DISTANS DUCHASS. et MICH., Coral., pl. I, f. 16, 17, p. 21.

30. EUNICEA EHRENBERGII DUCHASS. et MICHEL., Coral., pl. II, f. 6, 7, p. 21.

Ex ins. Guadalupae.

31. EUNICEA STROMEYERI DUCHASS. et MICHEL., Coral., pl. II, f. 8, 9, p. 21.

Les polypes de cette espèce sont bruns. Elle doit être appelée *Stromeyeri* et non pas *Stromyeri.*

32. EUNICEA SAGOTI DUCHASS. et MICHEL., Coral., pag. 22.

33. EUNICEA PSEUDO-ANTIPATHES LAM., Hist. nat., 1 et 2 éd., vol. 2, p. 504.

34. EUNICEA HUMOSA ESPER, Pflanz., pl. 6; DANA, Expl. exped., p. 661; DUCH. et MICH., Coral., p. 22.

35. EUNICEA SUCCINEA ESPER, Pflanz., p. 263, pl. 46.

36. EUNICEA ASPERA DUCHASS. et MICHEL., Coral., p. 23.

37. EUNICEA HIRTA DUCHASS. et MICHEL., Coral., p. 23, pl. II, fig. 12, 13.

38. EUNICEA LACINIATA DUCHASS. et MICHEL., Coral., p. 23, pl. II, f. 10, 11.

39. EUNICEA CRASSA MILNE EDW., Hist. des Coral., vol. 1, p. 148.

40. EUNICEA MEGASTOMA DUCHASS. et MICHEL., Coral., p. 24.

41. EUNICEA HETEROPORA LAMK., Hist. nat., vol 2, p. 503.

42. EUNICEA NUTANS DUCHASS. et MICH., Coral., p. 24, pl. III, fig. 3, 4.

43. EUNICEA ANCEPS DUCHASS. et MICH., Coral., p. 25, pl. III, fig. 1, 2.

44. EUNICEA FUSCA DUCHASS. et MICH., Coral., p. 25, pl. III, fig. 5, 6.

45. Eunicea lugubris Duchass. et Mich., Coral., p. 25, pl. II, fig. 7, 8.

46. Eunicea tabogensis nobis, pl. III, fig. 5, 6.

E. humilis, ramis raris, in planum digestis; cortice tenui purpurascente; calycibus numerosis, adpressis; ore fornicato, labio inferiore magno, galeiforme, adpresso; ramuli crassitie pennae corvinae.

Hab. in ins. Taboga in sinu Paramensi.

Les calices de cette espèce sont dressés contre la tige, sur laquelle la lèvre inférieure, qui est galéiforme, vient aussi s'appuyer, de manière à cacher l'ouverture de la cellule.

Genus PLEXAURA Lamouroux.

Polypos in variis speciebus semper colore cereos vel pallide fuscos invenimus, tentaculis petaliformibus octo, pinnatis. Polypi in loculis omnino retractiles (vide pl. I, fig. 1).

47. Plexaura corticosa Duchass. et Mich., Coral., p. 25.

48. Plexaura friabilis M. Edw., Hist. nat. des Coral. vol. I, p. 156.

49. Plexaura Arbusculum Duchass. et Mich., Coral., p. 26.

50. Plexaura homomalla Esper, Pflanz. pl. 29, f. 1, 2.

Occurrit passim in insulis Caribaeis; nec rara in ins. Porto Rici.

51. Plexaura salicornioides M. Edw., Hist. nat. des Coral., vol. 1, p. 153.

52. Plexaura flavida (*Gorgonia*) Lamarch, Hist. nat., vol. 2, p. 318.

53. Plexaura citrina (*Gorgonia*) Lamarch, Ann. du Muséum, vol. 2, p. 84.

54. Plexaura porosa (*Gorgonia*) Esper, vol. 2, pl. 10. - Syn. *Plexaura macrocythara* Lamouroux, Pol. flex., p. 429.

Species in omnibus Caribaeis vulgatissima.

55. Plexaura Antipathes Ehr., loc. cit.

Species in praedictis insulis communis.

56. Plexaura vermiculata (*Gorgonia*) Lamarck, Hist. nat., vol. 2, p. 319. - Syn. *Plexaura friabilis* Lamouroux, Polyp. flex. pag. 430.

57. Plexaura flexuosa Lamouroux, Exposit. méth., p. 35, pl. 70, f. 1.

58. Plexaura mutica Duch. et Mich., Coral., p. 28, pl. III, f. 9, 10.

59. PLEXAURA ANGUICOLA DANA, Expl. exped., pag. 668.

60. PLEXAURA RHIPSALIS VALENC., Compt. rendus de l'Académie, vol. 41, pag. 12.

Genus GORGONIA.

Tentaculis petaloideis, pectinatis.

61. GORGONIA MINIATA VALENC., Comptes rendus cit., tom. 41, p. 12.

62. GORGONIA RICHARDI LAMOUROUX, Pol. flex., p. 407; DUCH. et MICH., Coral., pag. 29, pl. IV, f. 1.

63. GORGONIA OBLITA DUCHASS. et MICH., loc. cit., p. 29.

64. GORGONIA AMARANTOIDES LAMK., Hist. nat., vol. 2, p. 316.; M. EDW. Coral., vol. 1, p. 161.

Bien que l'exemplaire que nous avons sous les yeux soit de la même couleur que celui donné par LAMK., cependant les branches sont plus grêles. Notre exemplaire provient de Panama.

Genus PTEROGORGIA.

65. PTEROGORGIA PINNATA CATESBY, 1770, Nat. history of Carolina, tom. 2, pl. 35.

66. PTEROGORGIA SETOSA ESPER, Pflanz., vol. 2, pl. 17, f. 1-3.

67. PTEROGORGIA ELLISIANA M. EDW., Hist. nat. des Coral., vol. 1, p. 169; ELLIS et SOLAND., pl. 14, f. 3.

68. PTEROGORGIA TURGIDA EHR., Coral., gen. 85, f. n. 7.

69. PTEROGORGIA LUTESCENS DUCHASS. et MICH., Coral., p. 30.

70. PTEROGORGIA PETECHIZANS PALLAS, Elench. Zoophyt., pag. 196.

71. PTEROGORGIA CITRINA ESPER, loc. cit., pl. 38, f. 1, 2.
Habitat in omnibus littoribus Antillarum.

Chez la *Pterogorgia citrina* nous avons vu que les polypes sont couleur de cire, et peuvent rentrer complétement dans leurs loges; ils ont 8 tentacules lancéolés et aigus qui sont garnis sur leurs bords de longues pinnules; au contraire chez la *Pterogorgia lutescens* les polypes ne peuvent rentrer dans leurs cellules. Enfin nous ferons remarquer, que parmi les Gorgonides, les unes ont des tentacules pétaliformes et obtus, ainsi que cela peut se voir sur les Plexaures et les Eunicées, tandis que chez d'autres espèces ces appendices sont lancéolées et aiguës.

72. Pterogorgia festiva Duch. et Mich., Coral., p. 31.

Genus XIPHIGORGIA M. Edw.

73. Xiphigorgia anceps Pallas, Elench. Zoophyt., p. 183; Duch. et Mich., loc. cit., pl. IV, f. 4.

74. Xiphigorgia guadalupensis Duch. et Mich., Revue zool., 1846; Duch. et Mich., loc. cit., pl. IV, f. 3.

75. Xiphigorgia americana nobis, pl. II, f. 6.

Fixa, ramosa, ramulis compressis, dichotomis, tribus millimetris latis, ad latera marginatis, scaliculis marginalibus.

In insula sancti Thomae.

Polypiéroïde s'élevant de 8 centimètres dans les branches, et cela en forme de rubans, avec une bordure saillante de chaque côté à coenenchyme jaunâtre. Cette espèce se rapproche beaucoup de la *X. setacea* (Gorgonia) Pallas, dont elle se distingue par la dichotomie de ses branches.

Genus LEPTOGORGIA M. Edw.

76. Leptogorgia rosea (*Gorgonia*) Lamk., Hist. nat., vol. 2, p. 164.

77. Leptogorgia flavida Duch. et Mich., loc. cit., pl. III, f. 11, 12, 13.

Genus LOPHOGORGIA M. Edw.

78. Lophogorgia panamensis nobis, pl. IV, f. 1.

Ramosa, ramis distinctis subcompressis, majoribus 4, minoribus 2 millimetris latis, colore rubro.

In insula Flamenco prope Panama.

79. Lophogorgia alba nobis, pl. IV, f. 2.

Ramosa, ventalina, alba, calycibus prominulis, sparsis.

Hab. prope Panama.

Elle atteint 10 cent. de hauteur, et les branches ont toutes, ainsi que la tige, 2 millim. de largeur.

Genus VILLOGORGIA Duch. et Mich.

80. Villogorgia nigrescens Duch. et Mich., Coral., pag. 32, pl. IV, f. 2.

Genus RHIPIDOGORGIA Valenc.

Polypi retractiles, tentaculis pectinatis, petaloideis.

81. Rhipidogorgia Flabellum *(Gorgonia)* Linn., Syst. Nat., ed. 10, pag. 801.

82. Rhipidogorgia occatoria Valenc., loc. cit., pag. 13.

83. Rhipidogorgia ventalina nobis, pl. IV, f. 3.

Fixa, ramosa, ramis reticulatim connexis, aequalibus, subrotundis, rubra, osculis prominulis.

Hab. prope Panama.

Espèce d'un beau rouge et en forme d'éventail, les calices distribués d'une manière irrégulière et en relief sur le restant de la surface: elle atteint 7 cent. de hauteur.

84. Rhipidogorgia elegans nobis, pl. IV, f. 4.

Fixa, ramosa, ramis invicem conjunctis, cortice rugoso, valde evanido, pallide rubro, axe corneo.

In insula Trinitatis.

Cette espèce atteint 10 à 12 centimètres; ses mailles sont moins serrées que dans l'espèce précédente. Le cœnenchyme d'un rouge terne est très-fugace, l'axe est d'apparence cornée.

Ainsi qu'on le voit, la couleur différente soit de l'axe, soit du cœnenchyme, aussi bien que la disposition saillante des calices, distinguent cette espèce de la *R. Flabellum* avec laquelle elle a le plus de rapports.

GORGONELLACEAE.

Genus VERRUCELLA M. Edw.

85. Verrucella guadalupensis Duch. et Mich., Coral., pag. 33, pl. IV, f. 5, 6.

Hab. in Guadalupa et etiam in ins. S. Crucis.

Genus HYPNOGORGIA nobis.

Ramosa, calycibus adpressis, lateraliter ramulis adnatis, e spiculis formatis; osculis longe ciliatis; cortice spiculis nudis agminatis dense exasperato.

La disposition des calices suffit pour distinguer ce genre du genre *Blepharogorgia*, établi par M. GRAY dans le *Zoological Journal.*

86. HYPNOGORGIA PENDULA nobis, pl. V, f. 1 (figure réduite à la moitié de la grand. nat.).

In planum ramosa, ramis numerosis, nutantibus pendulis; ramulis suboppositis; calycibus alternis vel oppositis, remotiusculis; axis niger; cortex albo-purpureus.

Habit. in insula Guadalupae ubi legit. cl. SCHRAMM.

Genus CHRYSOGORGIA nobis.

Polypiéroïde arborescent, étalé, à branches cylindracées et sub-égales, ayant la forme d'un arbre à tronc très-court; sur les branches, de distance en distance, on voit les calices en forme de verrues disposées irrégulièrement et relevées; le coenenchyme est très-fragile: le sclérenchyme paraît assez consistant.

Ce genre se rapproche du genre *Verrucella*, mais le coenenchyme est moins consistant, les calices sont plus espacés et relevés. Nous n'en connaissons qu'une seule espèce; c'est la

87. CHRYSOGORGIA DESBONNI nobis, pl. IV, f. 5.

Hab. in insula Guadalupae.

Le cœnenchyme est blanc de lait, le tronc brunâtre; cette espèce atteint huit centimètres de hauteur; le tronc a 1 millimètre d'épaisseur.

Genus JUNCELLA VALENC.

88. JUNCELLA JUNCEA *(Gorgonia)* ESPER, Pflanz., vol. 2, p. 26, pl. 26.

89. JUNCELLA SANCTAE-CRUCIS nobis, pl. II, f. 1.

Polyparium stirpe simplici, rigido, axe terete, lutescente, gracili, cortice cretaceo, albo; calycibus irregulariter biseriatis, inaequalibus, nempe nunc majoribus, nunc duplo minoribus; ore terminali, parvo, radiato.

In insula S. Crucis leg. cl. Riise.

Les calices sont irrégulièrement disposés sur un double rang de chaque côté de la tige, qui présente sur chacune de ses deux faces et au milieu un espace nu. Ces cellules qui sont inégales en grandeur s'écartent à angle droit de la tige, elles sont coniques, c'est-à-dire plus larges à leur base et rétrécies en pointe à leur sommet, qui présente une ouverture très-petite et radiée.

Cette *Juncella,* dont nous n'avons possédé qu'un fragment haut d'un pied, avait une largeur de 2 lignes, en comptant la saillie des calices dont les plus grands offraient une longueur de trois quarts de ligne. La figure 1 de la planche II présente un fragment de la tige de grandeur naturelle.

90. Juncella funiculina nobis, pl. V, f. 7 (figure réduite à un tiers de la grand. nat.).

Stirpe simplici, flexibili, calycibus utroque latere bifariis, parvis, praecipue versus apicem adpressis, ore parvo, stellato. Cortex tenuis, albus, axis lutescens, statura 1-2 pedalis.

Hab. in ins. Guadalupae.

Si ce polypier est généralement trouvé sans adhérence, cela tient à la faiblesse de sa tige qui se brise aisément. Ses calices, semblables à ceux des autres Gorgones, empêchent de le ranger parmi les Pennatules; du reste nous avons possédé des spécimens fixés à leur base.

91. Juncella barbadensis nobis, pl. V, f. 5 (figure réduite à un tiers de la hauteur nat.).

Fixa, simplex, filiformis, caudata, alba; calycibus elongatis, apice clavatis, basi attenuatis, sursum spectantibus, utrinque uniserialibus; cortice in utraque facie sulco notato.

Occurrit in insulis Barbadae et Guadalupae, ubi legit cl. Schramm.

Plus grande et plus robuste que la précédente, elle offre des calices plus forts, que la dessication rend plissés à leur base. Elle n'a pas sur son écorce les lignes saillantes que nous avons trouvées chez la précédente.

Son aspect la rapproche bien de la *Primnoa myura*, mais les calices sont unisériés de chaque côté, et du reste elle n'offre pas les caractères des Primnoacées.

ISIDINEAE.

Genus ISIS Lamouroux.

92. Isis polyacantha Streenstrup, Om Sloegten in *Isis*, pag. 5; M. Edw., Coral., vol. 1, pag. 195.

Genus MOPSEA Lamouroux.

93. Mopsea gracilis *(Isis)* Lamouroux, Polyp. flex., p. 477, pl. 18, f. 1.

Genus SOLANDERIA Duch., Revue Soc. Cuv.

94. Solanderia gracilis Duch., Revue de la Société Cuviérienne, juin 1846.
Hab. in ins. Guadalupae et S. Thomae.

PENNATULIDEAE.

Genus RENILLA Lamck.

95. Renilla americana Lamck., loc. cit., tom. 2, pag. 429.
In ins. Guadalupae legit cl. Schramm.

D'après M. Schramm ce polypier vivrait dans le sable où il se trouverait à une petite profondeur.

ALCYONAIRES SCLÉRODERMES.

Genus CLAVULARIA Quoy et Gaymard.

96. Clavularia Riisei Duch. et Mich., Coral., pag. 34.
(On doit écrire Riisei, non Rusei).

Genus TUBIPORA Linn.

97. Tubipora musica *(pro parte)* Linn., Syst. Nat., ed. 10, pag. 789.
Oc. amer.

ZOANTHA MOLLIA seu ACTINIDEAE.

On a beaucoup écrit sur ces êtres; aussi nous n'aurons que peu de choses à dire sur leur compte. Chez certaines espèces le corps est d'une transparence parfaite, et l'on peut aisément se rendre compte de la structure interne.

Ainsi chez le *Condylactis passiflora* l'on peut parfaitement distinguer les cloisons membraneuses ou lames mésentéroïdes, qui divisent la cavité interne en loges périgastriques; l'on peut aussi très-bien voir la continuation de ces loges avec les tentacules qui sont tubuleux (1).

Cet état tubuleux des tentacules peut aussi se démontrer en coupant rapidement avec des ciseaux l'un des tentacules de cette espèce, quand il est bien turgescent. En opérant ainsi soit sur ce Condylactis, soit sur d'autres espèces à tentacules volumineux, l'on voit que les bouts coupés restent béants pendant quelques secondes, puis leur ouverture se fronce et se ferme.

Si l'on agit de la même manière sur les tentacules arborescents qui ont un certain volume, l'on acquiert la preuve de leur état tubuleux; et leur communication avec les loges périgastriques peut aussi être reconnue sans préparations anatomiques, quand on examine les espèces à corps transparent.

Si nous examinons les *Zoanthes* et les *Palythoa*, l'on retrouve un système circulatoire tout à fait semblable à celui des Actinies. Ainsi notre fig. 7, pl. II, représente la cellule d'un Zoanthe qui a été coupée un peu au-dessous de la bouche. Au centre est une cavité arrondie qui est la bouche, et autour d'elle les loges périgastriques séparées les unes des autres par les lames mésenteroïdes. L'on voit donc que la circulation aquifère a lieu chez ces êtres absolument comme chez les Actinies.

Dans les *Zoanthideae*, dont nous venons de parler, il y a, outre la circulation propre à chaque polype, une circulation collatérale, qui fait

---

(1) D'après une sage induction de M. PRIDGIN-TEALE, rapportée dans un bon mémoire sur le *Cereus coriaceus* CUVIER (*Actinia*), mémoire riche de plusieurs justes observations et de fort bonnes figures, qui furent négligées par les zoologistes qui ont écrit ensuite sur cette branche, les espaces interseptales paraissent destinés à répandre le fluide à travers les corps de ces animaux, et à l'exposer sur une surface étendue pour l'absorption. Voir *Transactions of the philosophical and literary Society of Leeds*. London, 1837, vol. 1, pag. 104.

communiquer entre eux tous les individus d'un même polypiérite. Ainsi les propagules des Zoanthes sont parfaitement creux, et forment un tuyau membraneux à parois quelquefois minces, qui fait communiquer entre elles la cavité post-gastrique de chaque polype avec celle de son voisin.

Pour les *Palythoa* la chose se passe à peu près de la même manière, et se trouve représentée au n.° 7 de notre pl. 3. Cette figure reproduit la section verticale d'un polypiérite de Palythoa. On voit qu'il ne reste dans la cavité viscérale du polypiérite que les débris des lames mésentéroïdes, vers la partie inférieure desquelles l'on aperçoit des orifices qui viennent déboucher dans les espaces qui rentrent dans la composition des loges périgastriques. Ces orifices appartiennent à des canaux qui se rendent d'un polypiérite à l'autre, et rampent dans la partie basilaire de la masse.

Les Actinies que l'on appelle *fixes*, c'est-à-dire qui ont un disque pédieux, changent aisément le lieu de leur résidence; on peut facilement observer la chose en conservant ces espèces dans de l'eau de mer et en les examinant. Certaines espèces se fixent quelquefois, mais le plus souvent flottent dans la mer, ainsi que nous le verrons en parlant des *Viatrix* et des *Cystiactis*. On peut donc dire que les Actinies ne se fixent que d'une manière incomplète ou temporaire, tandis que les Zoanthidées le font d'une manière complète, et mériteraient bien mieux le nom de *fixes*.

L'urtication que produisent certaines Actinides ne nous paraît pas provenir des filaments dits *nematocystes*. Ainsi, pour preuve, nous dirons qu'à différentes reprises nous avons irrité des *Bartholomea* de grande taille, et que nous avons reçu sur notre main les filaments qu'elles ont projetés, sans en avoir éprouvé aucune urtication. Au contraire ayant touché aux tentacules de la *Rhodactis musciformis*, qui n'a ni pores latéraux ni filaments, nous avons été si fortement brûlés par le contact des tentacules, que la douleur s'est prolongée pendant 3 ou 4 heures; après quoi nous avons eu soin de ne plus renouveler un pareil essai sur cette espèce.

Des tubercules, des glandes et des pores.

Nous devons prévenir que pour diviser les Actinies nous faisons une distinction entre les tubercules, les glandes et les pores. Les tubercules sont de simples petites verrues qui ne peuvent ni agglutiner le sable, ni lancer de l'eau; les glandes, au contraire, peuvent agglutiner les petits débris, et même, lorsqu'elles sont perforées, elles sont susceptibles d'éjaculer l'eau. Ces glandes de deux natures si diverses se trouvent quelquefois réunies sur une même espèce. Ainsi chez l'*Oulactis flosculifera* ce fait se présente, tandis que chez d'autres, comme le *Cereus inflatus*, les glandes ont bien la propriété agglutinante, mais non celle de lancer en forme de jets l'eau contenue dans les cavités du corps.

Enfin, pour terminer, nous avertissons que nous ne donnerons le nom de pores qu'aux pertuis très-fins que l'on voit sur le corps des Actinies, et qui donnent issue aux filaments dits *nematocystes*.

ZOANTHA MOLLIA seu ACTINIDEAE.

Cette catégorie de Zoophytes peut se diviser en 3 familles qui sont les *Actinines (Actininae)*, les *Zoanthaires (Zoanthideae)* et les *Cérianthides (Cerianthideae)*. Comme dans nos explorations nous n'avons eu occasion de rencontrer aucun animal de cette dernière famille, nous n'en parlerons pas, et nous renvoyons aux ouvrages des auteurs pour tracer leurs caractères. Nous donnerons maintenant les caractères des Actinines et des Zoanthaires, en prévenant le lecteur que nous placerons dans un petit groupe à part les *Isaures* et quelques autres genres que nous considérons comme établissant un passage entre ces deux familles.

A) ACTININAE.

Species sine stolonibus sese propagantes, tentaculis saepius pluriserialibus, tegumentis in solis Capneis *induratis, in omnibus aliis mollibus. Actininae non sunt vere fixae, sed mutare locum possunt, ut iampridem clar.* N. Contarini *observavit in opere, cui titulus* Trattato delle Attinie, Venezia, 1844, pag. 11, *quod nunquam in Zoantharum speciebus conspicitur, nam eodem loco quo nascuntur pereunt.*

B). ZOANTHIDEAE.

Species stolonibus sese propagantes, disco in margine glanduloso vel dentato; tentaculis 2-serialibus; tegumentis saepe induratis coriaceis; tentaculis marginalibus; discus bene radiatim striatus.

A) ACTININAE.

Species poris lateralibus filamenta emittentibus non instructae; corpus glaberrimum aut tuberculiferum, aliquoties etiam glandulosum, glandulis agglutinantibus, vel etiam aquam ejaculantibus	Tentaculis omnibus simplicibus	Spec. corpore glabro nec tuberculifero, nec glanduloso	Familia I **Discosomae.**
		Spec. tuberculiferae vel glandulosae	Familia II **Cereae.**
		Spec. corpore indurato	Familia III **Capneae.**
		Spec. vesicis aeriferis instructae et ubique vagantes	Familia IV **Miniadeae.**
	Tentaculis omnibus compositis		Familia V **Thalassiantheae** M. Edw. et Haime.
	Tentaculis intermixtis, nempe aliis simplicibus, aliis compositis		Familia VI **Phyllactineae** M. Edw. et Haime.
Species poris lateralibus filamenta emittentibus instructae			Familia VII **Adamsiae.** *Actinies perforées de* MM. M. Edw. et Haime.

Familia I - DISCOSOMAE.

Actininae fixae, tentaculis simplicibus, corpore nudo, nec tuberculifero, nec glandulifero, nec indurato. Haec familia varia genera Caribaea continet, scilicet: Anemoniam, Actiniam, Paractim, Discosomam, Ricordeam, Corynactim, Draytoniam, Heteractim et Dysactim.

Genus ANEMONIA Milne Edwards.

97. Anemonia pelagica Quoy et Gaim., Voy. de l'Astrolabe, vol. 4, pag. 146.

98. Anemonia depressa Duch. et Mich., tab. VI, f. 1, pag. 37.

Genus ACTINIA Linn.

99. Actinia Aster Ellis, Philos. Trans., t. 57, pl. 19, f. 3; Duch. et Mich., Coral., pl. VIII, f. 16, pag. 39.

Genus DISCOSOMA Leuck.

100. Discosoma Anemone *(Actinia)* Ellis, Phil. Trans., t. 57, pl. 19,

f. 6, 7; Encycl. méth., pl. 70, f. 5, 6; Duch. et Mich., Coral., pl. VI, f. 2, 3, pag. 38.

Hab. in insulis Guadalupae, S. Thomae, etc.

101. Discosoma Helianthus *(Actinia)* Ellis, Phil. Trans., t. 57, pl. 19, f. 6, 7; Encycl. méth., pl. 71, f. 1, 2.

Cette espèce nous paraît ne pas différer spécifiquement de la précédente, et les différences que l'on peut observer avec les figures données par Ellis, proviennent sans doute de l'état différent de contraction des Polypes. Quant aux dessins que nous avons de ces deux espèces, et qui ont été faits sur des spécimens vivants, ils ne présentent de différences qu'à cause du changement de formes, si commun chez ces animaux lorsqu'ils sont en vie.

La *Discosoma Helianthus* devient quelquefois très-grande; on en trouve qui sont larges comme la main. Elle vit sur les fonds sablonneux battus par les flots, et quelquefois fixée aux rochers. Elle présente, vers sa partie supérieure, des taches colorées en brun verdâtre que l'on ne doit pas prendre pour des pores. Sa couleur est d'un blanc jaunâtre mêlé de vert.

Genus RICORDEA Duch. et Mich.

102. Ricordea florida Duch. et Mich., loc. cit., pl. VI, f. 11.

Ce genre, dont nous avons exposé les caractères intéressants, se rapproche des *Discosoma* par ses tentacules non rétractiles et son disque qui ne peut se clore complètement. Cette *Ricordea*, qui est généralement d'un vert foncé ou bleue, présente aussi une variété avec des tentacules rougeâtres.

Genus PARACTIS Edw. et Haime.

103. Paractis ochracea Duch., Anim. rad., pag. 9; Duch. et Mich., Coral., pag. 39, pl. VI, f. 5.

104. Paractis Caribaeorum Duch. et Mich., Coral., pl. VI, f. 6, pag. 39.

105. Paractis guadalupensis Duch. et Mich., Coral., pag. 39.

106. Paractis Dietzii nobis.

P. corpore cylindrico, magno, basi rubro-lutescente, versus apicem obscure coeruleo et tenuiter albo guttato; discus 3-4-*pollicaris, fusco viridique tinctus; tentaculis subaequalibus, retractilibus, crassis, obtusis, basi inflatis, pollicem longis, pulchre viridibus, numerosis, triseriatis; os rotundatum, magnum.*

Species formosissima; habitat in litore insulae Water-Island prope insulam S. Thomae. Nomen dedimus in honorem cl. Dietz, *indefessi rei conchyologicae in insulis Caribaeis exploratoris.*

Genus DYSACTIS Edw. et Haime.

107. Dysactis mimosa nobis, pl. V., f. 12.

D. corpore cylindrico; disco mediocri; tentaculis 50 - 60, *triseriatis, cylindricis, apice acutis, internis triplo longioribus.*

Corpus 6 - 7 *lineas altum, tentacula luteo-rufescentia valde inaequalia, nempe interiora sunt multo longiora. Color disci rufo-nigrescens; tentacula interiora disci longiora.*

Habitat fixa in saxis submersis insulae S. Thomae.

Genus HETERACTIS.

108. Heteractis hyalina Edw. et Haime, loc. cit., vol. 1, pag. 261; nobis pl. V., f. 3, 4. - Syn. *Actinia hyalina* Lesueur, loc. cit.

Habitat in mare Atlantico (Lesueur); *nos hanc speçiem in litore insulae S. Thomae invenimus.*

Espèce transparente, tentacules longs de 4 lignes, et ayant des anneaux de granules sur ses tentacules qui sont au nombre d'environ 40. Les lignes qui sillonnent la surface de son corps se dichotomisent avant d'arriver au disque pédieux.

Cette espèce n'ayant pas encore été dessinée, nous croyons utile d'en donner la figure à la planche V de ce mémoire, f. 3, 4.

109. Heteractis lucida (*Capnea*) Duch. et Mich., Coral., pl. VI, f. 9, 12, pag. 41.

Haec species antea ad Capneas *retulimus. Differt a* Capneis *corpore molli nec indurato, tentaculis subaequalibus, diametrum disci subaequantibus, in circulos* 8-10 *digestis.*

Genus CORYNACTIS Allem.

110. Corynactis parvula Duch. et Mich., Coral., pl. VI, f. 10, pag. 40.

Genus DRAYTONIA, *genus novum*, nobis.

Differt a Corynactide *glandulis chromatophoris in margine disci et in disco ipso insidentibus. Tentacula ut in* Corynactide *apice capitata.*

Hoc genus diximus in honorem cl. Drayton *Danae comitis, qui plura de Actiniis nuper scripsit.*

111. Draytonia myrcia nobis, pl. II, f. 8 (grossie).

Species corpore cylindrico, luteo; glandulis chromatophoris viridibus; tentaculis triseriatis, exterioribus majoribus.

Habitat in ins. S. Thomae.

Corps haut de 2 à 3 lignes; une rangée de bourses chromatophores sur les bords du disque et 3 autres rangées de pareilles bourses sur le disque lui-même. Celui-ci est de couleur d'ambre; tentacules transparents d'une couleur blanc-jaunâtre; les externes qui sont les plus grands ont de $^1/_4$ de ligne à une ligne de long, suivant qu'ils sont contractés ou en expansion. Cette espèce, qui vit sur les pierres submergées, se distingue de la *Corynactis parvula* par ses bourses chromatophores.

Familia II - CEREAE.

Actininae tentaculis simplicibus, corpore nunc tuberculis non agglutinantibus obsito, nunc glandulis agglutinantibus, vel etiam perforatis, et aquam ejaculantibus instructo.

Nous avons réuni dans ce groupe une partie des *Cribrines* de M. Ehrenberg et les *Cereus* des MM. Edwards et Haime. Les espèces qui sont comprises dans cette division ont cela de commun, que leur corps présente soit des tubercules solides incapables d'agglutiner les corps étrangers, soit des glandes qui sont agglutinantes, ou qui, étant perforées de pores, peuvent éjaculer l'eau. Mais ces êtres ne font jamais saillir des filaments comme les *Adamsiae* que nous étudierons plus tard. Nous avons pu faire toutes ces distinctions, car toutes nos espèces ont été décrites d'après des spécimens vivants.

Genus CONDILACTIS, *genus novum*, nobis.

Species disco integro, corpore tuberculifero, tuberculis nec agglutinantibus, nec aquam projicientibus.

Dans ce genre l'on trouve sur le corps de petits tubercules qui ne s'agglutinent pas, et sont impropres à l'éjaculation de l'eau.

112. Condylactis passiflora nobis, pl. V, f. 7.

C. corpore cylindrico, tuberculis parvis, sparsis, numerosisque instructo; tentaculis circiter centum crassis, validis, apice vix attenuatis, 2 - 3 seriatis.

Hab. in litore ins. S. Thomae.

Le corps est d'un beau rouge, les tentacules sont longs de 6 à 7 lignes, et égalent le diamètre du disque; ils sont égaux entre eux, blancs à leur base, et d'un jaune verdâtre dans le reste de leur étendue. Cette espèce n'a pas de propriétés urticantes; elle atteint une assez grande taille.

Genus CEREUS Milne Edwards et Haime (pro parte).

Species disci margine integro; corpore glandulis agglutinantibus, vel etiam aquam projicientibus (et tunc perforatis) instructo.

113. Cereus crucifer (*Actinia*) Lesueur, Journ. Acad. of nat. Sc. of Philadelphia, tom. I, pag. 171.

C. corpore cylindrico pollicari et ultra, apice poris verticaliter digestis instructo; disco tuberculifero; tentaculis numerosis marginalibus, 2 - 3 seriatis, superius hinc inde inflatis ac quasi nodosis.

Hab. in saxis submersis insulae S. Thomae et Barbadae.

Ce *Cereus* a des rangées verticales de 4 à 5 pores; ces pores ont la propriété d'agglutiner le sable, mais non de lancer de l'eau; ils sont de couleur rouge; le disque offre à sa surface de petits tubercules très-nombreux qui rendent son aspect rugueux. Les tentacules sont sur 3 ou 5 rangs, et leur nombre va jusqu'à 2 ou 3 cents; ils offrent, quand on les regarde en dessus, un aspect noueux, ce qui provient des renflements transversaux qu'ils offrent de distance en distance; ils sont panachés de vert et de blanc. Lesueur décrit ces renflements transversaux comme étant des tubercules, et il dit qu'ils sont quelquefois bilobés, ce que nous avons vu également. Cette espèce devient quelquefois fort grande.

Genus ANTHOPLEURA Duch. et. Mich.

Species disci margine dentato, corpore tuberculis vel glandulis instructo; species tuberculiferae, non agglutinantes neque aquam ejaculantes; species vero glanduliferae vel agglutinantes, vel aquam projicientes.

Ce genre offre le caractère, que son disque étant denté, les tentacules se trouvent rejetés plus ou moins vers le centre. Nous avons été obligés de changer un peu la caractéristique de ce genre que nous avons déjà indiqué. Des études plus complètes sur les animaux vivants nous ont forcé de faire des changements assez nombreux.

Sect. A. *Tuberculiferae.*

114. ANTHOPLEURA GRANULIFERA (*Actinia granulifera*) LESUEUR, Journ. of the Acad. of Philad., tom. I, pag. 173; M. EDW., Coral., vol. I, pag. 293; DUCH. et MICH., Coral., pag. 46; nobis, pl. III, f. 8.
– Syn. ***Cereus Lessoni*** DUCH. et MICH., Coral., pag. 42, pl. VI, f. 13, 14 (*mediocr.*).

Anth. corpore cylindrico, tuberculis perparvis confertis adaperto; tentaculis circiter centum cylindraceis acutis 3 – 4 – seriatis; tuberculis in parte inferiore corporis simplicibus, in parte superiore ramosis, pedicellatis; disco in margine acute dentato.

Hab. in ins. Martinicae (LESUEUR), *S. Thomae et Guadalupae.*

Cette espèce ne peut ni agglutiner le sable, ni lancer de l'eau. C'est pour cela que nous la rangeons dans la section des tuberculifères. Les espèces glandulifères jouissent de l'une de ces deux propriétés, d'agglutiner le sable ou de projecter l'eau; quelquefois elle peuvent faire l'un et l'autre.

Sect. B. *Glanduliferae.*

115. ANTHOPLEURA KREBSII DUCH. et MICH., loc. cit., pag. 49, pl. VII, f. 13.

Les glandes du corps de cette Actinie ont la propriété d'agglutiner le sable; en outre celles qui sont situées vers la partie supérieure projectent l'eau avec force.

116. ANTHOPLEURA PALLIDA nobis, pl. V, f. 11.

Anth. corpore cylindrico elongato, longitudinaliter striato, pallide albo-lutescente per totam longitudinem glandulifero, glandulis agglutinantibus, disco albido, fuscescente, maculato; tentaculis 32 - 38, *cylindricis, acutis, mediocribus,* 3-*seriatis, translucidis, fusco-zonatis, internis majoribus, diametro disci aequalibus; statura fere pollicaris; corpus in contractione globosum, profunde costatum, transverseque striatum.*

Hab. in lapidibus submersis insulae S. Thomae.

Cette espèce agglutine les grains de sable, mais elle ne rejette pas l'eau comme la précédente. Quand elle se contracte, elle prend à peu près la forme d'un melon.

Familia III - CAPNEAE.

Species corpore externe indurato.

Les *Capnéens* sont des actiniens à corps durci à l'extérieur. Cette partie durcie occupe tantôt le corps du sommet à la base, d'autres fois seulement une partie de son étendue. Souvent l'épiderme endurci se détache du corps aux environs du disque, et forme en cet endroit une espèce de collerette entière ou dentelée. Ces espèces paraissent fréquenter les eaux peu profondes. Comme les *Discosomae* et les *Cereae*, elles se fixent par leur base sur les corps submergés.

Genus CAPNEA Johnston.

Sect. A. *Tentaculis interioribus vix validioribus.*

117. Capnea Vernonia nobis, pl. V, f. 9, grand. nat.

Corpore cylindrico, indurato, transverse rugoso, indusio apice integro; tentaculis numerosis, cylindricis, 3-4-serialibus, disci diametro aequalibus, internis vix validioribus, paulo longioribus.

Hab. in ins. S. Thomae.

Les tentacules sont annelés de brun violet.

Sect. B. *Tentaculis interioribus validioribus.*

118. Capnea clavata (*Paractis*) Duch. et Mich., Coral., pag. 40, pl. VI, f. 7 et 8.

Tentaculis 70 - 80, quadriseriatis, interioribus diametro disci subaequalibus; corpore indurato, indusio (seu tegumento indurato) apice libero, in margine integro.

Dans cette espèce l'enveloppe endurcie qui entoure le corps devient libre d'adhérences vers le disque, et forme une espèce de collerette à bords bien entiers. Le reste de la description de cette *Capnea* se trouve dans notre ancien travail, où elle avait été rangée à tort parmi les *Paractis.*

119. Capnea cricoides (*Actinia*) M. Edw., Coral., pag. 247; Duch. et Mich., Coral., pag. 40, pl. VI, f. 4.

Corpore parum elevato, apice inflato, longitudinaliter transverseque striato; indusio apice vix libero, in margine multidentato; tentaculis 60-70, *4-5-seriatis, interioribus majoribus, disci diametro subaequalibus.*

Hab. in Guadalupa.

Cette espèce diffère de la précédente par son involucre ou collerette, qui est divisé en un grand nombre de dents petites et irrégulières, et qui est bien moins libre vers sa partie supérieure.

120. Capnea Coreopsis nobis, pl. V, f. 13.

Corpore elongato, clavato, transverse rugoso; tentaculis circiter 60, *brevibus,* 3-*seriatis, interioribus majoribus, radio disci dimidio brevioribus; indusio apice vix libero, irregulariter distanterque in margine fisso.*

Hab. in ins. S. Thomae.

Cette espèce tant par son indusium, que par la brièveté de ses tentacules, se distingue aisément des deux précédentes: son corps est rougeâtre, les tentacules sont jaunâtres à leur base, et de couleur carmin vers leur extrémité.

Genus CAPNEOPSIS, *genus novum.*

Corpore indurato ut in Capneis, *sed glandulis agglutinantibus donato. Species unica arenam dense agglutinans.*

121. Capneopsis Solidago nobis.

Corpore in medio indurato, fusco-lutescente, transverse longitudinaliterque striato, basi vero et apice molli, translucido; disco albido, ore lutescente; tentaculis circiter 24, 2-*seriatis, diaphanis, fusco-annulatis, internis majoribus, radio disci subaequalibus.*

Hab. in saxis submersis ins. S. Thomae.

Cette espèce, quand elle est tout à fait épanouie, est grêle et longue; quand elle est contractée, l'on voit que les deux zones, qui ne sont pas endurcies, c'est-à-dire la supérieure et l'inférieure, peuvent rentrer et se cacher dans la zone moyenne, qui est celle dont la peau présente un épaississement et un encroûtement notable. Cette espèce se rapproche des Edwarsies par son enveloppe épidermique, mais elle s'en distingue par un disque pédieux, qui est bien formé, et par lequel elle se fixe aux pierres qui sont enterrées dans le sable. Elle se trouve donc elle-même enfoncée dans le sable, et agglutine les grains les plus fins. Son habitation tout à fait souterraine en fait une espèce intéressante.

Familia IV - MINIADEAE.

MINIADEAE, ex parte, Edw. et Haime.

Species in aquis vagantes, nempe vesiculis aeriferis varie sitis praeditae.

Cette division des Actinies présente la particularité, qu'elle peut bien se fixer comme les autres Actinies, mais qu'elle peut aussi voyager en se livrant aux courants. En effet le pied ou disque pédieux chez les *Viatrix* et les *Cystiactis*, qu'on peut observer, vient se mettre en conctact avec la surface de l'eau. Dans cette position leur bouche est située en bas. Les vésicules de flottaison mériteraient d'être étudiées avec soin; car les Miniadées peuvent à volonté s'élever rapidement à la surface de l'eau, ou regagner le fond.

Dans certains genres comme les *Nautactis*, il n'y a qu'une vésicule qui est située sur le disque pédieux; mais dans d'autres genres ces vésicules sont multiples et situées sur les côtés du corps.

Genus VIATRIX Duch. et Mich., loc. cit.

122. Viatrix globulifera Duch. et Mich., Coral., pag. 44, t. VI, f. 15 et 16.

Genus CYSTIACTIS Edw. et Haime.

123. Cystiactis Eugenia nobis, pl. VI, f. 1 (grossie du double).

Sp. parva, corpore tuberculis apice vesiculosis clavatis adoperto; tentaculis circiter 20 subaequalibus, translucidis, cylindricis, acutis, disco duplo et ultra longioribus; ore conico exserto.

Hab. in litore insulae S. Thomae.

Notre dessin représente cette espèce fixée sur un fragment de roche; mais le plus souvent elle flotte dans l'eau, ainsi que nous l'avons dit quand nous avons parlé des *Miniadées*.

Familia IV - PHYLLACTINEAE Edw. et Haime.

Actininae corpore molli, tentaculis simplicibus et compositis praeditae.

Dans ce groupe l'on trouve des espèces dont le corps est garni de glandes latérales, et d'autres qui n'en ont pas : aussi, nous basant sur ce caractère, nous établirons deux divisions. Les glandes latérales, dont il vient d'être question, agglutinent les corps étrangers ; quelquefois elles sont perforées, et peuvent lancer l'eau.

Sect. A. *Phyllactineae corpore glanduloso, glandulis agglutinantibus, et etiam in quibusdam speciebus aquam ejaculantibus.*

Genus OULACTIS Edw. et Haime.

124. Oulactis flosculifera (*Actinia*) Lesueur, loc. cit., pag. 174; Duch. et Mich., Coral., pag. 46, pl. VII, f. 7 et 11.

Glandulis 10 – 12 in omnibus seriebus; superioribus aquam ejaculantibus, inferioribus agglutinantibus.

125. Oulactis radiata Duch. et Mich., Coral., pag. 47, pl. VII, f. 9.

Glandulis 4 - 5 in omnibus seriebus, omnibus agglutinantibus; tentaculis interioribus 40 - 50 cylindricis, apice attenuatis, 5 - 6 - linearibus, 2 - 3 - serialibus; tentaculis marginalibus planis, in utroque margine 2 - 3 - serratis.

126. Oulactis formosa Duch. et Mich., Coral., pag. 47, pl. VII, f. 4 et 5 (1).

Glandulis 5 - 6 in omnibus seriebus; tentaculis internis viridi-zonatis, externis cichoraceis numerosis, viridibus, superficiem disci extra tentacula interiora occupantibus.

Sect. B. *Phyllactineae corpore non glanduloso.*

Genus ACTINODACTYLUS Duch., Anim. radiaires; Duch. et Mich., loc. cit.

Sp. disco nudo, tentaculis simplicibus compositisque ex margine nascentibus.

---

(1) C'est par erreur que dans notre Mémoire sur les Coralliaires l'on avait rapporté les f. 4 et 5 de la pl. VII au genre *Nemactis*. Elles appartiennent à l'*Oulactis formosa*.

127. ACTINODACTYLUS BOSCII DUCH. et MICH., Coral. pag. 44, pl. VII, f. 1.

128. ACTINODACTYLUS NEGLECTUS DUCH. et MICH., pl. XII, f. 3, grandeur naturelle.

Genus LEBRUNEA DUCH. et MICH., loc. cit.

Disco tentaculis simplicibus, cylindricis vestito; tentaculis 5 arborescentibus in margine sitis.

Ce genre diffère des *Actynodactylus* en ce que son disque, au lieu d'être nu, est couvert de tentacules simples. On y trouve en outre 5 grands tentacules arborescents qui sont marginaux. En un mot, chez les *Actinodactylus* les tentacules sont tous marginaux, ce qui n'est pas pour les *Lebrunea.*

Le genre *Lebrunea* diffère aussi des *Rhodactis* parce que les tentacules composés sont marginaux au lieu d'être entremêlés avec les tentacules simples (1).

129. LEBRUNEA NEGLECTA DUCH. et MICH., Coral., pag. 48, pl. VII, f. 8.

Genus RHODACTIS EDW. et HAIME.

Disco tentaculis simplicibus arborescentibusque intermixtis vestito.

Dans ce genre les tentacules les plus rapprochés du centre et ceux qui sont marginaux sont simples, et au centre se trouvent les tentacules composés naissant au milieu de tentacules simples.

130. RHODACTIS DANAE (*Oulactis*) DUCH. et MICH., Coral., pag. 47, pl. VII, f. 10.

Tentaculis simplicibus 4-5-serialibus; tentaculis arborescentibus 5, crassis, saepe dichotomis, hinc inde tuberculosis, tuberculis crassis subpedicellatis.

Tentacules simples longs de 5 à 6 lignes, les composés longs de 15 à 18 lignes, ayant à leur base la grosseur d'une plume de corbeau; quand ils sont enflés par l'eau, les tubercules ont presque une ligne de diamètre.

---

(1) Dans notre précédent travail nous avons à tort rangé les *Lebrunea* parmi les espèces ayant des glandes ou des pores sur les côtés du corps.

131. Rhodactis musciformis nobis.

Tentaculis simplicibus brevibus, tentaculis arborescentibus numerosis, dichotomis, triplo longioribus; ramis infra dichotomias inflatis, ac inde nodosis.

Hab. in litore ins. S. Thomae, fixa in lapidibus submersis.

Le corps est court et jaunâtre; les tentacules simples sont longs de 2 à 3 lignes et jaunâtres; les tentacules composés, qui ont 6 à 8 lignes de longueur, sont noueux, car ils sont renflés au-dessus de chaque dichotomie. Cette espèce est très-urticante, bien qu'elle n'ait pas de pores latéraux.

Familia V - THALASSIANTEAE Edw.

Actiniae tentaculis omnibus compositis.

Chez les *Thalassiantes* les tentacules sont tous composés: ils peuvent être allongés ou très-courts; dans ce dernier cas ils sont nommés *chicoracés.*

Genus ACTINOPORUS Duch., Anim. rad. des Antilles, pag 76.

132. Actinoporus elegans Duch., Anim. rad., pag. 10; Duch. et Mich., Coral., pag. 46, pl. VII, f. 6.

Familia VI - ADAMSIAE.

Species corpore poris filamenta ejaculantibus perforato.

Chez ces Actinines les côtés du corps présentent des pores qui émettent des filaments longs et grêles, et de couleur variée. Cette émission se fait dès que l'on touche ces animaux: nous avons déjà dit que nous ne pensons pas que l'on pût regarder ces organes comme ceux qui produisent l'urtication.

Chez les *Adamsia,* ainsi que l'a très-bien observé M. Contarini (*Trattato delle Attinie*, pag. 109), les tentacules sont assez éloignés du pourtour de la bouche.

Genus NEMACTIS Edw.

134. Nemactis colorata (*Cribrina*) Duch., Anim. rad., pag. 10; M. Edw., Hist. nat. des Coral., vol. 1, pag. 283; Duch. et Mich., Coral., pag. 45, pl. VII, f. 4, 5.

Genus BARTHOLOMEA, *genus novum*, nobis.

Species corpore basi et apice non poroso, nempe poris versus mediam corporis partem digestis; tentaculis bene retractilibus; glandulis chromatophoris nullis.

Facile situ pororum dignoscitur a Nemactide *et ab* Adamsia.

Hoc genus diximus in honorem cl. Lange Bartholomei, *insulae S. Thomae incolae.*

135. Bartholomea solifera nobis, pl. VI, f. 14.

– Syn. ***Actinia solifera*** Lesueur, loc. cit., pag. 173.

– Syn. ***Paractis solifera*** Edw., Coral., vol. 1, pag. 249; Duch. et Mich., loc. cit., pag. 39.

Species corpore cylindrico, poris 2 - 3 - serialibus, parvis: caetera cl. Lesueur *optime exposuit.*

Hab. in ins. Guadalupae et S. Thomae.

Nous nous sommes bien assurés que cette espèce émettait par ses pores des filaments à nématocystes; l'on conçoit que ce fait ait pu échapper à Lesueur, car cette Actinie ne projette ses filaments que lorsqu'on la touche.

136. Bartholomea Tagetes nobis, pl. VI, f. 16 (grossie).

Sp. corpore cylindrico bene retractili; poris in medio corporis biseriatis; tentaculis fuscis, cylindricis, apice acutis, 3 - seriatis, interioribus triplo fere majoribus.

Hab. in lapidibus submersis ins. S. Thomae et Porto Rici.

Le corps est d'un brun jaunâtre, le disque est blanchâtre; les tentacules sont d'un brun jaunâtre, et sont quelquefois marqués de zones d'un brun plus foncé sur leur face interne. Les pores latéraux sont sur 2 rangs; enfin l'on y trouve encore les rudiments d'une troisième rangée, mal marquée et incomplète.

137. Bartholomea Inula nobis, pl. VI, f. 15.

Sp. corpore cylindrico, retractili; poris in medio corporis uniseriatis; tentaculis fuscis, cylindricis, apice acutis, 3 - seriatis, interioribus duplo majoribus, diametro disci aequalibus. Variat tentaculis fuscis lutescentibus aut zonatis; discus colore variat, est enim lutescens vel etiam caerulescens.

Hab. in lapidibus submersis ins. S. Thomae.

Genus ADAMSIA Milne Edwards.

138. Adamsia tricolor (*Actinia*) Lesueur, Journ. of the Acad. of Philad., vol. 1, pag 171.

Hab. in ins. Barbada.

139. Adamsia Egletès nobis, pl. VI, fig. 17.

Corpore basi dilatato, contractili, poris basi biseriatis, disco radiatim striato, tentaculis numerosissimis, 4 - 5 - seriatis, cylindricis, apice attenuatis, interioribus paulo longioribus.

Accedit ad speciem nuper indicatam, a qua differt poris tantummodo biseriatis.

Hab. in ins. S. Thomae.

Cette Adamsia habite sur les coquilles, et même sur la carapace du *Pericera cornuta* quand il est vivant. Sa couleur est très-belle, car le corps est formé de bandes d'une couleur orange alternativement plus foncée et plus claire. Il y a un cercle rouge autour de la bouche. Les tentacules sont transparents, longs de 3 lignes, et annelés de violet très-clair vers leur extrémité.

GENERA INCERTAE SEDIS, FORSAN INTER ACTININAS ET ZOANTHIDEAS COLLOCANDA.

Genus ISAURA Savigny.

140. Isaura neglecta Duch. et Mich., Coral., pag. 51, pl. VIII, f. 10.

Genus ORINIA Duch. et Mich., loc. cit.

Hoc genus alias observavimus, et ejusdem descriptioni nihil addendum est.

141. Orinia torpida Duch. et Mich., Coral., pag. 51, pl. VIII, f. 12.

La fig. que nous venons de citer est très-exacte, sauf que l'on a omis de représenter les granulations qui ornent l'ouverture des orifices tubuleux. Ce genre nous paraît être bien difficile à classer d'une manière convenable.

Genus ACTINOTRYX Duch. et Mich.

Disco tenuiter radiatimque striato, tentaculis marginalibus, numerosissimis, quasi uniseriatis; disco glandulis seu tuberculis inaequaliter dissectis ornato.

Certes, si l'on veut considérer les tubercules du disque comme des tentacules composés, l'on pourrait ranger le genre *Actinotryx* parmi les *Phyllactineae.* D'un autre côté, le disque de cette espèce et ses parties latérales sont finement striées, ainsi que cela arrive chez les Isaures. Il est peut-être préférable de se tenir dans le doute.

142. ACTINOTRYX SANCTI-THOMAE DUCH. et. MICH., Coral., pag. 45, pl. VII, f. 2 (1).

ZOANTHIDEAE.

Toutes les *Zoanthidées* se propagent par des propagules, en sorte qu'elles sont agrégées. Elles sont donc définitivement fixées à l'endroit où elles sont nées ; elles ne peuvent, comme les Actinies, changer de place. De plus, toutes les espèces que nous avons examinées n'ont que deux rangs de tentacules, qui, lorsqu'ils sont épanouis, semblent ne former qu'une couronne simple. En dehors de ces tentacules, le disque offre une rangée de tubercules ou de dentelures, ainsi qu'EHRENBERG l'avait remarqué sur la *Palythoa fuliginosa* EDW. Nous sommes portés aussi à penser que ce caractère est constant.

Quant à ce que nous avons dit de l'existence constante de 2 rangs de tentacules, nous devons faire observer cependant que pour la *Palythoa denudata* EDW. l'on en a signalé 3 rangs, et un seul pour la *Palythoa auricula :* nous pensons que pour la première espèce l'on a dû se tromper, comme cela a eu lieu pour la seconde que nous avons examinée sur l'animal vivant.

Genus ZOANTHUS CUV.

143. ZOANTHUS SOLANDERI LESUEUR, Journ. of Acad. of Philadelphia, vol. 1, pag. 177 ; DUCH. et MICH., Coral., pag. 49, pl. VIII, f. 1.

Hab. in ins. S. Thomae.

144. ZOANTHUS DUBIUS LESUEUR, loc. cit, pag. 177 ; DUCH. et MICH., Coral., pag. 50, pl. VIII, f. 2.

Specimina tentaculis circiter 60 *legimus in lit. ins. Guadalupae.*

145. ZOANTHUS FLOS-MARINUS, DUCH. et MICH., Coral., pag. 50, pl. VIII, f. 6.

---

(1) Les stries du disque ne sont pas bien marquées dans cette figure.

146. Zoanthus parasiticus, Duch. et Mich., pag. 50, pl. VIII, f 7.
Tentacula circiter 24 - 26, alternatim paulo majora.

147. Zoanthus nobilis Duch. et Mich., pag. 50, pl. VIII, f. 7.

Genus ANTINEDIA, *genus novum*, nobis.

Polypi inter se propagulis crassis, carnosis connexi; disco radiatim striato; tentaculis tuberculiformibus, marginalibus.

Dans ce genre les tentacules sont rudimentaires et tuberculiformes; ils sont inégaux. Le corps est coriace, sans cependant être endurci par des dépôts terreux, ainsi que cela se voit chez les *Gemmaria* et les *Palythoa*.

148. Antinedia tuberculata nobis, pl. VI, f. 2, 3.

- Syn. ***Zoanthus tuberculatus*** Duch., Anim. rad., loc. cit.; Duch. et Mich., Coral., pag. 51, pl. VIII, f. 5 (mala).

Polypis clavatis, corpore tuberculis crassis distantibus donato; color generalis fuscus; discus lineis caeruleis radiantibus radiatim pictus. Statura 1 - 2 - pollicaris.

Hab. in ins. Guadalupae et S. Thomae.

Genus MAMILLIFERA Lesueur, ex parte.

Corporibus Polyporum carnosis, nec induratis, per totam longitudinem inter se liberis, e lamina basilari carnosa communi nascentibus. Tentaculis biseriatis marginalibus.

149. Mamillifera auricula Lesueur, loc. cit., pag. 178, pl. VIII, f. 2.
Hab. in insula S. Vincenti (Lesueur); *recepimus ex insula S. Domingi; nuper et etiam in insula S. Thomae reperta.*

150. Mamillifera nymphaea Lesueur, loc. cit., pag. 178; Duch. et Mich., Coral., cit., pag. 51, pl. VIII, f. 2.

Tentaculis circiter 60, biseriatis, 1/2 vel 3/4 radii disci aequantibus. Sp. ubi expansa trilinearis.

Nous avons trouvé plusieurs variétés de ce Mamillifère : nous en avons trouvé de conformes pour la couleur à ceux que Lesueur avait rencontrés, c'est-à-dire avec le disque vert et les tentacules bruns.

Une autre variété se trouve encore à St-Thomas ayant le disque et les tentacules verts; enfin l'on en trouve une seconde variété à la Guadeloupe, dont le disque est brun, et les tentacules d'un beau vert. Cette espèce forme de larges expansions sur les rochers.

Enfin auprès de cette espèce nous en placerons deux autres, qui ne sont peut-être aussi que des variétés de la *M. Nymphaea;* mais comme elles sont très-abondantes sur nos côtes, l'explorateur sera content de les rencontrer dans ce travail, et du reste leur beauté plaira à tous ceux qui s'occupent de l'étude de ces animaux.

151. Mamillifera distans nobis, pl. VI, f. 5, an varietas *Nymphaeae?*

Corporibus distantibus, tentaculis 60 - 64 *brevibus, radio* 3 - 4 *brevioribus, biseriatis. Discus virescens, annulo intense viridi cincto, tentaculis albo-virentibus; membrana basilari intense viridi; corporibus donec expansis, basi non coarctatis, crassis,* 2 - 3 *lineas altis; disco* 3 - 5 *lineas lato.*

Var. A, *disco caerulescente, tentaculis viridibus.*

Haec species differt a M. Nymphaea *corporibus validioribus magis distantibus, tentaculis brevioribus.*

Hab. in scopulis submersis ins. S. Thomae, ubi frequens.

152. Mamillifera pulchella nobis, pl. VI, fig. 4 (an varietas *M. Nymphaeae?*)

Corporibus approximatis, diametrum disci expansi adaequantibus; tentaculis 60 - 70, *radio disci* 3 – 4 *brevioribus. Discus in centro rubescens, in margine virescens, tentaculi virides.*

Differt a M. Nymphaea *tentaculis brevioribus, a* M. distante *corporibus approximatis.*

Hab. frequens in scopulis ins. S. Thomae.

Cette espèce, ainsi que la précédente, se rapproche fort de la *M. Nymphaea;* mais elles ont des caractères suffisants pour pouvoir en être distinguées.

153. Mamillifera Anduzii Duch. et Mich., Coral., p. 52, pl. VIII, f. 11.

Tentaculis 50 *albicantibus, disco* 6 - 7 *brevioribus; disco cinereo-caerulescente.*

Hab. in ins. S. Thomae.

Genus GEMMARIA Duch. et Mich.

154. Gemmaria Rusei Duch. et Mich., Coral., pag. 55.

155. Gemmaria clavata Duch., Rad. des Antilles, pag. 11; Duch. et Mich., Coral., pag. 55, pl. VIII, f. 13.

Polypi disco atro-violaceo, tentaculis 40 - 50 *biseriatis, disco multo brevioribus.*

Hab. in Guadalupa et etiam in ins. S. Thomae.

Mamillifera mamillosa Ehrenbergi *forsan ad* Gemmariam clavatam *spectat (vide* Ehrenb., Coral., pag. 46). *Idem auctor corpora Mamilliferae suae disjuncta, et ex membrana basilari exsurgentia esse monuit.*

156. Gemmaria brevis Duch. et Mich., Coral., pl. VIII, f. 14.

157. Gemmaria Swiftii Duch. et Mich., Coral., pag. 55, pl. VIII, f. 17, 18.

Polypi in vivo luteo-fusci, tentaculis 24 *acutis biseriatis, medium diametrum subaequantibus.*

Le *Gemmaria Swiftii* serait peut-être mieux placé parmi les *Bergia* à cause du nombre et de la forme de ses tentacules. Cependant ce *Gemmaria* se distingue des *Bergia* en ce qu'il ne pénètre pas comme ces derniers dans le tissu de l'éponge, mais rampe à leur surface.

Genus BERGIA Duch. et Mich.

Polypi 20 *tentaculati, tentaculis sub-biseriatis, alternatim majoribus et minoribus.*

158. Bergia catenularis Duch. et Mich., Coral., pag. 54, pl. VIII, f. 12.

159. Bergia via-lactea Duchass. et Mich., Coral., pag. 54; Nobis, pl. VI, f. 6.

Hab. in Antillis.

Nous croyons utile de donner au n.° 6 de la pl. VI la figure d'un polype grossi: on y voit que les tentacules, quoique de deux grandeurs différentes, ne forment qu'une couronne simple.

Genus PALYTHOA Lamouroux.

Nous conservons le genre tel que Lamouroux l'a établi, mais nous devons d'abord constater que les espèces, sur lesquelles il a fondé ce genre, étaient bien mal connues. En effet Ellis et Solander avaient figuré deux espèces, savoir le *Palythoa ocellata* et le *P. mamillosa*, qu'ils avaient observées, soit à l'état sec, soit conservées dans l'alcool. Or, dans cet état, ils ont voulu décrire le nombre des tentacules de ces Polypiers, et ils ont commis de graves erreurs, car ils n'ont pu donner que le nombre des plis radiés que les mamelons présentent à leur sommet, quand les Polypes sont contractés. Il faudra donc mettre de côté tout ce qui a été dit par ces auteurs sur le nombre des tentacules des deux espèces que nous venons de citer.

Cela étant établi, nous dirons encore que tous les *Palythoa* ont 2 rangs de tentacules courts subégaux, qui semblent former une couronne simple quand les Polypes sont bien épanouis. Le disque est marqué de fines stries rayonnantes comme chez les Zoanthes, les Mamillifères, etc. En dehors du cercle des tentacules, l'on trouve que le bord du disque est marqué par un rang de tubercules très-petits, qui sont toujours, à ce que nous croyons, en nombre de moitié moindre des tentacules.

Lesueur, au commencement de ce siècle, a aussi décrit 2 *Palythoa*, savoir la *glareola* et la *flava*: mais la description qu'il a donnée de cette dernière, ne présente pas des caractères complets, car il n'indique pas le nombre des tentacules, et cela suffit pour causer des doutes, lorsqu'il s'agit de retrouver l'espèce que cet auteur a voulu décrire.

Ces faits étant établis, il nous reste à ajouter que la distinction des différentes espèces de *Palythoa* est d'une difficulté très-grande; car la couleur est sujette à varier, tout aussi bien que la hauteur et la largeur des tubes.

Sect. A. *Species tentaculis* 40 - 44.

160. Palythoa ocellata Lamouroux, Pol. flex., pag. 361; Sol. et Ellis pl. I, f. 6; Lam., Exp. méth., pl. I, f. VI.

P. tubulis versus apicem disjunctis, polypario fusco-rubente, vel etiam ferrugineo; tubulis plus minusve transverse plicatis, mamillis saepius semihiantibus (nec clausis), apice lineis radiantibus notatis, 1 $^1/_2$ vel 2 $^1/_2$ lineas latis.

Polypi disco flavo, tentaculis flavis vel ochraceis; varietas alia (tab. 20, f. 1) disco flavo, tentaculis purpurascentibus.

Hab. in plerisque Caribaeis; frequens in ins. Guadalupae, S. Thomae, S. Johannis et S. Crucis; recepimus eam etiam ex ins. Curaçao.

Le Polypier sec est encore reconnaissable par sa couleur, par ses tubes plissés transversalement d'une manière plus ou moins sensible, par ses calices presque toujours béants et marqués de lignes rayonnantes bien prononcées. Ajoutons que les tubes sont libres vers le sommet, et que la pâte du Polypier est plus fine que dans la plupart des autres espèces, et ne présente pas un grossier assemblage de sable comme on voit chez d'autres, dont il sera question.

L'espèce que nous avons nommée *P. ocellata* est différente de celle-ci, et appartient à la *P. mamillosa* de LAMOUROUX.

161. PALYTHOA GLUTINOSA nobis, pl. VI, f. 7, 9.

Polyparium in sicco flavo-rubescens, tubulis brevibus, fere usque ad apicem conjunctis, 2 - 4 *lineas altis, nec in lateribus transverse plicatis, mamillis fere superficialibus in centro depressis, nec radiatim lineatis. Polypi in vivo flavescentes, disco expanso* 5 - 6 *lineas lato.*

Hab. in ins. S. Thomae.

Cette espèce diffère de la précédente par ses tubes moins élevés, non plissés sur les côtés, et soudés presque jusqu'à leur sommet. Enfin ses mamelons sont déprimés et plus saillants, et n'ont pas de stries radiées bien évidentes. De plus, si l'on examine la tranche latérale du Polypier, l'on ne voit pas d'une manière évidente les traces de la soudure des tubes entre eux, qui sont très-marquées chez la *P. ocellata*.

Disons, pour terminer, que les tubes ou calices de cette espèce sont à peu près aussi larges que chez l'*ocellata*.

Sect. B. *Species tentaculis* 30 - 38.

162. PALYTHOA MAMILLOSA LAMOUR., Pol. flex., pl. XIII, f. 2, pag. 361; SOL. et ELLIS, Hist. of Zooph., tab. I, f. 4, 5; nobis, pl. VI, f. 10.

(*Non Mamillifera mamillosa* EHR.).

- Syn. ***Palythoa ocellata*** DUCH. et MICH., Coral., pag. 53.

Polyparium in sicco lutescens, vel albo-luteum, tubulis cylindricis in parte supera disjunctis, non lateraliter plicatis; mamillis vix lineis radiantibus notatis. Polyparium robustum, tubulis 4 - 15 *lineas altis,* 1 $^1/_2$ *vel* 2 $^1/_2$ *latis.*

Polypi flavescentes, tentaculis 30 - 38.

Hab. in ins. Guadalupae et S. Thomae.

Var. ejus flava.

- Syn. ***Corticifera flava*** LESUEUR, loc. cit., pag. 179.

- Syn. ***Palythoa flava*** DUCH. et MICH., Coral., pag. 53.

Statura minore, mamillis saepe vix elevatis, tubulis 2 - 4 *lineas altis,* 1 *vel* 1 $^1/_2$ *latis; tentaculis polyporum saepius* 30 - 36.

Hab. in ins. S. Thomae, Jamaica (SLOANE).

Chez la *Palythoa mamillosa* les tubes sont formés d'une pâte grossière, où se trouvent beaucoup de grains de sable. Cependant sa texture est encore moins grossière que celle de la *Palythoa cinerea* dont nous parlerons bientôt. Ses calices sont le plus souvent clos, mais ils sont quelquefois entr'ouverts, et ils ne sont pas distinctement radiés.

163. Palythoa caribaea Duch. et Mich., Coral., pag. 53; Nobis, pl. VI, f. 11.

Polyparium late extensum, crustaceum, vix lineam crassum; tubulis usque ad apicem junctis; calycibus superficialibus. Color flavescens vel flavo-candicans.

Hab. in rupibus submersis in ins. S. Thomae.

Les Polypiérites de cette espèce, dont nous donnons le dessin au n.° 11 de la planche VI de ce Mémoire, sont d'ordinaire plus larges que hauts. Les Polypes examinés pendant qu'ils sont vivants, sont d'un jaune citrin, et ont 30 à 32 tentacules. Il suffit de comparer la figure que nous en donnons, pour ne pas confondre cette espèce avec les autres.

164. Palythoa cinerea nobis, pl. VI, f. 8.

Polyparium arena grosse farctum, in sicco cinereum vel cinereo-bruneum; tubulis conicis, basi attenuatis, 3 - 12 lineas altis, apice disjunctis; mamillis 1 1/2 ad 2 1/2 lineas latis, apertura vix lineis radiantibus striata.

Polypi lutescentes, tentaculis 36 - 38.

Hab. in ins. S. Thomae.

Si l'on examine les côtés du *Polypier*, l'on voit que les tubes sont souvent coniques, et vont en s'élargissant de la base au sommet; de plus ils sont souvent plissés sur leurs côtés, et leurs lignes de soudure, les uns avec les autres, sont bien marquées. Cette *Palythoa* est aussi celle dont la texture est la plus grossière, et elle semble presque uniquement composée de grains de sable gros et irréguliers. Tous ces caractères la séparent suffisamment de la *P. mamillosa*, la seule que l'on pourrait confondre avec elle.

Sect. C. *Species tentaculis* 24 - 28.

165. Palythoa glareola Lesueur, loc. cit., pag. 178, pl. VIII, f. 6, 7; Duch., Rad. des Antilles, pag. 11.

Variat disco violaceo vel fusco-lutescente.

Hab. in Guadalupa, loco dicto Pointe noire (Lesueur), *et etiam in insula S. Thomae.*

ZOANTHAIRES SCLÉROBASIQUES.

Genus CIRRIPATHES Blv.

166. Cirripathes Desbonni nobis.

Simplex filiformis, caudata, nigra, spinis minutis, confluentibus.

Species lenta, nec flexuose spiralis; idcirco ab aliis Cirripathibus *disctintissima! an proprii generis?*

Habitat in ins. Guadalupae (leg. cl. Desbonnes, *medicinae doctor).*

Genus ANTIPATHES.

167. Antipathes Laryx Esper, Pflanz., vol. 2, pag. 147, pl. IV.
Hab. in ins. Martinica.

168. Antipathes eupteridea Lamouroux, Encycl. méthod., pag. 71.
Hab. in ins. Martinica.

169. Antipathes americana Duch. et Mich., Coral., pag. 56.
Hab. in ins. S. Thomae.

170. Antipathes dissecta nobis, spec. nova.

A. 2-3-pedalis, nigro-rufa, multoties divisa ramis subcompressis, ramulis distiche pinnatis; pinnis alternis, gracilibus, hispidis per totam longitudinem, alternatim nodosis et coarctatis.

Hab. in ins. Guadalupae, ubi legit cl. Schramm.

Cette espèce est voisine de l'*A. Laryx;* mais elle s'en distingue en ce qu'elle est très-rameuse, et en ce que les pinnules n'ont que deux pouces de long, et ont un aspect articulé, ce qui est dû à ce qu'elles offrent une succession de renflements et d'étranglements. Dans la figure qu'Esper donne de l'*A. Laryx* l'on observe cette disposition seulement à la base des pinnules.

Hab. in ins. S. Thomae.

Genus ARACHNOPATHES Milne Edwards.

171. Arachnopathes paniculata nobis, pl. VII, f. 1, 2.

Sp. e basi ramosa, multoties divisa, paniculata, ramis praecipuis teretibus, mediocribus; ultimis flabellatim ramosis, ramulis terminalibus setaceis semipollicaribus.

Hab. in ins. Guadalupae (legit cl. Schramm).

Espèce noirâtre, les ramuscules étant d'un jaune brun. Considéré dans son ensemble, le polypier représente une panicule très-lâche, tandis que les dernières branches prises isolément sont divisées en éventail. Les nombreuses anastomoses que présente cette espèce, nous l'ont fait classer parmi les Arachnopathes. Notre Polypier est haut d'un pied ; les ramuscules terminaux sont sétacés. Toute la surface des branches est hérissée de pointes très-fines, qui ne sont visibles qu'à la loupe.

GÉNÉRALITÉS SUR LES MADRÉPORAIRES.

Nous allons passer en revue les principaux caractères de l'organisation des *Madréporaires*, et pour le faire sans perte de temps, nous étudierons, chacune à leur tour, les parties de ces êtres qui doivent attirer l'attention.

Tissu charnu.

Le *Tissu charnu* est celui qui forme la partie vivante de ces polypiers. Ce tissu contient des muscles et des canaux vasculaires, dont il sera question plus tard; il est mou, et comme gélatineux. Cependant il ne faut pas croire, ainsi que l'ont avancé quelques naturalistes, que ce tissu soit diffluent, et qu'il se liquéfie quand on retire les Polypiers de l'eau. Il est vrai que, lorsqu'on fait cette expérience, on voit s'écouler une grande quantité d'un liquide visqueux, quelquefois même un peu caustique, et que nous comparons à du blanc d'œuf, ou à une solution de gomme. Mais cette substance ne peut être la chair des Polypes, car après que cet écoulement aura eu lieu, après avoir même laissé le Polypier pendant deux heures à l'air, si vous le remettez dans l'eau, vous verrez chaque Polype s'y développer aussi gros et aussi intact, que lorsqu'il était dans la mer. Toute cette matière visqueuse qui avait été rejetée, n'était que l'eau contenue dans l'estomac et les vaisseaux, mêlée à la substance alimentaire, et aux sécrétions des Polypes.

Le tissu charnu des êtres dont il s'agit, est tellement vasculaire, et tellement gonflé d'eau que, lorsqu'on retire un Polypier de la mer, et que les liquides ont été rejetés, la partie charnue est si réduite, qu'elle disparaît presque dans les interstices des côtes et des cloisons du Polypier, dont la surface ne présente plus alors qu'une trame vivante très-mince, formée par les chairs qui se sont contractées sur elles-mêmes.

Ainsi observez une Héliastrée bien épanouie dans de l'eau de mer : vous voyez que la partie vivante s'élève au-dessus du squelette pierreux ; mais si vous la retirez de l'eau, cette partie vivante s'affaisse par l'écoulement de l'eau, et bien que la surface du Polypier soit encore recouverte par un tissu charnu très-mince, vous pouvez compter, par leur relief, les cloisons et les côtes de chaque calice, dont vous n'auriez pas même soupçonné l'existence pendant que les Polypes étaient épanouis.

Cette matière glutineuse, ainsi que la chair des Polypiers, présentent, quand elles se décomposent, les propriétés phosphorescentes, dont nous avons parlé dans notre Mémoire sur les Coralliaires.

Quand un Madréporaire séjourne trop longtemps hors de l'eau, il ne tarde pas à périr, et il ne reste sur le Polypier que la partie solide des chairs, qu'il faut encore séparer par la macération, et c'est ce qui démontre que la partie vivante des Madréporaires n'est pas diffluente comme on l'a avancé. Du reste, quand l'on dessèche avec soin des Polypiers sans les faire macérer, ceux qui ont des polypes volumineux présentent encore à leur surface un tissu organique assez épais, dans lequel on peut encore reconnaître plusieurs particularités d'organisation. C'est ce qui arrive par exemple pour les *Mussa*.

Le tissu charnu présente encore quelques particularités : ainsi dans les Polypiers simples, tels que les *Lithophyllia*, les *Phyllangia*, la chair ne revêt généralement la muraille que dans une partie de sa hauteur, et la partie inférieure du Polypier reste à découvert dans une étendue plus ou moins grande, que l'on appelle sa portion morte (*pars mortua*).

Chez les espèces dendroïdes à calices terminaux, comme les *Mussa*, les *Eusmilia* etc., la partie charnue de chaque Polype, qui se prolonge sur la muraille, s'arrête à une petite distance au-dessous des étoiles, de sorte que les polypes n'ont pas de connexion entre eux ; une partie morte et seulement pierreuse les sépare les uns des autres. C'est ce que l'on comprendra en examinant quelques figures de notre pl. VII.

Cependant dans d'autres espèces dendroïdes à calyces terminaux, la chose contraire se présente au moins pour les parties supérieures du Polypier, et entre les différents polypes il y a communauté d'existence, la chair commune s'étendant entre eux le long de la muraille. C'est ce que l'on peut observer pour les sommités des *Cladocora*.

Chez les espèces à forme dendroïde, avec des calices latéraux, comme les Oculines, les Porites, les Madrépores etc., la partie charnue se prolonge de l'un à l'autre des polypes, et le Polypier se trouve recouvert par une couche charnue, ainsi que celá arrive dans le corail. La planche VII, f. 5, représente cette disposition.

Cependant quelques-uns des Polypiers de cette classe présentent à leur base une partie morte, dans laquelle la vie a cessé complétement. Les Porites surtout sont remarquables à cet égard.

Chez les espèces agglomérées, comme les Astrées, les Héliastrées, l'on trouve encore une disposition semblable à ce que nous avons signalé plus haut pour les Oculines et les Madrépores, et tous les polypes sont en communication les uns avec les autres.

De la bouche.

Quand le Polypier est simple, comme cela arrive dans les *Lithophyllia*, les *Desmophyllum*, l'on ne trouve qu'une bouche centrale., car l'on a sous les yeux un polype isolé et semblable à celui des Actinies.

Chez les Polypiers à calices fissipares l'on voit que les calices peuvent renfermer d'une à trois bouches disposées suivant le grand diamètre de l'étoile. C'est ce qui arrive chez les *Mussa*, les *Dicocoenia*, les *Parastraea*. Nous avons, il est vrai, donné des figures qui représentent ces polypes avec une seule bouche; mais cela vient de ce que la fissiparité ne s'était pas encore établie pour les calices que nous avions dessinés.

Les Polypiers gemmipares, tels que les *Heliastraea*, les *Solenastraea*, n'ont au contraire qu'une seule bouche pour chaque calice. Mais chez les Madréporaires méandriformes il en arrive autrement. En effet, les vallées sinueuses des Méandrines, des Symphyllies, des Manicines contiennent, suivant leur étendue, un nombre plus ou moins grand de bouches, comme on peut le voir par les fig. 6, 7 et 8 de la pl. VII. La position de ces orifices peut être indiquée par une ligne imaginaire qui suivrait le fond de la vallée pour se rendre de l'une à l'autre de ses extrémités.

Les bouches des polypes sont tantôt très-petites, et tantôt grandes: elles peuvent être superficielles ou exsertes. Leur forme peut aussi varier, car les espèces à calices bien arrondis, telles que les *Heliastraea*, ont des bouches circulaires, tandis qu'on les trouve ovales chez les Polypiers à calices elliptiques, comme les *Dicocoenia*. Il y a cependant des exceptions.

De la bouche partent en rayonnant des traits blancs et d'apparence glandulaire, qui font paraître cet orifice comme radié. Ces traits descendent dans l'estomac: nous en parlerons plus tard.

Des tentacules.

Les tentacules sont des appendices cylindriques plus ou moins nombreux, qui sont situés autour de la bouche, et à une certaine distance d'elle. Ces organes sont toujours simples, tandis que chez les actinaires ils sont souvent rameux. De plus, quand on fait un examen attentif, l'on voit qu'ils sont creux, ainsi que cela arrive chez les Actinies. En effet, si l'on prend un polype bien épanoui de la *Phyllangia americana*, l'on voit que son corps fait une grande saillie au-dessus du Polypier pierreux, et qu'il est d'une transparence qui permet de saisir plusieurs des détails intérieurs, et l'on arrive à reconnaître :

1.° Que les tentacules de la *Phyllangia americana* sont creux, perforés à leur sommet, et que leurs parois sont formées par une couche charnue peu épaisse.

2.° Que la cavité de chaque tentacule se continue largement avec la loge périgastrique qui lui correspond.

3.° Que chaque loge périgastrique est séparée de la loge voisine par une lame mince et membraneuse.

Toutes ces choses sont bien visibles à l'œil nu chez l'espèce dont je viens de parler, et l'on peut parfaitement distinguer toute la disposition des lames mésentériques grâce à la transparence du corps des polypes.

On voit donc que la structure des madréporaires les rapproche infiniment des actinaires; et nous avons choisi la *Phyllangia americana* pour cette démonstration; car la plupart des autres Polypes de la même classe sont pourvus de couleurs brillantes et foncées qui leur ôtent leur transparence.

Les tentacules varient un peu dans leur disposition suivant les espèces que l'on considère. Ainsi chez les madréporaires à calices bien arrondis, ne présentant qu'une seule bouche pour chaque calice, les tentacules forment une couronne circulaire autour de cette bouche. Voyez la pl. V, f. 5 et 6, qui représente les systèmes tentaculaires d'une *Stephanocoenia* et d'une Héliastrée.

Chez les espèces à calices fissipares, comme les *Parastraea*, *Dichocoenia* etc., dans lesquelles les calices contiennent 1 ou 2 bouches, les tentacules forment d'ordinaire une couronne elliptique plus ou moins allongée qui environne une ou deux bouches.

Quand on considère les espèces à calices méandriformes, comme les

Manicines, les *Diploria* etc., l'on trouve que les bouches sont situées au fond de l'ellipse allongée que représentent les vallées du Polypier, et sont distribuées suivant une ligne qui suivrait leur centre. C'est ce que l'on peut voir par les figures 7 et 10 de la planche VII.

Dans ces espèces les tentacules sont distribués suivant une ellipse très-allongée qui suit les côtés des collines, et forme une couronne plus ou moins allongée autour des bouches contenues dans la vallée. Chaque vallée, bien qu'ayant plusieurs bouches, n'a jamais qu'une couronne tentaculaire. Quant aux tentacules eux-mêmes, qui forment ces ellipses, ils sont généralement situés sur deux rangs assez distincts: c'est ce qui s'observe sur les *Manicina*, *Meandrina*, *Diploria*, *Mycetophyllia* etc.

Chez certains polypes, comme les Porites, l'*Heliastraea cavernosa* etc., les tentacules sont évidemment perforés à leur extrémité, et peut-être en est-il ainsi pour tous les madréporaires; mais on ne peut l'affirmer.

Le nombre des tentacules à l'état primordial paraît être de six dans les espèces de ce groupe; et l'on peut reproduire pour eux la théorie que MM. Edwards et Haime ont établie pour le nombre et la multiplication des cloisons pierreuses du Polypier. Nous ne reviendrons donc pas sur ces faits qui se trouvent longuement exposés par les auteurs estimables qui viennent d'être nommés: il suffit d'établir que l'on observe pour la multiplication des tentacules les nombres 12, 24, 36, 48 etc., qui sont tous des multiples du nombre primordial 6.

Les différents madréporaires offrent des variations assez grandes quant au nombre des tentacules; ainsi les Porites (pl. VIII, f. 2) et les Madrépores n'en présentent généralement que 12, tandis que nous avons des exemples de 24 tentacules pour une Astréïde. La *Plesiastraea Carpinetti*, tab. VIII, f. 3, a environ 32 tentacules, et l'on en trouve 48 pour l'*Heliastraea cavernosa*. Un tel exemple nous est offert par le dessin au naturel d'une *Ctenophyllia* au n.° 4 de la pl. VIII, qui a été choisie sur un exemplaire chez lequel il n'a paru qu'un calice peu allongé, n'étant pas encore prêt à être fissipare. Enfin d'autres espèces, comme les Lithophyllies, offrent un système tentaculaire encore bien plus développé.

Posons maintenant une autre question: Peut-on reconnaître des cycles distincts pour les tentacules? Ces cycles sont-ils évidents?

Si l'on examine un polype d'une Porite, l'on y trouve bien douze tentacules; mais ces appendices étant égaux et situés en une seule couronne, l'on ne peut arriver à admettre deux cycles que d'une manière théorique, puisque l'inspection des polypes ne montre rien qui puisse établir la chose (voyez pl. VIII, f. 2).

La *Solenastraea sarcinula* nous offre 24 tentacules, dont 12 sont évidemment plus grands. Si le polype est bien épanoui, tous ces appendices nous paraissent disposés en une couronne marginale simple; si le polype se contracte à demi, l'on voit bien que les tentacules paraissent situés sur deux rangs, mais rien, si ce n'est l'idée théorique, ne nous fera reconnaître la présence des trois cycles, qui d'après MM. Edwards et Haime sont représentés par les 24 tentacules.

Les polypes de l'*Heliastraea cavernosa* ont 48 tentacules qui, lors de l'épanouissement, semblent situés en une couronne simple: s'ils viennent à se contracter à demi, l'on pourra admettre que leurs tentacules sont sur deux, peut-être même sur trois rangs, mais rien ne pourra, dans leur disposition, faire reconnaître la présence des 4 cycles qui leur reviendraient d'après les idées des Professeurs que j'ai nommés.

Chez les Lithophyllies et autres madréporaires, dont le développement numérique des tentacules est encore plus grand, la question des cycles ne peut encore se résoudre que théoriquement.

Cependant disons qu'en théorie l'idée de MM. Edwards et Haime est vraie, mais que l'on ne peut l'appliquer à la description des espèces vivantes. En effet, il est plus simple de dire qu'un polype a 24 tentacules, que de lui assigner trois cycles tentaculaires, ce qui tend à mettre l'erreur dans l'idée du lecteur qui s'attend à trouver autant de couronnes distinctes de tentacules, que de cycles.

Du disque.

On doit appeler disque la portion d'un polype qui est comprise entre sa bouche et ses tentacules. Les Polypiers qui ont des calices gemmipares comme les *Solenastraea*, et, en un mot, tous ceux aussi qui n'ont pas des calices diffluents, ont une bouche unique et centrale pour chaque étoile, et autour de celle-ci une couronne de tentacules, en sorte que chez eux le disque est bien limité. Mais chez les espèces à calices diffluents, comme les Méandrines, pl. VII, f. 7, les disques de chaque polype ne peuvent être délimités, puisque autour de plusieurs bouches l'on ne trouve qu'une couronne tentaculaire. Il devient donc impossible de dire où s'arrête le disque qui appartient à chaque bouche. Cela tient à ce que l'individualité tend à disparaître rapidement dans cette classe d'animaux.

Quand les polypes sont bien turgescents, le disque offre des stries radiées qui se portent de la bouche vers la circonférence, et qui sont l'indice des lames mésentériques qui forment des lames verticales, et séparent les loges périgastriques les unes des autres. C'est ce dont on peut s'assurer, soit par la dissection, soit par la simple inspection chez les espèces très-diaphanes.

Chez les madréporaires le disque des polypes est toujours nu ou granulé ; mais nous ne connaissons pas d'exemple où sa surface ait été envahie par le développement luxuriant des tentacules, ainsi que cela arrive quelquefois chez les actinaires.

Du repli prébuccal, et de la cavité prébuccale.

Dans notre Mémoire sur les Coralliaires des Antilles nous avons déjà dit ce qu'était la cavité prébuccale. Cependant nous reviendrons encore sur ce sujet.

Chez beaucoup de madréporaires on observe au-dessus de la bouche un second sphincter, formé par un repli de la partie supérieure du corps des polypes. Quand ce sphincter se contracte, ses bords viennent se rencontrer, chez certaines espèces du moins, et alors la bouche, les tentacules et le disque du polype se trouvent cachés. C'est ce que l'on peut voir par exemple pour le polype *a* de la fig. 5, pl. VIII. Le repli de la partie charnue qui forme ce sphincter est ce que nous avons nommé le repli prébuccal, et l'espace qui se trouve entre le disque et le sphincter est la cavité prébuccale que l'on peut voir en partie sur le polype *b* de la même planche.

Le repli prébuccal est plus ou moins développé, suivant les espèces que l'on considère : ainsi, chez certains polypes le repli n'est pas assez grand pour recouvrir tout le disque comme chez les Manicines, tandis que dans l'*Heliastraea cavernosa* la contraction de ce repli fait disparaître complétement le disque, les tentacules et la bouche, ainsi qu'on peut le voir par la f. 5, pl. VIII.

Chez les madréporaires à étoiles sinueuses, comme les Manicines, *Diploria*, *Meandrina*, ce sphincter peut recouvrir les tentacules, mais jamais il n'est assez étendu pour cacher complétement le disque. Ajoutons que dans les mêmes espèces il n'existe qu'un seul sphincter ou repli prébuccal pour chaque vallée ou système de Polypiérites. Ce repli naît tout autour de la déclivité des collines au-dessus de la couronne tentaculaire.

D'autres fois ce repli n'existe pas, et les tentacules ne peuvent s'effacer que par leur simple contraction en expulsant l'eau de leur cavité. De cette manière ils parviennent à disparaître entre les cloisons pierreuses. C'est ce que vous pouvez observer pour les Oculines, les *Eusmilia*, etc.

Nous voyons donc, que certains Polypes sont plus élevés en organisation que d'autres, vu qu'ils ont deux sphincters, savoir la bouche et le repli prébuccal. Aussi ce seul fait d'organisation nous donne une base de classification, dont le résultat final se rapproche beaucoup des résultats obtenus par MM. Edwards et Haime, et de nos jours par M. De Fromentel, qui n'ont considéré cependant que le squelette pierreux.

Comme bien des madréporaires n'ont pu être étudiés sous le rapport de la cavité prébuccale, il serait prématuré de chercher à établir définitivement une classification. Cependant nous croirions ne pas remplir notre devoir envers la science, si nous ne donnions pas un aperçu de ce que nous avons observé.

C'est dans ce but que nous établirons d'abord une première classe, que nous avons nommée *Madréporaires à tunique*, et une seconde ensuite qui est celle des *Madréporaires nus*. Disons maintenant comment il faut distribuer les différents genres dans ces deux classes.

A. Madréporaires à tunique – *Madreporaria tunicata.*

1.ère Famille – Astréens Edw. et Haime.

Cloisons dentées, cavité viscérale ne s'oblitérant pas comme chez les Oculines, cœnenchyme nul, murailles imperforées. Ce groupe dont il faut retirer les Eusmiliens, les Cladocoriens, la plupart des Astrangiens, et le genre *Astraea* de MM. Edwards et Haime, comprend 4 groupes qui sont:

1.er Groupe - Les Lithophylliacées Edw. et Haime.

Nous avons examiné les polypes des genres *Lithophyllia*, *Mussa*, *Symphyllia*, *Mycetophyllia*, *Colpophyllia*, *Meandrina*, *Manicina*, *Diploria*, *Leptoria*, et leur avons reconnu un repli prébuccal.

2.e Groupe – Les Faviacées Edw. et Haime.

Nous avons observé les polypes des *Favia*.

3.e Groupe – ASTRÉACÉES EDW. et HAIME.

Nous avons observé les polypes des *Heliastraea*, *Cyphastraea*, *Plesiastraea*, *Leptastraea*, *Solenastraea*, *Acanthastraea*, *Preonastraea*, et leur avons trouvé les caractères qui les rangent parmi les madréporaires à tunique.

4.e Groupe – Les PHYLLANGIÉES.

Genre observé, *Phyllangia*: il marque le passage entre les madréporaires à tunique et les madréporaires nus.

B. Madréporaires nus.

1.er Groupe – CLADOCORIENS.

Genre observé, *Cladocora*.

2.e Groupe - ASTRANGIENS.

Genre observé, *Astrangia*.

3.e Groupe - EUSMILIENS.

Nous avons observé les genres *Eusmilia*, *Dichocoenia*, *Pectinia*, *Dendrogyra*, *Stephanocoenia*, dont les polypes n'ont pas de repli prébuccal.

4.e Groupe - OCULINIDES.

Genre observé, *Oculina*.

5.e Groupe - STYLOPHORIENS.

Genre observé, *Reussia*.

6.e Groupe - SIDÉRÉENS.

Loges divisées par des synapticules incomplets, tentacules punctiformes sur 2 ou 3 rangs confus, et ne formant pas de couronne marginale.

Nous avons observé les polypes du genre *Siderea*, qui correspond au genre Astrée de MM. EDWARDS et HAIME.

7.e Groupe - LOPHOSÉRIENS.

Synapticules complets, tentacules comme chez les Sidéréens.

Genres observés, *Agaricia*, *Mycedium*.

8.e Groupe – PORITIENS.

Une couronne de 12 tentacules, murailles perforées.

Genres observés, *Madrepora*, *Porites*.

Il reste des genres Caraïbes relatés dans notre travail, et que cependant nous n'avons pas compris dans notre essai de classification, parce que nous n'avons pas observé leurs polypes. Les progrès de la science feront connaître plus tard les détails qui nous manquent à présent, et ceux qu'on pourrait en tirer des autres êtres appartenant à cet ordre qui habitent les autres mers. Cela permettra de compléter une bonne classification générale d'après les différences physiologiques, préférables à celles qui prédominent aujourd'hui, tirées presque uniquement de ce qui reste de la partie sclérenchymateuse.

De l'estomac et des loges périgastriques.

L'estomac est un sac qui commence à la bouche, et se termine dans la cavité post-gastrique, où il est largement ouvert. L'orifice supérieur ou buccal est très-contractile; il se ferme ou s'ouvre par les fibres circulaires et longitudinales qui forment le plancher du disque.

Entre l'estomac et les parois du calice se trouve un espace circulaire, dans lequel les cloisons pierreuses font saillie, et qui est divisé en loges que l'on a nommées périgastriques. Ces loges sont formées par la division de cet espace circulaire au moyen de lames verticales membraneuses que l'on a nommées mésentéroïdes.

Ces lames mésentéroïdes sont fixées à l'estomac par leur bord interne, et par leur bord supérieur au disque. Leur bord interne, quand il arrive à la rencontre de la cloison pierreuse qui lui est opposée, se dédouble en deux feuillets, qui revêtent l'un la face droite, et l'autre la face gauche de cette cloison, en y adhérant très-fortement. Chacun de ces feuillets se prolonge jusqu'à l'endroit où la côte fait corps avec la muraille; là elle rencontre un feuillet semblable qui provient de la lame mésentéroïde voisine, et qui comme elle a tapissé la cloison la plus proche. Ces deux feuillets se soudent à leur point de rencontre, et de cette jonction il résulte qu'il existe entre chaque cloison une espèce de sac membraneux, qui constitue une loge périgastrique. Les loges périgastriques ainsi formées peuvent être considérées comme présentant chacune 5 faces, savoir la face interne qui correspond à l'estomac, la face externe qui correspond à la muraille interne du calice, les deux faces latérales, dont chacune correspond aux loges périgastriques voisines, et plus extérieurement aux cloisons pierreuses qui séparent celles-ci les unes des autres quand on s'approche de la muraille du Polypier; la face supérieure est celle qui répond au disque. Enfin il n'y a pas réellement de face inférieure, vu que dans cet endroit la loge périgastrique est entièrement ouverte; elle communique largement avec la cavité post-gastrique.

A propos de ces sortes de communications nous avons déjà fait observer que, vers la partie supérieure, il y en avait une très-large entre les tentacules et les loges périgastriques.

De là il résulte que les tentacules communiquent avec les loges périgastriques, celles-ci avec la cavité post-gastrique et l'estomac, par conséquent, avec l'eau ambiante.

On peut voir aussi par ce que nous avons exposé, qu'il y a autant de loges périgastriques que d'espaces intercloisonnaires, dont le nombre est aussi celui des tentacules.

Chez les madréporaires à calices méandriformes l'on ne trouve plus tout à fait la même disposition, et il n'y a plus un système de loges périgastriques pour chaque bouche ou polype. En effet ces loges sont toujours situées dans les espaces intercloisonnaires comme précédemment, et forment une série qui suit exactement la distribution de ces espaces, en sorte qu'il n'y a dès lors qu'un système de loges périgastriques pour chaque vallée, système qui est, pour ainsi dire, commun à tous les polypes ou bouches qui s'y trouvent.

C'est sur de grandes espèces que nous avons pu nous assurer de tous ces faits déjà connus pour la plupart, en ce qui concerne du moins les actinaires et les alcyonaires.

La f. 7, pl. II, représente la coupe transversale d'un zoanthaire faite vers la région stomacale, afin de montrer la disposition des loges périgastriques qui sont béantes, et leur formation par la division au moyen des lames mésentéroïdes de l'espace situé autour de l'estomac que l'on voit au centre. Nous citons ce dessin, bien qu'il représente un zoanthaire, parce qu'il donne une très-bonne idée de ce qui existe chez les madréporaires, chez lesquels il eût été impossible de pratiquer une pareille section, à cause du squelette pierreux. On voit aussi par ce même dessin que l'espèce de sac représenté par l'estomac est comme suspendu dans la cavité générale du corps, mais qu'il est maintenu en place par la disposition des lames mésentéroïdes qui viennent s'insérer dans tout son pourtour.

Enfin nous avons voulu aussi donner quelques figures pour représenter l'estomac des madréporaires: et c'est dans ce but que nous donnons à consulter notre pl. VIII, f. 6 et 7.

Dans ces planches l'on voit que sur les parois de l'estomac il se trouve des stries ou lignes longitudinales blanches qui sont nombreuses, et les parcourent dans toute leur hauteur. Ces stries blanches, qui naissent déjà sur les parois de l'orifice buccal, lui donnent un aspect rayonné. Sur les parois de l'estomac ces lignes indiquent les points d'attache des lames mésentéroïdes; peut-être remplissent-elles en outre des fonctions particulières. Toutefois, au-dessous de l'estomac, ces lignes se continuent avec les cordons pelotonnés, auxquels ils paraissent donner naissance.

De la cavité post-gastrique.

Cette cavité comprend l'espace qui se trouve au fond de la cellule ou calice. Elle est limitée en haut par l'estomac qui s'ouvre largement dans cette cellule, sur les côtés par la partie inférieure des cloisons pierreuses, qui sont toujours tapissées par les lames mésentéroïdes, et par la partie inférieure des loges périgastriques, qui viennent s'ouvrir dans tout son contour par de larges fenêtres, dont chacune correspond à un espace intercloisonnaire. Enfin en bas la cavité post-gastrique est limitée par le fond de la cellule. On peut la considérer comme un réservoir commun où se rend l'eau des différentes parties de l'arbre circulatoire, tout aussi bien que le chyme qui s'est produit dans l'estomac.

De la circulation de l'eau.

C'est surtout sur de grandes espèces que nous avons pu observer le peu que nous allons exposer. Notre examen a porté principalement sur les *Mussa*, les *Lithophyllia* et les *Manicina*.

Nous supposons que le lecteur a pris connaissance des deux paragraphes qui précèdent, et qui font connaître la disposition des loges périgastriques avant que de lire ce qui suit; nous supposerons aussi qu'il aura examiné les figures 6 à 10 de la pl. VIII, et qu'il aura lu l'explication qui en est donnée.

Ayant pris de l'eau fortement colorée en rouge, et en ayant mis dans une seringue terminée par une canule capillaire, nous avons fait pénétrer cette canule entre deux cloisons pierreuses, en traversant la chair du disque, et pénétrant ainsi dans l'une des loges périgastriques. Alors nous avons poussé l'injection, et grâce à la couleur rouge nous avons pu voir que cette injection avait pénétré dans toutes les loges périgastriques, dont on voyait confusément, il est vrai, les divisions. L'injection a aussi très-bien pénétré dans quelques-uns des tentacules, et une partie est sortie par la bouche de l'animal. Enfin cette préparation anatomique, dont nous donnons une partie des résultats dans la f. 7, pl. III, a pu démontrer que les loges périgastriques se continuaient sur la muraille, chacune d'elles suivant le sillon qui existe entre les côtes pierreuses. Notre dessin les représente en rouge, ainsi que cela avait lieu par suite de l'injection. Cette partie du résultat, savoir l'existence de canaux aquifères entre les côtes, est très-importante; car c'est par ces canaux que s'établit la circulation d'un polype à l'autre chez les espèces agrégées, comme les *Heliastraea*, les Oculines (pl. VIII, f. 9), les Manicines etc.

Du reste la quantité d'eau contenue dans le corps des polypes, et dans le tissu charnu qui les unit les uns aux autres est très-considérable, comme l'on peut s'en convaincre en examinant ces êtres quand ils sont bien épanouis, et ensuite en les retirant de l'eau. Dans le premier état ils sont tellement gorgés de liquide, que les tiges d'une Oculine nous ont présenté un volume double de celui qu'elles ont présenté après que le Polypier eut été mis à sec, et que les polypes se furent contractés en rejetant le liquide qu'ils contenaient.

Les madréporaires agrégés présentent généralement entre chaque calice soit des côtes (*Heliastraea*), soit des stries (Oculines), dans les intervalles desquels se logent les canaux muraux dont nous avons parlé; chez d'autres espèces, où l'on ne trouve ni côtes, ni stries notables, ces canaux existent cependant, et s'étendent d'un polype à l'autre, ainsi qu'on peut le voir pour une Solénastrée dont nous avons donné quelques polypes, pl. VIII, f. 10.

Chez les madréporaires à calices non circonscrits, tels que les Manicines, les *Diploria*, l'on trouve une circulation semblable à celle que nous venons d'exposer: seulement il y a quelques modifications, qui résultent de ce que nous avons dit de la disposition des loges périgastriques de ces espèces. En effet, comme il n'y a qu'un système de loges périgastriques pour chaque vallée, les polypes ou bouches, qui s'y trouvent, ont une circulation commune. L'eau qui entre par les bouches se répand dans une cavité post-gastrique commune, pour se distribuer dans le système de poches périgastriques, et dans le système de tentacules qui appartiennent à la vallée ou calice méandriforme.

Maintenant ajoutons que les canaux muraux, dont nous avons parlé plus haut, établissent une communauté de circulation en faisant communiquer les unes avec les autres les poches périgastriques des vallées. Chez les Manicines il est très-facile de démontrer ces canaux muraux en faisant une injection colorée, comme nous l'avons indiqué précédemment. Chez les madréporaires agrégés, à calices méandriformes, ces canaux sont situés entre les côtes ou les sommités des lamelles qui s'avancent sur la muraille.

Du système musculaire.

Le système musculaire des madréporaires se rapproche beaucoup de ce qui se voit chez les Actinies. Si l'on examine le disque, l'on voit des fibres longitudinales ou rayonnantes qui s'étendent de la bouche vers les tentacules: l'on en trouve aussi de circulaires, qui forment des couronnes concentriques, qui sont d'autant plus grandes, qu'elles s'éloignent davantage de l'orifice buccal. C'est par le moyen de ces muscles, que la bouche peut s'ouvrir et se fermer.

Le repli prébuccal offre une disposition anatomique tout à fait pareille: comme la bouche, ce repli représente un sphincter, capable de se fermer ou de se dilater par un système distinct de muscles les uns longitudinaux et les autres transverses ou circulaires.

Nous savons que certaines espèces, comme les Lithophyllies et les *Mussa*, ont la partie supérieure de leur muraille revêtue de tissu charnu, contenant de gros canaux ; nous devons ajouter que cette partie charnue qui revêt le Polypier à l'extérieur, nous a présenté aussi le même arrangement anatomique, savoir des fibres longitudinales et des fibres transversales ou circulaires, ces dernières étant disposées autour de la muraille comme les cercles autour d'une barrique. De plus, il nous a paru évident que les unes et les autres avaient des points d'attache sur la saillie des côtes pierreuses du Polypier.

Quant à ce qui regarde les cirres préhenseurs, les ovaires, les mésentères et les cordons pelotonnés, il nous a paru suffisant de donner pour le moment quelques figures accompagnées d'explications, parce que nous nous proposons de parler de ces organes dans un travail prochain.

MADRÉPORAIRES APORES.

Famille des Turbinolides.

Genus CARYOPHYLLIA.

L'espèce typique de ce genre est celle qui avait été nommée *Caryophyllia Cyathus* par Lamck., à laquelle Ohen proposa ensuite le nom générique de *Galaxea*, Scheweiger celui d'*Anthophyllum*, Ehrenberg, Dana celui de *Cyathina*, suivi par MM. Milne Edwards et Haime dans une publication sur les Coralliaires faite en Angleterre. Mais ces derniers auteurs, par la considération que la règle de priorité veut que le nom, dont l'introduction dans la science remonte le plus haut, ne soit pas déplacé par un autre, ce qui arriverait si l'on adoptait le nom de *Cyathina Cyathus* au lieu de *Caryophyllia Cyathus*, dans leur dernier ouvrage intitulé *Histoire naturelle des Coralliaires*, ont proposé de retenir le nom de *Caryophyllia* pour l'espèce qui nous occupe et les autres espèces congénères.

Ce procédé très-logique de MM. M. Edwards et Haime n'a pas été suivi par M. Duncan dans son récent *Mémoire sur les Coralliaires fossiles des Antilles*, inséré dans le numéro 76 du *Quarterly Journal of the Geological Society*. La raison en est, suivant M. Duncan, que MM. Milne Edwards et Haime dans leur précédent ouvrage publié en Angleterre avaient adopté le nom de *Cyathina* au lieu de *Caryophyllia*, et que ledit ouvrage ayant puissamment contribué à l'étude des Coralliaires fossiles et étant bien connu par les paléontologistes anglais, il valait mieux ne pas le changer.

C'est la première fois que nous entendons une pareille raison. Puisque les mêmes auteurs, qui avaient d'abord adopté le nom de *Cyathina*, proposé par Ehrenberg, ont reconnu qu'il devait céder la place à un autre, qui serait celui de *Caryophyllia*, ils ont très-bien fait de le changer. Détruire toute règle de priorité, amener la confusion pour ne pas déranger les paléontologistes anglais, et les obliger à lire d'autres ouvrages, outre ceux qu'on publie en Angleterre, voilà ce que nous ne savons nous expliquer de la part d'un naturaliste aussi distingué que M. Duncan, d'autant plus qu'il s'occupe de fossiles étrangers à l'Angleterre.

172. CARYOPHYLLIA GUADALUPENSIS M. EDW. et HAIME, Hist. des Coral., vol. II, pag. 16, *dempta synonymia;* DUNCAN, Quarterly Journal, n.° 76, pag. 412.

Ainsi que nous l'avons remarqué à la pag. 59 de notre mémoire touchant la synonymie de cette espèce, on doit en exclure la *Turbinolia dentalis* DUCHASSAING, puisqu'elle appartient à un autre genre.

L'espèce qui nous occupe est fossile à la Guadeloupe.

173. CARYOPHYLLIA BERTERIANA DUCH., Anim. Rad. des Antilles, pag. 15; M. EDW., Hist. nat. des Coral., vol. II, pag. 19; DUCH. et MICH., Corall., pag. 59.

Cette espèce se trouve vivante à la Guadeloupe, et a été dédiée à la mémoire de BERTERO, botaniste italien très-distingué.

L'exemplaire que nous avons rapporté avec doute, à la pag. 59 de notre travail, comme appartenant à la *Caryophyllia dubia*, a été reconnu pour un jeune exemplaire de la *Mussa angulosa;* l'exemplaire nommé *Caryophyllia affinis* par M. DUNCAN, fossile de St-Domingue, appartient au genre *Lithophyllia.*

Genus COENOCYATHUS.

174. COENOCYATHUS CYLINDRICUS M. EDW. et HAIME, Ann. des Scienc. nat., 3 série, tom. IX, pag. 298, pl. IX, f. 8; iidem, Hist. nat. des Coral., vol. 2, pag. 20.

Hab. in ins. S. Thomae.

Genus BRACHYCYATHUS.

175. BRACHYCYATHUS HENETTENI DUNCAN, Quarterly Journal, n.° 76, pag. 426, pl. XV, f. 1.

Cette espèce fossile à S.t-Domingo a la hauteur égale à la largeur de l'étoile.

Genus PATEROCYATHUS.

176. PATEROCYATHUS GUADALUPENSIS DUCH. et MICH., Coral., pag. 60, pl. V, f. 2.

Cette espèce, la seule que nous connaissions de ce genre, a été trouvée à la Guadeloupe. M. DUNCAN en fait mention à la page 427 du n.° 76 du *Quarterly Journal*, en ajoutant que si la forme turbinée est un caractère fixe, le genre *Paterocyathus* mérite d'être conservé; dans le cas contraire il croit qu'il doit être réuni au genre *Brachycyathus.*

Genus TROCHOCYATHUS.

Dans le deuxième Agèle, celui des Trochocyathacées qui comprend les genres garnis de palis, formant plusieurs couronnes autour de la columelle, nous trouvons quatre genres aux Antilles, dont trois sont vivants et le quatrième *Trochocyathus* est fossile dans les couches miocènes contemporaines à celles de l'Italie, qui en offrent aussi un grand nombre. On compte comme certaines les suivantes trouvées à St-Domingue.

177. Trochocyathus latero-spinosus M. Edw. et Haime, Ann. des Sciences nat., tom. IX, pag. 309 ; iidem, Hist. nat. des Coral., vol. 2, pag. 40 ; Duncan, Quarterly Journal, n.° 77, pag. 25.

178. Trochocyathus abnormalis Duncan, Quarterly Journal, n.° 77, pag. 26, pl. II, f. 4.

179. Trochocyathus profundus Duncan, Quarterly Journal, n.° 77, pag. 26, pl. V, f. 3.

Genus PARACYATHUS.

180. Paracyathus De-Filippii Duch. et Mich., Coral., pag. 60, pl. IX, f. 2, 3.

Vivit in insula Guadalupae.

Genus PLACOCYATHUS.

Puisque ce genre nous offre quelques espèces fossiles dans l'île de St.-Domingue et à la Jamaïque, que nous allons indiquer, il est probable que l'unique espèce vivante, dont on ignore la patrie, provienne aussi de la mer des Antilles. Elle a été appelée *Placocyathus apertus* par MM. Milne Edwards et Haime.

181. Placocyathus Barretti Duncan, Quarterly Journal, n.° 76, pag. 437, pl. XV, f. 1, et n.° 77, pag. 22.

182. Placocyathus variabilis Duncan, Quarterly Journal, n.° 77, pag. 22, pl. II, f. 1.

183. Placocyathus costatus Duncan, Quarterly Journal, n.° 77, pag. 24, pl. II, f. 3.

Genus DESMOPHYLLUM.

Aux trois espèces vivantes à St.-Thomas et à la Guadeloupe, que nous avons décrites dans notre mémoire, nous devons en ajouter deux autres. Il est pourtant singulier, que M. DUNCAN ne mentionne aucune espèce de ce genre à l'état fossile dans les terrains tertiaires des Antilles.

184. DESMOPHYLLUM INCERTUM DUCH. et MICH., Coral., pag. 60, tab. IX, f. 4, *dempta indicatione* f. 5, *quae ad* D. Riisei *spectat.*

185. DESMOPHYLLUM REFLEXUM DUCH. et MICH., Coral., pag. 61, pl. V, f. 8, et pl. IX, f. 1.

186. DESMOPHYLLUM RIISEI DUCH. et MICH., Coral., pag. 61, pl. IX, f. 5; *dempta indicatione* f. 4, *quae ad* D. incertum *spectat.*

187. DESMOPHYLLUM CAILLETI nobis, pl. VIII, f. 2.

Clavato-turbinatum, calyce elliptico; centro profunde excavato; columella non conspicua, pariete brevi, nitida, subvitrea, vix obscure striata, non granulosa; septis circiter 64 *integerrimis lateraliter striato-granosis, majoribus valde exsertis.*

Hauteur du Polypier 3 centim. et demi. Grand diamètre de l'étoile 3 centim. Petit diamètre 2 centim. La saillie des grandes lamelles est de $^1/_2$ centim.

188. DESMOPHYLLUM OBLITUM nobis.

Abbreviatum, subcylindricum, basi truncata; septis frequentibus subaequalibus, cristatis, utroque latere glabris, calyce subcirculari.

Haut. du Polypier 15 mill., diamètre de l'étoile 8 mill.

Le nombre presque égal des cloisons est suffisant pour distinguer cette belle espèce.

Genus THYSANUS.

Ce genre a été dernièrement proposé par M. DUNCAN pour des espèces fossiles de la Jamaïque et St.-Domingue. Elles ont un arrangement excentrique des cloisons et des côtes, une érosion latérale, l'épithèque peu développée, et une columelle rudimentaire et pariétale.

189. THYSANUS EXCENTRICUS DUNCAN, Quarterly Journal of Geolog. Society, vol. XIX, pag. 539, pl. XVI, f. 3.

190. THYSANUS CORBICULA DUNCAN, loc. cit, pag. 450.

Genus FLABELLUM.

Les espèces de ce genre ne sont pas rares dans les couches pliocènes et miocènes de l'Italie; mais on n'en trouve aucune vivante dans la Méditerranée ni dans la mer des Indes occidentales, tandis qu'elles se trouvent fréquemment dans les mers des Indes orientales. On cite pourtant comme fossile des Antilles l'espèce suivante.

191. Flabellum dubium Duncan, loc. cit., pag. 429.
Reperitur in stratis miocenicis insulae S. Domingi.

Famille des Oculinides.

Genus OCULINA.

Nous avons observé les polypes de ce genre; nous leur avons trouvé 24 à 26 tentacules subégaux, gros à leur base et effilés vers leur sommet. Quand ces appendices se contractent, l'on peut voir qu'ils sont disposés sur 3 et peut-être même 4 rangs; mais quand ils sont bien épanouis, la distinction des cycles devient tout à fait théorique. A la surface de la muraille des polypiers secs l'on observe le plus souvent des stries ou cannelures plus ou moins évidentes, qui sont les indices de canaux aquifères, lesquels sont creusés dans la chair commune du polypier, et se trouvent abrités par ces stries. Ces canaux que nous avons pu reconnaître, et dont nous avons déjà parlé, établissent la communauté de circulation entre les polypes d'une même colonie.

Chez les Oculines il n'y a pas ce repli du manteau, qui forme une cavité prébuccale chez un certain nombre de madréporaires. Ajoutons à cela que la bouche est saillante, et que les tentacules, vus à la loupe, offrent une surface granuleuse.

La mer des Antilles possède aussi des espèces appartenant aux genres voisins de celui qui nous occupe, c'est-à-dire des genres *Stylaster* et *Stylopora*: mais ces coralliaires vivent dans des eaux plus profondes; aussi nous n'avons pu en étudier les polypes.

Nous connaissons de ce genre six espèces vivantes aux Antilles, que nous allons reporter, et dont l'une nous paraît nouvelle; elles ont toutes une chair commune d'un jaune foncé; leurs polypes sont aussi jaunâtres, mais d'une teinte moins foncée.

M. Duncan cite aussi une espèce fossile des Antilles, mais la mauvaise conservation des échantillons ne lui a pas permis de la déterminer.

192. Oculina virginea (*Madrepora*) Linn., Syst. Naturae, ed. 10, pag. 798; Lamck., Hist. nat., 2 ed., vol. 2, pag. 284; M. Edw., Coral., vol. 2, pag. 106; Duch. et Mich., Coral., pag. 61.

193. Oculina Petiveri M. Edw. et Haime, Ann. des Sciences nat., 3 série, tom. XIII, pag. 67; Duch. et Mich., Coral., pag. 62.

194. Oculina diffusa Lamck., Hist. nat., 1 et 2 éd., vol. 2, pag. 456; M. Edw., Coral., vol. 2, pag. 207; Duch. et Mich., Coral., pag. 62.

195. Oculina speciosa M. Edw. et Haime, Ann. des Sciences nat., tom. XIII, pag. 67, pl. IV, f. 1; Duch. et Mich., Coral., pag. 62.

196. Oculina oculata Dana, Exploring Exped., pag. 395, n.° 6; Seba, Thesaurus, tab. 116, f. 1 - 2; Duch. et Mich., Coral., pag. 62.

197. Oculina bermudiana nobis, pl. IX, f. 1 - 2.

O. elata, solida, pedalis; ramis praecipuis 7 ad 9 lineas spissis; stellis parum prominulis lineam unam et dimidiam latis, distantibus, nempe 4 lineis inter se remotis; ramis tenuiter granulatis, prope calyces striatis; septis 24-26 granulatis, pallulis 12 crispis, columella e papillis efformata.

Cette espèce diffère de l'*Oculina speciosa* de Dana par la hauteur qu'elle atteint, par le nombre plus petit des stries et des rameaux, enfin par ses calices plus éloignés les uns des autres.

Genus STYLASTER.

198. Stylaster roseus (*Madrepora*) Pallas, Elenchus Zoophyt. p. 312; M. Edw., Coral., vol. 2, pag. 130; Duch. et Mich., Coral., pag. 62.

199. Stylaster elegans nobis, pl. IX, f. 4.

S. flabelliformis, eburneus, albus; calycibus utrinque uniseriatis, alternis, aliis sessilibus, aliis longe pedicellatis; ramis sub lente glabris, non anastomosantibus; tuberculis vesiculosis modo solitariis, modo acervulatis et inde per ramos digestis; calycibus dimidiam millimetri partem aequantibus; lamellis incrassatis vix exsertis.

Habitu atque magnitudine accedit ad Styl. flabelliformem, *a qua distat propter tubercula vesiculosa.*

Hab. in litoribus Guadalupae ubi legit cl. Desbonnes; *etiam cl.* Dietz *eam reperit in insula S. Christophori.*

Espèce complétement semblable par son aspect au *Stylaster flabelliformis;* les rameaux vésiculeux l'en distinguent; cependant elle présente deux sortes de calices, les uns sessiles, les autres longuement pédicellés, renflés à leur sommet et atténués à leur base.

Genus STYLOPHORA.

Nous connaissons deux espèces vivantes aux Antilles, et M. DUNCAN à son tour en cite deux autres fossiles desdites îles; ce sont:

200. STYLOPHORA MIRABILIS DUCH. et MICH., Coral., pag. 62, pl. IX, f. 6, 7.

201. STYLOPHORA INCRUSTANS nobis, pl. IX, fig. 3 grossie.

S. tenuis, incrustans; calycibus orbicularibus, remotiusculis; septis 9-10, *omnibus subaequalibus vix exsertis, extus incrassatis; columella solida, lata, in medio processu styliformi aucta; interstitia lineis muricatis reticulatim dispositis instructa.*

Accedit ad Styl. armatam; Mussa Carduus *parasiticam fovet in litoribus insulae Guadalupae.*

Le cœnenchyme mural épais de la *Stylophora armata*, très-granulé et armé dans tous les espaces intercalicinaux de cônes saillants, sert à distinguer cette espèce de la *Stylophora incrustans.*

202. STYLOPHORA RARISTELLA (*Astraea*) DEFRANCE, Dict. des Scienc. nat. tom. XLII, pag. 378; M. EDW., Coral., vol. 2, pag. 138 (cum cit.); DUNCAN, Quarterly Journal, n.° 77, pag. 27.

C'est sur la foi de M. DUNCAN que nous rapportons ici comme fossile des Antilles une espèce caractéristique du terrain miocène inférieur et moyen de l'Europe. Pour ce qui regarde la *Stylophora affinis* de M. DUNCAN, elle nous paraît devoir être rapportée au genre *Reussia.*

Genus REUSSIA.

Ce genre, qui a été établi par nous pour les espèces à polypier rameux, à rameaux courts en forme de lobes, avec des étoiles petites, séparées l'une de l'autre par une muraille qui déborde et forme un réseau autour des cellules, dont le centre est occupé par une columelle solide et saillante, renferme une espèce vivante à St-Thomas, et une autre que M. DUNCAN a cru devoir rapporter au genre *Stylophora*, et qui se trouve fossile dans le miocène de S^t.-Domingue.

Les polypes ont 24 à 28 tentacules courts et cylindriques, lesquels n'offrent pas de cycles quand les animaux sont bien épanouis ; il ne nous ont pas offert de cavité prébuccale.

203. Reussia lamellosa Duch. et Mich., Coral., pag. 63, pl. IX, f. 8, 9.

204. Reussia affinis (*Stylophora*) Duncan, Quarterly Journal, vol. XIX, pag. 436, pl. XVI, f. 4, et vol. XX, pag. 37.

Le nombre plus petit des cloisons distingue suffisamment cette espèce de la précédente.

EUSMILIENS.

Famille des Astréïdes.

Genus TROCHOSMILIA.

Ce genre a été établi par MM. Milne Edwards et Haime pour un certain nombre de fossiles des terrains secondaires et tertiaires de l'Europe. Dans notre mémoire nous en avons enregistré trois espèces des terrains miocènes de la Guadeloupe. M. Duncan à la pag. 452 du *Quarterly Journal*, vol. XIX, en les indiquant d'une manière sommaire, dit qu'elles sont associées aux fossiles paléozoïques. Nous n'avons jamais constaté une pareille association.

205. Trochosmilia dentalis (*Turbinolia*) Duch., Anim. rad. des Antilles, pag. 14; Duch. et Mich., Coral., pag. 63, pl. V, f. 4.

- Syn. ***Cyathina gaudalupensis*** (*pro parte*) M. Edw. et Haime., Ann. des Scienc. nat., 3e série, tom. IX, pag. 290.

- Syn. ***Caryophyllia guadalupensis*** (*pro parte*) M. Edw. et Haime, Coral., vol. 2, pag. 16.

206. Trochosmilia Laurenti Duch. et Mich., Coral., pag. 63.

207. Trochosmilia gracilis Duch. et Mich., Coral., pag. 63.

Genus PARASMILIA.

208. Parasmilia nutans Duch. et Mich., Coral., pag. 64, pl. V, f. 12. *Foss. cum praeced.*

Genus EUSMILIA.

Polypes dépourvus de cavité prébuccale; bouches grandes et elliptiques; 20 à 30 tentacules, paraissant diposés sur 2 ou 3 rangs; ses appendices sont cylindriques, plus gros à leur base et bien développés.

Dans les îles de la Martinique et de St-Thomas nous avons recueilli les espèces suivantes à l'état vivant.

209. Eusmilia fastigiata (*Madrepora*) Pallas, Elenchus Zoophyt., pag. 301; M. Edw., Hist. des Coral., vol. 2, pag. 187; Duch. et Mich., Coral., pag. 64.

210. Eusmilia aspera (*Mussa*) Dana, Exploring Expedit., pag. 164 (*pro parte*), pl. IX, f. 7; Duch. et Mich., Coral., pag. 64.

211. Eusmilia Silene Duch. et Mich., Coral., pag. 64, pl. X, f. 11, 12.

Genus BARYSMILIA.

212. Barysmilia intermedia Duncan, Quarterly Journal, vol. XIX, pag. 431, pl. XV, f. 4.

Foss. in insula S. Domingi.

Genus DENDROGYRA.

Polypes dépourvus de cavité prébuccale; tentacules renflés à leur base, obtus à leur sommet, et d'une assez bonne longueur; les bouches sont grandes, elliptiques et rapprochées.

On cite trois espèces vivantes des Antilles, que nous croyons pouvoir rapporter à un seule, en établissant pourtant une espèce nouvelle pour d'autres exemplaires, qui ne nous paraissent pas encore décrits.

213. Dendrogyra Cylindrus Ehrenberg, Coral. des roth. Meeres, pag. 100; Dana, Expl. Exped., pag. 265; M. Edw., Coral., vol. 2, pag. 201; Duch. et Mich., Coral., pag. 65.

- Syn. ***Dendrogyra Caudex*** Ehr., Coral., pag. 101.
- Syn. ***Dendrogyra spatiosa*** Ehr., Coral., pag. 100.

Ce polypier, quand il est jeune, forme de grandes masses rampantes et à peine lobées; plus tard ces lobes deviennent de véritables branches très-fortes, qui se ramifient une ou deux fois; les rameaux les plus forts ont été décrits comme étant une espèce distincte (*D. Caudex*).

Nous pensons aussi que la *Dendrogyra spatiosa* des auteurs n'est que l'état jeune de cette espèce, qui forme une masse encroûtante, ainsi que nous avons dit : du reste si l'on examine plusieurs échantillons de chacun de ces trois prétendus Polypiers, l'on voit que sur un même spécimen l'on retrouve un développement médiocre ou nul de la columelle, une épaisseur très-variable dans l'épaisseur des collines ; en un mot les caractères distinctifs indiqués pour ces 3 prétendues espèces par les auteurs se trouvent tous en défaut : l'on ne peut donc établir que des variétés tout au plus. Le nombre des lamelles chez tous ces spécimens est de 12 à 14 pour chaque centimètre d'étendue.

214. Dendrogyra Sancti-Hilarii nobis.

Cylindrica, erecta; lamellis crassis, alterne valde inaequalibus; collibus convexis, latis, sulco interstitiali impresso; columella obtusa, crassa; lamellis 18-20 in centimetro.

Cette espèce, dédiée par nous à la mémoire d'Auguste de St-Hilaire, botaniste distingué, se sépare des autres par sa columelle et les cloisons plus nombreuses.

Genus DICHOCOENIA.

Polypes dépourvus de cavité prébuccale ; bouches elliptiques, assez grandes, avec une couronne d'environ 32 à 40 tentacules cylindriques assez longs, et paraissant distribués en trois cycles. Les étoiles les plus allongées, et qui tendent à la fissiparité, ont un nombre plus grand de tentacules, et au lieu d'une seule bouche en ont quelquefois deux. Les tentacules sont cylindriques, enflés à leur base. Nous connaissons six espèces vivantes dans les mers Caraïbes ; M. Duncan en cite une nouvelle comme fossile à St-Domingue ; mais il est probable que ce nombre doit être augmenté, car ce genre se trouve souvent dans les terrains tertiaires non-seulement de ladite île, mais dans ceux aussi des autres îles, bien qu'on n'ait pas été à même jusqu'à présent de reconnaître et de déterminer les espèces.

215. Dichocoenia Stokesi M. Edw. et Haime, Ann. des Sciences natur., 3e série, tom. X, pag. 307, pl. VII, f. 3 ; Duch. et Mich., Coral., pag. 65.

216. Dichocoenia Cassiopea Duch. et Mich., Coral., pag. 65.

D. stellis mediocribus, approximatis, confluentibus, subcircularibus; interstitiis subnullis; costis tenue denticulatis.

217. Dichocoenia pulcherrima Duch. et Mich., Coral., pag. 65.

Les lamelles de cette espèce sont épaisses ; les grandes étoiles ont jusqu'à 15 - 20 millimètres dans leur grand diamètre, mais l'on en trouve de plus petites, qui sont arrondies au lieu d'être elliptiques, et dont le diamètre ne dépasse pas 5 millimètres ; les grandes étoiles sont mélangées avec les petites.

Comme on le voit, dans cette espèce les calices sont plus grands, les interstices bien marqués, tandis que, dans l'espèce précédente, la *Dichocoenia Cassiopea*, les calices sont plus petits et confluents, avec des interstices nuls ou presque nuls, et les côtes plus fortes et plus perpendiculaires.

218. Dichocoenia aequinoxialis nobis.

Calycibus mediocribus, vix elongatis, saepius deformatis, interstitiis distinctis, granulatis ; costis apice denticulatis, basi granulato-muricatis ; septis versus marginem incrassatis.

Des calices peu creusés, plus petits, des cloisons plus faibles éloignent cette espèce de la *Dichocoenia pulcherrima.* En effet les calices de la *D. aequinoxialis* n'ont que 4 à 8 millimètres de diamètre, et 1 à 2 de profondeur. Les espaces intercalicinaux bien marqués, et le peu de profondeur des calices la distinguent de la *D. Cassiopea.*

219. Dichocoenia elliptica nobis, pl. IX, f. 11, 12.

Calycibus mediocribus, ellipticis, parum distantibus, excavatis ; costis, septisque dense crispis ; interstitiis mediocribus atque granosis ; granis sub lente hirsutis.

Le diamètre des calices varie entre 3 et 8 millimètres ; leur forme et les autres particularités suffisent pour distinguer cette espèce.

Vivit in insula Guadalupae.

220. Dichocoenia pauciflora nobis, pl. IX, f. 9, 10.

Calycibus mediocribus, ellipticis aut suborbicularibus, distantibus, excavatis ; septis tenuiter hirtis ; costis apice hirtis, basi tuberculoso-muricatis ; interstitiis tuberculis acutis auctis.

Vivit in insula S. Thomae.

Les espaces intercalicinaux bien plus étendus, les lamelles bien moins hérissées, et enfin les caractères des côtes et des granulations qui se trouvent dans les espaces intercalicinaux, ne permettent pas de confondre cette espèce avec la précédente.

221. Dichocoenia tuberosa Duncan, Quarterly Journal, vol. XIX, pag. 432, pl. XV, f. 5, et vol. XX, pag. 27.

Fossilis in insula S. Domingi.

Genus PECTINIA.

Polypes dépourvus de cavité prébuccale; bouches rares, elliptiques, très-allongées; tentacules renflés à leur base, atténués à leur extrémité, et très-granuleux quand on les examine à la loupe. Ses appendices semblent être disposés sur 3 ou 4 cycles, mais il est difficile de fixer le nombre exact de ces cycles. Nous avons trouvé vivantes les espèces suivantes.

222. Pectinia quadrata (*Ctenophyllia*) Dana, Expl. Exped., pag. 171, pl. XIV, f. 14; Duch. et Mich., Coral., pag. 66.

223. Pectinia meandrites (*Madrepora*) Linn., Systema Naturae, ed. 10, pag. 794; M. Edw., Coral., vol. 2, pag. 207; Duch. et Mich., Coral., pag. 66.

224. Pectinia disticha Duch. et Mich., Coral., pag. 66, pl. IX, f. 16.

225. Pectinia elegans Duch. et Mich., Coral., pag. 66.

226. Pectinia caribaea Duch. et Mich., Coral., pag. 67.

Ce genre, ainsi que l'on voit, peu rare dans les mers actuelles, n'a laissé, à ce qu'il paraît, aucun débris dans l'époque miocénique, ni en Europe, ni en Amérique.

Genus STEPHANOCOENIA.

Les polypes de ce genre nous ont présenté des bouches arrondies, dépourvues de cavité prébuccale distincte. Les tentacules étaient au nombre de 24, et paraissaient de deux ordres différents; car ils étaient alternativement plus grands et plus petits. D'autres polypes, qui n'étaient pas adultes, nous ont offert 12 tentacules égaux entre eux: la chair commune, ainsi que les polypes de la *Steph. intersepta*, était d'un jaune d'ocre.

227. Stephanocoenia intersepta (*Madrepora*) Esper, Pflanz., tom. I, pag. 99, pl. 79; M. Edw., Hist. nat. des Coral., vol. 2, pag. 265; Duch. et Mich., Coral., pag. 67; Duncan, Quarterly Journal, l. cit., pag. 27.

Cette espèce se trouve aussi fossile à la Guadeloupe, et M. Duncan la cite aussi dans son Mémoire sur les Polypiers fossiles des Antilles du miocène de St-Domingue.

228. STEPHANOCOENIA MICHELINI M. EDW. et HAIME, Ann. des Sciences natur., tom. X, pag. 310; DUCH. et MICH., Coral., pag. 67.

229. STEPHANOCOENIA DENDROIDEA M. EDW. et HAIME, Hist. natur. des Coral., vol. 2, pag. 269; DUNCAN, Quarterly Journal, vol. XIX, pag. 432.

C'est sur la foi de M. DUNCAN que nous rapportons cette espèce comme provenant des mers des Antilles, tandis qu'il ajoute qu'on l'a trouvée aussi dans les couches miocènes de St-Domingue.

230. STEPHANOCOENIA DEBILIS nobis, pl. IX, f. 7, 8.

Polyparium convexum, subgibbosum; theca tenui; septis asperatis, tenuibus, ad marginem vix incrassatis; pallulis circiter 11-12, *columellam papillosam aemulantibus.*

Hab. in litoribus insulae S. Thomae et S. Johannis.

Bien que les dimensions des calices de cette espèce soient les mêmes que dans la *Stephanocoenia Michelini*, elle s'en distingue pourtant par la muraille, par les cloisons plus minces, et par les palis qui atteignent la hauteur de la columelle.

231. STEPHANOCOENIA TENUIS DUNCAN, Quarterly Journal, vol. XIX, pag. 423, pl. XIV, f. 3.

Fossilis in insula Antigua.

Genus ASTROCOENIA.

232. ASTROCOENIA ORNATA (*Porites*) MICH., Spécim. Zoophyt., pag. 172, pl. 6, f. 3; MICHELIN, Iconogr., pag. 63, pl. 13, f. 4; M. EDW., Coral., vol. 2' pag. 257; DUNCAN, Quarterly Journal, vol. XIX, pag. 425, pl. XIV, f. 7.

Monsieur DUNCAN rapportant cette espèce comme fossile de l'île Antigua, ajoute que les calices sont plus petits que ceux des exemplaires de l'Europe. En comparant la figure qu'en donne M. DUNCAN avec ces derniers, on y trouve réellement de l'analogie, mais nous n'avons aucun spécimen des Antilles pour en faire la comparaison.

233. ASTROCOENIA DECAPHYLLA (*Astraea*) MICHELIN, Iconogr. Zoophyt. pag. 302, pl. 72, f. 1; M. EDW. et HAIME, Coral., vol. 2, pag. 258; DUNCAN, Quarterly Journal, vol. XIX, pag. 440.

Fossilis cum praeced.

Genus PHYLLOCOENIA.

234. PHYLLOCOENIA LIMBATA DUNCAN, Quarterly Journal, vol. XIX, pag. 433.

M. DUNCAN dit avoir trouvé cette espèce à St-Domingue dans les couches tertiaires, et qu'elle se rapproche de la *Madrepora limbata* de GOLDFUSS, bien que par l'absence de la columelle, elle ne puisse se rapporter au genre *Stylina*, auquel appartient maintenant la *Madrepora limbata*.

LITHOPHYLLIACÉES.

Famille des Astréens.

Chez les Astréens nous trouvons une organisation plus complexe que dans la plupart des autres Polypiers pierreux; car chez tous ceux que nous avons pu observer vivants, nous avons vu que les polypes étaient pourvus d'une cavité prébuccale bien évidente, ce qui n'existait ni chez les Oculinides, ni chez les Eusmiliens, que nous avons pu observer à l'état frais. Ce caractère, s'il continue à se faire observer chez les autres Astréens, que nous n'avons pu examiner, formera sans doute l'une des premières bases de la classification des Madréporaires.

Genus LITHOPHYLLIA.

Polypes munis d'une cavité prébuccale bien développée; les tentacules sont courts, cylindriques, et très-nombreux; ils paraissent situés sur 3 ou 4 rangs quand ils sont à demi-contractés; la bouche est assez grande.

La figure 10 de la planche V que nous avons donnée dans le *Mémoire des Coralliaires* représente un polype épanoui, et les tentacules paraissent à cause de cela situés sur un seul rang.

Nous avons pu vérifier comme distinctes et vivantes aux Antilles les espèces suivantes.

235. LITHOPHYLLIA LACERA (*Madrepora*) PALLAS, Elench. Zoophyt., pag. 208; M. EDW., Coral., vol. 2, pag. 292; DUCH. et MICH., Coral., pag. 67. — Syn. *Caryophyllia affinis* DUNCAN, Quarterly Journal, n.° 77, pag. 27, pl. III, f. 1.

236. LITHOPHYLLIA CUBENSIS M. EDW. et HAIME, Ann. des Scienc. nat., vol. XI, pag. 238; DUCH. et MICH., Coral., pag. 67.

237. Lithophyllia Argemone Duch. et Mich., Coral., pag. 68 pl. IX, f. 12, et pl. X, f. 15.

238. Lithophyllia dubia Duch. et Mich., Coral., pag. 68, pl. IX, f. 15.

239. Lithophyllia cylindrica Duch. et Mich., Coral., pag. 68, pl. IX, f. 17, 18.

240. Lithophyllia multilamella nobis, pl. VIII, f. 12.

Brevi, calyce irregulari, lamellis approximatis confertis.

La largeur du calice atteint 18 millimètres ; les lamelles sont nombreuses, et éloignées seulement d'un millimètre l'une de l'autre, caractère qui suffit pour distinguer facilement l'espèce.

241. Lithophyllia radians nobis, pl. VIII, f. 3, 4.

Elongata, cylindrico-turbinata, 3 centimetris alta, 2 lata, acute per totam longitudinem costata; costis elevatis, serratis atque granulatis; calyce vix excavato; columella subnulla; septis 60-65 parum crassis; inaequalibus, serratis, tenuiter granuloso-asperis; epitheca subnulla, nempe theca annulis 2 - 3 vix conspicuis notata, caetoroquin nuda.

L'épithèque est à peu près nulle, car la muraille est nue, sauf 2 ou 3 petites collerettes mal formées. La columelle est à peu près nulle, et les cloisons, qui sont peu épaisses, ne présentent pas, comme la *Lith. Argemone* et la *Lith. lacera,* des découpures à jour ; ajoutons à cela qu'une forme plus allongée, comparativement moins large, montre combien cette espèce semble distincte.

Nous l'avons recueillie dans les bords de la mer près de St-Thomas.

Genus ANTILLIA.

M. Duncan vient d'établir ce genre pour l'espèce qui a été nommée *Montlivaultia ponderosa* par MM. M. Edwards et Haime, à laquelle il en ajoute trois autres, toutes fossiles, des Antilles. M. Duncan détermine ce genre dans les termes suivants: « *Coral simple, with more or less dentate septa, a columella, an epitheca, and both an endotheca and exotheca. Costæ variously granulated, tuberculated, spined or crested.* » (Quarterly Journal, n.° 77, pag. 28).

Comme on le voit, ce genre a toutes les apparences du genre *Montlivaultia,* et la seule différence consiste dans la présence d'une columelle dans le genre *Antillia*, tandis que cet organe manque, ou n'est représenté que par des spines septales dans la *Montlivaultia*. Ainsi il est probable que diverses espèces des terrains tertiaires, rapportées au genre *Montlivaultia*, chez lesquelles on n'a pu reconnaître l'existence d'une columelle, puissent appartenir au genre *Antillia*.

Toutes les espèces ci-après proviennent des couches miocènes des Antilles.

242. ANTILLIA PONDEROSA (*Thecophyllia*) M. EDW. et HAIME, Ann. des Scienc. nat. tom. XI, pag. 242; DUCH. et MICH., Coral., pag. 69; DUNCAN, Quarterly Journal, vol. XIX, pag. 441, et vol. XX, pag. 28.

243. ANTILLIA GUESDESI DUCH. et MICH., Coral., pag. 69, pl. V, f. 13.
- Syn. *Turbinolia biloba* DUCH., Anim. rad., pag. 14.
- Syn. *Antillia bilobata* DUNCAN, Quarterly Journal, vol. XX, pag. 31, pl. III, f. 3.

244. ANTILLIA DENTATA DUNCAN, Quarterly Journal, vol. XX, pag. 29, pl. III, f. 2.

245. ANTILLIA LONSDALEIA DUNCAN, Quarterly Journal, vol. XX, pag. 36, pl. III, f. 4.

Genus MUSSA.

Chaque calice présente tantôt une seule bouche, comme chez le *Lithophyllia*, d'autres fois deux ou trois bouches, suivant que le calice est plus ou moins allongé. Cavité prébuccale bien développée; tentacules nombreux, courts et cylindriques, paraissant disposés sur trois rangs.

Les espèces suivantes ont été recueillies par nous à St-Thomas, à la Martinique et à la Guadeloupe.

246. MUSSA CARDUUS (*Madrepora*) SOLANDER et ELLIS, Zoophyt., pag. 153, pl. 35; DANA, Expl. Exped., pag. 175; M. EDW., Coral., vol. 2, pag. 334; DUCH. et MICH., Coral., pag. 69.

247. MUSSA ANGULOSA (*Madrepora*) PALLAS, Elenchus Zoophyt., pag. 299; DUCH. et MICH., Coral., pag. 69.

L'espèce que nous avons rapportée avec doute à la *Caryophyllia dubia* dans notre *Mémoire sur les Coralliaires des Antilles*, pag. 59, pl. V, fig. 2, est un jeune exemplaire de la *Mussa angulosa*.

248. Mussa sinuosa (*Caryophyllia*) Lamck., Hist. nat., tom. II, pag. 229, et 2 éd. pag. 357; M. Edw. et Haime, Hist. nat. des Coral., vol. 2, pag. 333.

Genus SYMPHYLLIA.

249. Symphyllia guadalupensis M. Edw. et Haime, Ann. des Scienc. nat., tom. XI, pag. 236; Duch. et Mich., Coral., pag. 69.

250. Symphyllia strigosa Duch. et Mich., Coral., pag. 70, pl. X, f. 16.

251. Symphyllia Anemone Duch. et Mich., Coral., pag. 70.

252. Symphyllia conferta Duch. et Mich., Coral., pag. 70.

253. Symphyllia Aglae Duch. et Mich., Coral., pag. 70.

254. Symphyllia Helianthus Duch. et Mich., Coral., pag. 71.

255. Symphyllia Thomasiana Duch. et Mich., Coral., pag. 71.

256. Symphyllia aspera Duch. et Mich., Coral., pag. 71.

257. Symphyllia cylindrica Duch. et Mich., Coral., pag. 71.

258. Symphyllia Knoxi Duch. et Mich., Coral., pag. 71.

259. Symphyllia marginata Duch. et Mich., Coral., pag. 72.

260. Symphyllia verrucosa Duch. et Mich., Coral., pag. 72.

Les espèces susindiquées sont toutes vivantes aux Antilles, et nous n'avons rien à ajouter à leur égard.

Genus MYCETOPHYLLIA.

261. Mycetophyllia Lamarckii M. Edw. et Haime, Ann. des Scienc. nat., tom. X, pag. 258, pl. VIII, f. 6; Duch. et Mich., Coral., pag. 74.

Nous trouvons à l'île de St-Thomas une variété dont les vallées sont plus larges, c'est-à-dire, qu'elles ont jusqu'à 4 centimètres de largeur.

262. Mycetophyllia Danai M. Edw. et Haime, Ann. des Scienc. nat., tom. XI, pag. 259; M. Edw., Coral., vol. 2, pag. 377.

Cum praeced.

Genus COLPOPHYLLIA.

Les bouches sont rondes et petites, et les tentacules sont disposés en une couronne qui circonscrit plusieurs bouches, ainsi que cela arrive chez les espèces dont les polypes sont agrégés.

Chez les espèces vivantes l'on trouve à la jonction des lobes paliformes et de la partie supérieure des lamelles une série de pores, par lesquels sortent les tentacules, qui paraissent situés sur deux rangs. Cependant l'absence d'une cavité prébuccale tendrait à renvoyer ces espèces près des *Eusmiliens.*

263. Colpophyllia gyrosa (*Madrepora*) Solander et Ellis, Hist., pl. 51, f. 2; Dana, Expl. Exped., pag. 186; M. Edw., Coral., vol. 2, pag. 384 (*cum cit.*)

264. Colpophyllia fragilis (*Mussa*) Dana, Expl. Exped., pag. 185; M. Edw. et Haime, Hist. nat. des Coral., vol. 2, pag. 385.

265. Colpophyllia tenuis M. Edw. et Haime, Ann. des Sciences nat., tom. XI, pag. 267.

266. Colpophyllia breviserialis M. Edw. et. Haime, Ann. des Sciences nat., tom XI, pag. 267.

267. Colpophyllia astraeaeformis Duch. et Mich., Coral., pag. 73.

Genus TELEIOPHYLLIA.

Ce genre a été proposé récemment par M. Duncan pour deux espèces fossiles de l'île de St-Domingue. Il occuperait dans la sous-famille des Astréens la même place qu'occupe le genre *Rhipidogyra* dans la sous-famille des Eusmiliens.

C'est un Polypier long, étroit et pédicellé; les calices sont confluents et disposés en ligne droite; les cloisons sont nombreuses, serrées et garnies de granulations; les côtes sont libres et granulées; la columelle est longue et lamellaire. Il y a une endothèque, une exothèque et une épithèque toutes bien développées.

268. Teleiophyllia grandis Duncan, Quarterly Journal, vol. XX, pag. 34, pl. III, f. 5.

269. Teleiophyllia navicula Duncan, ibid., pag. 36, pl. IV, f. 1.

Genus MEANDRINA.

Les polypes des Méandrines sont très-semblables à ceux des genres *Mycetophyllia* et *Symphyllia;* ils forment une agrégation dont tous les polypes sont réunis par une chair commune; il y a un repli prébuccal distinct, et les tentacules sont sur deux rangs.

On trouve dans les mers des Antilles quatre espèces vivantes de ce genre, dont l'une, la *Meandrina filograna*, se trouve aussi suivant DUNCAN à l'état fossile dans le miocène de St-Domingue; nous pouvons en ajouter deux autres fossiles à la Guadeloupe; ce sont la *M. superficialis* et la *M. interrupta;* mais à la différence de celle de St-Domingue, elles proviennent des couches pliocènes.

270. MEANDRINA GRANDILOBA M. EDW. et HAIME, Ann. des Sciences nat., tom. XI, pag. 281; DUCH. et MICH., Coral., pag. 74.

271. MEANDRINA SERRATA M. EDW. et HAIME, Ann. des Scienc. nat., tom. XI, pag. 282; Id., Hist. nat. des Coral., vol. II, pag. 393.

272. MEANDRINA HETEROGYRA M. EDW. et HAIME, cit. Ann., tom., XI, pag. 281; iidem, Hist. nat. des Coral. cit., vol. II, pag. 392.

273. MEANDRINA FILOGRANA (*Madrepora*) ESPER, Pflanz., tom. I, pag. 139, pl. 22; M. EDW. et HAIME, cit. Ann., vol. XI, pag. 280; iidem, Hist. nat. des Coral., vol. 2, pag. 390; DUNCAN, Quarterly Journal, vol. XIX, pag. 433.

Espèces fossiles.

274. MEANDRINA SUPERFICIALIS M. EDW. et HAIME, Ann. des Scienc. nat., tom. XI, pag. 283; iidem, Hist. nat. des Coral., vol. 2, pag. 391.

275. MEANDRINA INTERRUPTA DANA, Expl. Exped., pag. 238, pl. 14, f. 18.

276. MEANDRINA SINUOSISSIMA M. EDW. et HAIME, Ann. des Scienc. nat., tom. XI, pag. 281; iidem, Hist. nat. des Coral., vol. 2, pag. 393; DUNCAN, Quarterly Journal, vol. XX, pag. 36.

Les deux premières espèces ont été recueillies par nous dans le pliocène de la Guadeloupe, et il faut leur ajouter la *M. sinuosissima* et la *M. filograna*, fossiles de St-Domingue suivant M. DUNCAN.

Genus MANICINA.

Cavité prébuccale et repli de ce nom bien marqué; tentacules cylindriques, courts, disposés sur deux et peut-être sur trois rangs. On trouve plusieurs bouches dans chaque vallée.

Les espèces suivantes sont celles que nous avons pu constater vivantes aux Antilles.

277. Manicina areolata (*Madrepora*) Linn., Syst. Nat., ed. 10, pag. 795; M. Edw., Hist. nat. des Coral., vol. II, p. 398 (inclus. citat).

278. Manicina crispata M. Edw. et Haime, cit. Ann., tom. XI, pag. 287; iidem, Coral., vol. II, pag. 399.

279. Manicina Valenciennesi M. Edw. et Haime, cit. Ann., tom. XI, pag. 287; iidem, Coral., vol. II, pag. 400.

280. Manicina Danai M. Edw. et Haime, Hist. nat. des Coral., vol. II, pag. 401.

- Syn. *Manicina hispida* Dana, Expl. Exped., pag. 193; non *Manicina hispida* Ehrenberg.

Genus DIPLORIA.

281. Diploria cerebriformis (*Meandrina*) Lamarck, Hist. nat., tom. II, pag. 246; Dana, Expl. Exped., pag. 263, pl. XIV, f. 2; M. Edw. et Haime, Hist. nat. des Coral., vol. 2, pag. 502.

282. Diploria truncata (*Meandrina*) Dana, Expl. Exped., pag. 264, pl. 14, f. 3; M. Edw. et Haime, Hist. nat. des Coral., vol. 2, pag. 405.

Genus LEPTORIA.

Nous connaissons les polypes de la *Leptoria fragilis*, dont le Polypier se rapproche des *Colpophyllies*. Ces polypes ont une grande analogie avec ceux de ce dernier genre, car ils sont dépourvus de repli prébuccal. Les animaux des *Lept. fragilis* et *Lept. hieroglyphica* nous sont inconnus.

283. Leptoria phrygia (*Madrepora*) Sol. et Ellis, Hist. of Zoophyt., pag. 162, pl. 48, f. 2; Dana, Expl. Exped., pag. 260, pl. 14, f. 8; M. Edw., Coral., vol. 2, pag. 406.

284. Leptoria hieroglyphica Duch. et Mich., Coral., pag. 75.

285. Leptoria fragilis Duch. et Mich., Coral., pag. 75.

Genus COELORIA.

Nous n'avons pu recueillir aucune espèce de ce genre dans la mer Caraïbe, bien qu'elles soient nombreuses dans la mer Pacifique, et dans la mer Rouge. M. Duncan rapporte cependant l'espèce suivante comme fossile du miocène d'Antigua.

286. Coeloria dens-elephantis Duncan, Quarterly Journal, vol. XIX, pag. 424, pl. XIV, f. 8.

Genus ASTRORIA.

Ce genre établi d'abord par MM. Milne Edwards et Haime dans leur mémoire inséré dans le tom. XI des *Annales des Sciences naturelles*, 3ème série, a été de nouveau réuni au genre *Leptoria* dans leur ouvrage intitulé *Histoire naturelle des Coralliaires*, sans qu'ils en aient dit aucun motif. Nous pensons avec M. Duncan qu'on peut retenir ces deux genres comme distingués par une espèce de liaison qu'ils établissent entre les Lithophylliacées Méandrinoïdes et les Faviacées.

M. Duncan cite comme fossiles du miocène d'Antigua les espèces suivantes.

287. Astroria polygonalis Duncan, Quarterly Journal, vol. XIX, pag. 424, pl. XIV, f. 6.

288. Astroria affinis Duncan, Quarterly Journal, vol. XIX, p. 425.

289. Astroria antiguensis Duncan, Quarterly Journal, vol. XIX, p. 423.

FAVIACÉES.

Genus FAVIA.

Polypes munis d'un repli prébuccal et de tentacules cylindriques, dont le nombre varie entre 16 et 40, suivant que les étoiles sont jeunes ou qu'elles sont sur le point d'éprouver la fissiparité. Chez la *Favia incerta*, que nous avons en ce moment sous les yeux, nous trouvons que les tentacules sont disposés sur 2 ou 3 rangs, peu visibles si l'on n'y porte une assez grande attention.

Nous ferons observer que, dans les Polypiers à étoiles fissipares, le nombre des tentacules varie beaucoup dans les différents calices; car le calice, qui est prêt à éprouver la fissiparité, présente réellement un nombre de tentacules appartenant à deux polypes.

Nous ne connaissons que les trois espèces suivantes, qui vivent dans les mers des Antilles.

290. Favia ananas (*Astraea*) Lamarck, Hist. nat., tom. II, pag. 260; Dana, Expl. Exped., pag. 222; M. Edw., Coral., vol. 2, pag. 425.

291. Favia incerta Duch. et Mich., Coral., pag. 75, pl. X, f. 13, 14.

292. Favia coarctata Duch. et Mich., Corall., pag. 76, pl. X, f. 17, 18.

ASTRÉACÉES.

Genus HELIASTRAEA.

Les polypes de l'*Heliastraea cavernosa* ont un repli prébuccal bien formé, et 40 à 44 tentacules cylindriques. Nous avons déjà représenté les polypes à la f. 1, pl. V de notre Mémoire précédent. Dans d'autres espèces, chez lesquelles le nombre des cloisons pierreuses est moindre, l'on trouve un nombre de tentacules moins considérable, mais ils dépassent d'ordinaire le nombre 24.

Nous devons faire une observation semblable à celle qui regarde l'usage du terme *Caryophyllia* de préférence à celui de *Cyathina*, et cette observation regarde le choix du nom *Heliastraea* pour désigner les espèces du genre qui nous occupe, au lieu de celui d'*Astraea* adopté d'abord par M. Milne Edwards, et récemment par M. Duncan.

Lorsque Lamarck établit en 1801 le genre *Astraea*, il le sépara en deux sections, l'une ayant pour type la *Madrepora rotulosa* d'Ellis (type du genre actuel *Heliastraea*), et l'autre la *Madrepora galaxea* du même auteur (type du genre actuel *Astraea*, tel qu'il est établi dans l'*Hist. natur. des Coral.*, vol. 2, pag. 505). Oken ensuite a réservé le nom d'*Astraea* à cette dernière section. Blainville, ne s'apercevant pas de l'emploi qu'avait fait Oken du nom *Astraea* pour la dernière section de Lamarck, proposa à son tour pour cette même section le nom de *Siderastraea*, en appliquant le nom de *Tubastraea* à la plupart des espèces de la première section proposée par Lamarck. M. Dana à son tour changea le nom de *Siderastraea* en celui de *Siderina*. MM. Milne Edwards et Haime ont d'abord adopté le nom proposé par Blainville pour la seconde section de Lamarck, et celui d'*Astraea* pour la première; mais dans leur ouvrage de l'*Hist. nat. des Coralliaires*, en voyant que le nom d'*Astraea* avait été précédemment réservé par Oken à la section qui regarde la *Madrepora galaxea*, et qu'il restait par conséquent à donner un nom nouveau à l'autre section, pour obéir à la règle de priorité, ils ont adopté le nom d'*Heliastraea*.

Le motif très-juste pour lequel MM. Milne Edwards et Haime ont adopté de préférence le nom d'*Heliastraea* au lieu d'*Astraea* pour la seconde section de Lamarck, n'a pas paru tel à M. Duncan, qui, tout en conservant les noms d'*Astraea* et *Siderastraea*, nous dit « *I have retained the nomenclature recognized amongst British palæontologists, feeling assured that MM. Milne Edv. and Haime have so influenced the successful study of Corals by their earlier works that their original generic terms will remain in use* ». Nous n'avons qu'à nous en rapporter à l'observation faite précédemment en traitant du genre *Caryophyllia*, pour lequel M. Duncan veut aussi rétablir le nom de *Cyathina*; si l'on ôte toute règle de priorité, ou ce qui revient à la même chose, si l'on veut empêcher qu'elle soit suivie aussitôt qu'on peut la rétablir, on marche directement à la confusion.

Les espèces de ce genre tant vivantes que fossiles aux Antilles sont nombreuses, et nous allons d'abord indiquer celles que nous avons recueillies à l'état vivant, et ensuite celles qu'on cite comme trouvées à l'état fossile.

Espèces vivantes.

293. Heliastraea cavernosa (*Madrepora*) Esper, Pflanz., pag. 18, pl. 37; Dana, Expl. Exped., pag. 75, f. 24, et pag. 217; M. Edw. et Haime, Coral., vol. 2, pag. 463.

- Syn. ***Astraea Argus*** Lamck., Hist. nat., tom. II, pag. 259.

294. Heliastraea Lamarckii M. Edw. et Haime, Ann. des Scienc. nat., tom. XII, pag. 99; iidem, Coral., vol. 2, pag. 465.

295. Heliastraea radiata (*Madrepora*) Ellis et Sol., Hist. of Zoophyt., pag. 169, pl. 47, f. 8; M. Edw. et Haime, Hist. nat. des Coral., vol. 2, pag. 470 *cum citat.*

296. Heliastraea stellulata (*Madrepora*) Ellis et Sol., Hist. of Zoophyt., pag. 165, pl. 53, f. 3 et 4; M. Edw. et Haime, Hist. nat. des Coral., vol. 2, pag. 473 *cum citat.*

297. Heliastraea annularis (*Madrepora*) Ellis et Sol., Hist. of Zooph., pag. 169, pl. 53, f. 1 et 2; M. Edw. et Haime, Hist. nat. des Coral., vol. 2, pag. 473 *cum citat.*

298. Heliastraea acropora (*Madrepora*) Linn., Syst. Naturae, ed. 12, p. 1276; M. Edw. et Haime, Hist. nat. des Coral., vol. 2, pag. 477 *cum cit.*

299. Heliastraea rotulosa Duch. et Mich., Coral., pag. 76.

300. Heliastraea abdita Duch. et Mich., Coral., pag. 76.

Espèces fossiles aux Antilles.

301. Heliastraea crassolamellata (*Astraea*) Duncan, Quarterly Journ., vol. XIX, pag. 412, pl. XIII, f. 1-7.

302. Heliastraea cellulosa (*Astraea*) Duncan, Quarterly Journal, vol. XIX, pag. 417, pl. XIII, f. 10.

303. Heliastraea antiguensis (*Astraea*) Duncan, Quarterly Journal, vol. XIX, pag. 419, pl. XIII, f. 8.

304. Heliastraea endothecata (*Astraea*) Duncan, Quarterly Journal, vol. XIX, pag. 419, pl. XIV, f. 9.

305. Heliastraea megalaxona (*Astraea*) Duncan, Quarterly Journal, vol. XIX, pag. 420, pl. XIII, f. 12.

306. Heliastraea tenuis (*Astraea*) Duncan, Quarterly Journal, vol. XIX, pag. 421, pl. XIII, f. 11.

307. Heliastraea barbadensis (*Astraea*) Duncan, Quarterly Journal, vol. XIX, pag. 321, pl. XV, f. 6, et pag. 444.

308. Heliastraea cylindrica (*Astraea*) Duncan, Quarterly Journal, vol. XIX, pag. 434, pl. XV, f. 8.

309. Heliastraea Antillarum (*Astraea*) Duncan, Quarterly Journal, vol. XIX, pag. 443, et vol. XX, pag. 36, pl. IV, f. 2.

310. Heliastraea brevis (*Astraea*) Duncan, Quarterly Journal, vol. XX, pag. 37, pl. IV, f. 3.

Aux susdites espèces fossiles il faut en ajouter deux autres, qu'on trouve aussi vivantes et fossiles près de la Guadeloupe ; ce sont l'*H. cavernosa* et *l'H. acropora*.

Genus CHYPHASTRAEA.

311. Chyphastraea oblita Duch. et Mich., Coral. des Antilles, pag. 77.

Cette espèce, qui vit à St-Thomas, se rapproche de la *Chyphastraea microphthalma*, dont elle se distingue par ses cloisons plus débordantes, par ses bords moins élevés.

312. Chyphastraea costata Duncan, Quarterly Journal, vol. XIX, pag. 441, 443, 451.

Elle se trouve fossile à St-Domingue et à la Jamaïque.

Genus ULASTRAEA.

313. ULASTRAEA HISTRIX nobis.

Polyparium incrustans; calycibus aequalibus, distantibus, 2-3 millimetris latis; septis 24, crispis, alterne majoribus, ad margines non incrassatis; columella papillosa, crispa, interstitiis calycum latis; costis crispis.

Cette espèce, que nous avons trouvée vivante à l'île de Ste-Croix, est distincte de l'*Ulastraea crispata* par les calices plus petits et plus éloignés l'un de l'autre.

Genus PLESIASTRAEA.

Les polypes de la *Plesiastraea Carpinetti* sont jaunâtres; ils nous ont offert 28 tentacules peu longs, obtus et cylindriques; quand les polypes sont bien épanouis, ces tentacules paraissent situés sur un seul rang. (Voir la fig. 3 de la planche VIII de ce Mémoire).

314. PLESIASTRAEA CARPINETTI DUCH. et MICH., Coral. des Antilles, pag. 77.

Espèces fossiles des Antilles.

315. PLÉSIASTRAEA DISTANS DUNCAN, Quarterly Journal, vol. XX, pag. 37, pl. IV, f. 4.

316. PLESIASTRAEA GLOBOSA DUNCAN, Quarterly Journal, vol. XX, p. 38, pl. IV, f. 5.

317. PLESIASTRAEA SPONGIFORMIS DUNCAN, Quarterly Journal, vol. XX, pag. 39, pl. IV, f. 6.

318. PLESIASTRAEA RAMEA DUNCAN, Quarterly Journal, vol. XX, pag. 39, pl. V, f. 1.

Genus LEPTASTRAEA.

319. LEPTASTRAEA CARIBAEA DUCH. et MICH., Coral. des Antilles, pag. 78.

Les polypes de cette espèce, qui se trouve à St-Thomas, ont un repli prébuccal et 24 à 30 tentacules courts et lancéolés.

Genus SOLENASTRAEA.

320. SOLENASTRAEA HYADES (*Orbicella*) DANA, Expl. Exped., pag. 212, pl. X, f. 15; DUCH. et MICH., Coral. des Antilles, pag. 77.

321. Solenastraea Ellisii Duch. et Mich., Coral. des Antilles, pag. 77.

322. Solenastraea micans Duch. et Mich., Coral. des Antilles, pag. 77, pl. IX, f. 10, 11.

M. Duncan rapporte comme fossiles des Antilles les deux espèces suivantes.

323. Solenastraea turonensis (*Astraea*) Mich., Icon. Zoophyt., pag. 312, pl. 75, f. 1; M. Edw. et Haime, Hist. nat. des Coral., vol. 2, pag. 498.

324. Solenastraea Verhelsti M. Edw. et Haime, Polyp. foss. des ter. paléoz., pag. 101; iidem, Hist. nat. des Coral., vol. 2, pag. 496.

Genus ACANTHASTRAEA.

325. Acanthastraea dipsacea (*Astraea*), Lamck., Hist. nat. vol. II, pag. 262; M. Edw. et Haime, Hist. nat. des Coral., vol. 2, pag. 504.

MM. Milne Edwards et Haime disent que l'exemplaire qui a servi de type à la description de Lamarck manque au *Muséum*, et qu'ensuite ils ne savent pas si cette espèce appartient au genre Acanthastrée, ou au genre Prionastrée. Nous pouvons assurer qu'il appartient au premier des genres susdits, et se trouve assez souvent dans les mers des Antilles.

Genus ASTRAEA Oken.

Syn. ***Siderastraea*** Blainville, Duncan.

Syn. ***Siderina*** Dana.

Ainsi que nous l'avons fait remarquer à la pag. 78 de notre mémoire, les polypes de ce genre sont dépourvus de cavité prébuccale; les couches des polypes sont très-saillantes, les tentacules sont courts, tuberculiformes, disposés sur 3 ou 4 rangs mal formés. Les polypes ressemblent fort à ceux des *Mycedia* et des *Pavonia*, et nous doutons que ce genre, tel qu'il est classé ici par MM. Milne Edwards et Haime, soit ici à sa place.

On trouve vivantes aux Antilles les trois premières espèces que nous allons indiquer; les dernières, suivant M. Duncan, sont fossiles à St-Domingue.

326. Astraea radians (*Madrepora*) Pallas, Elenchus Zoophyt., pag. 322; M. Edw. et Haime, Hist. nat. des Coral., vol. 2, p. 506 *cum cit.*

M. Milne Edwards cite l'*Astraea radians* comme propre à la mer des Indes; mais d'autre part, M. Ehrenberg et nous-mêmes nous l'avons trouvée à St-Thomas, à la Guadeloupe etc. N'y aurait-il pas deux espèces confondues sous le même nom? C'est ce que nous ne pouvons vérifier, n'ayant aucun exemplaire provenant de la mer des Indes.

327. Astraea siderea (*Madrepora*) Ellis et Sol., Hist. of Zoophyt., pag. 168, pl. 49, f. 2; M. Edw. et Haime, Hist. nat. des Coral., vol. 2, pag. 509 *cum cit.*

328. Astraea globosa (*Siderastraea*) Blainv., suivant M. Edw. et Haime, Ann. des Scienc. nat., tom. XII, pag. 141; M. Edw. et Haime, Hist. nat. des Coral., vol. 2, pag. 510.

329. Astraea crenulata Goldfuss, Petref. Germaniae, pag. 71, pl. 24, f. 6; M. Edw. et Haime, Hist. nat. des Coral., vol. 2, pag. 510; Duncan, Quarterly Journal, vol. XIX, pag. 435, et vol. XX, pag. 40.

330. Astraea grandis (*Siderastraea*) Duncan, Quarterly Journal, vol. XIX, pag. 441, pl. XVI, f. 5.

Genus PRIONASTRAEA.

331. Prionastraea favosa (*Madrepora*) Ellis et Sol., Hist. of Zoophyt., pag. 167, pl. 50, f. 1; M. Edw. et Haime, Hist. nat. des Coral., vol. 2, pag. 520; Duch. et Mich., Coral., pag. 78.

- Syn. *Astraea dipsacea* Lamouroux, Exposit. méth. pag. 59, pl. 50, f. 1.

Genus ISASTRAEA.

332. Isastraea turbinata Duncan, Quarterly Journal, vol. XIX, pag. 423, pl. XIV, f. 1.

MM. Milne Edwards et Haime, en établissant ce genre, ont remarqué que toutes les espèces sont fossiles du terrain secondaire. M. Duncan, de son côté, en rapportant cette espèce, l'indique comme fossile du terrain tertiaire d'Antigua, et la section qu'il donne à la fig. 1 est bien propre à donner une idée d'une portion du polypiérite, mais il aurait bien fait de donner une section des cloisons pour la partie qui se rapporte aux dents cloisonnaires; car c'est d'après celles-ci qu'il faut juger s'il s'agit d'une *Isastraea* ou bien d'une *Plesiastraea*. Ceci aurait été d'autant plus à désirer, qu'il s'agit d'un exemplaire usé (*rolled*), et que dans les fossiles les épines des cloisons peuvent très-bien s'être effacées.

Genus DIMORPHASTRAEA.

Les espèces de ce genre décrites jusqu'à ce jour ont été recueillies dans les terrains crétacés; celle que nous allons indiquer provient des couches tertiaires de la Guadeloupe, bien qu'elle n'ait pas été rapportée dans le travail de M. DUNCAN sur les polypiers fossiles des Antilles.

333. **DIMORPHASTRAEA GUADALUPENSIS** nobis.

D. plano-lobata; calycibus duobus millimetris latis, sparsis; radiis aequalibus, tenuibus, prominulis.

CLADOCORACÉES.

Genus CLADOCORA.

Les polypes des Cladocores ont été décrits au long par MM. MILNE EDWARDS et HAIME dans leur *Histoire des Coralliaires*. Nous avons souvent observé nous-mêmes les Cladocores à l'état vivant, et nous dirons que les polypes n'ont pas de repli prébuccal, qu'ils possèdent 30 à 32 tentacules coniques assez longs et paraissant être sur 2 ou 3 rangs. On ne peut admettre que théoriquement l'existence de 4 cycles, et le commencement d'un cinquième, que M. HAIME assigne aux polypes de l'espèce qu'il a étudiée; nous nous fondons pour dire cela sur ce que nous avons exposé dans ces généralités sur les Madréporaires.

Les Antilles nous ont offert cinq espèces de Cladocores, qui sont aussi nombreuses en individus; c'est ainsi que mérite d'être corrigé ce que disent MM. MILNE EDWARDS et HAIME, que les Cladocores vivent principalement dans les mers tempérées; car ces derniers ne nous ont offert jusqu'à présent que deux espèces.

334. **CLADOCORA ARBUSCULA** (*Caryophyllia*) LESUEUR, Mém. du Mus., tom. VI, pag. 275, pl. 15, f. 2; M. EDW. et HAIME, Hist. nat. des Coral., vol. 2, pag. 595 *cum cit.*; DUCH. et MICH., Coral., pag. 78.

M. HAIME pense que l'espèce nommée *Caryophyllia solitaria* par LESUEUR (*Mém. du Muséum*, tom. VI, pag. 273, pl. 5, fig. 1) est un individu de la *Cladocora arbuscula*; l'examen des dessins et de la description de LESUEUR nous fait penser au contraire, qu'il s'agissait d'un polypiérite isolé, appartenant au genre *Phyllangia* ou *Astrangia*.

335. **CLADOCORA PULCHELLA** M. EDW. et HAIME, Ann. des Scienc. nat., tom. XI, pag. 308; iidem, Hist. nat. des Coral., vol. 2, pag. 596.

336. Cladocora conferta (*Caryophyllia*) Dana, Expl. Exped., p. 380; M. Edw. et Haime, Hist. nat. des Coral., vol. 2, pag. 596.

337. Cladocora unipedalis Duch. et Mich., Corall. des Antilles, pag. 79, pl. X, f. 5, 6.

338. Cladocora parvistella nobis, pl. X, f. 1, 2.

Brevis, caespitosa, stirpibus brevibus, flexuosis, striatis, granosis; striis echinatis; septis 24-26 granoso-muricatis; columella parva, sublaxa; pallulis minutis vel nullis; calycibus excavatis, apice constrictis, vix tribus millimetris latis.

L'épithèque s'élève jusqu'à quatre millimètres près des calices; les branches principales ont, à la différence de celles de la *Cladocora conferta*, le même diamètre des secondaires; les calices n'ont qu'un millimètre de rayon, tandis qu'on en compte trois dans les calices de la *Cladocora conferta*, chez laquelle en outre les palis sont aussi plus développés.

ASTRANGIACÉES.

Genus ASTRANGIA.

Polypes semblables à ceux des Cladocores, sans repli prébuccal, et pourvus d'une bouche saillante; tentacules au nombre de plus de trente: ces tentacules sont cylindriques, atténués vers leur extrémité, et peuvent être considérés comme étant sur deux ou trois rangs.

Nous avons recueilli à l'état vivant les espèces suivantes.

339. Astrangia Danai M. Edw. et Haime, Ann. des Scienc. nat., tom. XII, pag. 180.

340. Astrangia Michelini M. Edw. et Haime, Ann. des Scienc. nat., tom. XII, pag. 185.

341. Astrangia neglecta Duch. et Mich., Coral. des Antilles, pag. 79, pl. X, f. 3, 4.

342. Astrangia granulata Duch. et Mich., Coral. des Antilles, pag. 79, pl. IX, f. 13, 14.

343. Astrangia phyllangioides nobis, pl. X, f. 3, 4.

A. teres calycibus brevibus, profundis, lamellis 40-48 leviter dentatis, superne ad latera striatis, caeteroquin crispato-granosis; columella lata e papillis crassis, congestis, granosis efformata.

Cette espèce que nous avons recueillie à St-Thomas ressemble tellement par sa forme et sa taille à la *Phyllangia americana*, qu'il est facile de les confondre : mais en observant la denticulation de ses grandes cloisons, qui sont aussi bien moins saillantes que celles de la *Phyllangia americana*, et granulées, et en observant le développement de la columelle, on reconnaît la veritable différence de cette espèce.

Genus PHYLLANGIA.

Les polypes ont un repli prébuccal; leur bouche est grande et très-exserte; on compte 36 à 40 tentacules cylindrinques, atténués à leur extrémité, et dont la surface, vue à la loupe, paraît très-granulée. Quand les polypes sont bien épanouis, les tentacules paraissent unisériés, mais quand ils se contractent, ces appendices semblent être disposés sur trois rangs.

344. PHYLLANGIA AMERICANA M. EDW. et HAIME, Ann. des Scienc. nat., tom. XII, pag. 182; iidem, Hist. nat. des Coral., vol. 2, pag. 182; DUCH. et MICH., Coral., pag. 80.

Genus STELLANGIA.

345. STELLANGIA REPTANS DUCH. et MICH., Coral. des Antilles, pag. 80, pl. X, f. 1, 2.

Genus MERULINA.

346. MERULINA AMPLIATA (*Madrepora*) SOL. et ELLIS, Zoophyt., pag. 157, pl. 41, f. 1, 2; M. EDW. et HAIME, Coral., vol. 2, pag. 628; DUCH. et MICH., Coral., pag. 80.

FONGIDES.

Genus MYCEDIUM.

347. MYCEDIUM ELEPHANTOTUS (*Madrepora*) PALLAS, Elenchus Zoophyt., pag. 168; M. EDW. et HAIME, Hist. nat. des Coral., vol. 3, pag. 74, *cum cit.*

348. MYCEDIUM LESSONI DUCH. et MICH., Coral. des Antilles, pag. 81.

349. MYCEDIUM DANAI DUCH. et MICH., Coral. des Antilles, pag. 81.

350. MYCEDIUM VESPARIUM DUCH. et MICH., Coral. des Antilles, pag. 81.

351. Mycedium Sancti-Johannis nobis, pl. X, f. 11.

Frondibus semirotundatis, erectis, latis, tenuibus; rugis modo vix elevatis aut subevanidis, brevibus, interruptis, 2-3 lineas distantibus, modo vero nullis; calycibus rugarum defectu saepe solitariis, omnibus oblique immersis subcucullatis.

Cette espèce que M. Haagensen a recueillie dans l'île de St-Jean, se rapproche par la forme des rayons et des lames calicifères, du *Mycedium Danai*, duquel on la distingue par l'oblitération des rayons susdits, et par conséquent les calices se trouvent solitaires; enfin ces organes, les calices, dans le *Mycedium Sancti-Johannis*, ont comme ceux du *Mycedium elegans* la forme de petits mamelons penchés, écartés.

352. Mycedium Cailleti nobis.

Species e basi ramosa, ramis angustis, compressis, foliaceis, tortuosis, varie partitis, tenuiformibus, erectis, apice obtusis ac undato-sinuatis, una facie tenuiter striatis, altera celluliferis; calycibus obliquis, sursum spectantibus; lamellis tenuiter denticulatis.

Ce Polypier, que nous avons recueilli à la Guadeloupe, est rameux, à divisions étroites, plates, tortueuses et contournées vers le sommet: l'une des faces des rameaux est striée très-finement, et n'a pas de calices; l'autre offre des calices assez clairsemés, dont l'ouverture regarde en haut: on n'aperçoit pas de crêtes véritables sur les cloisons. Le Polypier est haut de 4 à 6 pouces; les rameaux, qui sont très-plats, sont larges de 3 à 4 lignes.

Section des MADRÉPORAIRES PERFORÉS.

Genus MADREPORA.

Polypes sans cavité prébuccale, ayant chacun une bouche petite et arrondie, et le plus souvent 12 tentacules perforés à leur sommet. Chez les Madrépores nous avons quelquefois rencontré 8 et 10 tentacules, mais nous ne pensons pas que cela soit normal.

On trouve des polypes bien plus gros dans les grands calices terminaux, qui se voient à l'extrémité des rameaux de certaines espèces. Ces individus sont bien plus développés que dans les autres parties du Polypier.

Nous en avons recueilli huit espèces dans les îles que nous avons explorées; ce sont les suivantes, dont la première et les 3e, 4e et 5e sont si communes, que dans certains endroits on les pêche en grande quantité pour faire de la chaux.

353. MADREPORA CERVICORNIS LAMARCK, Hist. nat., tom. II, pag. 9, 281; M. EDW. et HAIME, Hist. nat. des Coral., vol. 3, pag. 136.

354. MADREPORA PROLIFERA LAMCK., Hist. nat., tom. II, pag. 281; M. EDW. et HAIME, Hist. nat. des Coral., vol. 3, pag. 139.

355. MADREPORA ALCES DANA, Exploring Expedit., pag. 437, pl. 31, f. 12; M. EDW. et HAIME, Hist. nat. des Coral., vol. 3, pag. 160.

356. MADREPORA FLABELLUM LAMCK., Hist. nat., vol. II, pag. 278; DANA, Expl. Exped., pag. 438, pl. 31, f. 13; M. EDW. et HAIME, Hist. nat. des Coral., vol. 3, pag. 160.

357. MADREPORA PALMATA LAMCK., Hist. nat., vol. II, pag. 278; DANA, Expl. Exped., pag. 436, pl. 31, f. 2; M. EDW. et HAIME, Hist. nat. des Coral., vol. 3, pag. 160.

358. MADREPORA CORNUTA DUCH. et MICH., Coral. des Antilles, pag. 82.

359. MADREPORA THOMASIANA DUCH. et MICH., Coral. des Antilles, pag. 82.

360. MADREPORA ETHICA DUCH. et MICH., Coral. des Antilles, pag. 82, pl. X, f. 7, 8.

PORITES.

M. EDWARDS et HAIME pro parte.

Species septis duodecim instructis; pallulis 4-6 distinctis ac conspicuis; columella prominula aut nulla; saepissime ramosae, inter se valde similes ac idcirco difficillime distinguendae.

Sect. A. **Septis pallulisque glabris.**

361. PORITES VALIDA nobis, pl. X, f. 13.

Ramosa, elata, robusta; ramis terminalibus ampliatis, subcompressis; calycibus immersis; parietibus (theca) tenuibus, dentatis, septis glabris;

pallulis 3-4 cylindricis, acutis, glabris; columella nulla; statura 8-12-pollicaris; diam. ramorum 3-4 centim. et ultra; calycibus 1 ½ millimetris latis.

Hab. in insulis S. Thomae et Tortolae.

Sect. B. **Septis pallulisque hirtis; columella parva.**

362. Porites clavaria Lamck., Hist. nat., vol. II, pag. 270; M. Edw. et Haime, Hist. nat. des Coral., vol. 3, pag. 175 *cum cit.*

Le Polypier vivant est d'une couleur rousse, et quelquefois d'un rouge vineux plus ou moins foncé. Les tentacules ont aussi cette couleur, qui s'efface peu à peu en allant vers leurs extrémités, qui sont peu colorées et très-pâles.

363. Porites Solanderi Duch. et Mich., Coral. des Antilles, pag. 83.

Distinguitur facile: septa sunt muricata; pallulis 4-5 et septis asperis; calycibus 1 ½ millim. latis.

Sect. C. **Septis pallulisque hirtis; calycibus saepe columella destitutis, plus minusve excavatis, nec omnino superficialibus.**

364. Porites macrocephala nobis, pl. X, f. 15.

Solida, brevis, lobato-ramosa, ramis simplicibus, capitatis, crassissimis; calycibus perparvis, contiguis, reticulatis, concavis; parietibus septisque tenuibus; statura 3-pollicaris, ramis 2-3 pollicibus crassis; calycibus vix millimetrum latis; columella saepius nulla.

365. Porites furcata Lamck., Hist. nat., vol. II, pag. 271; M. Edw. et Haime, Hist. nat. des Coral., vol. 3, pag. 174 *cum cit.*

- Syn. *Porites recta* Lesueur, Mém. du Muséum, tom. VI, pag. 288, pl. 17, f. 16.

Hab. in omnibus fere insulis Caribaeis.

Ejusdem speciei varietas ramis abbreviatis: polyparium elegans, caespitosum, ramis minus validis praeditum.

Cette espèce présente de nombreuses variétés; toutes ont, comme la forme typique, des étoiles petites, réticulées et légèrement creusés; plus souvent la columelle manque, bien qu'on la trouve dans un certain nombre de calices.

Si maintenant nous jetons le yeux sur les Polypiers vivants, nous trouvons plusieurs variétés de coloration. Ainsi nous trouvons que la forme typique (*Porites furcata*) est d'un gris de plomb, et d'autres fois elle est roussâtre; le disque des polypes est blanc, et les tentacules sont jaunes.

A côté de cette variété de coloration, nous en trouvons une autre qui est celle que LESUEUR donne à sa *Porites recta*; dans les échantillons que nous avons examinés, nous avons trouvé que la couleur générale du Polypier était roussâtre, le disque des polypes blancs, la ligne de jonction du corps de ces petits êtres avec la chair commune présentait un encadrement blanc, et des lignes blanches s'élevaient le long de leur corps vers les tentacules qui étaient blancs à leur sommet, avec une couleur de terre de Sienne à leur base, mais rien dans l'examen du squelette pierreux ne montrait une espèce distincte.

On trouve des échantillons de cette espèce ayant une forme courte et trapue, que l'on doit regarder comme analogues à ceux qui ont servi à établir la *Porites recta*.

On trouve encore assez souvent une autre variété de coloration, les tentacules étant d'un jaune serin au sommet, bruns à la base et des lignes jaunes montant le long du corps, et se rendant à chaque tentacule; en outre la base de chaque polype présentant un encadrement jaunâtre.

366. PORITES FLABELLIFORMIS LESUEUR, Mém. du Muséum, tom. VI, pag. 289; M. EDW. et HAIME, Hist. nat. des Coral., vol. 3, pag. 178.

Vix differt a varietate dumetosa Poritis furcatae; *calyces nempe in utraque similes; forsan tamen diversa quoad ramorum formam. In* P. flabelliformi *sunt dissiti, laxe ramosi, non congesti.*

Sect. D. **Septis pallulisque hirtis; calycibus saepe columella destitutis atque omnino superficialibus.**

367. PORITES PLUMIERI nobis, pl. X, f. 14.

Pedalis, elata, ramis parallelis hinc inde anastomosantibus; calycibus omnino superficialibus; parietibus modo tenuibus, modo evanidis, inde calyces saepissime confusi; calyces mediam lineam lati.

Cette espèce vivant à St-Thomas se distingue de la *P. furcata* par les calices superficiels et par ses murailles très-minces, et qui souvent ne sont pas même visibles. Elle est dédiée à la mémoire de CH. PLUMIER, botaniste très-célèbre, qui s'est occupé de la flore des Antilles.

368. Porites divaricata Lesueur, Mém. du Muséum, tom. VI; p. 288; M. Edw. et Haime, Hist. nat. des Coral., vol. 3, pag. 178 *cum cit.*

Les exemplaires de St-Thomas sont généralement plus développés que ceux de la Guadeloupe, où cette espèce est commune.

369. Porites flexuosa Dana, Explor. Exped., pag. 554, pl. 53, f. 6.

M. Duncan (Quarterly Journal, vol. XIX, pag. 442) dit qu'on trouve assez souvent dans les terrains tertiaires des Antilles ce genre à l'état fossile, mais le mauvais état de conservation des spécimens ne permet pas de les déterminer.

Genus NEOPORITES, *genus novum*, nobis.

Syn. ***Porites*** M. Edw. et Haime pro parte.

Species incrustantes, tuberosae vel etiam lobatae, septis duodecim in parte libera dentatis; pallulis nullis vel subevanidis; columella umbonata in medio appendice acuminata praedita; basi saepius solida, ampla; interdum porosa.

Differt a gen. Porite *habitu pallulisque nullis vel vix distinguendis.*

Sect. A. **Septis lateraliter crispis.**

370. Neoporites littoralis nobis.

- Syn. ***Porites astraeoides*** M. Edw. et Haime, Hist. nat. des Coral., vol. 3, pag. 178.

Incrustans, undata vel gibbosa, calycibus vix cavis; septis crispis; columella basi saepius solida, non porosa; parietibus (theca) crassis, crispis, echinatis, punctato-porosis; polyparium in vivo bruneo-lutescens; polyporum tentaculis flavo-viridibus, vel viridibus, interdum flavo-albicantibus.

Hab. in variis insulis Caribaeis.

Des murailles échinulées et plus épaisses, des cloisons plus hérissées séparent cette espèce de la *Neoporites superficialis.*

Nous n'avons pu conserver à cette espèce le nom de *N. astraeoides*, que lui donne M. Milne Edwards; car ce nom doit rester à celle que Lamarck a désignée de cette manière, et qui est différente, ainsi que l'on peut s'en assurer en comparant la description originale des deux auteurs.

Sous les noms de *Porites astraeoides*, *incrustans*, *conglomerata* les auteurs ont confondu plusieurs espèces ayant des caractères très-différents, mais se ressemblant toutes beaucoup quand on ne les examine que superficiellement.

Dans la distinction que nous faisons de différentes espèces, nous citons la coloration des polypes, quand nous avons pu les observer. Cependant les caractères tirés de la couleur ne sont pas bons, car ils varient non-seulement dans la même espèce, mais aussi sur les différentes parties d'un même Polypier. Ainsi une *Neoporites superficialis* avait une partie de ses polypes d'un jaune de soufre, le reste étant d'un brun verdâtre foncé.

371. Neoporites astraeoides (*Porites*) Lamck., Hist. nat., vol. 2, pag. 269 (*non* Porites astraeoides Lesueur, Ann. du Muséum, tom. VI).

Incrustans, crassa; cellulis incavatis, contiguis, reticulatis; septis crispis vel echinatis; parietibus (theca) acutis, integris; pallulis modo nullis, modo paucis, vix conspicuis.

Hab. in insula S. Thomae, et reperitur etiam fossilis in Guadalupa.

Les cellules réticulées, creusées, à parois minces, nous font regarder cette espèce comme étant la même que celle dont Lamarck a parlé; quant au caractère des parois des cellules nous devons avertir que nos observations ont toutes été faites sur des spécimens pris vivants, et nettoyés avec soin. On s'exposerait à des erreurs si l'on voulait étudier les espèces sur des échantillons roulés.

372. Neoporites Michelini nobis, pl. X, f. 9, 10.

Incrustans, calycibus perparvis duplo minoribus quam in praecedentibus, superficialibus, centro ingressis; septis hirsutissimis, incrussatis; pallulis 1-3 *crispis. Differt a* N. litorali *atque a* N. astraeoide *calycibus multo minoribus, septisque magis hirsutis.*

Hab. in insula S. Crucis.

On compte cinq calices pour une étendue de 5 millimètres, tandis que pour les deux espèces précédentes l'on n'en trouve que trois ou quatre pour la même étendue; les calices ne sont creusés qu'à leur partie centrale.

Sect. B. **Septis lateraliter glabris, vel vix echinatis, calycibus superficialibus.**

373. Neoporites subtilis nobis, pl. X, f. 7, 8.

Placentiformis, supra convexa, subtus concava, partim adhaerens, partim vero libera; concentrice striata ac epitheca induta; calycibus punctiformibus, perparvis, sub lente confusis; septis lateraliter glabris, in parte libera acute serratis; pallulis 2-3 subevanidis.

Polyparium in vivo sulphureum, disco lutescente, tentaculis virentibus.

Hab. in insula S. Thomae.

Differt a N. superficiali *epitheca, calycibus minoribus, inter se confusis.*

374. Neoporites superficialis (*Porites*) Duch. et Mich., Coral., pag. 82.

Polyparium in vivo sulphureum aut luteo-virescens; polypi disco rufo, tentaculis sulphureo-virentibus; pallulis paucis, 1-3, subevanidis vix perspicuis.

Hab. in insula S. Thomae.

Sect. C. Septis lateraliter glabris, vel vix echinatis, calycibus excavatis.

375. Neoporites guadalupensis (*Porites*) Duch. et Mich., Coral., pag. 83.

376. Neoporites agaricus (*Porites*) Duch. et Mich., Coral., pag. 83.

377. Neoporites incerta (*Porites*) Duch. et Mich., Coral., pag. 83.

— Syn. *Porites astraeoides* Lesueur, Mém. du Muséum, tom. VI, p. 288.

Polyparium incrustans, tuberosum vel etiam lobatum; tentaculis luteo-virentibus vel etiam viridibus. Specimina quoque legimus quae cum descriptione Lesueuri conveniunt, nempe polypario sulphureo, tentaculis basi fuscis, apice luteis, punctoque nigro apice notatis.

Hab. cum praecedentibus in insulis Caribaeis.

Genus COSMOPORITES, *novum genus*, nobis.

Species repentes, incrustantes: septis duodecim in parte libera dentatis; pallulis nullis vel subevanidis; columella laxa, subnulla, non umbonata nec basi extensa.

378. Cosmoporites laevigata nobis, pl. X, f. 12 et 16.

Calycibus pentagonis parvis, parum incavatis, contiguis; septis lateraliter inermibus; columella porosa e lamina vix convoluta efformata.

Polyparium in vivo fuscum vel purpurascens; tentaculis modo pulchre viridibus, modo vero albo-virentibus.

Hab. in litore insulae S. Thomae.

Genus ALVEOPORA.

379. ALVEOPORA DAEDALAEA DUNCAN, Quarterly Journal, vol. XIX, pag. 442, pl. XIV, f. 4.

Fossile à l'île de St-Domingue, à la Jamaïque, etc.

380. ALVEOPORA MICROSCOPICA DUNCAN, Quarterly Journal, vol. XIX, pag. 426, pl. XIV, f. 5.

Fossile avec la précédente.

381. ALVEOPORA FENESTRATA DANA, Expl. Exped., pag. 514; M. EDW., Hist. nat. des Coral., vol. 3, pag. 194; DUNCAN, Quarterly Journal, vol. XIX, pag. 426.

Fossile avec les espèces précédentes.

Section des MADRÉPORAIRES TABULÉS.

Genus MILLEPORA.

Sect. A. **Species plus minusve ramosae, ramis teretibus vel subcompressis, vix anastomosantibus, non palmatis; nunquam vere fenestratae vel cancellatae, superficie non crispata.**

382. MILLEPORA SCHRAMMI nobis, pl. XI, f. 9.

Ramosa, ramis gracilibus, elongatis, dichotomis, teretibus, non coalescentibus; ramulis terminalibus elongatis, acutis; poris crebris, praecipue versus ramulorum apices congestis.

Cette espèce se rapproche assez pour la forme de la *Millepora tenella* d'ESPER (Pflanz., tab. XX); elle est délicate, et se ramifie en tous sens sans cependant former d'anastomoses. Sa hauteur est de 3 à 4 pouces, et ses rameaux ont la grosseur d'une plume à écrire.

383. MILLEPORA ESPERI nobis.

Polyparium basi fronde latiuscula, apice e ramis divisis, elongatis, compressis vel subrotundis constitutum; ramis parum ramosis; ramulis supernis digitiformibus apice inciso lobatis; poris remotiusculis, statura 3-6-pollicaris.

Differt a M. pumila *statura majore; ramis versus apicem non palmatis et subrotundis.*

384. **Millepora ramosa** Esper, Pflanz., vol. I, tab. VII.

Reperitur cum praecedentibus in litoribus insularum Caribaeorum.

Sect. B. **Species palmata nec vere fenestrata, palmis apice digitatis nec lobatis, superficie non crispata.**

385 **Millepora pumila** Dana, Expl. Exped., pag. 347, pl. XI, f. 2, gr. nat.

386. **Millepora crista-galli** nobis, pl. XI, f. 7, gr. nat.

Humilis; ramis omnibus dilatatis; inferioribus latis, superioribus palmatis, apice inciso-lobatis, vel inciso-serratis; statura vix bipollicaris.

Ce millépore diffère de la *M. delicatula* par ses branches principales qui sont très-élargies et foliacées; il en diffère aussi par sa taille plus petite, quoique comparativement plus robuste. Sa taille et ses rameaux terminaux finement divisés en lobes très-petits, tranchants ou comprimés sur leur bord, l'éloignent de la *M. fasciculata.*

387. **Millepora delicatula** nobis, pl. XI, f. 10, gr. nat.

Delicatula, ramis inferioribus teretibus, terminalibus apice palmatis, palmis multoties digitatis.

Hab. in insula Guadalupae ubi legit cl. Schramm.

Les rameaux inférieurs sont arrondis, mais les dernières branches se dilatent en palmes minces et délicates, qui sont divisées en digitations grêles et aigues, qui sont régulières et situées sur un même plan au lieu de se diriger en tous sens. Cette espèce est haute de 3 à 8 pouces.

388. **Millepora candida** nobis.

Ramis inferioribus teretibus, dichotomis; superioribus late palmatis, palmis apice irregulariter in lobos digitiformes parvos terminatis.

Proxima praecedenti a qua differt statura majore et solidiore; palmis latioribus, lobisque digitiformibus, crassis, obtusis, irregulariter digestis.

389. **Millepora fasciculata** Duch., Anim. rad. pag. 18; M. Edw., Hist. nat. des Coral., vol. 3, pag. 228; Nobis, pl. XI, f. 5.

Bien que ce millépore offre quelques anastomoses, qui rendent la partie basilaire un peu fenêtrée, il doit appartenir à cette division, où nous l'avons placé, car ce sont les palmures de ses rameaux qui forment son caractère principal. Les avant-dernières branches sont palmées, et elles portent à leur sommet d'autres palmures plus petites, qui sont les dernières branches, lesquelles peuvent être seulement crénelées à leur sommet, ou offrir des divisions qui sont digitiformes, ou partagées en lobes comprimés. Ce millépore forme une masse généralement inextricable à cause du nombre de ses rameaux et de leur anastomoses vers leur base.

390. MILLEPORA ALCICORNIS (pro parte) LINN., Systema Naturae, ed. 10, pag. 791; M. EDW., Hist. nat. des Coral., vol. 3, pag. 228.

Sect. C. **Species ramis coalescentibus fenestratae vel cancellatae, superficie non crispata.**

Nous plaçons dans cette section un nombre d'espèces, que l'on pourrait bien considérer comme offrant des palmures, mais dont les nombreuses fenêtres les éloignent suffisamment des espèces que nous venons d'examiner supérieurement.

391. MILLEPORA DIGITATA ESPER, Pflanz., tab. V.

Flabelliformis, in planum ramosa, ramis oblique divergentibus, fenestris circularibus; ramis supernis palmatis vel subpalmatis, apice in lobos acutos digitiformes terminatis.

Quelquefois les rameaux sont peu anastomosés, et l'espèce se rapproche de la *M. alcicornis.*

392. MILLEPORA RUGOSA nobis, pl. XI, f. 3.

Basi incrustans, gibbosa; ramis parum ramosis, compressis, subdilatatis, hinc inde anastomosantibus, ultimis digitato vel lobato-palmatis; superficie tuberculato-scabra.

Cette espèce par l'aplatissement de ses rameaux tend à passer aux formes foliacées que nous étudierons bientôt; ses fenêtres sont rares et allongées; ses branches peu rameuses; sa taille est de 5 à 7 pouces.

Les grands calices immergés dans la dépression qu'offre la surface du Polypier se rapprochent de la *M. foliata* de M. EDW.

393. MILLEPORA CARTHAGINIENSIS nobis, pl. XI, f. 6.

Crebre ramosa, ramis in folia fenestrata terminatis; fenestris elongatis; ramis parallele digestis, compressis, 3–4 *lineas crassis; ramulis supernis cylindricis, gracilibus, acutis, digitiformibus, aliquoties dilatatis.*

Species pedalis et ultra, bene fenestrata; eam legit cl. A. ANTHOINE *in litore Carthaginiensi Novae Granatae.*

394. MILLEPORA TRINITATIS nobis.

Ramosa, 9-10 *pollices alta; ramis crassis, teretibus vel complanatis laxe anastomosantibus, nodosis vel distortis, ultimis brevibus, obtusis vel dilatato-lobatis; fenestris magnis* 1-2 *pollices amplis; poris remotiusculis.*

De gros rameaux rares et arrondis, de larges anastomoses produisant des fenêtres rares et grandes, donnent à cette espèce, recueillie par M. Todd à l'île de la Trinité, un port tout à fait distinct.

395. Millepora fenestrata nobis, pl. XI, f. 1.

M. foliis latis cyathiformibus expansa; foliis crebre fenestratis; fenestris parvis, ovalibus; ramis teretibus 2-3 lineas crassis; subaequalibus.

Chez ce Millépore les fenêtres sont à peu près égales entre elles, et les rameaux ont une grosseur à peu près égale, en sorte que, sauf ses dimensions plus grandes, cette espèce rappelle beaucoup l'aspect de la *Retepora cellulosa.* Elle est tellement distincte, qu'il est inutile d'en donner les caractères différentiels relativement aux espèces qui l'avoisinent.

Sect. D. Species nec palmatae, nec fenestratae, sed lobis digitiformibus approximatis, erectis efformatae; superficie leviter crispata.

396. Millepora gothica Duch. et Mich., Coral., pag. 81, pl. X, f. 9.

Sect. E. Species foliaceae nec palmatae, nec vere fenestratae; superficie obsolete crispata.

397. Millepora complanata Lamck., Hist. nat., vol. II, pag. 201; M. Edw., Hist. nat. des Coral., vol. 3, pag. 225.

Cette espèce nous est connue par des exemplaires recueillis par M. Evert à l'île Curaçao.

398. Millepora plicata Esper, Pflanz., tom. I, pag. 193, pl. VIII.

399. Millepora foliata M. Edw. et Haime, Hist. nat. des Coral., vol. 3, pag. 226.

Les auteurs de cette espèce disent qu'elle est d'origine inconnue; M. Evert nous l'a apportée de l'île Curacao.

400. Millepora sancta nobis; Sloane, Jam., tom. 1, pl. IV, f. 1, 2.

Unifrondosa, fronde lata, continua, integra, non fenestrata; ramulis brevibus, simplicibus vel apice vix palmato-lobatis, poris versus apicem creberrimis.

Hab. in litoribus insularum les Saintes *in conspectu Guadalupae.*

Ce millépore offre une feuille large et continue, dont chaque face est garnie de petits rameaux courts et simples, ou à peine lobés; les bords de la feuille présentent aussi de pareils petits rameaux.

401. MILLEPORA TUBERCULATA DUCH., Anim. rad., pag. 18; Nobis, pl. XI, f. 4, gr. nat.

Parva, foliis brevibus, crassis, parallele digestis, reniformibus composita; apice breviter lobatis; lobis crebris obtusis, superficie tuberculis perparvis, rarisque praedita.

Hab. cum praeced.

Sect. F. **Species diversiformes, superficie rugis prominulis exarata.**

402. MILLEPORA FAVEOLATA.

M. parum elevata, laminis instructa crassissimis, latis, suborbicularibus; superficie transverse atque longitudinaliter crispata.

Le Polypier, que l'on trouve avec les précédents, est composé de lames presque orbiculaires peu élevées, et ayant à peu près la forme d'un segment de cercle, qui serait très-épais à sa base, et irait en s'amincissant vers la circonférence. Les crêtes longitudinales et transversales sur chacune des faces forment, par leur rencontre, des sortes d'alvéoles de formes et de grandeurs différentes.

403. MILLEPORA STRIATA nobis, pl. XI, f. 8.

M. lamellis parum elevatis, basi crassis, versus apicem inciso-lobatis; superficie rugis in series longitudinales approximatis instructa.

Hab. cum praecedentibus.

Ici, au lieu de fortes crêtes ayant des directions opposées, nous n'avons que de simples lignes longitudinales formant des stries un peu saillantes. Cette espèce est petite, courte et épaisse à sa base.

Observations sur les Millépores.

ESPER a figuré un millépore parasite des Gorgones, lequel a été décrit par M. DANA sous le nom de *Millepora moniliformis*. Avant M. DANA l'un de nous (DUCHASSAING, *Anim. rad.*) avait nommé *Palmipora parasitica* une autre espèce, qui vit aussi en parasite sur les Gorgones.

Dans notre Mémoire sur les Coralliaires, nous avons déjà parlé de cette sorte de parasitisme, et nous avons fait observer que l'on ne devait pas se servir de ce caractère pour établir des espèces. En effet toutes les espèces de millépores que nous avons décrites, sont susceptibles d'encroûter les Gorgones, et en rampant sur leurs tiges, elles empruntent les formes extérieures de ces Alcyonaires, en perdant celles qu'elles auraient eues, si elles avaient pu se développer en liberté. Nous ajouterons à cela, que la disposition moniliforme ne se produit que par le dessèchement, car en retirant de l'eau ces millépores parasites, l'on n'observe pas cette division de leur substance, que l'on voit se produire bientôt dès qu'on les met au soleil.

Nous avons dit que ce parasitisme pouvait se montrer chez toutes les espèces; et il est facile de s'en convaincre, car dans certains échantillons le millépore finit par prendre son véritable développement autour de la Gorgone qu'il a enveloppée, et l'on peut alors reconnaître son espèce.

Un autre fait peut encore se présenter qui peut induire le naturaliste en erreur; il y a souvent des millépores qui prennent naissance dans des endroits où la mer est très-peu profonde, par exemple dans des creux de rochers, où il n'y a pas plus de deux ou trois pouces d'eau; dans ce cas le Polypier ne pouvant se développer en hauteur, s'étale en une large croûte à la surface des corps marins, qui forment le fond. On doit éviter d'établir des espèces sur de pareils spécimens à moins d'avoir à invoquer d'autres caractères plus positifs.

Genus FAVOSITES.

404. FAVOSITES DIETZI DUCH. et MICH., Coral., pag. 84.
In stratis siluriis S. Thomae.

405. FAVOSITES SANCTI-THOMAE nobis.

Parvula, capitata; tubulis perparvis, confertissimis.
Reperitur cum praecedente.

Cette espèce tient pour la forme à la *Favosites Goldfussii;* mais la diagonale des calices qui arrive à trois millimètres dans la dernière, n'atteint qu'un millimètre dans la *Favosites Sancti-Thomae.*

Genus POCILLOPORA.

406. POCILLOPORA CRASSORAMOSA DUNCAN, Quarterly Journal of Geological Society, vol. XX, pag. 40, pl. V, f. 2.
Fossilis in insula S. Domingi.

EXPLICATION DES PLANCHES

Pl. I. Fig. 1. Portion très-grossie d'une *Plexaura* pour en montrer les polypes.

» » 2. Circulation des Plexaures. Cette figure représente une section transversale grossie de l'une des branches principales: *a* est l'axe corné; *b* représente une partie des vaisseaux longitudinaux, qui sont béants; en *e* l'on voit des canaux longitudinaux dans la cavité viscérale des polypes *c c*; *e'* représente d'autres vaisseaux secondaires qui se trouvent dans la muraille qui sépare les loges; *d d d* sont les portions tentaculaires des polypes qui sont très-contractés.

» » 3. Coupe longitudinale de deux vaisseaux longitudinaux: l'on voit sur leur face interne les orifices des canaux aquifères secondaires.

» » 4. Coupe transversale et grossie d'une tige de la *Briarea asbestina*: *a* en est le polype contracté, dont la cavité viscérale est ouverte, et montre les débris des cloisons mésentéroïdes; *b* est un autre polype, représenté tel qu'il était pendant qu'il vivait; la cavité viscérale qui a été ensuite ouverte représente les oeufs et les débris mésentéroïdes. Enfin sur toute la surface de notre coupe l'on voit les orifices des vaisseaux longitudinaux; ces orifices sont d'autant plus gros qu'on les observe plus près du centre; nous avons aussi figuré par des lignes plus claires des canaux transversaux, qui font communiquer les vaisseaux longitudinaux avec la cavité des polypes.

Pl. I. Fig. 5. Coupe longitudinale très-grossie, montrant deux calices du *Sympodium roseum*. On voit dans chaque loge les débris des membranes mésentéroïdes; et, à la partie inférieure des espaces périgastriques, des orifices qui sont les bouches des vaisseaux aquifères, qui font communiquer chaque polype avec le système général des vaisseaux du Polypier, système qui se trouve représenté dans cette figure, où l'on voit des vaisseaux qui se dirigent en tous sens dans les parties solides du Polypier.

» » 6. Deux polypes grossis de la *Xenia capitata*.

» » 7. Portion de la *Chrysogorgia Desbonni*.

» » 8. Fragment grossi de la même espèce.

» » 9. Fragment grossi montrant la composition de la couche corticale, et quelques calices de la *Blepharogorgia Schrammi*.

Pl. II. Fig. 1. Fragment de la *Juncella S. Crucis*, gr. nat.

» » 2. Portion de la *Thesea guadalupensis*, gr. nat.

» » 3. Fragment de la même espèce, grossi pour montrer sa texture et la disposition des spicules.

» » 4. Une portion de la *Swiftia exserta*, gr. nat.

» » 5. Fragment de la même espèce, grossi pour montrer sa texture et l'absence de spicules de la partie centrale.

» » 6. *Xiphigorgia americana*, gr. nat.

» » 7. Section horizontale d'un *Zoanthus*, faite vers la région stomacale. On voit l'estomac au centre; autour de lui les loges périgastriques séparées les unes des autres par les lames mésentéroïdes.

» » 8. *Draytonia myrcia*, grossie.

Pl. III. Fig. 1. *Acis nutans*, une portion du Polypier.

» » 2. Fragment d'un rameau, grossi pour montrer la texture.

» » 3. Portion du *Gemmaria Swiftii* vivante.

» » 4. Portion grossie de l'*Eunicea Stromeyeri*, montrant un polype vu de face et épanoui, et un autre épanoui en partie, mais ayant contracté ses tentacules.

» » 5. *Eunicea tabogensis*, gr. nat.

» » 6. Un des calices de la même espèce grossi.

Pl. III. Fig. 7. Section grossie d'une loge de *Palythoa*. On voit les débris des lames mésentéroïdes; à la partie inférieure se trouvent les orifices des vaisseaux aquifères qui parcourent la partie basilaire du Polypier, et font communiquer les loges les unes avec les autres.

» » 8. *Anthopleura granulifera*, grand. nat.

Pl. IV. Fig. 1. *Lophogorgia panamensis*, grand. nat.

» » 2. *Lophogorgia alba*, grand. nat.

» » 3. *Rhipidogorgia ventalina*, réduite à 1/2.

» » 4. *Rhipidogorgia elegans*, idem.

» » 5. *Chrysogorgia Desbonni*, grand. nat.

» » 6. La même espèce grossie.

Pl. V. Fig. 1. *Hypnogorgia pendula*, réduite à 1/3.

» » 2. Portion grossie de la même espèce montrant les spicules.

» » 3. *Heteractis hyalina*, grand. nat.

» » 4. Un des tentacules (grossi) de la même espèce.

» » 5. *Juncella barbadensis*, réduite à 1/3.

» » 6. Portion grossie de la même espèce.

» » 7. *Juncella funiculina*, réduite à 1/4.

» » 8. Portion grossie de la même espèce.

» » 9. *Capnea Vernoniana*.

» » 10. *Anthopleura pallida* dans l'état d'expansion.

» » 11. La même espèce contractée.

» » 12. *Disactis mimosa*.

» » 13. *Capnea Coreopsis*.

Pl. VI. Fig. 1. *Cystiactis Eugenia*, fixé sur un corps marin.

» » 2-3. *Antinedia tuberculata*, grand. nat. *ex vivo*.

» » 4. *Mamillifera pulchella*, grand. nat.

» » 5. *Mamillifera distans*, grand. nat.

» » 6. Polype grossi de la *Bergia via lactea*.

» » 7. *Palythoa glutinosa*, grand. nat. *ex vivo*.

» » 8. *Palythoa cinerea*, grand. nat. *ex vivo*.

» » 9. *Palythoa glutinosa*, grand. nat. *ex sicco*.

» » 10. *Palythoa mamillosa*, *ex sicco*.

» » 11. *Palythoa caribaea*, *ex sicco*.

» » 12. *Capnea Coreopsis*, *ex sicco*.

» » 13. *Cereus crucifer*, grand. nat.

Pl. VI. Fig. 14. *Bartholomea solifera*, grand. nat.
» » 15. *Bartholomea Inula*, contractée en partie.
» » 16. *Bartholomea Tagetes*, grand. nat.
Pl. VII. Fig. 1. *Arachnopathes paniculata*, grand. nat.
» » 2. Fragment grossi de la même espèce.
» » 3. *Lithophyllia radians*, calice.
» » 4. La même espèce de grand. nat., vue longitudinalement.
» » 5. Polype grossi d'un des calices d'une *Mussa*.
» » 6. Portion d'une *Oculina* pourrie. Ce dessin présente quelques polypes épanouis, et d'autres contractés.
» » 7. Portion d'une *Meandrina* vivante.
» » 8. Portion d'une *Colpophyllia* vivante
» » 9. Figure grossie d'une *Eusmilia*.
» » 10. Portion d'une *Symphyllia* vivante.
Pl. VIII. Fig. 1. Polype grossi d'une *Solenastraea*.
» » 2. Polype grossi d'une *Porites*.
» » 3. Polype grossi de la *Plesiastraea Carpinetti*.
» » 4. Un système peu développé d'une *Ctenophyllia*.
» » 5. Polypes de l'*Heliastraea cavernosa*, les uns épanouis, les autres contractés. Cette figure montre les fibres musculaires transversales et longitudinales du disque et du corps.
» » 6. Un intérieur d'un polype d'une *Mussa*: *a* tentacules; *b* disque; *c* partie de la bouche; *d* une portion de la membrane de l'estomac, présentant à sa surface les cordons blancs qui commencent à la bouche; *eee* lamelles pierreuses ou cloisons; *f* un des cordons pelotonnés; *g* ovaires.
» » 7. Un polypiérite d'*Eusmilia* fendu, pour montrer son intérieur: *a* est l'un des cordons pelotonnés; *b* est la masse ovarique; *c* est l'estomac, qui a été fortement laceré; *d* est la columelle.
» » 8. Portion d'une *Lithophyllia*.
» » 9. Branche terminale d'une *Oculina* très-grossie; la figure montre les vaisseaux muraux du système aquifère, qui communiquent entre eux en allant d'un polype à l'autre. Ces vaisseaux sont logés sur la muraille et en même

nombre que les tentacules, avec lesquels ils communiquent aussi bien qu'avec les loges périgastriques.

Pl. VIII. Fig. 10. Une portion très-grossie de la *Solenastraea micans* présentant cinq polypes, dont trois bien épanouis et deux presque entièrement contractés. Ces polypes ont 24 tentacules. Le dessin montre les vaisseaux aquifères dits muraux, qui partent de chaque polype et se rendent aux polypes voisins. Ces vaisseaux sont en nombre égal aux tentacules, avec lesquels ils communiquent tout aussi bien qu'avec les loges périgastriques, dont ils sont le prolongement. Ces vaisseaux sont toujours logés dans les interstices des côtes quand celles-ci existent.

» » 11. *Desmophyllum Cailleti*, grand. nat.

» » 12. *Lithophyllia multilamella*, grossie du double.

Pl. IX. Fig. 1-2. *Oculina bermudiana*, grand. nat.

» » 3. *Stylopora incrustans*, id.

» » 4. *Stylaster elegans*, id.

» » 5. *Dicocoenia pulcherrima*, id.

» » 6. Un calice grossi de la même espèce.

» » 7. *Stephanocaenia debilis*, portion de grand. nat.

» » 8. Quelques calices grossis de la même espèce.

» » 9. *Dicocoenia pauciflora*, grand. nat.

» » 10. Une étoile grossie de la même espèce.

» » 11. *Dicocoenia elliptica*, portion de grand. nat.

» » 12. Une étoile grossie de la même espèce.

Pl. X. Fig. 1. *Cladocora parvistella*, grand. nat.

» » 2. Deux calices de la même espèce.

» » 3. *Astrangia phyllangioides*, grand. nat.

» » 4. Un calice grossi de la même espèce.

» » 5. Portion de l'*Agaricia frondosa*.

» » 6. Deux calices grossis de la même espèce.

» » 7. *Neoporites subtilis*, grand. nat.

» » 8. Quelques calices grossis de la même espèce.

» » 9. *Neoporites Michelini*, grand. nat.

» 10. Quelques calices grossis de la même espèce.

» » 11. *Mycedium S. Johannis*, grand. nat.

» » 12. *Cosmoporites laevigata*, id.

Pl. X. Fig. 13. *Porites valida*, grand. nat.
» » 14. *Porites Plumieri*, id.
» 15. *Porites macrocephala*, id.
» » 16. *Cosmoporites laevigata*, quelques calices grossis.
Pl. XI. Fig. 1. *Millepora fenestrata*, portion.
» » 2. *Millepora pumila*, id.
» 3. *Millepora rugosa*, id.
» » 4. *Millepora tuberculata*, grand. nat.
» » 5. *Millepora fasciculata*, portion de grand. nat.
» » 6. *Millepora carthaginiensis*, id.
» 7. *Millepora crista galli*, id.
» 8. *Millepora striata*, id.
» » 9. *Millepora Schrammi*, id.
» 10. *Millepora delicatula*, id.

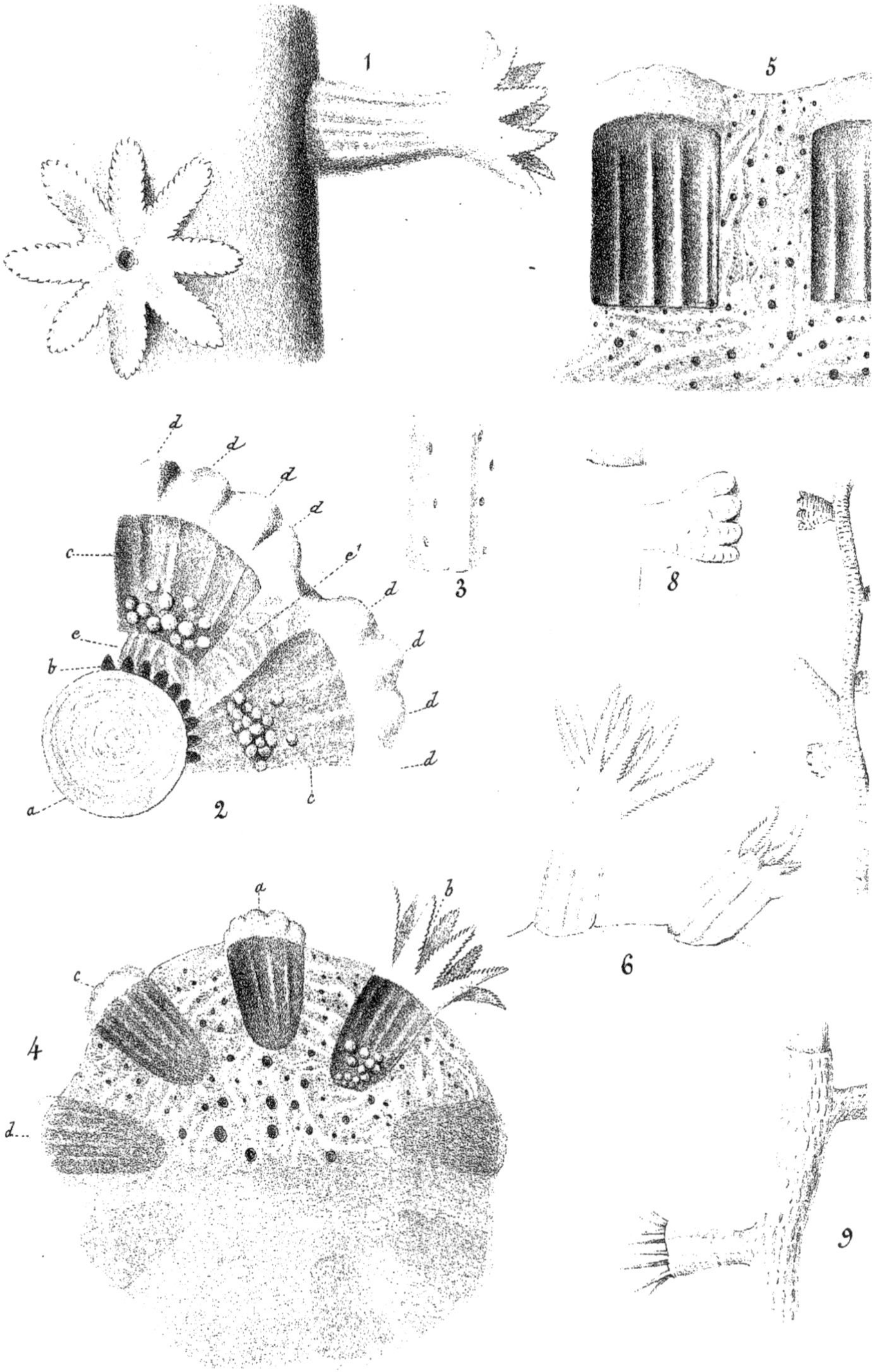

1
5
d
d
d
d
c
e'
3
8
e
b
d
d
d
a
2
c
a
b
c
4
d
6
9

PL.

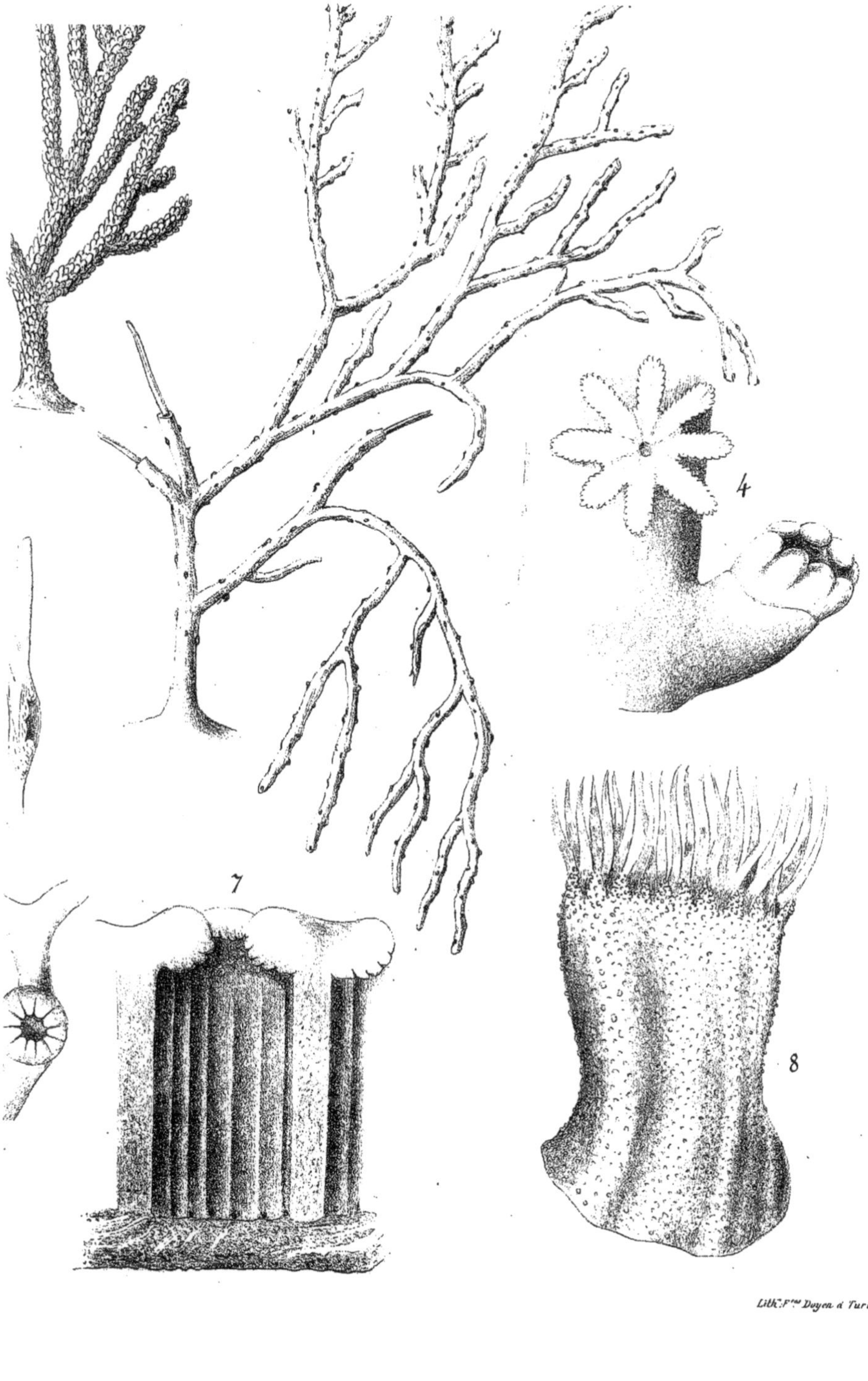

Lith. F.res Doyen à Turin

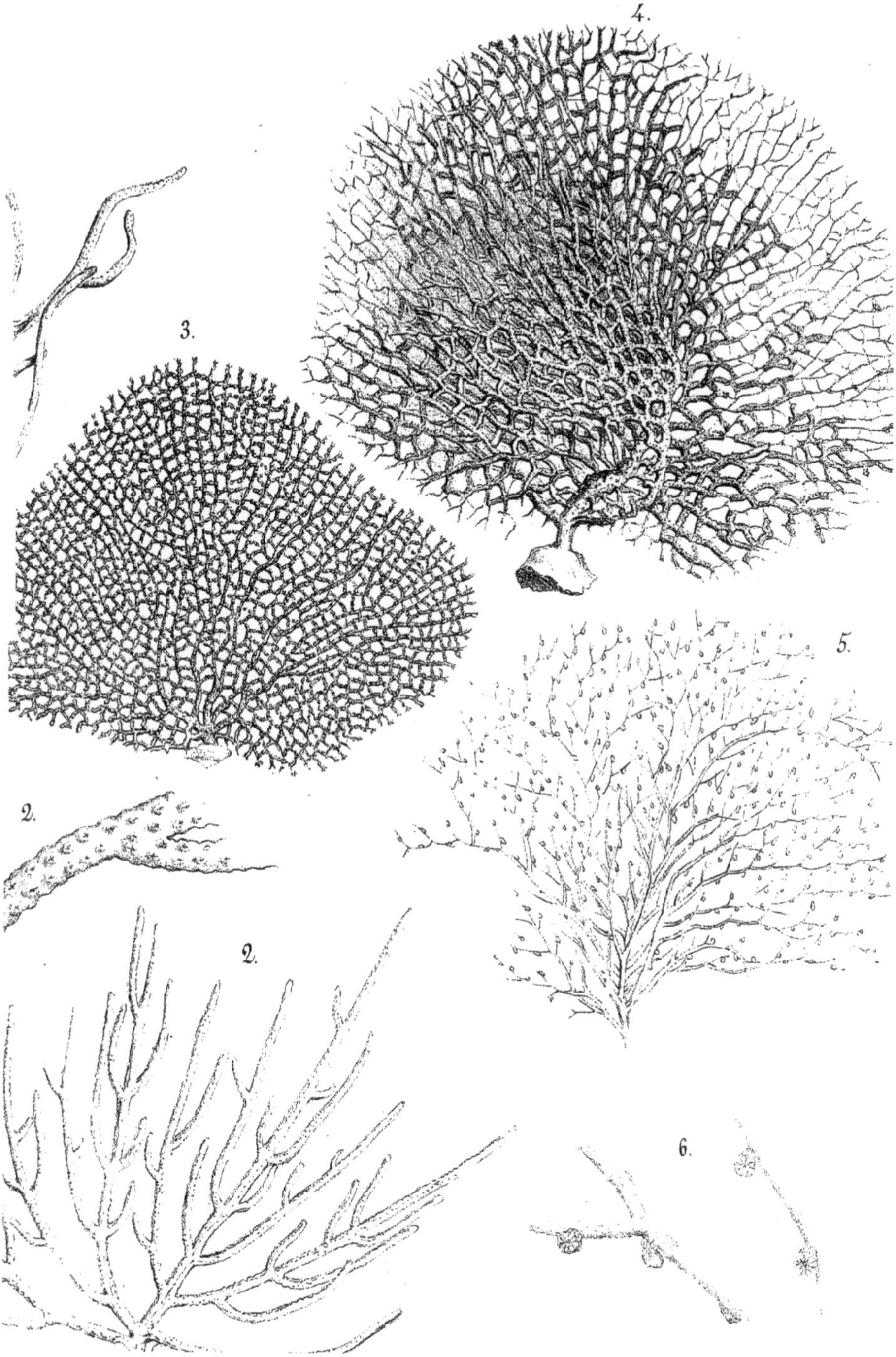
4.
3.
5.
2.
2.
6.

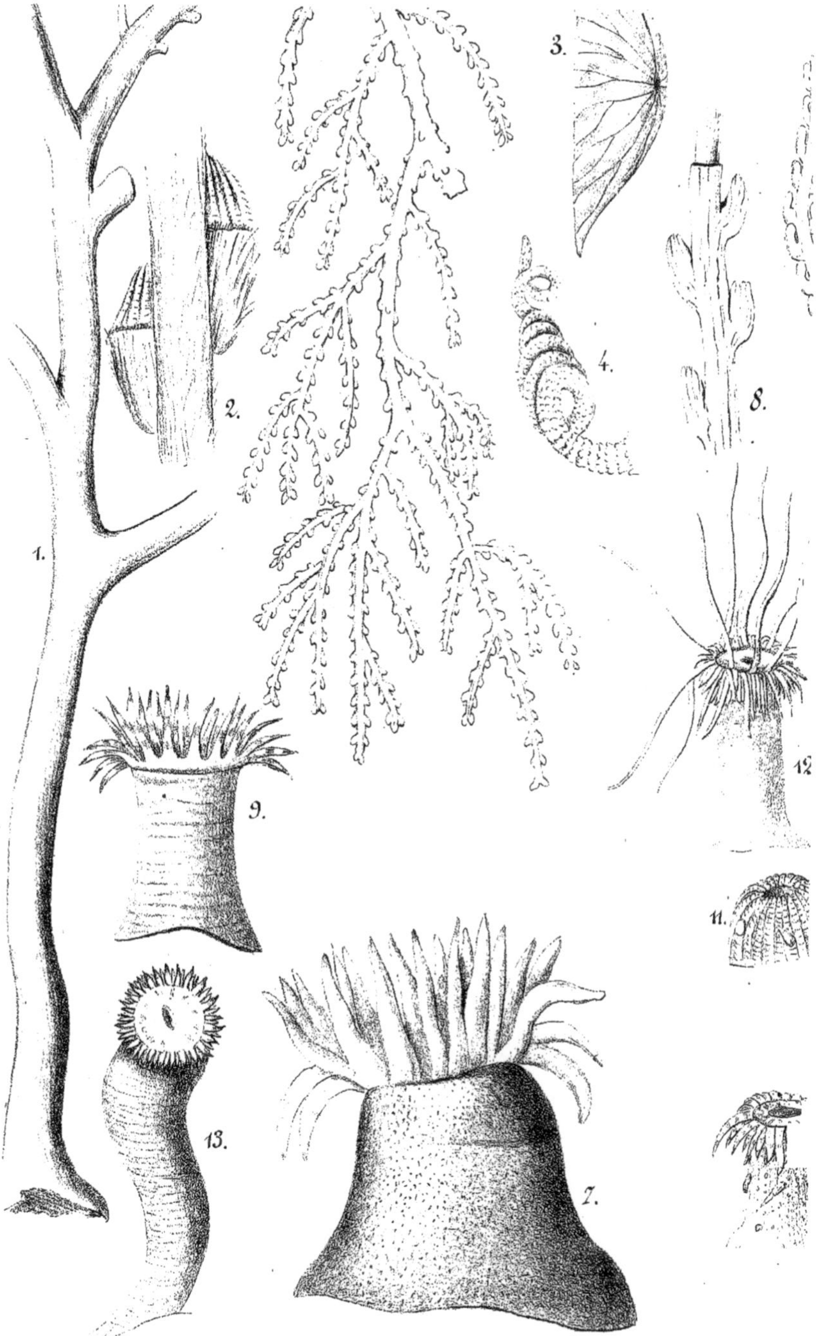

Perrin, lith.

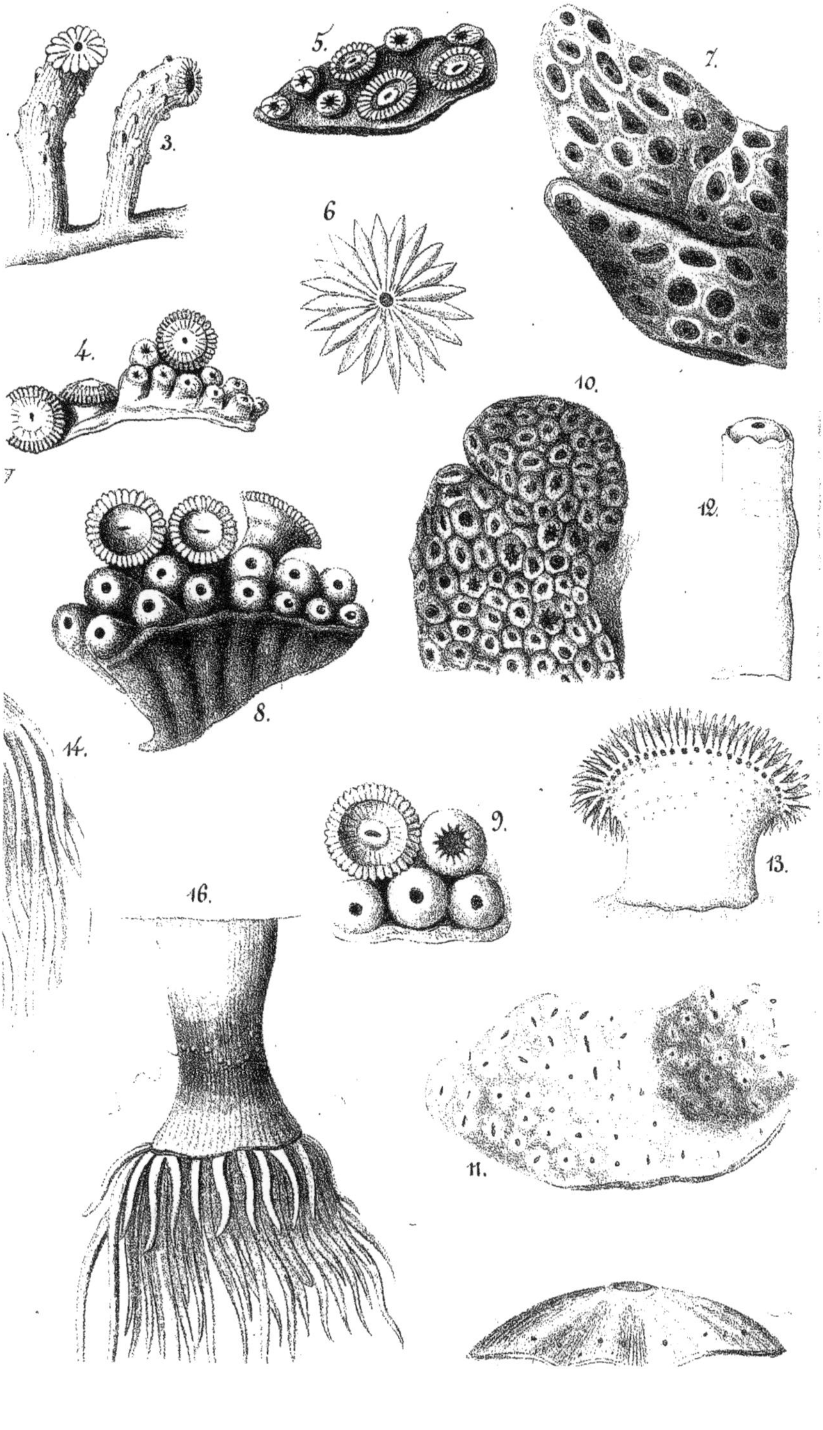
3.
5.
7.
6
4.
10.
12.
8.
14.
9.
13.
16.
11.

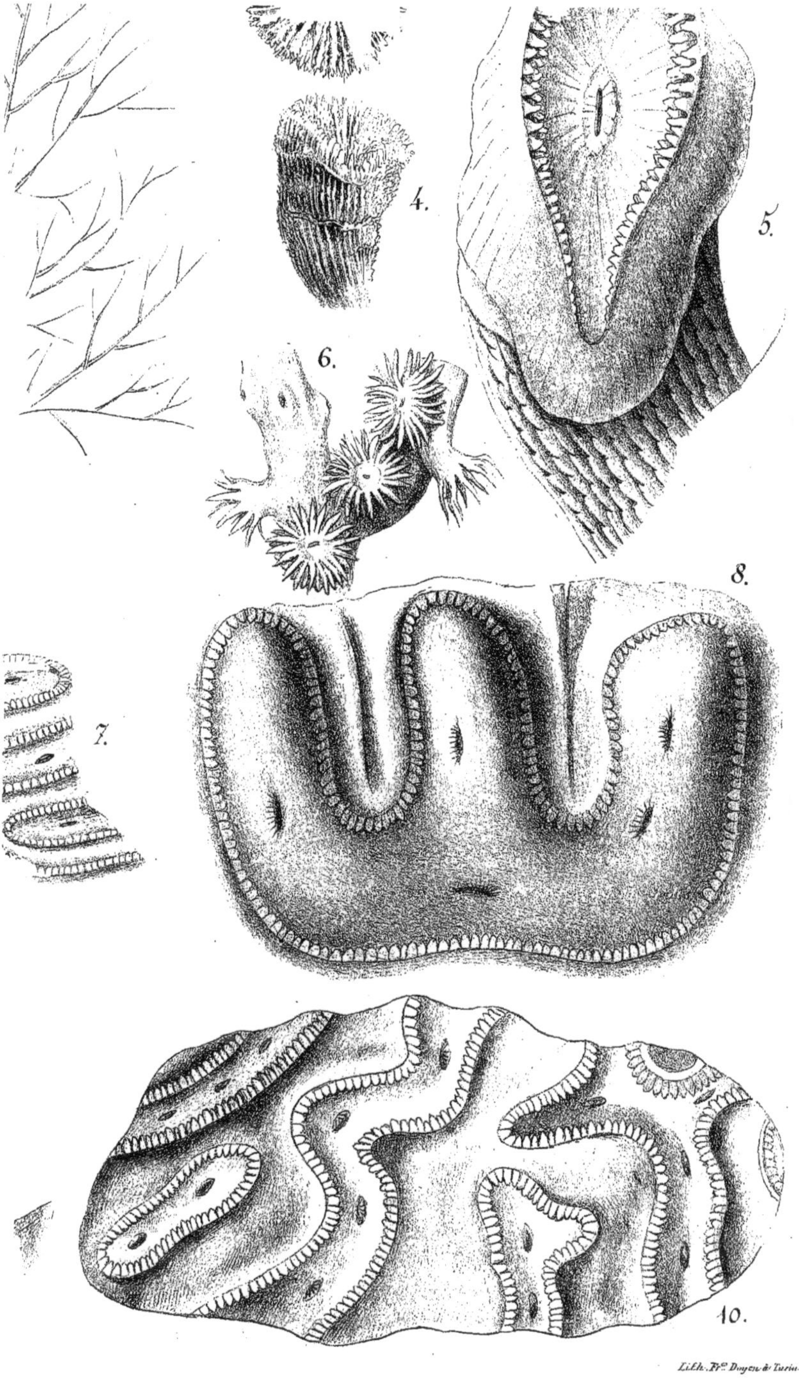

Lith. Frco Doyen à Turin.

PL. VIII.

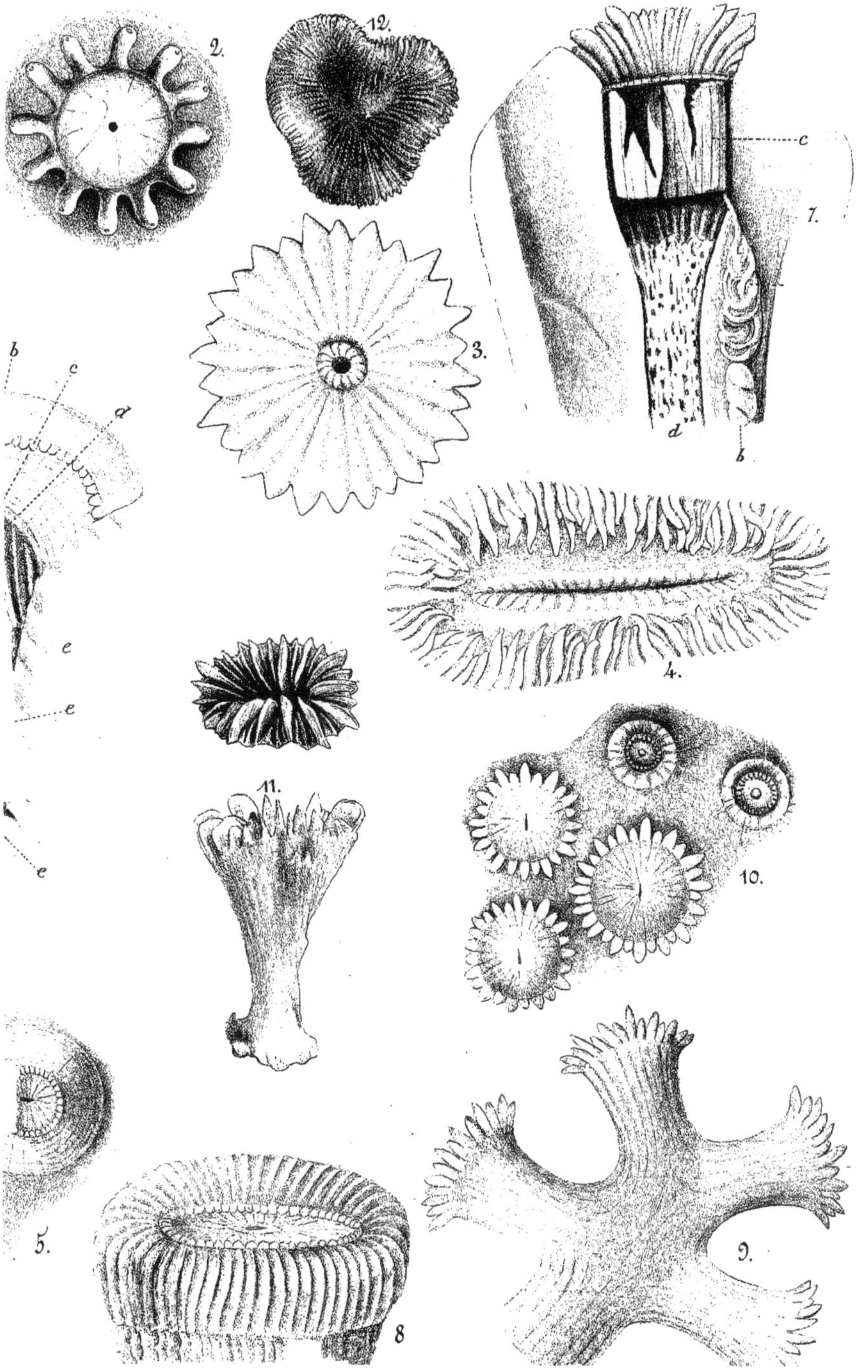

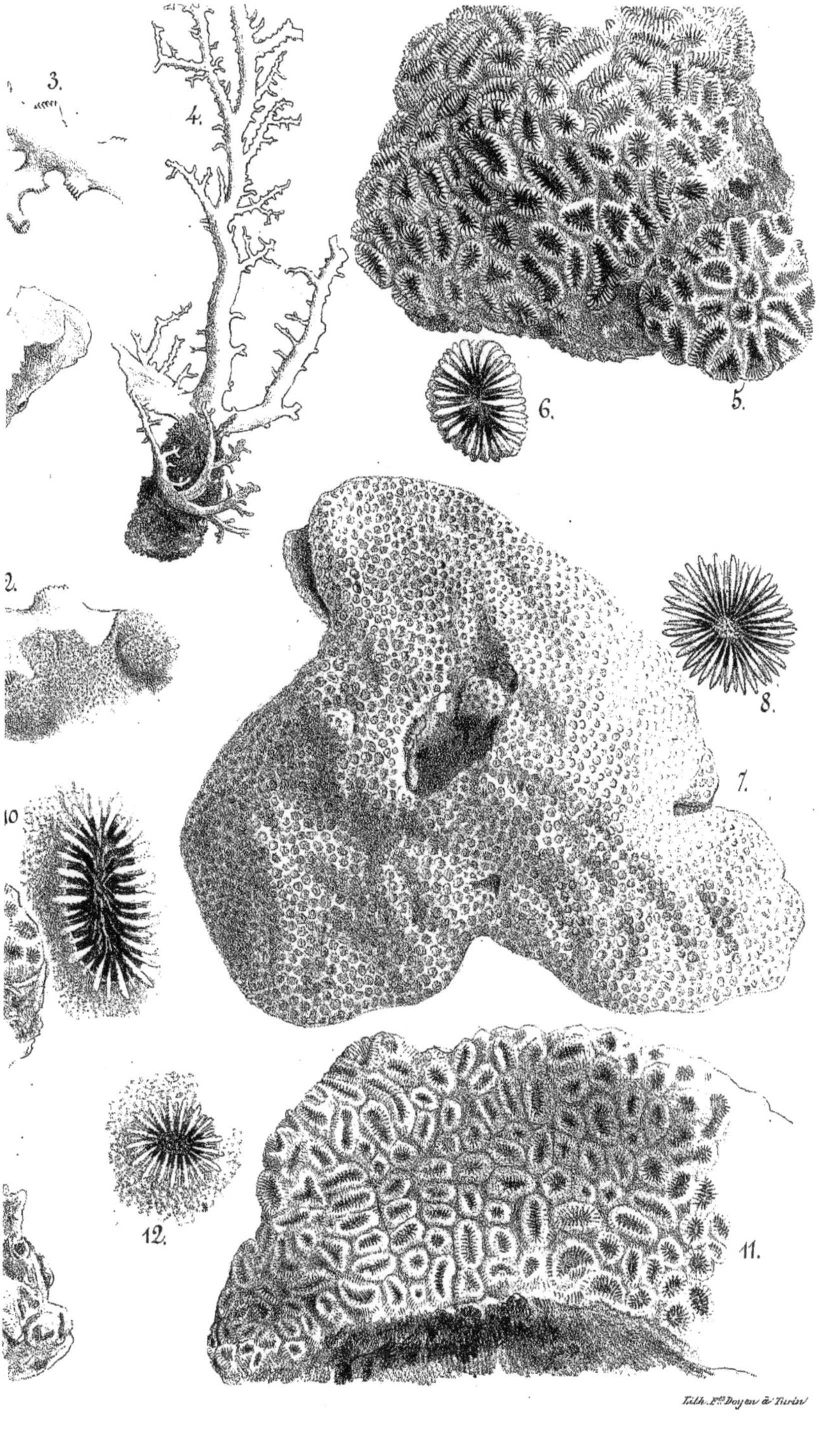

Lith. F.es Doyen à Turin

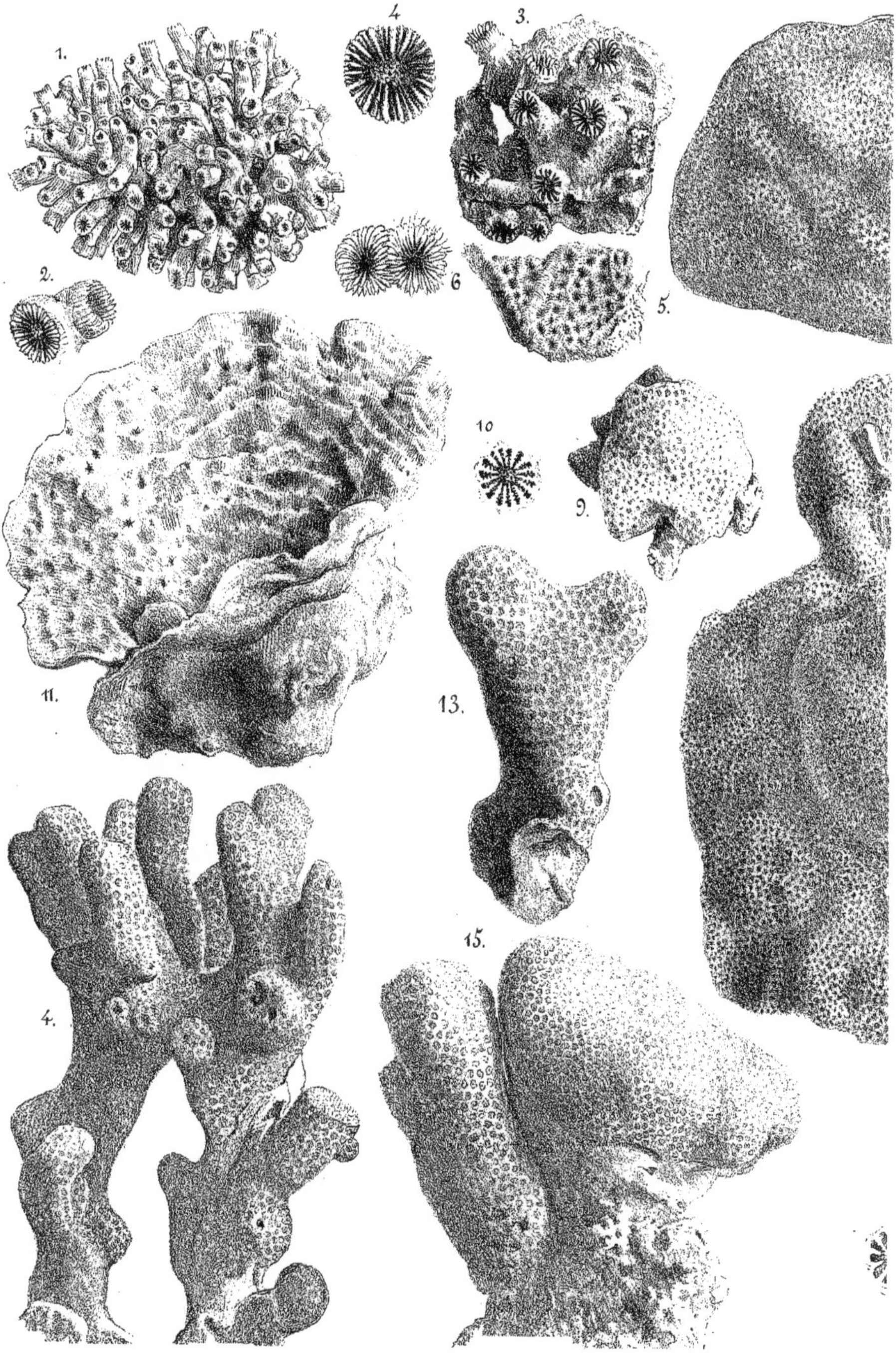
1.
4
3.
2.
6
5.
10
9.
11.
13.
4.
15.

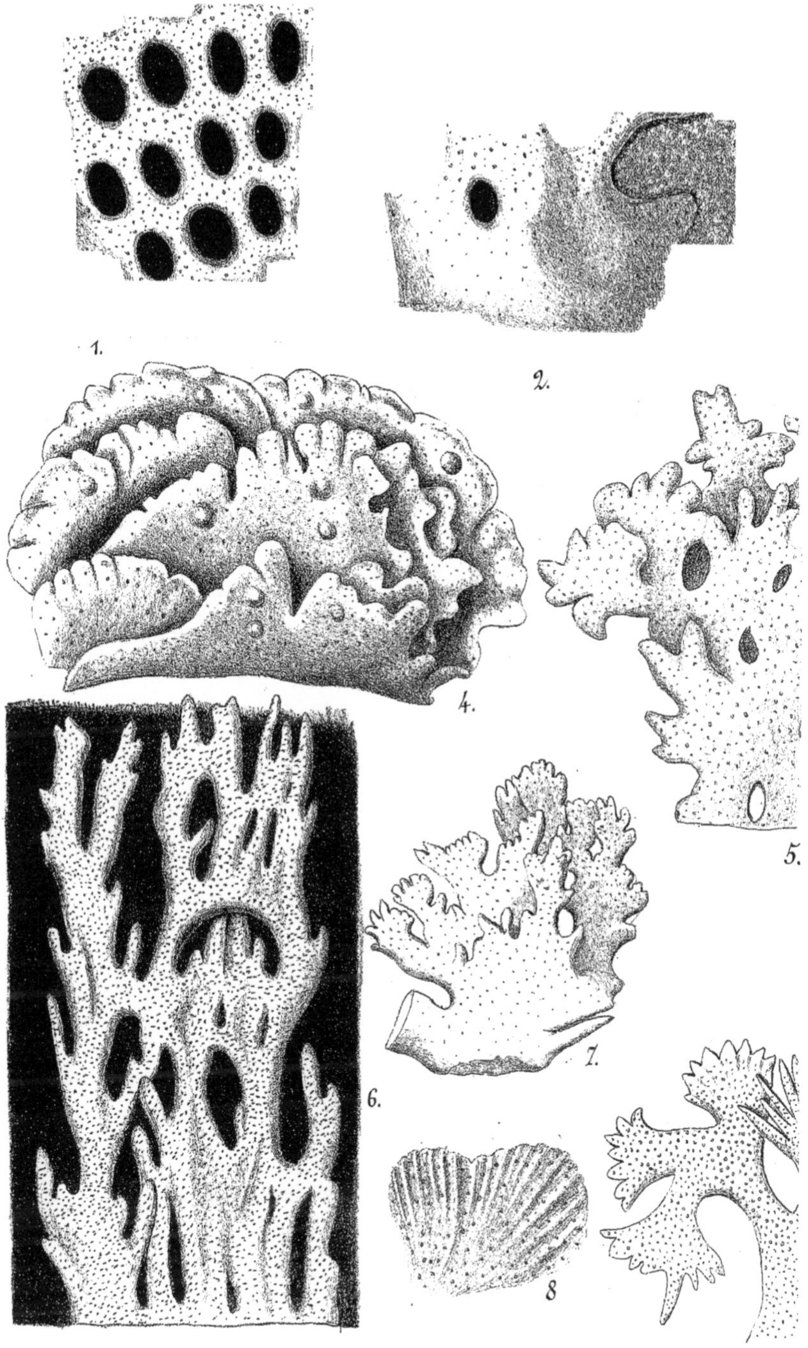
1.
2.
4.
5.
6.
7.
8

GNEIS CON IMPRONTA DI EQUISETO

NOTA

DEL COMMENDATORE

ANGELO SISMONDA

PROFESSORE DI MINERALOGIA

Letta nell'adunanza del 18 dicembre 1864.

La più importante cognizione di cui siasi arricchita la Geologia in questi ultimi tempi è fuor di dubbio quella risguardante il metamorfismo delle rocce. Di questo fenomeno troviamo cenni più o meno particolareggiati in pressochè tutti gli autori antichi, che trattarono della formazione della terra; ma il primo a parlarne in termini precisi e con dottrina geologica è stato Hutton, il quale, nella sua teoria della terra, afferma sull'autorità di numerosi fatti che le rocce primitive sono per la maggior parte sedimenti nettuniani alterati dal fuoco centrale. Il fatto sostanziale, da cui il geologo scozzese trae questo giudizio, è l'intima e stretta connessione delle rocce primitive con quelle di origine acquea, quali sono i conglomerati, le arenarie, e tutte quelle insomma contenenti avanzi di esseri organici, comprendendo fra questi l'Antracite e il Grafite, perchè, come il Buffon, li credeva di origine vegetale.

L'opinione Huttoniana incontrò una seria opposizione da parte tanto degli assoluti nettuniani, quanto dei puri plutoniani. Da tale conflitto sorse la scuola mista, la quale con molto senno fa simultaneamente concorrere nella formazione della terra l'acqua e il fuoco. Così cessò di essere un fatto incomprensibile l'alternanza tanto frequente di Gneis, di Micascisto ecc., con rocce detritiche ed altre, aventi nel loro seno fossili organici.

Un'associazione di rocce di questa natura con entro grossi banchi di Antracite si osserva attorno al monte Bianco. La presenza dello Gneis indusse i vari autori che ne parlarono a considerarle primitive. Questa idea si abbandonò allora che comparve alla luce il classico lavoro sulla Tarantasia del sig. Brochant, dove dimostra che quello Gneis alterna con conglomerati, scisti e altre rocce, nelle quali furono poi trovati resti di esseri organici animali e vegetali (1). Le medesime rocce al colle del *Chardonnet*, narra il Beaumont nelle sue memorie sulle Alpi (2), sono cambiate in una specie di Gneis. Per buona fortuna la mutazione procede gradatamente, di modo che chi corre nel verso della direzione degli strati vede con non poca sua meraviglia, quasi ad ogni passo, le rocce assumere qualità e caratteri che svelano il corso progressivo della metamorfosi, il che appunto volle esprimere il Beaumont assomigliando quelle rocce allo stato in cui sono le fibre di un tizzone tra il capo arso e il suo opposto.

Secondo De Buch lo Gneis della Finlandia proviene dalla metamorfosi dello scisto argilloso trilobitico. Studer assegna questa medesima origine allo Gneis a grossi cristalli di felspato giacente in mezzo al macigno (*Flysch*) nelle Alpi di Glaris (3). Nelle Alpi piemontesi vi ha eziandio molto Gneis metamorfo; anzi penso che non ve ne esista di altra natura. Ne ho citato parecchi anni addietro nelle Alpi marittime e nei monti di Cumiana presso Pinerolo (4). Quivi si notano due varietà di questa roccia, una porfiroide, l'altra granosa. Quest'ultima soprassiede con istratificazione discordante alla prima, ed inoltre qua e là pei monti tra la Chisola e il Sangone racchiude uno scisto argilloso nero, il quale serve come di

(1) V. *Journal des mines*, tom. XXIII, pag. 321, ann. 1808.

(2) V. *Annales des sciences naturelles*, tom. XV, ann. 1828. Questo stesso autore nella *Explication de la Carte géologique de France*, tom. I, pag. 312, cita nei Voges il calcare cristallino in alternanza collo Gneis. Alla pag. 310 della medesima opera fa osservare che in più luoghi di quella catena montagnosa il Grafite rimpiazza il Mica in una varietà di Gneis granosa molto povera di felspato; infine alla pag. 314 riferisce un esempio di Gneis contenente Antracite coll'aspetto del carbone.

(3) V. *Proceedings of the geological Society*, 1848, v. V, pag. 211.

(4) V. *Memorie della R. Accademia delle scienze di Torino*, serie 2.ª, tom. IX, *Notizie e schiarimenti sulla costituzione delle Alpi piemontesi.*

salbanda a strati di Grafite. Tutto ciò mi condusse a pensare che i due Gneis non sieno del medesimo periodo geologico. Un'associazione di due Gneis identica alla precedente è stata riconoscinta da GÜMBEL nei monti della Baviera, e da CREJCI in quelli della Boemia. Il giudizio da essi portato sulla natura e sull'età di questo Gneis è in tutto concorde a quello da noi dato per rispetto allo Gneis di Cumiana (1). Quelle contrade furono di poi visitate dal MURCHISON. Nella relazione del suo viaggio egli ammette la natura metamorfica di quelli Gneis, ma non pensa come GÜMBEL, che spettino a due periodi geologici diversi.

Potrei nominare molti altri autori pei quali lo Gneis è una roccia metamorfica (2); potrei citare non pochi valenti geologi pei quali tutte le rocce, anzichè cristalline stratificate, sono sedimenti metamorfosati; potrei infine, per accrescere l'autorità dei pochi fatti in questo senso riferiti, rammentare le importanti ricerche del FOURNET, e gli interessanti esperimenti dei signori BERTHIER, BERTHELOT, DAUBRÉE, H. DEVILLE e CARRON, EBELMEN, J. HALL, MITSCHERLICH, MORLOT, SENARMONT ecc., ecc., i quali

---

(1) V. *The Quarterly Journal of the geological Society*, vol. XIX, pag. 354, August. 1862.

(2) Vi esiste eziandio granito di origine metamorfica, come comprovano i fatti comunicati dal BEAUMONT e da altri distinti geologi alla Società geologica di Francia. Il BEAUMONT nell'adunanza del 3 febbraio 1845 di quella Società lesse una lettera, con cui il sig. HAIDINGER gli annunzia la scoperta fatta dal sig. ZIPPE di un ciottolo rotolato nel granito. V. *Bulletin de la Société géologique de France*, *2.e série*, *tom. 2*, *pag. 266*. Nell'adunanza tenuta il 1.° dicembre 1845 dalla medesima Società, il sig. VIRLET comunicò una sua lettera indirizzata al BEAUMONT, in cui a sostegno della propria opinione anteriormente emessa sull'origine metamorfica del granito della Normandia, dice di avervi scoperti ciottoli rotolati di varia natura e grandezza, essi pure modificati, ma in modo diverso della roccia in cui stanno racchiusi. Di questo granito con ciottoli cita parecchie lastre visibili nel marciapiede di più punti delle vie di Parigi. Nella tornata del 2 novembre 1846 di quella stessa Società, il sig. DUROCHER lesse una Nota, dove cerca di dimostrare che le sostanze di forma rotondata ed elittica, citate dal VIRLET nel granito della Normandia, non sono ciottoli rotolati, ma bensì arnioni formatisi nel rappigliamento della roccia in virtù dell'attrazione molecolare. Il sig. VIRLET presente a quell'adunanza fece osservare, che la natura dei ciottoli contraddice a questa supposizione; imperocchè, se ve ne sono di composizione analoga alla roccia, come sono quelli di Mica, di Gneis, di Quarzo e di Petroselce, ve ne sono eziandio, che non posseggono con essa nessuna affinità; tali sono i ciottoli di Stealite, di Quarzite e di pietra lidiana. Questi ultimi inoltre sono percorsi da vene cristalline, le quali non proseguono il loro corso nella roccia, come dovrebbe essere se questa e quelli fossero contemporanei. Concede bensì il VIRLET che esista un intima connessione tra la roccia e i ciottoli, come fa vedere la frattura, ma egli risguarda quella specie di saldatura come una conseguenza del metamorfismo, il quale però non valse a distruggere a quelle sostanze la forma di ciottoli, poichè essa si mostra in tutta la sua purezza nelle prominenze o bernoccoli esistenti alla superficie della roccia corrosa dagli agenti atmosferici, e nei massi e nelle lastre state sottoposte a lievi ma lunghi attriti, come appunto sono quelle dei marciapiedi delle vie di Parigi.

provano come la maggior parte delle sostanze componenti le rocce cristalline si ottengano sottoponendo i loro principii costitutivi insieme rimescolati ad una temperatura sufficientemente elevata ora col concorso, ed ora senza il concorso dell'acqua. Ma siccome non è mio intendimento di qui fare la storia del metamorfismo, pertanto nulla su ciò aggiungo a quanto esposi col fine principalmente di aprirmi la via a narrare il fatto che forma l'argomento della presente Nota.

Lo Gneis si reputa metamorfico allora che giace in mezzo a rocce di evidente natura nettuniana, e che ne segue appuntino la stratificazione. Il fatto di cui è qui questione ha un significato molto più stringente. Si tratta di una mostra di Gneis, la cui formazione per via umida è resa incontestabile da una impronta, che in seguito a minuti esami è stata riconosciuta per essere di un vegetale. A prima giunta la credetti un mero accidente di cristallizzazione, la credetti cioè una *dendrite*. Tuttavia sottoposi a qualche esperimento il polviscolo nero, di cui è debolmente velata quell'impronta. Ne misi un pochino sopra una lamina di platino arroventata; esso bruciò alla maniera del carbone; cioè s'infuocò, e poi consumò tranquillamente senza lasciare sul sostegno traccia di se medesimo. Avvertito da tale risultamento essere quel polviscolo carbone in istato di grande divisione, riosservai l'impronta, aiutando questa volta la vista con una lente, e così vi potei discernere un sistema di foglioline raggiato, ordinato circolarmente attorno ad un punto (1). I raggi sono lineari leggermente obovati, percorsi nel bel mezzo da un distinto solco, ed hanno i margini probabilmente interi, ma che paiono intaccati e come denticolati per le ineguaglianze nella superficie della roccia. Fatto pertanto persuaso, che quell'effigie fosse realmente di una pianta, mi nacque il desiderio di conoscerne la specie. A questo fine la sottoposi successivamente all'esame dei seguenti distinti paleontologi e botanici professori E. Sismonda, Bellardi, Gras e Parlatore. Tutti e quattro, dopo maturo riflesso, la giudicarono un nodo del fusto di una specie di Asterofilite (*Annularia*). Siccome le cautele non sono mai soverchie, stimai prudente di conoscere che cosa ne pensasse il Brongniart, in queste materie maestro espertissimo. Per mezzo del Beaumont gli feci arrivare tra le mani la fotografia dell'impronta, e due disegni a matita, uno eseguito

(1) V. la tavola annessa.

a vista naturale, l'altro coll'aiuto della lente. Il Brongniart, secondo il consueto, è stato meco compiacentissimo. Accolse la mia preghiera, e dopo qualche tempo consegnò al Beaumont una lettera, in cui dichiara che quell'impronta rappresenta un nodo del fusto di una specie probabilmente nuova di Equiseto (1).

Accertata la natura organica dell'impronta, resta sciolto il doppio problema che vi ha Gneis metamorfico, e che causa del fenomeno non può essere stato il solo calorico, ma bensì che con questo agente concorse l'acqua. Ora Studer, Marian, Murchison ecc. citano lo Gneis metamorfo in tali condizioni geologiche da farlo credere del periodo cretaceo. Beaumont riferisce quello del Delfinato e del colle del *Chardonnet* al periodo giurese; io assegnai a questo stesso periodo lo Gneis di molte località delle Alpi; ve ne indicai inoltre del più antico: tale sarebbe quello che entra nella composizione del terreno, che per causa del posto che occupa credetti di dover chiamare *infraliassico*, terreno, a mio avviso, composto di tutti i sedimenti avvenuti nel lungo spazio di tempo che precedette il periodo liassico. Allorché io emetteva quest'opinione, aveva a sussidio i soli fatti forniti dalla stratigrafia delle rocce, ma d'allora in poi il tempo fece la parte sua; tra l'altre cose il Museo per cura del cav. prof. Bellardi divenne possessore del pezzo di Gneis coll'impronta di Equiseto. È bensì vero che codeste piante cominciano a comparire nel terreno devoniano, continuano nelle formazioni posteriori, quindi la nostra impronta, stante il cattivo stato in cui è, non potendosi specificamente determinare, come fa osservare il Brongniart, non somministra un sicuro e preciso criterio

---

(1) Ecco la lettera del Brongniart. « Paris, 16 juin, 1864. J'ai examiné avec beaucoup d'attention » la photographie et les dessins d'une empreinte trouvée sur un Gneis que M. Elie de Beaumont » a bien voulu me communiquer de la part de M. Sismonda. Malgré son état très-imparfait, on » ne peut pas douter que ce ne soit un fragment de végétal, et il me paraît très-probable que » cette empreinte se rapporte à une portion de gaîne d'*Equisetum* très-analogue à celles de l'*Equisetum infundibuliforme* des terrains houillers. Il y a cependant dans la forme de cette empreinte » des différences très-notables, surtout dans la manière dont elle est étalée, et dans le petit diamètre de la tige sur laquelle elle devait s'insérer. Il me paraît d'après ces caractères que cette » empreinte se rapporte à une espèce non encore observée, qu'il serait bien difficile de définir » avec précision d'après un fragment si incomplet et si vague, mais qu'on pourrait cependant désigner » par le nom d'*Equisetum Sismondae*. Il ne faudrait pas en tirer des conséquences géologiques trop » positives car il existe des empreintes d'*Equisetum* très-caractéristiques dans le Keuper et dans » l'Oolithe; et comme l'échantillon de M. Sismonda n'est identique spécifiquement avec aucune » des espèces connues, elle pourrait aussi bien appartenir à un *Equisetum* de l'époque triassique, » qu'à une espèce d'une époque plus ancienne. »

per conoscere a qual formazione o terreno spetti la roccia che la contiene. Ma ciò che non palesa l'impronta si potrebbe, con molta probabilità di cogliere nel vero, desumere da altre circostanze di fatto, tra le quali primeggia quella del posto occupato dalla roccia nella serie de' terreni. Sgraziatamente non sappiamo nulla di preciso sulla sua giacitura, imperocchè codesta mostra è stata staccata da un grosso masso di Gneis avvolto nel diluvio che veste i monti di calcare liassico a settentrione di Vezzago nella Brianza (1). Cercando donde possano venire le rocce di quel diluvio, uno si persuaderà che furonvi condotte dalla Valtellina, perchè di esse sono composti i suoi monti: ciò posto, ecco il quesito che abbiamo da risolvere: A qual terreno spetta lo Gneis della Valtellina? Chi studiò quei monti risponderà recisamente ch'esso soggiace al liasse; dunque fa parte del nostro gruppo infraliassico. Ma fra i vari terreni che abbiamo accennati concorrere alla sua costituzione, a quali si riferisce lo Gneis improntato del fusto di Equiseto? A questo secondo quesito puossi rispondere che si riferisce al periodo carbonifero, imperocchè, da quanto finora ci consta, prima di quell' epoca gli Equiseti non esistevano alla superficie terrestre. È da desiderarsi che s'intraprendano ricerche di fossili in que' monti, e che si estendano ai terreni cristallini del resto d'Italia, essendo probabile che se ne rinvengano di quelli, che per natura e per conservazione apportino alla questione tutta la luce che si richiede pella compiuta sua soluzione (2).

Il Beaumont unì il terreno antracitoso delle Alpi al liasse, ciò che

---

(1) Trascrivo qui letteralmente la scheda statami consegnata colla mostra di questo Gneis. « Nel» l'anno 1826, nel mese di luglio, facendo solare il portico grande di questa casa (appartenente » al sig. Ambrosoni), e lavorando i scapelini un grosso piotone, il quale era già stato staccato » da un immenso sasso nelle vicinanze di Vezzago, fecero saltare dal centro la presente sceggia » nella quale trovassi come petrificato l'*Insetto* che si vede di specie a noi sconosciuta. Tale Insetto » si calcola che stava a più di otto brazza nel centro del gran sasso cavato a Vezzago. Si con» serva il presente perchè osservato da qualche celebre mineralogista abbia a spiegare l'epoca che » può essere stato rinchiuso. »

(2) La sola località della penisola italiana dove fin'ora siasi trovato il terreno carbonifero nettamente caratterizzato da fossili animali e vegetali è nelle vicinanze di Jano in Toscana. Come esposi in una mia lettera al Beaumont (*V. Comptes rendus de l'Académie des Sciences de Paris, tom. XL, pag. 352*), ivi il terreno carbonifero soggiace al Verrucano, che è un'associazione di rocce detritiche o scistose più o meno alterate, che io giudico appartenere alla parte superiore del terreno *infraliassico*. Ricordo il terreno carbonifero di Jano, perchè la sua esistenza in quella contrada, e la sua posizione geologica appoggiano l'opinione da me emessa sulla composizione del terreno infraliassico alpino, opinione che viene ora a ricevere una favorevole dimostrazione nella scoperta dell'impronta di Equiseto nello Gneis del gruppo, che farebbe appunto parte di quel terreno.

suscitò una questione che dura da più anni, senza che abbia finora ottenuta una definitiva risoluzione. Le mie ricerche su quei monti mi portarono a difendere e sostenere le idee del gran geologo francese mio amico. Faccio di ciò menzione, perchè considero il fatto or ora descritto come una nuova prova da aggiungersi alle tante già prodotte in favore di quell'opinione. Il Beaumont unì al liasse il terreno antracitoso alpino, perchè le rocce con piante carbonifere si alternano con scisti e calcare contenenti Belemniti e altri fossili liassici. Gli oppositori negano che le due sorta di rocce alternino insieme. Secondo essi compariscono accomodate ed ordinate a questa maniera per causa di ripetute ripiegature dei loro strati. Nulla però dimostra queste ripiegature. Non occorre ora di riprendere questa intricata discussione, ma importa di avvertire ch'oramai non si può più dubitare che a comporre il gruppo infraliassico concorra il terreno carbonifero. Confinandolo così nella zona infraliassica, il terreno antracitoso che gli sta sopra si dovrà esclusivamente giudicare dai fossili animali. Le piante non pertanto perdono alcun che della loro importanza scientifica, ma se ne cambia la natura. Esse invece di rivelarci un determinato periodo geologico, in questo speciale caso ci provano che, non ostante le catastrofi geologiche avvenute dopo l'epoca carbonifera, le condizioni climateriche in alcune località persistettero tuttavia propizie alla loro esistenza e propagazione. Facciamo delle Alpi un'isola lambita da una gran corrente, come il *Gulf-stream*, e le nostre asserzioni prendono posto tra le verità.

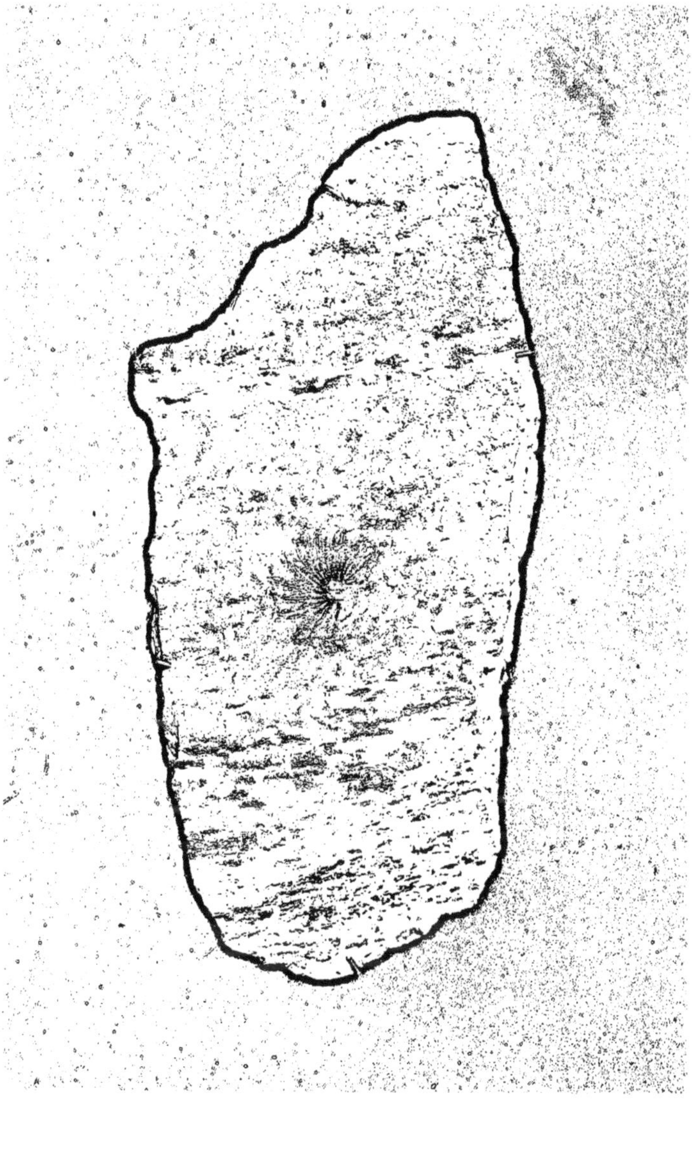

NUOVE ESPERIENZE

INTORNO ALL'ARRESTO DEL CUORE

PER LA GALVANIZZAZIONE DEI NERVI VAGHI

DEL DOTTORE

CARLO GIRACCA

ASSISTENTE ALLA CATTEDRA DI FISIOLOGIA DI PARMA

Approvate nell'adunanza del giorno 8 maggio 1864.

Nel decorso anno 1863, io ho fatto di pubblica ragione sugli *Annali Universali di Medicina* alcune mie ricerche sperimentali intorno alla innervazione dei vaghi sul cuore, istituite nel Gabinetto Fisiologico di Parma e nell'Istituto Veterinario, sotto la direzione dei Professori Signori Lussana e Lemoigne.

Sembrandomi che l'importanza dell'argomento, e la disparità delle opinioni fisiologiche vigenti in proposito esigessero ancora delle riprove ulteriori onde convalidare le deduzioni, le quali con riserbo e con una non dissimulata coscienza delle mie deboli forze io aveva rassegnate allora al giudizio della Scienza, ho riassunto delle novelle esperienze su dei grandi mammiferi, ove è permesso di esaminare il fatto in più larga azione.

Ora, prima di abbandonare per qualche tempo la mia Italia, facciomi un dovere troppo caro di subordinare le risultanze al giudizio di questo illustre Corpo scientifico, e tanto più volentieri, in quanto che esso fu il tribunale fortunato che ebbe il tributo delle analoghe ricerche eseguite dall'illustre fisiologo Moleschott.

Ed a viemmeglio preparare la conoscenza dello scopo al quale tendono queste mie ultime esperienze, ritengo necessario esporre i risultati ottenuti già nel mio precedente lavoro. Al qual uopo servirommi del riepilogo pubblicato nel n.° 42, 19 ottobre 1863, della Gazzetta Medica Italiana di Lombardia e che qui trascrivo.

1.° La recisione dei nervi pneumogastrici ha per effetto l'acceleramento dei battiti del cuore.

2.° Galvanizzando il moncone periferico di un pneumogastrico tagliato, si ha un immediato arresto od almeno un rallentamento dei battiti del cuore, a seconda della intensità della corrente.

3.° Qualche tempo dopo cessata la galvanizzazione, il cuore ripiglia le sue contrazioni, le quali vanno sempre più accelerandosi sino ad una frequenza maggiore della normale.

4.° La galvanizzazione del moncone periferico del pneumogastrico, intanto che produce arresto e rallentamento del cuore, produce eziandio una tensione maggiore arteriosa.

5.° Se parve a qualche fisiologo (come a Moleschott) che la galvanizzazione dei parvaghi produca acceleramento di circolo, ciò non potrebbe attribuirsi se non ad una diversità del processo operativo. Infatti se il battito si accelera pel taglio dei vaghi (Corollario 1.°), non deve accelerarsi per la loro galvanizzazione.

6.° Tale acceleramento dopo il taglio dei vaghi non può essere l'effetto di eccitazione dei medesimi nervi. Nol potrebbe essere se non della azione esagerata di altri nervi, che siano rimasti privi dell'influenza controbilanciatrice dei vaghi.

7.° L'arresto del cuore per galvanizzazione dei vaghi non può dipendere dalla loro paralisi prodotta per eccessiva galvanizzazione (opinione di Moleschott), perchè quand'anche si galvanizzasse così uno dei pneumogastrici, resterebbe pur sempre attivo l'altro nervo, sapendosi che il taglio d'un solo parvago non arresta, nè tampoco rallenta i moti del cuore. Aggiungasi che se fosse vero che il cuore s'arresta perchè la galvanizzazione di un vago paralizza il viscere, tanto più lo dovrebbe fare la recisione d'ambi i vaghi. Ora tutt'al contrario: al taglio d'ambi i vaghi succede l'acceleramento dei battiti del cuore.

8.° Tanto lasciando integri i vaghi, quanto recidendoli si ha sempre esagerata azione del cuore sotto agli strazi delle operazioni praticate agli animali superiori; quindi la sovraeccitazione dei moti cardiaci dipende più dal gran simpatico che dai vaghi.

9.° Sotto tali condizioni di esagerata azione del cuore, una troppo leggiera galvanizzazione dei vaghi non basta a controbilanciare coll'arresto o col rallentamento del cuore la concitazione dei battiti prodotta dallo strazio operativo. In questo caso si può cadere nell'errore di attribuire alla galvanizzazione dei vaghi ciò che è soltanto l'effetto d'esagerata azione di altri nervi.

10.° Nei piccoli mammiferi (come i conigli) i battiti del cuore sono già frequentissimi fisiologicamente (da 125 a 150 al minuto), il solo taglio poi dei tessuti e la scopertura dei pneumogastrici li accelera fino a 200. Questi animali dunque sono improprii a siffatto genere di sperimenti per la quasi innumerabile frequenza dei polsi.

11.° Migliori all'uopo sono i cani con cento battute fisiologiche al minuto, ottimi i cavalli con sole quaranta. Ma pure anche in questi animali gli strapazzi operativi e le emozioni accelerano i battiti fino al doppio. Che se si tocchi a nudo la superficie del cuore dei cavalli col palmo della mano introdotto per un'apertura praticata attraverso al ventre ed al diaframma, la frequenza dei loro battiti cardiaci arriva a tanto da non essere quasi più numerabile.

12.° Se per constatare i battiti del cuore dopo una leggiera galvanizzazione dei vaghi nei conigli si volesse infiggere un ago metallico attraverso alle pareti costali sin dentro al tessuto del cuore, valendosi così delle oscillazioni di detto ago per contarli, la concitazione delle pulsazioni cardiache dovrebbe giungere a tanto che la mite galvanizzazione dei vaghi non varrebbe più per nulla nè ad arrestarli nè a frenarli. Sembra che il Professore MOLESCHOTT si servisse di un tale processo sperimentale, e che quindi giudicasse accelerarsi i battiti del cuore per le galvanizzazioni assai leggiere dei vaghi. Egli però ammette pur sempre che la forte galvanizzazione dei vaghi arresti o ritardi costantemente i movimenti del cuore, quantunque ami attribuire un tale effetto alla paralisi dei nervi stancati per eccessiva galvanizzazione, perocchè i vaghi sièno nervi che facilmente si stanchino.

13.° Forse l'arresto od il rallentamento dei battiti cardiaci per galvanizzazione dei vaghi dipenderebbe dalla sovraeccitazione della loro innervazione la quale più direttamente si eserciti sulle orecchiette, avendosi così una prevalente sistole auricolare con sospensione della sistole ventricolare, ossia una specie di tetano delle orecchiette il quale, pel noto antagonismo fisiologico, produca la diastole dei ventricoli ed il ritardo od anco l'arresto dai battiti del cuore. Infatti il battito del cuore appartiene alla sistole ventricolare, impedita la quale, cessa pure il battito o si rallenta. Un tale evento si assomiglierebbe alle sincopi prodotte dai violenti patemi per la via delle origini encefaliche dei pneumogastrici.

Veramente l'autore osserva che:

a) L'anatomica distribuzione dei pneumogastrici sul cuore si lega piuttosto alle pareti auricolari anzichè alle ventricolari.

b) I ventricoli continuano le proprie contrazioni anche dopo tagliati i pneumogastrici.

c) I ventricoli riconoscono una maggiore innervazione dal gran simpatico e dai ganglii di Remak e di Lee anzichè dai parvaghi.

d) Il cuore per galvanizzazione dei parvaghi si arresta in diastole ventricolare ed ordinariamente in sistole auricolare (qui però l'autore soggiunge benchè in una sola esperienza), come l'orecchietta destra si presentasse essa pure contemporaneamente al suo ventricolo in istato diastolico.

e) L'antitesi o l'antagonismo d'azione fra le orecchiette ed i ventricoli suppone due ordini antagonistici di innervazione.

Ecco ora la esposizione di altre due esperienze istituite sul medesimo argomento nell'Istituto Veterinario di Parma, col concorso dei medesimi sullodati Professori.

Esperimento 1.° – Il primo animale adoperato fu un asino di circa venti anni. Aveva le ordinarie battute del cuore al numero di 45. Gli si mise allo scoperto al collo il nervo vago a destra. Per un taglio praticatogli nelle pareti addominali venne introdotta la mano e colla medesima si smagliò ed aprì il diaframma, e si penetrò nel sacco pericardico andando direttamente col palmo a ridosso del cuore. Alla prima impressione diretta della mano sul cuore, i di lui battiti si moltiplicarono tostamente da 45 fino a 96, poscia poco dopo furono e si continuarono ad 88. Allora venne galvanizzato il nervo vago destro previamente scoperto con una corrente a 120 gradi della slitta di Boys-Reymond; il cuore non si arrestò ma continuava nella frequenza de' suoi battiti come prima, cioè ad 88 circa (l'operatore colla sua mano teneva direttamente il cuore dell'animale). Si portò la galvanizzazione a 100 gradi (e qui si avverta che la forza della corrente galvanica sta in ragione inversa di queste gradazioni numeriche della slitta); ancora non si arrestò il cuore ma continuava nella sua frequenza primitiva di pulsazioni (la mano dell'operatore stava sempre sul cuore dell'animale).

Si elevò la galvanizzazione al 60mo grado, il cuore si arrestò e la mano constatò allora che le orecchiette davano l'ultima battuta, i ventricoli si fermavano in diastole e le orecchiette in sistole.

Sospesa la galvanizzazione il cuore ripigliò i suoi battiti i quali si fecero sempre più frequenti e nello spazio di quattro minuti erano arrivati a 125. Si rinnovò la galvanizzazione a 60 gradi, il cuore si arrestò di bel nuovo e le orecchiette sotto alla mano direttamente applicatavi si offrivano abbassate, i ventricoli intanto dilatati e flaccidi.

Cessata la galvanizzazione tornarono colla loro crescente frequenza le pulsazioni.

Si rinnovò ancora la galvanizzazione a 60 gradi e nuovamente sotto all'ottenuto arresto del cuore si presentarono impicciolite le orecchiette.

Si cessò dalla galvanizzazione e mentre il cuore riprendeva le sue battute si esaminò colla mano quale era lo stato in cui si offrivano le orecchiette al tempo della loro sistole cioè, nel tempo della diastole ventricolare. E lo stato delle orecchiette in sistole manifestavasi analogo a quello che era stato constatato sotto all'arresto del cuore. In allora cessando dalla galvanizzazione il cuore dava 102 battute.

Ottenute siffatte risultanze colla galvanizzazione del vago ancora intatto si procedette al taglio del medesimo nervo a destra. E subitamente dopo il taglio stando sempre la mano dell'operatore sul cuore i battiti di questo si accelerarono da 102 fino a 126. Allora si galvanizzò a 60 gradi il moncone periferico e s'ebbe al momento un arresto incompleto poi tostamente completo. Ancora le orecchiette in sistole ed i ventricoli in diastole.

Fu invertita la galvanizzazione sempre sul moncone periferico a 60 gradi si ebbe egualmente arresto sempre con sistole auricolare e con diastole ventricolare.

In questi ripetuti assaggi avvicendammo le applicazioni della mano sul cuore dell'animale tanto io quanto il Professore Lemoigne.

Esperimento 2.° — Il secondo animale adoperato per eguale esperienza fu un cavallo di tempra robusta di circa 16 anni, febbricitante alquanto per podoflegmatite al piede destro della gamba anteriore. Contavano 60 per minuto le battute del suo polso allorchè l'animale era in piedi; gettato a terra si aumentarono di qualche battuta, ma calmatosi poscia si ristabilirono ancora a 60. Praticata l'incisione della cute, dei sottostanti muscoli nella regione del collo si scoprì il nervo decimo del lato destro, sotto del quale si fece passare un laccio. Si aprirono quindi le pareti abdominali per una ferita praticata sulla linea mediana appena al disotto dell'appendice xifoide, tanto larga che bastasse all'introduzione della mano dell'operatore.

Entratovi in tal modo lacerai il diaframma, poscia il pericardio, e così colla mano toccai a nudo le pareti del cuore; sotto questa impressione i battiti del cuore si fecero frequentissimi ed irregolari, l'animale si agitò convulso, ma dopo qualche tempo da quella prima impressione si stabilì in calma. Si applicò allora al moncone periferico del decimo previamente inciso la corrente galvanica assai moderata e si ebbe prima diminuzione nel numero delle battute, quindi arresto del cuore, sempre nell'ultimo momento della contrazione auricolare e della diastole dei ventricoli; levata la corrente ripigliarono i battiti per accelerarsi sempre di più fino ad 80 per minuto. Si rinnovò l'applicazione della corrente a diversi gradi e se ne ebbero sempre gli eguali risultamenti, e solo le correnti debolissime come 120°, 140°, 150° ecc. dell'apparecchio non manifestavano sensibili effetti sui movimenti del cuore non lo acceleravano però tuttavia mai.

Onde viemmeglio assicurarmi in quale stato si ritrovassero le pareti auricolari del cuore nel tempo del suo arresto, procurai di smagliare la parete dell'orecchietta col mezzo dell'estremità del dito indice e riuscii così ad introdurlo frammezzo all'apertura praticatavi tanto da arrivare sino in cavità. E così direttamente potei sentire che le pareti muscolari dell'orecchietta si stringevano intorno al mio dito nel mentre che l' organo cardiaco trovavasi in istato d'arresto, era in sistole auricolare.

Gli esposti fatti sperimentali completano la riconferma delle deduzioni surriportate. Io non vi aggiungo dei commenti, i fatti parlano chiaramente da se stessi. Come per Moleschott e Brown Sequard, anche per me non esistono dei nervi arrestatori del cuore, dei nervi cioè dotati della assurda funzione di far morire. I vaghi al paro di altri nervi misti senzienti e motori, quando trovinsi sovraeccitati dalla galvanizzazione danno il tetano più o meno permanente alle dipendenti muscolature, vale a dire alle orecchiette del cuore, e pertanto elidono la antagonistica azione del nervo gran simpatico, sotto il quale soprattutto si compie la vera sistole del cuore cioè la contrazione cardiaca, l'impulso, il battito del cuore. È questo un fatto ordinario nella meccanica nervosa dei movimenti i quali riconoscono un ordine antagonistico di azione e di innervazione. Però una leggiera galvanizzazione non basta a generare lo stato tetanico delle orecchiette specialmente quando tutto l'organo cardiaco si trovi sotto un'immediata irritazione qual sarebbe il diretto contatto di un corpo straniero (la mano dell'operatore) e tanto più la meccanica offesa per aghi infitti entro alle sue pareti. Anche l'eccitazione morale dell'animale, il dolore, lo strazio operativo, mettono i ventricoli cardiaci in uno stato di orgasmo il quale non cede alle leggerissime galvanizzazioni dei vaghi.

Per tal modo appare come alcuni distinti fisiologi potessero credere che la leggerissima galvanizzazione dei vaghi accelerasse i battiti del cuore. Ma che la galvanizzazione dei medesimi al grado voluto per arrestare il cuore o per ritardarne le pulsazioni produca ciò, perchè paralizza i medesimi nervi, non regge davanti ai fatti.

Imperocchè devo insistere ancora sul risultato di cardinale importanza nel nostro argomento, onde si sa che al taglio perfino di ambidue i nervi pneumogastrici sussegue costantemente per ore e per giorni l'acceleramento dei battiti del cuore. E sì che uno stato di paralisi maggiore non può darsene di quello della completa ed ambilaterale recisione dei nervi medesimi.

E posso per ultimo aggiungervi ora la diretta riconferma dello stato sistolico delle orecchiette quale ebbi direttamente a sentire col mio dito insinuato fra le loro pareti intanto che il cuore stava in arresto per galvanizzazione del vago.

Ricordo che il medesimo arresto, come non dipende da *paralisi di moto* del cuore, così non dipende neppure da uno stato di mancata circolazione. Brown Sequard era di un tal parere, supponendo che la galvanizzazione dei vaghi facesse costringere i vasi capillari proprii dell'organo cardiaco e per tal modo privandolo della irritabilità muscolare ne inducesse l'arresto delle pulsazioni. Io posso assicurare che il cuore dei cani messo allo scoperto sotto al suo arresto mentre si mantiene la respirazione artificiale, lungi dall'offrire la costrizione anemica dei vasi proprii, invece li presenta in uno stato maggiore di dilatazione.

Bernard ha invocata la troncazione della sensibilità ricorrente, onde spiegare il fenomeno dell'arresto cardiaco.

Anche contro questa maniera di vedere sorgerebbe sempre la

essenziale obbiezione che il taglio dei vaghi non arresta i battiti del cuore ma ne produce l'acceleramento.

Del resto poichè la fortuna mi farà direttamente accostare per qualche tempo il corso sperimentale di questo illustre fisiologo, così spero di invocare più direttamente le dimostrazioni dal medesimo e chiamerommi ben felice se potrò farne poi partecipazione a questo Corpo scientifico italiano.

Parma, 7 febbraio 1864.

INTORNO

ALLA FORMAZIONE ED INTEGRAZIONE

D'ALCUNE EQUAZIONI DIFFERENZIALI

NELLA TEORICA DELLE FUNZIONI ELLITTICHE

PER

ANGELO GENOCCHI

Letta nell'adunanza del 14 febbraio 1864.

L'illustre Jacobi, dopo aver trovato il suo celebre teorema per la trasformazione delle funzioni ellittiche, diede alcune equazioni a differenziali ordinari e a differenziali parziali che facilitano grandemente il calcolo effettivo del numeratore e del denominatore della funzione trasformata, e quello delle equazioni da cui dipende il nuovo modulo ed il moltiplicatore. A quelle equazioni differenziali egli giunse mediante le formole e relazioni somministrate dal mentovato suo teorema, e quindi coll'aiuto della *dottrina* da lui detta *analitica* della trasformazione, che si fonda nelle formole di addizione e nel principio del doppio periodo; e quantunque altri Matematici abbiano poi dedotta da *principii* meramente *algebrici* le equazioni a differenziali ordinarii pel numeratore e denominatore della funzione trasformata, restava che il simigliante si facesse rispetto alle altre equazioni sopra indicate, il che mi è parso argomento di qualche interesse, ora specialmente che la dottrina algebrica della trasformazione ha chiamata a sè l'attenzione dei geometri per essersi ricavata da essa la risoluzione generale delle equazioni di quinto grado. Di ciò mi sono occupato nello scritto che ho l'onore di presentare all'Accademia; e dopo avere stabilite in modo assai semplice le equazioni a differenziali ordinari testè accennate, ne trovo l' integrale completo che JACOBI non ha dato e mostrò desiderare che fosse trovato; indi da questo integrale completo, senza ricorrere ad altri principii per cui si ammette una certa relazione fra i trascendenti ellittici completi di prima specie, traggo l'equazione a differenziali parziali che determina gli stessi numeratore e denominatore; ottengo nel medesimo tempo la notabile espressione del moltiplicatore per mezzo del modulo primitivo, del modulo trasformato e dei loro differenziali, e l'equazione differenziale di terzo ordine tra quei due moduli; e portasi l'occasione, correggo alcune formole di JACOBI; e trovo pure gl' integrali completi di siffatte equazioni. Le considerazioni e i calcoli che espongo presentano un'applicazione del metodo, che può dirsi iniziato da ABEL e che fu promosso particolarmente dai signori LIOUVILLE e TCHEBICHEF, per determinare i casi in cui un' integrazione può effettuarsi sotto una data forma algebrica o trascendente, razionale o irrazionale; e in ispecial modo dimostro e applico un teorema generale pel quale dovendosi ridurre ad un' identità ogni equazione algebrica fra certe funzioni trascendenti, ne derivano utili relazioni fra le altre quantità in essa comprese.

Ottengo inoltre le funzioni che sogliońsi chiamare *Jacobiane*, espresse mediante un integrale duplicato, e l'equazione semplicissima a differenziali parziali di primo e second'ordine, alla quale debbono soddisfare, usando, per giungere a questa equazione, una trasformazione che può servire alla riduzione d'altre equazioni consimili ove siano adempiute certe determinate condizioni. Dalle stesse formole discendono le espressioni del numeratore e del denominatore dianzi mentovate, formate col mezzo delle Jacobiane.

Finalmente indico l'uso delle equazioni a differenziali ordinari che appartengono agli stessi numeratore e denominatore, per determinare i coefficienti di queste funzioni, e ne deduco una verificazione semplice e facile delle formole analitiche della trasformazione.

Tali sono gli argomenti esposti nel presente scritto; a trattare i quali confesso avermi spinto, non ultima causa, il pensare che forse metodi simili a quelli che ho qui seguiti, possano giovare nello studio di funzioni trascendenti d'un ordine più elevato.

I.

Denotiamo con U e V due funzioni intere di x, la prima impari, la seconda pari, le quali non abbiano alcun divisor comune, e supponiamo che prendendo $y=\frac{U}{V}$ e determinando opportunamente due costanti λ e μ, si possa soddisfare all'equazione differenziale

$$(1)\ldots\qquad \frac{dy}{\sqrt{(1-y^2)(1-\lambda^2y^2)}}=\frac{\mu dx}{\sqrt{(1-x^2)(1-k^2x^2)}},$$

dove k è una costante data.

Dall'equazione (1) si deduce:

$$(1-x^2)(1-k^2x^2)\cdot\left(\frac{dy}{dx}\right)^2=\mu^2(1-y^2)(1-\lambda^2y^2);$$

ovvero

$$(1-x^2)(1-k^2x^2).\left(\frac{d\log.y}{dx}\right)^2=\mu^2.\left[\frac{1}{y^2}-(1+\lambda^2)+\lambda^2y^2\right].$$

Differenziando questa equazione e facendo per compendio

$$P=(1-x^2)(1-k^2x^2),\qquad Q=2k^2x^3-(1+k^2)x=\frac{1}{2}\cdot\frac{dP}{dx},$$

si trova

$$P.\frac{d\log.y}{dx}.\frac{d^2\log.y}{dx^2}$$

$$+Q.\left(\frac{d\log.y}{dx}\right)^2=\mu^2.\left(\lambda^2y-\frac{1}{y^3}\right)\cdot\frac{dy}{dx}=\mu^2.\left(\lambda^2y^2-\frac{1}{y^2}\right)\cdot\frac{d\log.y}{dx},$$

ossia

$$P.\frac{d^2\log.y}{dx^2}+Q.\frac{d\log.y}{dx}=\mu^2.\left(\lambda^2y^2-\frac{1}{y^2}\right).$$

Ma indicando con apici le derivate al modo di Lagrange, si ha:

$$\frac{d\log.y}{dx}=\frac{U'}{U}-\frac{V'}{V},\qquad \frac{d^2\log.y}{dx^2}=\frac{UU''-U'^2}{U^2}-\frac{VV''-V'^2}{V^2};$$

quindi sostituendo e raccogliendo i termini

$$\frac{P(UU''-U'^2)+QUU'+\mu^2V^2}{P(VV''-V'^2)+QVV'+\lambda^2\mu^2U^2}=\frac{U^2}{V^2},$$

onde per essere primi tra loro i polinomi U e V, chiamata R una funzione intera di x, si conchiude:

$$P(UU''-U'^2)+QUU'+\mu^2V^2=RU^2\ ,$$
$$P(VV''-V'^2)+QVV'+\lambda^2\mu^2U^2=RV^2\ .$$

Sia in primo luogo $n=2m+1$ il grado del polinomio U, $n-1=2m$ quello di V; il primo membro della prima delle due equazioni ottenute sarà di grado $2n+2$, il primo membro della seconda sarà di grado $2n$, ed essendo U^2 di grado $2n$, V^2 di grado $2n-2$, ne seguirà che R non passerà il secondo grado, e dovendo contenere soltanto potenze pari di x, avrà la forma Ax^2+B con A e B costanti. Ora posto

$$U=a_0x+a_1x^3+\ldots+a_mx^{2m+1},\qquad V=1+b_1x^2+b_2x^4+\ldots+b_mx^{2m},$$

facendo $x=0$ si troverà:

$$U=0\ ,\quad V=1\ ,\quad V'=0\ ,\quad V''=2b_1\ ,\quad P=1\ ,\quad Q=0\ ,\quad R=B\ ,$$

e però la seconda equazione darà $2b_1=B$; prendendo invece il termine più elevato nel primo e nel secondo membro della prima, si avrà:

$$k^2x^4\left(a^2_mx^n.n(n-1)x^{n-2}-n^2a^2_mx^{2n-2}\right)+2k^2x^3.a^2_mx^n.nx^{n-1}=Ax^2.a^2_mx^{2n},$$

onde $A=nk^2$. Dunque $R=nk^2x^2+2b_1$.

Sia in secondo luogo $n=2m$ il grado di V, $n-1=2m-1$ il grado di U; il primo membro della prima equazione sarà di grado $2n$, e il primo membro della seconda sarà di grado $2n+2$, sicchè R sarà ancora della forma Ax^2+B; fatto $x=0$ si avrà dalla seconda $2b_1=B$, supponendo V come dianzi, e i termini più elevati della medesima equazione daranno:

$$k^2x^4\left(b^2_mx^n.n(n-1)x^{n-2}-n^2b^2_mx^{2n-2}\right)+2k^2x^3.b_mx^n.nx^{n-1}=Ax^2.b^2_mx^{2n},$$

ossia $A=nk^2$. Dunque anche in questo caso $R=nk^2x^2+2b_1$.

Avremo pertanto in ambedue i casi:

$$(2)\ldots\left\{\begin{array}{l} P(UU''-U'^2)+QUU'+\mu^2V^2-(nk^2x^2+2b_1)U^2=0\ . \\ P(VV''-V'^2)+QVV'+\lambda^2\mu^2U^2-(nk^2x^2+2b_1)V^2=0\ , \end{array}\right.$$

Queste equazioni si rendono alquanto più semplici se, posto $\frac{dx}{\sqrt{P}}=du$, si prende u per variabile indipendente. Poichè qualunque sia la funzione φ, si avrà:

$$\frac{d\varphi}{dx}=\frac{d\varphi}{du}\cdot\frac{du}{dx}=\frac{1}{\sqrt{P}}\cdot\frac{d\varphi}{du},$$

$$\frac{d^2\varphi}{dx^2}=\frac{1}{\sqrt{P}}\cdot\frac{d^2\varphi}{du^2}\cdot\frac{du}{dx}-\frac{1}{2.\sqrt{P^3}}\cdot\frac{d\varphi}{du}\cdot\frac{dP}{dx}=\frac{1}{P}\cdot\left(\frac{d^2\varphi}{du^2}-\frac{Q}{\sqrt{P}}\cdot\frac{d\varphi}{du}\right),$$

e però

$$P(UU''-U'^2)+QUU'=U\cdot\frac{d^2U}{du^2}-\left(\frac{dU}{du}\right)^2,$$

$$P(VV''-V'^2)+QVV'=V\cdot\frac{d^2V}{du^2}-\left(\frac{dV}{du}\right)^2;$$

laonde le equazioni (2) divengono

$$(3)\ldots\ldots\left\{\begin{array}{l} U\cdot\dfrac{d^2U}{du^2}-\left(\dfrac{dU}{du}\right)^2+\mu^2V^2-(nk^2x^2+2b_1)U^2=0\ , \\ V\cdot\dfrac{d^2V}{du^2}-\left(\dfrac{dV}{du}\right)^2+\lambda^2\mu^2U^2-(nk^2x^2+2b_1)V^2=0\ . \end{array}\right.$$

Nello stesso tempo il secondo membro dell'equazione (1) diviene μdu, e posto $y=\frac{U}{V}$ nel primo, ne risulta:

$$(4)\ldots\ldots\quad V\cdot\frac{dU}{du}-U\cdot\frac{dV}{du}=\mu.\sqrt{(V^2-U^2).(V^2-\lambda^2U^2)}\ .$$

L'equazione (1) esprime il problema generale della trasformazione, e il numero n, pari o impari, ne indica l'ordine. Le equazioni (3), che possono servire ad effettuare la trasformazione, furono trovate da Jacobi nel giornale di Crelle, tom. IV, pag. 376, ma con metodo diverso. Il metodo precedente è quello stesso che usano i signori Briot e Bouquet pel caso della moltiplicazione (*Th. des fonct. ellipt.*, pag. 220). Altre dimostrazioni furono date da Eisenstein (*Mathem. Abhandl.*, pag. 167 e 212).

Jacobi prometteva di mostrare la grande utilità delle medesime equazioni « quarum (egli diceva, *loc. cit.*, pag. 377) usum insignem ad » formationem algebraicam functionem U, V, sive ipsius, quae ad trans» formationem ducit, substitutionis, alio loco fusius demonstrabo ».

II.

La prima delle equazioni (3) somministra V espresso per mezzo di x, U, $\frac{dU}{du}$ e $\frac{d^2U}{du^2}$; differenziandola e poi sostituendovi questa espressione di V, e l'espressione $\sqrt{P}$ di $\frac{dx}{du}$, se ne trarrà $\frac{dV}{du}$ espresso per mezzo di x, U, $\frac{dU}{du}$, $\frac{d^2U}{du^2}$ e $\frac{d^3U}{du^3}$; infine sostituendo nell'equazione (4) le trovate espressioni di V e $\frac{dV}{du}$, si otterrà un'equazione differenziale di terz'ordine tra U e u, nella quale x sarà una funzione cognita di u e potrà denotarsi come si usa con sen. am u. Similmente differenziando la seconda delle equazioni (3), ricavandone U e $\frac{dU}{du}$, e sostituendo nella (4) si otterrà un'equazione differenziale di terzo ordine tra V e u. Si ha dunque tanto per determinare U, quanto per determinare V un'equazione differenziale di terz'ordine, il che costituisce secondo Jacobi un « theorema » memorabile satis reconditum » (Giornale di Crelle, t. IV, p. 377), e porge occasione ad una ricerca che a Jacobi stesso pareva non facile, quella dell'integrale completo di tali equazioni. Riferisco le sue parole: « Integrale completum aequationum differentialium tertii ordinis quibus » functiones U, V definiuntur, in promptu esse non videtur » (*ib.*).

Si giunge nondimeno a trovarlo nel modo seguente:

La seconda delle equazioni (3) si può mettere sotto la forma

$$\frac{d^2 \log. V}{du^2} + \lambda^2\mu^2 \cdot \frac{U^2}{V^2} - (nk^2x^2 + 2b_1) = 0 ,$$

e se facciamo $V = rs$, chiamando r ed s due funzioni da determinarsi, potremo spezzarla nelle due

$$\frac{d^2 \log. r}{du^2} - (nk^2x^2 + 2b_1) = 0 , \qquad \frac{d^2 \log. s}{du^2} + \lambda^2\mu^2 \cdot \frac{U^2}{V^2} = 0 ,$$

e integrando la prima coll'aggiunta di due costanti arbitrarie A e B, avremo:

$$\frac{d \log. r}{du} = nk^2 \int_0^u du \, \text{sen.}^2 \text{am}\, u + 2b_1 u + A ,$$

$$\log. r = nk^2 \int_0^u du \int_0^u du \, \text{sen.}^2 \text{am}\, u + 2b_1 u^2 + Au + B ,$$

e similmente integrando la seconda avremo:

$$\log. s = -\lambda^2\mu^2 \int_0^u du \int_0^u du \cdot \frac{U^2}{V^2} + A_1 u + B_1 \,.$$

Ma l'equazione (4), fatto $y = \frac{U}{V}$, torna $\frac{dy}{\sqrt{(1-y^2)(1-\lambda^2 y^2)}} = \mu . du$, il cui integrale, con una costante arbitraria C è $y = \text{sen. am}(\mu . u + C, \lambda)$; dunque sostituendo

$$U = V \,\text{sen. am}(\mu . u + C, \lambda) \,,$$

$$\log. s = -\lambda^2\mu^2 \int_0^u du \int_0^u du \,\text{sen.}^2 \text{am}(\mu . u + C, \lambda) + A_1 u + B_1 \,;$$

e infine per essere $\log. V = \log. r + \log. s$, se ne deduce:

(5) .... $\log. V =$

$$n k^2 \int_0^u du \int_0^u du \,\text{sen.}^2 \text{am}\, u - \lambda^2\mu^2 \int_0^u du \int_0^u du \,\text{sen.}^2 \text{am}(\mu u + C) + b_1 u^2 + A_0 u + B_0 \,.$$

rappresentate con A_0 e B_0 le due costanti arbitrarie $A + A_1$, $B + B_1$.

Nello stesso tempo avremo $\log. U = \log. V + \log. \text{sen. am}(\mu u + C, \lambda)$, e però

(6)... $\log. U = n k^2 \int_0^u du \int_0^u du \,\text{sen.}^2 \text{am}\, u - \lambda^2\mu^2 \int_0^u du \int_0^u du \,\text{sen.}^2 \text{am}(\mu u + C)$

$$+ \log. \text{sen. am}(\mu u + C, \lambda) + b_1 u^2 + A_0 u + B_0 \,.$$

Avverto che qui e altrove quando non è espresso il modulo è sottinteso il modulo k.

Le equazioni (5) e (6) di cui ciascuna contiene tre costanti arbitrarie saranno gl' integrali completi delle equazioni differenziali di terz'ordine da cui dipendono le funzioni U e V.

Non può fare difficoltà se per trovare l'espressione di $\log. U$ non abbiamo fatto uso della prima delle equazioni (3), poichè ne tengono luogo la seconda e l'equazione (4). E invero l'equazione (4) si mette nella forma

$$\frac{d \log. U}{du} - \frac{d \log. V}{du} = \mu . \sqrt{\left(\frac{V^2}{U^2} + \lambda^2 \cdot \frac{U^2}{V^2} - 1 - \lambda^2\right)} \,.$$

e differenziata somministra

$$\frac{d^2 \log. U}{du^2} - \frac{d^2 \log. V}{du^2} =$$

$$\frac{\mu}{\sqrt{(V^2-U^2).(V^2-\lambda^2 U^2)}} \cdot \left(\lambda^2 \cdot \frac{U^2}{V^2} - \frac{V^2}{U^2}\right) \cdot \left(V \cdot \frac{dU}{du} - U \cdot \frac{dV}{du}\right) =$$

$$\mu^2 \cdot \left(\lambda^2 \cdot \frac{U^2}{V^2} - \frac{V^2}{U^2}\right) ,$$

la quale per la seconda delle (3) si riduce alla

$$\frac{d^2 \log. U}{du^2} - (nk^2 x^2 + 2b_1) = -\mu^2 \cdot \frac{V^2}{U^2} ,$$

non diversa della prima delle stesse (3).

III.

Ponendo $x_1 = x.\sqrt{k}$, $U_1 = U.\sqrt{\lambda}$, $Q = Q_1.\sqrt{k}$, avremo:

$$P = \left(1 - \frac{x_1^2}{k}\right).(1 - kx_1^2) , \qquad Q_1 = 2x_1^3 - \left(k + \frac{1}{k}\right) x_1 ,$$

$$V' = \frac{dV}{dx_1} \cdot \frac{dx_1}{dx} = \sqrt{k} \cdot \frac{dV}{dx} , \qquad V'' = k \cdot \frac{d^2 V}{dx^2} ,$$

$$U' = \sqrt{\frac{1}{\lambda}} \cdot \frac{dU_1}{dx_1} \cdot \frac{dx_1}{dx} = \sqrt{\frac{k}{\lambda}} \cdot \frac{dU_1}{dx_1} , \qquad U'' = \frac{k}{\sqrt{\lambda}} \cdot \frac{d^2 U_1}{dx_1} ;$$

e sostituendo questi valori nelle equazioni (2) troveremo

$$P. \left(U_1 \cdot \frac{d^2 U_1}{dx_1^2} - \frac{dU_1^2}{dx_1^2}\right) + Q_1 U_1 \cdot \frac{dU_1}{dx_1} + \frac{\lambda\mu^2 V^2 - (nkx_1^2 + 2b_1) U_1^2}{k} = 0 ,$$

$$P. \left(V \cdot \frac{d^2 V}{dx_1^2} - \frac{dV^2}{dx_1^2}\right) + Q_1 V \cdot \frac{dV}{dx_1} + \frac{\lambda\mu^2 U_1^2 - (nkx_1^2 + 2b_1) V^2}{k} = 0 ,$$

dove U_1 e V entrano nello stesso modo.

Il solo cambiamento di U in $U_1 \cdot \sqrt{\frac{1}{\lambda}}$ fatto nelle equazioni (3) darà:

$$U_1 \cdot \frac{d^2 U_1}{du^2} - \left(\frac{dU_1}{du}\right)^2 + \lambda\mu^2 V^2 - (nk^2 x^2 + 2b_1) U^2 = 0 ,$$

$$V \cdot \frac{d^2 V}{du^2} - \left(\frac{dV}{du}\right)^2 + \lambda\mu^2 U_1^2 - (nk^2 x^2 + 2b_1) V^2 = 0 ,$$

che sono pure simmetriche rispetto ad U_1 e V. Nello stesso tempo l'equazione (4) diverrà:

$$V\cdot\frac{dU_1}{du}-U_1\cdot\frac{dV}{du}=\mu.\sqrt{(\lambda V^2-U^2).(V^2-\lambda U_1^2)}\ ,$$

e lo scambio di U_1 con V non opererà altro che mutar il segno del primo membro o dare il segno — al radicale del secondo membro.

IV.

Le costanti arbitrarie delle equazioni (5) e (6) si particolarizzano quando U e V debbono significare i polinomii indicati nel § I. Facendo $x=0$, si ha allora $U=0$, ed essendo nel medesimo tempo $u=0$, l'equazione

$$U=V\,\text{sen.am}(\mu u+C,\lambda)$$

darà $C=0$. Per $x=0$ si ha pure $V=1$, $\frac{dV}{du}=\sqrt{P}\cdot\frac{dV}{dx_1}=0$, e quindi dall'equazione (5) si trae $B_0=0$, $A_0=0$; laonde in una trasformazione dell'ordine n il denominatore V avrà per espressione

$$(7)\ \dots\qquad V=e^{b_1u^2}\,e^{nk^2\int_0^u du\int_0^u du\,\text{sen.}^2\text{am}u}\;e^{-\lambda^2\mu^2\int_0^u du\int_0^u du\,\text{sen.}^2\text{am}(\mu u,\lambda)}\ .$$

Poniamo

$$\mu u=\int_0^\varphi\frac{d\varphi}{\sqrt{1-\lambda^2\text{sen.}^2\varphi}}\ ,\qquad s=\int_0^u du\int_0^u du\,\text{sen.}^2\varphi\ ,$$

e consideriamo come due variabili indipendenti u e k, delle quali siano funzioni φ, s e V, essendo λ, μ e b_1 funzioni del solo k. Riguardando dapprima u come funzione di λ e φ, e facendo $\sqrt{1-\lambda^2\text{sen.}^2\varphi}=\Delta$, avremo:

$$\mu\cdot\frac{du}{d\lambda}+u\cdot\frac{d\mu}{d\lambda}=\lambda\int_0^\varphi\text{sen.}^2\varphi\cdot\frac{d\varphi}{\Delta^3}=\frac{\lambda}{\lambda'^2}\cdot\left(\int_0^\varphi\frac{d\varphi}{\Delta}-\int_0^\varphi\text{sen.}^2\varphi\cdot\frac{d\varphi}{\Delta}-\frac{\text{sen.}\varphi\cos.\varphi}{\Delta}\right),$$

ove $\lambda'^2=1-\lambda^2$; e di più $\mu\cdot\frac{du}{d\varphi}=\frac{1}{\Delta}$, donde il differenziale totale

$$du = \frac{1}{\mu\Delta}\cdot d\varphi + \left[\frac{\lambda}{\mu\lambda'^2}\cdot\left(\int_0^\varphi \frac{d\varphi}{\Delta} - \int_0^\varphi \text{sen.}^2\varphi\cdot\frac{d\varphi}{\Delta} - \frac{\text{sen.}\varphi\cos.\varphi}{\Delta}\right) - u\cdot\frac{d\mu}{\mu d\lambda}\right].d\lambda,$$

e però

$$d\varphi = \mu\,\Delta\,du + \left[u\cdot\frac{d\mu}{d\lambda} - \frac{\lambda}{\lambda'^2}\cdot\left(\int_0^\varphi \frac{d\varphi}{\Delta} - \int_0^\varphi \text{sen.}^2\varphi\cdot\frac{d\varphi}{\Delta} - \frac{\text{sen.}\varphi\cos.\varphi}{\Delta}\right)\right].\Delta d\lambda.$$

Da ciò desumiamo la derivata parziale

$$\frac{d\varphi}{d\lambda} = u\Delta\cdot\frac{d\mu}{d\lambda} - \frac{\lambda}{\lambda'^2}\cdot\Delta\cdot\left(\int_0^\varphi \frac{d\varphi}{\Delta} - \int_0^\varphi \text{sen.}^2\varphi\cdot\frac{d\varphi}{\Delta} - \frac{\text{sen.}\varphi\cos.\varphi}{\Delta}\right),$$

ossia

$$\frac{d\varphi}{d\lambda} = u\Delta\cdot\frac{d\mu}{d\lambda} - \frac{\lambda}{\lambda'^2}\cdot\Delta\cdot\left(\mu u - \mu\int_0^u du\,\text{sen.}^2\varphi - \frac{\text{sen.}\varphi\cos.\varphi}{\Delta}\right).$$

Ora $\frac{ds}{d\lambda} = 2\int_0^u du\int_0^u du\,\text{sen.}\varphi\cos.\varphi\cdot\frac{d\varphi}{d\lambda}$; quindi sostituendo e avvertendo che $\mu\Delta du = d\varphi$ (ritenuto qui λ costante), trarremo:

$$\frac{ds}{d\lambda} = 2\left(\frac{d\mu}{d\lambda} - \frac{\mu\lambda}{\lambda'^2}\right).\int_0^u du\int_0^u u\Delta\,du\,\text{sen.}\varphi\cos.\varphi + \frac{2\lambda}{\lambda'^2}\int_0^u du\int_0^u du\,\text{sen.}^2\varphi\cos.^2\varphi$$

$$+\frac{2\mu\lambda}{\lambda'^2}\int_0^u du\int_0^u \Delta\,du\,\text{sen.}\varphi\cos.\varphi\int_0^u du\,\text{sen.}^2\varphi,$$

ove sarà

$$2\mu\int_0^u u\Delta\,du\,\text{sen.}\varphi\cos.\varphi = 2\int_0^\varphi u\,d\varphi\,\text{sen.}\varphi\cos.\varphi = u\,\text{sen.}^2\varphi - \int_0^u du\,\text{sen.}^2\varphi,$$

$$\int_0^u u\,du\,\text{sen.}^2\varphi = u\int_0^u du\,\text{sen.}^2\varphi - \int_0^u du\int_0^u du\,\text{sen.}^2\varphi,$$

$$2\mu\int_0^u \Delta\,du\,\text{sen.}\varphi\cos.\varphi\int_0^u du\,\text{sen.}^2\varphi = 2\int_0^\varphi d\varphi\,\text{sen.}\varphi\cos.\varphi\int_0^u du\,\text{sen.}^2\varphi$$

$$=\int_0^\varphi\left(d\,\text{sen.}^2\varphi\int_0^u du\,\text{sen.}^2\varphi\right) = \text{sen.}^2\varphi\int_0^u du\,\text{sen.}^2\varphi - \int_0^u du\,\text{sen.}^4\varphi,$$

$$\int_0^u du \operatorname{sen.}^2\varphi \cos.^2\varphi = \int_0^u du \operatorname{sen.}^2\varphi - \int_0^u du \operatorname{sen.}^4\varphi \;,$$

$$\int_0^u du \operatorname{sen.}^2\varphi \int_0^u du \operatorname{sen.}^2\varphi = \tfrac{1}{2}\left(\int_0^u du \operatorname{sen.}^2\varphi\right)^2 ;$$

d'altra parte per le note formole di riduzione si ha:

$$\int_0^\varphi \frac{d\varphi}{\Delta}\cdot \operatorname{sen.}^4\varphi = \frac{\Delta \operatorname{sen.}\varphi \cos.\varphi}{3\lambda^2} + 2\cdot\frac{1+\lambda^2}{3\lambda^2}\cdot\int_0^\varphi \frac{d\varphi}{\varphi}\cdot \operatorname{sen.}^2\varphi - \frac{1}{3\lambda^2}\cdot\int_0^\varphi \frac{d\varphi}{\Delta} \;,$$

d'onde

$$3\lambda^2 \int_0^u du \int_0^u du \operatorname{sen.}^4\varphi = \frac{1}{\mu}\cdot\int_0^u \Delta\, du \operatorname{sen.}\varphi \cos.\varphi + 2(1+\lambda^2)\int_0^u du \int_0^u du \operatorname{sen.}^2\varphi - \int_0^u u\,du$$

$$= \frac{1}{2\mu^2}\cdot \operatorname{sen.}^2\varphi + 2(1+\lambda^2)\int_0^u du \int_0^u du \operatorname{sen.}^2\varphi - \tfrac{1}{2}u^2 \;.$$

Adunque riducendo

$$\frac{ds}{d\lambda} = \frac{d\mu}{\mu\, d\lambda}\cdot\left(u\int_0^u du \operatorname{sen.}^2\varphi - 2\int_0^u du \int_0^u du \operatorname{sen.}^2\varphi\right)$$

$$- \frac{\lambda}{\lambda'^2}\cdot\left\{\begin{array}{l} u\int_0^u du \operatorname{sen.}^2\varphi - 4\int_0^u du \int_0^u du \operatorname{sen.}^2\varphi \\ + 3\int_0^u du \int_0^u du \operatorname{sen.}^4\varphi - \tfrac{1}{2}\left(\int_0^u du \operatorname{sen.}^2\varphi\right)^2 \end{array}\right\} =$$

$$\frac{d\mu}{\mu\, d\lambda}\cdot\left(u\int_0^u du \operatorname{sen.}^2\varphi - 2\int_0^u du \int_0^u du \operatorname{sen.}^2\varphi\right)$$

$$- \frac{1}{\lambda\lambda'^2}\cdot\left\{\begin{array}{l} \lambda^2 u\int_0^u du \operatorname{sen.}^2\varphi - \tfrac{1}{2}\lambda^2\left(\int_0^u du \operatorname{sen.}^2\varphi\right)^2 \\ + \frac{1}{2\mu^2}\cdot \operatorname{sen.}^2\varphi + 2\lambda'^2\int_0^u du \int_0^u du \operatorname{sen.}^2\varphi - \tfrac{1}{2}u^2 \end{array}\right\} ;$$

e posto $\tau = e^{-\lambda^2\mu^2 s}$, sarà

$$\frac{d\log.\tau}{d\lambda}=-2\lambda\mu^2 s-2\lambda^2\mu\cdot\frac{d\mu}{d\lambda}\cdot s-\lambda^2\mu^2\cdot\frac{ds}{d\lambda},$$

talchè, stante il valore di s e quello di $\frac{ds}{d\lambda}$, ne seguirà:

$$\frac{d\log.\tau}{d\lambda}=\lambda^2\mu.\left(\frac{\lambda\mu}{\lambda'^2}-\frac{d\mu}{d\lambda}\right).u\int_0^u du\,\text{sen.}^2\varphi$$

$$-\frac{\lambda\mu^2}{2\lambda'^2}\cdot\left[\lambda^2.\left(\int_0^u du\,\text{sen.}^2\varphi\right)^2-\frac{1}{\mu^2}\cdot\text{sen.}^2\varphi+u^2\right].$$

Abbiamo nel medesimo tempo

$$\log.\tau=-\lambda^2\mu^2\int_0^u du\int_0^u du\,\text{sen.}^2\varphi.,$$

$$\frac{d\log.\tau}{du}=-\lambda^2\mu^2\int_0^u du\,\text{sen.}^2\varphi\,,\qquad \frac{d^2\log.\tau}{du^2}=-\lambda^2\mu^2\,\text{sen.}^2\varphi\,;$$

laonde

$$\frac{d\log.\tau}{d\lambda}=-\left(\frac{\lambda}{\lambda'^2}-\frac{d\mu}{\mu d\lambda}\right).u\cdot\frac{d\log.\tau}{du}-\frac{1}{2\lambda\lambda'^2.\mu^2}\cdot\left[\left(\frac{d\log.\tau}{du}\right)^2+\frac{d^2\log.\tau}{du^2}+\lambda^2\mu^4u^2\right],$$

ossia

$$(8)\ldots\quad \frac{d^2\tau}{du^2}+2\lambda^2\mu^2u\cdot\frac{d\tau}{du}+2\lambda\lambda'^2\mu^2\cdot\frac{d\tau}{d\lambda}+\lambda^2\mu^4u^2\tau=2\lambda\lambda'^2\mu u\cdot\frac{d\mu}{d\lambda}\cdot\frac{d\tau}{du}.$$

Facendo $\lambda=k$, $\mu=1$, e chiamando t il corrispondente valore di τ, in modo che si abbia

$$t=e^{-k^2\int_0^u du\int_0^u du\,\text{sen.}^2\text{am}\,u\,du},$$

e posto $k'^2=1-k^2$, ne ricaveremo senza più:

$$(9)\ \ldots\ldots\quad \frac{d^2t}{du^2}+2k^2u\cdot\frac{dt}{du}+2kk'^2\cdot\frac{dt}{dk}+k^2u^2t=0.$$

Inoltre l'equazione (7) darà $V=e^{b_1u^2}t^{-n}\tau$, ossia $\tau=Vt^ne^{-b_1u^2}$, onde si dedurranno i differenziali parziali di τ e si sostituiranno nella (8). Fatta la sostituzione e le riduzioni che si presenteranno, si troverà

$$(10)\quad \frac{d^2V}{du^2}+\left[2n\cdot\frac{d\log.t}{du}+2\lambda^2\mu^2u-4b_1u-2\lambda\lambda'^2\mu.u\cdot\frac{d\mu}{d\lambda}\right]\cdot\frac{dV}{du}+2\lambda\lambda'^2\mu^2\cdot\frac{dk}{d\lambda}\cdot\frac{dV}{dk}$$
$$+\left[n^2\cdot\left(\frac{d\log.t}{du}\right)^2+n\cdot\frac{d^2\log.t}{du^2}+2n\lambda\lambda'^2\mu^2\cdot\frac{dk}{d\lambda}\cdot\frac{d\log.t}{dk}-2b_1\right.$$
$$+nu\cdot\frac{d\log.t}{du}\cdot\left(2\lambda^2\mu^2-2\lambda\lambda'^2\mu\cdot\frac{d\mu}{d\lambda}-4b_1\right)$$
$$\left.+u^2\left(\lambda^2\mu^4+4\lambda\lambda'^2\mu b_1\cdot\frac{d\mu}{d\lambda}-4\lambda^2\mu^2b_1-2\lambda\lambda'^2\mu^2\cdot\frac{dk}{d\lambda}\cdot\frac{db_1}{dk}+4b_1^2\right)\right]V=0.$$

Si potrà eliminare $\frac{d\log.t}{dk}$ col mezzo dell'equazione (9), e si avrà pure

$$(11)\ \ldots\quad \frac{d\log.t}{du}=-k^2\int_0^u du\,\text{sen.}^2\text{am}\,u\;,\qquad \frac{d^2\log.t}{du^2}=-k^2\text{sen.}^2\text{am}\,u\;;$$

così avremo per determinare V un'equazione lineale a differenziali parziali di second'ordine che sarà l'equazione (10).

V.

Gioverà prendere altre due variabili indipendenti in luogo di u e k; prenderemo le variabili $x=\sqrt{k}\,\text{sen.am}\,u$, $\alpha=k+\frac{1}{k}$, e fatto $P=1-\alpha x^2+x^4$, avremo $u=\frac{1}{\sqrt{k}}\cdot\int_0^x\frac{dx}{\sqrt{P}}$, e le derivate parziali

$$\frac{du}{dx}=\frac{1}{\sqrt{kP}}\;,\qquad \frac{du}{d\alpha}=-\frac{1}{2.\sqrt{k^3}}\cdot\frac{dk}{d\alpha}\cdot\int_0^x\frac{dx}{\sqrt{P}}+\frac{1}{2.\sqrt{k}}\cdot\int_0^x\frac{x^2dx}{\sqrt{P^3}}\;.$$

Ma per le note riduzioni

$$(\alpha^2-4).\int_0^x\frac{x^2dx}{\sqrt{P^3}}=2.\int_0^x\frac{x^2dx}{\sqrt{P}}-\alpha.\int_0^x\frac{dx}{\sqrt{P}}+\frac{\alpha x-2x^3}{\sqrt{P}}=$$
$$2.\sqrt{k^3}.\int_0^u du\,\text{sen.}^2\text{am}\,u-\alpha u.\sqrt{k}+\frac{\alpha x-2x^3}{\sqrt{P}}\;;$$

di più abbiamo

$$\frac{dk}{d\alpha}=\frac{k^2}{k^2-1}=-\frac{k^2}{k'^2}, \qquad \alpha^2-4=\left(k-\frac{1}{k}\right)^2=\frac{k'^4}{k^2}:$$

dunque fatto

$$X=\frac{k^2}{k'^4}\cdot\left(-ku+k.\int_0^u du\,\text{sen.}^2\text{am}\,u+\frac{\alpha x-2x^3}{2.\sqrt{kP}}\right),$$

sarà $\frac{du}{d\alpha}=X$, e risulterà il differenziale totale $du=\frac{1}{\sqrt{kP}}\cdot dx+Xd\alpha$, donde $dx=\sqrt{kP}du-X.\sqrt{kP}d\alpha$. Da ciò si deduce:

$$dV=\frac{dV}{dx}\cdot dx+\frac{dV}{d\alpha}\cdot d\alpha=\frac{dV}{dx}\cdot\sqrt{kP}du+\left(\frac{dV}{d\alpha}-X.\sqrt{kP}\cdot\frac{dV}{dx}\right).d\alpha,$$

o anche

$$dV=\frac{dV}{dx}\cdot\sqrt{kP}du-\frac{k'^2}{k^2}\cdot\left(\frac{dV}{d\alpha}-X.\sqrt{kP}\cdot\frac{dV}{dx}\right).dk,$$

e quindi

$$\frac{dV}{du}=\frac{dV}{dx}\cdot\sqrt{kP}, \qquad \frac{dV}{dk}=-\frac{k'^2}{k^2}\cdot\left(\frac{dV}{d\alpha}-X.\sqrt{kP}\cdot\frac{dV}{dx}\right),$$

di cui la prima differenziata somministra

$$\frac{d^2V}{du^2}=\sqrt{kP}.\left(\sqrt{kP}\cdot\frac{d^2V}{dx^2}-\frac{dV}{dx}\cdot\sqrt{k}\cdot\frac{\alpha x-2x^3}{\sqrt{P}}\right)=$$
$$k.\left(P\cdot\frac{d^2V}{dx^2}-(\alpha x-2x^3)\cdot\frac{dV}{dx}\right).$$

Sostituiti questi valori nella (10), otterremo:

$$(12)\ \ldots\ldots\ldots\ldots \qquad P\cdot\frac{d^2V}{dx^2}$$
$$+\left[2.\sqrt{\frac{P}{k}}\cdot\left(n\cdot\frac{d\log.t}{du}+\lambda^2\mu^2u-2b_1u-\lambda\lambda'^2\mu u\cdot\frac{d\mu}{d\lambda}+\lambda\lambda'^2\mu^2\cdot\frac{k'^2}{k^2}\cdot\frac{dk}{d\lambda}\cdot X\right)\right.$$
$$\left.-\alpha x+2x^3\right]\cdot\frac{dV}{dx}-2\lambda\lambda'^2\mu^2\cdot\frac{k'^2}{k^3}\cdot\frac{dk}{d\lambda}\cdot\frac{dV}{d\alpha}$$
$$+\frac{1}{k}\cdot\left[n^2.\left(\frac{d\log.t}{du}\right)^2+n\cdot\frac{d^2\log.t}{du^2}+2n\lambda\lambda'^2\mu^2\cdot\frac{dk}{d\lambda}\cdot\frac{d\log.t}{dk}-2b_1\right.$$
$$+nu\cdot\frac{d\log.t}{du}\cdot\left(2\lambda^2\mu^2-2\lambda\lambda'^2\mu\cdot\frac{d\mu}{d\lambda}-4b_1\right)$$
$$\left.+u^2.\left(\lambda^2\mu^4+4\lambda\lambda'^2\mu b_1\cdot\frac{d\mu}{d\lambda}-4\lambda^2\mu^2b_1-2\lambda\lambda'^2\mu^2\cdot\frac{dk}{d\lambda}\cdot\frac{db_1}{dk}+4b_1^2\right)\right]V=0;$$

e posti qui i valori di X, di $\frac{d\log.t}{dk}$, e i valori (11), dovendo V essere una funzione intera di x, avremo un'equazione che dovrà essere algebrica tra la variabile x e le sue funzioni trascendenti u e $\int_0^u du\,\text{sen.}^2\text{am}\,u$.

Resta a vedersi come possa verificarsi una tale equazione: ammesso per ora che l'*integrale ellittico di seconda specie* $\int_0^u du\,\text{sen.}^2\text{am}\,u$ non possa esprimersi algebricamente per mezzo di quello di prima specie u e della variabile x, dovranno annullarsi separatamente tutti i coefficienti delle diverse potenze di $\int_0^u du\,\text{sen.}^2\text{am}\,u$. Ma dalla (9) si ha:

$$\frac{d\log.t}{dk}=-\frac{1}{2kk'^2}\cdot\left[\frac{d^2\log.t}{dt^2}+\left(\frac{d\log.t}{du}\right)^2\right]-\frac{k}{k'^2}\cdot u\cdot\frac{d\log.t}{du}-\frac{k}{2k'^2}\cdot u^2\,;$$

quindi sostituendo questo valore e quelli che sono dati dalle (11), si vede che nella (12) il coefficiente di $\left(\int_0^u du\,\text{sen.}^2\text{am}\,u\right)^2$ sarà

$$\left(n^2k^3-n\lambda\lambda'^2\mu^2\cdot\frac{k^2}{k'^2}\cdot\frac{dk}{d\lambda}\right)V\,;$$

dunque ponendolo eguale a zero, si avrà:

$$(13)\;\ldots\ldots\ldots\ldots\quad \mu^2=n\cdot\frac{kk'^2}{\lambda\lambda'^2}\cdot\frac{d\lambda}{dk}\,.$$

Stabilita questa relazione e sostituito il valore di X, sparirà $\int_0^u du\,\text{sen.}^2\text{am}\,u$ dai termini che contengono $\frac{dV}{dx}$, e il coefficiente della stessa quantità si ridurrà a

$$nku.\left[2nk^2-2\lambda^2\mu^2+2\lambda\lambda'^2\mu\cdot\frac{d\mu}{d\lambda}+4b_1\right]V\,,$$

talchè annullandolo, si avrà:

$$(14)\;\ldots\ldots\ldots\quad nk^2-\lambda^2\mu^2+\lambda\lambda'^2\mu\cdot\frac{d\mu}{d\lambda}+2b_1=0\,.$$

Fatte queste riduzioni, l'equazione (12) non conterrà più che u ed x, dovendo V essere funzione intera di x, e poichè u non può essere funzione algebrica di x, dovranno annullarsi separatamente i coefficienti delle diverse potenze di u. Annullando quindi il coefficiente di u^2, si avrà

$$(15)\ldots\quad \lambda^2\mu^4+4\lambda\lambda'^2\mu b_1\cdot\frac{d\mu}{d\lambda}-4\lambda^2\mu^2 b_1-2nkk'^2\cdot\frac{db_1}{dk}+4b_1^2-n^2k^2=0\,.$$

Dopo di ciò sparirà anche u, e resterà

$$(16)\ \ldots\ldots\quad P.\frac{d^2V}{dx^2}+(n-1)(\alpha x-2x^3).\frac{dV}{dx}-2n.\frac{k'^4}{k^3}\cdot\frac{dV}{d\alpha}$$
$$+\left[n.(n-1)k\,\text{sen.}^2\text{am}\,u-\frac{2}{k}.b_1\right]V=0\,.$$

Potremo quì mettere x^2 in luogo di $k\,\text{sen.}^2\text{am}\,u$; indi per farne sparire b_1, sostituiremo $V=Az$, intendendo con A una funzione del solo k, e ponendo per determinare A la condizione

$$(17)\ \ldots\ldots\ldots\quad n.\frac{k'^4}{k}\cdot\frac{dA}{d\alpha}+b_1A=0\,.$$

Da ultimo restituendo il valore di P, mettendo α^2-4 in luogo di $\frac{k'^4}{k^2}$, e dividendo per A, otterremo:

$$(18)\ \ldots\ldots\quad (1-\alpha x^2+x^4).\frac{d^2z}{dx^2}+(n-1)(\alpha x-2x^3).\frac{dz}{dx}$$
$$-2n(\alpha^2-4).\frac{dz}{d\alpha}+n(n-1)x^2z=0\,.$$

VI.

Dall'equazione (16) che appartiene al denominatore V possiamo anche dedurre un'equazione pel numeratore U. Fatto $\frac{U}{V}=\text{sen.}\varphi$, abbiamo dal paragrafo IV

$$\frac{d\varphi}{du}=\mu\Delta\,,\quad \frac{d\varphi}{d\lambda}=u\Delta.\left(\frac{d\mu}{d\lambda}-\frac{\lambda\mu}{\lambda'^2}\right)+\frac{\lambda}{\lambda'^2}\cdot\left(\mu\Delta.\int_0^u du\,\text{sen.}^2\varphi+\text{sen.}\varphi\cos.\varphi\right),$$

e quindi per le formole del paragrafo V:

$$\frac{d\varphi}{dx}=\frac{1}{\sqrt{kP}}\cdot\frac{d\varphi}{du}=\frac{\mu\Delta}{\sqrt{kP}}\,,\quad \frac{d\varphi}{d\alpha}=X.\sqrt{kP}.\frac{d\varphi}{dx}-\frac{k^2}{k'^2}\cdot\frac{d\varphi}{dk}=\mu X\Delta-\frac{k^2}{k'^2}\cdot\frac{d\lambda}{dk}\cdot\frac{d\varphi}{d\lambda}\,.$$

D'altra parte la prima delle equazioni (3) si può presentare sotto la forma

$$\frac{d^2 \log. U}{du^2} + \frac{\mu^2}{\text{sen.}^2 \varphi} - n k^2 \text{sen.}^2 \text{am}\, u - 2 b_1 = 0 \ ,$$

e integrandola coll'aggiunta d'una costante arbitraria C, si trova:

$$\frac{d \log. U}{du} + \mu^2 \int \frac{du}{\text{sen.}^2 \varphi} - n k^2 \int du\, \text{sen}^2 \text{am}\, u - 2 b_1 u = C \ ;$$

ma

$$\mu \int \frac{du}{\text{sen.}^2 \varphi} = \int \frac{d\varphi}{\Delta\, \text{sen.}^2 \varphi} = \lambda^2 \int \text{sen.}^2 \varphi . \frac{d\varphi}{\Delta} - \frac{\Delta \cos. \varphi}{\text{sen}. \varphi} \ ;$$

dunque sostituendo

$$\frac{d \log. U}{du} + \mu \lambda^2 \int \text{sen.}^2 \varphi . \frac{d\varphi}{\Delta} - \mu \Delta . \frac{\cos. \varphi}{\text{sen}. \varphi} - n k^2 \int du\, \text{sen.}^2 \text{am}\, u - 2 b_1 u = C ,$$

ovvero

$$(19) \ \ldots\ldots\ldots\ldots \quad \frac{dU}{du} - \mu U \Delta . \frac{\cos. \varphi}{\text{sen}. \varphi}$$

$$+ \left(\mu^2 \lambda^2 \int_0^u du\, \text{sen.}^2 \varphi - n k^2 \int_0^u du\, \text{sen.}^2 \text{am}\, u - 2 b_1 u \right) U = 0 \ ,$$

ridotta a zero la costante C, perchè si ha $\frac{U}{\text{sen}. \varphi} = V$ e quando $u = 0$ risulta $V = 1$, $\varphi = 0$, $U = 0$, $\Delta = 1$, e dalla (4) $\frac{dU}{du} = \mu$. Troviamo inoltre:

$$\frac{dV}{dx} = \frac{1}{\text{sen}. \varphi} . \frac{dU}{dx} - \frac{\cos. \varphi}{\text{sen.}^2 \varphi} . \frac{d\varphi}{dx} . U = \frac{1}{\text{sen}. \varphi} . \frac{dU}{dx} - \frac{\cos. \varphi}{\text{sen.}^2 \varphi} . \frac{\mu \Delta}{\sqrt{kP}} . U \ ,$$

e di qui

$$\frac{d^2 V}{dx^2} = \frac{1}{\text{sen}. \varphi} . \frac{d^2 U}{dx^2} - 2 . \frac{\cos. \varphi}{\text{sen.}^2 \varphi} . \frac{\mu \Delta}{\sqrt{kP}} . \frac{dU}{dx}$$

$$+ \frac{1}{\text{sen}. \varphi} . \frac{\mu \Delta}{kP} . U . \left(\mu \Delta + 2 . \frac{\cos.^2 \varphi}{\text{sen.}^2 \varphi} . \mu \Delta - \frac{\cos. \varphi}{\text{sen}. \varphi} . (\alpha x - 2 x^3) . \sqrt{\frac{k}{P}} \right)$$

$$+ \frac{\cos.^2 \varphi}{\text{sen}. \varphi} . \frac{\lambda^2 \mu^2}{kP} . U \ ,$$

ove potremo in luogo di $\frac{dU}{dx}$ scrivere $\frac{1}{\sqrt{kP}} . \frac{dU}{du}$, e poi sostituire a $\frac{dU}{du}$ il suo valore dato dalla (19). Finalmente troviamo

$$\frac{dV}{d\alpha}=\frac{1}{\text{sen.}\varphi}\cdot\frac{dU}{d\alpha}-\frac{\cos.\varphi}{\text{sen.}^2\varphi}\cdot\frac{d\varphi}{d\alpha}\cdot U$$

$$=\frac{1}{\text{sen.}\varphi}\cdot\frac{dU}{d\alpha}-\frac{\cos.\varphi}{\text{sen.}^2\varphi}\cdot\left(\mu X\Delta-\frac{k^2}{k'^2}\cdot\frac{d\lambda}{dk}\cdot\frac{d\varphi}{d\lambda}\right).U\ ;$$

e rimettendo i valori di X e $\frac{d\varphi}{d\lambda}$, indi sostituendo queste espressioni nella (16), e riducendo, otteniamo

$$P.\frac{d^2U}{dx^2}+(n-1)(\alpha x-2x^3).\frac{dU}{dx}$$

$$+2.\frac{\lambda}{k}\cdot\frac{\cos.\varphi}{\text{sen.}\varphi}.\mu\Delta\int_0^u du\,\text{sen.}^2\varphi.\left(\lambda\mu^2-n.\frac{kk'^2}{\lambda'^2}\cdot\frac{d\lambda}{dk}\right).U$$

$$-2.\frac{\cos.\varphi}{\text{sen.}\varphi}.\frac{\mu\Delta}{k}.uU.\left(2b_1+nk^2+nkk'^2.\frac{d\lambda}{dk}\cdot\frac{d\mu}{\mu d\lambda}-nkk'^2.\frac{\lambda}{\lambda'^2}\cdot\frac{d\lambda}{dk}\right)$$

$$-2n.\frac{k'^4}{k^2}\cdot\frac{dU}{d\alpha}+\frac{1}{k}.\left(\mu^2\Delta^2+\lambda^2\mu^2\cos.^2\varphi-2nk'^2.\frac{\lambda}{\lambda'^2}\cdot\frac{d\lambda}{dk}.\cos.^2\varphi\right).U$$

$$+\left[n(n-1)x^2-\frac{2}{k}.b_1\right].U=0\ ,$$

che in grazia delle equazioni (13) e (14) diventa

$$(20)\ \ldots\quad P.\frac{d^2U}{dx^2}+(n-1).(\alpha x-2x^3).\frac{dU}{dx}-2n.\frac{k'^4}{k^2}\cdot\frac{dU}{d\alpha}$$

$$+\left[n(n-1)x^2-\frac{2}{k}.b_1+\frac{1}{k}.\lambda'^2\mu^2\right].U=0\ .$$

Ora è facile vedere, che se chiamasi B una funzione del solo k, e posto $U=Bz_1$ si stabilisce la condizione

$$(21)\ \ldots\ldots\quad 2n.\frac{k'^4}{k}\cdot\frac{dB}{d\alpha}+(2b_1-\lambda'^2\mu^2).B=0\ ,$$

risulterà per z_1 un'equazione che non differirà dalla (18) se non pel cambiamento di z in z_1.

Dalle equazioni (17) e (21), ricorrendo anche alla (13), si trae

$$d\log.B-d\log.A=\frac{k\lambda'^2\mu^2}{2nk'^4}.d\alpha=-\frac{\lambda'^2\mu^2}{2nkk'^2}.dk=-\frac{d\lambda}{2\lambda}\ ,$$

e quindi si può prendere $B=\frac{A}{\sqrt{\lambda}}$. Laonde, fatto $y=\sqrt{\lambda}\,\text{sen.am}(\mu u,\lambda)$, si avrà $y=\sqrt{\lambda}.\frac{U}{V}=\sqrt{\lambda}.\frac{Bz_1}{Az}=\frac{z_1}{z}$, e z_1, z saranno il numeratore e il denominatore d'una frazione eguale alla funzione trasformata y, e soddisfaranno l'uno e l'altro alla medesima equazione (18).

Questa equazione a differenziali parziali fu data da Jacobi e dimostrata in altro modo dal sig. Cayley (V. Giornale di Liouville, 1862, pag. 139), e dal Prof. Betti (*Annali di Matematica*, tom. IV, pag. 63): essa somministra uno dei mezzi più comodi per formar l'*equazione modulare* e determinare i coefficienti de' polinomi z e z_1, come ivi mostrò lo stesso Betti.

L'equazione (13), dovuta pure a Jacobi e notevolissima, serve a determinare per mezzo dell'equazione modulare il *moltiplicatore* $M=\frac{1}{\mu}$. L'equazione (14) determina il coefficiente b_1, e somministra

$$2b_1=\lambda^2\mu^2-\lambda\lambda'^2\mu.\frac{d\mu}{d\lambda}-nk^2=\lambda\lambda'^2\mu^2.\left(\frac{\lambda}{\lambda'^2}-\frac{d\mu}{\mu d\lambda}-\frac{k}{k'^2}.\frac{dk}{d\lambda}\right),$$

onde

$$\frac{2b_1}{nkk'^2}.dk=\frac{\lambda d\lambda}{\lambda'^2}-\frac{d\mu}{\mu}-\frac{kdk}{k'^2}=d\log.\frac{k'}{\mu\lambda'}, \quad \text{e} \quad b_1=nkk'^2.\frac{d\log.\sqrt{\frac{k'}{\mu\lambda'}}}{dk}.$$

L'equazione (17) diverrà $n.\frac{k'^4}{k}.\frac{dA}{d\alpha}.dk+nkk'^2Ad\log.\sqrt{\frac{k'}{\mu\lambda'}}=0$, ossia $d\log.A-d\log.\sqrt{\frac{k'}{\mu\lambda'}}=0$, e darà quindi $A=\sqrt{\frac{k'}{\mu\lambda'}}$.

Nel caso della semplice moltiplicazione delle funzioni ellittiche, μ è un numero intero m, λ uguaglia k, $d\lambda$ uguaglia dk, talchè le equazioni (13) e (14) danno $n=m^2$ e $b_1=0$, e l'equazione (17) è verificata da $A=1$.

Aggiungendo l'equazione (15) alle (13) e (14) ed eliminando b_1 e μ fra queste tre si troverà un'equazione differenziale di terz'ordine tra i moduli k e λ, nel che Jacobi ravvisa la più insigne proprietà delle equazioni modulari (*).

(*) « At inter affectus aequationum modularium id maxime memorabile ac singulare mihi videor » animadvertere, *quod eidem omnes aequationi differentiali tertii ordinis satisfaciant* » (Fund. Nova, § 33, pag. 79).

VII.

Per dimostrare la proposizione che ho ammessa nel § V circa l'impossibilità d'un'equazione algebrica tra u, $\text{sen.am}\,u$ e $\int_0^u du\,\text{sen.}^2\text{am}\,u$, premetto il teorema seguente:

Se x sia una funzione della variabile u, e *fatto* $\frac{dx}{du}=p$, *si supponga che differenziando p rispetto ad u si trovi una funzione esprimibile razionalmente per mezzo di u, x e p; se inoltre y sia una funzione algebrica di u, x e p, l'integrale $\int y\,du$ non potrà essere una funzione algebrica non razionale delle quantità u, x, p e y.*

Imperocchè posto $\int y\,dx=z$, dovranno y e z essere determinati da due equazioni della forma

$$y^m+Y_1y^{m-1}+Y_2y^{m-2}+\ldots+Y_{m-1}y+Y_m=0\ ,$$
$$z^n+Z_1z^{n-1}+Z_2z^{n-2}+\ldots+Z_{n-1}z+Z_n=0\ ,$$

in cui Y_1, $Y_2\ldots Y_m$ saranno funzioni razionali di u, x e p, e Z_1, $Z_2\ldots Z_n$ saranno funzioni razionali di u, x, p e y: differenziando queste due equazioni, si avrà

$$[my^{m-1}+(m-1)Y_1y^{m-2}+\ldots+Y_{m-1}]dy+y^{m-1}dY_1+y^{m-2}dY_2+\ldots+dY_m=0\ ,$$
$$[n\,z^{n-1}+(n-1)Z_1z^{n-2}+\ldots+Z_{n-1}]dz+z^{n-1}dZ_1+z^{n-2}dZ_2+\ldots+dZ_n=0\ ;$$

e sostituendo nella seconda di queste il valore di dy dato dalla prima, sostituendo poi $y\,du$ in luogo di dz, $p\,du$ in luogo di dx, e in luogo di $\frac{dp}{du}$ la data funzione razionale di u, x e p, otterremo un'equazione razionale tra u, x, p, y e z che sarà di grado $n-1$ rispetto a z. Così da un'equazione di grado n avremo dedotta una simile equazione di grado $n-1$, e seguitando nello stesso modo dedurremo dall'equazione di grado $n-1$ un'altra di grado $n-2$; poscia diminuiremo ancora d'una unità il grado di quest'equazione, e continuando giungeremo infine ad un'equazione di primo grado, che darà z funzione razionale di u, x, p e y.

Tuttavia non si potrà procedere più oltre quando s' incontrerà un'equazione identica: suppongasi per esempio che sia identica l'equazione del grado $n-1$, e ciò avverrà necessariamente quando s' intenda, come è permesso, già ridotta al minimo grado l'equazione che determina z, poichè allora un'equazione del grado inferiore $n-1$ non potrà sussistere; dovendo esser nulli tutti i coefficienti, il coefficiente di z^{n-1} darà $ndz+dZ_1=0$, e però $z=-\frac{Z_1}{n}$ funzione razionale di u, x, p e y.

Adunque se l'integrale $z=\int y\,du$ è funzione algebrica di queste quantità, sarà esprimibile *razionalmente* per mezzo di esse.

Nel caso particolare in cui y sia semplicemente una funzione algebrica di u, si avrà un teorema noto di ABEL (*).

Ora supponiamo che u non sia funzione algebrica di x e p, e che $\frac{dp}{du}$ sia funzione razionale di x e p soltanto. Se y sia funzione razionale di u, x e p, anche z sarà tale, e potremo fare

$$y=A+\frac{B}{C}, \qquad z=A_1+\frac{B_1}{C_1},$$

intendendo con A, B, C, A_1, B_1, C_1 altrettante funzioni razionali di u, x e p, tutte intere rispetto ad u e tali che il grado di B rispetto ad u sia inferiore a quello di C e il grado di B_1 sia inferiore a quello di C_1. Dovendo essere $y\,du=dz$, posto $dA_1=A_2\,du$, $C_1dB_1-B_1dC_1=B_2\,du$, avremo

$$A+\frac{B}{C}=A_2+\frac{B_2}{C_1^2},$$

e saranno A_2, B_2 funzioni razionali di u, x e p intere rispetto ad u; inoltre il grado di B_2 rispetto ad u sarà inferiore a quello di C_1^2: ne conchiuderemo:

$$A=A_2, \qquad \frac{B}{C}=\frac{B_2}{C_1^2}.$$

Se finalmente y è funzione razionale di x e p solamente, A non conterrà u, e si annullerà la frazione $\frac{B}{C}$: dunque similmente A_2 non conterrà u, e la frazione $\frac{B_2}{C_1^2}$ si annullerà, sicchè dovrà sparire anche la frazione $\frac{B_1}{C_1}$, e la funzione A_1 si ridurrà alla forma $au+X$, dove a indicherà una costante e X una funzione razionale di x e p. Si avrà dunque $\int y\,du=au+X$, e $\int(y-a)\,du=X$; laonde se per nessun

(*) V. Mém. de l'Institut, Savans étrangers, tom. V (1838), pag. 140.

valore di a l' integrale $\int(y-a)\,du$ può ridursi ad una funzione razionale di x e p, si dovrà dire che non può sussistere alcuna equazione algebrica tra u, x, p, y e z.

Ciò si applica immediatamente al caso del § V, nel quale

$$x=\sqrt{k}\,\text{sen.am}\,u,\quad p=\sqrt{kP}=\sqrt{k(1-\alpha x^2+x^4)},\quad y=\text{sen.}^2\text{am}\,u=\frac{x^2}{k},$$

poichè il sig. Liouville ha dimostrato (*) che nessuno degl' integrali

$$u=\int_0^x\frac{dx}{\sqrt{kP}},\quad \int_0^u y\,du=\int_0^x\frac{x^2\,dx}{k.\sqrt{kP}},\quad \int_0^u(y-a)\,du=\int_0^x\frac{(x^2-ak)\,dx}{k.\sqrt{kP}}$$

è funzione algebrica di x.

Del resto è facile ampliare il teorema precedente, considerando in luogo delle due x e p più funzioni quali si vogliano x, x_1, x_2, ..., e supponendo tanto le loro derivate relative ad u, quanto y funzioni algebriche di u e delle stesse quantità x, x_1, x_2, ...

VIII.

Dalle equazioni (14) e (15) si trae, facendo $\frac{2dk}{kk'^2}=dl$ e $\frac{2d\lambda}{\lambda\lambda'^2}=dL$,

$$2b_1-\lambda^2\mu^2+2\mu.\frac{d\mu}{dL}=-nk^2,$$

$$\lambda^2\mu^4+8b_1\mu.\frac{d\mu}{dL}-4\lambda^2\mu^2b_1+4b_1^2-4n.\frac{db_1}{dl}=n^2k^2;$$

quadrando la prima, e sottraendola poi dalla seconda, si otterrà:

$$\lambda^2\lambda'^2\mu^4+4\lambda^2\mu^3.\frac{d\mu}{dL}-4\mu^2.\frac{d\mu^2}{dL^2}-4n.\frac{db_1}{dl}=n^2k^2k'^2;$$

ma la prima darà pure

$$2.\frac{db_1}{dl}=2\lambda^2\mu.\frac{d\mu}{dl}-2.\frac{d\mu}{dl}.\frac{d\mu}{dL}-2\mu.\frac{dLd^2\mu-d\mu d^2L}{dL^2dl}$$
$$+2\lambda\mu^2.\frac{d\lambda}{dl}-2nk.\frac{dk}{dl},$$

(*) Mémoires de l'Institut, Savans étrangers, tom. V (1838), pag. 90.

e dalla (13) si avrà $\mu^2 = n.\frac{dL}{dl}$, talchè ne risulta

$$2n.\frac{db_1}{dl} = 2\lambda^2\mu^3.\frac{d\mu}{dL} - 2\mu^2.\frac{d\mu^2}{dL^2} - 2\mu^3.\frac{dL\,d^2\mu - d\mu\,d^2L}{dL^3} + \lambda^2\lambda'^2\mu^4 - n^2k^2k'^2:$$

dunque sostituendo

$$(22)\ \ldots\ldots\quad 4\mu^3.\frac{dL\,d^2\mu - d\mu.d^2L}{dL^3} - \lambda^2\lambda'^2\mu^4 + n^2k^2k'^2 = 0\,.$$

Ora si troverà

$$2.\frac{d\mu}{dL} = \mu.\frac{d^2L}{dL^2} - \frac{n}{\mu}.\frac{d^2l}{dl^2}\,,$$

$$2.\frac{dL\,d^2\mu - d\mu.d^2L}{dL^3} = \mu.\left(\frac{d^3L}{dL^3} - \frac{n^2}{\mu^4}.\frac{d^3l}{dl^3}\right) - \frac{3}{2}\mu.\left(\frac{d^2L^2}{dL^4} - \frac{n^2}{\mu^4}.\frac{d^2l^2}{dl^4}\right)\,,$$

e d'altra parte $l = \log.\frac{k^2}{1-k^2}$, donde

$$k^2 = \frac{e^l}{e^l+1}\,,\qquad k'^2 = \frac{1}{e^l+1}\,,\qquad k^2k'^2 = \left(\frac{1}{e^{\frac{1}{2}l} + e^{-\frac{1}{2}l}}\right)^2,$$

e similmente

$$\lambda^2\lambda'^2 = \left(\frac{1}{e^{\frac{1}{2}L} + e^{-\frac{1}{2}L}}\right)^2.$$

Fatte queste sostituzioni, la (22) diventa

$$(23)\ \ldots\ldots\ldots\quad \left(\frac{dL}{e^{\frac{1}{2}L} + e^{-\frac{1}{2}L}}\right)^2 - \left(\frac{dl}{e^{\frac{1}{2}l} - e^{-\frac{1}{2}l}}\right)^2$$

$$-2.\left(\frac{d^3L}{dL} - \frac{d^3l}{dl}\right) + 3.\left(\frac{d^2L^2}{dL^2} - \frac{d^2l^2}{dl^2}\right) = 0\,;$$

da cui rimettendo i valori di l e L si trarrà l'equazione fra i moduli accennata nel § VI:

$$(24)\ \ldots\ldots\quad 2dk\,d\lambda(d\lambda\,d^3k - dk\,d^3\lambda) - 3(d\lambda^2d^2k^2 - dk^2d^2\lambda^2)$$

$$+ dk^2d\lambda^2.\left[\left(\frac{1+k^2}{k-k^3}\right)^2.dk^2 - \left(\frac{1+\lambda^2}{\lambda-\lambda^3}\right)^2.d\lambda^2\right] = 0\,.$$

Jacobi ha dato l'integrale completo di questa equazione aggiungendo: « Quam integrationem altissimae indaginis esse censemus » (*Fund. Nova*, pag. 79). Ma il conoscere l'origine della medesima agevola grandemente la ricerca di siffatto integrale. Considerando l'equazione (23) che è più semplice e di cui la (24) è solamente una trasformata, prendiamo il differenziale dl come costante e facciamo $\frac{dl}{dL}=g$: essa diverrà

$$\left(e^{\frac{1}{2}L}+e^{-\frac{1}{2}L}\right)^{-2}-g^2.\left(e^{\frac{1}{2}l}+e^{-\frac{1}{2}l}\right)^{-2}+2g.\frac{d^2g}{dl^2}-\frac{dg^2}{dl^2}=0\ ,$$

e fatto $g=f^2$, si cambierà in

$$4f^3.\frac{d^2f}{dl^2}-f^4.\left(e^{\frac{1}{2}l}+e^{-\frac{1}{2}l}\right)^{-2}=-\left(e^{\frac{1}{2}L}+e^{-\frac{1}{2}L}\right)^{-2}\quad (*).$$

Riducendo a zero il secondo membro di questa si dovrebbe integrare l'equazione molto semplice

$$(25)\ \ldots\ldots\quad \frac{d^2f}{dl^2}-\frac{1}{4}f.\left(e^{\frac{1}{2}l}+e^{-\frac{1}{2}l}\right)^{-2}=0\ ;$$

sia $f=r$ un integrale dell'equazione così modificata, e il vero valore di f si ponga $f=\frac{r}{R}$: sostituendo troveremo

$$\frac{4r^3}{R^5}.\left(2.\frac{dr}{dl}.\frac{dR}{dl}+r.\frac{d^2R}{dl^2}-2.\frac{r}{R}.\frac{dR^2}{dl^2}\right)=\left(e^{\frac{1}{2}L}+e^{-\frac{1}{2}L}\right)^{-2},$$

e sarà $\frac{r^2}{R^2}=g=\frac{dl}{dL}$, talchè prendendo L per variabile indipendente avremo:

$$\frac{dR}{dl}=\frac{R^2}{r^2}.\frac{dR}{dL}\ ,$$

$$\frac{d^2R}{dl^2}=\frac{R^2}{r^2}.\left(\frac{R^2}{r^2}.\frac{d^2R}{dL^2}+2.\frac{R}{r^2}.\frac{dR^2}{dL^2}-2.\frac{R^2}{r^3}.\frac{dr}{dL}.\frac{dR}{dL}\right),\qquad \frac{dr}{dl}=\frac{R^2}{r^2}.\frac{dr}{dL},$$

e sostituendo e riducendo

$$\frac{d^2R}{dL^2}=\frac{1}{4}R.\left(e^{\frac{1}{2}L}+e^{-\frac{1}{2}L}\right)^{-2},$$

(*) Questa equazione si può anche scrivere così:

$$-f^4k^2k'^2+4f^3.\frac{d^2f}{dl^2}=-\lambda^2\lambda'^2,$$

e allora confrontandola con la (9) della pag. 29, Vol. II, degli *Opuscula Mathematica* di JACOBI, si vedrà che questa si deve correggere togliendo il fattore 4 al primo termine. Si devono similmente correggere le formole (13) e (16) delle pag. 30 e 31 della stessa Memoria, ponendo f^4, M^4 in luogo di $4f^4$, $4M^4$. Le formole di JACOBI furono riprodotte senza cambiamento nel giornale di Liouville (Tom. XIV, pag 191, 192, 194; 1849), dove perciò occorrono le medesime correzioni.

equazione simile alla (25), la quale mostra che R dipende da L, come r dipende da l. Ma è noto (*) che all'equazione (25) soddisfanno gl'integrali ellittici completi K e K' di prima specie a moduli completivi k e k', essendo $l=2\log.\frac{k}{k'}$: si potranno dunque supporre due integrali particolari

$$r=aK+a'K', \qquad r_1=a_1K+a_1'K',$$

chiamate a, a_1, a', a_1' quattro costanti, e si avrà $\frac{1}{r}.\frac{d^2r}{dl^2}=\frac{1}{r_1}.\frac{d^2r_1}{dl^2}$, e integrando $r.\frac{dr_1}{dl}-r_1.\frac{dr}{dl}=b$, ossia $d.\frac{r_1}{r}=\frac{bdl}{r^2}$, dove b rappresenta un'altra costante. Similmente denotando con R e R_1 due integrali particolari dell'equazione tra R e L, e con B una costante si avrà $d.\frac{R_1}{R}=\frac{BdL}{R^2}$, e R, R_1 saranno funzioni lineari dei due integrali ellittici completi di prima specie Λ, Λ' aventi per moduli λ e λ'. Per essere $\frac{dl}{r^2}=\frac{dL}{R^2}$, ne risulterà $Bd.\frac{r_1}{r}=bd.\frac{R_1}{R}$, e quindi $B.\frac{r_1}{r}=b.\frac{R_1}{R}+cost.$, sicchè restituite le espressioni di r, r_1, R, R_1, si otterrà un'equazione della forma

$$cK\Lambda+c'K'\Lambda+c''K\Lambda'+c'''K'\Lambda'=0,$$

contenente quattro costanti arbitrarie c, c', c'', c''', che si possono ridurre a tre, e sarà essa il cercato integrale completo della (24).

Anche l'equazione (22) corrisponde ad una di Jacobi. La (13) somministra $\mu^2=nkk'^2.\frac{dL}{2dk}$, e fatto $\mu=\frac{1}{M}$, si ha:

$$\frac{d\mu}{dL}=-\frac{dM}{M^2dL}=-\frac{n}{2}.kk'^2.\frac{dM}{dk}:$$

quindi, supposto dk costante, risulta

$$\frac{dLd^2\mu-d\mu d^2L}{dL^2}=-\frac{n}{2}.kk'^2.\frac{d^2M}{dk}-\frac{n}{2}.(1-3k^2)dM,$$

e la (22) diviene

$$n^2kk'^2\mu.\left[kk'^2.\frac{d^2M}{dk^2}+(1-3k^2).\frac{dM}{dk}\right]+\lambda^2\lambda'^2\mu^4-n^2k^2k'^2=0,$$

da cui dividendo per $n^2kk'^2\mu^2$ e ricordando ancora la (13), si conchiude

(*) *Journal de Liouville*, tom. XI (1846), pag. 96.

$$M.\left[(k-k^3).\frac{d^2M}{dk^2}+(1-3k^2).\frac{dM}{dk}-kM\right]+\frac{\lambda d\lambda}{ndk}=0\ ,$$

come nei *Fund. Nova*, pag. 77.

IX.

L'integrazione delle equazioni differenziali parziali (8), (9), (18) si può ridurre a quella della semplicissima $\frac{d^2\theta}{dr^2}=\frac{d\theta}{ds}$. Sia più generalmente

$$(26)\quad \frac{d^2z}{du^2}+P.\frac{dz}{du}+Q.\frac{dz}{dk}+Rz=0\ ,$$

e P, Q, R tre funzioni delle due variabili indipendenti u e k. Posto $z=v\theta$, avremo

$$v.\frac{d^2\theta}{du^2}+\left(2.\frac{dv}{du}+Pv\right).\frac{d\theta}{du}+Qv.\frac{d\theta}{dk}$$
$$+\left(\frac{d^2v}{du^2}+P.\frac{dv}{du}+Q.\frac{dv}{dk}+Rv\right).\theta=0\ .$$

Ora surroghiamo alla variabile u un'altra r in modo che si abbia $u=r\omega$, essèndo ω una funzione del solo k, sarà $\frac{du}{dr}=\omega$, $\frac{du}{dk}=r\omega'$, e scrivendo $\theta=f(u,k)$, avremo nell'equazione precedente $\frac{d\theta}{du}=f'_u(u,k)$, $\frac{d\theta}{dk}=f'_k(u,k)$, ma considerando poi u come funzione di r e k, avremo:

$$\theta=f(r\omega,k)\ ,$$

$$\frac{d\theta}{dr}=f'_u(u,k).\frac{du}{dr}=\omega.\frac{d\theta}{du}\ ,\qquad \frac{d^2\theta}{dr^2}=\omega.\frac{d.\omega.\frac{d\theta}{du}}{du}=\omega^2.\frac{d^2\theta}{du^2}\ ,$$

$$\frac{d\theta}{dk}=f'_k(u,k)+f'_u(u,k).\frac{du}{dk}=\left(\frac{d\theta}{dk}\right)+r\omega'.\frac{d\theta}{du}\ ,$$

e però

$$\frac{d\theta}{du}=\frac{1}{\omega}.\frac{d\theta}{dr}\ ,\qquad \left(\frac{d\theta}{dk}\right)=\frac{d\theta}{dk}-\frac{r\omega'}{\omega}.\frac{d\theta}{dr}\ ,\qquad \frac{d^2\theta}{du^2}=\frac{1}{\omega^2}.\frac{d^2\theta}{dr^2}\ .$$

Sostituiti questi valori, l'equazione precedente diverrà:

$$\frac{v}{\omega^2}.\frac{d^2\theta}{dr^2}+\frac{1}{\omega}.\left(2.\frac{dv}{du}+Pv-r\omega'Qv\right).\frac{d\theta}{dr}+Qv.\frac{d\theta}{dk}$$
$$+\left(\frac{d^2v}{du^2}+P.\frac{dv}{du}+Q.\frac{dv}{dk}+Rv\right).\theta=0\ ,$$

che si ridurrà alla forma $\frac{d^2\theta}{dr^2}=S.\frac{d\theta}{dk}$, se si stabiliscano le relazioni

$$2.\frac{dv}{du}+Pv-r\omega' Qv=0\ ,\qquad \frac{d^2v}{du^2}+P.\frac{dv}{du}+Q.\frac{dv}{dk}+Rv=0\ .$$

Eliminando $\frac{dv}{du}$ e $\frac{d^2v}{du^2}$ dalla seconda per mezzo della prima, e mettendo $\frac{u}{\omega}$ in luogo di r, si troverà:

$$4Q.\frac{dv}{dk}+\left(4R-P^2-2.\frac{dP}{du}+2Q.\frac{\omega'}{\omega}+Q^2u^2.\frac{\omega'^2}{\omega^2}+2u.\frac{\omega'}{\omega}.\frac{dQ}{du}\right).v=0\,;$$

e quindi, fatto $p=\frac{\omega'}{\omega}$, risulterà:

$$(27)\begin{cases} 2.\frac{d\log.v}{du}=-P+Qup\ , \\ 2.\frac{d\log.v}{dk}=-\frac{1}{Q}.\left(2R-\frac{1}{2}P^2-\frac{dP}{du}\right)-p-\frac{1}{2}Qu^2p^2-up.\frac{d\log.Q}{du}\ ; \end{cases}$$

differenziando la prima espressione rispetto a k e la seconda rispetto ad u, si dovranno ottenere valori eguali, laonde sarà

$$(28)\ \ldots\ \ldots\ldots\qquad \frac{dP}{dk}-pu.\frac{dQ}{dk}-Qu.\frac{dp}{dk}=$$

$$\frac{1}{Q}.\left(2.\frac{dR}{du}-P.\frac{dP}{du}-\frac{d^2P}{du^2}\right)-\frac{1}{Q^2}.\left(2R-\frac{1}{2}P^2-\frac{dP}{du}\right).\frac{dQ}{du}$$

$$+\frac{1}{2}u^2p^2.\frac{dQ}{du}+p.\frac{d\log.Q}{du}+up.\frac{d^2\log.Q}{du^2}+Qup^2\ ,$$

ed essendo p funzione del solo k, converrà che da questa equazione sparisca u, e ch'essa quindi si riduca ad una equazione fra k, p e $\frac{dp}{dk}$, la quale determinerà p. Trovato p, si avrà $\omega=e^{\int p\,dk}$, e le (27) daranno v; infine resterà

$$(29)\ \ldots\ldots\ldots\qquad \frac{d^2\theta}{dr^2}=-Q\omega^2.\frac{d\theta}{dk}\ .$$

Per applicare questa trasformazione all'equazione (9) dovremo fare $P=2k^2u$, $Q=2kk'^2$, $R=k^2u^2$; e l'equazione (28) diverrà:

$$4ku-2pu(1-3k^2)-2kk'^2u.\frac{dp}{dk}=\frac{2ku}{k'^2}-\frac{2k^3u}{k'^2}+2kk'^2up^2\ ,$$

ovvero, dividendo per $2u$, e riducendo

$$kk'^2.\frac{dp}{dk}+p(1-3k^2)+kk'^2p^2-k=0\ ,$$

da cui, rimesso $\frac{1}{\omega}.\frac{d\omega}{dk}$ in luogo di p, si trarrà

$$kk'^2.\frac{d^2\omega}{dk^2}+(1-3k^2).\frac{d\omega}{dk}-k\omega=0\ ,$$

nota equazione appartenente agl' integrali ellittici completi K e K'. Preso $\omega=K$, sarà $\frac{d\omega}{dk}=\frac{1}{kk'^2}.(E-k'^2K)$, se E indichi l' integrale completo di seconda specie avente il modulo k, cioè se $E=\int_0^{\frac{1}{2}\pi}d\varphi\sqrt{1-k^2\,\text{sen.}^2\varphi}$; quindi $kk'^2p=\frac{E}{K}-k'^2$. Ma le (27) daranno

$$2\log.v=-k^2u^2+kk'^2pu^2-\log.(Kk')\ :$$

dunque

$$\log.v=-\tfrac{1}{2}u^2.\left(1-\frac{E}{K}\right)-\log.\sqrt{Kk'}\ ,$$

ossia

$$v=\frac{1}{\sqrt{Kk'}}.e^{-\frac{1}{2}u^2.\left(1-\frac{E}{K}\right)}.$$

La (29) diverrà

$$\frac{d^2\theta}{dr^2}=-2kk'^2K^2.\frac{d\theta}{dk}\ ,$$

e si ridurrà alla

(30) .... $$\frac{d^2\theta}{dr^2}=\frac{d\theta}{ds}$$

se si pone $ds=-\frac{dk}{2kk'^2K^2}$, e nella (9) sarà $t=v\theta$, onde $\theta=\frac{t}{v}$. Ora dal § VIII si ha $d.\frac{K'}{K}=\frac{bdl}{K^2}=\frac{2bdk}{kk'^2K^2}$, e si prova in più modi (*) che questa costante $b=-\frac{\pi}{4}$, si può quindi prendere $s=\frac{K'}{\pi K}$: l'altra variabile r sarà $=\frac{u}{K}$. Si potranno anche introdurre fattori costanti in θ, r e s, e si otterranno le formole di JACOBI prendendo

(*) JACOBI, *Fund. Nova*, p. 74; *Opuscula mathematica*, Vol. II, pag. 25.

$$\theta = \frac{t}{\varphi} \cdot \sqrt{\frac{2}{\pi}}, \qquad r = \frac{\pi u}{2K}, \qquad s = \tfrac{1}{4}\pi \cdot \frac{K'}{K},$$

sicchè richiamando i valori di t e φ, avremo la *funzione jacobiana*

$$(31) \ldots \qquad \theta = \sqrt{\frac{2Kk'}{\pi}} \cdot e^{\frac{1}{2}u^2 \cdot \left(1 - \frac{E}{K}\right)} \cdot e^{-k^2 \cdot \int_0^u du \int_0^u du \,\text{sen.}^2 \text{am}\, u}.$$

Similmente alla forma (30) si ridurrà l'equazione (8) facendo

$$r = \pi \cdot \frac{\mu u}{2\Lambda}, \qquad s = \frac{\pi \Lambda'}{4\Lambda},$$

e poichè nella (18) è $z = \frac{1}{A} \cdot e^{b_1 u^2} \cdot t^{-n} \cdot \tau$, la determinazione generale di z nell'equazione (18) si può far dipendere da quella di τ nella (8), e quindi anche l'integrazione della (18) si può ridurre a quella della (30). Di più non cambiandosi l'equazione (18) nel caso della moltiplicazione, si potrà passare dalla funzione z alla funzione τ, supponendo il caso della moltiplicazione in cui $\lambda = k$, $\mu^2 = n$, $\Lambda = K$, $\Lambda' = K'$, e quindi passare dalla funzione τ alla funzione θ facendo

$$r = \sqrt{n} \cdot \frac{\pi u}{2K}, \qquad s = \frac{\pi K'}{4K},$$

a cui si potranno anche sostituire i valori dati da Jacobi (Giornale di Crelle, Tom. IV, pag. 185),

$$r = \frac{n \pi u}{2K}, \qquad s = \frac{n \pi K'}{4K},$$

non alterandosi l'equazione (30) per la sostituzione di hr, $h^2 s$ ad r, s se h sia costante.

X.

Generalmente, se nell'equazione (26) la quantità Q è indipendente da u, l'equazione (29) si ridurrà alla (30) prendendo $ds = -\frac{dk}{Q\omega^2}$, e la (28) diverrà

$$\frac{dP}{dk} - pu \cdot \frac{dQ}{dk} - Qu \cdot \frac{dp}{dk} = Qup^2 + \frac{1}{Q} \cdot \left(2 \cdot \frac{dR}{du} - P \cdot \frac{dP}{du} - \frac{d^2P}{du^2}\right):$$

perciò dovrà ridursi ad una funzione del solo k la quantità

$$\frac{1}{Qu}\cdot\left(2.\frac{dR}{du}-P.\frac{dP}{du}-\frac{d^2P}{du^2}\right)-\frac{1}{u}\cdot\frac{dP}{dk},$$

talchè rappresentandola con $\frac{2}{Q}\cdot\varphi(k)$, moltiplicando per $Qudu$, e integrando si avrà:

$$2R=u^2\varphi(k)+\tfrac{1}{2}P^2+\frac{dP}{du}+Q.\int\frac{dP}{dk}.du+\psi(k),$$

ove $\varphi(k)$ e $\psi(k)$ dinoteranno due funzioni arbitrarie di k.

Se Q contiene u, dividendo per Qu tutti i termini della (28) e differenziando poi rispetto ad u si otterrà un'equazione che determinerà p in termini finiti, salvo il caso in cui si abbia

$$\frac{dQ}{dk}=0\,,\qquad \text{e}\qquad \frac{d\log.Q}{du}+u.\frac{d^2\log.Q}{du^2}=0\,,$$

cioè $Q=au^\alpha$, essendo a e α due costanti. In questo caso fatto

$$2R-\frac{dP}{du}-\tfrac{1}{2}P^2=S\,,$$

deve ridursi ad una funzione di k la quantità

$$\frac{1}{Q^2u}\cdot\frac{dS}{du}-\frac{1}{Q^3u}.S.\frac{dQ}{du}-\frac{1}{Qu}\cdot\frac{dP}{dk},$$

e chiamandola $\varphi(k)$, si avrà:

$$\frac{1}{Q^2}\cdot\left(Q.\frac{dS}{du}-S.\frac{dQ}{du}\right)=\frac{dP}{dk}+Qu\varphi(k)\,,$$

e però

$$\frac{S}{Q}=\int\frac{dP}{dk}.du+\frac{a}{\alpha+2}.u^{\alpha+2}\varphi(k)+\psi(k)\,;$$

e infine

$$2R=\frac{a^2}{\alpha+2}.u^{2\alpha+2}\varphi(k)+\tfrac{1}{2}P^2+\frac{dP}{du}+au^\alpha.\left[\int\frac{dP}{dk}.du+\psi(k)\right].$$

Negli altri casi, ritenuto il valore di S, e fatto $u.\frac{d\log.Q}{du}=T$, sarà:

$$\frac{1}{Qu}\cdot\left(\frac{dP}{dk}-p.\frac{dT}{du}\right)-p.\frac{d\log.Q}{dk}-\frac{dp}{dk}=$$

$$\frac{1}{Q^2u}\cdot\left(\frac{dS}{du}-S.\frac{d\log.Q}{du}\right)+\tfrac{1}{2}p^2u.\frac{d\log.Q}{du}+p^2,$$

e questa equazione differenziata rispetto ad u conterrà ancora p e ne somministrerà quindi il valore. Si può anche fare ad arbitrio $p=\varphi(k)$, e dedurre dalla stessa equazione, con un'altra funzione arbitraria $\psi(k)$,

$$\frac{S}{Q}=\int\left(\frac{dP}{dk}-pu.\frac{dQ}{dk}\right)du-\left(\frac{dp}{dk}+p^2\right).\int Qudu-p^2.\int\frac{dQ}{du}u^2du$$
$$-pu.\frac{d\log.Q}{du}+\psi(k)\ ,$$

donde si trarrà poi R. Così abbiamo determinata la forma che deve avere R perchè l'equazione (26) si possa col metodo esposto ridurre alla (29).

XI.

Riprese le denominazioni del § I, e supposto $n=2m+1$, si faccia

$$U=a_m x(x^2-\alpha_1^2)(x^2-\alpha_2^2)\ldots(x^2-\alpha_m^2)\ ,$$
$$V=b_m(x^2-\beta_1^2)(x^2-\beta_2^2)\ldots(x^2-\beta_m^2)\ .$$

La prima delle equazioni (2) si può mettere sotto la forma

$$P.\frac{d^2\log.U}{dx^2}+Q.\frac{d\log.U}{dx}+\mu^2.\frac{V^2}{U^2}-nk^2x^2-2b_1=0\ ,$$

e la frazione $\frac{V}{U}$ si potrà spezzare in frazioni parziali della forma

$$\frac{A_0}{x}+\Sigma.\frac{A_i x}{x^2-\alpha_i^2}\ ,$$

stesa la somma Σ a tutti gl' indici $i=1, 2, \ldots\ldots m$. Ne risulterà

$$\frac{V^2}{U^2}=\frac{A_0^2}{x^2}+\Sigma.\frac{A_i^2x^2}{(x^2-\alpha_i^2)^2}+2A_0\Sigma.\frac{A_i}{x^2-\alpha_i^2}+2\Sigma\Sigma.\frac{A_iA_{i'}x^2}{(x^2-\alpha_i^2)(x^2-\alpha_{i'}^2)}\ ,$$

inteso con i' un indice diverso da i, e si potrà anche scrivere

$$\frac{V^2}{U^2}=\frac{A_0^2}{x^2}+\Sigma.\frac{A_i^2\alpha_i^2}{(x^2-\alpha_i^2)^2}+2A_0\Sigma.\frac{A_i}{x^2-\alpha_i^2}$$
$$+2\Sigma\Sigma.\frac{\alpha_i^2}{\alpha_i^2-\alpha_{i'}^2}.\frac{A_iA_{i'}}{x^2-\alpha_i^2}+\Sigma.\frac{A_i^2}{x^2-\alpha_i^2}\ .$$

D'altra parte sarà

$$\frac{d\log.U}{dx}=\frac{1}{x}+\Sigma.\frac{2x}{x^2-\alpha_i^2}\ ,\quad \frac{d^2\log.U}{dx^2}=-\frac{1}{x^2}-\Sigma.\frac{4x^2}{(x^2-\alpha_i^2)^2}+\Sigma.\frac{2}{x^2-\alpha_i^2}\ ,$$

e però

$$P.\frac{d^2\log.U}{dx^2}+Q.\frac{d\log.U}{dx}=-\frac{P}{x^2}+\frac{Q}{x}-\Sigma.\frac{4Px^2}{(x^2-\alpha_i^2)^2}+\Sigma.\frac{2P+2Qx}{x^2-\alpha_i^2}\ ;$$

e sostituendo i valori di P e Q, e facendo $P=\varphi(x)$, $Q=\frac{1}{2}\varphi'(x)$, si avrà:

$$-\frac{P}{x^2}+\frac{Q}{x}=k^2x^2-\frac{1}{x^2}\ ,$$

$$-\frac{4Px^2}{(x^2-\alpha_i^2)^2}+\frac{2P+2Qx}{x^2-\alpha_i^2}=-\frac{4\alpha_i^2\varphi(\alpha_i)}{(x^2-\alpha_i^2)^2}-\frac{2\varphi(\alpha_i)+\alpha_i\varphi'(\alpha_i)}{x^2-\alpha_i^2}+2k^2(x^2-\alpha_i^2)\ .$$

Adunque, perchè la riferita equazione sussista, dovrà essere

$$b_1=-k^2\Sigma\alpha_i^2,\qquad \mu^2A_0^2=1\ ,\qquad \mu^2A_i^2\alpha_i^2=4\alpha_i^2\varphi(\alpha_i)\ ,$$

$$\mu^2A_i\left(2A_0+A_i+2\Sigma.\frac{\alpha_i^2A_{i'}}{\alpha_i^2-\alpha_{i'}^2}\right)=2\varphi(\alpha_i)+\alpha_i\varphi'(\alpha_i)\ ,$$

dove il segno Σ si riferisce nella prima all'indice i, nell'ultima all'indice i'. Ne ricaveremo $A_0=\frac{1}{\mu}$, $A_i=\frac{2}{\mu}.\sqrt{\varphi(\alpha_i)}$, e quindi l'ultima si cambierà in

$$2\mu^2A_i\left(A_0+\Sigma.\frac{\alpha_i^2A_{i'}}{\alpha_i^2-\alpha_{i'}^2}\right)=\alpha_i\varphi'(\alpha_i)-2\varphi(\alpha_i)=2k^2\alpha_i^4-2\ ,$$

ossia

$$(32)\ \ldots\ldots\quad 1+\frac{1-k^2\alpha_i^4}{2.\sqrt{\varphi(\alpha_i)}}+\Sigma.\frac{2\alpha_i^2.\sqrt{\varphi(\alpha_{i'})}}{\alpha_i^2-\alpha_{i'}^2}=0\ ,$$

donde, fatto successivamente $i=1,2,\ldots m$, si traggono m equazioni fra le m quantità α_1^2, $\alpha_2^2,\ldots\alpha_m^2$.

Similmente, posto $\frac{U}{V}=B_0x+\Sigma.\frac{B_ix}{x^2-\beta_i^2}$, e considerando la seconda delle equazioni (2), troveremo:

$$B_0=\frac{k}{\lambda\mu}\ ,\qquad B_i=\frac{2}{\lambda\mu}.\sqrt{\varphi(\beta_i)}\ ,$$

$$(33)\ \ldots\ldots\quad 2k\Sigma.\sqrt{\varphi(\beta_i)}-b_1=k^2\Sigma\beta_i^2\ ,$$

$$(34)\ \ldots\ldots\quad k\beta_i^2+\frac{1-k^2\beta_i^4}{2.\sqrt{\varphi(\beta_i)}}+\Sigma.\frac{2\beta_i^2.\sqrt{\varphi(\beta_{i'})}}{\beta_i^2-\beta_{i'}^2}=0\ ,$$

e il segno Σ si riferirà nell'equazione (33) all'indice i, nella (34) all'indice i'; dalla (34) si dedurranno m equazioni tra le m quantità β_i^2, facendo $i=1,2,\ldots m$.

Inoltre dovendosi annullare $\frac{V}{U}$ per $x=\beta_1, \beta_2, \ldots . \beta_m$, e $\frac{U}{V}$ per $x=\alpha_1, \alpha_2, \ldots . . \alpha_m$, si avranno altre equazioni di condizione che saranno

$$(35) \ldots \frac{1}{\beta_{i'}^2}+\sum_{i=1}^{i=m} \cdot \frac{2 \cdot \sqrt{\varphi(\alpha_i)}}{\beta_{i'}^2-\alpha_i^2}=0, \quad k+\sum_{i=1}^{i=m} \cdot \frac{2 \cdot \sqrt{\varphi(\beta_i)}}{\alpha_{i'}^2-\beta_i^2}=0,$$

supposto $i=1, 2, \ldots . . m$. Si avrà di più

$$A_0=\frac{1}{a}, \quad B_0=\frac{a_m}{b_m}, \quad \frac{a}{a_m}=(-1)^m \alpha_1^2, \alpha_2^2, \ldots \alpha_m^2,$$

$$\frac{1}{b_m}=(-1)^m \beta_1^2, \beta_2^2, \ldots . . \beta_m^2, \quad b_1=-\Sigma . \frac{1}{\beta_i^2},$$

e sostituendo i valori precedenti

$$(36) \ldots . . \quad \lambda \mu^2=k \cdot\left(\frac{\alpha_1 \alpha_2 \ldots \alpha_m}{\beta_1 \beta_2 \ldots \beta_m}\right)^2, \quad k^2 \Sigma \alpha_i^2=\Sigma . \frac{1}{\beta_i^2};$$

l'equazione (33) diverrà

$$\Sigma \cdot\left[2 k . \sqrt{\varphi(\beta_i)}+\frac{1}{\beta_i^2}-k^2 \beta_i^2\right]=0,$$

ossia

$$\Sigma . \frac{2 . \sqrt{\varphi(\beta_i)}}{\beta_i^2} \cdot\left[k \beta_i^2+\frac{1-k^2 \beta_i^4}{2 . \sqrt{\varphi(\beta_i)}}\right]=0,$$

che per la (34) si riduce alla

$$\Sigma \Sigma . \frac{4 . \sqrt{\varphi(\beta_i) \varphi(\beta_{i'})}}{\beta_i^2-\beta_{i'}^2}=0,$$

ed è manifestamente soddisfatta, poichè ad ogni termine $\frac{\sqrt{\varphi(\beta_i) \varphi(\beta_{i'})}}{\beta_i^2-\beta_{i'}^2}$ corrisponde un termine $\frac{\sqrt{\varphi(\beta_i) \varphi(\beta_{i'})}}{\beta_{i'}^2-\beta_i^2}$ che lo distrugge. Così per mezzo delle (32), (34), (35) e (36) le equazioni (2) saranno verificate, e quindi anche le (3).

Ora dalle equazioni (3) si deduce

$$\frac{d^2 \log . U}{d u^2}-\frac{d^2 \log . V}{d u^2}+\mu^2 . \frac{V^2}{U^2}-\lambda^2 \mu^2 . \frac{U^2}{V^2}=0,$$

ossia

$$\frac{d^2 \log . y}{d u^2}+\mu^2 .\left(\frac{1}{y^2}-\lambda^2 y^2\right)=0,$$

fatto $y=\frac{U}{V}$. Ponendo $\log.y=t$, e prendendo t per variabile indipendente, si cambierà $\frac{d^2\log.y}{du^2}$ in $-\frac{dt^3}{du^3}\cdot\frac{d^2u}{dt^2}$, e si avrà:

$$-\left(\frac{du}{dt}\right)^{-3}\cdot\frac{d^2u}{dt^2}=\mu^2\cdot(\lambda^2e^{2t}-e^{-2t}),$$

che, integrata con una costante arbitraria C, darà

$$\left(\frac{dt}{du}\right)^2=\mu^2.(\lambda^2e^{2t}+e^{-2t}+C),$$

ossia

$$\left(\frac{dy}{du}\right)^2=\mu^2y^2\cdot\left(\lambda^2y^2+\frac{1}{y^2}+C\right).$$

Affinchè questa si accordi con la (1) bisognerà che sia $C=-1-\lambda^2$, e e quindi che per $y=1$ si abbia $\frac{dy}{du}=0$.

Tali sono le condizioni a cui deve soddisfare ogni soluzione razionale dell'equazione (1) data da polinomi U e V della forma indicata; e allo stesso modo si troverebbero quelle che corrispondono ad n pari. È facile riconoscere ch'esse sono adempiute dalle celebri formole di Jacobi.

Osservo dapprima che supposto generalmente $\beta_i^2=\frac{1}{k^2\alpha_i^2}$, la seconda delle (36) è soddisfatta, e si ha $\varphi(\beta_i)=\frac{\varphi(\alpha_i)}{k^2\alpha_i^4}$, e supposto anche $\sqrt{\varphi(\beta_i)}=-\frac{\sqrt{\varphi(\alpha_i)}}{k\alpha_i^2}$, la seconda delle (35) si ridurrà alla prima e la (34) alla (32). Di più, se ad $x=1$ corrisponda $y=1$, cioè $\frac{U}{V}=1$, si avrà la relazione

$$(37)\ \ldots\ldots\qquad \lambda\mu=k.\frac{(1-\alpha_1^2)(1-\alpha_2^2)\ldots(1-\alpha_m^2)}{(1-\beta_1^2)(1-\beta_2^2)\ldots(1-\beta_m^2)},$$

ed essendo $\frac{dy}{du}=\frac{dy}{dx}\cdot\sqrt{P}$, e $P=0$ per $x=1$, ne risulterà eziandio $\frac{dy}{du}=0$ per $y=1$: il perchè resterà solamente che le quantità α_i verifichino la (32) e la prima delle (35), e che λ e μ siano determinati secondo la prima delle (36) e la (37).

Ciò premesso, dalle formole di addizione e sottrazione abbiamo

$$\text{sen.am}(u+v)-\text{sen.am}(u-v)=\frac{2\,\text{sen.am}\,v\cos.\text{am}\,u\,\Delta\,\text{am}\,u}{1-k^2\text{sen.}^2\text{am}\,u\,\text{sen.}^2\text{am}\,v},$$

$$\frac{1}{\text{sen.am}(u-v)}-\frac{1}{\text{sen.am}(u+v)}=\frac{2\,\text{sen.am}\,v\cos.\text{am}\,u\,\Delta\,\text{am}\,u}{\text{sen.}^2\text{am}\,u-\text{sen.}^2\text{am}\,v};$$

dove faremo $u=i\omega$, $v=i'\omega$, ponendo $\omega=4.\frac{n'K+n''K'.\sqrt{-1}}{n}$, e intendendo con n' e n'' due numeri interi qualisivogliano, positivi o negativi, non aventi alcun fattore comune con n. Ora, ritenuto $n=2m+1$, e preso successivamente $i=1, 2, \ldots\ldots m$, se i' sia uno di questi stessi numeri, i valori di $i+i'$, e $i-i'$ si potranno ripartire in due serie come segue:

$$\begin{cases} i+i'=i'+1,\ i'+2,\ i'+3,\ldots m; \\ i-i'=-(i'-1),\ -(i'-2),\ -(i'-3),\ldots -2,\ -1; \end{cases}$$

$$\begin{cases} i+i'=n-m,\ n-(m-1),\ n-(m-2),\ldots\ n-(m-i'+1); \\ i-i'=0,\ 1,\ 2,\ 3,\ldots\ldots\ldots m-i'; \end{cases}$$

laonde, per essere generalmente

$$\text{sen.am}(n\omega-v)=\text{sen.am}(-v)=-\text{sen.am}\,v,$$

i valori di $\text{sen.am}(u+v)$ e $-\text{sen.am}(u-v)$ corrispondenti alla prima serie saranno in diverso ordine rappresentati dai seguenti

$$\text{sen.am}\,\omega,\quad \text{sen.am}\,2\omega,\quad \text{sen.am}\,3\omega,\ \ldots\ldots\ \text{sen.am}\,m\omega,$$

escluso $\text{sen.am}\,i'\omega$, e questi, non escluso alcuno, ma presi col segno opposto rappresenteranno i valori corrispondenti alla seconda serie. Adunque, se nelle due riferite equazioni si pone successivamente $i=1, 2, 3, \ldots\ldots m$, eccettuando per la seconda il valore $i=i'$, e si sommano per ciascuna equazione le espressioni che ne risultano, otterremo dalla prima

$$-\text{sen.am}\,i'\omega=\sum_{i=1}^{i=m}.\frac{2\,\text{sen.am}\,i'\omega\cos.\text{am}\,i\omega\,\Delta\,\text{am}\,i\omega}{1-k^2\text{sen.}^2\text{am}\,i\omega\,\text{sen.}^2\text{am}\,i'\omega},$$

a cui si riduce la prima delle (35) quando si suppone $\alpha_i=\text{sen.am}\,i\omega$, $\beta_{i'}=\frac{1}{k\,\text{sen.am}\,i'\omega}$, poichè $\sqrt{\varphi(\alpha_i)}=\cos.\text{am}\,i\omega\,\Delta\,\text{am}\,i\omega$. Per $i=i$ la funzione $\text{sen.am}(u+v)$ diventa $\text{sen.am}\,2i'\omega$, e l'altra $\text{sen.am}(u-v)$ si annulla; dunque eccettuando questo valore si avrà dalla seconda equazione

$$\frac{1}{\text{sen.am}\, i'\omega}+\frac{1}{\text{sen.am}\, 2i'\omega}=\Sigma.\frac{2\,\text{sen.am}\, i'\omega\,\text{cos.am}\, i\omega\,\Delta\,\text{am}\, i\omega}{\text{sen.}^2\text{am}\, i\omega-\text{sen.}^2\text{am}\, i'\omega}\;,$$

e questa per le stesse supposizioni si ridurrà alla (32) sol che si scambi i con i', essendo

$$\text{sen.am}\, 2i'\omega=\frac{2\,\text{sen.am}\, i'\omega\,\text{cos.am}\, i'\omega\,\Delta\,\text{am}\, i'\omega}{1-k^2\,\text{sen.}^4\text{am}\, i'\omega}\;.$$

Parimente si troveranno le formole di Jacobi pei valori di μ e λ, che giusta le equazioni (36) e (37) sono:

$$\mu=\left(\frac{\alpha_1\alpha_2\ldots\alpha_m}{\beta_1\beta_2\ldots\beta_m}\right)^2.\frac{(1-\beta_1^2)(1-\beta_2^2)\ldots(1-\beta_m^2)}{(1-\alpha_1^2)(1-\alpha_2^2)\ldots(1-\alpha_m^2)}\;,$$

$$\lambda=k.\left(\frac{\beta_1\beta_2\ldots\beta_m}{\alpha_1\alpha_2\ldots\alpha_m}.\frac{(1-\alpha_1^2)(1-\alpha_2^2)\ldots(1-\alpha_m^2)}{(1-\beta_1^2)(1-\beta_2^2)\ldots(1-\beta_m^2)}\right)^2.$$

XII.

Ritenuto $\log. V=\log. b_m+\Sigma\log.(x^2-\beta_i^2)$, abbiamo dalla seconda delle equazioni (2):

$$-\Sigma.\frac{4\beta_i^2\varphi(\beta_i)}{(x^2-\beta_i^2)^2}-\Sigma.\frac{2\varphi(\beta_i)+\beta_i\varphi'(\beta_i)}{x^2-\beta_i^2}$$
$$-2k^2\Sigma\beta_i^2+\lambda^2\mu^2.\frac{U^2}{V^2}-k^2x^2+2b_1=0\;.$$

Ora essendo

$$x=\text{sen.am}\, u\;,\qquad y=\frac{U}{V}=\text{sen.am}(\mu u,\lambda)\;,$$

si ponga

$$x^2=u^2+k_1u^4+k_2u^6+\ldots,\qquad y^2=\mu^2u^2+\lambda_1\mu^4u^4+\lambda_2\mu^6u^6+\ldots,$$

dove k_1, k_2, ... siano funzioni di k, e λ_1, λ_2, ... simili funzioni di λ, facili a determinarsi. Pongasi inoltre

$$\frac{\beta_i^2}{\beta_i^2-x^2}=1+H_1u^2+H_2u^4+H_3u^6+\ldots..,$$

ove sarà

$$H_1=\frac{1}{\beta_i^2},\qquad H_2=\frac{k_1}{\beta_i^2}+\frac{1}{\beta_i^4},\qquad H_3=\frac{k_2}{\beta_i^2}+\frac{2k_1}{\beta_i^4}+\frac{1}{\beta_i^6},\qquad \text{ecc.}\;;$$

dividendo per β_i^2, mettendo t in luogo di β_i^2 e differenziando rispetto a t, se ne dedurrà $\frac{1}{(t-x^2)^2}$ svolto secondo le potenze di u, e così saranno determinati i coefficienti dell'altra serie

$$\frac{\beta_i^4}{(\beta_i^2-x^2)^2}=1+H_1'u^2+H_2'u^4+H_3'u^6+\ldots\ldots$$

Infine sostituite queste serie, si eguaglino a zero separatamente i coefficienti delle diverse potenze di u: facendo per brevità

$$\frac{4\varphi(\beta_i)}{\beta_i^2}=\psi(\beta_i)\ ,\qquad \frac{2\varphi(\beta_i)+\beta_i\varphi'(\beta_i)}{\beta_i^2}=\psi_1(\beta_i)\ ,$$

avremo

$$\Sigma\psi(\beta_i)-\Sigma\psi_1(\beta_i)+2k^2\Sigma\beta_i^2+2b_2=0\ ,$$

che diverrà identica, e di più

$$\Sigma H_1'\psi(\beta_i)-\Sigma H_1\psi_1(\beta_i)-\lambda^2\mu^4+k^2=0\ ,$$

$$\Sigma H_2'\psi(\beta_i)-\Sigma H_2\psi_1(\beta_i)-\lambda_1\lambda^2\mu^6+k_1k^2=0\ ,$$

$$\Sigma H_3'\psi(\beta_i)-\Sigma H_3\psi_1(\beta_i)-\lambda_2\lambda^2\mu^8+k_2k^2=0\ ,$$

ecc. ,

che sono relazioni fra le somme di potenze simili delle radici β_i dell'equazione $V=0$, i moduli k e λ, e il moltiplicatore $\frac{1}{\mu}$.

ÉTUDE GÉOLOGIQUE

DE L'ISTHME DE SUEZ

DANS SES RAPPORTS

AVEC L'EXÉCUTION DES TRAVAUX DU CANAL MARITIME

PAR

E. TISSOT

Lu dans la séance du 7 mai 1865.

La physionomie de l'Isthme de Suez a été trop souvent décrite pour qu'il soit utile d'y revenir ici. L'aspect de ces plaines sablonneuses à perte de vue, interrompues seulement du côté du Sud par la silhouette bleue des montagnes de l'Attaka, qui se jettent dans la rade de Suez, est encore présent à l'imagination de tous les voyageurs qui ont visité l'Isthme, comme de tous ceux qui ont suivi les relations de ces intéressantes visites.

Nous nous bornerons donc à donner une idée du tracé du Canal maritime, pour étudier ensuite les terrains que traverse cette future voie de navigation.

Tracé du Canal.

I. La ligne part de l'extrémité de la rade de Suez, se dirige vers le Nord en suivant le thalweg de la vallée, jusqu'à ce qu'elle joigne le grand bassin, aujourd'hui à sec, appelé les Lacs Amers, qui formait autrefois le fond du golfe de la mer Rouge. Elle traverse ces lacs dans toute leur longueur, en suivant leurs sinuosités, de manière à éviter les mouvements du terrain. En quittant les lacs, la ligne traverse le seuil du Sérapéum, dans son point le plus bas, et vient se jeter dans le lac Timsah, en laissant à l'ouest le plateau de Cheik Enedeck.

Le lac Timsah recevait autrefois le trop plein des eaux du Nil, que les Hébreux avaient amenées dans leur belle vallée de Gessen, aujourd'hui traversée par notre canal d'eau douce. Le fond de ce lac est, comme celui des Lacs Amers, de plusieurs mètres en contre-bas du niveau de la mer. Il pourra, au moins en partie, servir ultérieurement de bassin de ravitaillement et de port intérieur pour l'Égypte, puisque sur ses rives mêmes s'opère la jonction avec la voie maritime du canal dérivé du Nil qui relie le delta au centre de l'Isthme.

Pour le moment, le canal maritime se borne à traverser le lac Timsah, en décrivant une grande courbe qui l'amène au seuil d'El Guisr, puis aux dunes d'El Ferdane.

Enfin, après avoir franchi les lacs Ballah, la ligne pénètre dans le lac Menzaleh qu'elle traverse directement pour aboutir à Port-Saïd, d'où elle se prolonge dans la mer jusqu'à ce qu'elle rencontre les fonds de 8m. 00.

Le développement total de cette ligne est de 163 kilomètres.

On va voir comment se comportent les terrains qu'elle est appelée à traverser.

Formation générale de l'Isthme.

II. Disons tout d'abord quelques mots de la formation générale de l'Isthme.

Il est aujourd'hui admis qu'avant les temps historiques, mais à une époque relativement récente, la Méditerranée était en communication avec la mer Rouge. La nature du sol de l'Isthme, la présence du sel marin dans toute son étendue, enfin la configuration même de la zone qui nous occupe, ne permettent pas de mettre en doute cette assertion.

L'Isthme présente l'aspect d'une large vallée où viennent se confondre avec une déclivité presque insensible les deux versants de l'Égypte et des premières collines de l'Asie. C'est précisément le fond de cette vallée qu'occupe notre canal maritime. A une époque encore plus récente la mer Rouge communiquait par cette vallée avec la Méditerranée ; l'Isthme était alors un détroit, et le canal maritime une fois ouvert reproduira ainsi, sur une moins vaste échelle, la physionomie primitive de cette région, que des actions lentes, mais continues, étaient parvenues à altérer.

Quelle est la nature de ces actions, et quel est leur degré de puissance? Deux hommes éminents (*), les auteurs de l'avant-projet du canal de Suez, se chargent de nous l'apprendre. De la savante étude de ces deux ingénieurs sur la formation des terrains d'alluvion, étude appuyée de nombreuses observations faites dans ces dernières années sur les fleuves de l'Océan et de la Méditerranée, il ressort les deux conclusions ci-après:

1.° Dans les mers à marées, comme dans les autres, les fleuves ne forment pas de barres, pas d'alluvions, pas de deltas à leur embouchure;

2.° Toutes les barres des fleuves sont des dépôts apportés ou arrêtés par les lames de fond, et sans elles ces dépôts seraient repoussés au large aussi loin que ces fleuves portent leur cours.

Le delta du Nil, ceux du Mississipi, du Gange, de l'Escaut, de la Meuse, du Rhin et de la Camargue du Rhône ont été originairement des barres formées par ces mêmes lames de fond.

On comprend en effet que les matières terreuses ou rocheuses que les côtes de la mer et les caps avancés abandonnent chaque année à la mer, sont constamment remuées par les vagues qui viennent briser au rivage. Les parties tendres sont promptement désagrégées par cette action puissante, et forment des sables vaseux ou des vases, et les parties dures sont arrondies en galets dont le volume diminue de plus en plus par l'action prolongée de la force qui les met en mouvement et les réduit en sable; mais au fur et à mesure que ces matières parviennent à un état suffisant de ténuité, elles quittent la place où elles ont été formées, pour obéir à la force de transport des ondes et des courants.

Dans l'ancien détroit de Suez, continuellement traversé par des courants alternatifs du Sud au Nord et du Nord au Sud, souvent aussi par les deux courants à la fois, les apports maritimes de la Méditerranée et de la mer Rouge ont dû être considérables. Les détritus des chaînes de montagnes placées à droite et à gauche, entraînés par les eaux de la pluie, se sont ajoutés à ces apports pour remplir l'espace qui les sépare; et lorsque cet espace s'est élevé assez haut pour que les lames de fond aient pu l'atteindre, elles ont exercé leur action de telle sorte que, par la rencontre des lames des deux mers, il s'est formé un bourrelet, qui n'est autre que le seuil d'El Guisr.

Après la formation de ce bourrelet, l'action combinée des lames de fond tant d'un côté que de l'autre, et les alluvions des montagnes voisines

(*) MM. LINANT-Bey et MONGEL-Bey.

ont continué jusqu'à ce que l'Isthme fût à sec. Puis le sol ainsi constitué a été couvert par les dunes qui se sont avancées du côté de Péluse, poussées par les vents du Nord, et du côté de Suez poussées par les vents et les courants du Sud.

Région du lac Menzaleh (kilom. 0 à 39).

III. Examinons maintenant en détail le sol de l'Isthme, tel que nous le font connaître les sondages récents exécutés dans l'axe du Canal maritime, jusqu'à des profondeurs de 8 ou $10^m.00$ au-dessous du niveau moyen des deux mers.

Tout d'abord nous voyons apparaître à Port-Saïd la barre de sable qui règne tout le long de la côte méridionale de la Méditerranée, puis ce sont les terrains vaseux, mélangés d'argile, de sable, de coquillages et de terre noire du lac Menzaleh, qui s'étendent jusqu'au kilom. 39, où se présente une nouvelle barre de sable, plus ancienne que la première.

Cette vaste région du lac Menzaleh, belle jadis et cultivée depuis Damiette jusqu'à Péluse, fertilisée qu'elle était par quatre branches du Nil, n'est plus aujourd'hui qu'une stérile lagune de 150000 hectares, peuplée de poissons et de gibiers, que les eaux du fleuve et celles de la mer envahissent alternativement, les premières par les nombreux canaux qui s'y jettent, les autres par les quatre coupures, restées intactes sur la barre maritime, qui servaient d'écoulement aux quatre branches du Nil, dont nous avons parlé.

Ici les apports maritimes paraissent avoir beaucoup moins d'importance que les dépôts formés par le Nil. Partout en effet se rencontrent, mélangés avec les sables de la Méditerranée, le limon fécondant du fleuve, ou bien de fortes quantités d'argile coulante et vaseuse, des vases liquides, des terres noires offrant tous les caractères des fertiles terrains égyptiens, prenant au soleil de la dureté et de la consistance, et dans l'eau se délayant en particules si ténues, que le moindre mouvement des eaux, le simple sillage d'une embarcation les agite et les entraîne. C'est autour du campement de Ras-el-Ech, entre les kilom. 10 et 20, dans la zone même où passait autrefois la Branche tanitique, que se trouvent les terres les plus fluides. C'est là aussi que les dragues ont opéré avec le plus de lenteur, et qu'on a rencontré le plus de difficultés dans la confection des berges du Chenal, par suite de la tendance de ces dernières à s'affaisser sous leur propre poids. Mais nous reviendrons sur ce sujet, en nous occupant des moyens mis en œuvre pour l'exécution du canal.

Une dernière question seulement sur le lac Menzaleh: elle répond à un désir spontanément conçu par tous ceux dont les regards se sont portés sur la région qui nous occupe, et sur les ruines des cités jadis florissantes de Tennis, Péluse, etc.

Serait-il bien difficile de rendre à la culture les 150000 hectares de terrains de ce lac? Certes, l'exemple des « polders » hollandais est là pour démontrer le contraire. Les polders sont pourtant dans une situation bien plus désavantageuse que le lac Menzaleh, puisqu'ils sont situés à plusieurs mètres au-dessous du niveau de la mer, tandis que le fond moyen de notre lac est à peine de 1^{m}. 00 en contre-bas de ce niveau; les Hollandais sont obligés de protéger leur territoire par d'énormes digues contre l'action de l'Océan, et d'élever démesurément les berges de leurs canaux d'irrigation ou de navigation. Chez nous, au contraire, une barre naturelle défend le lac Menzaleh des violences de la mer, et des digues de sable de 3^{m}. 00 au plus suffiraient pour contenir les eaux du Nil, et reconstituer l'antique régime de ce beau fleuve.

Le lac Menzaleh se trouve dans la même situation que le lac Maréotis à Alexandrie, que traversait jadis la septième branche du Nil, et qui resta cultivé jusqu'au moment où la malveillance des Anglais fit sauter la digue qui le séparait de la mer, et amena l'inondation de ses campagnes en 1801 lors du siége d'Alexandrie. C'est également la malveillance ou l'invasion d'un peuple ennemi, peut-être aussi un débordement extraordinaire du fleuve, qui occasionnèrent la rupture des digues de ses quatre premières branches, et livrèrent aux flots stérilisants de la mer la riche plaine de Menzaleh.

On a songé déjà à dessécher le lac Maréotis; mais les bénéfices de cette entreprise, pas plus que du desséchement du lac Menzaleh, ne parviendront à séduire les modestes populations arabes, ni à lutter contre leur indolence naturelle. Seul le génie européen, aidé du crédit, pourra réussir dans une pareille tâche, et doter malgré elle cette belle contrée de l'Égypte de 200000 nouveaux hectares de terrains excellents et tout préparés pour l'agriculture.

Région des lacs Ballah (kilom. 39 à 61).

IV. En sortant du lac Menzaleh, nous quittons les terrains de formation contemporaine pour entrer dans un sol d'une nature plus compacte, appartenant aux plus récentes formations géologiques. Les sables, les argiles dures, les alluvions anciennes se montrent désormais sur de grandes étendues, et se font remarquer, dans la région des lacs Ballah, par la présence d'une forte quantité de sulfate de chaux.

Un gros banc de plâtre pur existe entre les kilom. 55 et 60, superposé à une longue couche d'argile gypseuse et recouvert d'une couche de sable également gypseux. Dans les argiles de cette espèce, le sulfate de chaux se présente sous la forme de petites lames cristallines très-minces, un peu solubles dans l'eau, très-adhérentes avec l'argile qui l'environne et faisant corps avec elle, comme si elles avaient pris naissance dans son propre sein, par l'effet d'une décomposition lente de l'argile au contact des substances salines dont elle est imprégnée. Les lacs Ballah sont en effet une succession de petits étangs d'eau de mer, fortement chargés de sels calcaires et alcalins; ils communiquent avec le lac Menzaleh dont le degré de salure s'élève jusqu'à 11 °/₀ pendant l'étiage du Nil.

On trouve dans l'Isthme plus d'un exemple de ces stratifications gypseuses courant dans les grandes couches d'argiles. Or, comme ces dernières, quels qu'en soient d'ailleurs les caractères physiques, argiles bleues, grises, rouges, plastiques, ardoisées, collantes etc., sont toujours saturées des éléments des eaux de mer, on est fondé à en admettre l'influence dans les formations qui se produisent peu à peu dans leurs masses.

Région du Seuil d'El Guisr (kilom. 61 à 75).

V. Nous voici arrivés au bourrelet qui a servi de noyau à la constitution de l'Isthme, et qui se trouve par là même le plus ancien dans la succession chronologique de ses phases.

On reconnaît ici dans toute leur pureté les atterrissements de la Méditerranée, tels qu'ils résultent de la corrosion permanente de la côte égyptienne par l'effet de la vague et du courant. Le sable compacte, mélangé d'une certaine proportion de carbonate calcaire, forme en effet la presque totalité du sous-sol de la région du Seuil d'El Guisr. Çà et là se découpent quelques bancs d'argile, provenant des apports de l'intérieur. L'un de ces bancs est encore veiné de cristaux lamelleux de sulfate de chaux.

Nous avons deux lits de grès en formation au kilom. 63, un banc de calcaire dur, mais peu homogène, entre les kilom. 63 et 65, une petite masse de sable argileux au kilom. 70 ; puis au-dessus de cette zone une couche assez étendue de petit gravier mélangé au sable ; au-dessus encore du sable compacte alternant avec de faibles couches d'argile et de plâtre pulvérisé, et enfin du sable mouvant très-ténu, des dunes mobiles, comme on en rencontre sur quelques autres points de l'Isthme, qui changent plutôt de forme que de place, sous l'action du vent, et qui sont déjà fixées en grande partie par des plantes qui s'y sont développées sous l'influence de l'humidité et de la chaleur.

Région du Sérapéum (kil. 75 à 96).

VI. En entrant dans le lac Timsah nous voyons reparaître des vases et des sables vaseux de la même nature que ceux du lac Menzaleh, très-coulants, presque liquides et mélangés d'une grande quantité de détritus organiques amoncelés pendant des siècles sur ces rives jadis fertiles. Aujourd'hui même, ce petit lac, qui reçoit par infiltration les eaux de notre canal d'eau douce, est encadré par un joli rideau de végétation spontanée qui s'élève sur le limon vaseux. Quelques dunes d'une faible hauteur courent çà et là dans le lac et sur ses abords. Le sable en est compacte et ferme dans la partie située hors de l'eau, mais il devient coulant dès qu'il rencontre la limite des infiltrations salines, sans pour cela changer de couleur ou d'aspect extérieur. Il se tient aisément, quand il est sec, sous un angle de 60 à 65 degrés, mais il s'affaisse, prend des talus d'une très-faible inclinaison, se comporte en un mot comme les argiles grasses et les vases dès que l'on arrive à la zone humide, et que par suite on se trouve en contact avec les matières limoneuses et salées, déposées par les alluvions dans ces antiques marécages.

Ce caractère particulier se rencontre dans toute la région du Sérapéum, de même que le plâtre forme le caractère dominant de la région des lacs Ballah : car, si le profil géologique du Sérapéum présente, dans les bancs rapprochés de la surface, une aussi grande variété de formation que les autres parties de l'Isthme, si les argiles, les calcaires, à l'état de carbonates ou de craies, les coquillages, se détachent en groupes multiples dans la masse de sable compacte, c'est au contraire une couche uniforme et non interrompue de sables coulants qui occupe toute la partie inférieure de la région, depuis le lac Timsah jusqu'aux lacs Amers.

On dirait qu'ici les terres n'ont pas achevé leur tassement. Mais peut-être aussi que dans cette portion centrale de l'Isthme, où les dépôts fluviatiles ont précédé de longtemps les apports maritimes, les premiers n'ayant jamais cessé d'être délayés par les constantes infiltrations du Nil et des deux mers, n'ont pu, par suite, se débarrasser de leurs caractères fluides et vaseux.

Région des Lacs Amers (kilom. 96 à 130).

VII. Les Lacs Amers constituent un des points les plus intéressants de cette étude. Réuni autrefois au golfe arabique, dont il formait le fond, ce grand bassin paraît avoir échappé, au moins partiellement, aux envahissements des terres qui ont créé au Nord le seuil du Sérapéum, et au Sud celui de Chalouf el Terraba, puisqu'il s'est maintenu à une profondeur à peu près uniforme de $8^m.00$ au-dessous des basses mers, sur une étendue de plus de 14 kilomètres.

Sans doute, la région de Chalouf, par son voisinage de la chaîne arabique et de la grosse montagne de l'Attaka, s'est trouvée dans une situation plus favorable pour en recevoir les abondantes alluvions : ces dernières, s'élevant assez haut pour être rencontrées par les lames de fond de la mer Rouge, ont formé le bourrelet qui résulte tout naturellement de l'action de ces lames, et dès lors ont fermé la communication de la mer avec le bassin des lacs.

A partir de ce moment, une évaporation active s'est produite dans ce bassin ; le niveau de l'eau s'y est graduellement abaissé, malgré les infiltrations de la mer Rouge, et, après des siècles d'un travail permanent des rayons solaires sur cette nappe liquide, les tribus nomades de la contrée ont pu contempler avec étonnement un vaste étang de 6000 hect. de chlorure de sodium cristallisé, parfaitement pur et blanc, une immense conque marine perdue au milieu des terres, offrant tous les aspects d'une mer de glace, avec ses ondes solidifiées, ses crevasses, ses blocs brisés, ses aiguilles et ses bas-fonds, unis, transparents comme le verre. Coup d'œil très-pittoresque, dont l'effet est encore augmenté par la présence d'une végétation bizarre, de soudes, de tamarix, de plantes marines d'une teinte noirâtre qui s'élèvent en bouquets touffus au milieu des coquillages dont les rivages du bassin sont encombrés.

Le sel se présente ici en masses énormes, tantôt sous la forme de couches horizontales superposées et adhérentes de 5, 10 et 25 centimètres d'épaisseur, tantôt en bancs compactes et non divisés, ayant jusqu'à 2m. 50 et même 3m. 00 d'épaisseur, d'une grande dureté et d'une fort belle structure, tantôt enfin en blocs informes, d'une nature friable, où la cristallisation semble avoir lutté contre des forces extérieures puissantes.

Il y a là plus de 200 millions de tonnes de sel marin excellent, qui demandent à peine un coup de mine pour être mises en exploitation, et que l'économiste se sent un invincible regret de voir ainsi délaissées. Pourtant, il n'y a pas de temps à perdre : avant une année peut-être, les deux mers vont opérer leur jonction sur cette carrière même ; les immenses trésors de sel qui y sont accumulés par le travail des siècles vont être engloutis pour jamais sous une masse d'eau de 8m. 00 de profondeur. C'est donc tout de suite qu'il faudrait se mettre à l'œuvre pour livrer à l'industrie et à l'agriculture ces richesses minérales dont elles tirent l'une et l'autre un si grand parti.

Mais revenons à l'étude géologique qui nous occupe. Sur les bords de notre saline, une couche de sable fangeux, mélangé lui-même à une grande quantité de cristaux de sel, prend naissance sur le talus du bassin pour s'enfoncer sous la masse cristalline qu'elle semble envelopper. Au-dessous de cette couche sablonneuse s'étend un autre gisement de glaise compacte dont les sinuosités courent, presque sans interruption, jusque dans la mer Rouge. Les eaux de cette dernière, glissant sur la surface imperméable de l'argile, traversent sans difficultés les couches de sable, et viennent, chargées de sel et d'argile délayée, baigner le sous-sol du bassin des lacs qu'elles transforment en vase sans consistance.

C'est le même phénomène que nous avons vu se produire dans la région du Sérapéum pour les sables coulants du sous-sol. Au Sérapéum seulement, les apports se compliquent des limons fluviatiles amenés par le Nil et amoncelés déjà depuis longtemps.

Région de Chalouf el Terraba (kilom. 130 *à* 145*).*

VIII. C'est une des portions les plus récentes de l'Isthme. Formée, comme nous l'avons vu, par les détritus siliceux, calcaires et alumineux des montagnes voisines et de leurs versants, auxquels se sont ajoutés au fur et à mesure les apports sablonneux et coquilliers de la mer Rouge, on n'aura pas de peine à s'expliquer la présence des grandes masses d'argile pure, de sable pur, de sable argileux, de grès en formation ou de grès compacte qui constituent le sol de cette région.

On remarquera toutefois que l'argile pure et compacte y entre pour la majeure partie, et que, pour ce genre de terrains où les dragues opèrent difficilement, il conviendra peut-être de rechercher des moyens spéciaux d'excavation.

En fait de grès, la couche la plus intéressante est celle qui se rencontre vers le kilom. 148. Elle est à base silico-calcaire, comme les chaux hydrauliques et les ciments dont elle a d'ailleurs les caractères physiques. Il y aurait peut-être là encore l'objet d'une exploitation, si les besoins en matériaux hydrauliques venaient à se manifester sur une grande échelle dans le cours de nos travaux.

Les caractères particuliers de la mer Rouge, les grands coquillages, les concrétions madréporiques, les coraux rouges et blancs, des traces de fer même, apparaissent aussi sur plusieurs points dans cette région, mélangés aux bancs d'argile ou de sable. Enfin, des sédiments gypseux, à texture lamelleuse et de faible importance, puisque leur épaisseur ne dépasse jamais 10 centimètres, viennent marbrer le terrain dans toute l'étendue du seuil de Chalouf proprement dit. Ces dépôts présentent beaucoup d'analogie avec ceux des lacs Ballah, et peuvent sans doute être attribués aux mêmes causes : saturation des terrains par les sels calcaires et alcalins de la mer, humidité permanente provenant des infiltrations, et par suite décompositions chimiques se résolvant en précipités calcaires.

Région de Suez (kilom. 145 à 161).

IX. Nous désignons ainsi la portion de l'Isthme qui reçoit journalièrement les eaux de la mer Rouge, aux moments des marées hautes ; sa formation est contemporaine et de la nature de celle de Chalouf el Terraba, sauf en un seul point qui semble avoir une origine plus ancienne. C'est l'îlot du Tertre, qui se trouve à l'entrée de la rade, vers le kilom. 153, au milieu d'une nappe d'eau soumise au jeu des marées, et que notre canal doit traverser sous peine de faire un détour.

Le sol de cet îlot se compose essentiellement d'une roche de grès très-dure et d'une structure homogène sur une certaine épaisseur, sur d'autres points au contraire ressemblant à du grès en formation, enfin présentant par places un mélange d'argile avec des substances sableuses agglomérées, assez dures, d'une couleur jaune-blanchâtre.

Voilà le point saillant de cette région ; partout ailleurs, notamment dans la partie de la rade que doit occuper notre avant-port de Suez, on retrouve les caractères généraux des terrains déjà parcourus : à la surface, une puissante couche de sable meuble où se montrent de temps à autre de petites formations madréporiques ; au-dessous du sable argileux mélangé de graviers et de coquillages, enfin de l'argile compacte, collante et dure, presque plastique, affectant des nuances variées, depuis le blanc sale, le gris-bleu, le gris-brun jusqu'au jaune foncé.

Résumé.

X. Telle est la structure intime de l'Isthme de Suez. Comme on le voit, on n'aura presque partout à excaver que dans des terrains meubles, des sables, des argiles, des sables argileux ; çà et là quelques roches, avec lesquelles on a déjà eu l'occasion de se mesurer ; et puis des vases plus ou moins fluides, qui ont présenté quelques difficultés dans le lac Menzaleh, mais qui ne sauraient désormais, non plus que les autres terrains, offrir à la *Compagnie Universelle*, organisée comme elle l'est, avec son installation puissante et ses énergiques moyens d'action, de sérieux obstacles à la réalisation de la grande idée de M. de Lesseps, notre illustre président-fondateur.

Mode d'exécution des travaux.

Nous allons maintenant passer rapidement en revue les procédés mis en œuvre par la *Compagnie Universelle* pour l'exécution des travaux déjà faits, et les moyens nouveaux qu'elle se dispose à employer pour hâter l'achèvement des parties commencées.

Bloc d'enrochement. - Construction d'un îlot en fer. Blocs artificiels.

XI. *Port-Saïd.* - Ce point, comme tête de ligne, doit avoir, pendant la période d'exploitation, une importance capitale ; mais il en a une considérable aussi pendant la période de construction, puisque c'est le lieu de débarquement de toutes les matières, machines et denrées qui alimentent les chantiers de l'Isthme : c'est là en outre que sont concentrés les grands ateliers de montage des machines, et les grands travaux de dragages, dont les déblais doivent être jetés à la mer. La première préoccupation de la *Compagnie Universelle* devait donc être, en dehors des soins d'installation de Port-Saïd comme ville, de créer en mer une jetée, un abri contre les vents dominants qui répondît aux premiers besoins, c'est-à-dire, qui permît aux navires de décharger en sûreté, aux appareils dragueurs de fonctionner dans l'avant-port sans redouter l'action de la lame, aux ateliers de montage de communiquer aisément entre eux, enfin aux bateaux de déblais, provenant de l'intérieur de la ligne, de se rendre en mer pour y être déchargés par leurs clapets de fond.

Voilà ce qu'il fallait faire tout d'abord, et ce qui malheureusement n'est pas encore réalisé, malgré de valeureux efforts. Dès 1859, on posait les bases de la jetée ouest par un appontement en bois construit sur pilotis ; tout en poursuivant l'exécution de cet ouvrage les années suivantes on faisait affluer des blocs d'enrochement de la carrière située au Mex près d'Alexandrie ; mais les affrétements étaient difficiles, les blocs arrivaient trop rares, malgré les avantages offerts aux capitaines transporteurs; on songea alors à devancer le délai probable de l'achèvement de la jetée par les blocs, en établissant sur des pieux en fer, par des fonds de 5^{m}. 00 et dans la direction de l'appontement, un îlot, recouvert d'une large plate-forme, susceptible de recevoir les cargaisons des navires qui accosteraient.

La construction de l'îlot fut achevée en 1862. A partir de ce moment, le rôle des blocs ne consistait plus qu'à remplir l'intervalle de 1200^{m}. 00, qui séparait l'îlot de l'appontement : opération très-laborieuse encore, et qui est loin d'être terminée, quoiqu'on ait coulé déjà plus de 60000 mètres cubes de pierres dans cette partie du port.

Cette insuffisance du concours des blocs du Mex était prévue ; mais peut-être tout le monde n'était-il pas également frappé des funestes retards qu'elle devait amener dans l'exécution de la jetée : quoi qu'il en soit, elle décida, à la fin de 1863, l'emploi de blocs artificiels, semblables à ceux employés aux nouveaux ports de Marseille; ils doivent avoir un volume de 10 mètres cubes, et sont formés de sable de la plage et de chaux hydraulique de la carrière du Theil (Ardèche), dans la proportion de 325 kilog. de chaux en poudre sèche pour un mètre cube de sable.

Un entrepreneur éprouvé, M. Dussand, a été chargé du coulage de 250000 mètres cubes de ces blocs, soit la quantité nécessaire pour l'achèvement de la jetée ouest, jusqu'aux fonds de 8^{m}. 00. M. Dussand a passé l'année dernière à constituer ses chantiers et ses approvisionnements. Il vient de commencer à couler les blocs déjà fabriqués, et très-probablement la fin de 1865 verra s'opérer la réunion complète de l'îlot en fer à la plage.

C'est vraiment à partir de ce jour que Port-Saïd prendra tout son développement maritime, et que les grands travaux de dragage du port et du lac Menzaleh seront poussés avec l'activité qu'ils réclament.

Depuis longtemps déjà, il faut le dire, soit depuis près de cinq ans, Port-Saïd est le centre d'un mouvement de navires très-remarquable; le tonnage de l'année 1864 s'est élevé pour les entrées à plus de 59000 tonnes, chargées sur 467 navires. Les deux ports de Damiette et de Rosette n'atteignent pas, ensemble, à un pareil tonnage. Mais n'est-ce pas justement en présence d'une telle vitalité que l'on regrette le plus de voir à quels expédients primitifs on en est réduit pour suffire aux besoins des navires et aux difficiles manoeuvres de la rade?

Dragages.

XII. *Lac Menzaleh.* - C'est là que depuis 1860 fonctionnent sans relâche les dragues de la *Compagnie Universelle;* c'est sur ce champ de bataille qu'au fur et à mesure de leur équipement, ces précieux appareils allaient recevoir le baptême du feu et procéder à l'attaque des terrains perfides de cette région. Bien des essais infructueux, bien des difficultés de toute sorte ont signalé la première période de nos dragages. Des modifications nombreuses ont dû naturellement être introduites dans la structure de ces engins, dessinés sur le modèle des dragues de rivières, et présentant par cela même plus d'un obstacle à leur fonctionnement dans des terrains salés et fangeux. Ces travaux de modification se compliquant de la nature coulante et risqueuse d'un sol qui échappait par sa fluidité à la morsure du godet, et refusait, une fois élevé et jeté dans les couloirs des dragues, de glisser le long du fer auquel il se collait, ont forcément ralenti la production de ces appareils, en même temps qu'ils en augmentaient l'usure.

Personne, toutefois, ne s'est découragé, et grâce aux puissants ateliers de Port-Saïd qui redoublèrent d'activité pour remettre en état les dragues fatiguées, on parvint, après trois ans d'efforts, à l'aide de vingt-quatre dragues, dont le nombre réel était réduit de moitié par suite des réparations, à ouvrir dans la traversée du lac Menzaleh, une bonne voie de navigation, protégée par des berges continues contre les agitations du lac.

Ce travail représente un terrassement de deux millions de mètres cubes, en y comprenant le creusement du petit bassin de l'arsenal et la première attaque du grand bassin de Port-Saïd. Certaines dragues ont fait 15000, 20000 et jusqu'à 30000 mètres cubes en un mois. La moyenne mensuelle a été de 5400 mètres cubes par drague.

Nous avons parlé déjà de la tendance des berges à s'affaisser sur elles-mêmes aux abords de Ras-el-Ech. Cela est si vrai, que dans cette portion le talus de la tranchée se constitue de lui-même à 4, 5 et quelquefois 6 de base pour 1 de hauteur, tandis que des talus à 2 pour 1 sont amplement suffisants pour tous les autres terrains de l'Isthme. Ici la densité des terres est si faible que la croûte extérieure, solidifiée et durcie par le soleil, oscille sous le pas d'un chameau, comme si elle reposait sur une masse liquide. Il y aurait impossibilité à élever des constructions sur cette portion de la berge, non moins qu'à y faire passer un chemin de fer.

Enfin, telles qu'elles sont aujourd'hui, les berges du lac Menzaleh, avec une profondeur d'eau de $2^m,00$ à $2^m,50$ dans le canal, se soutiennent contre la pression extérieure des terres. Il y a donc lieu d'espérer, qu'en conservant le même talus, elles se soutiendront également lorsque la profondeur du canal aura atteint la côte normale de $8^m,00$.

Pour en revenir aux dragues, nous dirons que jusqu'à présent, elles ont opéré indépendamment de tout appareil accessoire, c'est-à-dire qu'elles versaient elles-mêmes les déblais sur berge à l'aide de longs couloirs que l'on allongeait encore à mesure que la drague s'éloignait de la berge. C'est ainsi qu'on a eu sur certaines dragues des couloirs de plus de $20^m,00$ de longueur, naturellement très-peu inclinés, et sur lesquels les terres auraient eu bien de la peine à glisser, si on ne les y avait aidées par un jet d'eau lancé dans le couloir par la machine.

On conçoit que par ce procédé on n'ait pu draguer le canal dans sa largeur normale de $58^m,00$. On a seulement creusé près de chaque digue un sillon de 20 à 25 mètres de largeur en gueule, en laissant entre les deux un bourrelet qu'il faudra enlever par d'autres moyens. A cet effet l'idée qui se présente le plus naturellement, serait de verser les déblais en Marie-salopes qu'on irait décharger à la mer. Mais comment franchir la barre de sable, constamment renouvelée par le flot qui ferme l'entrée du canal à l'extrémité de la jetée actuelle? Cette barre s'éloignera et finira par être insensible quand on aura comblé le vide qui sépare l'ilôt de l'appontement; mais jusque là il faut renoncer à une communication directe avec la mer; il faut regretter une fois de plus de voir ce travail si peu avancé; il faut enfin chercher d'autres procédés pour les dragages à effectuer dans l'axe du canal.

Ceux qui ont été adoptés consistent à verser les déblais dans des caisses d'une contenance de mètres cubes 3 $^1/_2$, rangées au fond de grands chalons. Des grues à vapeur montées sur la berge élèvent ces caisses qui se vident d'elles-mêmes sur le remblai. Quelques chantiers de ce genre sont déjà en activité dans le voisinage de Port-Saïd ; ils donnent de bons résultats, les grues fonctionnent bien, mais tout cela réclame un personnel considérable d'ouvriers, condition difficile à réaliser aujourd'hui, et entraîne par suite à des frais assez élevés.

Nous pensons que les dragages en Marie-salopes sont les plus pratiques dans la portion du canal qui nous occupe, notamment depuis la suppression des contingents de Fellahs, parce qu'ils offrent au moins le mérite d'une grande simplification de manœuvres, et d'un nombre fort restreint d'ouvriers terrassiers.

Terminons cette étude sur nos dragues par quelques détails sur leur construction. Les 24 premières, celles qui ont ouvert la voie navigable du lac Menzaleh sont de petites dragues de 21^m,00 de longueur, d'une force de 16 chevaux, calant 0^m,75 à 0^m,80 en charge. Elles ont, nonobstant les chômages provenant de l'usure et des modifications, fourni un bon service. Mais leur nombre n'était pas suffisant pour marcher avec l'activité voulue ; quelques-unes d'ailleurs demandaient à être remplacées ; on fit une nouvelle commande.

Elle se composait de vingt dragues beaucoup plus grandes et plus fortes que le autres, mieux aménagées et pouvant draguer jusqu'à 8^m,00 de profondeur, pendant que les premières ne descendaient qu'à 3^m,00. Dix de ces dragues sont aujourd'hui sur la ligne, et trois d'entre elles fonctionnent depuis quelques mois. Elles sont construites sur le modèle de celles de la Spezia par la Société des Forges et Chantiers de la Méditerranée. Elles ont 30^m,00 de longueur sur 8^m de large ; une machine de 34 chevaux qui peut donner trois fois la force nominale sous une pression de 2,75 atmosphères ; deux puissants générateurs présentant une surface de chauffe totale de 81 mètres carrés ; un appareil dragueur solide et bien étudié ; enfin un système de treuils pour la manœuvre fonctionnant avec beaucoup de régularité sous l'action de la machine. Ces beaux appareils, dont tous les détails ont été patiemment discutés par des hommes spéciaux d'une grande valeur, calent 1^m,75 sous charge, ce qui représente un déplacement total de près de 350 tonnes. Les essais ont répondu aux conditions du marché, et on n'a eu jusqu'à présent qu'à se féliciter des services rendus par ces nouvelles dragues.

L'événement prouvera si c'est là le dernier mot des instruments qui conviennent à nos travaux; ou bien, s'il ne serait pas préférable, pour la plus grande facilité des manœuvres et des réparations, d'en diminuer le volume et d'en répartir quelques-uns des éléments sur des flotteurs indépendants de la drague, susceptibles de se porter rapidement d'un chantier sur un autre pour parer aux chances d'arrêt et éventualités de toute nature inséparables de ces délicats appareils.

Ouverture du Canal à grande section.

XIII. *Lacs Ballah.* - Ici tout le travail a été fait à bras d'hommes, le défonçage du banc de plâtre qui caractérise cette région, comme l'ouverture du canal dans sa largeur normale de $58^m,00$ avec un tirant d'eau de $1^m,50$. Il ne reste plus aujourd'hui qu'à l'approfondir à l'aide des dragues qui opéreront alors dans des terrains meubles et homogènes, entièrement composés de sables maritimes, bien plus faciles enfin que ceux de la région précédente.

Travail des contingents - Excavateurs Couvreux.

XIV. *Seuil d'El Guisr.* - L'enlèvement du Seuil d'El Guisr est une des belles pages de l'histoire de l'Isthme. Une campagne de dix mois (1862) a suffi pour exécuter l'ouverture de cette vaste tranchée qui ne compte pas moins de quatre millions de mètres cubes de déblais. Ce sont les contingents arabes qui ont réalisé ce prodige sous la conduite de quelques surveillants européens.

Dix-huit mille hommes renouvelés chaque mois par des recrues, tirées des provinces les plus reculées de l'Egypte, ont offert le spectacle inouï d'un chantier de quelques kilomètres littéralement couvert d'ouvriers travaillant sans encombrement, sans le moindre désordre, avec gaieté, le jour comme la nuit, et produisant des résultats que l'on peut hardiment comparer à ceux de nos meilleurs terrassiers d'Europe. Brillant reflet, offert au 19e siècle, des immenses travaux qui s'exécutaient aux temps bibliques sur cette terre des Pharaons.

Malheureusement, depuis l'année dernière, ces puissantes ressources ont été retirées à la *Compagnie Universelle,* et il faudra ici encore déployer d'énergiques moyens mécaniques pour suppléer aux bras égyptiens.

Ces moyens ont été mis en activité il y a huit mois. L'entrepreneur qui s'est chargé du lot du Seuil d'El Guisr, M. Couvreux, s'est mis en mesure d'extraire les terre situées au-dessus. de l'eau par un heureux système d'excavateurs-chargeurs, desservis par des wagons et des locomotives. L'appareil repose sur la berge porté par trois paires de roues qui lui permettent de se mouvoir sur une voie ferrée. Le chapelet dragueur est posé le long du talus que les godets attaquent et dégradent pour se remplir de ses débris. Le terrain sablonneux de la région du Seuil est si favorable à ce mode de travail, que les godets arrivent toujours pleins, et que les excavateurs, qui ont une force de 18 chevaux seulement, élèvent sans peine 400 mètres cubes par jour, et en élèveront 600 mètres lorsqu'une meilleure installation de voies permettra aux locomotives de servir les appareils avec plus d'activité et moins de pertes de temps.

Cinq de ces instruments sont aujourd'hui en service sur seize que l'entrepreneur se propose d'installer sur ses chantiers.

Pour toute la partie à extraire à sec, les appareils Couvreux paraissent suffisamment puissants. Une fois qu'on sera sous l'eau, il faudra recourir aux dragues, mais ici le voisinage du lac Timsah sera d'une grande ressource pour la simplification du travail qui pourra se faire tout entier à l'aide de Marie-salopes.

Tranchée de Toussoum - Bassins factices.

XV. *Sérapéum.* - La première préoccupation de la *Compagnie Universelle* ayant été d'ouvrir tout d'abord une communication directe entre le centre de l'Isthme et Port-Saïd, on a dû naturellement porter là tous les efforts, et laisser un peu de côté les portions qui sortaient de cette ligne. Voilà pourquoi rien de complet n'a été fait encore dans la région du Sérapéum, à part la belle tranchée de Toussoum, ouverte sur toute la largeur du canal, sur une profondeur de $2^m,00$ au-dessus de l'eau. C'est encore là un ouvrage des terrassiers fellahs, un terrassement de 2,150,000 mètres cubes, enlevé en moins d'un an, qui va servir de base aux travaux que les entrepreneurs MM. Borel, Lavalley et Compagnie se disposent à exécuter entre le lac Timsah et Suez.

Ces travaux reposent sur un ensemble d'ingénieux projets qu'il nous semble intéressant de faire connaître.

Le niveau des eaux dans le canal d'eau douce qui longe le tracé du canal maritime est de $6^m,00$ plus élevé que celui de la mer. Profitant de cette différence de niveau, les entrepreneurs ont imaginé de faire venir l'eau douce, par des dérivations de l'artère principale, sur leurs chantiers du canal maritime, et d'amener des dragues sur ces mêmes chantiers à l'aide de ces dérivations.

Les dragues ainsi placées pourront, depuis le point d'attaque, avancer progressivement en faisant leur chemin devant elles, et extraire tout d'abord les $6^m,00$ de terres, qui se trouvent au-dessus du niveau de la mer, puis une profondeur de $2^m,00$ au-dessous de ce niveau pour s'y mouvoir ultérieurement, en tout $8^m,00$. A ce moment le concours du canal d'eau douce sera supprimé: les eaux douces qui emplissaient la partie supérieure du canal maritime seront chassées dans le lac Timsah ou dans les parties basses des terrains environnants; la communication sera établie entre la région du Seuil d'El Guisr et la portion préparée de la nouvelle région, et les eaux de la Méditerranée viendront y prendre la place des eaux du Nil. Les dragues qui se seront alors abaissées de toute la différence de niveau des eaux douces et de celles de la mer, entreront dans une nouvelle phase de travail et continueront le creusement de la tranchée maritime jusqu'à sa profondeur normale de $8^m,00$.

Dans la première période, les déblais seront versés en Marie-salopes et déchargés dans les bassins, préalablement remplis d'eau douce, qui avoisinent les chantiers du Sérapéum. Ces bassins factices, réalisés successivement au fur et à mesure de l'avancement de l'ouvrage, sont assez nombreux et assez profonds pour recevoir tous les déblais que comporte cette première portion du travail.

Dans la seconde période les déblais seront portés dans le lac Timsah comme les produits des dragages de la région d'El Guisr.

Système d'entraînement par les courants.

XVI. *Des Lacs Amers à Suez.* — Rien à faire dans les Lacs Amers que le dragage des deux becs de flûte qui relient le grand bassin aux régions limitrophes, lorsque le remplissage en aura été opéré par les eaux de la mer Rouge.

N'oublions pas de dire à ce propos que des hommes d'une grande valeur, et notamment M. Scianca, notre ingénieur en chef, ont songé à profiter de l'énorme travail dynamique qui résultera de ce remplissage pour hâter le creusement du canal. Voici les considérations développées par M. SCIANCA.

Le volume d'eau à jeter dans les Lacs Amers, pour les remplir jusqu'au niveau de la Méditerranée, est de 1200 millions de mètres cubes, abstraction faite de toute évaporation, imbibition, etc. Or, si l'on ouvre suivant l'axe du canal, à partir de la mer Rouge, une rigole de $22^m,00$ au plafond, avec un tirant d'eau d'un mètre allant en s'inclinant du côté des lacs, suivant une déclivité constante de 0,035 par kilomètre, la vitesse d'écoulement qui en résultera sera en moyenne de 0,26, et contre les parois de $0^m,20$ par seconde (1). Or les argiles tendres ne résistent pas à des vitesses supérieures à 0,15; à plus forte raison les parois de la rigole considérée ne résisteront-elles pas à une vitesse de 0,20, surtout si on les soulève et désagrége par un procédé mécanique.

Supposons donc que des socs de charrue se meuvent sur le plafond de cette rigole sous l'action d'une force motrice quelconque: il est clair que si ces socs de charrue soulèvent le terrain pour le rendre plus apte à être entraîné par le courant, les eaux qui seront entrées limpides dans la rigole, en sortiront pour pénétrer dans les lacs sous la forme d'un limon liquide qui ira se déposer sur le fond des lacs. La surface de ce fond étant de 100 millions ½ de mètres carrés, il faudrait 10 millions de mètres cubes de terres entraînées pour en surélever le fond de $0^m,10$, soit d'une quantité inappréciable; mais le volume du terrassement à exécuter entre Suez et les Lacs Amers est de 9,640,000 mètres cubes seulement; on n'a donc rien à craindre du côté de l'encombrement des lacs, et le projet conserve, jusqu'à nouvel ordre, toutes ses séductions.

Comme moyens mécaniques M. SCIANCA pense que 8 appareils, soit 8 coques de bateaux munies non plus d'élindes inclinées et de chaines dragueuses, mais d'un appareil vertical susceptible de s'abaisser et de se relever à la demande, et armé à son extrémité inférieure de 5 socs de charrue de $0^m,60$ de largeur, pénétrant de $0^m,30$ dans le sol, soulèveront ensemble 35,000 mètres cubes par jour.

---

(1) Section d'écoulement .... $\Omega = 24\,m^2,00$
Périmètre mouillé .... $\chi = 26,46$
Bayon moyen .... $R = \frac{\Omega}{\psi} = 0,907$
$RI = 0,000,035 \times 0,907 = 0,0000317$
d'où vitesse moyenne .... $V = 0,263$
et vitesse au plafond $U = 0,75\ V = 0,20.$

A ce compte il faudrait 300 jours, soit une année à peine, pour entraîner les 9,600,000 m^3 de terre à extraire au-dessous de la ligne d'eau dans cette partie. Or à l'origine du travail le débit de la rigole sera de 727,000 m^3 d'eau par jour; et lorsque la section en aura été successivement agrandie jusqu'aux dimensions normales du canal maritime, ce débit sera de 6,910,000 m^3, soit en moyenne 3,820,000 m^3 par jour, c'est-à-dire que la proportion de limon entraîné n'atteindra pas le $^1/_{100}$ de celui de l'eau débitée.

Cette condition jointe à la considération d'une vitesse de courant de 0,26, donne bien des raisons de croire au succès d'une pareille entreprise, surtout si l'on songe que la vitesse de 0,26 et la pente de superficie de 0,035 par kilomètre sont des minima, qui correspondent en effet à la basse mer de vive eau. Cette pente ira en s'élevant progressivement sous l'influence des marées jusqu'à atteindre deux fois par 24 heures celle de 0,11 par kilomètre, à laquelle correspondra une vitesse moyenne de 0,55; de telle façon que les parties du terrain remué qui résisteront à la vitesse de 0,26, pourront très-bien continuer leur chemin lorsque la vitesse ira en progressant jusqu'à atteindre 0,55 par seconde.

On peut se rendre compte par ce qui a lieu dans les canaux du Nil, qui charrient de si grandes quantités de limon avec des vitesses très-faibles, de la situation avantageuse où nous sommes placés. On reconnaîtra aussi tout l'intérêt qu'il y a pour la *Compagnie Universelle* à en accepter franchement le concours, eu égard aux obstacles que les puissantes masses d'argile de cette région opposeront au fonctionnement des dragues.

Niveaux des deux mers.

XVII. Il nous reste à aborder une question d'une haute importance au point de vue hydrographique, et qui a soulevé récemment encore des doutes et des discussions de plus d'un genre sur les conditions de navigation que présenterait le canal maritime.

Les ingénieurs français qui accompagnèrent Bonaparte dans son expédition d'Egypte, déclarèrent après un nivellement sommaire, exécuté avec de mauvais instruments et presque sous le feu de l'ennemi, que le niveau moyen de la mer Rouge était de $9^m,90$ plus élevé que celui de la Méditerranée.

L'impossibilité de ce fait avait été déjà démontrée par les calculs du grand LAPLACE, lorsqu'en 1847 une société constituée pour les études de l'Isthme de Suez fit exécuter un travail complet sous la direction de M. BOURDALOUE, bien connu par ses méthodes perfectionnées de nivellement. Les résultats de ce travail à leur tour vérifiés en 1853 par LINANT-Bey démontrèrent qu'en basses mers la Méditerranée et la mer Rouge étaient exactement de niveau; ils affirmaient toutefois que dans ce cas la mer d'équilibre à Suez était encore à $0^m,86$ environ au-dessus de la mer d'équilibre à Port-Saïd.

Enfin en 1864 de nouvelles opérations, à la direction desquelles nous avons eu l'honneur de prendre une large part, furent exécutées entre les deux mers. Il était difficile d'être placé dans de meilleures conditions que les nôtres pour avoir toutes les garanties possibles de succès. Les opérateurs partaient l'un de Suez par le canal d'eau douce, l'autre de Port-Saïd par le canal maritime et marchaient à la rencontre l'un de l'autre en s'arrêtant de kilomètre en kilomètre, pour pouvoir vérifier leurs opérations et recommencer celles présentant plus de 5 millimètres d'écart.

Les agents habitaient des cabanes flottantes qui portaient tout leur matériel, et leur épargnaient les fatigues et les embarras sans nombre, résultant d'un voyage dans le désert. Enfin d'excellents instruments étaient entre leurs mains. Avec un semblable concours de circonstances heureuses, des opérations faites sans précipitation, suspendues pendant les mauvais temps, devaient présenter de grandes chances d'exactitude. Effectivement la double série de nivellements exécutés par nos conducteurs d'un bout à l'autre de la ligne fit ressortir entre les deux opérations une différence de dix centimètres seulement pour toute la ligne.

Pendant qu'on opérait ainsi sur le terrain, des observations sur le régime de la Méditerranée se faisaient à Port-Saïd, et se poursuivaient sans interruption durant une année entière. Ce genre d'observations manquait aux opérateurs de 1847, et c'est en partie à cette lacune que l'on peut attribuer la différence rencontrée entre leurs résultats et les nôtres.

Bref, de nos nivellements combinés avec les courbes de marées fournies par le maréomètre de Port-Saïd, nous avons pu déduire les rapports réels existant entre les niveaux des deux mers. Nous consignons les rapports dans le tableau ci-après: il démontre que les niveaux moyens habituels des deux mers sont exactement les mêmes, et qu'en conséquence toutes préoccupations au sujet du mouvement que la réunion de ces deux mers occasionnera dans le canal sont superflues. Les marées de Suez se feront sentir sans doute jusque dans les Lacs Amers, mais seront ici étouffées, amorties par l'énorme masse liquide de ces lacs, et ne pourront ultérieurement donner lieu qu'à un courant insensible tantôt dans un sens, tantôt dans l'autre, dont l'influence ne peut pas évidemment s'associer avec l'idée d'une écluse à établir à Port-Saïd ou à Suez.

— Mer Méditerranée —			— Mer Rouge —
		20.00	Hautes mers d'équinoxe, coup de vent du Sud
		19.25	Hautes mers moyennes de vive eau.
Hautes mers d'équinoxe, coup de vent du Nord.	18.18		
		18.85	Hautes mers moyennes de morte eau.
Hautes mers d'équinoxe, fort vent du N.	18.73		
Hautes mers d'équinoxe, sans vent....	18.45	18.45	Niveau d'équilibre par un temps calme.
Niveau moyen habituel	18.32	18.36	Niveau moyen habituel.
Niveau d'équilibre par un temps calme	18.23		
		18.05	Basses mers moyennes de morte eau.
Basses mers d'équinoxe, sans vent	18.01		
Basses mers d'équinoxe, fort vent du Sud	17.86		
Basses mers d'équin., coup de vent du S.	17.78		
		17.65	Basses mers moyennes de vive eau.
		16.76	Basses mers d'équinoxe, coup de vent du Nord.

NOTA. Le plan de comparaison auquel sont rapportées les côtes du présent tableau, est situé à 20^{m},00 au-dessous des plus hautes mers de Suez.

Conclusion

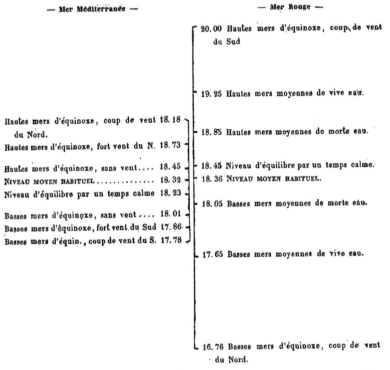

XVIII. Nous terminons ici cette étude. Elle a pu montrer que si d'immenses travaux, de puissantes installations avaient été déjà réalisés, il restait aussi beaucoup à faire; la situation actuelle de l'entreprise exprimée en chiffres se résume par 12 millions de mètres cubes de terrassements exécutés, et par un cube de 54 millions restant à extraire pour atteindre aux dimensions définitives prévues pour le canal maritime.

Mais que l'on ne croie pas qu'il faille attendre l'enlèvement de cette masse énorme de déblais, pour voir l'œuvre de M. de Lesseps couronnée du succès qui l'attend, et devenir le théâtre du mouvement commercial et civilisateur dont l'idée a présidé à sa création. Le transit maritime entre l'orient et l'Europe, à travers l'Isthme de Suez, saura à juste raison devancer le terme final pour profiter de la première ouverture qui s'offrira à ses ardentes aspirations.

Qu'on jette seulement un regard sur ce qui se passe aujourd'hui : une voie étroite, imparfaite, de navigation a été récemment inaugurée entre Port-Saïd et Suez, moitié par le canal maritime, moitié par le canal d'eau douce, et déjà le commerce et les voyageurs s'empressent autour des bateaux qui desservent cette ligne élémentaire. Dans le courant de l'année, grâce aux beaux travaux qui se font en ce moment pour en raccorder les deux tronçons et pour en augmenter le tirant d'eau, cette ligne prendra les proportions d'une véritable artère, et les bateaux à vapeur qui nous arrivent auront peine à suffire aux besoins.

Enfin lorsqu'au bout de deux ans la tranchée maritime sera à son tour ouverte jusqu'à Suez avec une profondeur de 5m,00 seulement, c'est le cabotage, c'est l'Archipel et l'Italie avec leurs audacieux marins qui vont envahir l'Isthme pour se précipiter vers les ports du golfe arabique et de l'Océan indien et en rapporter les précieux produits.

Que conclure de ces mouvements ? C'est que l'œuvre de M. de Lesseps répond à un besoin universel, à une attraction invincible des peuples européens vers l'orient qui les fascine ; c'est que cette œuvre aujourd'hui si avancée, si grandement conduite par son illustre chef, ne saurait pour aucun motif demeurer en suspens, et devra forcément continuer sa marche glorieuse pour réaliser la noble devise de son promoteur :

« Aperire terram gentibus »

Ismaïlia, le 25 février 1865.

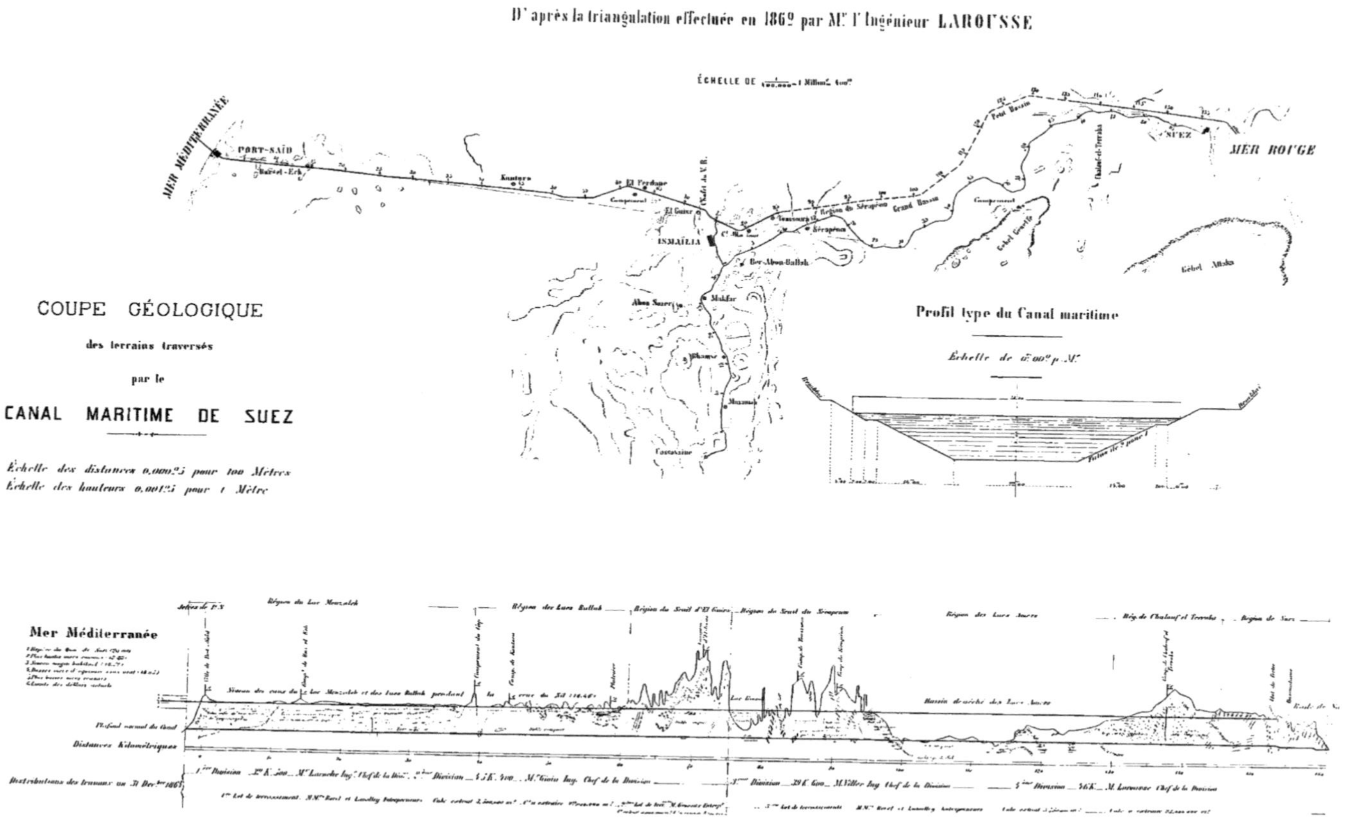
D'après la triangulation effectuée en 1869 par Mr. l'Ingénieur LAROUSSE
ÉCHELLE DE 1/400.000 = 1 Millim. 400m
MER MÉDITERRANÉE
PORT-SAÏD
Kantara
El Ferdane
El Guisr
Chalet du V. R.
ISMAÏLIA
Ber-Abou-Ballah
Toussoum
Région du Sérapéum
Sérapéum
Grand Bassin
Petit Bassin
Chalouf-el-Terraba
Gebel Geneffe
SUEZ
MER ROUGE
Gebel Attaka
Abou Soueyr
Mahfar
Ramses
Maxama
Cassassine
Profil type du Canal maritime
COUPE GÉOLOGIQUE
des terrains traversés
par le
CANAL MARITIME DE SUEZ
Échelle des distances 0,00025 pour 100 Mètres
Échelle des hauteurs 0,00125 pour 1 Mètre
Mer Méditerranée
Région du Lac Menzaleh
Région des Lacs Ballah
Région du Seuil d'El Guisr
Région du Seuil du Sérapeum
Région des Lacs Amers
Rég. de Chalouf el Terraba
Région de Suez
Bassin de urché des Lacs Amers
Plafond normal du Canal
Distances Kilométriques
Distributions des travaux au 31 Decbre 1867
1ère Division
2ème Division
3ème Division
5ème Division
M. Larousse Chef de la Division

SULL' EFFICACIA

DELLE GRANDI APERTURE NEI MICROSCOPII COMPOSTI

CONSIDERAZIONI

DEL PROFESSORE

GILBERTO GOVI

Letta nell'adunanza del 23 d'aprile 1865.

Il prof. G. M. Cavalleri nell'adunanza del 26 gennaio 1865 espose davanti alla *Classe di Scienze matematiche e naturali* del R.° Istituto Lombardo (V. *Rendiconti. del R. Istituto Lombardo*, vol. II, fasc. 1.°) certe sue vedute intorno all'utilità dei grandissimi angoli d'apertura che i costruttori sogliono dare ai microscopii composti, per le quali vedute esso verrebbe a dimostrare interamente illusorie siffatte aperture, che i fabbricanti cercherebbero d'ottenere solo per comodo della lavorazione. Siccome io pure ebbi più volte ad occuparmi di tal materia, dapprima coll'Amici, poi col Giurì dell' Esposizione di Firenze del 1861 e con quello di Londra nel 1862, così credo di potere, senza meritar l'accusa di soverchio ardimento, levar la voce in questo incontro per combattere gli argomenti addotti dal Prof. Cavalleri, il quale non s'offenderà delle mie parole, se, come valente indagatore della natura, egli sia più amante del vero che delle proprie opinioni.

I dubbi addotti dal Prof. Porro contro l'efficacia delle grandi aperture ne'microscopii, dubbi dai quali sembra aver preso le mosse il Prof. Cavalleri, io li conosceva da parecchi anni, e più volte ebbi l'occasione di intrattenermene col Porro stesso; ma le ragioni da lui messe in campo stavano propriamente contro il principio del dare ai microscopii aperture superiori a un certo numero di gradi, mentre invece le ragioni e le sperienze del Prof. CAVALLERI tendono soltanto a dimostrare che negli attuali microscopii non si trae partito realmente se non che da una minima parte dell'apertura data dal costruttore al sistema obbiettivo. — Al PORRO rispose già più volte conversando l'AMICI, e possono rispondere le osservazioni quotidiane dei più delicati *provini* (*test-objects*), le imagini dei quali non appaiono in guisa alcuna deformate, per quanto sia larga l'apertura obbiettiva e si spinga innanzi l'ingrandimento; rispondono poi teoricamente i lavori degli ottici inglesi e tedeschi da LISTER in poi fino al NÄGELI, il quale sta ora pubblicando un eccellente libro sul microscopio, dove tratta pure codesto argomento (*Das mikroskop. Theorie und anwendung desselben*, Leipzig 1865, in-8.°).

Il Prof. CAVALLERI ammette che « dall'apertura angolare d'una lente obbiettiva dipende la chiarezza, e soprattutto la precisione del microscopio, » poi misurando le aperture dei varii obbiettivi d'un microscopio di HARTNACK, le trova crescenti da 47° fino a 165° gradi; ma venuto alla ricerca della utilità che veramente esse recano alla osservazione, conchiude che « in tutte le aperture delle obbiettive dell'HARTNACK non è attiva che una sola parte, *la quale non ha* più di 30 gradi, » quindi tutto il resto dell'apertura è fatica gettata. È bensì vero che il prof. CAVALLERI crede minor fatica il costruire obbiettivi con larghe aperture, anzi che con aperture minori, e attribuisce a siffatto motivo la preferenza che gli ottici pratici danno alle aperture larghissime; ma io son certo che nessun fabbricante di microscopii sarà di tale avviso, e che tutti preferiranno di lavorare sistemi ad apertura di 30° gradi, piuttostochè combinazioni di lenti con un angolo di 170°. — L'HARTNACK e gli altri ottici si adoprano ad ottenere aperture grandissime perchè ne hanno riconosciuto l'utilità, non partendo forse da principii teorici, ma seguendo la pratica, la quale è pur sempre in perfetta armonia colla teorica, dove siano stati ben posti i principii di questa. — Ora il principio teorico, dal quale deriva la necessità delle grandi aperture, consiste nell'ammettere che ogni punto d'un corpo luminoso od illuminato manda luce in tutte le direzioni, mentre secondo il professore CAVALLERI « questa supposizione è falsa ». A suo credere « un oggetto trasparente » o semi trasparente, osservato al microscopio ed illuminato per disotto, » non manda raggi ben utili se non nella direzione del cono luminoso

» formato dallo specchio concavo, od anche dal piano, sebbene lo spec- » chio piano ne mandi un cono o fascio molto più piccolo. » — Da ciò la conseguenza, che gli specchietti del microscopio d'Hartnack mandando sull'oggetto un cono luminoso di 30 gradi, l'obbiettivo n.° 10, per esempio, non può utilizzarne di più, e quindi riescono inutili 135 dei suoi 165 gradi d'apertura.

Se così stessero veramente le cose, e si ammettesse nullaostante il vantaggio delle aperture grandi, come lo ammette il prof. Cavalleri, non ci sarebbe altro da fare per migliorare gli eccellenti microscopii, se non che disporre sotto l'oggetto una lente condensatrice a cortissimo foco, la quale permettesse d'illuminar gli oggetti con larghissimi coni di luce, ma l'uso di siffatte lenti, quantunque giovevole in alcuni casi e per altri motivi, non accresce sensibilmente la potenza dei microscopii, perchè l'apertura del cono di luce incidente ha un'influenza assai piccola (se pure ne ha alcuna) sulla visibilità delle minime parti dei corpi. — Non è dunque l'angolo del cono luminoso incidente che determina l'apertura utile nei microscopii, e la *supposizione* stimata *falsa* del Prof. Cavalleri è tutt'altro che falsa. Siccome però l'obbiezione mossa dal fisico di Monza potrebbe per la sua speciosità trarre in errore chi ha men famigliari i principii dell'ottica, e condurlo a trascurare un elemento essenzialissimo alla bontà di microscopii, così mi permetterò di esporre qui brevemente quelle considerazioni che valgono a combatterla, ritenendo non essere mai inutile ufficio quello di precisar meglio le nozioni che servon di base a qualunque ramo di scientifiche discipline.

Uno *stromento ottico* ci mostra gli oggetti perchè, raccogliendo i raggi luminosi emanati da ogni loro punto, li riaddensa ed unisce in altrettanti punti disposti in modo simmetrico rapporto ai primi, e situati a tale distanza dall'occhio nostro che questo li possa vedere distintamente. L'occhio poi, in quanto è stromento ottico, ripete esattamente la stessa azione sui raggi che gli pervengono dal primo congegno, e noi veggiamo distintamente le imagini degli oggetti allora soltanto, quando i punti di riaddensamento de' raggi che giungono all'occhio, si trovino sulla retina che ne tappezza la cavità. — Perchè si vegga distintamente però non basta codesta riunione esatta in un sol punto della retina di tutti quei raggi che partirono inizialmente da un solo punto di un oggetto, ma è necessario ancora che codesti raggi non vi giungano nè soverchiamente intensi, nè troppo indeboliti, e bisogna altresì che i punti di riunione sulla retina siano così distanti gli uni dagli altri da occupare elementi nervosi diversi, senza di che le imagini di più punti produrrebbero l'impressione d'una imagine sola. Uno stromento ottico deve quindi, per ben adempire al suo ufficio di *mostrar meglio le cose*, raccogliere luce sufficiente ma non troppa dai varii punti degli oggetti per mandarla nell'occhio, e separare le imagini di essi punti per intervalli abbastanza considerevoli, affinchè l'occhio le senta poi con elementi nervei distinti. — Il primo ufficio riguarda la *luminosità* o l'*intensità* delle imagini; — il secondo l'*ingrandimento* e la *separazione* o la *facoltà dirimente*. Di questo secondo ufficio degli stromenti ottici ebbi già altre volte (1) occasione di trattare, esponendo la costruzione e l'uso del *Megametro*, nè intendo riparlarne in questo luogo. Le obbiezioni invece del prof. CAVALLERI mi conducono a discorrere del primo, cioè dell'ufficio di rendere *luminose* o *chiare* in modo conveniente le imagini, poichè a ciò si riduce la quistione delle *aperture angolari* degli obbiettivi microscopici.

Il microscopio, in quanto è stromento ottico, deve soddisfare alle condizioni indicate poc'anzi come essenziali a siffatti stromenti, e però oltre all'aumentare la distanza apparente fra i punti luminosi degli oggetti situati su uno stesso piano, e quindi la separabilità delle sensazioni che da essi provengono, deve ancora raccogliere molta, ma non troppa luce da ciascuno di essi per condurla sulla retina. Ora è assai raro che i punti degli oggetti osservati col microscopio siano di tale intensità luminosa da abbacinare l'organo che li contempli, e i vetri o gli specchi del microscopio distraggono d'altronde tanta parte di quella forza che noi chiamiam luce, da lasciarne giugnere all'occhio solo una piccolissima porzione. Così accade che le imagini ottiche pecchino sempre piuttosto per difetto di *chiarezza* che per eccesso, e che il microscopio sia tanto migliore, quanti più raggi può raccogliere e riaddensare di quelli infiniti che si spiccarono da ciascun punto dell'oggetto guardato. — Ogni punto luminoso isolato manda raggi in tutti i sensi, o per parlare con maggior esattezza, genera intorno a sè un moto vibratorio nell'etere che si va propagando sfericamente all'intorno; ma di codeste onde sferiche noi non possiamo accogliere, sia nell'occhio, sia negli stromenti, che una piccola

---

(1) Seduta accademica del dì 8 febbraio 1863. Un cenno sulla costruzione e sull'uso del *Megametro* era già stato pubblicato dall'autore nel *Monitore Toscano* del 20 agosto 1861. Vedi anco il *Nuovo Cimento*, fascicolo del marzo 1863.

porzione, tutt'al più una metà, della quale varii ostacoli sopprimono spesso una gran parte; così che realmente ciascun punto lucido mandi sull'organo destinato ad osservarlo, non una sfera di luce, ma una porzione di essa misurata dall'angolo al vertice di un cono avente la punta sulla sorgente del lume e la base sull'apertura libera dell'organo osservatore, detraendo ancora dalla calotta sferica così limitata quel tanto che gli ostacoli frapposti ne intercettano.

Tutto il cono lucido, che invase l'apertura libera del microscopio, non giugne però sempre sino all'occhio, perchè le lenti e gli specchi intermedi, o i diaframmi frapposti ne trattengono una qualche porzione; sicchè per valutare l'apertura utile dello stromento conviene misurarla quando tutte le parti di esso occupano il loro luogo, e non quando la prima lente, o il primo sistema di lenti, o il primo organo attivo agiscono da soli, potendosi trovare in tal caso maggiore assai l'apertura *attuale* che non sia poi quella *definitiva*. Infatti se noi accostiamo fino a contatto il punto luminoso al primo organo ottico (*lente* o *specchio*) destinato a guardarlo, noi aumentiamo sempre più l'angolo al vertice del cono lucido incidente e quindi la grandezza dell'apertura, la quale finisce per abbracciar almeno un cono di 180°. Ma le lenti o gli specchi che succedono al primo organo attivo, non sono sempre, anzi non sono mai siffattamente disposti da poter raccogliere tutti i raggi di quel primo cono e ricondurli ad un punto, quindi non vi è microscopio che veda per 180° d'apertura. Non è possibile d'altronde di porre a contatto tutti i varii punti dell'oggetto colla prima superficie attiva, e quando pure lo si potesse, non converrebbe di farlo nella maggior parte dei casi, quindi l'angolo di massima apertura teorica non è poi conseguibile in pratica. — A tutto rigore se avessimo punti luminosi sufficientemente isolati da guardare, si potrebbe accrescere anche il cono lucido abbracciato oltre ai 180°, introducendo i punti stessi in organi ottici cavi, lavorati in modo conveniente; ma siffatto concetto teorico può quasi dirsi impraticabile, e, messo in opera, non gioverebbe probabilmente guari alla osservazione per la minimezza delle parti che esso permetterebbe di considerare.

Chiamando quindi cogli ottici *apertura* del microscopio non la superficie libera dell'obbiettivo, ma l'angolo al vertice del cono luminoso che, partito da un punto dell'oggetto, si ricondensa nel foco dell'oculare, si può dire che non si hanno mai, nè si possono avere aperture maggiori di 180°, ma che si fanno anzi sempre sensibilmente inferiori a questo limite, per lasciare un certo intervallo fra l'oggetto e il primo organo ottico attivo.

I migliori stromenti di Amici, di Powell e Lealand, di Hartnack, di Nachet, ecc. abbracciano di rado più di 170°.

Quanto è più forte l' *ingrandimento* dato da un microscopio, tanto maggiore deve essere la sua apertura, perchè in tal caso è minore l'estensione d'ogni minima superficie che concorre a produrre sull'occhio coi diversi suoi punti una sensazione unica e distinta, e però bisogna raccogliere maggior copia di raggi da ciascuna di esse per ottenere un'impressione abbastanza forte; mentre coi deboli ingrandimenti, si guardano gruppi talmente numerosi di punti che, sommando le loro azioni, se ne ha una risultante abbastanza efficace anche se l'apertura sia piccola. Non si deve dimenticar mai che il concetto teorico de' punti lucidi osservati separatamente è geometrico non pratico, i punti che noi possiamo distinguere corrispondendo sempre a superficie estese, quantunque talvolta piccolissime.

Coi microscopii non si sogliono guardare corpi luminosi per sè, dove però lo si dovesse, ognuno intende facilmente come in tal caso ogni punto lucido invierebbe nel microscopio un cono di raggi d'apertura precisamente eguale a quella che lo stromento può accogliere, e sarebbe tolto così ogni dubbio intorno all'efficacia delle larghe aperture per mostrare chiaramente le imagini. Ma il più delle volte si guardano corpi non aventi luce propria, e rischiarati invece o da lume che li percuote sulla faccia esterna e volta verso chi li contempla, o da luce che li rischiara insinuandosi nella loro sostanza per la faccia opposta a quella che sta dinanzi all'occhio del riguardante. — In codesti due casi il modo di raggiamento de' varii punti non è più così evidente che non possa taluno essere tratto in errore nel giudicarne, ed è perciò opportunissimo lo studiarlo minutamente.

Il raziocinio, l'osservazione, l'esperienza, tutto ne conduce ad ammettere che i corpi ci riescono visibili solo perchè, o diffondono la luce che vi cade sopra, o disseminano quella che li penetra, non perchè riflettano l'una specularmente od aprano all'altra una libera via attraverso alla loro propria sostanza.

Se un corpo riflettesse perfettamente il moto luminoso senza diffonderlo, codesto corpo non riescirebbe visibile, e noi vedremmo in vece di esso l'imagine riflessa della sorgente di luce che lo colpisse. —

Uno specchio di vetro inargentato sulla faccia anteriore col metodo di Foucault rappresenta presso a poco un corpo riflettente perfetto, e gli ottici sanno quanto poco esso riesca visibile, e come invece si distinguano perfettamente al di là della sua superficie le imagini degli oggetti situati anteriormente.

Si ponga sotto il microscopio uno specchietto di Sömmering come oggetto da guardarsi, e si provi a illuminarlo vivamente...... allora, o si vedrà appena la superficie d'acciaio brunito, o il microscopio sarà invaso da un'onda di luce riflessa della sorgente, la quale toglierà ogni possibilità di veder la faccia dello specchietto, secondochè il lume incidente cadrà sull'acciaio sotto un angolo qualunque, o lo urterà sotto un angolo tale da venir rimandato nell'asse del microscopio. La carta bianca, o meglio una superficie imbiancata col carbonato di piombo, coll'ossido di zinco ecc., non dà imagine alcuna discernibile della sorgente luminosa che la rischiara (od almeno l'imagine vi è siffattamente appannata dalla luce diffusa, da riescire completamente invisibile), ma ogni punto di essa divien fonte di luce derivata, che irradia in tutti i sensi, o perchè avvengano in ciascun punto molteplici riflessioni del lume incidente, o perchè sotto l'impulso del lume esteriore le particelle del corpo si mettano in moto vibratorio, o perchè si scuota ed oscilli per ogni verso l'etere variamente addensato intorno a quelle minime parti. — Intanto il lume diffuso da quella superficie, non è più sensibilmente collegato dalla legge della riflessione speculare colla luce incidente, e noi possiamo scorgerlo in qualunque direzione, da quella normale alla superficie medesima sino a quella radente. Se dunque una superficie non levigata diffonderà luce, e la luce diffusa da ogni suo punto si guarderà con un apparato ottico a larga apertura, potrà ciascun punto inviare nello stromento un cono luminoso efficace d'angolo precisamente eguale a quello dell'apertura disponibile. — In tal caso il Prof. Cavalleri stesso non contesta la possibilità di utilizzare le grandi aperture, ma fondandosi su certe sue sperienze che mostrano aversi allora cattive imagini da obbiettivi molto aperti, esso cita codeste sperienze per provare che le massime aperture attuali sono inutili e dannose.: — Ora la poca precisione delle imagini osservate dal Prof. Cavalleri illuminando molto obliquamente corpi opachi, non proviene già da colpa delle larghe aperture, ma dalla riflessione speculare di una gran parte della luce incidente (riflessione che non può servire a far veder l'oggetto), dalla illuminazione propria della materia stessa onde son fatte le lenti, che tende ad annebbiare il campo, e dalla esagerazione delle ombre che turbano la distinta visione delle parti minute. — Stringendo l'area libera dell'obbiettivo, si lascia entrare nel sistema ottico minor quantità di lume avventizio, e le imagini si fanno più nette, ma, perchè appunto si stringe l'apertura della lente, si scema la luce che concorre a formar l'imagine di ciascun punto dell'oggetto, e però questo appare tanto più buio quanto più l'apertura s'impicciolisce.

Non bisogna dimenticar mai nel giudicare gli stromenti ottici, che per essi abbiamo imagini tanto più vive de' punti luminosi, quant'è maggiore la copia de' raggi che, partiti da questi, giungono a raccogliersi senza aberrazioni di sorta nel fòco virtuale dell'oculare. — Ora egli è evidente che ogni punto darà tanti più raggi alla sua imagine quanto più larga si offrirà l'apertura obbiettiva a riceverli. — Purchè dunque si correggano tutte le aberrazioni, dovranno le larghe aperture valer meglio delle minori a mostrar chiari e distinti i varii punti luminosi degli oggetti. Gli obbiettivi di Powell e Lealand, quelli di Nachet, quelli di Hartnack, quelli d'Amici sono appunto siffattamente combinati che, lasciando usufruire di tutta l'apertura obbiettiva, danno dietro di sè, per un campo assai vasto, una riunione perfetta de' raggi incidenti in altrettanti fochi precisi quanti sono i punti luminosi corrispondenti. — Ad ottener la qual cosa contribuiscono pure gli oculari, i quali distruggono quelle poche aberrazioni che i sistemi obbiettivi non avevano corrette.

Quando poi un corpo sia così permeabile dalla luce che tutta la lascii trascorrere senza rifletterne, diffonderne o distrarne alcuna minima parte, allora codesto corpo riesce per noi invisibile, siccome lo era lo specchio levigatissimo del quale si è parlato poc'anzi. — I gaz scevri di vapori in via di condensazione sono presso a poco sostanze perfettamente trasparenti; ma solo presso a poco, perchè i gaz pure riflettono e disseminano lume; siccome ne fanno fede la loro azione rifrangente e dispersiva, i crespuscoli, la luce delle comete, la tinta azzurra del cielo, la polarizzazione del chiarore atmosferico, ecc. Tutti gli altri corpi della natura trattengono sempre qualche poco del moto luminoso che li attraversa e ne concepiscono una luminosità loro propria, durevole (*fosforescenza e fluorescenza*) o istantanea (*disseminazione*), ma sempre tale da renderli visibili, il che non accadrebbe dove si lasciassero liberamente attraversar dalla luce. — Esser visibile dunque vuol dire, per un corpo trasparente, trasformare in lume suo proprio una porzione di quello che lo attraversa, ed esso diventa tanto più visibile quanta minor luce lascia passare, e quanta più ne fa sua. — Si piglino per esempio tre cubi di vetro, uno incoloro, l'altro tinto in verde-pisello coll'ossido di Uranio, un terzo reso opalino da fosfato di calce, e s'immergano insieme in un fascio di raggi solari paralleli che penetrino in una stanza buia; si vedrà il cubo incoloro illuminarsi appena di una debolissima luce e venir pochissimo diradata per esso l'oscurità della stanza, ma appena s'introduca nel fascio lucido il cubo tinto dall'Uranio o l'altro opalino, subito si vedranno l'uno e l'altro accendersi quasi come fiaccole e mandar luce vivissima dissipando le tenebre che stanno loro dattorno. Tutti e tre codesti cubi riesciranno poi visibili in qualunque direzione e sotto qualunque angolo, perchè appunto la luce penetrata in essi si è trasformata in luce loro propria, o si è disseminata per ogni verso, sia che la rifrazione o la riflessione l'abbia distorta in varie parti, sia che per essa siansi eccitate le oscillazioni delle particelle de' corpi attraversati, o di quelle dell'etere che le circonda, divenute così nuove fonti di splendore. Pongasi ora sul tragitto de' fasci illuminanti, invece dei tre cubi un corpo semidiafano qualunque, come sono gli oggetti microscopici, e lo si vedrà divenir luminoso per conto suo proprio, e diffondere luce da ogni banda senza che la direzione dei raggi incidenti abbia alcuna influenza su quella del lume disseminato che se ne diparte. — È facile il verificare codesto asserto ponendo un minimo oggetto traslucido (una gocciolina di carmino per esempio) su una lastrina di vetro, e facendovi cader sopra in una stanza buia raggi paralleli, convergenti o divergenti sotto qualunque angolo. L'oggetto diverrà subito perfettamente visibile, sia che lo si guardi nella direzione del lume che l'attraversa, sia che si vada a osservarlo a 90° da quella prima direzione. Anzi quanto più si allontanerà l'occhio dal cono lucido illuminatore, e tanto più esso discernerà le forme vere e le minime parti dell'oggetto stesso; perchè le imagini di queste non saranno più dilavate dall'onda eccessiva della luce diretta, e si formeranno soltanto pei raggi che veramente nascono e si diffondono da quelle parti. — Si può avere con una camera oscura da fotografi una imaginetta chiarissima dell'oggetto illuminato, ponendo l'asse della lente a quasi 90° dalla direzione del lume incidente. — E tanto è vero codesto diffondersi della luce per opera dei corpi semitrasparenti, che se si riceva sopra un vetro appannato l'imagine reale che dà una lente degli oggetti posti dinanzi ad essa, siffatta imagine si potrà osservare sul vetro o coll'occhio o col microscopio sotto qualsivoglia angolo, benchè ogni suo punto sia formato nello spazio dal vertice di coni luminosi d'angolo talvolta piccolissimo. Perchè dunque in tal caso un punto luminoso si fa visibile fuori del cono di raggi che esso manda, se non perchè quei raggi destan sul vetro appannato tanti nuovi centri di luce irradianti il loro moto in tutte le direzioni? Qual è poi quel corpo traslucido siffattamente omogeneo e a faccie così piane e parallele in ogni sua parte, da non rifrangere il lume deviandolo sensibilmente dal suo corso, come farebbe un'accozzaglia di lenti o di prismi d'ogni specie variamente aggruppati? — Qual è quel corpo che non dissemini luce? — Qual è quello che non divenga in parte fluorescente? — Qual è quello che non distorca per diffrazione o per altro modo analogo gli urti ondosi che tentano d'attraversarlo?

Non è dunque sostenibile in nessun modo la tesi: che i punti dei corpi traslucidi emettano soltanto coni di raggi efficaci d'un angolo eguale a quello dei coni luminosi incidenti, nè si può quindi ammettere che gli obbiettivi a larga apertura impiegati ad osservarli, agiscan solo per quel tanto di essa apertura che risponde al cono lucido illuminatore. Se poi si rifletta alquanto, si riconoscerà che, guardando un oggetto semitrasparente illuminato per disotto, si debbono vedere necessariamente nel tempo stesso due o più imagini sovrapposte. L'una di esse è quella che si cerca, cioè l'imagine dell'oggetto, le altre son quelle della sorgente illuminatrice e dei varii mezzi attraversati dal lume prima d'arrivare all'oggetto. La prima è per solito più definita delle altre, perchè l'oggetto si trova su d'un piano diverso da quello che contiene la sorgente luminosa e il resto, ma non è men vero però che le imagini diffuse concomitanti debbono turbare, appannare, e distruggere in parte quella dell'oggetto osservato. Sarà perciò tanto migliore il modo d'illuminazione degli oggetti microscopici quanto più il foco ultimo della sorgente di luce sarà lontano da quello del corpo sottoposto all'osservazione.

Sarebbe utilissimo di poter sopprimere il prolungamento del cono luminoso incidente, il quale (dopo d'aver suscitato il raggiamento del corpo) entra nel sistema obbiettivo e va a spandere sulla imagine oculare un velo di luce; quindi i vantaggi degli illuminatori obliqui, del settore lenticolare di Reade, del paraboloide di Wenham, ecc.; ma la soppressione completa del cono illuminatore residuo non è agevol cosa. E neppure si riesce a distruggerlo polarizzando la luce che va all'oggetto, ed analizzando quella che emerge dall'oculare; attesochè l'oggetto non sempre depolarizza interamente la luce diffondendola, e i vetri del microscopio, o perchè temprati, o perchè compressi, agiscono un po' sui raggi polarizzati che li attraversano, e quindi lascian passare attraverso all'analizzatore qualche parte di luce diretta. Si ottiene però un sensibile miglioramento nella *definizione* e nella *separazione* delle minime parti dell'imagine, illuminando l'oggetto colla luce solare polarizzata, ed estinguendola con un prisma di Nicol all'uscita dall'oculare, perchè viene eliminata così una gran parte del fascio diretto, lasciandosi pressochè inalterata la luce diffusa e fatta sua dal corpo osservato; ma non si arriva mai per tal via ad assorbire completamente i raggi provenienti dalla sorgente luminosa impiegata, e se ne spengono sempre molti di quelli che partono dall'oggetto ciò che tende ad abbuiare l'imagine.

Il solo caso nel quale il cono della luce incidente abbia l'incarico di mostrarci i corpi o le loro parti è quello nel quale si tratti di vedere su d'un corpo opaco perfettamente riflettitore alcune porzioni di esso che non riflettano nè diffondano luce di sorta (punti neri senza lustro), o sovra d'un corpo non riflettente nè diffusivo certi spazietti dotati della facoltà di riflettere, o quello nel quale si debbano veder sospesi in una materia perfettamente diafana corpicciuoli od ostacoli impenetrabili pel lume o minimi forellini in sostanze opache, ecc.; ma codesti casi non distruggono in nessuna maniera l'utilità delle larghe aperture, poichè gli obbiettivi che possono abbracciare un grande angolo, ne possono comprender senza scapito uno minore, e quindi la visibilità degli ostacoli o delle ombre non può venir per ciò nè alterata nè compromessa (1).

---

(1) Un'esperienza facilissima ad eseguirsi, e che potrà convincere i più renitenti del vero ufficio della luce incidente nelle osservazioni microscopiche consiste nel far cadere un fascio di luce solare in una camera oscura sovra un'imagine dipinta su vetro con colori a vernice, la quale imagine abbia alcune sue parti raschiate in guisa da presentar in quei luoghi il vetro a nudo. Pongasi a 34,6 centimetri dietro l'imagine dipinta una lente convessa di 31 centimetri di foco e si riceva a 3 metri dalla lente sovra una parete bianca l'imagine reale del dipinto traslucido. Codesta imagine apparirà nettissima e ben definita in ogni sua parte, e le porzioni raschiate o nude del vetro saranno le più luminose, e costituiranno i lumi del dipinto. Ma se si guardi nello spazio che sta fra la lente e la parete si vedranno a 31 centimetri dalla lente convergere i raggi solari nel foco che ad essi conviene, per divergerne poscia e stendersi ad illuminar la parete. Si collochi nel luogo dove i raggi solari si radunano a 31 cent. dalla lente un piccolo disco opaco e nero attaccato sovra una lastra di vetro a facce parallele, e il disco sia tale che per esso la imaginetta del sole, che là si dipinge venga tutta coperta; si vedrà allora il dipinto conservare sulla parete la sua distinzione di prima in ogni sua parte, all'infuori di quelle che venivano ad

Finalmente, per completare ciò che si riferisce alla illuminazione degli oggetti, rammentiamo che ogni loro punto, divenuto centro di movimento luminoso, apparirà tanto più vivo, quanto sarà più gagliardo l'urto impressogli dalla luce incidente, sicchè la vivacità e la distinzione dell'imagine, oltrechè dall'apertura dello stromento, dipenderanno ancora dalla forza del lume impiegato nell'osservazione.

Le diverse condizioni indispensabili alla perfetta visibilità degli oggetti microscopici saranno dunque: — l'intensità della luce incidente — l'attitudine dell'oggetto a disseminarla co'varii suoi punti, o l'opacità perfetta d'alcune sue parti e la trasparenza di altre — la soppressione di tutti quei raggi che, passati attraverso all'oggetto, non contribuiscono a produrre l'imagine — l'apertura massima dell'obbiettivo microscopico combinata colla perfetta correzione di tutte le aberrazioni che nascono dalla forma e dalla materia delle lenti — l'ingrandimento sufficiente.

Amici fin dal 1832 era pervenuto a lavorar obbiettivi di 80° d'apertura; nel 1844 ne faceva di 100° pei microscopii e di più che 150° per gli apparati di polarizzazione, e negli ultimi anni della sua vita era giunto a superare i 170°. Il march. Ferdinando Panciatichi ha eseguito e possiede obbiettivi in rubino di 136°. Il venticinquesimo di pollice ($1^{mm},016$) dei signori Powell e Lealand ha 150° d'apertura, e gli angoli degli obbiettivi di Nachet e di Hartnach raggiungono e superano codesti limiti. Insomma dacchè si studia seriamente il microscopio, tutti cercarono d'allargarne la *pupilla* (mi si consenta questa espressione) per farvi entrar maggior lume, non del corpo illuminante ma di quello illuminato. Forse alle aperture vi potrà essere un limite, e Carlo Brooke crede di averlo trovato nella necessità di conservare una certa *forza penetrante* al microscopio, forza a parer suo incompatibile colle aperture eccessive; ma se si rifletta che l'oggetto puossi accostare alla lente oggettiva esterna fino a dare imagini virtuali, purchè le altre lenti dell'oggettivo raccolgano i raggi divergenti e li radunino verso l'oculare, potrà non parere

essere illuminate liberamente dal sole, le quali appariranno invece abbuiate in guisa da rendere l'imagine simile a quelle che si dicono *negative* dei fotografi.

Qui appare evidentissima la distinzione fra l'imagine della sorgente illuminatrice: e quella dell'oggetto illuminato, poichè quella può esser tolta, questa rimanendo sensibilmente inalterata. Riesce poi chiarissima per tal guisa la differenza fra l'angolo del pennello illuminante e quello dell'apertura attiva della lente; infatti se si suppone che nell'esperienza citata questa abbia un decimetro di diametro, ciascun punto del sole manderà ad essa un cono di raggi d'angolo eguale a zero, mentre invece il dipinto collocato a 34,573 centimetri raggerà sulla lente dal suo punto centrale un cono di luce dell'angolo di 16°. 27'. 31''. circa.

impossibile l'oltrepassare anche i 170° ottenuti sin quì. Però la difficoltà di correggere le aberrazioni dei raggi estremi in coni di tanta larghezza deve scemarne assai l'efficacia, e il non raccoglierli può non essere un grande svantaggio. Il principio della *immersione*, uno dei più fecondi trovati dell'Amici, aiuta in miglior modo gli obbiettivi, facendovi penetrar quella luce che la riflessione totale ne avrebbe esclusa; sicchè a parità di circostanze gli obbiettivi immersi vincono sempre quelli a secco, quando pure questi abbiano la lentina mobile detta *di correzione*, che tanto vale ad appurare le imagini.

I metodi di Lister, di Goring, di Wenham, di Robinson, ecc. ecc. per misurare le aperture de' microscopii dànno veramente un criterio esatto per determinarne la potenza, quando s'adoprino congiuntamente a quei processi che servono a riconoscere la *centratura* delle lenti, le aberrazioni di *sfericità* e di *cromatismo*, il *potere amplificante*, la larghezza del *campo*, la *pianezza dell'imagine*, la *forza penetrante* e quella di *separazione* del sistema ottico.

Chiunque possegga un eccellente microscopio, e voglia convincersi della necessità di lasciargli tutta la sua apertura per *veder bene*, non ha che a ripetere l'osservazione fatta prima *a lente libera*, coprendo questa con una fogliolina di stagnola, nella quale siasi praticato un forellino tondo più piccolo assai del diametro dell'obbiettivo (1). Operando in tal modo le scaglie della *Podura plumbea*, i punti èsagoni del *Pleurosigma angulatum*, le lineette normali ai lati della *Grammatophora subtilissima* e della *Surirella gemma*, i puntini allungati della *Navicula* Amici, le strie della *Navicula affinis*, ecc. ecc., o scompaiono affatto o si mostrano come sfumature incerte e fallaci.

Sicchè, riducendo veramente l'apertura d'un microscopio a una sola trentina di gradi, si viene a veder chiaramente l'inesattezza dell'asserto che tanti e non più ne concorrano alla produzione delle imagini, e si conferma viemmeglio la necessità dei massimi angoli d'apertura ottenuti sin qui dai più eccellenti fra i costruttori di microscopii.

(1) Si può sperimentare così anche per immersione, e le lenti obbiettive non ne soffrono menomamente, non deponendosi cosa alcuna sulla loro superficie che possa alterarne il pulimento. Essa rimane solo in parte coperta dalla tenuissima lamina metallica ritenuta sulla *montatura* d'ottone con un po' di cera.

STUDI
INTORNO AI CASI D'INTEGRAZIONE
SOTTO FORMA FINITA

MEMORIA

DI

ANGELO GENOCCHI

Approvata nell'adunanza del 31 dicembre 1864.

I metodi usati per l'ordinario nel calcolo integrale consistono in artifizi più o meno ingegnosi, diretti ad ottenere una trasformazione che renda più facile l'integrazione, e quando non conducono all'integrale desiderato, lasciano dubbia la possibilità di esprimerlo mediante funzioni note, onde in tal caso la questione non procede d'un passo. Quindi il Poisson considerava come un vero complemento dei metodi del calcolo integrale quelle proposizioni negative con cui si dimostrasse l'impossibilità dell'integrazione esatta: « car (egli dice) ce qu'on peut demander c'est d'obtenir les intégrales quand'elles existent, ou de s'assurer rigoureusement qu'elles n'existent pas (1) ». A ciò mirava anche l'Abel quando all'analisi e particolarmente al calcolo integrale proponeva una nuova via nelle ricerche: « Au lieu de demander une relation dont on ne sait pas si elle existe ou non, il faut demander si une telle relation est en effet possible. Par exemple, dans le calcul intégral, au lieu de chercher, à l'aide d'une espèce de tâtonnement et de divination, d'intégrer les formules différentielles, il faut plutôt chercher s'il est possible, de les intégrer de telle ou telle manière. En présentant

(1) Rapport à l'Académie des Sciences sur deux Mémoires de M. Liouville; Crelle, tom. X, pag. 342.

un problème de cette manière l'énoncé même contient le germe de la solution et montre la route qu'il faut prendre; et je crois qu'il y aura peu de cas où l'on ne parviendrait à des propositions plus ou moins importantes, dans le cas même où l'on ne saurait répondre complétement à la question à cause de la complication des calculs (1) ». Questo metodo che solo pare atto a contribuire ai progressi e al perfezionamento del calcolo integrale è il solo *scientifico*, come aggiunge lo stesso ABEL: « parce qu'elle est la seule dont on sait d'avance qu'elle peut conduire au but proposé ». Anche JACOBI raccomandava un siffatto genere di ricerche in un caso particolare, cioè rispetto alla determinazione delle soluzioni algebriche d'un'equazione differenziale: *materiem arduam* (esso affermava) *attentione analystarum dignam* (2).

Ma poco finora si esercitarono in questo nuovo campo i Matematici, distolti probabilmente dalla grande complicazione de' calcoli, la quale nondimeno ABEL attesta essere in molti casi solo apparente e non impedire la scoperta di utili teoremi. Dopo CONDORCET citato da JACOBI, e LAPLACE mentovato da POISSON, voglionsi principalmente ricordare ABEL e il signor LIOUVILLE come coloro cui sono dovuti i più importanti lavori, nè si debbono ommettere le più recenti speculazioni del sig. TCHEBICHEF (3), quelle dei signori BRIOT e BOUQUET per ciò che spetta alle equazioni integrabili mediante le funzioni ellittiche (4), e quanto agl' italiani una Memoria del Prof. MAINARDI sopra l'integrazione di funzioni contenenti un radicale cubico (5), e altre del Prof. CASORATI e del giovine geometra genovese signor Carlo PIUMA (6).

Ebbi a fare alcuni studi intorno all' indicato argomento in occasione delle lezioni di *Analisi superiore* di cui era incaricato in questa illustre Università, e diedi un primo estratto di tali studi in una Memoria circa le equazioni differenziali, a cui conduce la trasformazione delle funzioni ellittiche (7). In questo secondo estratto che oggi ho l'onore di presentare, seguendo il sig. LIOUVILLE cerco i casi d'integrazione

(1) ABEL, OEuvres, tom. II, pag. 185.
(2) Fund. Nova theoriae funct. elliptic., pag. 81.
(3) Journal de LIOUVILLE, 1853 e 1857.
(4) Théorie des fonct. doubl. périod., 1859, p. 285-342.
(5) Venezia, 1846 (Mem. dell'Istituto Veneto).
(6) Annali del Prof. TORTOLINI, Roma, 1856 e 1861.
(7) Presentata all'Accademia il 14 febbraio 1864.

sotto forma finita d'una classe d'equazioni differenziali e specialmente dell'equazione del Riccati. In una Memoria presentata all'Accademia delle Scienze dell' Istituto di Francia il Liouville diede una regola da cui risulta che quell'equazione non è integrabile se non nei casi nei quali già si sapeva trovarne l' integrale in termini finiti (1), e la sua dimostrazione fu tenuta per soddisfacente dagli annalisti e in ispecie dal sig. Malmstèn che applicò la regola del Liouville ad un'equazione apparentemente più generale, e dal Prof. Brioschi che dimostrò una siffatta applicazione (2). Ma nondimeno esaminandola attentamente si trova ch'essa non è del tutto rigorosa e compiuta nella parte che si riferisce all' integrazione meramente algebrica; per la qual cosa stimo far opera non discara agli amatori del rigore matematico ripigliando l'argomento per esporre un'altra dimostrazione che reputo esente da ogni difficoltà, e nella quale mi valgo di sostituzioni già usate da gran tempo per l' effettiva integrazione della stessa equazione del Riccati. Avrò così obbedito ai precetti e imitato gli esempi del medesimo Liouville che credette non inutile di sostituire altre prove a certi ragionamenti di Leibnizio e Laplace per dimostrar teoremi di simigliante natura, e insegnò che « une rigueur absolue est indispensable dans ces recherches qui ont quelque rapport avec la théorie des nombres (3) ».

Del resto i principii a cui ricorro sono i medesimi che propose il sig. Liouville a più riprese per lo studio di tali questioni (4), e che formano un metodo ingegnoso e notabilissimo da non abbandonarsi del tutto, sebbene le nuove teoriche intorno alle funzioni di variabili immaginarie abbiano aperte altre vie, poichè, se non erro, può ancora esser utile in ricerche particolari. Ho creduto anzi di esporre compiutamente i principii or accennati sì per la integrità della dimostrazione, e sì per dedurne conseguenze alquanto più ampie di quelle che ne ha tratte e delle quali ha avuto bisogno il sig. Liouville.

Ho pur applicato gli stessi principii agl' integrali Besseliani e a quelli che si dicono *trinomii*, e comprendono gl'integrali ellittici di prima e seconda specie e la somma d'una celebre serie ipergeometrica; e ho

---

(1) Comptes rendus de l'Acad. des Sciences, tom. XI, pag. 729. Journal de Mathém. 1841, pag. 1-13.

(2) Annali del Prof. Tortolini, 1851; Crelle, tom. 39, pag. 110.

(3) Mémoires de l'Institut, Savans étrangers, 1838, pag. 98.

(4) Journal de Mathém., 1839, pag. 423; 1840, pag. 441; 1841, pag. 1.

finito con alcuni teoremi generali intorno all'integrazione delle equazioni differenziali lineari (1).

1. Data un'equazione differenziale lineare a due variabili d'ordine n^{esimo}, si può farne sparire il secondo termine, cioè la derivata d'ordine $n-1$, cambiando opportunamente la variabile indipendente ovvero la funzione. Sia

$$(1) \ldots\ldots\ldots\ldots \quad \frac{d^2y}{dx^2}+P.\frac{dy}{dx}+Qy=R\ ,$$

un'equazione differenziale lineare di second'ordine, supponendo che P, Q, R siano funzioni della sola variabile indipendente x. Cambiando questa in un'altra t e ponendo $\frac{dt}{dx}=p$, troveremo:

$$p^2.\frac{d^2y}{dt^2}+\frac{dy}{dt}.\left(\frac{dp}{dx}+Pp\right)+Qy=R\ ,$$

donde sparirà la prima derivata $\frac{dy}{dt}$, se facciasi $\frac{dp}{dx}+Pp=0$, ossia $p=e^{-\int Pdx}$, e però $t=\int e^{-\int Pdx}dx$. Ammesso che da questa equazione si possa dedurre l'espressione di x per mezzo di t, si sostituirà una tale espressione in p, P, Q, R, e allora l'equazione differenziale sarà ridotta alla forma

$$(2) \ldots\ldots\ldots\ldots \quad \frac{d^2y}{dt^2}=Rp^{-2}+Sy\ ,$$

ove p, R, S saranno funzioni note di t.

Si può invece cambiare la funzione y, poichè facendo $y=uv$ e intendendo con u e v due funzioni incognite, si trova

$$u.\frac{d^2v}{dx^2}+\frac{dv}{dx}.\left(2.\frac{du}{dx}+Pu\right)+v.\left(\frac{d^2u}{dx^2}+P.\frac{du}{dx}+Qu\right)=R\ ,$$

la quale, fatto $2.\frac{du}{dx}+Pu=0$, ossia $u=e^{-\frac{1}{2}\int Pdx}$, diventa

$$(3) \ldots\ldots \quad \frac{d^2v}{dx^2}=Re^{\frac{1}{2}\int Pdx}+\left(\frac{1}{2}\frac{dP}{dx}+\frac{1}{4}P^2-Q\right).v\ .$$

---

(1) Non ho fatta menzione d'una Memoria del P. PEPIN pubblicata negli Annali del Professore TORTOLINI, 1863, perchè venne a mia notizia soltanto dopo che questi studi erano terminati.

Infine si possono operare ad un tempo ambedue i cambiamenti: il cangiamento della variabile indipendente darà

$$(4)\ldots\ldots\quad dx\,d^2y - dy\,d^2x + P\,dy\,dx^2 + (Qy - R)\,dx^3 = 0\ ,$$

donde, facendo $y = uv$, si trarrà

$$dx(ud^2v + 2\,du\,dv + v\,d^2u) - (d^2x - P\,dx^2)(u\,dv + v\,du) + (Quv - R)\,dx^3 = 0\ ;$$

e per annullar i termini contenenti dv si porrà

$$2\,dx\,du - u\,d^2x + Pu\,dx^2 = 0\ ,$$

dopo di che, chiamata t la nuova variabile indipendente, e posto

$$\frac{dx}{dt}\cdot\frac{d^2u}{dt^2} - \frac{du}{dt}\cdot\left(\frac{d^2x}{dt^2} - P\cdot\frac{dx^2}{dt^2}\right) = Su\cdot\frac{dx^3}{dt^3}\ ,$$

resterà

$$(5)\ldots\ldots\ldots\ldots\quad \frac{d^2v}{dt^2} = \frac{R}{u} - (Q + S)v\ .$$

Facendo $\frac{d^2x}{dt^2} - P\cdot\frac{dx^2}{dt^2} = X$, si ridurranno le due equazioni di condizione alle

$$2\cdot\frac{du}{dt} = Xu\cdot\frac{dt}{dx}\ ,\qquad \frac{d^2u}{dt^2} - X\cdot\frac{du}{dt}\cdot\frac{dt}{dx} = Su\cdot\frac{dx^2}{dt^2}\ ,$$

di cui la prima somministra

$$2\cdot\frac{d^2u}{dt^2} = X\cdot\frac{du}{dt}\cdot\frac{dt}{dx} + u\cdot\frac{dX}{dt}\cdot\frac{dt}{dx} - Xu\cdot\frac{d^2x}{dx^2}\ ,$$

ossia, mercè la seconda,

$$\left(u\cdot\frac{dX}{dt} - X\cdot\frac{du}{dt}\right)\cdot\frac{dt}{dx} - Xu\cdot\frac{d^2x}{dx^2} = 2\,Su\cdot\frac{dx^2}{dt^2}\ .$$

Si sostituirà $\frac{1}{2}Xu\cdot\frac{dt}{dx}$ per $\frac{du}{dt}$, e $X + P\cdot\frac{dx^2}{dt^2}$ per $\frac{d^2x}{dt^2}$, e dividendo per u, si otterrà

$$\frac{dX}{dt}\cdot\frac{dx}{dt} - PX\cdot\frac{dx^2}{dt^2} - \frac{3}{2}X^2 = 2S\cdot\frac{dx^4}{dt^4}\ ,$$

equazione che servirà a determinare S quando sia data una relazione fra t ed x, avendosi X espresso con P e x: si avrà inoltre u dalla equazione $2\cdot\frac{du}{u} = X\cdot\frac{dt}{dx}$.

2. Faremo un esempio supponendo $x=t^{\alpha}$, $y=t^{\beta}v$, e α e β due costanti da determinarsi. Sostituendo nell'equazione (4) avremo

$$t^2.\frac{d^2v}{dt^2}+t.\frac{dv}{dt}.(2\beta-\alpha+1+P\alpha t^{\alpha})$$
$$+v\left[\beta(\beta-1)-\beta(\alpha-1-P\alpha t^{\alpha})+Q\alpha^2t^{2\alpha}\right]=R\alpha^2t^{2\alpha}\ ,$$

donde sparirà dv se porremo $2\beta-\alpha+1+P\alpha t^{\alpha}=0$, e resterà

$$t^2.\frac{d^2v}{dt^2}=R\alpha^2t^{2\alpha}+\left[\beta(\beta+1)-Q\alpha^2t^{2\alpha}\right]v\ .$$

Sia $R=0$: l'equazione

$$\frac{d^2y}{dx^2}+P.\frac{dy}{dx}+Qy=0\ ,$$

sarà ridotta alla

$$\frac{d^2v}{dt^2}=\frac{\beta(\beta+1)-Q\alpha^2t^{2\alpha}}{t^2}.v\ .$$

purchè si abbia $P=\frac{\alpha-1-2\beta}{\alpha t^{\alpha}}$, e quindi P della forma $P=\frac{c}{x}$, essendo c costante. Se inoltre si vuole che l'equazione differenziale tra t e v sia razionale, indicata con $f(t)$ una funzione razionale di t, dovrà essere $\beta(\beta+1)-Q\alpha^2t^{2\alpha}=f(t)$, e però Q della forma

$$Q=\frac{\beta(\beta+1)-f\left(x^{\frac{1}{\alpha}}\right)}{\alpha^2x^2}\ .$$

Fatto $y=e^{k\int p\,dx}$, con k costante, l'equazione (1), nel caso di $R=0$, diventa

$$\frac{dp}{dx}+kp^2+Pp+\frac{1}{k}Q=0\ ,$$

e si riduce così al primo ordine cessando d'esser lineare: sostituite le precedenti espressioni di P e Q, si avranno l'equazione di second'ordine

$$(6)\ \ldots\ldots\quad \frac{d^2y}{dx^2}+\frac{c}{x}.\frac{dy}{dx}=\frac{f\left(x^{\frac{1}{\alpha}}\right)-\beta(\beta+1)}{\alpha^2x^2}.y$$

e l'equazione di primo ordine

$$(7)\ \ldots\ldots\quad \frac{dp}{dx}+kp^2+\frac{c}{x}.p=\frac{f\left(x^{\frac{1}{\alpha}}\right)-\beta(\beta+1)}{k\alpha^2x^2}\ ,$$

che si trasformano nella lineare razionale di 2.° ordine

(8) .... $$\frac{d^2 v}{dt^2}=\frac{f(t)}{t^2}\cdot v\ .$$

Presa $f(t)=At^2+B$, con A e B costanti, sarà

$$\frac{d^2 v}{dt^2}=\left(A+\frac{B}{t^2}\right).v\ ,$$

e si potrà ridurre a questa forma tanto l'equazione differenziale di second'ordine

(9) .... $$\frac{d^2 y}{dx^2}+\frac{c}{x}\cdot\frac{dy}{dx}=k.\left(ax^\mu+\frac{b}{x^2}\right).y\ ,$$

quanto l'equazione differenziale di prim'ordine

(10) .... $$\frac{dp}{dx}+kp^2+\frac{c}{x}\cdot p=ax^\mu+\frac{b}{x^2}\ ,$$

ponendo

$$c=\frac{\alpha-1-2\beta}{\alpha},\quad a=\frac{A}{k\alpha^2},\quad b=\frac{B-\beta(\beta+1)}{k\alpha^2},\quad \mu=\frac{2}{\alpha}-2\ ,$$

donde si trae:

(11)....... $$\alpha=\frac{2}{\mu+2}\ ,\qquad \beta=\frac{1-c}{\mu+2}-\frac{1}{2}\ ,$$

(12)....... $$A=\frac{4ak}{(\mu+2)^2}\ ,\qquad B=\frac{4bk+(1-c)^2}{(\mu+2)^2}-\frac{1}{4}\ .$$

3. Potendosi privare del secondo termine l'equazione (1), prenderemo a considerare pel caso di $R=0$ l'equazione più semplice

(13) .... $$\frac{d^2 y}{dx^2}=Py\ ,$$

supponendo P funzione razionale di x, in modo che questa avrà la forma stessa della (8), e determineremo alcune condizioni generali senza di cui non è integrabile sotto forma algebrica, applicandole specialmente al caso dell'equazione (10), che comprende quella del Riccati e si riduce alla medesima quando si assume $b=0$ e $c=0$.

Perchè si abbia qui la dimostrazione compiuta, riferirò la teorica dell'equazione (13) quale fu data dal signor Liouville.

Si dice che y è funzione algebrica di x quando soddisfa ad un'equazione algebrica $F(x, y)=0$, il cui primo membro si può supporre funzione intera di x e y. Ora se un integrale y della (13) è algebrico (esclusa la soluzione evidente e di nessun conto $y=0$), si avrà una equazione algebrica siffatta $F(x,y)=0$, e differenziandola si troverà un'espressione di $\frac{d^2y}{dx^2}$ che sarà una funzione razionale di x e y e che sostituita nella (13) la cambierà in un'altra equazione razionale tra x ed y. Adunque l'equazione $F(x,y)=0$ e la nuova equazione razionale avranno almeno una radice comune y, e però se ammettiamo, come è lecito, che la prima sia irreduttibile, tutte le sue radici $y_1, y_2, y_3, \ldots$ in numero eguale al grado dell'equazione, dovranno esser comuni alla seconda, senza di che presenterebbero un fattor comune, pel quale dividendo $F(x,y)$ si abbasserebbe l'equazione $F(x,y)=0$ ad un grado minore. Così tutte queste radici saranno altrettanti integrali particolari della (13), e la somma delle loro potenze simili $y_1^r+y_2^r+y_3^r+\ldots\ldots$ sarà per ogni valor intero dell'esponente r una funzione razionale dei coefficienti dell'equazione $F(x,y)=0$, e per conseguenza una funzione razionale di x che non potrà esser nulla nè costante per tutti i valori di r, poichè altrimenti sarebbero tali i coefficienti dell'equazione $F(x,y)=0$, e y avrebbe un valor costante che sarebbe necessariamente zero.

Preso un numero qualsivoglia m delle radici accennate, e posto $u=y_1^r+y_2^r+\ldots\ldots+y_m^r$, formeremo come segue un'equazion differenziale tra u e x. Scrivendo per brevità $u=\Sigma y^r$, e differenziando avremo $\frac{du}{dx}=\Sigma.\left(ry^{r-1}.\frac{dy}{dx}\right)$, ossia

$$(14) \ldots\ldots\ldots\ldots\ldots \qquad \frac{du}{dx}=u_1\ ,$$

se facciasi $\Sigma.\left(ry^{r-1}.\frac{dy}{dx}\right)=u_1$. Differenziando nuovamente troveremo

$$\frac{du_1}{dx}=\Sigma.\left[r(r-1)y^{r-2}.\left(\frac{dy}{dx}\right)^2+ry^{r-1}.\frac{d^2y}{dx^2}\right],$$

ossia

$$(15) \ldots\ldots\ldots\ldots \qquad \frac{du_1}{dx}=rPu+u_2\ ,$$

posto

$$\Sigma.\left[r(r-1)y^{r-2}.\left(\frac{dy}{dx}\right)^2\right]=u_2\ ,$$

perchè la (13) somministra

$$\Sigma.\left(ry^{r-1}.\frac{d^2y}{dx^2}\right)=\Sigma.(ry^{r-1}.Py)=rP.\Sigma y^r=rPu\ ..$$

Differenziando il valore di u_2 avremo similmente

$$\frac{du_2}{dx}=\Sigma.\left[r(r-1)(r-2)y^{r-3}.\left(\frac{dy}{dx}\right)^3+r(r-1).2y^{r-2}.\frac{dy}{dx}.\frac{d^2y}{dx^2}\right],$$

inoltre

$$\Sigma.\left[r(r-1).2y^{r-2}.\frac{dy}{dx}.\frac{d^2y}{dx^2}\right]=\Sigma.\left(r(r-1).2y^{r-2}.\frac{dy}{dx}.Py\right)$$

$$=2(r-1)P.\Sigma.\left(ry^{r-1}.\frac{dy}{dx}\right)=2(r-1)Pu_1\ ;$$

e quindi

$$(16)\ \ldots\ldots\ldots\quad \frac{du_2}{dx}=2(r-1)Pu_1+u_3\ ,$$

fatto

$$\Sigma.\left[r(r-1)(r-2)y^{r-3}.\left(\frac{dy}{dx}\right)^3\right]=u_3\ .$$

Ancora

$$\frac{du_3}{dx}=\Sigma.\left[r(r-1)(r-2)(r-3)y^{r-4}.\left(\frac{dy}{dx}\right)^4+r(r-1)(r-2)y^{r-3}.3.\left(\frac{dy}{dx}\right)^2\frac{d^2y}{dx^2}\right],$$

$$\Sigma.\left[r(r-1)(r-2)y^{r-3}.3.\left(\frac{dy}{dx}\right)^2\frac{d^2y}{dx^2}\right]$$

$$=3(r-2)P.\Sigma.\left[r(r-1)y^{r-2}.\left(\frac{dy}{dx}\right)^2\right]=3(r-2)Pu^2\ ;$$

e quindi

$$(17)\ \ldots\ldots\ldots\quad \frac{du_3}{dx}=3(r-2)Pu_2+u_4\ ,$$

fatto

$$\Sigma.\left[r(r-1)(r-2)(r-3)y^{r-4}.\left(\frac{dy}{dx}\right)^4\right]=u_4\ .$$

Generalmente fatto

$$\Sigma.\left[r(r-1)\ldots(r-n+1)y^{r-n}.\left(\frac{dy}{dx}\right)^n\right]=u_n\ ,$$

si avrà

$$(18)\ \ldots\ldots\ldots\quad \frac{du_n}{dx}=n(r-n+1)Pu_{n-1}+u_{n+1}\ ,$$

fino ad $n=r-1$; si avrà poi

$$u_r=\Sigma.\left[r(r-1)\ldots 2.\ 1.\left(\frac{dy}{dx}\right)^r\right],$$

$$\frac{du_r}{dx}=\Sigma.\left[r(r-1)\ldots 2.\,1.\,r.\left(\frac{dy}{dx}\right)^{r-1}.\frac{d^2y}{dx^2}\right]$$

$$=rP.\Sigma.\left[r(r-1)\ldots 2y.\left(\frac{dy}{dx}\right)^{r-1}\right],$$

ossia $\frac{du_r}{dx}=rPu_{r-1}$, che si può anche rappresentare con due equazioni

$$(19)\ldots\ldots\quad \frac{du_r}{dx}=rPu_{r-1}+u_{r+1}, \qquad u_{r+1}=0.$$

Ciò stante, il valore di u_1 tratto dalla (14) si metterà nella (15); da questa si trarrà u_2 espresso con u e $\frac{d^2u}{dx^2}$, e si sostituirà nella (16), il che darà u_3 espresso con u, $\frac{du}{dx}$, $\frac{d^2u}{dx^2}$, $\frac{d^3u}{dx^3}$; e questo valore di u_3 si sostituirà nella (17). Così continuando si avrà generalmente u_n espresso con u, $\frac{du}{dx}$, ... $\frac{d^nu}{dx^n}$, onde infine traendo il valore di u_{r+1} dalla prima delle (19) e ponendolo nella seconda, si otterrà per determinare u una equazione differenziale dell'ordine $r+1$ che dinoteremo con $U_r=0$. È chiaro che questa equazione sarà lineare, non avrà termine indipendente da u e dalle derivate di u, che la derivata più elevata $\frac{d^{r+1}u}{dx^{r+1}}$ avrà per coefficiente 1, e che tutti gli altri coefficienti saranno funzioni intere di P e delle sue derivate: infatti nelle successive sostituzioni nessun denominatore s'introduce e la espressione generale di u_{n+1} data dalla (18) mostra che se quelle leggi valgono fino all'indice n, sussisteranno anche per l'indice $n+1$.

L'equazione differenziale $U_r=0$ rimane la stessa, qualunque sia il numero m delle radici y_1, y_2, y_3, ... che si sono volute considerare, e quindi vale per una sola radice come per tutte. Onde segue che quando l'equazione (13) è integrabile algebricamente, l'altra $U_r=0$ dovrà avere un integrale razionale, qualunque sia r, e questo integrale non potrà esser nullo o costante per tutti i valori di r.

L'integrale completo della $U_r=0$ si esprime facilmente per mezzo di due integrali particolari $y=X_1$, $y=X_2$ della (13) se questi integrali siano *distinti*, cioè se la loro ragione non sia costante. Imperocchè presa una costante qualsivoglia g, un altro integrale particolare della (13) sarà $y_1=X_1+gX_2$, e però $u=(X_1+gX_2)^r$ sarà un integrale particolare della $U_r=0$, talchè questa equazione sarà soddisfatta dal valore

$$u=X_1^r+\frac{r}{1}\cdot gX_1^{r-1}X_2+\frac{r(r-1)}{1.2}\cdot g^2X_1^{r-2}X_2^2+\ldots+g^rX_2^r,$$

ed essendo g indeterminata, dovranno dopo la sostituzione annullarsi separatamente i termini moltiplicati per le diverse potenze di g. Ora, per essere l'equazione lineare e senza termine che contenga il solo x, e per essere r e g costanti, è manifesto che i termini indipendenti da g saranno gli stessi che si troverebbero sostituendo $u=X_1^r$, i termini moltiplicati per la prima potenza di g saranno gli stessi che si troverebbero sostituendo $u=X_1^{r-1}X_2$, e moltiplicando tutto per $\frac{r}{1}$, i termini moltiplicati per g^2 saranno gli stessi che si troverebbero sostituendo $u=X_1^{r-2}X_2^2$, e moltiplicando tutto per $\frac{r(r-1)}{1.2}$, e via via; e che infine i termini moltiplicati per g^r saranno gli stessi che si troverebbero sostituendo $u=X_2^r$. Adunque si avranno $r+1$ integrali particolari $u=X_1^r$, $u=X_1^{r-1}X_2$, $u=X_1^{r-2}X_2^2$, ..., $u=X_1X_2^{r-1}$, $u=X_2^r$, e l'integrale completo sarà

$$u=A_0X_1^r+A_1X_1^{r-1}X_2+\ldots\ldots+A_{r-1}X_1X_2^{r-1}+A_rX_2^r,$$

dove A_0, A_1, ..., A_r indicano $r+1$ costanti arbitrarie.

Ne risulta che ogni funzione intera omogenea di X_1 e X_2 del grado r sarà un valore soddisfacente di u, poichè sarà compresa nell' integrale completo ora riferito che si renderà identico a quella mediante un'opportuna determinazione delle costanti A_0, A_1,... Quindi se abbiansi r integrali particolari della (13) y_1, y_2, ..., y_r, il loro prodotto $y_1y_2\ldots\ldots y_r$ si potrà prendere per u e sarà un integrale dell'equazione $U_r=0$, poichè essendo ognuno di quegl' integrali y_1, y_2, ..., y_r della forma aX_1+bX_2 con a e b costanti, il loro prodotto è una funzione intera omogenea di X_1 e X_2 del grado r. Supponendo eguali alcuni di quegl' integrali particolari, ovvero applicando lo stesso principio, si vede che anche un prodotto $u=y_1^{k_1}y_2^{k_2}\ldots\ldots y_m^{k_m}$ di m integrali particolari della (13) elevati alle potenze de' gradi k_1, k_2, ... k_m sarà un integrale dell'equazione $U_r=0$, se gli esponenti k_1, k_2, ..., k_m siano numeri interi e positivi la cui somma eguagli r.

4. Giova anche porre $y=e^{\int v\,dx}$, il che trasforma l'equazione (13) nella

$$(20)\ \ldots\ldots\ldots\ldots \qquad \frac{dv}{dx}+v^2=P\,,$$

poichè ogni qualvolta la prima è integrabile algebricamente, sarà lo stesso della seconda, avendosi $v=\frac{dy}{y\,dx}$. Ma la seconda può essere integrabile algebricamente e non esser tale la prima che allora avrà soltanto un integrale della forma $y=e^{\int v\,dx}$, in cui v sarà funzione algebrica di x. Si deve aggiungere che in siffatto caso l'equazione irreduttibile da cui dipenderà v non eccederà il secondo grado. Infatti, siano v_1 e v_2 due radici di questa equazione alle quali corrispondano $y_1=e^{\int v_1 dx}$, $y_2=e^{\int v_2 dx}$: dovendo y_1 e y_2 soddisfare alla (13), si avrà:

$$y_1 . \frac{d^2y_2}{dx^2} - y_2 . \frac{d^2y_1}{dx^2} = y_1 . Py_2 - y_2 . Py_1 = 0 \ ,$$

e integrando

$$y_1 . \frac{dy_2}{dx} - y_2 . \frac{dy_1}{dx} = C_1$$

costante, relazione che diverrà

$$e^{\int (v_1+v_2)\,dx} . (v_2 - v_1) = C_1 \ .$$

Ora, non potendo essere $v_1=v_2$, la costante C_1 non potrà esser nulla; quindi

$$y_1 y_2 = e^{\int (v_1+v_2)\,dx} = \frac{C_1}{v_1 - v_2} \ .$$

Similmente, se v_3 sia una terza radice, si avrà

$$y_2 y_3 = \frac{C_2}{v_3 - v_2} \ , \qquad y_1 y_3 = \frac{C_3}{v_1 - v_3} \ ,$$

C_2 e C_3 saranno due costanti non nulle, e $y_3=e^{\int v_3 dx}$ un integrale particolare della (13). Da ciò seguirebbe $\frac{y_2}{y_1}=\frac{C_2(v_1-v_3)}{C_3(v_3-v_2)}$, che aggiunta alla precedente $y_1 y_2=\frac{C_1}{v_1-v_2}$, e alla equazione tra v ed x condurrebbe mediante l'eliminazione a trovare un'equazione algebrica tra y_1 e x, e un'altra tra y_2 e x, il che è assurdo supponendosi che la (13) non ammetta alcun valore algebrico di y.

Nella stessa ipotesi che l'equazione (13) non sia integrabile sotto forma algebrica, se l'equazione differenziale $U_r=0$ non è soddisfatta da alcun valore razionale non costante di u, qualunque sia l'indice r o almeno per $r=4$, la funzione v non potrà esser algebrica se non è razionale. Imperocchè se v dipendesse da un'equazione irreduttibile di secondo grado, avrebbe due distinti valori della forma

$$v_1 = M + \sqrt{N}\,, \qquad v_2 = M - \sqrt{N}\,,$$

indicate con M e N due funzioni razionali di x, e l'equazione $y_1 y_2 = \frac{C_1}{v_2 - v_1}$ diverrebbe $y_1 y_2 = -\frac{C_1}{2.\sqrt{N}}$, onde $y_1^2 y_2^2 = \frac{C_1^2}{4N}$ quantità razionale diversa da zero: dunque per $r = 4$ l'equazione $U_r = 0$ avrebbe l'integrale razionale $u = y_1^2 y_2^2$, contro alla supposizione.

Pertanto v dipenderà da un'equazione di primo grado e sarà razionale.

L'equazione $y_1 . \frac{dy_2}{dx} - y_2 . \frac{dy_1}{dx} = C_1$ divisa per y_1^2 e integrata con un'altra costante arbitraria C, somministra $\frac{y_2}{y_1} = C + C_1 . \int \frac{dx}{y_1^2}$, ossia

$$y_2 = C y_1 + C_1 y_1 . \int \frac{dx}{y_1^2}\,,$$

cosicchè da un solo integrale particolare y_1 della (13) si può dedurne un altro y_2 che contenga due costanti arbitrarie e sia per ciò l'integrale completo.

5. Vediamo le conseguenze di queste proposizioni supponendo che P sia una funzione razionale, intera o fratta, di x.

E primieramente se P è una funzione intera, l'equazione $U_r = 0$ non potrà avere un integrale razionale che non sia funzione intera di x, poichè il coefficiente di $\frac{d^{r+1} u}{dx^{r+1}}$ è 1. e gli altri coefficienti saranno funzioni intere di x.

Più generalmente, quella equazione non può avere un integrale razionale, il cui denominatore abbia fattori diversi dai fattori lineari del denominatore di P e dalle loro potenze. Anzi il denominatore di u non potrà contenere tampoco quei fattori lineari del denominatore di P che nel medesimo siano elevati a potenza diversa dalla seconda. Imperocchè se P ed u siano spezzati in una parte intera ed in frazioni semplici, e sia $\frac{A}{(x-a)^m}$ una delle frazioni componenti P, e $\frac{h}{(x-a)^\alpha}$ una delle frazioni componenti u, intendendo che m e α siano i maggiori esponenti di $x - a$ nei denominatori di tali frazioni, e che α sia maggiore di zero, m eguale o maggior di zero, e A denoti una quantità diversa da zero, eccettuato il caso di $m=0$, nel quale potrà anche essere $A=0$, vedremo dalle equazioni (14), (15), ... (19):

1.° Che quando m è zero o positivo ma minor di 2, l'espressione di u_1 spezzata in frazioni semplici conterrà il termine $-\frac{\alpha h}{(x-a)^{\alpha+1}}$, quella di u_2 il termine $+\frac{\alpha(\alpha+1)h}{(x-a)^{\alpha+2}}$, quella di u_3 il termine $-\frac{\alpha(\alpha+1)(\alpha+2)h}{(x-a)^{\alpha+3}}$, e così in progresso fino a quella di u_{r+1} che conterrà il termine $\pm\frac{\alpha(\alpha+1)\ldots(\alpha+r)h}{(x-a)^{\alpha+r+1}}$;

2.° Che quando m è maggiore di 2, l'espressione di u_1 conterrà ancora il termine $-\frac{\mu_1 h}{(x-a)^{\alpha+1}}$ con $\mu_1=\alpha$, quella di u_2 conterrà il termine $-\frac{\mu_2 A h}{(x-a)^{\alpha+m}}$ con $\mu_2=r$, quella di u_3 il termine $+\frac{\mu_3 A h}{(x-a)^{\alpha+m+1}}$, dove $\mu_3=(\alpha+m)\mu_2+2(r-1)\mu_1$, quella di u_4 il termine $+\frac{\mu^4 A^2 h}{(x-a)^{\alpha+2m}}$ con $\mu_4=3(r-2)\mu_2$, quella di u_5 il termine $-\frac{\mu_5 A^2 h}{(x-a)^{\alpha+2m+1}}$, dove $\mu_5=(\alpha+2m)\mu_4+4(r-3)\mu_3$; e generalmente u_{2q} conterrà il termine $(-1)^q.\frac{\mu_{2q}A^q h}{(x-a)^{\alpha+qm}}$; e u_{2q+1} il termine $(-1)^{q+1}.\frac{\mu_{2q+1}A^q h}{(x-a)^{\alpha+qm+1}}$, ove sarà

$$\mu_{2q}=(2q-1)(r-2q+2)\mu_{2q-2},$$
$$\mu_{2q+1}=(\alpha+qm)\mu_{2q}+2q(r-2q+1)\mu_{2q-1},$$

come si verificherà per mezzo dell'equazione (18) applicata ad $n=2q$ e $n=2q+1$, mostrando che se la legge è vera sino all'indice $2q-1$, sussiste ancora sino all' indice $2q+1$: quindi essendo $r+1$ il più alto valore dell' indice, ed essendo positivi i primi coefficienti μ_1, μ_2, μ_3, saranno pure positivi tutti gli μ_{2q} e μ_{2q+1}, e però anche μ_{r+1}. Adunque in tutti i casi il termine della espressione di u_{r+1} che contiene al denominatore la potenza più elevata del fattore $x-a$, e che abbiamo ora determinato, avrà un valore diverso da zero, talchè non potendo essere soddisfatta l'ultima equazione (19), sarà dimostrata impossibile l' ipotesi fatta di $\alpha>0$ e m diverso da 2.

6. Sia Ax^m nella parte intera di P il termine che contiene la più alta potenza di x; e sia hx^α il termine che contiene la più alta potenza di x nella parte intera di u, onde gli esponenti m e α saranno numeri

interi non negativi: supporremo A e h diversi da zero. Calcoliamo il termine più elevato di ciascuna delle funzioni u_1, u_2, u_3, ...

Supposto $\alpha > 0$, e fatto $\mu_1 = \alpha$, avremo dalla (14)

$$u_1 = \mu_1 h x^{\alpha-1} + \ldots\ldots\ldots\ldots ;$$

indi fatto $\mu_2 = r$, avremo dalla (15)

$$u_2 = -\mu_2 A h x^{\alpha+m} + \ldots\ldots\ldots$$

Similmente l'equazione (16) darà $u_3 = -\mu_3 A h x^{\alpha+m-1} + \ldots\ldots$, ove

$$\mu_3 = (\alpha + m)\mu_2 + 2(r-1)\mu_1 ;$$

e generalmente posto

$$u_{2q} = (-1)^q \mu_{2q} A^q h x^{\alpha+mq} + \ldots\ldots\ldots ,$$

$$u_{2q+1} = (-1)^q \mu_{2q+1} A^q h x^{\alpha+mq-1} + \ldots\ldots ,$$

si trarranno dalla (18) le relazioni

$$\mu_{2q} = (2q-1)(r-2q+2)\mu_{2q-2} ,$$

$$\mu_{2q+1} = (\alpha + mq)\mu_{2q} + 2q(r-2q+1)\mu_{2q-1} ,$$

che mostrano essere tutti positivi i coefficienti μ_{2q}, μ_{2q+1}, poichè sono tali i primi μ_1, μ_2. Laonde sarà ancora impossibile l'ultima delle equazioni (19). Ciò vale anche nel caso di $m=0$, in cui la parte intera di P. è una costante non nulla.

Supposto $\alpha = 0$, la funzione u_1 non avrà parte intera, e il suo grado non sarà maggiore di -2; nella funzione u_2 il termine più elevato sarà $-rAhx^m$, e se m è >0, il termine più elevato di u_3 sarà $-mrAhx^{m-1}$, perchè il grado di Pu_1 non sarà maggiore di $m-2$; indi il termine più elevato di u_4 sarà $3r(r-2)A^2hx^{2m}$, quello di u_5 sarà $\mu_5 A^2 h x^{2m-1}$, fatto

$$\mu_5 = 2m\mu_4 + 4(r-3)\mu_3 ,\quad \mu_4 = 3r(r-2) ,\quad \mu_3 = mr ;$$

e generalmente si avrà:

$$u_{2q} = (-1)^q \mu_{2q} A^q h x^{qm} + \ldots\ldots\ldots ,$$

$$u_{2q+1} = (-1)^q \mu_{2q+1} A^q h x^{qm-1} + \ldots\ldots ,$$

e

$$\mu_{2q} = (2q-1)(r-2q+2)\mu_{2q-2} ,$$

$$\mu_{2q+1} = qm\mu_{2q} + 2q(r-2q+1)\mu_{2q-1} ,$$

valori che anche si deducono da quelli del caso precedente col farvi $\alpha = 0$, e che mostrano essere positivi tutti i coefficienti μ_{2q} e μ_{2q+1}, poichè sono tali μ_3 e μ_4. Sarà dunque impossibile eziandio in questo caso l'ùltima equazione (19).

Si conchiuda che quando P ha una parte intera costante o variabile, u non può avere una parte intera variabile, e quando P ha una parte intera variabile, u non può avere una parte intera costante.

La dimostrazione esposta non vale nel caso in cui si suppongano nulli ad un tempo m ed α: allora ne risulta l'impossibilità dell'equazione (19) solamente pei valori impari di r. Imperocchè posto $P = A + Q$, $u = h + v$, dove Q e v indicano frazioni razionali di grado non superiore a -1, avremo $u_1 = \frac{dv}{dx}$ di grado non superiore a -2,

$$u_2 = \frac{du_1}{dx} - rPu = -rAh + \ldots\ldots,$$

ommessi i termini di grado inferiore a zero; poscia u_3 di grado non superiore a -2,

$$u_4 = \frac{du_3}{dx} - 3(r-2)Pu_2 = 3r(r-2)A^2h + \ldots\ldots,$$

e generalmente u_{2q-1} di grado non superiore a -2, e

$$u_{2q} = (-1)^q . 3.5 \ldots (2q-1) . r(r-2)(r-4) \ldots (r-2q+2)A^q h + \ldots,$$

la qual legge facilmente si stende da q a $q+1$. Quindi preso $r = 2q-1$, si avrà $u_{r+1} = (3.5 \ldots r)^2 . (-A)^{\frac{r+1}{2}} h + \ldots$, che non è nullo: dunque l'equazione $u_{r+1} = 0$ sarà impossibile per r impari. Ma la dimostrazione non si applica ad r pari.

A ciò non pose mente il signor Liouville, che la usò senza distinzione per provare, che se è $P = A + \frac{B}{x^2}$, e sia r pari o impari, non può essere $u = hx^n +$ ecc., per alcun valore intero, *positivo*, *nullo* o *negativo* di n. Per n positivo, il suo ragionamento procede esatto; e sussiste anche per n negativo, quantunque allora non sia più vero che i coefficienti numerici C_{2q}, C_{2q+1} corrispondenti ai nostri μ_{2q}, μ_{2q+1} siano tutti positivi, dappoichè si riconosce agevolmente che sono positivi quelli d'indice pari, e negativi quelli d'indice impari come è il primo $C_1 = n$. Ma per n nullo le sue formole non reggono, non essendo allora $n-1$ ma -2 il grado di u_1, u_3, ... (*); e non solo la dimostrazione è inesatta, bensì deve dirsi non vera la proposizione che si vuol dimostrare, cioè che l'integrale u non possa mai esser razionale, risultando il contrario da altre formole trovate più innanzi dallo stesso LIOUVILLE pel caso di B eguale al prodotto di due numeri interi consecutivi $n(n+1)$. Infatti egli trova (**) che in questo caso l'equazione (13) ammette i due integrali distinti

$$y_1=e^{x.\sqrt{A}}.\,x^{-n}Y\ ,\qquad y_2=e^{-x.\sqrt{A}}.\,x^{-n}Z\ ,$$

essendo Y e Z due funzioni intere di x, e ne segue

$$y_1y_2=x^{-2n}YZ$$

funzione razionale di x che dovrà essere fra i valori di u per $r=2$. Parimente la potenza $y_1^m\cdot y_2^m$ sarà una funzione razionale di x e sarà fra i valori di u per $r=2m$. Dunque l'integrale u avrà valori razionali, contro a ciò che il signor LIOUVILLE si propose di dimostrare. Possiamo confermare con un esempio numerico questa obbiezione. Sia $B=12$: preso $r=2$, le equazioni (19) saranno verificate col valor razionale

$$u=1-\frac{6}{Ax^2}+\frac{45}{A^2x^4}-\frac{225}{A^3x^6}\ .$$

Il signor LIOUVILLE conchiude (pag. 7) che l'equazione (13) *non ha mai integrale algebrico* se $P=A+\frac{B}{x^2}$. Giungeremo anche noi a questa conchiusione, ma ci è forza tenere una via alquanto più lunga.

7. Sia $x-a$ un fattore del denominatore di P, elevato in quel denominatore alla seconda potenza: sarà $\frac{A}{(x-a)^2}$ una delle frazioni parziali che compongono P. Spezzata anche u in frazioni semplici, sia $\frac{h}{(x-a)^\alpha}$ quella di tali frazioni che conterrà nel denominatore la più alta potenza di $x-a$: è chiaro dalle equazioni (14), (15), (16), (17) che l'esponente di $x-a$ non potrà superare $\alpha+1$ nel denominatore di u_1, $\alpha+2$ in quello di u_2, $\alpha+3$ in quello di u_3, $\alpha+4$ in quello

(*) V. Journal de Mathém. 1841, pag. 6-7.

(**) *Ibid.*, pag. 12.

di u_4, e generalmente $\alpha+n$ in quello di u_n; onde potremo stabilire

$$u=\frac{h}{(x-a)^\alpha}+\ldots\ldots, \qquad u_1=\frac{h_1}{(x-a)^{\alpha+1}}+\ldots\ldots,$$

$$u_2=\frac{h_2}{(x-a)^{\alpha+2}}+\ldots\ldots, \qquad u_3=\frac{h_3}{(x-a)^{\alpha+3}}+\ldots\ldots,$$

ecc.,

intendendo con h_1, h_2, h_3,... coefficienti costanti positivi o negativi che potranno anche esser nulli, e sostituendo nelle mentovate equazioni, otterremo

$$(21)\ldots\ldots\left\{\begin{array}{l} -\alpha h=h_1\,, \\ -(\alpha+1)h_1=Arh+h_2\,, \\ -(\alpha+2)h_2=A.\,2(r-1)h_1+h_3\,, \\ -(\alpha+3)h_3=A.\,3(r-2)h_2+h_4\,, \\ \ldots\ldots\ldots\ldots\ldots\ldots\ldots\ldots\ldots\ldots \\ -(\alpha+n)h_n=A.\,n(r-n+1)h_{n-1}+h_{n+1}\,, \\ \ldots\ldots\ldots\ldots\ldots\ldots\ldots\ldots\ldots\ldots \\ -(\alpha+r)h_r=A.\,rh_{r-1}+h_{r+1}\,, \qquad h_{r+1}=0\,, \end{array}\right.$$

sistema di $r+2$ equazioni a cui dovrà soddisfare l'esponente α intero e positivo. La prima equazione darà $\frac{h_1}{h}=-\alpha$, la seconda poi darà $\frac{h_2}{h}$ espresso per α da un polinomio di secondo grado, la terza darà $\frac{h_3}{h}$ espresso da un polinomio di terzo grado, e così via via fino alla penultima che darà per $\frac{h_{r+1}}{h}$ un polinomio del grado $r+1$, onde egualiando a zero per l'ultima questo polinomio, si avrà un'equazione di grado $r+1$ che dovrà determinare α.

Un caso particolare guida alla risoluzione di questa equazione, risoluzione dovuta pure al signor Liouville (*). Prendiamo $a=0$ e supponiamo che P si riduca al termine $\frac{A}{x^2}$: per integrare l'equazione (13) faremo $y=x^{-\theta}$, essendo θ una costante da determinarsi, e ne trarremo

$$\theta(\theta+1)=A\,,$$

equazione che darà due valori di θ; onde chiamati β, γ questi due

(*) Journal de Math. 1840, pag. 445-447.

valori, avremo i due integrali distinti

$$X_1 = x^{-\beta}, \qquad X_2 = x^{-\gamma},$$

e ne risulterà (num. 3) l' integrale completo della $U_r = 0$ che sarà

$$u = A_0 x^{-\beta r} + A_1 x^{-\beta(r-1)-\gamma} + A_2 x^{-\beta(r-2)-2\gamma} + \ldots\ldots$$
$$+ A_{r-1} x^{-\beta-\gamma(r-1)} + A_r x^{-\gamma r}.$$

D'altra parte, ponendo $u = \frac{h}{x^\alpha}$, $u_1 = \frac{h_1}{x^{\alpha+1}}$, ecc., si troveranno ancora le stesse equazioni (21); che però dovranno essere soddisfatte prendendo per α uno qualsivoglia degli esponenti

$$\beta r, \quad \beta(r-1)+\gamma, \quad \beta(r-2)+2\gamma, \ldots\ldots$$
$$\beta+\gamma(r-1), \quad \gamma r:$$

questi $r+1$ valori saranno dunque le radici della indicata equazione.

Sarà pertanto $\alpha = \beta(r-n)+n\gamma$, se n si eguagli ad alcuno dei numeri $0, 1, 2, \ldots\ldots r$; e a causa dell'equazione $\theta(\theta+1) = A$ si avrà pure $\beta+\gamma = -1$, talchè avremo

$$\beta = \frac{\alpha+n}{r-2n}, \qquad \gamma = -\frac{\alpha+r-n}{r-2n}.$$

Se α è un numero intero positivo, β e γ saranno due numeri commensurabili, l'uno positivo e l'altro negativo. Supposto β positivo e presolo per θ, avremo $A = \beta(\beta+1)$ prodotto di due numeri positivi commensurabili che differiscono dell'unità. Si può aggiungere che se β non è un numero intero, l' indice r dovrà essere eguale o superiore al denominatore di β ed eccedere qualche suo multiplo d'un numero pari $2n$.

Dalle cose fin qui considerate si hanno dimostrate le proposizioni seguenti:

1.° Se nella equazione (18) la funzione P è un polinomio intero, nessun integrale u dell'equazione $U_r = 0$ è razionale.

2.° Se P è una frazione razionale con parte intera non costante, u quando sia razionale non avrà parte intera.

3.° Se P è una frazione razionale con parte intera costante, u quando sia razionale non ha parte intera o l' ha costante.

4.° Se P è una frazione razionale, non può u, quando sia razionale, aver per fattori del suo denominatore quei fattori lineari del denominatore di P, che in questo denominatore sono elevati a potenza diversa dalla seconda.

5.° Sia $x-a$ un fattore che nel denominatore di P sia elevato alla seconda potenza, e spezzato P in frazioni semplici, sia $\frac{A}{(x-a)^2}$ la frazione il cui denominatore contiene $x-a$ col massimo esponente. Quando u sia razionale, il denominatore di u non sarà divisibile per $x-a$, se la costante A non è un numero della forma $\beta(\beta+1)$, dove β indica una frazione commensurabile positiva.

Da queste proposizioni si può già dedurre che l'equazione (13) non ammette integrale algebrico quando P è un polinomio intero e quando P è una frazione razionale accompagnata da una parte intera non nulla, variabile o costante, e avente un denominatore composto di fattori lineari elevati a potenze diverse dalla seconda, oppure tale che non somministri alcuna frazione semplice della forma $\frac{\beta(\beta+1)}{(x-a)^2}$, essendo $x-a$ uno dei fattori lineari elevati alla seconda potenza nel denominatore di P, e β un numero positivo commensurabile.

8. Occorre anche esaminare il caso in cui essendo P una frazione razionale, il grado del denominatore superi d'una o due unità quello del numeratore: cerchiamo se allora u possa essere una funzione razionale con parte intera variabile.

Sia come dianzi hx^α il termine più elevato di questa parte intera, e quindi $\alpha h x^{\alpha-1}$ il termine più elevato di u_1.

Sia -1 il grado di P, cioè la differenza tra i gradi del numeratore e del denominatore di P: potremo scrivere

$$P=\frac{Ax^{m-1}+\ldots}{x^m+\ldots}=\frac{A}{x}+Q\ ,$$

ove Q sarà una frazione di grado non superiore a -2 e A una costante non nulla. Per la (15) il termine più elevato di u_2 sarà $-rAhx^{\alpha-1}$, e fatto

$$\mu_1=\alpha\,,\quad \mu_2=r\,,\quad \mu_3=(\alpha-1)\mu_2+2(r-1)\mu_1\ ,$$

il termine più elevato di u_3 sarà per la (16) $-\mu_3 Ahx^{\alpha-2}$; e generalmente finchè α sarà $>q$ il termine più elevato di u_{2q} sarà

$$(-1)^q\mu_{2q}A^q h x^{\alpha-q}$$

e quello di u_{2q+1} sarà

$$(-1)^q\mu_{2q+1}A^q h x^{\alpha-q-1},$$

poste le relazioni

$$\mu_{2q} = (2q-1)(r-2q+2)\mu_{2q-2} ,$$

$$\mu_{2q+1} = (\alpha - q)\mu_{2q} + 2q(r-2q+1)\mu_{2q-1} ,$$

talchè tutti i coefficienti μ_{2q}, μ_{2q+1} saranno positivi come i primi μ_1, μ_2, e se $\alpha \geqq \frac{1}{2}r$, le equazioni (19) non potranno essere adempiute.

Se α è $< \frac{1}{2}r$, si avranno funzioni u_{2q}, u_{2q+1} con $q > \alpha$: il termine più elevato di $u_{2\alpha-1}$ sarà $(-1)^{\alpha-1}\mu_{2\alpha-1}A^{\alpha-1}h$ e quello di $u_{2\alpha}$ sarà $(-1)^{\alpha}\mu_{2\alpha}A^{\alpha}h$; si avrà perciò

$$u_{2\alpha} = (-1)^{\alpha}\mu_{2\alpha}A^{\alpha}h + v ,$$

chiamata v una frazione di grado non superiore a -1, quindi $\frac{du_{2\alpha}}{dx}$ sarà una frazione di grado non superiore a -2, e dalla (18) si vedrà che il termine più elevato di $u_{2\alpha+1}$ sarà

$$-(-1)^{\alpha-1}.\, 2\alpha(r-2\alpha+1)\mu_{2\alpha-1}A^{\alpha}hx^{-1} ,$$

quello di $u_{2\alpha+2}$ sarà

$$-(-1)^{\alpha}.\, (2\alpha+1)(r-2\alpha)\mu_{2\alpha}A^{\alpha+1}hx^{-1} ,$$

quello di $u_{2\alpha+3}$ sarà $(-1)^{\alpha}\lambda_3 A^{\alpha+1}hx^{-2}$, fatto

$$\lambda_1 = 2\alpha(r-2\alpha+1)\mu_{2\alpha-1} , \quad \lambda_2 = (2\alpha+1)(r-2\alpha)\mu_{2\alpha} ,$$

e $$\lambda_3 = \lambda_2 + (2\alpha+2)(r-2\alpha-1)\lambda_1 :$$

generalmente il termine più elevato di $u_{2\alpha+2q}$ sarà

$$(-1)^{\alpha+q}\lambda_{2q}A^{\alpha+q}hx^{-q},$$

e quello di $u_{2\alpha+2q+1}$ sarà

$$(-1)^{\alpha+q+1}\lambda_{2q+1}A^{\alpha+q}hx^{-q-1} ,$$

posto

$$\lambda_{2q} = (2\alpha+2q-1)(r-2\alpha-2q+2)\lambda_{2q-2} , \text{ e}$$

$$\lambda_{2q+1} = q\lambda_{2q} + (2\alpha+2q)(r-2\alpha-2q+1)\lambda_{2q-1} .$$

Questi coefficienti sono tutti positivi come λ_1 e λ_2, e però sono ancora impossibili le equazioni (19).

Sia -2 il grado di P, e poniamo $P = \frac{A}{x^2} + Q$, intendendo con Q una frazione di grado non superiore a -3: chiamato α il grado di u, quelli di u_1, u_2, u_3, ... non eccederanno per ordine $\alpha-1$, $\alpha-2$;

$\alpha-3, \ldots\ldots$, e quindi potremo fare $u=hx^{\alpha}+\ldots$, $u_1=h_1x^{\alpha-1}+\ldots$, $u_2=h_2x^{\alpha-2}+\ldots$, $u_3=h_3x^{\alpha-3}+\ldots$, ecc., ammesso che i coefficienti $h_2, h_3, \ldots$ possano anche ridursi a zero. Sostituendo queste espressioni nelle equazioni (14), (15), (16), ecc., e rendendo identiche tali equazioni, otterremo

$$\alpha h=h_1\,,$$
$$(\alpha-1)h_1=Arh+h_2\,,$$
$$(\alpha-2)h_2=A.\,2(r-1)h_1+h_3\,,$$
$$(\alpha-3)h_3=A.\,3(r-2)h_2+h_4\,,\ldots,$$
$$(\alpha-n)h_n=A.\,n(r-n+1)h_{n-1}+h_{n+1}\,,\ldots,$$
$$(\alpha-r)h_r=A.\,r\,h_{r-1}+h_{r+1}\,,\qquad h_{r+1}=0\,,$$

equazioni che si deducono dalle (21) col solo cambiare α in $-\alpha$. Adunque i valori di α che possono verificarle saranno compresi nella formola

$$-\alpha=\beta(r-n)+n\gamma\,,$$

intendendo per n uno dei numeri $0, 1, 2, \ldots r$, e per β e γ le radici dell'equazione di secondo grado $\theta(\theta+1)=A$. Risultando $\beta+\gamma=-1$, e però

$$\beta=\frac{n-\alpha}{r-2n}\,,\qquad \gamma=\frac{n+\alpha-r}{r-2n}\,,$$

dovranno β e γ essere commensurabili e uno almeno sarà negativo. Potremo dunque fare $A=\beta(\beta-1)$ e β dovrà essere positivo e commensurabile.

Si conchiude che u non può avere una parte intera variabile quando P è del grado -1, ovvero essendo del grado -2 non si riduce alla indicata forma $\dfrac{\beta(\beta-1)}{x^2}+Q$.

Nel caso in cui il denominatore di P ha qualche fattore lineare $x-a$ elevato alla seconda potenza, può similmente trovarsi una condizione che deve adempiersi perchè u possa essere una funzione intera. Si chiami X un'altra funzione intera scelta in modo che moltiplicando per X o per la sua derivata una qualsivoglia delle quantità u_n, Pu_n si ottenga sempre un prodotto intero. Ordinando tutte queste funzioni per le potenze *ascendenti* di $x-a$, poniamo $u=h(x-a)^{\alpha}+\ldots$, $X=K(x-a)^k+\ldots$, e chiamato pure A' il primo termine del numeratore e $A''(x-a)^2$ il primo termine del denominatore di P facciamo $\frac{A'}{A''}=A$. Per la (14) avremo $u_1=\alpha h(x-a)^{\alpha-1}+\ldots$, $X.\frac{du_1}{dx}=\alpha(\alpha-1)hK(x-a)^{\alpha+k-2}+\ldots$, ed essendo pure $PXu=AhK(x-a)^{\alpha+k-2}+\ldots$, trarremo dalla (15)

$$Xu_2=\left[\alpha(\alpha-1)-Ar\right]hK(x-a)^{\alpha+k-2}+\ldots.$$

Fatto $h_1=\alpha h$, $h_2=(\alpha-1)h_1-Arh$, sarà dunque

$$Xu_1=h_1K(x-a)^{\alpha+k-1}+\ldots, \qquad Xu_2=h_2K(x-a)^{\alpha+k-2}+\ldots;$$

indi avremo

$$Xu_2.\frac{dX}{dx}=h_2kK^2(x-a)^{\alpha+2k-3}+\ldots,$$

che sarà una funzione intera e sarà divisibile per X, poichè anche $u_2.\frac{dX}{dx}$ è una funzione intera, e il quoziente sarà

$$u_2.\frac{dX}{dx}=h_2kK(x-a)^{\alpha+k-3}+\ldots;$$

avremo inoltre

$$\frac{d.Xu_2}{dx}=(\alpha+k-2)h_2K(x-a)^{\alpha+k-3}+\ldots,$$

e quindi

$$\frac{d.Xu_2}{dx}-u_2.\frac{dX}{dx}=X.\frac{du_2}{dx}=(\alpha-2)h_2K(x-a)^{\alpha+k-3}+\ldots,$$

e per essere

$$PXu_1=Ah_1K(x-a)^{\alpha+k-3}+\ldots\ldots\ldots,$$

ne dedurremo per la (16)

$$Xu_3=h_3K(x-a)^{\alpha+k-3}+\ldots\ldots\ldots,$$

ove

$$h_3=(\alpha-2)h_2-A.2(r-1)h_1.$$

Continuando allo stesso modo si vedrà che il grado del polinomio Xu_n non è inferiore ad $\alpha+k-n$, e che quindi si può fare

$$Xu_n=h_nK(x-a)^{\alpha+k-n}+\ldots\ldots,$$

potendo h_n essere anche zero, e sostituendo una tale espressione si dedurrà dalla (18)

$$(\alpha-n)h_n=A.n(r-n+1)h_{n-1}+h_{n+1},$$

cosicchè risulterà di nuovo il sistema (21) col solo cambiamento di α in $-\alpha$. Adunque bisognerà che la costante A sia della forma $\beta(\beta-1)$, supposto β un numero commensurabile positivo, e senza di ciò la funzione u non potrà essere intera. Se A è della forma $\beta(\beta-1)$, l'esponente α avrà uno dei valori determinati dalla formola

$$\alpha=\beta(r-n)-n(\beta-1) .$$

Si deve notare il caso di $A=-\frac{1}{4}$: allora $\beta=\frac{1}{2}$, $\alpha=\frac{r}{2}$ talchè gli $r+1$ valori di α diventano tutti eguali ad $\frac{r}{2}$, e la funzione u se è intera deve essere divisibile per $(x-a)^{\frac{r}{2}}$.

9. Prendiamo ora a considerare l'equazione (20), e cerchiamo come se ne possano determinare gl' integrali razionali nel caso di P razionale. Sia Ax^m il termine più elevato della parte intera di P, e hx^α il termine più elevato della parte intera di v. Il termine più elevato di v^2 sarà $h^2x^{2\alpha}$, e quello di $\frac{dv}{dx}$ sarà $\alpha hx^{\alpha-1}$, onde non sussisterà l'equazione (20) se non sia $2\alpha=m$, $h^2=A$: perciò m dovrà esser pari e si avrà $\alpha=\frac{m}{2}$, $h=\pm\sqrt{A}$. Se $m=0$, sarà dunque $\alpha=0$: e quindi se la parte intera di P è costante, anche v avrà una parte intera costante. Se $A=0$, sarà pure $h=0$; onde se P non ha parte intera, non l'avrà tampoco v.

Supposto che v abbia un denominatore, e che questo denominatore abbia un fattor lineare $x-a$, il quale non sia contenuto nel denominatore di P o vi entri solo alla prima potenza, o ad altra potenza impari, rappresentiamo con $\frac{h}{(x-a)^\alpha}$ quella delle frazioni componenti v che conterrà $x-a$ col massimo esponente nel denominatore, e poniamo $P=\frac{A}{(x-a)^i}+\ldots$, intendendo per A una quantità costante o anche nulla, e per i un numero impari: l'equazione (20) darà

$$-\frac{\alpha h}{(x-a)^{\alpha+1}}+\frac{h^2}{(x-a)^{2\alpha}}+\ldots=\frac{A}{(x-a)^i}+\ldots,$$

ed essendo 2α un numero pari non inferiore ad $\alpha+1$, questa non può sussistere se non è $\alpha+1=2\alpha$ e $-\alpha h+h^2=0$, onde $\alpha=1$ e $h=1$, quando non sia $h=0$. Adunque un tal fattore $x-a$ o non entrerà nel denominatore di v, o vi entrerà solo alla prima potenza, e la frazione parziale che lo contiene avrà per numeratore 1.

Nel caso poi di $i>2$, non sarà possibile di verificare l'equazione precedente perchè nessun altro termine potrà distruggere il termine $\frac{A}{(x-a)^i}$: basta dunque che il denominatore di P sia divisibile per una potenza impari superiore alla prima d'un fattor lineare $x-a$, e si può conchiudere che l'equazione (20) non ha integrali razionali. Se A non è nullo e $i=1$, non potrà esser nullo h, perchè altrimenti il termine $\frac{A}{x-a}$ non isparirebbe, e quindi si avrà $h=1$.

Se $x-a$ è contenuto alla seconda potenza nel denominatore di P, posto $P=\frac{A}{(x-a)^2}+\ldots$, si avrà

$$-\frac{\alpha h}{(x-a)^{\alpha+1}}+\frac{h^2}{(x-a)^{2\alpha}}+\ldots=\frac{A}{(x-a)^2}+\ldots,$$

e converrà supporre

$$\alpha+1=2\alpha=2\,, \qquad -\alpha h+h^2=A\,,$$

onde $\alpha=1$, $A=h(h-1)$. Dunque i fattori lineari che sono alla seconda potenza nel denominatore di P saranno alla prima potenza nel denominatore di v, e tra i numeratori A, h di due frazioni parziali corrispondenti sussisterà la relazione $A=h(h-1)$.

Sia semplicemente $P=A+\frac{B}{x^2}$: la funzione v se è razionale non potrà avere se non la forma

$$\sqrt{A}+\frac{k}{x}+h.\left(\frac{1}{x-a_1}+\frac{1}{x-a_2}+\ldots+\frac{1}{x-a_n}\right),$$

ove $a_1, a_2, \ldots a_n$ sono quantità costanti disuguali e diverse tutte da zero, in un numero qualsivoglia n; h è zero oppure 1; k è una delle radici dell'equazione $k(k-1)=B$. Avremo

$$\frac{dv}{dx}=-\frac{k}{x^2}-h\cdot\left[\left(\frac{1}{x-a_1}\right)^2+\left(\frac{1}{x-a_2}\right)^2+\ldots+\left(\frac{1}{x-a_n}\right)^2\right],$$

$$v^2=A+\frac{k^2}{x^2}+h^2.\left[\left(\frac{1}{x-a_1}\right)^2+\left(\frac{1}{x-a_2}\right)^2+\ldots+\left(\frac{1}{x-a_n}\right)^2\right]$$

$$+\frac{2k.\sqrt{A}}{x}+2h.\left(\sqrt{A}+\frac{k}{x}\right).\left[\frac{1}{x-a_1}+\frac{1}{x-a_2}+\ldots+\frac{1}{x-a_n}\right]+2h^2S\,,$$

denotando con S la somma dei prodotti delle frazioni $\frac{1}{x-a_1}$, $\frac{1}{x-a_2}$, ecc. prese a due a due; e sostituendo poi nella (20), fatte le riduzioni resterà

$$\frac{2k.\sqrt{A}}{x}+2h.\left(\sqrt{A}+\frac{k}{x}\right).\left[\frac{1}{x-a_1}+\frac{1}{x-a_2}+\ldots+\frac{1}{x-a_n}\right]+2h^2S=0\,.$$

Ora

$$\frac{1}{x}.\frac{1}{x-a}=\frac{1}{a}.\left(\frac{1}{x-a}-\frac{1}{x}\right)\,,$$

$$\frac{1}{x-a}.\frac{1}{x-b}=\frac{1}{a-b}.\left(\frac{1}{x-a}-\frac{1}{x-b}\right)\,;$$

di più si scorge che h non può esser zero se non sono tali k nè A: quindi ponendo $h=1$, riducendo in frazioni semplici il primo membro della precedente equazione ed eguagliando separatamente a zero il complesso dei termini che conterranno una stessa frazione, si otterrà

$$\sqrt{A}=\frac{1}{a_1}+\frac{1}{a_2}+\ldots+\frac{1}{a_n}\,,$$

$$\sqrt{A}+\frac{k}{a_1}+\frac{1}{a_1-a_2}+\frac{1}{a_1-a_3}+\ldots+\frac{1}{a_1-a_n}=0\,,$$

$$\sqrt{A}+\frac{k}{a_2}+\frac{1}{a_2-a_1}+\frac{1}{a_2-a_3}+\ldots+\frac{1}{a_2-a_n}=0\,,$$

....

$$\sqrt{A}+\frac{k}{a_n}+\frac{1}{a_n-a_1}+\frac{1}{a_n-a_2}+\ldots+\frac{1}{a_n-a_{n-1}}=0\,.$$

Sommando le ultime n equazioni, si avrà

$$n.\sqrt{A}+k.\left(\frac{1}{a_1}+\frac{1}{a_2}+\ldots+\frac{1}{a_n}\right)=0\,,$$

perchè la somma delle altre frazioni si riduce a zero, corrispondendo ad ogni frazione $\frac{1}{a_1-a_2}$ un'altra $\frac{1}{a_2-a_1}$ che la distrugge. Dunque mercè la prima delle stesse equazioni si conchiuderà $n+k=0$, onde $k=-n$, $B=n(n+1)$. E però nel caso di $P=A+\frac{B}{x^2}$ e A diverso da zero, l'equazione (20) non ha un integrale razionale se la costante B non è il prodotto di due numeri interi consecutivi positivi n e $n+1$.

Supponiamo $P=A+\frac{B_1}{(x-b_1)^2}+\frac{B_2}{(x-b_2)^2}$: sarà

$$v=\sqrt{A}+\frac{k_1}{x-b_1}+\frac{k_2}{x-b_2}+h.\left(\frac{1}{x-a_1}+\frac{1}{x-a_2}+\ldots+\frac{1}{x-a_n}\right),$$

supponendo $k_1(k_1-1)=B_1$, $k_2(k_2-1)=B_2$, e se ne dedurrà come dianzi

$$\frac{k_1.\sqrt{A}}{x-b_1}+\frac{k_2.\sqrt{A}}{x-b_2}$$

$$+h.\left(\sqrt{A}+\frac{k_1}{x-b_1}+\frac{k_2}{x-b_2}\right).\left(\frac{1}{x-a_1}+\frac{1}{x-a_2}+\ldots+\frac{1}{x-a_n}\right)+h^2S=0,$$

onde $h=1$, e poi

$$\sqrt{A}=\frac{1}{a_1-b_1}+\frac{1}{a_2-b_1}+\ldots\ldots+\frac{1}{a_n-b_1},$$

$$\sqrt{A}=\frac{1}{a_1-b_2}+\frac{1}{a_2-b_2}+\ldots\ldots+\frac{1}{a_n-b_2},$$

$$\sqrt{A}+\frac{k_1}{a_1-b_1}+\frac{k_2}{a_1-b_2}+\frac{1}{a_1-a_2}+\frac{1}{a_1-a_3}+\ldots+\frac{1}{a_1-a_n}=0,$$

$$\sqrt{A}+\frac{k_1}{a_2-b_1}+\frac{k_2}{a_2-b_2}+\frac{1}{a_2-a_1}+\frac{1}{a_2-a_3}+\ldots+\frac{1}{a_2-a_n}=0,$$

. . . .

$$\sqrt{A}+\frac{k_1}{a_n-b_1}+\frac{k_2}{a_n-b_2}+\frac{1}{a_n-a_1}+\frac{1}{a_n-a_2}+\ldots+\frac{1}{a_n-a_{n-1}}=0.$$

Sommando le ultime n equazioni si trova

$$n.\sqrt{A}+k_1.\left(\frac{1}{a_1-b_1}+\frac{1}{a_2-b_1}+\ldots+\frac{1}{a_n-b_1}\right)$$

$$+k_2.\left(\frac{1}{a_1-b_2}+\frac{1}{a_2-b_2}+\ldots+\frac{1}{a_n-b_2}\right)=0,$$

che a causa delle prime due diventa $n+k_1+k_2=0$.

Similmente se fosse

$$P=A+\frac{B_1}{(x-b_1)^2}+\frac{B_2}{(x-b_2)^2}+\ldots+\frac{B_m}{(x-b_m)^2},$$

si troverebbe $B_1=k_1(k_1-1)$, $B_2=k_2(k_2-1)$, ... $B_m=k_m(k_m-1)$, e $n+k_1+k_2+\ldots+k_m=0$, e si avrebbero $m+n$ equazioni di condizione tra le $m+n$ quantità a_1, a_2, ... a_n, k_1, k_2, ... k_m, e l'indice n.

10. Riguardo all'equazione particolare

$$(22) \ldots\ldots\ldots\ldots \qquad \frac{d^2y}{dx^2}=\left(A+\frac{B}{x^2}\right).y\,,$$

possiamo dalle cose dimostrate inferire che nel caso di A diverso da zero essa non avrà integrale algebrico e l'equazione corrispondente $U_r=0$ non avrà integrale razionale quando B è negativo, e quando B è positivo ma non uguaglia il prodotto di due numeri commensurabili $\beta(\beta+1)$ che differiscano d'una unità, e che allora l'equazione (20) non ha integrale razionale (poichè se lo avesse sarebbe $\beta=n$ numero intero) e quindi non è integrabile algebricamente, vale a dire che fatto $y=e^{\int v dx}$ non è v funzione algebrica di x.

Le costanti A e B date dalle equazioni (12), se pongasi $b=0$ e $c=0$ divengono

$$(23) \ldots\ldots \qquad A=\frac{4ak}{(\mu+2)^2}\,, \qquad B=\frac{1}{(\mu+2)^2}-\frac{1}{4}\,,$$

e nel medesimo tempo l'equazione (10), cambiato x in s per evitare ogni confusione, si riduce a quella del Riccati

$$(24) \ldots\ldots\ldots\ldots \qquad \frac{dp}{ds}+kp^2=as^\mu\,,$$

e l'equazione (9) diventa

$$(25) \ldots\ldots\ldots\ldots \qquad \frac{d^2y}{dx^2}=kax^\mu y\,.$$

La seconda delle equazioni (23) somministra $\mu=\frac{1}{\sqrt{B+\frac{1}{4}}}-2$, valor reale se $B+\frac{1}{4}$ è positivo; e dalla prima si ha $ak=\frac{A}{4}(\mu+2)^2$; quindi se sono dati A e B si possono determinare μ e uno dei coefficienti a, k, restando arbitrario l'altro che potrà anche prendersi $=1$. Pertanto l'equazione (22) si può sempre ridurre a quella del Riccati, e lo stesso sarà dell'equazione (10) in apparenza più generale che fu considerata dal sig. Malmstèn e dopo lui dal Prof. Brioschi, poichè questa (10) si può ridurre alla (22). Si può anche supporre 1 il valore della costante A, senza togliere alla generalità, perchè cambiando x in $\frac{x}{\sqrt{A}}$ si ottiene

$$\frac{d^2y}{dx^2}=\left(1+\frac{B}{x^2}\right)y\,.$$

Ora si avverta che per le (23) B sarà negativo quando μ è positivo o compreso tra -4 e $-\infty$; di più avendosi

$$B=\left(\frac{1}{\mu+2}-\frac{1}{2}\right)\cdot\left(\frac{1}{\mu+2}+\frac{1}{2}\right),$$

supposto $B=\beta(\beta+1)$, dovrà essere $\beta=\frac{1}{\mu+2}-\frac{1}{2}$, ovvero

$$\beta=-\frac{1}{\mu+2}-\frac{1}{2}\,,$$

e in amendue i casi se β è commensurabile, ne segue anche μ commensurabile. Adunque pei valori (23) l'equazione (22) non sarà integrabile algebricamente quando l'esponente μ è positivo, o compreso tra -4 e $-\infty$, o incommensurabile; e negli stessi casi, fatto $y=e^{\int v\,dx}$, v non sarà funzione algebrica di x.

Ricordiamo poi che nelle trasformazioni del num. 2 si è fatto

$$x=t^\alpha\,,\ y=t^\beta v=e^{k\int p\,dx}\,,$$

e così dalle equazioni (6) e (7) si passava alla (8). Cambiando x in s, t in x, v in y, si passerà dunque dalla (24) alla (22) col porre

$$s=x^\alpha\,,\ y=x^{-\beta}e^{k\int p\,ds}=e^{\int v\,dx}\,,$$

ove $v=k\alpha p x^{\alpha-1}-\frac{\beta}{x}$, e gli esponenti α, β saranno determinati dalle (11) posto $c=0$. Ora, se μ è commensurabile, anche questi valori di α e β saranno commensurabili; quindi s sarà funzione algebrica di x, e se p sia funzione algebrica di s in modo che l'equazione (24) sia integrabile algebricamente, p sarà funzione algebrica anche di x, e v pure funzione algebrica di x. Adunque se l'esponente μ è commensurabile e compreso tra zero ed ∞ ovvero tra -4 e $-\infty$, l'equazione del Riccati non ha integrale algebrico.

Nel medesimo tempo si ha $v=\frac{dy}{y\,dx}$, onde se y è funzione algebrica di x, sarà tale anche v, ed essendo

$$p=\frac{v}{k\alpha}x^{1-\alpha}+\frac{\beta}{k\alpha}x^{-\alpha}\,,\quad x=s^{\frac{1}{\alpha}}\,,$$

sarà p funzione algebrica di x e x di s ogniqualvolta μ sia commensurabile; dunque allora p sarà funzione algebrica di s, cosicchè quando per un valore commensurabile di μ fosse integrabile algebricamente l'equazione (22), sarebbe lo stesso della (24), escluso soltanto il valore $\mu=-2$, pel quale le formole (23) divengono illusorie, e la trasformazione indicata non è più possibile.

Inoltre l'equazione (25) non ha integrale algebrico per $\mu=-1$, poichè la funzione u corrispondente non può avere una parte frazionaria, nè una parte intera (num. 5 e 8), e quindi non può esser razionale. Nello stesso tempo, preso $P=\frac{ka}{x}$, l'equazione (20) non ha integrale razionale, perchè se l'avesse, sarebbe della forma

$$v=\frac{1}{x}+h:\left(\frac{1}{x-a_1}+\frac{1}{x-a_2}+\ldots+\frac{1}{x-a_n}\right)$$

(v. num. 9), e ne seguirebbe

$$y=e^{\int v dx}=x\left((x-a_1)(x-a_2)\ldots(x-a_n)\right)^h\,,$$

mentre y non è funzione algebrica di x: quindi nemmeno v sarà funzione algebrica di x. Ma per $\mu=-1$ si passa dalla (9) alla (8) e quindi dalla (25) alla (22) mediante una trasformazione meramente algebrica, e si passa dalla (9) alla (10) e però dalla (25) alla (24) ponendo $y=e^{k\int p dx}$ ovvero $y=e^{k\int p ds}$, onde $v=kp$ posto $s=x$: dunque per $\mu=-1$ l'equazione (22) non sarà integrabile algebricamente, nè p sarà funzione algebrica di s, cosicchè neppure la (24) avrà integrale algebrico quando sia $\mu=-1$.

11. Per passare ad altri valori di μ, usiamo la trasformazione nota

$$p=\frac{1}{ks_1}+\frac{1}{s^2 p'}\,,$$

con cui, fatto

$$s^{\mu+3}=s'\,,\quad \frac{a}{\mu+3}=k'\,,\quad \frac{k}{\mu+3}=a'\,,\quad -\frac{\mu+4}{\mu+3}=\mu'\,,$$

si deduce dalla (24) l'equazione della stessa forma

(26) .... $\frac{dp'}{ds'}+k'p'^2=a's'^{\mu'}$:

trasformazione sempre possibile quando μ è diverso da -3. Poniamo altresì

$$p=\frac{1}{p_1}, \quad s^{\mu+1}=s_1, \quad \frac{a}{\mu+1}=k_1, \quad \frac{k}{\mu+1}=a_1, \quad -\frac{\mu}{\mu+1}=\mu_1,$$

e con questa trasformazione che sarà possibile pei valori di μ diversi da -1 e che è parimente nota, cambieremo l'equazione (24) nella simile

(27) .... $\frac{dp_1}{ds_1}+k_1p_1^2=a_1s_1^{\mu_1}$.

Ambedue le indicate trasformazioni saranno algebriche e daranno μ' e μ_1 commensurabili se μ è commensurabile, talchè in questo caso le equazioni (24), (26), (27) saranno insieme integrabili o non integrabili algebricamente. Per $\mu=-1$ si ha $\mu'=-\frac{3}{2}$: quindi non avendo integrale algebrico la (24) per $\mu=-1$, la (26) non l'avrà per $\mu'=-\frac{3}{2}$, e stante la forma simile delle (24) e (26), la (24) non l'avrà per $\mu=-\frac{3}{2}$. Ma fatto $\mu=-\frac{3}{2}$ si ha $\mu_1=-3$: dunque la (27) non sarà integrabile algebricamente per $\mu_1=-3$, e la (24) non sarà integrabile algebricamente per $\mu=-3$.

Applicando alla (26) le proposizioni dimostrate per la (24), diremo pure che la (26) non ha integrale algebrico se μ' è positivo e quindi se μ è compreso tra -3 e -4, nè per μ' compreso tra -4 e $-\infty$ ossia per $\frac{\mu+4}{\mu+3}>4$, donde supposto $-\mu<3$ ossia $\mu+3>0$ si trae $\mu+4>4\mu+12$, $-\mu>\frac{8}{3}$. Per gli stessi valori non sarà integrabile algebricamente l'equazione (24) se μ è commensurabile, e aggiungendo il valore $\mu=-3$ si vedrà che la stessa equazione non ammette integrazione algebrica per alcun valore commensurabile di μ compreso fra $-\frac{8}{3}$ e -4.

Queste conseguenze potranno applicarsi all'equazione (26) che quindi non sarà integrabile per μ' compreso tra $-\frac{8}{3}$ e -4, ossia per $\frac{\mu+4}{\mu+3}$

maggiore di $\frac{8}{3}$ e minore di 4, dal che risulta $-\mu > \frac{12}{5}$ e $-\mu < \frac{8}{3}$. Dunque per μ commensurabile e compreso tra $-\frac{12}{5}$ e $-\frac{8}{3}$ nemmeno la (24) avrà integrale algebrico.

Generalmente se la (24) non ha integrale algebrico per $-\mu$ compreso tra due numeri m e $\frac{4-m}{3-m}$, che per $m=\frac{8}{3}$ e $m=\frac{12}{5}$ si riducono ai limiti precedenti, supposto $2<m<3$, l'equazione (26) non l'avrà similmente per $-\mu'$ ossia $\frac{\mu+4}{\mu+3}$ compreso tra m e $\frac{4-m}{3-m}$, il che somministra $-\mu$ compreso fra $\frac{3m-4}{m-1}$ e m, ossia fra m' e $\frac{4-m'}{3-m'}$, posto $m'=\frac{3m-4}{m-1}$: e da ciò si dedurrà che nello stesso caso neppure l'equazione (24) è integrabile algebricamente, cosicchè non havvi integrale algebrico per alcun valore commensurabile di μ compreso fra

$$-m' \text{ e } -\frac{4-m'}{3-m'}.$$

Si faccia successivamente

$$m'=\frac{3m-4}{m-1}, \quad m''=\frac{3m'-4}{m'-1}, \quad m'''=\frac{3m''-4}{m''-1}, \text{ ecc.}:$$

ripetendo l'esposto ragionamento, i limiti di μ diverranno successivamente $-m'$ e $-m$, $-m''$ e $-m'$, $-m'''$ e $-m''$..., e i numeri m, m' m''..., saranno decrescenti ma tutti maggiori di 2, poichè da $m>2$ segue $3m-4>2m-2$ e quindi $m'>2$. Sia

$$m=2+\frac{1}{\rho}, \quad m'=2+\frac{1}{\rho'}, \quad m''=2+\frac{1}{\rho''}\ldots:$$

avremo $$2+\frac{1}{\rho'}=\frac{3m-4}{m-1}=2+\frac{m-2}{m-1},$$

e però $$\rho'=\frac{m-1}{m-2}=1+\frac{1}{m-2}=1+\rho,$$

e similmente $\rho''=1+\rho'$, $\rho'''=1+\rho''$, ecc., onde $\rho''=2+\rho$, $\rho'''=3+\rho$..., e in generale $\rho^{(i)}=i+\rho$. Adunque le quantità positive ρ, ρ', ρ''... sono crescenti e possono superare ogni grandezza data; dunque i numeri m, m', m''... sono decrescenti e si avvicinano quanto si voglia al limite inferiore 2: talchè si può conchiudere che l'equazione (24) non ha integrale algebrico per alcun valore commensurabile negativo di μ che sia numericamente maggiore di 2 e diverso dai limiti

$$-4,\ -\frac{8}{3},\ -\frac{12}{5}\ldots\ldots$$

Questi limiti sono rappresentati dalla formola $\mu=-\frac{4i}{2i-1}$, per $i=1, 2, 3, \ldots$; poichè prendendo $m=\frac{8}{3}$ e quindi $\rho=\frac{3}{2}$, e sostituendo nella $m^{(i')}=2+\frac{1}{i'+\rho}$, si ottiene $m^{(i')}=\frac{4i'+8}{2i'+3}$ ossia $m^{(i')}=\frac{4i}{2i-1}$, fatto $i'+2=i$. Si comprende il limite più elevato -4 aggiungendo il valore $i=1$.

Finalmente applicando la conclusione così ottenuta all'equazione (27), si dirà: ch'essa non è integrabile algebricamente quando μ_1 è positivo nè quando μ_1 è compreso tra -2 e $-\infty$ e commensurabile, e ciò significa quando μ è compreso tra zero e -1 e quando si abbia $\frac{\mu}{\mu+1}>2$ cioè $-\mu<2$ supposto $-\mu>1$. Converrà aggiungere il valore $\mu=-1$, ed eccettuare i valori

$$\mu_1=-\frac{4i}{2i-1}, \quad \text{onde} \quad \frac{\mu}{\mu+1}=\frac{4i}{2i-1} \quad \text{e} \quad \mu=-\frac{4i}{2i+1}.$$

Adunque l'equazione (24) non sarà integrabile algebricamente se μ è commensurabile e compreso tra zero e -2 ma diverso da $-\frac{4i}{2i+1}$.

12. Sarà così dimostrato che l'equazione (24) non ha integrale algebrico per alcun valore commensurabile di μ compreso tra zero e -4 e non contenuto nella formola $\mu=-\frac{4i}{2i\pm1}$, nè uguale a -2.

Ne segue che per gli stessi valori non ammetterà integrazione algebrica l'equazione (22), se A sia diverso da zero. Sostituito il valore $\mu=-\frac{4i}{2i\pm1}$ nella seconda equazione (23), si avrà

$$B=\left(\frac{2i\pm1}{2}\right)^2-\frac{1}{4}=i(i\pm1):$$

quindi il solo caso per cui non è ancor dimostrata l'impossibilità dell'integrazione algebrica è quello in cui la costante B eguaglia il prodotto di due numeri interi consecutivi. Ma per questo caso, fatto $y=e^{\int \varphi dx}$, si è trovato (num. 7)

$$v = \sqrt{A} + \frac{k}{x} + h \cdot \left(\frac{1}{x-a_1} + \frac{1}{x-a_2} + \ldots + \frac{1}{x-a_n} \right),$$

ove $h=1$, $k=-n$, e $B=n(n+1)$, e da ciò risulta

$$y = Ce^{x\sqrt{A}} x^{-n} X,$$

indicata con C una costante arbitraria e con X un polinomio intero di grado n, prodotto dei binomii $x-a_1$, $x-a_2, \ldots x-a_n$. Potendosi dare il doppio segno alla radice $\sqrt{A}$ si avrà un altro integrale particolare $y = C' e^{-x\sqrt{A}} x^{-n} X'$, e si comporrà l'integrale generale

$$(28) \ldots\ldots\ldots \quad y = Ce^{x\sqrt{A}} x^{-n} X + C' e^{-x\sqrt{A}} x^{-n} X'$$

che è trascendente nè può rendersi algebrico per alcuna determinazione delle costanti arbitrarie. Adunque giungiamo al teorema del signor Liouville pel quale l'equazione (22) se A è diverso da zero non ha mai integrale algebrico.

Dall'integrale dell'equazione (22) nel caso di $\mu = -\frac{4i}{2i \pm 1}$ si deduce quello della (24), ed è chiaro pel precedente valore (28) di y; che questo sarà trascendente come è trascendente il primo. Rimarrà il solo valore $\mu = -2$; ma per esso l'equazione (24) si cambia in

$$\frac{d^2 y}{dx^2} = \frac{ka}{x^2} y \qquad \text{ponendo} \quad s = x, \; p = \frac{dy}{kydx};$$

e l'integrale completo di quest'ultima, dato nel num. 7, mostra che p non può diventare algebrico se ka non è il prodotto di due numeri commensurabili θ e $\theta+1$: laonde in questo solo caso l'equazione (24) può avere un integrale algebrico. E quindi l'equazione (24) ossia l'equazione del Riccati non sarà integrabile algebricamente per alcun valore commensurabile dell'esponente μ, eccettuato il solo valore $\mu = -2$ quando i coefficienti a, k abbiano la relazione $ka = \theta(\theta+1)$ con un numero commensurabile θ.

Se poi μ è incommensurabile, dimostreremo come segue che l'equazione (24) non può integrarsi algebricamente. Supponiamo che p sia funzione algebrica di s, e rappresentiamo con

$$S_0 p^m + S_1 p^{m-1} + S_2 p^{m-2} + \ldots + S_{m-1} p + S_m = 0$$

un'equazione algebrica irreduttibile i cui coefficienti S_0, S_1, $S_2, \ldots$ siano funzioni intere di s. Indicato con φ il primo membro, avremo differenziando

$$\frac{d\varphi}{ds}+\frac{d\varphi}{dp}\cdot\frac{dp}{ds}=0\ ,$$

e per mezzo della (24), ponendo $as^{\mu}=z$, ne trarremo

$$\frac{d\varphi}{ds}+\frac{d\varphi}{dp}(z-kp^2)=0\ ,$$

equazione algebrica tra p, s e z, talchè eliminando p tra queste due equazioni, otterremo un'equazione algebrica tra s e z, e quindi z sarebbe funzione algebrica di s, il che per μ incommensurabile è assurdo.

Si noti che z non può sparire dall'equazione risultante tra z e s. Infatti se si chiamano p_1, p_2, ... p_m gli m valori di p che corrispondono ad un determinato valore di x, si formerà questa equazione risultante sostituendo successivamente tali m valori a p nel polinomio

$$\frac{d\varphi}{dp}z+\frac{d\varphi}{ds}-kp^2\frac{d\varphi}{dp}\ ,$$

moltiplicando insieme tutti i polinomii così ottenuti e uguagliando il prodotto a zero dopo avere espresse le funzioni simmetriche delle radici p_1, p_2, ... p_m con funzioni razionali dei coefficienti S_0, S_1, S_2... Adunque l'equazione risultante sarà del grado m rispetto a z, e fatto $\frac{d\varphi}{dp}=\varphi'(p)$, il coefficiente di z^m sarà eguale al prodotto

$$\varphi'(p_1)\varphi'(p_2)\ldots\varphi'(p_m),$$

e però al discriminante dell'equazione tra p ed s, il quale sarà diverso da zero, perchè l'equazione essendo irreduttibile non ha radici eguali. Sarà pur diverso da zero il termine che non conterrà z, poichè l'ipotesi $z=0$ non sarebbe conforme all'equazione (24), e d'altra parte fatto

$$\frac{d\varphi}{ds}-kp^2\frac{d\varphi}{dp}=\psi(p)\ ,$$

quel termine sarebbe eguale al prodotto $\psi(p_1)\psi(p_2)\ldots\psi(p_m)$ che non può annullarsi se non è nullo almeno uno de' suoi fattori: ma supponendo

$$\frac{d\varphi}{ds}-kp^2\frac{d\varphi}{dp}=0\ ,$$

l'altra equazione $$\frac{d\varphi}{ds}+\frac{d\varphi}{dp}\cdot\frac{dp}{ds}=0$$

darebbe $$\frac{d\varphi}{dp}\left(\frac{dp}{ds}+kp^2\right)=0\ ,$$

e non essendo φ indipendente da p, ne seguirebbe

$$\frac{dp}{ds}+kp^2=0\ ,\qquad \text{onde}\qquad \frac{1}{p}=ks+c\ ,$$

relazione incompatibile coll'equazione (24). Laonde l'equazione risultante non potrebbe esser identica ed esprimerebbe veramente che z è funzione algebrica di s.

13. Il signor Liouville ha eziandio affermato che solamente nel caso di $B=n(n+1)$ e $\mu=-\frac{4i}{2i\pm1}$ le equazioni (22) e (24) ammettono integrali espressi *in termini finiti*, cioè mediante un numero limitato di segni algebrici, esponenziali e logaritmici, e anche di segni d'integrazione indefinita relativa alla variabile x o s. La sua dimostrazione suppone che l'equazione $U_r=0$ dedotta dalla (22) e l'equazione (20) non abbiano integrali razionali, mentre per l'equazione $U_r=0$ la impossibilità d'integrali razionali non fu dimostrata generalmente. Ma sarà facile giungere alla dimostrazione compiuta, seguendo la stessa via tenuta dianzi rispetto all'integrazione algebrica.

Si è dimostrato che l'equazione $U_r=0$ dedotta dalla (22), e la (20) dedotta pure dalla (22) non hanno integrali razionali quando non sia B positivo: dunque in questo caso l'equazione (22) non sarà integrabile sotto forma finita. L'equazione (24) si deduce dalla (22) per mezzo di trasformazioni espresse pure in termini finiti, e l'esponente μ è compreso tra 0 e ∞ ovvero tra -4 e $-\infty$ quando B non è positivo: dunque per tali valori di μ l'equazione (24) non sarà integrabile sotto forma finita.

Si è pure dimostrato che l'equazione $U_r=0$ e la (20) non hanno integrali razionali nel caso di $P=kax^\mu$ se μ è $=-1$; dunque allora l'equazione (25) non sarà integrabile in termini finiti, e lo stesso si dirà delle equazioni (22) e (24) che si riducono alla (25) col mezzo di trasformazioni algebriche o trascendenti espresse in termini finiti.

Supposto μ diverso da -3, l'equazione (24) si può trasformare nella (26), e questa avendo forma simile alla (24) non sarà integrabile in termini finiti se μ' è positivo o compreso tra -4 e $-\infty$; essendo μ compreso allora tra -3 e -4 ovvero tra $-\frac{8}{3}$ e -3, l'equazione (26) e però anche la (24) di cui è la trasformata non sarà integrabile per tali valori di μ. Ma supposto μ diverso da -1, la (24) si trasforma anche nella (27), e fatto $\mu=-1$ si ha $\mu'=-\frac{3}{2}$ nella (26), fatto $\mu=-\frac{3}{2}$ si ha $\mu_1=-3$ nella (27); onde non essendo integrabile la (24) per $\mu=-1$, non sarà tale la (26) per $\mu'=-\frac{3}{2}$, quindi neppure la (24) per $\mu=-\frac{3}{2}$ nè la (27) per $\mu_1=-3$; dunque la (24) non è integrabile nemmeno per $\mu=-3$; dunque non sarà integrabile per alcun valore di μ compreso fra $-\frac{8}{3}$ e -4.

Da ciò ripetendo il ragionamento si dedurrà che la (24) non è integrabile per alcun valore di μ compreso fra -2 e -4 quando non sia uno di quelli che sono determinati dalla formola $\mu=-\frac{4i}{2i-1}$.

Di più l'equazione (27) non sarà integrabile per μ_1 positivo nè per μ_1 compreso tra -2 e $-\infty$ e non contenuto nella formola $\mu_1=-\frac{4i}{2i-1}$; e a siffatti valori di μ_1 corrisponde μ compreso tra zero e -1 ovvero tra -1 e -2 e non contenuto nella formola $\mu=-\frac{4i}{2i+1}$. Dunque per questi valori di μ, a cui si deve aggiungere anche il valore $\mu=-1$, non è integrabile la (26), e quindi neppure la (24).

Adunque l'equazione (24) o del Riccati non è integrabile in termini finiti per alcun valore dell'esponente μ non contenuto nella formola $\mu=-\frac{4i}{2i\pm1}$. Questa comprende anche il valor eccettuato $\mu=-2$, che se ne deduce supponendo i infinito.

Potendosi l'equazione (22) trasformare nella (24), si concluderà eziandio che l'equazione (22) non è integrabile in termini finiti se il coefficiente B non è della forma $n(n+1)$.

La dimostrazione di questa proposizione esposta nel presente numero potrebbe dispensare dai più prolissi ragionamenti dei numeri antecedenti: ma ho creduto di non doverli ommettere per dimostrare che l'equazione (22) non ha integrale algebrico, senza ricorrere alla distinzione delle classi di funzioni trascendenti introdotta dal signor Liouville.

14. In ogni caso gli integrali dell'equazione (22) si possono esprimere con serie convergenti. Prendendo norma dal valore (28) poniamo

$$y=e^{x\sqrt{A}}z\ ,$$

e sia z una funzione da determinarsi che diverrà una funzione intera di $\frac{1}{x}$ nel caso di $B=n(n+1)$. Fatta la sostituzione avremo

$$\frac{d^2z}{dx^2}+2\sqrt{A}\frac{dz}{dx}-\frac{B}{x^2}z=0\ ,$$

e posto

$$z=x^m+h_1x^{m+1}+h_2x^{m+2}+h_3x^{m+3}+\ldots,$$

essendo $m,\ h_1,\ h_2,\ h_3,\ldots$ costanti da determinarsi, ne dedurremo

$$m(m-1)-B=0\ ,\qquad (m+1)mh_1+2m\sqrt{A}-Bh_1=0\ ,$$

$$(m+2)(m+1)h_2+2(m+1)h_1\sqrt{A}-Bh_2=0\ldots,$$

e generalmente

$$(m+q)(m+q-1)h_q+2(m+q-1)h_{q-1}\sqrt{A}-Bh_q=0\ .$$

La prima di queste equazioni mostra che m può aver due valori, e che supposto $B=\beta(\beta+1)$ sarà $m=-\beta$ oppure $m=1+\beta$. Messo $m(m-1)$ in luogo di B nella seconda e diviso per m, si trova $h_1=-\sqrt{A}$; l'ultima poi somministra

$$h_q=-\frac{2(m+q-1)\sqrt{A}}{(m+q)(m+q-1)-m(m-1)}h_{q-1}=\frac{-2(m+q-1)\sqrt{A}}{q(2m+q-1)}h_{q-1}$$

onde i coefficienti h_q sono determinati successivamente l'uno per mezzo dell'altro, e così ad ognuno de' valori di m corrisponde un'espressione di z. Se β non è un numero intero, queste espressioni di z saranno serie infinite che saranno convergenti per tutti i valori di x, poichè il quoziente $\frac{h_q x}{h_{q-1}}$ di due termini contigui eguaglierà

$$-\frac{2x(m+q-1)\sqrt{A}}{q(2m+q-1)}=-\frac{2x\sqrt{A}}{q}\cdot\frac{1+\frac{m-1}{q}}{1+\frac{2m-1}{q}}$$

che per q infinito si riduce a zero.

Se β è un numero intero, si farà $m=-\beta$, e l'espressione di z si troncherà al termine in cui l'indice q uguaglia β, onde si avrà in forma finita un integrale dell'equazione (22). Questo è il medesimo che trova il signor LIOUVILLE (*), non differendone se non perchè l'uno è ordinato secondo le potenze ascendenti e l'altro secondo le potenze discendenti della variabile x.

In ogni caso da un'espressione di z se ne dedurrà un'altra cambiando $\sqrt{A}$ in $-\sqrt{A}$, e si ottengono così due integrali particolari distinti, che moltiplicati per due costanti arbitrarie e poi sommati daranno l'integrale completo.

Siano z_1, z_2 i due valori di z, e si faccia

$$y_1 = C_1 e^{x\sqrt{A}} z_1 , \quad y_2 = C_2 e^{-x\sqrt{A}} z_2 :$$

l'integrale completo sarà

$$y = C_1 e^{x\sqrt{A}} z_1 + C_2 e^{-x\sqrt{A}} z_2 ,$$

e si esprimerà o per serie o in forma finita.

Si avrà pure $y_1 y_2 = C_1 C_2 z_1 z_2$, e se β è un numero intero, essendo allora z_1 e z_2 due polinomii razionali, il prodotto $y_1 y_2$ sarà pure una funzione razionale di x; se β non è intero, questo prodotto sarà formato da due serie ordinate per le potenze ascendenti di x.

Sarà generalmente

$$(29) \ldots\ldots\ldots \quad z_1 z_2$$

$$= x^{2m} \cdot \left[\begin{array}{l} 1 - x\sqrt{A} + \frac{m+1}{2m+1} A x^2 - \frac{2(m+1)(m+2)}{3(2m+1)(2m+2)} A x^3 \sqrt{A} \\ + \frac{4(m+1)(m+2)(m+3)}{3.4(2m+1)(2m+2)(2m+3)} A^2 x^4 - \ldots\ldots\ldots \end{array} \right]$$

$$\times \left[1 + x\sqrt{A} + \frac{m+1}{2m+1} A x^2 + \frac{2(m+1)(m+2)}{3(2m+1)(2m+2)} A x^3 \sqrt{A} + \ldots \right] .$$

Ma fatto $u = y_1 y_2$, ricorrendo alle equazioni (14), (15) e (19) in cui prenderemo $r = 2$, otterremo

$$\frac{d^3 u}{dx^3} - 4P \frac{du}{dx} - 2u \frac{dP}{dx} = 0 ,$$

e posto

$$P = A + \frac{B}{x^2} ,$$

$$u = x^{2m} + h_1 x^{2m+2} + h_2 x^{2m+4} + h_3 x^{2m+6} + \ldots\ldots ,$$

(*) Journal de Mathémat. 1841, pag. 12.

ne dedurremo

$$2m(2m-1)(2m-2)-8mB+4B=0\ ,$$

$$(2m+2)(2m+1)\cdot 2mh_1-8mA-4(2m+2)h_1B+4h_1B=0\ ,$$

. . . .

$$\left.\begin{array}{r}(2m+2q)(2m+2q-1)(2m+2q-2)h_q\\ -4(2m+2q-2)h_{q-1}A-4(2m+2q)h_qB+4h_qB\end{array}\right\}=0\ ,$$

onde $$B=m(m-1)\ ,\qquad h_1=\frac{A}{2m+1}\ ,$$

$$h_q=\frac{2(m+q-1)A}{q(2m+q-1)(2m+2q-1)}h_{q-1}\ .$$

Adunque si trova anche per u una serie convergente, e questa dovrà essere eguale al prodotto delle due serie (29).

Se prendesi $m=1+\beta$ quando β è un numero intero, l'espressione di z e del prodotto z_1z_2 rimangono sotto la forma di serie infinite; ma avendosi in termini finiti l'integrale generale della (22), tali serie si ridurranno ad espressioni di forma finita. Nel caso di β intero si può ordinare l'espressione di u per le potenze discendenti di x ponendo

$$u=h+\frac{h_1}{x^2}+\frac{h_2}{x^4}+\ldots+\frac{h_n}{x^{2n}}\ ,$$

e si troverà generalmente

$$h_q=(-1)^q\cdot\frac{3.5\ldots(2q-1)}{2.4\ldots\ldots 2q}\cdot\frac{B(B-2)\ldots(B-q(q-1))}{A^q}h\ ,$$

donde per $B=12$ si trae il valore di u dato nel num. 6.

15. Dall'equazione $u=y_1\,y_2$ deriva

$$d^2u=y_1\,d^2y_2+2\,dy_1\,dy_2+y_2\,d^2y_1\ ,$$

ed essendo $$\frac{d^2y_1}{dx^2}=Py_1\ ,\qquad \frac{d^2y_2}{dx^2}=Py_2\ ,$$

se ne conchiude $$\frac{d^2u}{dx^2}=2Py_1\,y_2+2\frac{dy_1}{dx}\cdot\frac{dy_2}{dx}\ ,$$

e quindi $$\frac{1}{2u}\cdot\frac{d^2u}{dx^2}-P=\frac{d\log.y_1}{dx}\cdot\frac{d\log.y_2}{dx}\ ,$$

ossia $$\frac{1}{2u}\cdot\frac{d^2u}{dx^2}-P=\frac{1}{u}\cdot\frac{du}{dx}\cdot\frac{d\log.y_1}{dx}-\left(\frac{d\log.y_1}{dx}\right)^2.$$

Se pertanto u sia una funzione algebrica di x, quest'equazione darà anche $\frac{d\log.y_1}{dx}$ funzione algebrica di x, e fatto $\frac{d\log.y_1}{dx}=v$, si avrà $y_1=e^{\int v\,dx}$: dunque ogniqualvolta nessun integrale della (22) possa esprimersi sotto questa forma in cui v denota una funzione algebrica di x, il prodotto u di due integrali sarà funzione trascendente.

La medesima equazione mostra pure che se u sia una funzione trascendente esprimibile in termini finiti, anche $\frac{d\log.y_1}{dx}$ e quindi anche y_1 sarà esprimibile in termini finiti; onde nei casi in cui nessun integrale della (22) si esprime sotto forma finita, sarà lo stesso del prodotto di due integrali.

Ciò che qui diciamo dell'equazione (22) deve applicarsi più generalmente alla (13). Nel caso particolare della (22) il prodotto y_1y_2 non si potrà esprimere in termini finiti quando il coefficiente B non sia della forma $n(n+1)$: e allora, cioè per tutti i valori non interi di m, tanto la somma di ciascuna delle serie (29), quanto il prodotto delle loro somme, sarà una funzione trascendente di x non esprimibile in termini finiti.

Ma possiamo anche dimostrare che fuori del caso $B=n(n+1)$ l'equazione differenziale $U_r=0$, corrispondente alla (22) e dedotta dalle (14), (15),...(19), qualunque sia r non ha integrali razionali.

Osserviamo primieramente che se l'equazione $U_r=0$ ha un integrale razionale quando $P=A+\frac{B}{x^2}$, esso per le conclusioni del num. 7 non può essere fuorchè della forma

$$u=h+\frac{h_1}{x}+\frac{h_2}{x^2}+\ldots+\frac{h_\alpha}{x^\alpha}\ ;$$

e che sostituendo questa espressione nelle equazioni (14), (15),...(19), e rendendo identica l'ultima, si otterranno equazioni di primo grado tra i coefficienti h, h_1, h_2,... che li determineranno l'un dopo l'altro restando indeterminato soltanto il primo, talchè se si prescinde da un fattore costante arbitrario, si avrà una sola soluzione.

In secondo luogo notiamo che se per un valor determinato di r l'equazione $U_r=0$ ha un integrale razionale u_r, per un altro valore qr

moltiplice del primo essa avrà un integrale razionale u^q, poichè u dovrà essere una funzione intera omogenea di grado r degl'integrali y_1, y_2, e quindi u^q essendo funzione intera omogenea di grado qr degli stessi integrali, soddisfarà all'equazione $U_{qr}=0$. Adunque ammettendo che l'equazione $U_r=0$ abbia un integrale razionale quando $B=\beta(\beta+1)$ essendo β un numero commensurabile non intero, possiamo supporre l'indice r pari e moltiplice del denominatore di β; cosicchè $\frac{1}{2}r$ e βr saranno numeri interi. Ora la potenza

$$(y_1 y_2)^{\frac{r}{2}}=y_1^{\frac{r}{2}} y_2^{\frac{r}{2}}$$

essendo una funzione intera omogenea di y_1 e y_2 del grado r, dovrà soddisfare all'equazione $U_r=0$; di più avendosi

$$(y_1 y_2)^{\frac{r}{2}}=(C_1 C_2)^{\frac{r}{2}}(z_1 z_2)^{\frac{r}{2}} ,$$

questa potenza sarà per la formola (29) espressa da x^{mr} moltiplicato per una serie ordinata secondo le potenze intere crescenti di x, e a cagione di $m=-\beta$, e βr numero intero, tale espressione sarà una funzione contenente solo potenze intere di x: dovrebbe dunque avere gli stessi coefficienti dell'integrale razionale della $U_r=0$ e però confondersi con questo integrale razionale u, il che darebbe

$$y_1 y_2=\sqrt[\frac{r}{2}]{u} ;$$

sarebbe dunque $y_1 y_2$ funzione algebrica di x, contro a ciò che si è dimostrato.

16. Il teorema dimostrato intorno alla condizione da cui dipende l'integrazione dell'equazione (22) in termini finiti, si applica, come mostrò il Liouville (*), all'integrale Besseliano

$$(30) \ldots\ldots\ldots \qquad y=\int_0^\pi \cos.(n\varphi-x\,\text{sen.}\,\varphi)\,d\varphi ,$$

(*) Journal de Mathém. 1841, pag. 36.

dove n è un numero intero. Poichè si ha

$$\frac{dy}{dx}=\int_0^\pi \text{sen.}(n\varphi-x\,\text{sen.}\,\varphi)\,\text{sen.}\,\varphi\, d\varphi$$

$$\frac{d^2y}{dx^2}=-\int_0^\pi \cos.(n\varphi-x\,\text{sen.}\,\varphi)\,\text{sen.}^2\varphi\, d\varphi\ ;$$

ma integrando per parti si trova

$$\int \text{sen.}(n\varphi-x\,\text{sen.}\,\varphi)\,\text{sen.}\,\varphi\, d\varphi=-\text{sen.}(n\varphi-x\,\text{sen.}\,\varphi)\cos.\varphi$$
$$+\int \cos.\varphi\cos.(n\varphi-x\,\text{sen.}\,\varphi)(n-x\cos.\varphi)\,d\varphi\ ,$$

onde $\displaystyle\int_0^\pi \text{sen.}(n\varphi-x\,\text{sen.}\,\varphi)\,\text{sen.}\,\varphi\, d\varphi=n.\int_0^\pi \cos.(n\varphi-x\,\text{sen.}\,\varphi)\cos.\varphi\, d\varphi$

$$-x\int_0^\pi \cos.(n\varphi-x\,\text{sen.}\,\varphi)\cos.^2\varphi\, d\varphi\ ;$$

e d'altra parte

$$\int \cos.(n\varphi-x\,\text{sen.}\,\varphi)(n-x\cos.\varphi)\,d\varphi=\text{sen.}(n\varphi-x\,\text{sen.}\,\varphi)\ ,$$

onde $\displaystyle\int_0^\pi \cos.(n\varphi-x\,\text{sen.}\,\varphi)(n-x\cos.\varphi)\,d\varphi=0\ ,$

e però $\displaystyle\int_0^\pi \cos.(n\varphi-x\,\text{sen.}\,\varphi)\cos.\varphi\, d\varphi=\frac{n}{x}.\int_0^\pi \cos.(n\varphi-x\,\text{sen.}\,\varphi)\,d\varphi\ :$

dunque $\displaystyle\frac{dy}{dx}=\frac{n^2}{x}.\int_0^\pi \cos.(n\varphi-x\,\text{sen.}\,\varphi)\,d\varphi-x.\int_0^\pi \cos.(n\varphi-x\,\text{sen.}\,\varphi)\cos.^2\varphi\, d\varphi\ ,$

e $$\frac{dy}{dx}+x\frac{d^2y}{dx^2}$$

$$=\frac{n^2}{x}.\int_0^\pi \cos.(n\varphi-x\,\text{sen.}\,\varphi)\,d\varphi-x.\int_0^\pi \cos.(n\varphi-x\,\text{sen.}\,\varphi)\,d\varphi=\left(\frac{n^2}{x}-x\right)y\ ,$$

ossia

(31) ..... $$\frac{d^2y}{dx^2}+\frac{1}{x}.\frac{dy}{dx}+\left(1-\frac{n^2}{x^2}\right)y=0\ .$$

Questa equazione è compresa nella (9), a cui si riduce ponendo

$$c=1\ ,\quad k=1\ ,\quad a=-1\ ,\quad b=n^2\ ,\quad \mu=0\ ,$$

sicchè per le (11) la sostituzione da usarsi è

$$x=t, \quad y=t^{-\frac{1}{2}}v,$$

e per le (12) si avrà una trasformata della forma della (22) con

$$A=-1, \quad B=n^2-\frac{1}{4};$$

laonde non essendo B numero intero, la (22) non sarà integrabile in termini finiti, e quindi il proposto integrale Besseliano non sarà esprimibile sotto forma finita, algebrica nè trascendente; per mezzo dell'argomento x.

17. Consideriamo anche, per cercare altre applicazioni, *l'integrale trinomio*

$$(32) \ldots\ldots \qquad y=\int_0^t t^{\alpha-1}(1-t)^{\beta-1}(1-tx)^{\gamma}dt,$$

che indicheremo per brevità con $(\alpha-1, \gamma)$, e poniamo

$$A=(\alpha-1, \gamma-1), \qquad B=(\alpha, \gamma-1),$$

$$C=(\alpha, \gamma-2), \qquad D=(\alpha+1, \gamma-2)$$

Differenziando avremo immediatamente

$$\frac{dy}{dx}=-\gamma B, \qquad \frac{d^2y}{dx^2}=\gamma(\gamma-1)D.$$

D'altra parte spezzando il fattore

$$(1-tx)^{\gamma} \text{ in } (1-tx)^{\gamma-1}-t(1-tx)^{\gamma-1}x,$$

troviamo $y=A-Bx$, e similmente spezzando $(1-tx)^{\gamma-1}$ in $(1-tx)^{\gamma-2}-t(1-tx)^{\gamma-2}x$, troviamo $B=C-Dx$. Ma supposto $\alpha>0$, l'integrazione per parti effettuata rispetto al fattore $(1-t)^{\beta-1}$ darà

$$B=-\frac{1}{\beta}t^{\alpha}(1-t)^{\beta}(1-tx)^{\gamma-1}+\frac{\alpha}{\beta}\cdot\int_0^t t^{\alpha-1}(1-t)^{\beta}(1-tx)^{\gamma-1}dt$$

$$-\frac{\gamma-1}{\beta}x\cdot\int_0^t t^{\alpha}(1-t)^{\beta}(1-tx)^{\gamma-2}dt,$$

donde spezzando $(1-t)^{\beta}$ in $(1-t)^{\beta-1}-t(1-t)^{\beta-1}$

si trarrà

$$B+\frac{1}{\beta}t^{\alpha}(1-t)^{\beta}(1-tx)^{\gamma-1}=\frac{\alpha}{\beta}\cdot(A-B)-\frac{\gamma-1}{\beta}x.(C-D)$$

$$=\frac{\alpha}{\beta}y-\frac{1}{\beta}\cdot\left[(\alpha-(\alpha-\gamma+1)x\right].B+\frac{\gamma-1}{\beta}x(1-x)D$$

a causa di $A=y+Bx$ e $C=B+Dx$.

Moltiplicando per $\beta\gamma$ e mettendo $\frac{dy}{dx}$ e $\frac{d^2y}{dx^2}$ in luogo $-\gamma B$ e $\gamma(\gamma-1)D$, si conchiuderà che y dipende dall'equazione differenziale

$$(33) \ldots\ldots\ldots \quad x(1-x)\frac{d^2y}{dx^2}$$

$$+\left[\alpha+\beta-(\alpha-\gamma+1)x\right]\cdot\frac{dy}{dx}+\alpha\gamma y=\gamma t^{\alpha}(1-t)^{\beta}(1-tx)^{\gamma-1} .$$

Questa non è razionale se γ non è intero, ma si rende facilmente razionale in tutti i casi, sostituendo un'altra variabile v ad y, col porre $y=v(1-tx)^{\gamma}$, perocchè tutti i termini diverranno divisibili per $(1-tx)^{\gamma-2}$, e fatta la divisione si otterrà

$$x(1-x)(1-tx)^2\frac{d^2v}{dx^2}$$

$$+\left[(\alpha+\beta-(\alpha-\gamma+1)x)(1-tx)-2\gamma tx(1-x)\right](1-tx)\frac{dv}{dx}$$

$$+\left[(\gamma-1)t^2-(\alpha+\beta-(\alpha-\gamma+1)x)(1-tx)t+\alpha(1-tx)^2\right]\gamma v$$

$$=\gamma t^{\alpha}(1-t)^{\beta}(1-tx) ,$$

equazione i cui coefficienti sono funzioni razionali di x.

Ma il secondo membro della (33) si annulla e l'equazione diviene senz'altro razionale, se per limite superiore dell'integrale (32) si prende $t=1$, purchè l'esponente β sia positivo. Dunque se α e β sono positivi, l'integrale trinomio *definito*

$$y=\int_0^1 t^{\alpha-1}(1-t)^{\beta-1}(1-tx)^{\gamma}dt \quad \ldots\ldots$$

soddisfa all'equazione differenziale

$$(34) \ldots \quad x(1-x)\frac{d^2y}{dx^2}+\left[\alpha+\beta-(\alpha-\gamma+1)x\right]\cdot\frac{dy}{dx}+\alpha\gamma y=0 .$$

Paragonando questa alla (1), avremo

$$P=\frac{\alpha+\beta}{x}+\frac{\beta+\gamma-1}{1-x}\,,\qquad Q=\frac{\alpha\gamma}{x(1-x)}\,,\qquad R=0\,,$$

e applicando la trasformazione da cui è derivata la (3), troveremo

$$(35)\ldots\begin{cases} y=e^{-\frac{1}{2}\int P dx}v=x^{-\frac{\alpha+\beta}{2}}(1-x)^{-\frac{\beta+\gamma-1}{2}}v\,,\\ \dfrac{d^2v}{dx^2}=\left[\left(\dfrac{\alpha+\beta-(\alpha-\gamma+1)x}{2x(1-x)}\right)^2-\dfrac{\alpha+\beta}{2x^2}+\dfrac{\beta+\gamma-1}{2(1-x)^2}-\dfrac{\alpha\gamma}{x(1-x)}\right]v\,.\end{cases}$$

18. Sia $\alpha=\beta=\gamma=\frac{1}{2}$, $t=\text{sen.}^2\varphi$: la (32) darà

$$y=2\int_0^\varphi d\varphi\sqrt{1-\text{sen.}^2\varphi}\,,$$

integrale ellittico di seconda specie, il cui modulo ha per quadrato x; al limite superiore $t=1$ corrisponderà l'ampiezza $\varphi=\frac{\pi}{2}$, e l'integrale ellittico sarà *completo*; onde ricorrendo alle (35), si dedurrà poi mediante la sostituzione $y=x^{-\frac{1}{2}}v$ l'equazione differenziale molto semplice

$$\frac{d^2v}{dx^2}=-\frac{v}{4x^2(1-x)}\,.$$

Preso invece $\alpha=\beta=\frac{1}{2}$, $\gamma=-\frac{1}{2}$, $t=\text{sen.}^2\varphi$, si avrà un integrale ellittico di prima specie

$$y=2\int_0^\varphi\frac{d\varphi}{\sqrt{1-x\,\text{sen.}^2\varphi}}\,,$$

e supposto $\varphi=\frac{\pi}{2}$ il limite superiore, le (35) diverranno

$$y=(x-x^2)^{-\frac{1}{2}}v$$

e

$$(36)\ \ldots\ldots\ldots\qquad \frac{d^2v}{dx^2}=-\frac{1-x+x^2}{4x^2(1-x)^2}v\,.$$

Questa equazione paragonata alla (13) darà

$$P=-\frac{1-x+x^2}{4x^2(1-x)^2}=-\frac{1}{4x^2}-\frac{1}{4x(1-x)}-\frac{1}{4(1-x)^2}\,;$$

quindi pel num. 7, essendo negativo il coefficiente $-\frac{1}{4}$ delle frazioni parziali $-\frac{1}{4x^2}$, $-\frac{1}{4(1-x)^2}$, la funzione u corrispondente se è razionale non avrà parte frazionaria, e ridotta così a funzione intera sarebbe pel num. 8 del grado $\frac{r}{2}$ e divisibile per $x^{\frac{r}{2}}$ e per $(x-1)^{\frac{r}{2}}$; poichè P è del grado -2, e posto $P=\frac{A}{x^2}+Q$ si ha $A=-\frac{1}{4}$; d'altra parte ordinando il numeratore e il denominatore di P per le potenze ascendenti sia di x, sia di $x-1$, e ponendo $P=\frac{A+\ldots}{(x-a)^2+\ldots}$, si ha ancora $A=-\frac{1}{4}$; dovrebbe adunque u essere un monomio $hx^{\frac{r}{2}}$ divisibile per $(x-1)^{\frac{r}{2}}$, il che è assurdo. Laonde u non sarà razionale e l'equazione (13) non avrà integrale algebrico, e però nella (36) v non sarà funzione algebrica di x. Adunque l'integrale ellittico completo di prima specie non è funzione algebrica del suo modulo.

Nello stesso caso e per le cose dette al num. 9 l'equazione (20) non avrà integrale razionale che non sia della forma

$$v=\frac{1}{2x}+\frac{1}{2(x-1)}+h\left(\frac{1}{x-a_1}+\frac{1}{x-a_2}+\cdots+\frac{1}{x-a_n}\right),$$

supposto che il coefficiente h eguagli zero o l'unità, e risultandone

$$y=e^{\int v\,dx}=(x-x^2)^{\frac{1}{2}}\left((x-a_1)(x-a_2)\ldots(x-a_n)\right)^h,$$

sarebbe y una funzione algebrica di x, il che si è già dimostrato impossibile. Adunque nessun integrale dell'equazione (20) può essere razionale, e poichè lo stesso è dell'equazione $U_r=0$, si dovrà dire che l'equazione (13) ossia (36) non è integrabile in termini finiti, cioè che il trascendente ellittico completo di prima specie non è funzione finita del modulo.

È facile stendere queste proposizioni ai trascendenti ellittici di seconda specie. Poichè le equazioni trovate $\frac{dy}{dx}=-\gamma B$, $y=A-Bx$ porgono

$$\frac{dy}{dx}=\frac{\gamma}{x}\cdot(y-A), \qquad A=y-\frac{x}{\gamma}\cdot\frac{dy}{dx}:$$

si ha di più

$$\frac{d^2y}{dx^2}=\frac{\gamma}{x}\cdot\left(\frac{dy}{dx}-\frac{dA}{dx}\right)-\frac{\gamma}{x^2}\cdot(y-A)=\frac{\gamma^2-\gamma}{x^2}\cdot(y-A)-\frac{\gamma}{x}\cdot\frac{dA}{dx},$$

e sostituendo nell'equazione (33) queste espressioni di $\frac{dy}{dx}$ e $\frac{d^2y}{dx^2}$, si otterrà un'equazione per cui y sarà espresso razionalmente con A, $\frac{dA}{dx}$, x e $(1-tx)^{\gamma-1}$; quindi: 1.° se y fosse funzione algebrica di x, sarebbe tale anche A; 2.° reciprocamente se A fosse funzione algebrica di x, sarebbe tale anche y, almeno quando γ è un numero commensurabile e quando si prende $t=1$, il che fa sparire la quantità $(1-tx)^{\gamma-1}$; 3.° se y fosse trascendente ma esprimibile in termini finiti col mezzo di x, sarebbe tale anche A, e reciprocamente se A fosse funzione finita di x, sarebbe tale anche y. Ora nel caso di $\alpha=\beta=\gamma=\frac{1}{2}$, preso $t=\text{sen.}^2\varphi$, si ha come si vide y doppio del trascendente ellittico di seconda specie con modulo $\sqrt{x}$ e ampiezza φ, e similmente si trova

$$A=2.\int_0^\varphi\frac{d\varphi}{\sqrt{1-x\,\text{sen.}^2\varphi}},$$

cioè A doppio del trascendente ellittico di prima specie con modulo e ampiezza eguali. Dunque il trascendente ellittico di prima specie non può essere funzione algebrica o funzione trascendente finita del modulo, se non è tale anche quello di seconda specie, nè questo essere funzione algebrica o trascendente finita del modulo, se non è tale quello di prima specie.

Gli esposti teoremi appartengono al signor Liouville (*).

19. La seconda delle equazioni (35) si può mettere sotto la forma

$$\frac{d^2v}{dx^2}=\left[\frac{(\alpha+\beta-1)^2-1}{4x^2}+\frac{(\beta+\gamma)^2-1}{4(1-x)^2}+\frac{(\alpha+\beta)(\beta-1)-\gamma(\alpha-\beta)}{2x(1-x)}\right].v:$$

paragonandola alla (13) e avvertendo che

$$\frac{(\alpha+\beta-1)^2-1}{4}=\frac{\alpha+\beta}{2}\cdot\left(\frac{\alpha+\beta}{2}-1\right),$$

$$\frac{(\beta+\gamma)^2-1}{4}=\frac{\beta+\gamma+1}{2}\cdot\left(\frac{\beta+\gamma+1}{2}-1\right),$$

(*) Journal de Mathém. 1840, pag. 447-459.

e che α e β si suppongono positivi, si dedurrà dai numeri 7 e 8 che v non potrà essere funzione algebrica se $\alpha+\beta$ e $\beta+\gamma$ siano entrambi incommensurabili, ovvero $\beta+\gamma$ sia incommensurabile e $\alpha+\beta$ minor di 2, o finalmente $\alpha+\beta$ sia incommensurabile e $\beta+\gamma$ sia compreso tra -1 e $+1$. Imperocchè l'integrale u dell'equazione $U_r=0$ non potrà essere una funzione intera se $\alpha+\beta$ e $\beta+\gamma$ non sono ambedue commensurabili, nè una frazione razionale se $\alpha+\beta$ non è un numero commensurabile maggior di 2, e $\beta+\gamma+1$ non è un numero commensurabile o maggior di 2 o negativo.

Supposto che nessuna si adempia di queste condizioni, l'equazione (35) e la (34) non saranno integrabili in termini finiti se l'equazione (20) non ammetta un integrale razionale che potrà solamente essere della forma

$$v=\frac{h_1}{x}-\frac{h_2}{1-x}+h_3\cdot\left(\frac{1}{x-a_1}+\ldots+\frac{1}{x-a_n}\right),$$

essendo h_3 nullo o eguale ad 1, e

$$h_1(h_1-1)=\frac{(\alpha+\beta-1)^2-1}{4},\quad h_2(h_2-1)=\frac{(\beta+\gamma)^2-1}{4};$$

ne risulterà

$$y=e^{\int v\,dx}=x^{h_1}(1-x)^{h_2}\left((x-a_1)(x-a_2)\ldots(x-a_n)\right)^{h_3};$$

quindi se facciamo nella seconda (35) $v=x^{h_1}(1-x)^{h_2}z$, dovrà z ammettere per sua espressione una funzione intera di x, senza di che la (35) non sarà integrabile in termini finiti. Sostituendo nella seconda (35) ossia nella

$$\frac{d^2v}{dx^2}=\left[\frac{h_1(h_1-1)}{x^2}+\frac{h_2(h_2-1)}{(1-x)^2}+\frac{(\alpha+\beta)(\beta-1)-\gamma(\alpha-\beta)}{2x(1-x)}\right].v,$$

troveremo

$$(37)\ \ldots\ldots\quad x(1-x)\frac{d^2z}{dx^2}+2\left(h_1-(h_1+h_2)x\right)\frac{dz}{dx}$$

$$-\left(2h_1h_2+\frac{1}{2}(\alpha+\beta)(\beta-1)-\frac{1}{2}\gamma(\alpha-\beta)\right)z=0:$$

indi, supponendo z un polinomio di grado n faremo $z=Ax^n+\ldots$, e dopo aver sostituito, raccoglieremo i termini contenenti la potenza più elevata x^n, e annullando il loro aggregato avremo

$$(38) \ldots\ldots \quad -n(n-1)-2(h_1+h_2)n-2h_1h_2-\frac{1}{2}(\alpha+\beta)(\beta-1) + \frac{1}{2}\gamma(\alpha-\beta)=0 ,$$

equazione di secondo grado rispetto ad n che darà

$$n=\frac{1}{2}-(h_1+h_2) \pm\sqrt{\left(h_1+h_2-\frac{1}{2}\right)^2-2h_1h_2-\frac{1}{2}(\alpha+\beta)(\beta-1)+\frac{1}{2}\gamma(\alpha-\beta)} .$$

Ma

$$\left(h_1+h_2-\frac{1}{2}\right)^2-2h_1h_2=h_1^2+h_2^2-h_1-h_2+\frac{1}{4}=\frac{(\alpha+\beta-1)^2+(\beta+\gamma)^2-1}{4} ,$$

$$(\alpha+\beta-1)^2+(\beta+\gamma)^2-1-2(\alpha+\beta)(\beta-1)+2\gamma(\alpha-\beta) =\alpha^2+\gamma^2+2\alpha\gamma=(\alpha+\gamma)^2 :$$

onde
$$n=\frac{1}{2}-(h_1+h_2)\pm(\alpha+\gamma) .$$

D'altra parte h_1 può avere i due valori

$$\frac{\alpha+\beta}{2} , \qquad 1-\frac{\alpha+\beta}{2} ,$$

e h_2 gli altri due

$$\frac{\beta+\gamma+1}{2} , \qquad \frac{1-\beta-\gamma}{2} ,$$

e perciò l'espressione $\frac{1}{2}-(h_1+h_2)$ ammette i quattro valori

$$-\frac{\alpha+2\beta+\gamma}{2} , \quad -\frac{\alpha-\gamma}{2} , \quad \frac{\alpha-\gamma}{2}-1 , \quad \frac{\alpha+2\beta+\gamma}{2}-1 :$$

adunque si otterranno per n le seguenti otto determinazioni:

$$\beta,\ -(\alpha+\beta+\gamma),\ \gamma,\ -\alpha,\ \alpha-1,\ -\gamma-1,\ \alpha+\beta+\gamma-1,\ \beta-1 .$$

Bisognerà pertanto che una almeno di queste otto espressioni, dalle quali conviene escludere $-\alpha$ perchè si è supposto α positivo, si riduca a zero o ad un numero intero e positivo: se ciò non accade, l'integrale (32) steso a $t=1$ non si potrà esprimere in termini finiti.

Paragonando la seconda equazione (35) alla (13), si avrà per P una frazione razionale di grado -2, e riducendola alla forma $\frac{A}{x^2}+Q$, si troverà

$$A=\frac{(\alpha+\beta-1)^2-1}{4}+\frac{(\beta+\gamma)^2-1}{4}$$

$$-\frac{(\alpha+\beta)(\beta-1)-\gamma(\alpha-\beta)}{2}=\frac{(\alpha+\gamma)^2-1}{4};$$

quindi a motivo di

$$\frac{(\alpha+\gamma)^2-1}{4}=\frac{\alpha+\gamma+1}{2}\cdot\left(\frac{\alpha+\gamma+1}{2}-1\right),$$

si trarrà dai ragionamenti del num. 8 che l'equazione $U_r=0$ non può essere soddisfatta da una funzione intera u, se anche $\alpha+\gamma$ non è un numero commensurabile. Adunque ai casi in cui u non può essere razionale e per ciò v nella (35) non può essere algebrico, si deve aggiunger quello di $\alpha+\gamma$ incommensurabile quando nel medesimo tempo $\alpha+\beta$ non sia un numero commensurabile maggior di 2, e $\beta+\gamma+1$ non sia un numero commensurabile maggior di 2 o negativo. In questo caso se $\alpha+\beta$ e $\beta+\gamma$ sono entrambi commensurabili, saranno pur commensurabili h_1 e h_2, e quindi, supposto che la equazione (20) avesse un integrale v razionale, ne risulterebbe la $y=e^{\int v\,dx}$ funzione algebrica di x, talchè v nella (35) e anche y nella (34) sarebbero funzioni algebriche di x contro alle premesse; dunque nel caso figurato la (20) non avrà integrali razionali, e però la (34) non sarà integrabile in termini finiti e l'integrale (32) steso fino a $t=1$ non potrà esprimersi sotto forma finita per mezzo della variabile x.

Si potrà ommettere la condizione di $\beta+\gamma+1$ non maggiore di 2 e non negativo: perocchè si hanno le relazioni (num. 17, 18):

$$A=y-\frac{x}{\gamma}\cdot\frac{dy}{dx},\qquad y=A-\frac{x}{\alpha+\beta+\gamma-1}\cdot\left(\alpha A-\frac{dA}{dx}\cdot(1-x)\right),$$

supponendo $t=1$ il limite superiore di t, e supponendo $y=(\alpha-1,\gamma)$, $A=(\alpha-1,\gamma-1)$, e quindi se è algebrico y, è tale anche A, se è algebrico A, è tale anche y, cosicchè si potrà accrescere o diminuire l'esponente γ d'una unità, e per lo stesso motivo accrescerlo successivamente o diminuirlo di due, tre o più unità: dunque se la somma

$\beta+\gamma+1$ è negativa, si potrà accrescendo γ d'un numero intero renderla positiva, e se è maggior di 2, si potrà diminuendo γ d'una o più unità farla discendere sotto a 2. Laonde potrem dire che l'integrale (32) steso fino a $t=1$ non sarà funzione algebrica di x quando $\alpha+\gamma$ sia incommensurabile, $\alpha+\beta$ e $\beta+\gamma$ commensurabili, ma $\alpha+\beta$ minor di 2; e nello stesso caso quell'integrale non sarà pur esprimibile in termini finiti.

20. Lasciando indeterminato il limite superiore dell'integrale (32), e facendo $y=v(1-tx)^\gamma$, abbiam trovata (num. 17) per v un'equazione differenziale lineare con coefficienti razionali e col secondo membro diverso da zero. Quindi, per un teorema noto, v non potrà esser funzione algebrica di x, se qualche valor di v che verifichi la stessa equazione differenziale non è razionale. Sostituiremo dunque in quell'equazione

$$v=Ax^n+\ldots+\frac{K}{(x-a)^k}+\ldots,$$

ovvero

$$y=\left[Ax^n+\ldots+\frac{K}{(x-a)^k}+\ldots\right].(1-tx)^\gamma,$$

nell'equazione (33), intendendo che v sia una funzione razionale di x, Ax^n il termine più elevato della sua parte intera, $x-a$ uno dei fattori del suo denominatore, e $\frac{K}{(x-a)^k}$ la frazione semplice dedotta da v che contiene $x-a$ col massimo esponente nel denominatore. Otterremo

$$\left.\begin{array}{l}
(x-x^2)\gamma(\gamma-1)t^2.\left[Ax^n+\ldots+\frac{K}{(x-a)^k}+\ldots\right]\\
-2(x-x^2)\gamma t(1-tx).\left[nAx^{n-1}+\ldots-\frac{Kk}{(x-a)^{k+1}}-\ldots\right]\\
+(x-x^2).(1-tx)^2.\left[n(n-1)Ax^{n-2}+\ldots+\frac{Kk(k+1)}{(x-a)^{k+2}}+\ldots\right]\\
-\gamma t(1-tx).\left[\alpha+\beta-(\alpha-\gamma+1)x\right].\left[Ax^n+\ldots+\frac{K}{(x-a)^k}+\ldots\right]\\
+(1-tx)^2.\left[\alpha+\beta-(\alpha-\gamma+1)x\right].\left[nAx^{n-1}+\ldots-\frac{Kk}{(x-a)^{k+1}}-\ldots\right]\\
+\alpha\gamma(1-tx)^2.\left[Ax^n+\ldots+\frac{K}{(x-a)^k}+\ldots\right]
\end{array}\right\}=\gamma t^\alpha(1-t)^\beta(1-tx),$$

che dovrà essere identica. Il termine più elevato conterrà x^{n+2}, e il suo coefficiente sarà

$$-At^2.\left[\gamma(\gamma-1)+2n\gamma+n(n-1)+\gamma(\alpha-\gamma+1)+n(\alpha-\gamma+1)-\alpha\gamma\right]$$
$$=-At^2.\,n(n+\alpha+\gamma)\ :$$

dunque perchè l'equazione sia identica dovrà essere $A=0$ ovvero $n=0$, il che annullerebbe o renderebbe costante la parte intera di v, oppure $n+\alpha+\gamma=0$, cioè $\alpha+\gamma$ dovrà essere un numero intero negativo. Nella stessa equazione la frazione $\frac{1}{(x-a)^{k+2}}$ avrà per coefficiente

$$Kk(k+1).(a-a^2).(1-at)\ ,$$

e quindi se non è $K=0$ ovvero $k=0$, dovrà essere $a-a^2=0$, ovvero $1-at=0$, e così a dovrà avere uno dei seguenti valori

$$a=0\ ,\qquad a=1\ ,\qquad a=\frac{1}{t}\ .$$

Se $a=0$, si avranno i termini $\frac{Kk(k+1)}{x^{k+1}}-(\alpha+\beta).\frac{Kk}{x^{k+1}}$ che non potranno sparire se non è $K=0$, o $k=0$, o infine $\alpha+\beta=k+1$ numero intero almeno $=2$. Se $a=1$, la frazione $\frac{1}{(x-1)^{k+1}}$ avrà per coefficiente $-Kk(1-t^2).\big((k+1)+(\beta+\gamma-1)\big)$, e quindi, ommesse le ipotesi $K=0$, $k=0$, non potrà sparire se non è $\beta+\gamma=-k$, numero intero negativo. Se infine $a=\frac{1}{t}$, la frazione $\frac{1}{\left(x-\frac{1}{t}\right)^k}$ si presenterà nell'equazione col coefficiente

$$K(t-1).\left[\gamma(\gamma-1)-2k\gamma+k(k+1)\right]=K(t-1).(\gamma-k).(\gamma-k-1)\ ,$$

e ommessa l'ipotesi $K=0$, non potrà sparire se non è $\gamma=k$, oppure $\gamma=k+1$, numero intero positivo.

Adunque v non potrà esser razionale, e quindi $y(1-tx)^{-\gamma}$ non sarà funzione algebrica di x, se non succede uno dei casi seguenti: 1.° che $\alpha+\gamma$ ovvero $\beta+\gamma$ sia un numero intero negativo; 2.° che $\alpha+\beta$ sia un numero intero non minore di 2; 3.° che γ sia un numero intero positivo.

Ora y si esprime razionalmente (num. 18) con A, $\frac{dA}{dx}$, x e $(1-tx)^\gamma$, onde A non può essere funzione algebrica di x e $(1-tx)^\gamma$ se non è tale y: quindi si può al caso dell'esponente γ sostituire quello dell'esponente $\gamma+1$, e per la stessa ragione al caso di $\gamma+1$ sostituire quello di $\gamma+2$, ecc.

accrescendo γ d'un numero intero qualsivoglia; ma allora $\alpha+\gamma$ e $\beta+\gamma$ si potranno rendere positivi, e così resterà solamente che $\alpha+\beta$ sia un numero intero non minor di 2 ovvero che γ sia un numero intero positivo o negativo.

Nel caso degl' integrali ellittici di prima e seconda specie si ha

$$\alpha=\beta=\tfrac{1}{2}, \qquad \gamma=\mp\tfrac{1}{2},$$

e quindi γ non è numero intero, $\alpha+\beta$ è 1, $\alpha+\gamma$ e $\beta+\gamma$ sono eguali a zero o ad 1: dunque essi non sono funzioni algebriche del loro modulo. È da vedersi nella Memoria del signor Liouville come si dimostri che non sono pure funzioni trascendenti finite, qualunque sia la loro ampiezza.

Ponendo $\beta=1$, cambieremo l'integrale (32) in un integrale *binomio*

$$\int_0^t t^{\alpha-1}.(1-tx)^\gamma dt,$$

e potremo fare che la variabile x si trovi soltanto nel limite superiore di esso, poichè se poniamo $tx=z$, lo trasformeremo in

$$x^{-\alpha}.\int_0^{tx} z^{\alpha-1}.(1-z)^\gamma dz;$$

quindi avremo

$$x^{-\alpha}.\int_0^{x} z^{\alpha-1}.(1-z)^\gamma dz,$$

se nell' integrale (32) prendiamo $t=1$, cosicchè possiamo anche dedurre gl' integrali binomii dall' integrale trinomio definito. Applicando al caso di $\beta=1$ le conclusioni precedenti, potremo dire che l' integrale binomio

$$\int_0^t t^{\alpha-1}.(1-tx)^\gamma dt$$

non è funzione algebrica di x e $(1-tx)^\gamma$ se α, γ ovvero $\alpha+\gamma$ non è un numero intero. Il signor Tchebichef ha dimostrato che fuori di questi casi, se α e γ sono commensurabili, lo stesso integrale non potrà esprimersi sotto forma finita senza segni d' integrazione (1). Rispetto all' impossibilità dell' integrazione algebrica quando α e γ sono incommensurabili, è stata considerata nel numero precedente.

(1) Journal de Liouville, 1853, pag. 106-108.

21. Si noti che l'espressione

$$y=A+\frac{x}{\alpha+\beta+\gamma-1}\cdot\left[t^\alpha(1-t)^\beta.(1-tx)^{\gamma-1}-\alpha A+(1-x)\cdot\frac{dA}{dx}\right]$$

diventa illusoria quando $\alpha+\beta+\gamma=1$, e che quindi le riduzioni operate coll'aumentare o diminuire γ d'un numero intero non valgono sempre allorchè $\alpha+\beta+\gamma$ è un numero intero. Ma supposto $\alpha+\beta+\gamma=1$, dovrà essere

$$t^\alpha(1-t)^\beta.(1-tx)^{\gamma-1}-\alpha A+(1-x)\cdot\frac{dA}{dx}=0\ ,$$

equazione differenziale di prim'ordine che darà

$$A=(1-x)^{-\alpha}.\left[a-t^\alpha(1-t)^\beta.\int(1-x)^{\alpha-1}.(1-tx)^{\gamma-1}dx\right]\ ,$$

chiamata a una costante arbitraria: così A dipenderà dall'integrale binomio

$$\int(1-x)^{\alpha-1}.(1-tx)^{\gamma-1}dx\ ,$$

che è relativo alla variabile x e indefinito, e sarà semplicemente

$$A=a(1-x)^{-\alpha}$$

nel caso di $t=1$. Si troverà poi y mediante l'altra equazione

$$A=y-\frac{x}{\gamma}\cdot\frac{dy}{dx}\ ,$$

cosicchè y sarà espresso con segni d'integrazioni indefinite relative alla variabile x.

Si potrà indi prendere un tal valore di y per A, e mediante l'equazione sopra riferita dedurne y cioè l'integrale in cui si sarà sostituito $\gamma+1$ a γ, e così di mano in mano si otterranno quelli che corrispondono a $\gamma+2$, $\gamma+3$, ..., cioè ad $\alpha+\beta+\gamma$ numero intero positivo qualsivoglia, espressi in termini finiti con quadrature relative alla variabile x.

All'incontro, preso per y il primo valore di A, l'equazione

$$A=y-\frac{x}{\gamma}\cdot\frac{dy}{dx}$$

darà un altro valore di A che corrisponderà al cambiamento di γ in $\gamma-1$, e successivamente si cambierà γ in $\gamma-2$, $\gamma-3$, ecc., e si otterranno gl'integrali corrispondenti ad $\alpha+\beta+\gamma$ numero intero negativo qualsivoglia, che si faranno dipendere da più integrali binomii in numero finito. Quando il limite superiore di t sia 1, l'espressione di y si ridurrà al prodotto di $(1-x)^{-\alpha}$ per una funzione intera di x.

Si deve anche notare che l'equazione $A = y - \frac{x}{\gamma} \cdot \frac{dy}{dx}$ diviene illusoria nel caso di $\gamma = 0$, nel quale y è indipendente da x: allora integrando l'equazione tra y, A e $\frac{dA}{dx}$, in cui y sarà costante, si otterrà A espresso da un integrale indefinito relativo ad x, e preso per y questo valore di A e $\gamma = -1$, se ne dedurrà un altro valore di A che sarà il valore di y nel caso di $\gamma = -2$, donde si trarranno successivamente i valori corrispondenti a $\gamma = -3, -4$, ecc., cioè a γ numero negativo intero qualsiasi.

Se γ è intero positivo, svolgendo la potenza $(1-tx)^\gamma$ nell'espressione (32), si troverà per y una funzione intera di x.

Parimente y dipenderà da più integrali binomii

$$\int_0^t t^{\alpha+n-1} . (1-tx)^\gamma dt \ ,$$

se β è intero positivo, e da più integrali binomii

$$\int_0^t (1-t)^{\beta+n-1} . (1-tx)^\gamma dt \ ,$$

se α è intero positivo, potendosi nel primo caso svolgere $(1-t)^{\beta-1}$ per le potenze di t, e nel secondo svolgere $t^{\alpha-1}$ per le potenze di $1-t$.

Così y si esprime in termini finiti ogniqualvolta n ha un valore intero positivo nell'equazione (38).

In tutti i casi in cui un integrale particolare y dell'equazione (34) si può esprimere in termini finiti, avendo del pari l'equazione (35) un integrale particolare espresso in termini finiti, da questo mediante il segno $\int$ d'integrazione indefinita si dedurrà l'integrale completo (num. 4).

Anche l'integrale completo dell'equazione (33) si può dedurre da quello dell'equazione (34) con quadrature indefinite relative ad x, come risulta dalla teorica delle equazioni differenziali lineari, poichè le equazioni (33) e (34) differiscono solamente per l'ultimo termine. Quindi l'integrale trinomio indefinito (32) potrà esprimersi in termini finiti per mezzo dello stesso integrale preso da $t = 0$ a $t = 1$ e di quadrature relative ad x; e per esempio, gl'integrali ellittici incompleti di prima e seconda specie si potranno esprimere mediante gl' integrali completi e quadrature indefinite relative al modulo.

È noto che un integrale della (34) è dato dalla *serie ipergeometrica* di cui trattarono fra gli altri GAUSS, KUMMER e JACOBI (1), e che la somma di essa può esprimersi con un integrale trinomio definito. Se pongasi $n-1+2(h_1+h_2)=h$, si ha dalla (38)

$$2h_1h_2-\tfrac{1}{2}(\alpha+\beta).(\beta-1)+\tfrac{1}{2}\gamma(\alpha-\beta)=-nh\ ,$$

e la (37) diviene

$$(39)\dots\quad x(1-x)\cdot\frac{d^2z}{dx^2}+\left[2h_1-(h-n+1)x\right]\cdot\frac{dz}{dx}+nhz=0\ ,$$

che è simile alla (34) e ha quindi per integrale la somma d'un'altra serie ipergeometrica, trasformata della prima. I valori di n dati dalla (38) sono otto, ma devono ridursi a quattro, perchè l'equazione differenziale e la serie rimangono le stesse quando si permutano le due quantità h e $-n$. Si ottengono così quattro trasformazioni della mentovata serie ipergeometrica.

I principii esposti si potranno similmente applicare ad altre equazioni differenziali di second'ordine date da ABEL in una Memoria sopra alcuni integrali definiti (2).

22. Ho avuta occasione (num. 12) di rammentare che l'esponenziale e^{ax} e la potenza x^μ, supposta a costante e μ un numero incommensurabile, sono funzioni trascendenti di x e non possono essere radici d'equazioni algebriche. La verità di queste proposizioni si può dedurre dai teoremi che abbiamo dimostrati dianzi.

Fatto $y=e^X$, troviamo

$$\frac{d^2y}{dx^2}=(X'^2+X'').y\ ,$$

indicando con X' e X'' le derivate prima e seconda di X, e questa equazione si riduce alla (13) ponendo $P=X'^2+X''$: se dunque ammettiamo che X sia una funzione intera di x, anche P sarà un polinomio intero e per le conclusioni del num. 7 l'equazione (13) non avrà integrale algebrico. Dunque e^X in tal caso non può essere funzione algebrica.

---

(1) Comment. Soc. Golting., tom. II, a. 1812; Crelle, tom. XV e LVI.

(2) OEuvres, tom. I, pag. 93-102.

Fatto invece $y = x^\mu$, troviamo $\frac{d^2y}{dx^2} = \frac{\mu(\mu-1)}{x^2}\cdot y$, e deduciamo questa equazione dalla (13) ponendo $P = \frac{\mu(\mu-1)}{x^2}$: dunque per le cose dimostrate nel num. 7 e nel num. 8, non vi sarà integrale algebrico se $\mu(\mu-1)$ non è il prodotto di due numeri commensurabili β, $\beta-1$, e quindi se μ non è commensurabile. Dunque x^μ è funzione algebrica solamente quando μ è commensurabile.

Darò tuttavia altre dimostrazioni più dirette delle medesime proposizioni.

Posto $y = e^x$, se y è funzione algebrica di x si avrà un'equazione della forma

$$y^m + p_1 y^{m-1} + p_2 y^{m-2} + \ldots + p_{m-1} y + p_m = 0 ,$$

ove $p_1, p_2, \ldots p_m$ saranno funzioni razionali di x, e che possiamo supporre irreduttibile; differenziando questa equazione e indicando con apici le derivate, ne trarremo

$$\left[m y^{m-1} + (m-1) p_1 y^{m-2} + \ldots + p_{m-1}\right]\cdot\frac{dy}{dx} + p'_1 y^{m-1} + p'_2 y^{m-2} + \ldots$$
$$+ p'_{m-1} y + p'_m = 0 .$$

Ma $\frac{dy}{dx} = e^x = y$: dunque sostituendo

$$m y^m + \left[(m-1)p_1 + p'_1\right]\cdot y^{m-1} + \left[(m-2)p_2 + p'_2\right] y^{m-2} + \ldots$$
$$+ \left[p_{m-1} + p'_{m-1}\right]\cdot y + p'_m = 0 ,$$

equazione di grado m come la precedente e con coefficienti pure razionali, talchè essendo irreduttibile la precedente, l'ultima sarà identica con essa e si avrà

$$(m-1)p_1 + p'_1 = m p_1 , \qquad (m-2)p_2 + p'_2 = m p_2 , \ldots\ldots$$
$$p_{m-1} + p'_{m-1} = m p_{m-1} , \qquad p'_m = m p_m ,$$

ossia

$$p'_1 = p_1 , \qquad p'_2 = 2p_2 , \ldots p'_{m-1} = (m-1)p_{m-1} , \qquad p'_m = m p_m .$$

Uno almeno p_n dei coefficienti $p_1, p_2, \ldots\ldots$ sarà diverso da zero e si avrà $p'_n = n p_n$, il che non è possibile dovendo p_n essere una funzione razionale di x, poichè altrimenti si spezzerebbe p_n in una parte intera $h x^i + \ldots\ldots$ e in frazioni della forma $\frac{A}{(x-a)^s}$, il termine più elevato di np_n sarebbe nhx^i, quello di p'_n sarebbe ihx^{i-1}, e se $\frac{nA}{(x-a)^\alpha}$ è la frazione compresa in np_n che contiene $x-a$ coll'esponente più elevato, p'_n conterrà $-\frac{\alpha A}{(x-a)^{\alpha+1}}$ con un esponente maggiore; laonde nè le parti intere, nè le parti fratte delle funzioni p'_m, np_n possono accordarsi.

Adunque nessuna relazione algebrica può sussistere tra x ed e^x; e si deve aggiungere che non v'ha relazione algebrica tra x ed e^X se X è una funzione algebrica qualsivoglia di x, poichè fatto $e^X=y$ se si avesse un'equazione algebrica tra y ed x, ne risulterebbero due equazioni algebriche

$$f(x, X)=0 \ , \qquad F(x, y)=0 \ ,$$

ed eliminando x tra esse si otterrebbe un'equazione algebrica tra X e y, in modo che e^X sarebbe funzione algebrica di X.

Posto in secondo luogo $y=x^\mu$, se y è funzione algebrica di x, si avrà, come nel caso precedente, un'equazione irreduttibile di grado m con coefficienti razionali, e differenziandola, e sostituendo

$$\frac{dy}{dx}=\mu x^{\mu-1}=\frac{\mu}{x}.y \ ,$$

se ne trarrà un'altra equazione razionale di grado m rispetto ad y, che confrontata con la prima darà

$$(m-1).\frac{\mu}{x}.p_1+p'_1=\frac{m\mu}{x}.p_1 \ , \quad (m-2).\frac{\mu}{x}.p_2+p'_2=\frac{m\mu}{x}.p_2 \ , \ldots$$

$$\frac{\mu}{x}.p_{m-1}+p'_{m-1}=\frac{m\mu}{x}.p_{m-1} \ , \quad p'_m=\frac{m\mu}{x}.p_m \ ,$$

ossia

$$p'_1=\frac{\mu}{x}.p_1 \ , \quad p'_2=\frac{2\mu}{x}.p_2 \ , \ldots p'_{m-1}=\frac{(m-1)\mu}{x}.p_{m-1} \ , \quad p'_m=\frac{m\mu}{x}.p_m \ ,$$

e generalmente $p'_n=\frac{n\mu}{x}.p_n$. Supponendo p_n diverso da zero e facendo

$$p_n=hx^i+\ldots\ldots+\frac{A}{(x-a)^\alpha}+\ldots\ldots \ ,$$

dall'equazione $xp'_n=n\mu p_n$ dedurremo

$$ihx^i+\ldots-\frac{\alpha Ax}{(x-a)^{\alpha+1}}+\ldots=n\mu hx^i+\ldots+\frac{n\mu A}{(x-a)^\alpha}+\ldots \ ,$$

talchè per essere

$$\frac{\alpha A x}{(x-a)^{\alpha+1}}=\frac{\alpha A}{(x-a)^{\alpha}}+\frac{\alpha a A}{(x-a)^{\alpha+1}},$$

la parte fratta non potrà essere identica nei due membri se non è $a=0$, $\alpha=-n\mu$; quanto alla parte intera se non è nulla si avrà $i=n\mu$: dunque sarà $\mu=-\frac{\alpha}{n}$, oppure $\mu=\frac{i}{n}$, cioè μ numero positivo o negativo commensurabile, perchè α ed i sono numeri interi. Conchiudiamo che la funzione x^{μ} non è mai algebrica quando l'esponente μ è irrazionale o immaginario.

Le equazioni $\frac{dy}{dx}=y$, $\frac{dy}{dx}=\frac{\mu}{x}.y$ sono casi particolari della $\frac{dy}{dx}=Py$, dove P rappresenti una qualsivoglia funzione razionale di x: ora se in questa y può essere una funzione algebrica di x, si troverà col metodo esposto

$$p'_1=Pp_1\ ,\qquad p'_2=2Pp_2\ ,\ldots\ldots p'_m=mPp_m\ ,$$

e non potendo essere nullo almeno p_m, sarà per l'ultima equazione $y=p_m^{\frac{1}{m}}$ un integrale della proposta diverso da zero, ovvero $y=p_m$ sarà un integrale diverso da zero e razionale dell'equazione $\frac{dy}{dx}=mPy$, essendo m un numero intero.

Rispetto all'equazione completa $\frac{dy}{dx}=Py+Q$, in cui P e Q siano funzioni razionali di x, si troverà similmente una serie d'eguaglianze, la prima delle quali sarà

$$mQ+(m-1)p_1P+p'_1=mPp_1\ ,$$

ossia

$$\frac{1}{m}.p'_1=\frac{1}{m}.Pp_1-Q\ ,$$

e mostrerà che se Q non è nullo, non può esser nullo p_1, e di più che $y=-\frac{1}{m}.p_1$ sarà un integrale razionale della proposta, cosicchè se questa può essere integrata algebricamente, un suo integrale particolare è razionale.

23. La proprietà dimostrata non appartiene solamente alle equazioni differenziali del primo ordine, ma è comune a tutte le equazioni differenziali lineari, i cui coefficienti siano funzioni razionali di x, e che non sono soddisfatte da y nullo o costante.

Imperocchè se l'equazione differenziale d'ordine *ennesimo*

$$\frac{d^n y}{dx^n}+P.\frac{d^{n-1}y}{dx^{n-1}}+Q.\frac{d^{n-2}y}{dx^{n-2}}+\ldots+S.\frac{dy}{dx}+Ty=V,$$

è soddisfatta da un valore di y che sia funzione algebrica di x, differenziando l'equazione razionale irreduttibile che collegherà y ed x, si troverà per $\frac{dy}{dx}$ una espressione che conterrà in forma razionale x e y e che potrà ridursi alla

$$\frac{dy}{dx}=\alpha_1+\beta_1 y+\gamma_1 y^2+\ldots\ldots+\lambda_1 y^{m-1},$$

intese con α_1, β_1, γ_1, ... λ_1 altrettante funzioni razionali di x e chiamato m il grado di quell'equazione; differenziando questa espressione e sostituendo la medesima espressione in luogo di $\frac{dy}{dx}$, si otterrà per $\frac{d^2y}{dx^2}$ un'altra funzione razionale di x è y che potrà ridursi a

$$\frac{d^2y}{dx^2}=\alpha_2+\beta_2 y+\gamma_2 y^2+\ldots\ldots+\lambda_2 y^{m-1},$$

con α_2, β_2, ... λ_2 razionali; differenziando questa si troverà similmente $\frac{d^3y}{dx^3}$, indi $\frac{d^4y}{dx^4}$, ... $\frac{d^ny}{dx^n}$, e sostituite tutte queste espressioni nella data equazione differenziale, supponendosi P, Q, R, ... V, funzioni razionali di x, risulterà un'equazione razionale tra x e y che sarà del grado $m-1$ rispetto ad y, e che per ciò dovrà essere identica, essendo irreduttibile quella di grado m. Ma se una tale equazione è identica, riesce indifferente che per y si prenda piuttosto l'una o l'altra radice dell'equazione di grado m che collega x e y: dunque se una radice di questa equazione

$$y^m+p_1 y^{m-1}+\text{ecc.}=0$$

soddisfa alla data equazione differenziale, tutte le altre dovranno soddisfarle, e sostituite successivamente le m radici y_1, y_2, ... y_m, si avranno m equazioni differenziali, la cui somma, per essere

$$y_1+y_2+\ldots+y_m=-p_1,$$

darà

$$\frac{d^n p_1}{dx^n}+P.\frac{d^{n-1}p_1}{dx^{n-1}}+\ldots+S.\frac{dp_1}{dx}+Tp_1=-mV,$$

talchè anche il valore razionale $y=-\frac{p_1}{m}$ soddisfarà all'equazione differenziale data, e se V non sia nullo, nè $\frac{T}{V}$ costante, non potendo soddisfarle y costante, questo valore sarà funzione di x.

Aggiungerò alcune proposizioni molto semplici. Se $P, Q, \ldots V$ sono funzioni intere, y non potrà essere razionale quando non sia anche una funzione intera, poichè se y fosse una frazione si potrebbe spezzare in frazioni parziali $\frac{A}{(x-a)^\alpha}$, e fatta la sostituzione risulterebbe dal termine $\frac{d^n y}{dx^n}$ la frazione $(-1)^n \cdot \frac{A\alpha(\alpha+1)\ldots(\alpha+n-1)}{(x-a)^{\alpha+n}}$, mentre gli altri termini produrrebbero frazioni in cui l'esponente di $x-a$ al denominatore sarebbe minore di $\alpha+n$, supposto che α fosse il maggior esponente di $x-a$ nei denominatori delle frazioni parziali di cui si comporrebbe y: per ciò quella frazione non sarebbe distrutta da verun altro termine e non potrebbe scomparire dall'equazione che il supposto valore di y deve verificare identicamente.

Se poi sono funzioni intere i coefficienti $P, Q, \ldots T$, ma l'ultimo V è fratto, è manifesto che y non potrà essere una funzione intera, perchè, fatta la sostituzione, il primo membro sarebbe una funzione intera e il secondo una frazione.

Nel medesimo caso, se y è razionale, non potrà avere nel denominatore altri fattori lineari che quelli di cui è composto il denominatore di V, perchè le frazioni parziali derivanti da altri fattori non potrebbero sparire dall'equazione, e dovrà contenere tutti i fattori lineari che entreranno nel denominatore di V, perchè se qualcuno mancasse nel denominatore di y, il primo membro si ridurrebbe ad una frazione il cui denominatore non conterrebbe questo fattore, e quindi non potrebbe uguagliare il secondo membro. Sarà inoltre necessario che il denominatore di V non abbia fattori lineari con esponenti minori di $n+1$, poichè supposta $\frac{A}{(x-a)^\alpha}$ come dianzi una delle frazioni parziali di cui si compone y, si avrà nell'equazione un termine $\frac{A'}{(x-a)^{\alpha+n}}$ che non potrà essere distrutto da alcun altro, se $x-a$ entra nel denominatore di V con un esponente minore di $\alpha+n$, supponendosi α il massimo esponente di $x-a$ nei denominatori dell'espressione di y e uguale per lo meno ad 1. Nel caso in cui anche i coefficienti $P, Q, \ldots T$, o alcuni di essi siano fratti, se il denominatore di V contiene qualche fattore lineare $x-a$ che non entri nel denominatore di veruno dei coefficienti $P, Q, \ldots T$, il medesimo fattore dovrà essere contenuto nel denominatore di y, e supposto che vi entri coll'esponente α, dovrà entrare nel denominatore di V coll'esponente $\alpha+n$, cioè $n+1$ o maggiore.

24. Il teorema dimostrato nel num. preced. può ampliarsi. Suppongasi che l'equazione differenziale ammetta per y una funzione algebrica di x e d'altre quantità, le quali siano funzioni irrazionali o trascendenti di x, tali tuttavia che nel differenziarle non si producano trascendenti diverse da quelle di cui si suppone funzione y; allora y dipenderà da un'equazione algebrica d'un certo grado m, i cui coefficienti saranno funzioni razionali di x e delle indicate quantità irrazionali o trascendenti, e si dimostrerà col medesimo raziocinio che un integrale particolare della proposta equazione differenziale si ridurrà ad una funzione razionale di x e delle altre quantità irrazionali o trascendenti già mentovate. E ciò varrà tanto nel caso in cui i coefficienti dell'equazione differenziale siano funzioni razionali del solo x, quanto nell'altro in cui siano funzioni razionali di x e delle accennate quantità irrazionali o trascendenti, o d'alcune di esse.

Supposti $P, Q, \ldots V$ funzioni razionali di x, se v' ha un integrale y che sia funzione algebrica di x e dell'esponenziale e^x, può dimostrarsi che un altro integrale sarà funzione razionale del solo x. Dalle cose esposte già segue che un valore di y sarà funzione razionale di x ed e^x, talchè si potrà scrivere $y=\frac{M_0+M_1 e^x}{N_0+N_1 e^x}$, intendendo con M_0 e N_0 due funzioni intere del solo x, con M_1 e N_1 due funzioni intere di x ed e^x. Se N_0 non è nullo, potremo dividere per N_0 e scrivere $y=\frac{M_0+M_1 e^x}{1+N_1 e^x}$, intendendo con M_0 una funzione razionale di x, con M_1 e N_1 due funzioni intere di e^x con coefficienti che saranno funzioni razionali di x. Si avrà

$$\frac{dy}{dx}=\frac{(1+N_1 e^x)(M_0'+M_1' e^x+M e^x)-(M_0+M_1 e^x)(N_1' e^x+N_1 e^x)}{(1+N_1 e^x)^2},$$

onde $\frac{dy}{dx}$ sarà della stessa forma di y: si vede pure che ommettendo nel numeratore e nel denominatore i termini contenenti e^x, si riduce y ad M_0 e $\frac{dy}{dx}$ ad M_0'. Ora poichè $\frac{d^2y}{dx^2}$ dipende da $\frac{dy}{dx}$, come $\frac{dy}{dx}$ dipende da y, anche $\frac{d^2y}{dx^2}$ dovrà essere della medesima forma di $\frac{dy}{dx}$, ossia di y, e ommessi i termini contenenti e^x, dovrà ridursi ad M_0''; e le stesse proprietà varranno per $\frac{d^3y}{dx^3}, \ldots \frac{d^ny}{dx^n}$. Ma sostituite nell'equazione differenziale l'espressione di y e le sue derivate, e fatte sparire le potenze di $1+N_1 e^x$ dai denominatori, si otterrà un'equazione algebrica tra x ed e^x che dovrà verificarsi per identità non essendo e^x funzione algebrica di x: quindi si annullerà separatamente la somma dei termini che non conterranno e^x e che saranno gli stessi a cui si ridurrebbero i termini dell'equazione differenziale sostituendovi semplicemente $y=M_0$. Dunque essa ammetterà l' integrale razionale $y=M_0$.

Se poi N_0 è $=0$, chiamata e^{kx} la più alta potenza di e^x per cui sia divisibile il denominatore di y; questo denominatore avrà la forma $N_0 e^{kx}(1-N_1 e^x)$, e moltiplicando il numeratore e il denominatore per

$$1+N_1 e^x+N_1^2 e^{2x}+N_1^3 e^{3x}+\ldots+N_1^k e^{kx},$$

si ridurrà y alla forma

$$y=\frac{M_0+M_1 e^{-kx}}{1-N_1^{k+1} e^{(k+1)x}},$$

intese come dianzi con N_0 e M_0 due funzioni razionali di x, con N_1 e M_1 due funzioni razionali di x e intere di e^x, sol che M_1 non dovrà contenere la potenza e^{kx}. Sostituita questa espressione di y e le sue derivate nell'equazione differenziale, e moltiplicato tutto per

$$(1-N_1^{k+1} e^{(k+1)x})^{n+1},$$

si avrà un'equazione algebrica tra x ed e^x che dovrà essere identica, talchè dovrà separatamente annullarsi la somma dei termini non contenenti potenze positive, nè potenze negative di e^x. Ma fatto

$$M_2=M_1'-kM_1, \qquad N_2=(k+1)(N_1'+N_1)N_1^k,$$

si avrà

$$\frac{dy}{dx}=\frac{(1-N_1^{k+1} e^{(k+1)x})(M_0'+M_2 e^{-kx})+N_2(M_0+M_1 e^{-kx})e^{(k+1)x}}{(1-N_1^{k+1} e^{(k+1)x})^2}$$

che è della stessa forma di y, e che si riduce ad M_0' come y si riduce ad M_0 quando nel numeratore e nel denominatore si ommettono i termini contenenti potenze positive o negative di e^x; e dovendosi dir lo stesso di $\frac{dy}{dx}$, $\frac{d^2y}{dx^2}$, ..., nella indicata equazione la parte indipendente da e^x ed e^{-x} sarà la medesima che si otterrebbe sostituendo $y=M_0$ nell'equazione differenziale. Adunque si avrà ancora un integrale razionale $y=M_0$.

SULLA

STRUTTURA DELLA CUTE

DELLO

STELLIO CAUCASICUS

DEL PROFESSORE

F. DE FILIPPI

Letta ed approvata nell'adunanza del giorno 31 maggio 1863.

Lo *Stellio caucasicus* è una specie fondata da Eichwald, molto affine, per verità, allo *S. vulgaris* d'Egitto e di Grecia, ma pur distinta per buoni e costanti caratteri, e come tale ammessa da Wiegmann, e più tardi anche da Duméril. Io ho trovata questa specie comunissima da per tutto in Georgia ed in Persia, tra le roccie nude, scoscese e screpolate, tra le macerie degli edifizi, tanto al piano come a grande altezza sui monti, fino a pie' del gran cono del Demavend. È agile, meno però degli altri Saurj, ed al cospetto dell'uomo, innanzi fuggire, lo fissa alzandosi alquanto sulle gambe anteriori, e crollando verticalmente il tronco, come in ripetuti inchini.

Nell'Erpetologia generale di Duméril e Bibron sta scritto che lo *Stellio vulgaris* si nutre di insetti, come la generalità dei rettili squamosi. Io invece, esaminando al microscopio le materie contenute nel ventricolo in un gran numero di individui di *Stellio caucasicus*, vi ho trovato frammenti vegetali, in proporzione di gran lunga esuberante i rarissimi frammenti di insetti; così che posso dire essere questa specie principalmente erbivora. Carattere è questo di qualche importanza, perchè le specie erbivore di Saurj finora conosciute sono tutte americane (gen. *Iguana*, *Amblyrhynchus*, *Cychlura*, *Sauromalus*).

Ma la particolarità più interessante di questa specie è quella di contrastare al Camaleonte la particolarità che lo ha reso proverbiale. Non il solo Camaleonte invero cambia colore sotto l'influenza della luce. La medesima cosa fu notata, alla sfuggita però, e senza appropriate osservazioni, in altri Saurj, come in alcune specie de' generi *Agama*, *Anolis*, *Polychrus*; ma nessuno fin qui l' ha notata nello *Stellio* che la possiede in alto grado.

Fin dalle prime escursioni nei contorni di Tiflis io aveva raccolti alcuni individui viventi di questa specie, e ripostili in una scatola di latta. Nell' estrarneli qualche tempo dopo fui sorpreso di trovar che alcuni fra di essi, e precisamente i più grossi, erano molto sensibilmente anneriti; ed ho visto subito che si trattava qui di una proprietà dello stesso genere di quella per cui il Camaleonte era venuto in così volgare riputazione, ed ho cercato di osservar bene il fatto, per quanto lo permettevano i mezzi di indagine dei quali poteva disporre.

Prima di esporre il risultato di queste ricerche mi si conceda di rammentare in breve le cose più singolari circa i fenomeni del Camaleonte che deve servir di termine di paragone collo *Stellio*. Questi fenomeni sono stati accuratamente descritti da molti fisici anche dell'antichità, ma particolarmente da VALLISNIERI, da VAN DER HOEVEN, da MILNE EDWARDS e da BRÜCKE.

Non è cosa straordinaria pei naturalisti italiani il possesso di qualche Camaleonte vivo di Barberia, di Spagna, o più raramente di Sicilia. Io stesso ne ebbi un tempo, e per mio studio e diletto particolare osservai molte volte e con attenzione il fenomeno del cambiamento del colore in rapporto colla struttura della cute, ma confermando semplicemente ciò che era stato da altri veduto. Questo solo posso dire come applicabile al caso presente, che se più varia è nel Camaleonte la scala dei colori, maggiore mi è sembrato nello Stellio la distanza fra i due estremi di pallore e di annerimento, di maniera che se in quello più vario è il fenomeno, in questo non è certo meno spiccante.

Nel riassumere ora i fatti più osservabili del Camaleonte mi atterrò particolarmente alla bellissima monografia pubblicata da BRÜCKE nelle Memorie dell'Imperiale Accademia delle Scienze di Vienna, che è altresì l'ultimo e più completo lavoro su questo argomento.

Da prima non occorre il dire che il Camaleonte muta di colore secondo l' influenza della luce alla quale è esposto, ma non prende il colore degli oggetti circostanti; e fa sorpresa come in questi ultimi anni un distintissimo naturalista francese, il sig. Prof. GERVAIS, abbia tentato di far rivivere questo errore.

Tutti gli individui di *Chamaeleo vulgaris* cambiano di colore, mentre così non è di tutti gli individui di *Stellio caucasicus:* almeno io ho trovato invariabili i colori de' giovani, ed il fenomeno dell'annerimento palesarsi soltanto negli adulti.

I colori che BRÜCKE ha osservato nel Camaleonte sono i seguenti:

1.° Tutti i passaggi dal ranciato pel giallo al verde ed al verde azzurro;

2.° Il passaggio di questi colori per il bruno od il grigio bruno nel nero;

3.° Bianco, carneo sbiadito, rosso bruno, grigio lilà, grigio bruno, verde neutrale;

4.° Effetti d'iridescenza fra l'azzurro d'acciaio ed il porporino: questi però soltanto alla luce del sole, quando l'animale sia molto scuro.

Questa serie di tinte è presa nel complesso: per ogni singola parte della cute il numero delle variazioni di colori è più ristretto: e sotto i generali cambiamenti rimangono distinte certe macchie e zone che formano un disegno particolare e costante.

Nello *Stellio caucasicus* la mutazione del colore si osserva particolarmente distinta alla parte inferiore del corpo, specialmente al torace ed ai lati dell'addome, e va languendo gradatamente verso la regione dorsale. Nel mezzo dell'addome, negli individui perfettamente cresciuti, nei quali più energicamente si manifesta il fenomeno, è uno spazio ellittico longitudinale che rimane d'ordinario inalterato, o solo cambia nella massima intensità del fenomeno stesso, rimanendo però anche in tal caso distinto per un colore meno scuro. La successione delle tinte è uniformemente distribuita, solo con diversa gradazione di intensità. Il colore normale della parte inferiore dell' animale è un pagliarino smorto, volgente alquanto all'aurora, e, quando il fenomeno si manifesta, questo colore passa al grigio verdognolo gradatamente più intenso, finchè diventa piombino scuro, e piombino scurissimo, quasi nero. Questo cambiamento è accompagnato da rigidezza muscolare che passa perfino ad un vero spasmo tetanico.

Il Camaleonte diventa scuro quando è esposto alla viva luce, ed in ragione diretta del crescere dell'intensità di questa. Il caso è precisamente l'opposto nello *Stellio caucasicus*. Già ho notato più sopra come io mi fossi accorto del fenomeno, estraendo gli Stellio dalla scatola di latta nella quale erano stati prigioni per un tempo più o meno lungo; anneriti così, impallidivano di nuovo ridonati alla luce del sole.

Brücke ha osservato, anche per via di esperienze coll' eccitamento galvanico, che lo stato attivo della cute del Camaleonte corrisponde al pallore, il passivo all'oscuramento. Io veramente non ho avuto nè occasione, nè mezzi per ripetere analoghi sperimenti negli Stellio, ma l'inversione sovrannotata in confronto del Camaleonte, quanto alla successione dei colori sotto l'influenza della luce, mi fa supporre un'inversione corrispondente nei due stati di attività e di passività della pelle; e tanto più se si ricorda il fatto che nella massima intensità dell' annerimento lo Stellio diventa tetanico.

Già Milne Edwards aveva osservati nella cute del Camaleonte due strati pigmentali, l'uno chiaro, l'altro scuro; e nel primo il pigmento essere bianco giallognolo o grigiastro, nel secondo rosso violaceo o nerastro, o verde di bottiglia. Il celebre Professore parigino credevasi perciò autorizzato a spiegar tutto il fenomeno per la combinazione delle due specie di pigmento, potendosi in varia proporzione trovarsi sovrapposti l'uno all'altro. Il Prof. Studiati di Pisa è arrivato alla medesima conclusione, e ha dato per di più un'eccellente figura delle cellule pigmentali scure, che spiccano dal loro corpo profondamente situate numerose ramificazioni verso lo strato superficiale della cute (1).

Il Prof. Brücke ha confermato il fatto dell'esistenza nel Camaleonte di due pigmenti, cioè di uno strato chiaro permanente, e di uno strato scuro, che può iniettar in varia misura il contenuto delle sue cellule al disopra del primo; ma poi ha osservato che questo contenuto non presentasi colla varietà di colori accennata da Milne Edwards, bensì di color nero uniforme, color ordinario del pigmento nel regno animale. Allora la semplice combinazione de' due pigmenti non bastava più a spiegare i vari colori del Camaleonte: era necessario il concorso di un'altra causa.

Brücke ha scoperto in questo animale, al disotto della pellicola epidermica esterna, uno strato di cellule poliedriche, il quale visto al microscopio, senza aggiunta di alcun liquido, presenta i più vivi colori interferenziali, che spariscono quando al medesimo strato si aggiunga

(1) *Miscell. di osservazioni zootomiche* (Mem. della R. Accademia di Torino, vol. XV).

un liquido, che è quanto dire una sostanza il cui indice di rifrazione s'allontani da quello dello strato cellulare anzidetto, meno di quel che faccia l'indice di refrazione dell'aria. Il Prof. Brücke perciò chiama le cellule di questo strato *cellule interferenziali*, e crede che gli effetti di colore da esso prodotti derivino appunto, secondo il principio delle lamine sottili, dalla sovrapposizione di un sottilissimo strato d'aria allo strato delle cellule. In tal maniera questo strato concorrerebbe colla combinazione de' pigmenti alla produzione del fenomeno del Camaleonte. È poi sommamente interessante la digressione colla quale Brücke dimostra la parte che prendono i colori interferenziali delle lamine sottili alla produzione degli effetti ottici della cute in altri animali, e specialmente nell'*Hyla arborea*, e ne' Cefalopodi.

Nello *Stellio caucasicus* non sembrami in giuoco alcun fatto di interferenza: la scala dei colori è in esso così ristretta, e questi colori medesimi sono di tale specie, che veramente basta a dar ragione di tutto la semplice combinazione dei due pigmenti, cioè del chiaro bianco giallastro permanente e superficiale, col profondo ed oscuro che lo può ricoprire in varia proporzione. Poi v'è una circostanza, secondo me decisiva, ed è che il cambiamento di colore non ha luogo nei giovani individui, ma solo negli adulti; e se ricercasi la causa di ciò, è facile riconoscerla nell'assenza del pigmento nero nel sistema tegumentale dei giovani Stellio, tutte le altre condizioni di struttura essendo le medesime.

Resta ora da determinarsi come avvenga l'iniezione del pigmento nei rami intricati delle sue cellule, ora verso la parte periferica, ora verso la parte profonda del derma. Stando alle osservazioni fatte in altri animali, due sarebbero i meccanismi immediatamente supponibili. Nei Cefalopodi i grandi e belli cromatofori sono di figura stellata, irregolare, ed all'estremità di ogni raggio si attacca una sottile fibra muscolare. La distribuzione periferica del pigmento viene regolata dall'azione di queste fibre, mentre l'adunamento del pigmento nel corpo centrale del cromatoforo è da attribuirsi all'elasticità della parete del cromatoforo medesimo. Questo meccanismo non è applicabile alla pelle de' rettili, per le affatto diverse condizioni delle cellule pigmentali prive di fibre muscolari.

Milne Edwards, e dopo di lui il Prof. Studiati attribuiscono alla contrattilità del derma le iniezioni del pigmento nero dalla pancia delle grosse cellule pigmentali cutanee del Camaleonte nelle diramazioni periferiche; ma rimane ancora da dimostrarsi la presenza di fibre muscolari nel derma di questo come degli altri rettili. Per quanto riguarda lo Stellio io ho avuto risultati decisamente negativi.

Un cambiamento assai visibile di colore, dovuto in gran parte almeno alla varia distribuzione del pigmento, è pure da gran tempo conosciuto nelle rane. Le osservazioni di Harless, che ha creduto vedere fibre muscolari nel derma di questi animali, sono state in modo reciso contraddette da uno dei più acuti e coscienziosi anatomici dell'epoca nostra, dal Prof. Leydig (1). Un'altra ragione, che più s'accosta al vero, di questo fenomeno, emerge dalle osservazioni di Busch sui cambiamenti di forma delle cellule pigmentali de' girini, che l'autore, seguendo le idee più generalmente ricevute all'epoca in cui scriveva, attribuisce alla contrattilità della membrana di queste cellule. Ma Leydig, con perspicace intuizione, precorrendo l'epoca novella della teoria cellulare, assegna la contrattilità al contenuto stesso delle cellule pigmentali delle rane, i cui movimenti con molta giustezza paragona a quelli delle Amebe e dei Rizopodi. Senza negare assolutamente una tale proprietà al contenuto delle cellule pigmentali dello Stellio, il genere stesso del fenomeno in questo animale, e le condizioni di struttura della sua cute che ora passo a descrivere, lasciano supporre fondatamente una causa estrinseca alle cellule stesse.

Le mie osservazioni sulla cute dello Stellio sono limitate alla regione ventrale di questo Saurio, ma ancora così ridotte, e per la specie dell'animale e per la località, possono essere applicabili all'argomento generale della struttura della pelle de' rettili squamosi, argomento che è press'a poco nello stato di verginità. Io non conosco, almeno intorno al medesimo, che i pochi cenni introdotti incidentalmente da Leydig nel suo trattato di Istologia generale. Le osservazioni del Prof. Blanchard sulle squame degli Scincoidi non fanno al caso nostro, come non veramente riferibili alla struttura intima della cute in quei rettili (2).

La pelle dello Stellio consta: 1.° di produzioni epidermiche; 2.° di un corpo mucoso o malpighiano; 3.° di un derma; 4.° di uno strato adiposo. Questi sono in genere elementi della cute di tutti i vertebrati; ma qui bisogna aggiungere un quinto strato, una fascia profonda.

---

(1) *Lehrbuch der Histologie*, etc., pag. 105.

(2) V. *Annales des Sciences naturelles*, 4.ª serie, vol. 15.

Le produzioni epidermiche costituiscono particolarmente le squame. I rettili squamosi tutti cambiano, come si suol dire, la pelle. È lo strato epidermico vecchio il quale si distacca a grandi lembi od anche in un pezzo solo, portando improntati tutti gli accidenti della superficie del corpo. Quando si faccia una sottile sezione verticale della cute dello Stellio, si vedono, come spettanti alle squame, due strati subconvessi, sovrapposti, che l'azione meccanica del coltello separa per lo più in modo da lasciar uno spazio vuoto frammezzo. Lo strato esterno o superficiale è il più vecchio, è quello destinato ad esser abbandonato nella prossima muta; l'interno o profondo è di nuova formazione, ma alla sua volta riprodurrà il primo (v. fig. 1-2 b' e b''). Questi strati sono grossi, trasparenti, come jalini; e sì l'uno che l'altro sono costituiti da straterelli sottilissimi, in modo da apparire finissimamente lamellosi. Il primo presenta nella sezione un doppio sistema di strie, l'uno però assai più chiaro dell'altro, intersecantisi sotto un angolo di 37°: esso finisce tronco nell'infossatura che separa le squame. Il secondo è più distintamente lamelloso, particolarmente ai lembi laddove si continua introflettendosi nei solchi che limitano le squame. La vera natura di questi due strati non si può scorgere se non col mezzo di reattivi: ed a tutti è preferibile una soluzione dilutissima di potassa caustica. Allora si vede la sostanza del primo strato od esterno prender un aspetto finamente granulare, e circoscritta in tanti spazi oblunghi nella direzione generale delle squame, da tante linee trasparentissime, le quali fanno tutta l'impressione di contorni di cellule; e così si dimostra che questo strato è essenzialmente una formazione cellulare, come dev'essere una formazione epidermica. Meglio ancora questo si vede nello strato sottoposto, nel quale, sempre colla soluzione di potassa caustica, compaiono molti nuclei allungati tutti diretti parallelamente alla squama, e poscia con una più continuata azione del reagente si isolano bellissime cellule ellittiche con un grande nucleo centrale, molto analoghe a quelle che si isolano nel tessuto corneo delle unghie, mediante la cottura con una debole soluzione di soda. Aggiungerò poi che nelle sottili fettuccie della cute dello Stellio lasciate per qualche tempo immerse nella soluzione di carmino col metodo di Gerlach, questi due strati non si colorano punto.

Ma la squama esterna è ancora ricoperta da una sottilissima pellicola epidermica, la cui matrice è evidentemente ne' solchi che circondano le squame, corrispondenti alle radici delle squame stesse.

Ed infatti questi solchi sono in gran parte ostrutti da ammassi di cellule epidermiche, le quali poi si distendono sulle squame in strato finissimo.

Probabilmente questi due strati, che io chiamerò lucidi, risultano da uno strato originariamente unico, il quale si scinde in due contigui, finchè il superiore non venga a staccarsi definitivamente nella muta della pelle, quando cioè la separazione dell'uno e dell'altro strato si faccia più decisa, forse per l'interposizione di un sottile straterello intermedio di cellule cornee.

Anche per la speditezza del linguaggio mi sia dunque concesso di parlare di un unico strato.

È questa una particolare formazione del tegumento dello Stellio senza equivalente nella cute degli animali superiori? Io credo di no: io credo che questo equivalente si riscontra in modo assai chiaro.

Koelliker nel suo classico trattato di istologia (1) descrive e rappresenta lo strato di Malpighi costituito da due strati, uno profondo, sottile; di cellule quasi cilindriche, verticali alla superficie del derma sulla quale direttamente riposa, l'altro più grosso, esterno, di cellule tondeggianti trasparenti.

Più decisamente distingue Krause (2) nella pelle umana tre strati epidermici, cioè uno esterno, corneo, comunemente conosciuto; uno interno, profondo, che è il corpo di Malpighi; ed uno intermedio, che nelle sottili regioni verticali della cute si distingue per la sua trasparenza, e che è costituito da cellule poliedre, sottili, strettamente connesse e con un nucleo trasparente. Questo strato intermedio è ancora meglio distinto dal Prof. Oehl (3) che lo ha designato col nome di strato lucido, nome che gli deve essere conservato.

Così che essenzialmente l'epidermide dell'uomo e degli animali superiori si deve considerare come formata de' tre distinti strati di Krause e di Oehl. È chiaro allora che lo strato di cui sono formate le squame dello Stellio è l'equivalente perfetto dello strato intermedio o lucido, colla sola particolarità de' suoi elementi cellulari così stipati e trasparenti, da formar un tutto apparentemente omogeneo. L'azione di una

(1) *Handbuch der Gewebelehre*, u. s. w. Leipzig. 1859.

(2) *Handwörterbuch der Physiologie*, v. R. Wagner, tomo 2.°, pag. 113.

(3) *Indagini di anatomia microscopica sull'epidermide*, ecc. (Annali universali di medicina, vol. CLX).

debole soluzione di potassa o di soda non tarda però a far vedere distintamente i contorni delle cellule ed i nuclei interni.

Il corpo mucoso o malpighiano è in generale assai sottile, costituito da minutissime cellule verticali al sottoposto derma, e tutto continuo, siegue le inflessioni degli strati sovrapposti, dei quali è la matrice.

Il tessuto connettivo che sta al disotto, ossia il derma propriamente detto, è formato da grosse fibre ialine, largamente ondulate nel loro decorso, ed intersecantisi ad angolo retto, per il che sia ne' tagli trasversali, sia ne' tagli longitudinali della cute dello Stellio, si vedono al microscopio fibre nella loro lunghezza, ed altre in sezione. Queste fibre sono legate fra loro ed in fascicoli secondari più o meno grossi, da filamenti sottilissimi irregolari che si dipartono dalla fascia profonda.

Questa che forma l'ultimo strato cutaneo è pur costituita da fibre, ma di carattere differente da quella del derma; fibre più scure, con più sentiti contorni, e resistenti per lungo tempo all' azione della potassa caustica in soluzione; per il che non è a dubitarsi esser questa fascia principalmente composta di fibre elastiche. Tra la fascia e il derma, il tessuto connettivo forma più larghe maglie, le quali contengono globuli di grasso, e così formasi quasi uno strato intermedio, un vero strato adiposo. Al disotto della fascia scorrono longitudinalmente le fibre de' muscoli retti dell'addome.

V'hanno, come già dissi più sopra, due sorta di pigmenti: uno chiaro, cioè, visto per luce riflessa, bianco-giallastro; l'altro scuro, e veramente, per luce riflessa, nero. Nei giovani Stellio questo secondo pigmento manca. Negli individui di tutte le età le cellule del pigmento chiaro formano uno strato continuo, immediatamente sottoposto al corpo mucoso, quindi spettante alla parte periferica del derma; strato compatto verso il corpo mucoso, decomposto in numerose ed intricate diramazioni nella parte più profonda. Altra sede di cellule pigmentali è tra il derma e la fascia, e da questo sito qua e colà parecchie cellule si prolungano in su tra i fascicoli ialini del tessuto connettivo.

Devo ora parlare delle papille del derma. Nelle numerose sezioni fatte della cute dello Stellio ne ho incontrate molte volte, e mi sono accorto che la loro posizione corrisponde al margine più rilevato delle squame; così che le sezioni che cadono lungi da questo sito, e sono le più numerose per verità, non ne presentano; quelle invece che lo comprendono, ne offrono ed in numero diverso, secondo che la sezione è trasversale o longitudinale: molte nel primo caso (fig. 2), pochissime anzi per di più una sola, o nessuna nel secondo (fig. 1), il che dimostra che queste papille sono in ordine trasversale. Constando esse degli stessi elementi istologici che sono la matrice delle squame, sono circondate da numerosi sottilissimi concentrici strati epidermici, così che sembrano contenute ciascuna in un distinto alveolo spettante ad una trama comune. Io credo che esse contengano nel loro interno un glomere di vasi sanguigni; ma non ho potuto averne la prova, attesochè gli esemplari, nei quali ho fatto queste ricerche, erano conservati nell'alcool; quindi non si prestavano ad iniezioni fine. Ciò che le dette papille contengono assai visibilmente è un intreccio reticolare di cellule pigmentali; ma di solo pigmento bianco negli Stellio giovani che non mutano di colore, di solo pigmento nero negli individui adulti e mutabili; così che in questo il pigmento chiaro è circoscritto allo strato periferico e più esterno del derma. In alcune preparazioni si può veder chiaramente una comunicazione diretta, per un ramo di cellula pigmentale, fra la rete della papilla e lo strato di pigmento nero che alla superficie del derma è andato a ricoprire il pigmento chiaro, e questa è una circostanza interessante, perchè trovasi probabilmente in istretto rapporto col cambiamento di colore dello Stellio; e da essa dipende forse l'iniezione dal pigmento nero alla superficie del derma, od il suo ritiro nelle parti profonde; quindi lo scoloramento dell'animale. Per quale meccanismo preciso ciò avvenga, non lo si può dire con certezza. Io non ho trovato traccia alcuna di fibre muscolari nella cute dello Stellio, neppure coll'uso della soluzione di potassa che isola così bene le fibre liscie ove esistano realmente. Se l'osservazione ulteriore dimostrasse ciò che per analogia devesi ritenere assai probabile; vale a dire l'esistenza di un glomere vascolare nell'interno di ogni papilla, di un glomere che sarebbe circondato dalla rete pigmentale, il movimento della materia colorante sarebbe facilmente spiegato pel grado di maggiore o minore iniezione sanguigna della papilla stessa; quindi per l'azione alterna della pressione sulla rete pigmentale papillare circumambiente, e dell'elasticità dello strato pigmentale periferico del derma. Che l'iniezione di questo strato venga dal corpo papillare si può anche desumere da ciò, che lo strato nero è sensibilmente più grosso in corrispondenza di questo corpo papillare medesimo, come si vede alla fig. 1.

Ho detto che vi è nello Stellio un grande spazio ellittico nel mezzo del ventre, che rimane chiaro, e solo prende un color scuro, meno intenso di quello delle parti laterali, quando l'annerimento dell'animale arriva al massimo grado. In questa regione chiara le squame hanno una struttura affatto propria, che rende conto perfettamente della particolarità enunciata. Qui lo strato lucido è molto irregolare, ondulato, e con lunghe papille rivolte oppostamente le une verso il corpo mucoso, le altre verso l'epidermide (fig. 3). Nella parte esterna o periferica gl'intervalli fra queste papille sono riempiti da fine squamette epidermiche stratificate; agl' intervalli della parte interna o profonda si adattano invece altre papille grosse e coniche del corpo mucoso straordinariamente ingrossato, che sono da considerarsi come la matrice del corpo della squama; il quale è formato da lamine sottilissime sovrapposte l'una all' altra e stipate; ma queste lamine sono facilmente l' una dall' altra separabili nella parte che s'addossa immediatamente al corpo mucoso; ond' è che nei sottili tagli verticali della squama, fatti per ottenerne preparazioni microscopiche, si sollevano attorno alle papille di questo corpo mucoso finissimi straterelli che ne portano l' impressione, e ne rappresentano tutti i rilievi e gli avvallamenti, e talune papille si vedono dalle quali sembra siasi distaccato un cappuccio. Per questa esuberanza e dello strato epidermico esterno e del corpo mucoso, lo strato pigmentale nero è portato così nel profondo, che il suo colore rimane velato.

Anche con una semplice lente a mano si può distinguere una differenza di struttura fra le squame della region centrale dell'addome nei vecchi Stellio, e quelle di tutto il rimanente della faccia ventrale.

Spiegazione delle Figure.

TAVOLA. Fig. 1. Sezione longitudinale della pelle della regione laterale dell'addome. — *a*. Cellule epidermiche. *b*. Strato lucido (corpo della squama). *b'* Strato vecchio esterno. *b''* Strato nuovo profondo. *c*. Strato malpighiano. *d*. Strato adiposo. *e*. Fibre ialine del derma. *f*. Fascia. *g*. Fibre muscolari.

» 2. Sezione trasversale di una squama presso il suo margine libero dell'istessa regione: le papille ne' loro alveoli, colle loro reti pigmentali; veggonsi distintamente anche gli straterelli lucidi degli alveoli; le altre lettere come nella figura precedente.

» 3. Squama del campo centrale dell'addome: sezione longitudinale. *c*. Strato di Malpighi molto ingrossato e papilloso.

1.

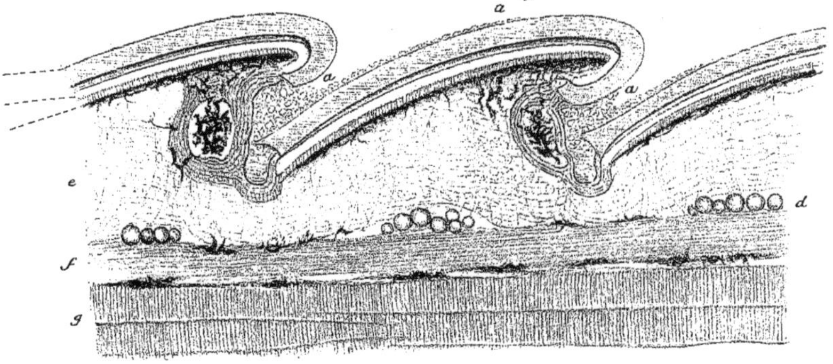

3

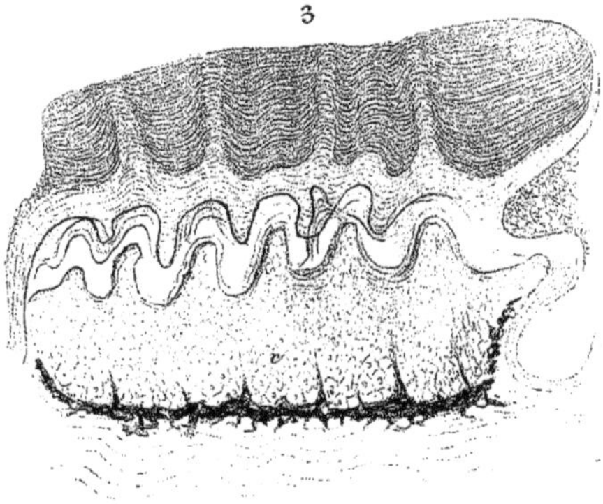

2.

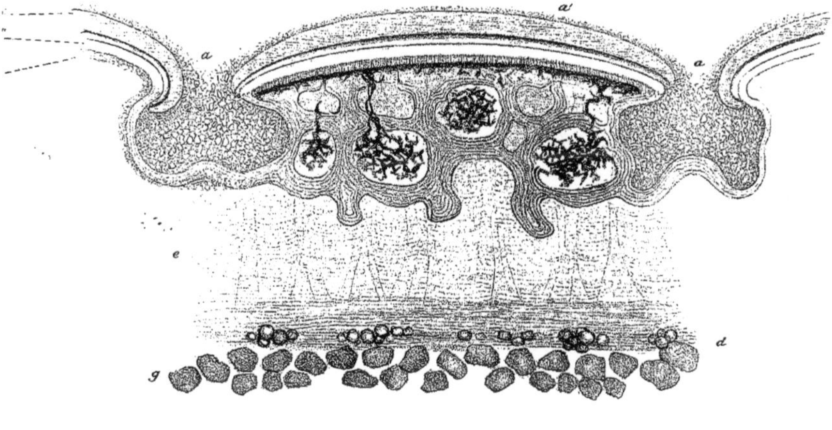

SOPRA DUE IDROZOI

DEL MEDITERRANEO

DEL PROFESSORE

F. DE FILIPPI.

Letta ed approvata nell'adunanza del giorno 12 giugno 1864.

1. Sopra il genere ELEUTHERIA.

Il genere *Eleutheria*, rappresentato da un'unica specie (*E. dichotoma*), comune fra le alghe marine alle isole Chausey, fu descritto da Quatrefages nel 1842 (1) come un nuovo tipo di polipi idroidi. Van Beneden e Dujardin, ciascuno con viste diverse, contestarono la giustezza di questa collocazione sistematica data da Quatrefages alla sua Eleuteria, considerandola piuttosto come una forma medusoide. La questione, che sarebbe stata subito decisa in favore di questa sentenza dal solo fatto della presenza di un sistema gastrovascolare sfuggito alle indagini di Quatrefages, venne poi risolta nel medesimo senso, ma per altro criterio da Hinks, il quale scoprì la vera forma larvaria o idroide dell' Eleuteria. Questa forma, sulla quale Hinhs volle fondare un apposito genere *Clavatella*, appartiene alla famiglia delle Corinide, nella quale si distingue pei tentacoli capitati in un solo verticillo attorno alla bocca, e per l'altro più importante carattere di non produrre che un solo ordine di gemme alla parte inferiore del corpo, le gemme medusoidi, che si sviluppano in Eleuterie (2).

(1) *Annales des Sciences naturelles*, 2.e série, vol. 18.
(2) *Annals and magazine of natural history*, third series, 1862.

L'Eleuteria descritta da HINKS differisce essenzialmente da quella di QUATREFAGES per avere un solo dei due rami delle braccia terminato da un torsello di nematocisti, l'altro ramo invece essendolo da una ventosa muscolosa adesiva.

Immediatamente dopo la pubblicazione delle ricerche di HINKS, comparve su questo medesimo argomento una memoria di KROHN (1), succinta, sugosa e ricca di preziose osservazioni. KROHN trovò l'Eleuteria molto frequente nelle alghe del Mediterraneo presso Nizza. Più recentemente ancora CLAPARÈDE (2) fece conoscere, col soccorso anche di buone figure, nuovi particolari su questo così interessante genere, alcuni dei quali differiscono notevolmente da quelli dati dai naturalisti suoi predecessori.

I punti nei quali gli autori citati sono in disaccordo renderebbero prima di tutto necessaria la critica delle specie. Fin qui non si è parlato che di un'unica specie di Eleuteria, alla quale si è mantenuta la primitiva denominazione impostale dal suo scopritore QUATREFAGES. Ora io ho già fatto cenno della particolarità dell'esistenza di un torsello terminale di nematocisti ad ambi i rami delle braccia, nella specie tipica, particolarità che non fu più trovata nelle Eleuterie esaminate dapoi. Forse qui è occorso un errore d'osservazione; ma come ben riflette CLAPARÈDE, il dubbio svanisce in faccia all'autorità di un così valente naturalista, di un così abile disegnatore, qual è QUATREFAGES; se adunque, siccome è supponibile, la specie di QUATREFAGES esiste, converrà separarla genericamente dalle Eleuterie viste dagli altri autori.

HINKS ha trovato l'Eleuteria lungo le coste britanniche, a poca distanza dalle isole Chausey, ma non ne ha data nè una descrizione sufficiente, nè un'esatta figura pel confronto cogli individui di altre località. KROHN stesso si è occupato direttamente dell'organizzazione dell'Eleuteria, senza dir nulla dei suoi caratteri zoologici, e senza accompagnare la sua Memoria di alcun disegno. L'Eleuteria descritta da CLAPARÈDE si distinguerebbe da quella di QUATREFAGES e di HINKS per altri importanti caratteri: così che in ultima analisi, quando non sia intervenuto qualche errore di osservazione, sarebbero da registrarsi almeno tre specie di Eleuterie: 1.ª quella primitiva di QUATREFAGES; 2.ª quella

(1) *Archiv. f. Naturgeschichte von Troschel*, 1861.

(2) *Beobachtungen ueber Anatomie und Entwickelungsgeschichte wirbelloser Thiere*, Leipzig, 1863.

di Claparède; 3.ª quella di Hinks, di Krohn, alla quale appartengono fuor di dubbio gli individui che hanno somministrata a me la materia di questa Nota. La prima si distinguerebbe, come ho già detto, per la presenza di un torsello terminale di nematocisti ad ambi i rami delle sue sei braccia. La seconda sarebbe caratterizzata dall'essere le braccia ordinariamente in numero di otto, ed i canali raggiati in numero di quattro. Claparède, per verità, aggiunge di aver trovato frequentemente, sempre però in numero relativamente minore, Eleuterie con otto braccia e sei canali, ed anche individui con sei braccia, e questi allora co' canali raggiati in numero costante di sei. È probabile che Claparède abbia avuto sott'occhio due specie di Eleuterie, distinte ciascuna dal numero delle braccia. Quella che il dottissimo naturalista di Ginevra ha figurata nel suo magnifico atlante, posta a confronto colla specie del Mediterraneo, la cui figura è annessa alla presente Nota, differisce troppo nella forma generale, ed in alcuni particolari di interna organizzazione.

Nei due acquari marini, che si conservano in sì perfetto ordine presso questo Museo zoologico, pullulavano, verso la metà di aprile, Eleuterie in numero incalcolabile, tanto che le pareti, e specialmente quella esposta verso la luce, ne erano ricoperte. Io ho potuto a tutto agio esaminarne centinaia, migliaia di individui. Fra questi non ne trovai un solo con otto braccia e quattro canali raggiati. Il numero delle braccia è di sei, non però affatto costante, come è costante il numero dei canali del sistema gastro-vascolare; i quali canali, allorquando non siano troppo rigonfi dal contenuto, riescono così chiaramente visibili, che se tali si trovassero negli individui normali della specie osservata da Claparède, non avrebbe questi certamente mancato dal raffigurarli. Non affatto rari, nella proporzione a un dipresso del 15 per cento, rinvenni nei miei due acquari individui con sette braccia, sempre però con sei canali raggiati. Sono adunque confermato nel dubbio di una reale diversità specifica fra l'Eleuteria di Claparède, e questa da me osservata, la quale sicuramente è la stessa che fu oggetto delle ricerche di Krohn.

Le discrepanze fra le osservazioni dei vari autori che scrissero sul genere Eleuteria potrebbero adunque riferirsi in massima parte alla non identità delle specie prese in esame.

I sei bracci bifidi dell'Eleuteria del Mediterraneo, come ognuno dei loro due rami, sono mobilissimi in ogni verso, prolungabili e contrattili a volontà dell'animale. Questo aderisce o cammina lentissimamente sulle alghe e sulle pietre, applicandovi la ventosa terminale di uno dei due rami, conservando così libero e movibile in ogni direzione l'altro ramo terminato dal torsello di nematocisti, del quale si serve principalmente come di uno strumento di presa. La bocca, ossia la parte inferiore dell'ombrello, rimane rivolta verso il piano sul quale l'Eleuteria cammina. Può l'animale portarsi a galla, e strisciare colle braccia sulla superficie libera dell'acqua, e col dorso in basso, come fanno col loro piede molti gasteropodi acquatici.

Io non sono stato più fortunato di Krohn nel verificare nelle braccia dell' Eleuteria le fibre muscolari descritte e figurate da Quatrefages. Soli elementi istologici, che potrebbero considerarsi come vere fibre muscolari, sono le fibre assai brevi che guerniscono l'estremità di uno dei due rami delle braccia, formandovi la ventosa terminale.

Il corpicino dell' Eleuteria consta dei due strati che nella nomenclatura de' naturalisti inglesi sono detti *ectoderma* ed *endoderma*: nomenclatura assai comoda, come quella che lascia intatta ogni questione di istologia comparata, ma fors'anco troppo comoda per la facile e quasi acconsentita confusione, sotto un sol nome, di elementi istologici diversi. L'ectoderma dell'Eleuteria, come del resto nei polipi idroidi, è costituito da cellule pavimentali ialine, or distese, or rigonfie, secondo lo stato di espansione o di corrugamento delle parti che riveste. I nuclei liberi che il sig. Claparède figura lungo le braccia della sua Eleuteria non esistono nella specie da me osservata. Io non so il perchè non si debba francamente dare a questo ectoderma il nome di *epitelio*. Esso dalle braccia si estende in strato sottile su tutta la superficie del disco.

L'endoderma delle braccia consta di grandi cellule ialine con un piccolo nucleo giallastro. Scorre nell'interno delle braccia nella direzione dell'asse una cavità, una lacuna, ostrutta, per contatto delle pareti, nello stato ordinario, ma nella quale, secondo i vari movimenti dell'animale, possono essere iniettati corpuscoli provenienti dal disco. Al pari di Krohn io ho talvolta osservato minuti granuli spinti con celerità in questo cavo delle braccia, ed ho visto perfino penetrarvi infusori identici ad altri che si agitavano nella cavità gastrica.

Di qual natura sono queste cellule dell' endoderma delle braccia? È assai difficile rispondere adequatamente a questa domanda. Non ho potuto difendermi dal trovar una analogia fra queste cellule e quelle della corda dorsale de' vertebrati: così che la questione sciolta per le une può ritenersi sciolta anche per le altre; ed allora non sarà un congetturar troppo, considerando le cellule del perenchima delle braccia dell'Eleuteria non solo, ma di tutti i polipi idroidi, come cellule di tessuto connettivo, senza sostanza intercellulare, od appena con tanto di tale sostanza quanto ne occorre a cementar le cellule fra di loro.

L'endoderma del corpo, ossia del disco, è tutt'altra cosa. Intanto dirò che le nematocisti disseminate nel disco dell'Eleuteria spettano a questo strato, non al sovrapposto ectoderma, come chiaramente risulta dall'osservare che ai contorni del disco, lungo gli spazi interradiali, la sezione ottica dell'ectoderma non presenta giammai di questi corpuscoli orticanti.

L'endoderma del disco contiene disseminati nuclei e granuli irregolari giallo-rossastri e brunastri, che danno al disco stesso il suo colore rossigno; ma non è formato da elementi cellulari distinti. È un tessuto polposo molto analogo a quello onde risulta il corpo dell'embrione dell'Eleuteria; è un tessuto, insomma, che conserva a permanenza un carattere embrionale. Vedremo in un altro animale, in un vero polipo idroide, il suo perfetto omologo.

Quatrefages nella sua *Eleutheria dichotoma* ha constatata la presenza di grandi uova che rendono convessa e come bernoccoluta la faccia dorsale del disco. Spinto dalla supposta natura di polipo idroide dell'Eleuteria, il dotto naturalista francese ha cercato di vedervi il processo di gemmazione; ma, per quanti individui passasse in rassegna, non vi riescì. La gemmazione delle Eleuterie, sotto la forma perfetta, o di Medusa, fu per la prima volta osservata da Krohn. Io ho avuto un risultato decisamente opposto a quello di Quatrefages; io non ho trovato ne' miei acquari alcun individuo di Eleuteria senza gemme. Spuntano queste negli spazi interradiali da svolte del canale marginale del disco: a poco a poco si forma in esse una cavità (fig. 1) con pareti rivestite di ciglia vibranti. Dirò da questo momento che questa cavità corrisponde alla futura cavità sessuale. Le prime traccie de' canali raggiati sono assai precoci. In altre gemme, anche più avanzate nello sviluppo, attesa la soverchia distensione di tutto il sistema gastro-vascolare, gli spazi fra i canali raggiati possono scomparire. Un prolungamento del sistema gastrovascolare si interna nelle braccia, oltrepassando gli occhietti che sono alla loro base, la cui formazione va di pari passo con quella delle braccia stesse. Infine le gemme si riconoscono subito per giovani Eleuterie con tutte le parti caratteristiche del genere. Le nematocisti all'estremità delle braccia compaiono a poco a poco: se ne vede da prima una sola, poi due, poi tre insieme riunite; poi il loro numero va gradatamente crescendo.

Ecco ciò che posso dire intorno al probabile processo di moltiplicazione di queste nematocisti. Ognuna di esse è rivestita di una sottilissima membranella esterna assai delicata: e mi è occorso qualche volta di vedere due o tre di questi corpuscoli riuniti tra di loro per un prolungamento, per una sorta di peduncolo di questo sottilissimo esterno inviluppo: qualche inviluppo vedesi per la compressione vuotato del suo corpuscolo interno (fig. 2). L'aggruppamento di questi inviluppi, e per conseguenza delle nematocisti incluse, è tale come se tutte fossero prodotte per gemmazione da una vescicola madre.

Nelle giovani Eleuterie incomincia non di raro la gemmazione prima che si abbiano a staccare dall'Eleuteria progenitrice; così che si trovano allora impiantate l'una sull'altra tre generazioni; la qual cosa fu già vista da Krohn. Krohn ha eziandio osservato il singolare e quasi eccezionale fatto, che io pure ho trovato assai ovvio, dell'associazione contemporanea in un medesimo individuo di gemme e di uova. Ciò non basta ancora a dimostrare la contemporanea attività di due distinti processi genetici. Le gemme coesistenti colle uova sono piuttosto vecchie gemme che si sviluppano per la loro propria vita, e che non saranno susseguite da altre al ridestarsi della funzione sessuale. Qui non è a vedersi che un accorciamento estremo dell'intervallo, per consueto assai notevole, tra la generazione sessuale e la generazione agamica.

Krohn assicura aver osservato una sol volta un maschio di Eleuteria. Io ne ho cercato invano ne' miei acquari, sacrificando quotidianamente per due settimane dai venti ai trenta individui. Io non ho trovato che Eleuterie con uova. Queste uova, relativamente assai grandi ed in piccol numero (6-10 al più), compaiono e si sviluppano rapidamente non fra l'ectoderma e l'endoderma, come dice Krohn, ma in una cavità limitata dall' endoderma stesso; cavità che ha una parete ventrale, alla quale corrisponde il sistema gastro-vascolare, ed una parete dorsale che è sempre più respinta e resa bernoccoluta dallo svilupparsi delle uova. Di ciò mi sono convinto squarciando al microscopio con due finissimi aghi il corpicino dell' Eleuteria. Questa cavità affatto chiusa è cavità sessuale ed incubatrice ad un tempo, sviluppandosi entro di essa gli embrioni, i quali non ne possono escire che per lacerazione del corpo e consecutiva morte dell'individuo progenitore.

Le diverse fasi della vita delle Eleuterie, già sospettate da alcuni autori, ricevono piena sanzione da quanto ho visto accadere ne' miei acquari. Dalla seconda metà di aprile, epoca della prima comparsa avvertita delle Eleuterie, fino verso lo scadere della prima metà di maggio, non mi fu dato trovar individui con organi sessuali; da quest'ultimo termine in avanti non mi fu dato trovar individui privi di siffatti organi. Ai primi di giugno le Eleuterie avevano finito di esistere nei miei acquari.

Il difetto, od almeno la estrema scarsità de' maschi, e la chiusura perfetta della cavità ovipara, mi inducono a credere che le uova delle Eleuterie si sviluppino senza fecondazione.

Le mie misure del diametro di queste uova, da $0^{m},14$ a $0^{m},16$, coincidono colla misura trovata da Krohn. La vescichetta germinativa è assai piccola, di $0^{m},002$ al più, di gran lunga al di sotto della misura data da Claparède.

Krohn accenna ad una membranella esterna (*corion*) delle uova delle Eleuterie. Io non ho tralasciato mezzi e cautele per assicurarmi dell'esistenza di una siffatta membranella periferica, sacrificando a quest'uopo un numero grandissimo di individui, ma non ho avuto che risultati negativi. Le uova dell'Eleuteria sono destituite di ogni esterno inviluppo: il tuorlo è affatto a nudo; la qual cosa prende un' importanza tutta particolare nella questione che tuttora si agita intorno ai requisiti essenziali di una cellula. D'altronde non sono io il solo che abbia constatata la mancanza in uova di meduse di una membranella esterna di qualunque natura, vogliasi chiamare *corion* o membrana vitellina. Lo stesso fatto fu già notato da Siebold nelle uova della *Aurelia aurita* (1).

Krohn non ha veduto nelle uova delle Eleuterie che la fase rubiforme (*framboisée, maulbeerförmige*). Il gran numero di individui che stavano a mia disposizione mi ha permesso di osservare la serie completa delle solcature che sono totali. Io ne rappresento qui alle figure 3, 4, 5 le fasi principali. I lobuli di solcamento constano, come l' uovo intiero, di una sostanza molle, pellucida, finissimamente granulosa.

(1) *Neueste Schriften der naturforschenden Gesellschaft in Danzig.* 3ten Band, 2es Heft, pag. 21.

Nell'interno di essi riesce molto difficile il vedere un nucleo trasparente, che per la sua estrema delicatezza quasi sempre si rompe sotto la compressione.

A buon diritto Krohn osserva che le uova figurate da Quatrefages con quel grande nucleo interno sono invece embrioni. Questi hanno una forma ora sferica, ora sensibilmente elissoidea, e contengono nell'interno una grossa massa opaca, una sorta di enorme nucleo con contorni piuttosto decisi; la qual massa non è punto, come Krohn vorrebbe, un residuo del tuorlo, ma è parte integrante differenziata del corpicino dell'embrione stesso.

Come già ebbe a notare Krohn, l'embrione è infusoriforme, in quello stato che dicesi di *planula* (fig. 7). La sua periferia è ricoperta da minutissime ciglia vibranti, e nel suo parenchima corticale sono disseminati molti nematocisti o corpuscoli orticanti. Io ho per di più verificato che l'embrione è di dimensioni minori dell'uovo, come si può vedere dal confronto tra le figure 3, 4 e 5 colla figura 6, disegnate tutte ad un medesimo ingrandimento. La massa risultante dal compiuto processo di solcamento, diventata un parenchima di protoplasma, non più separabile in lobuli o cellule distinte, si contrae, e da tutta la periferia trasuda uno strato gelatinoso ialino (fig. 7 *a*).

Posteriormente ho molte volte rinvenuto sulle alghe o sul corpo di altri animaletti de' miei acquari le planule libere con una forma già sensibilmente più allungata, e con un rudimento di bocca. Ora sto attendendo lo sviluppo delle clavatelle.

Ancora una parola sul posto dell' Eleuteria nella classe delle Idromeduse (Idrozoi di Huxley). Gegenbaur e Krohn, appoggiati alla divisione dicotomica delle braccia, che si osserva nelle giovani Cladoneme come nelle Eleuterie, all'uso di queste braccia per contrarre aderenza nell'uno e nell' altro genere, inclinano a stringere talmente queste analogie, da riunire le Eleuterie alle Cladoneme nella famiglia delle Oceanie. Quando però si consideri la così differente struttura dell' ombrello nell' uno e nell'altro genere, la così diversa maniera di locomozione, la così diversa posizione degli organi sessuali, che nelle Cladoneme, come in tutte le Oceanie, spuntano dalle pareti della cavità gastrica, si vedrà che la differenza fra i due generi posti a confronto è molto più imponente delle accennate analogie. Il genere *Eleutheria,* così isolato nella sua classe, dal conservare la struttura idroide sotto la forma di Medusa, deve servir di fondamento ad una famiglia affatto distinta, che dirò delle Meduse striscianti (*Medusae repentes*), per contrapporla a tutte le altre vere Meduse che sono nuotanti.

Spiegazione delle Figure.

Tav. I. Fig. 1. L'*Eleutheria* con molte gemme a diversi gradi di sviluppo. Le nematocisti sono rappresentate soltanto in una metà del corpo.

» 2. Gruppo di nematocisti in una matrice comune: un acino della matrice è vuoto - ingrandimento 560.

» 3-5. Uova a diversi gradi del periodo di segmentazione.

» 6. Embrioni.

(Le fig. 3-6 sono disegnate sotto un ingrandimento lineare di 120).

» 7. Embrione ad un ingrandimento di 440. *a* Materia ialina periferica.

2· HALYBOTRYS n. gen.

Insieme alle Eleuterie si svilupparono nei miei acquari molte Idromeduse sotto la vera forma idroide, de' generi *Hydractinia*, *Stauridia*, *Laomedaea*. Oltre queste ebbi ad osservare, frammezzo alle coralline ed alle conferve, un altro singolar polipo idroide, il quale pei suoi particolari caratteri deve costituire un nuovo genere che io chiamerò *Halybotrys*, e che sarà così definito:

Polipaio tuboloso, eretto, filiforme, ramoso, poco complicato, con rami alquanto rari e distanti.

Polipi claviformi, portati all'estremità libera de' rami; tentacoli capitati, numerosi, distanti, sparsi.

Gonofori semplici, non medusiformi, frammezzo ai tentacoli.

La specie finora unica sarà *H. fucicola.*

Lo sviluppo che può raggiungere il polipaio, la lunghezza del suo fusto centrale, non sono determinabili con sicurezza. Il polipaio penetra fra i rami intricati delle conferve e delle coralline, facendosi da queste sostenere. Io ne ho misurato un tratto libero di $0^m,04$, appoggiato in parte alle pareti dell'acquario, per il resto impegnato nelle conferve.

Bisogna distinguere ora nell'*Halybotrys* il capitolo o la porzione nuda del polipo, ed i rami. Il primo incomincia nettamente colla brusca terminazione del ramo. Da questo punto fino alla bocca ho misurato in alcuni individui fino a 5 e 6 millimetri. La forma del polipo è clavata. Il numero e la disposizione dei suoi tentacoli lo fanno rassomigliare alla pannocchia della *Capsella bursa-pastoris* (fig. 8).

Il colore della parte claviforme del polipo appare, sotto la luce riflessa, rossigno. Il corpo è alquanto angoloso alla origine dei tentacoli, e questi, come la loro base angolosa, alla stessa luce riflessa appaiono di color bianco.

Passando ora alla struttura interna del polipo, dobbiamo ancora distinguere un ectoderma ed un endoderma.

Ciò che ho detto per l'ectoderma dell' Eleuteria si applica perfettamente anche a questa specie. L'endoderma presenta invece notevoli differenze. Lungo i tentacoli non si trova che un solo ordine di grandi cellule ialine, che rappresentano, quanto alla forma, cilindri assai depressi, ciascuno con un piccolo nucleo in corrispondenza del centro (fig. 11).

L' endoderma del corpo è costituito ancora da cellule ialine, con molti granuli di pigmento bruno-rossastro, particolarmente addensati verso lo strato interno che limita la cavità del corpo, in modo da formar qui un vero strato pigmentato, che, in certi stati di contrazione del corpo, presenta un corrugamento a guisa di anelli o segmenti trasversali irregolari. La cavità gastrica è tutta ricoperta di ciglia vibranti (fig. 9).

Nel corpo di questa specie vedesi perfettamente bene uno strato di fibre muscolari fra l'ectoderma e l'endoderma. Queste fibre si attaccano inferiormente all'estremità del ramo tuboloso, e, dirigendosi in alto, finiscono alla parte superiore del corpo (fig. 9*d*). Per l'azione di queste fibre il polipo accorcia l' asse del capitolo, volge il capitolo stesso in ogni verso; pel rilasciamento loro invece il capitolo si allunga, cede al proprio peso e casca, formando un angolo col ramo che lo porta. Riprendendo l'attività delle fibre medesime il capitolo si erige, ed in questi suoi movimenti si direbbe articolato all'estremità del ramo.

Il capitolo, o parte nuda del polipo, si continua nel ramo. Questo è un tubo di parete sottile, alquanto opaco e bruniccio, privo di particolare struttura. Lungo il suo asse scorre un canale che è un prolungamento della cavità gastrica del polipo. Questo canale centrale è inviluppato dal cenosarco, il quale non riempie lo spazio rimanente, ma spicca soltanto frequenti briglie a connettersi col tubo esterno, restando fra questo tubo ed il cenosarco grandi vacui fra loro comunicanti (fig. 9*e*).

Alla base dei rami del polipaio, in corrispondenza del luogo d'onde si è svolta una gemma che ha dato origine ad un nuovo polipo, il cenosarco si dilata e segna il vero limite inferiore del polipo, forma, per così dire, il piede del polipo stesso (fig. 10).

Il cenosarco è un parenchima molle, polposo, analogo a quello di cui ho precedentemente parlato a proposito dell' Eleuteria, e contiene come questo disseminate una moltitudine di nematocisti. Esso è la matrice del tubo ramoso, il quale perciò deve essere considerato come una vera produzione cuticulare.

Sul corpo dell'*Halybotrys* spuntano due sorta di gemme, sempre per diverticolo della cavità centrale. Alcune sorgono dal cenosarco, e sono quelle che daranno origine a nuovi polipi: altri spuntano invece sul capitolo, e sono i *gonofori*.

La rapidità di sviluppo di queste gemme è grandissima. Un capitolo nuovo, che è quanto dire un polipo nuovo, si forma in due giorni, e da prima con pochi tentacoli; poi il numero di questi va ancora rapidamente crescendo.

Questi gonofori sono semplici capsule senza canali raggiati, e sono di due sorta; i maschili ed i femminili. Nei gonofori femminili le uova, relativamente grandicelle, contengono molto chiaramente un nucleo o vescichetta germinativa, un nucleolo ed un nucleo del nucleolo (fig. 12). Con tutta probabilità lo sviluppo di queste uova ha luogo all'esterno.

I gonofori maschili sono più piccoli, colla base più larga della sommità, e le cellule spermatiche si trovano ammassate verso la parte acuta (fig. 13).

Spiegazione delle Figure.

Tav. II. Fig. 8. Porzione di un cespite. *a*. Un polipo a completo sviluppo con due gonofori. *a'* Un polipo in principio del suo sviluppo. *a''* Due gemme. *b*. Rami del polipaio. *x-x* Terminazione del tubo.

» 9. Terminazione di un ramo colla parte inferiore del polipo. *a*. Ectoderma. *b*. Endoderma. *c*. Cavità gastrica. *d*. Fibre muscolari. *e* Cenosarco. *f*. Canale centrale. *g*. Inviluppo esterno chitinico dello stelo. *x-x* Terminazione dello stelo.

» 10. Porzione dello stelo per mostrare la parte basale o piede di un polipo.

» 11. Terminazione di uno dei tentacoli.

» 12. Gonoforo femminile.

» 13. Gonoforo maschile.

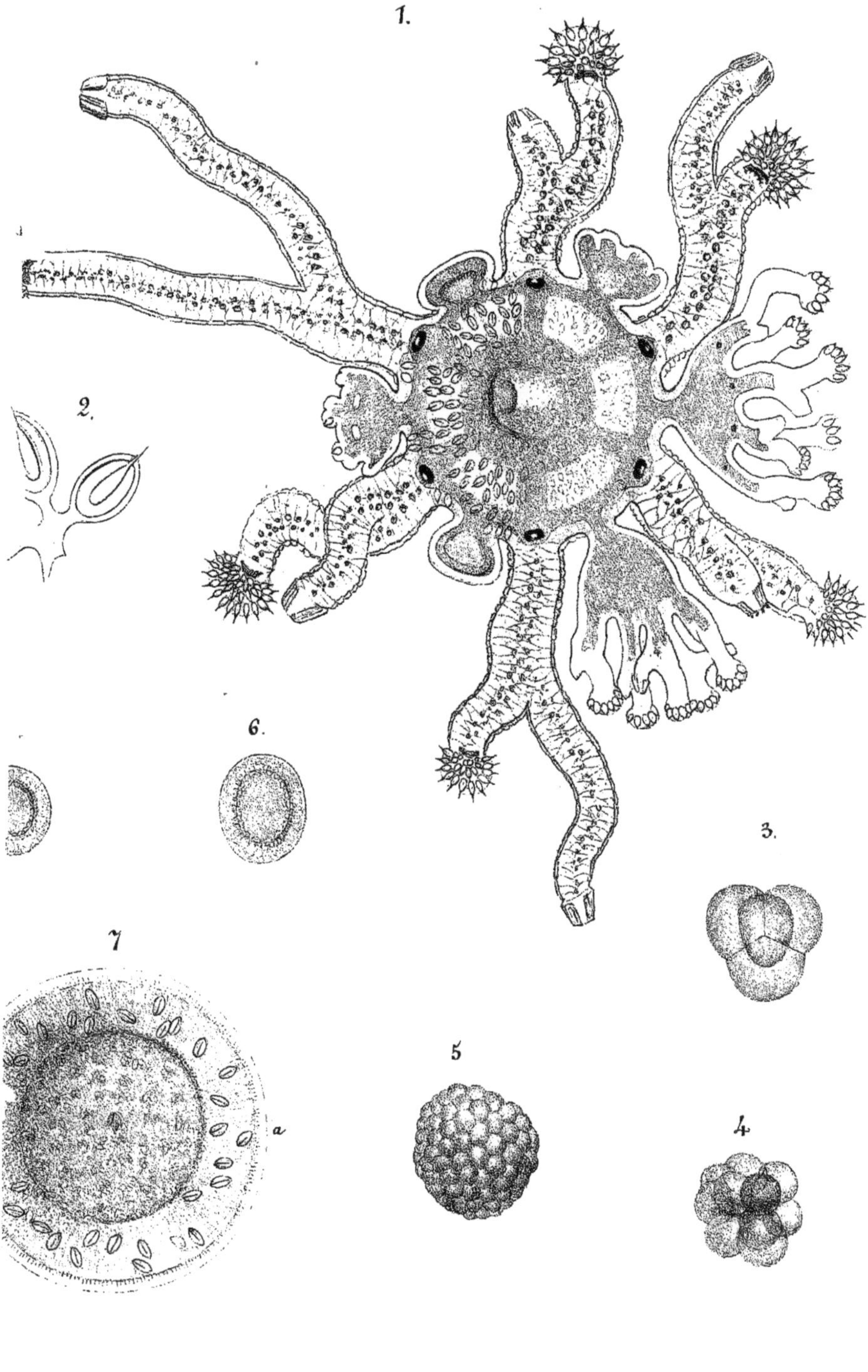
1.
2.
6.
3.
7
a
5
4

12.

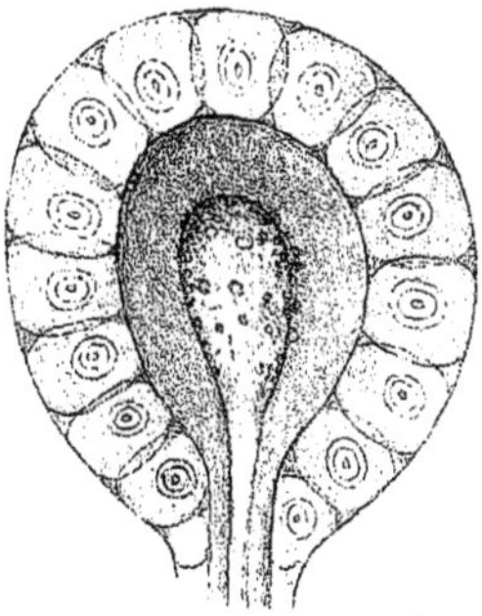

8.

10.

9

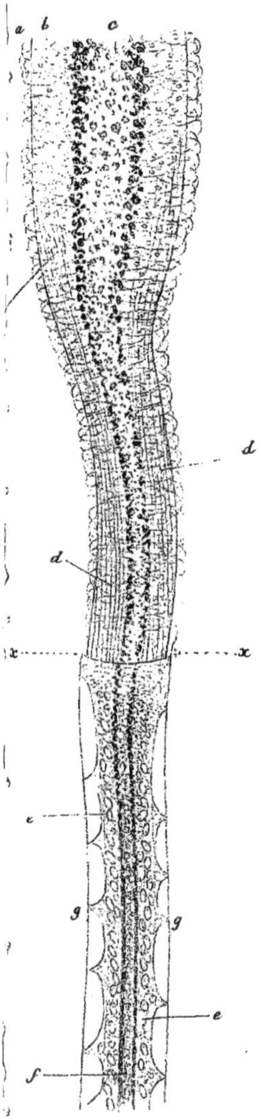

CATALOGO DEI MOLLUSCHI

RACCOLTI

DALLA MISSIONE ITALIANA IN PERSIA

AGGIUNTAVI

LA DESCRIZIONE DELLE SPECIE NUOVE O POCO NOTE

PER **A. ISSEL.**

Approvata in seduta del 18 giugno 1865.

Nel mese di maggio del 1862 partiva da Costantinopoli una missione, inviata dal Governo d'Italia al re di Persia, collo scopo di stringere maggiormente le relazioni amichevoli ed i rapporti commerciali esistenti fra i due paesi. Con lodevole intendimento furono aggiunti all'ambasciata tre distinti naturalisti: il comm. F. De Filippi, direttore del R. Museo zoologico di Torino, come capo della missione scientifica, il cav. M. Lessona, direttore del R. Museo di Genova, ed il marchese G. Doria. Essi approfittarono nel miglior modo possibile dei brevi momenti di sosta conceduti loro dalla rapidità del viaggio e dalle esigenze diplomatiche per raccogliere molti interessanti ragguagli intorno ai paesi che attraversarono e per procacciarsi ragguardevole copia di produzioni naturali, che furono già in parte illustrate dal professore De Filippi.

La missione imbarcatasi a Costantinopoli, costeggiava rapidamente le rive meridionali del Mar Nero, toccava Ineboli e Sinope, per alcun poco si fermava a Trebisonda e giungeva a Poti; di là, risalendo il fiume Rioni (l'antico *Phasis*), riesciva a Marani. Dopo quest' ultima stazione continuava il viaggio per terra, visitando successivamente Kutais,

Tiflis, Erivan ed altre popolose città che mi asterrò dall'enumerare; colà ebbero agio i naturalisti di procurarsi alcuni rari rappresentanti della Fauna transcaucasica, e specialmente uccelli, pesci, insetti ecc.

Finalmente l'ambasciata, dopo aver percorsa la lunga via persiana che passa per Täbris, Sultania, Kazwin ed altre minori stazioni, giunse nella capitale della Persia. Ivi fece un soggiorno di un mese, poi ripartì per l'Italia seguendo una via tutta diversa da quella tenuta nell'andare: attraversò dapprima la ridente ed ubertosa provincia del Ghilan, che si estende dal Caspio alla gran catena dell'Elburz; salpò quindi da Rescht, sul Caspio, e compiùta una breve navigazione, approdò a Bakù; percorrendo allora le coste occidentali di quel mare arrivò ad Astrakan; poscia risalendo il Volga si innoltrò nella Russia centrale, e ritrovò a Nishnyi-Nowgorod l'estremo capo delle ferrovie europee.

Uno dei sunnominati naturalisti, il marchese Doria, prolungò la sua dimora in Persia col fine di istituire ulteriori ricerche, segnatamente nelle provincie meridionali, che sono, pel lato scientifico, poco o punto conosciute. A tal uopo si allontanava da Teheran il 1.° settembre 1862, visitava Hamadan (l'antica Ecbatana), Isphahan ed altre vetuste e decadute città, i cui ruderi monumentali attestano ancora la passata grandezza del popolo persiano: si innoltrava da Jezd a Kerman, superando uno dei più aridi ed infuocati deserti dell'altipiano iranico, poi recavasi a Bender-Abbas sul Golfo Persico, calcando una strada non mai percorsa prima di lui da alcun europeo, e dopo aver fatta una escursione alla celebre isola d'Ormus, volgeva i suoi passi verso il settentrione e raggiungeva Teheran pel Laristan, Schiraz ed Isphahan. Poco dopo, richiamato a Genova, egli faceva ritorno in patria per la via più breve, cioè per quella di Erzerum e Trebisonda.

Il prof. De Filippi ha pubblicata in apposito volume una minuta relazione del suo viaggio, in cui, deposta la soverchia gravità dello scienziato, narra in modo ameno ed istruttivo mille cose interessanti circa le condizioni naturali della Persia e dell'Armenia, non che intorno ai costumi degli abitanti di quelle regioni. Egli avea precedentemente descritto, in una sua memoria stampata a Modena nell'*Archivio per la Zoologia e la Fisiologia* (tomo II, fascicolo 2, 31 marzo 1863), buon numero di mammiferi, di uccelli, di rettili e di pesci nuovi o poco noti, raccolti in quel viaggio.

Il prof. Lessona e il sig. Doria, che si occuparono in particolar modo degli articolati, faranno più tardi di pubblica ragione il risultato dei proprii studi.

I naturalisti della missione mi comunicarono un certo numero di conchiglie trovate in varie località e mi affidarono il còmpito, cui presentemente mi accingo, di farne il catalogo, e di descrivere le specie più interessanti. Il sig. Doria apportò dal suo viaggio 39 specie, il sig. Lessona ne recò 36, ed il prof. De Filippi 31. Prese collettivamente, esse spettano ad 88 specie diverse, numero poco elevato, se si consideri l'estensione del paese attraversato dai raccoglitori; ma non tanto piccolo quando si rifletta, che la più vasta parte del territorio persiano è occupata da sterili deserti, ove non hanno ricetto che scarsissimi animali e vegetali, e se si osservi che la rapidità del viaggio non consentiva indagini minuziose e continuate.

Fra i molluschi noverati in questa memoria, vi hanno 21 specie terrestri e fluviatili, raccolte in Armenia ed in Imerezia; 22 specie del pari terrestri e fluviatili, che provengono dal settentrione e dal mezzogiorno della Persia; 17 marine, prese dal Doria all'isola d'Ormus ed a Bender-Abbas; 13 specie fossili, trovate dai sigg. Lessona e De Filippi nei terreni recentemente sollevati di Baku, le quali sono quasi tutte rappresentate da individui ancora viventi nel Caspio; 7, riferentisi a tipi marini e lacustri, del Caspio; 3 marine e 4 terrestri di Trebisonda, e finalmente 3 marine ed una terrestre di Silivria.

Le specie che credo nuove, e di cui si troverà più innanzi la diagnosi, sono nel numero di 16, e provengono dalla Persia, da Baku e dall'Armenia. Ho dedicato alcune di esse ai naturalisti della missione, in primo luogo perchè parmi cosa giustissima che il nome del raccoglitore si perpetui in quello della specie da lui trovata; poi, perchè adottando nelle denominazioni specifiche dei nomi proprii, è assai più difficile l'imbattersi in aggettivi che già furono impiegati precedentemente, e che nuovamente introdotti nella nomenclatura, ne accrescerebbero la confusione e la oscurità.

Le specie delle singole località sono in troppo piccol numero, perchè sia possibile rilevare dal presente catalogo qualche generale considerazione circa la distribuzione geografica dei molluschi; nullameno non mi pare inopportuno il far cenno di alcune osservazioni suggeritemi dall'esame di esse conchiglie.

Il prof. De Filippi in una bella sua memoria, letta nel mese di settembre 1864 d'innanzi alla Società Italiana di Scienze Naturali adunata in Biella, ha esposto importanti studi da lui fatti sulla fauna del Caspio, ed ha posto in chiaro che essa è essenzialmente lacustre anzichè marina. Di più ha emessa la proposizione, appoggiata sopra molti validi argomenti, che il Caspio non fosse mai stato in comunicazione col Mediterraneo, come da altri più volte fu affermato.

Intorno a tal soggetto farò notare, che i molluschi del Caspio sono per la massima parte fluviatili: ciò si rileva dai pochi che i sigg. Lessona e De Filippi mi comunicarono, e meglio da quelli, in maggior numero, noverati nell'opera di Eichwald (*Zur Naturgeschichte des Caspichen Meeres. Nouveaux mémoires de la Société des Naturalistes de Moscou*, 1855). Fra i molluschi fluviatili, sembrami debbansi propriamente escludere dalla fauna del Caspio varie specie che vivono solamente alla foce dei fiumi; osserverò pure che il genere *Bythinia,* di cui parecchie specie abbondano in quel mare, sebbene si consideri come genere d'acqua dolce, è però rappresentato in certe località da forme quasi marine.

La famiglia dei *Cardium* poi, che è decisamente marina, ci presenta nel Caspio alcuni generi con diverse specie: fra queste il *Cardium edule* è frequentissimo sì nell'Atlantico che nel Mediterraneo, e vive nelle acque salse come pure nelle salmastre; ma abbonda più in quelle che in queste. Altre specie della stessa famiglia, aggruppate dall'Eichwald in sottogeneri particolari (*Adacna, Didacna,* ecc.), non hanno analoghe nell'Atlantico e nel Mediterraneo; ma sono invece strettamente affini a certi *Cardium* fossili illustrati dal sig. Deshayes, che si trovano nei terreni recenti della Crimea. Di più, è d'uopo avvertire che fra i fossili di Baku, i quali sono avanzi della fauna caspica qual era in tempi non molto lontani dalla attualità, risulta maggiore la proporzione delle specie marine in confronto di quelle d'acqua dolce; per la qual cosa sembrerebbe che il Caspio si meritasse in passato meglio che nel presente il nome di mare.

Queste osservazioni sono un poco in disaccordo colle idee emesse dal prof. De Filippi, ma non hanno, come dissi, importanza generale, perchè tratte dalla ispezione di troppo scarsi materiali; pertanto io non intendo di presentarle in guisa di obbiezioni, ma semplicemente come dati, di cui si può tener conto nella controversia che ferve fra gli scienziati circa l'esistenza, in altri tempi, d'una comunicazione fra il Caspio e il Mar Nero.

Riguardo alle conchiglie terrestri e fluviatili raccolte in Persia, ho verificato che si riferiscono quasi tutte a tipi europei, anzi fra esse parecchie sono affatto identiche a specie dell'Italia meridionale e di altre parti d'Europa. In alcune si riconoscono le forme occidentali lievemente modificate e costituiscono delle così dette *varietà geografiche*, considerate ora come buone specie, ora come varietà. Per la più parte, le conchiglie persiane non sono specificatamente distinte da quelle dell'Armenia, della Siria e perfino dell'Egitto, e probabilmente si estendono anche nei paesi che confinano colla Persia ad oriente.

Il prof. De Filippi, nonchè i sigg. Lessona e Doria hanno osservato che i vertebrati e gli articolati, i quali vivono sul territorio persiano, e segnatamente nelle provincie occidentali, mancano affatto di un carattere locale proprio, per modo che essi qualificarono quella fauna col titolo di *fauna negativa*. Il prof. De Filippi fa notare a questo proposito (nel suo catalogo de' vertebrati raccolti in Persia dalla missione italiana), che i mammiferi e gli uccelli più caratteristici di quella regione sono di preferenza specie proprie alle provincie più orientali dell'Asia; i rettili all'incontro si riferiscono assolutamente ai tipi africani, mentre i pesci sembrano appartenere alla fauna ittiologica di Siria.

Ora ecco quali considerazioni il dotto naturalista deduce da questo fatto. « Lo stampo caratteristico (egli scrive) proprio della fauna e della flora è il vero blasone geologico di un paese. Così, per esempio, quel grande continente australe che ha preso il nome di Nuova Olanda, lungi dall'essere una terra nuova, nella quale la creazione organica non sia ancora pervenuta allo sviluppo che ha raggiunto negli altri continenti, si deve ritenere come la terra più antica, come quella che ha conservato ancora al giorno d'oggi il carattere primitivo d'una flora e d'una fauna, che nelle altre parti del mondo sono state rinnovate per intero da successivi cambiamenti geologici. In perfetta antitesi colla Nuova Olanda è la Persia occidentale. In questa regione, geograficamente così ben limitata, la mancanza di un qualunque carattere proprio, locale, nella fauna e nella flora è una patente di nobiltà nuova, di nuova origine (1). » Più innanzi il De Filippi conferma le sue ingegnose teorie, facendo conoscere poche ma ben condotte osservazioni, dalle quali egli crede poter concludere che i fenomeni geologici, cui questa parte dell'Asia deve la

(1) F. De Filippi, *Riassunto di alcune osservazioni sulla Persia occidentale*, Atti della Soc. It. di Sc. Nat., vol. VI, p. 281' 1864.

sua attuale configurazione, abbiano avuto luogo in tempi recentissimi e forse, in parte, anche dopo la comparsa dell'uomo.

A me pare, che la mancanza d'unità e d'impronta locale nella fauna di Persia debba anche per molta parte attribuirsi alle presenti condizioni fisiche e climatologiche di quel paese.

Colà si estendono vastissimi deserti sabbiosi, riarsi da un sole ardentissimo, ove a stento si mantengono pochi esseri viventi. Non di rado deve avvenire, che l'eccessivo innalzarsi della temperie e l'estrema siccità necessariamente distruggano quasi nella totalità le specie che popolano quelle terre inospitali, ed allora, verosimilmente, deve succedere, che nuove colonie vengano a sostituire i primi abitanti; e da dove si compierà questa immigrazione? Evidentemente, se la mia supposizione non è mal fondata, proverrà dai paesi limitrofi più favoriti dalla natura, il cui clima è più confacente alla vita animale; cioè, dalle provincie che stanno in riva del Caspio, dall'Armenia, dalla Russia meridionale ecc. S'intende che la mia ipotesi si applica solamente a quella porzione della Persia, nella quale predominano steppe e deserti, e non alle provincie copiosamente irrigate e vestite di rigogliosa vegetazione, dove verosimilmente i molluschi e gli altri animali son più abbondanti e prosperosi, ed in cui è lecito presumere l'esistenza di tipi speciali e caratteristici.

Io ammetto, entro certi limiti e con qualche restrizione, la teoria di Carlo Darwin, circa le trasformazioni degli esseri organici. Ora, secondo la dottrina del celebre naturalista, mi pare che la specie d'una fauna, la quale fosse spesso rinnovata, non presenterebbe caratteri molto spiccati, nè peculiare aspetto, perchè non avrebbe subìte con sufficiente continuità quelle modificazioni che si effettuano negli esseri viventi quando per molto tempo sono sottoposti alla influenza del clima, della natura del suolo, e di altri agenti in una determinata località. Mentre invece se alcune specie introdotte in un paese vi si fossero mantenute per lunghissimo tratto di tempo, è chiaro che avrebbero poco a poco assunto caratteri fissi e distintivi; e tanto più se quella contrada fosse da naturali confini del tutto separata dalle circonvicine, e se le sue condizioni fisiche, non avendo variato per lunghissimo tempo, riuscissero favorevoli alla diffusione e allo sviluppo della vita animale.

Circa la fauna malacologica dell'Armenia dirò soltanto brevi parole: essa è ora in gran parte conosciuta per opera dei sigg. Mousson, Bayer e di altri valenti conchigliologi, dalle cui ricerche risulta che è molto ricca di forme specifiche, particolarmente nell'interno e nei distretti montuosi. Vi predominano i generi *Helix*, *Zonites*, *Bulimus* e *Clausilia*. È poi molto affine alla fauna della Russia meridionale, della Siria e della Turchia europea; ma comprende buon numero di specie distintissime, che le sono esclusivamente proprie, segnatamente fra quelle dei generi *Bulimus* e *Clausilia*.

Non senza aver incontrate gravi difficoltà ho condotto a termine questo mio lavoro, imperocchè io non poteva giovarmi che di una collezione tutt'altro che ricca, e di una biblioteca affatto insufficiente; pertanto, sebbene io abbia posto ogni cura nel determinare con esattezza le conchiglie menzionate in questa memoria, e nel ricercarne la sinonimia, pure è assai probabile, che qualche errore innavvertito vi sia rimasto. In ogni modo il mio catalogo sarebbe riuscito molto più imperfetto se i sigg. Deshayes e Bourguignat non mi avessero cortesemente prestato efficace aiuto, comunicandomi le denominazioni di parecchie specie a me ignote e somministrandomi alcuni utili ragguagli sinonimici. Piacemi a questo proposito manifestarne loro la mia viva riconoscenza.

MOLLUSCHI GASTEROPODI.

I. BUCCINIDAE.

Genere I. NASSA, Lamarck.

1. Nassa arcularia, Lamarck.

Buccinum arcularia, Linneo, *Syst. nat.*, ed. 12ª p. 1200 (1767).
Buccinum arcularia, Lamarck, *An. sans vert.*, éd. 2, X, p. 178 (1844).
Nassa arcularia, Kiener, *Icon. des Coq. viv.*, p. 94, tav. XVIII, f. 115.

Un solo esemplare di questa specie fu raccolto dal sig. G. Doria all'isola d'Ormus, nel golfo Persico.

2. Nassa Deshayesiana, Issel.

Testa ovato-acuminata; spira conica, fulvidulo-lutescente leviter striata, longitudinaliter costata; costis circa 12 superne, prope suturam, nodulose interruptis; anfractibus 8-9 plano-subconvexis, cinereo-zonatis et fulvo-

lineatis, ultimo ½ longitudinis superante, convexo ad basim subcompresso, spiraliter striato; apertura rotundato-ovalis, intus alba, nigro-trizonata; margine dextero incrassato, extus marginato, intus longe lirato; sinistro excavato, callo crasso, nitido, superne expanso, transverse plicato, munito, inferne crassiore, dilatato et tuberculis minutis ornato; canali intorto, inconspicuo. - Long. 18, diam. 9 ½ mill.

Questa conchiglia, di cui posseggo 20 esemplari, fu raccolta dal marchese DORIA all'isola d'Ormus. Son lieto di dedicarla al venerando continuatore di LAMARCK, al sig. DESHAYES, il quale mi prestò valido aiuto per la determinazione di alcuni molluschi persiani.

La specie sopra descritta forma una parte della sezione che comprende la *Nassa arcularia* ed altre dell'Oceano Indiano. La sua forma è ovata ed acuminata, e presenta una spira costituita di 8 a 9 giri, tutti, ad eccezione dell'ultimo, quasi appianati. Le suture sono poco profonde. La conchiglia è ornata di coste longitudinali, un poco inflesse, non angolose, ordinariamente nel numero di 12 ed intersecate da un solco profondo e parallelo alle suture, il quale forma alla parte superiore di ciascun giro una serie di tubercoletti. L'ultimo giro oltrepassa alquanto la lunghezza totale, è un poco convesso ed offre alla sua base sottili strie spirali. L'apertura è piccola, arrotondata ed un poco ovale; il margine destro è grosso, munito esternamente di un orliccio, e nell'interno presenta 5 o 6 pieghette ineguali; il margine sinistro è concavo e coperto di una callosità molto estesa, che giunge superiormente fino alla sutura dell'ultimo giro, ed inferiormente si continua fino alla base della columella; nella parte che corrisponde all'estremo più alto della apertura detto callo è munito di una piccola piega che, introducendosi in essa apertura, vi forma uno stretto seno. La callosità columellare ha notevole spessezza, ed è fornita di 4 a 5 tubercoletti, la cui maggior lunghezza si trova nel senso trasversale. La columella si termina con una piccola cresta limitata posteriormente da un solco semicircolare e dal sifone, il quale è incurvo, breve e stretto. La conchiglia è giallastra o fulva, ed offre internamente tre fascie brune o nere per ciascun giro, che traspariscono all'esterno con tinta più chiara; è ornata inoltre da lineette trasversali fulve poco evidenti.

Questa specie presenta nella massima parte de' suoi caratteri stretta analogia colla *Nassa acuticosta* della Nuova Caledonia, recentemente descritta dal sig. SOUVERBIE nel *Giornale di Conchigliologia* (tom. IV, p. 273, tav. X, f. 8); ma ne differisce per esser meno ventricosa e più piccola, per la sua callosità molto estesa e munita inferiormente di tubercoletti, ed infine per avere un margine destro non acuto, ma notevolmente spesso.

3. NASSA RETICULATA, LINNEO.

Buccinum reticulatum, LINNEO, *Syst. nat.* ed. 10, p. 740 (1758).
Buccinum reticulatum, LAMARCK, *An. sans vert.*, ed. 2, X, p. 161 (1844).

Var. *prismatica*, BROCCHI.

Buccinum prismaticum, BROCCHI, *Conch. foss. Subapp.*, p. 337, tav. V, f. 7.
Buccinum prismaticum, PHILIPPI, *En. Moll. Siciliae*, I, p. 219 (1836).

Questa *Nassa* è comune lungo tutto il litorale mediterraneo. Il professore DE FILIPPI ne raccolse parecchi individui di piccola dimensione a Silivria sul mar di Marmara.

4. NASSA NERITEA, LINNEO.

Buccinum neriteum, LINNEO, *Syst. nat.*, ed. 12, p. 1201 (1767).
Buccinum neriteum, PHILIPPI, *En. Moll. Siciliae*, I, p. 223 (1836).
Nassa neritea, REEVE, *Conch. syst.*, II, p. 336, tav. 269, f. 3.

Fu raccolta a Silivria insieme alla precedente. Gli individui comunicatimi dal Prof. DE FILIPPI sono più piccoli e più depressi di quelli che comunemente si trovano nel Mar Tirreno e nell'Adriatico; in essi l'ultimo giro ricuopre perfettamente tutti gli altri, e nasconde anche l'apice della conchiglia.

Genere II. COLUMBELLA, LAMARCK.

1. COLUMBELLA DORIAE, ISSEL.

Testa fusiformis, spira valde acuminata, solida, laevigata, albolutescente, lineolis fulvis, numerosis, minutis, flexuosis ornata, superne subdiaphana; anfractibus 9-10 *planulatis, ultimo* $^2/_5$ *longitudinis superante, convexiusculo, ad basim attenuato; apertura mediocris, sinuosa, ovato-elongata, inferne in canalem brevem, subobliquum, postice subcurvum, desinens; margine dextero acuto, extus varicoso-marginato, intus albo; columella ad basim callosa, transversim plicata.* - *Long.* 13, *diam.* 5 *mill.*; *apert.* 5 ½ *mill. longa*, 3 *lata.*

Il sig. DORIA raccolse ben 40 esemplari di tal conchiglia a Bender-Abbas in riva del Golfo Persico, sopra certi scogli sommersi a piccola profondità.

Questa è una elegantissima specie ben distinta da ogni altra per la sua forma allungata, per la spira acutissima, pel margine destro acuto e munito esternamente di orliccio calloso. La sua colorazione è pur caratteristica, imperocchè è tinta di color giallastro ed ornata di lineole sottili, flessuose, fulve o brune che percorrono la conchiglia nel senso della lunghezza; 5 o 6 di queste lineette, che si trovano alla parte posteriore dell'ultimo giro, si dilatano, in prossimità della sutura, in piccole macchiette brune. L'ultimo giro è lungo quasi quanto i ⅔ della conchiglia, ed è alquanto convesso; gli altri sono stretti, appianati e sembrano tinti di scuro, perchè, essendo diafani, lasciano trasparire il color nero dell'animale. L'apertura è piuttosto stretta ed allungata; il margine destro manca internamente di qualsiasi piega o tubercolo; esternamente è munito di un rilievo calloso. La columella è un poco callosa ed è fornita di pieghette, o meglio strie trasversali; il canale è breve e lievemente rivolto all'indietro. L'opercolo è corneo, sottile, ovale allungato, a nucleo submarginale poco evidente, ed ornato di esilissime strie concentriche.

La mia specie ha qualche lontano rapporto colla *Columbella nympha* di SOWERBY, e somiglia anche più alla *Columbella articulata* della Nuova Caledonia descritta dal sig. Souverbie nel *Giornale di Conchigliologia* (tom. IV, p. 271, tav. X, fig. 5). Se ne distingue per la colorazione, per le dimensioni e segnatamente perchè il suo margine destro è affatto sprovvisto di pieghe.

Genere III. RICINULA, LAMARCK.

1. RICINULA INTERMEDIA, KIENER.

Ricinula intermedia, KIENER, *Icon. des Coq. viv.*, p. 54, tav. XII, f. 34.

Pochi individui ne furono raccolti dal sig. DORIA all'isola d'Ormus sugli scogli che emergono alla bassa marea. Si riferiscono ad una varietà più piccola del tipo, in cui i tubercoli ed i solchi son poco sviluppati.

Genere IV. PLANAXIS, Lamarck.

1. Planaxis breviculus, Deshayes.

Planaxis breviculus, Deshayes, *in Litt.*

Il Doria ne ha trovati ben 40 esemplari all'isola d'Ormus, sugli scogli che rimangono all'asciutto all'ora del riflusso.

Questa specie non è stata ancora descritta, ed è lo stesso sig. Deshayes che me ne ha comunicata la denominazione. Essa è conica, molto solida, subcarenata, quasi sempre erosa alla sommità, di color cenerino, spesse volte con macchiette bianche disposte in file parallele; è fornita di forti strie trasversali concentriche, un poco distanti, intersecate da strie longitudinali alquanto oblique ed ineguali. La sua spira si compone di circa 6 giri, i primi dei quali sono, negli individui adulti, quasi sempre asportati. Essi giri sono pianeggianti o lievemente convessi, e le suture che li separano sono piuttosto profonde, ed in qualche caso un poco canaliculate. L'ultimo giro supera in altezza la metà della conchiglia, e presenta una carena ben distinta negli individui giovani, poco evidente negli adulti. L'apertura è mediocre, ovale, ed offre superiormente un angolo acuto, nel quale si approfonda una callosità bruna. Il margine destro è arcuato ed internamente fornito di parecchi profondi solchi paralleli e trasversali; il suo colore è, nell'interno, cenerino od anche violaceo. Il margine sinistro è leggermente curvo e biancastro. La columella è quasi retta, breve e troncata. Le dimensioni della conchiglia sono: 16 à 18 millimetri per la lunghezza e 10 a 11 per la larghezza. Aggiungerò che i molti individui di questa specie che ho confrontati diversificano notevolmente fra loro per le dimensioni e gli ornamenti.

Genere V. OLIVA, Lamarck.

1. Oliva undata, Lamarck.

Oliva undata, Lamarck, *An. sans vert.*, ed. 2, X, p. 618 (1844).

Il sig. Doria ne trovò un individuo all'isola d'Ormus, in cui la conchiglia presenta straordinaria spessezza.

II. CERITHIADAE.

Genere I. CERITHIUM, Bruguiere.

I. Cerithium moniliferum, Dufresne.

Cerithium moniliferum, Kiener, *Icon. des Coq. viv.*, p. 49, tav. XVI, f. 5.

Anche questa specie, che trovasi nell'Oceano Indiano, fu abbondantemente rinvenuta sulle rive scogliose dell'isola d'Ormus dal sig. Doria. Gli individui del Golfo Persico sono più piccoli del tipo indiano; fra i molti che ho esaminati, i maggiori presentano 17 millimetri di lunghezza e 7 ½ di larghezza. La conchiglia è ordinariamente di color bigio, ed è ornata di molti tubercoletti neri e talvolta anche di strette fascie bianche e brune.

2. Cerithium mediterraneum, Deshayes.

Cerithium tuberculatum, Blainville, *Faune franc.*, p. 154, tav. 6-A, f. 5.
Cerithium fuscatum, Costa, in Philippi, *En. Moll. Siciliae*, I, p. 193, tav. XI, f. 7 (1836).
Cerithium mediterraneum, Deshayes, in Lamarck, *An. sans vert.*, ed. 3, III, p. 611 (1844).

Fu trovato dal prof. Lessona a Trebisonda sulle sponde del Mar Nero.

III. MELANIADAE.

Genere I. MELANIA, Lamarck.

1. Melania tuberculata, Müller.

Nerita tuberculata, Müller, *Verm. Hist.*, II, p. 191, n.° 378 (1774).
Melanoides fasciolata, Olivier, *Voy. dans l'emp. ott.*, II, p. 10, tav. XXXI, f. 7 (1804).
Melania fasciolata, Lamarck, *An. sans vert.*, VI, p. 167 (1822).
Melania tuberculata, Deshayes, in Lamarck, *An. sans vert.*, VI, p. 167 (1822).
Melania tuberculata, Brot, *Matériaux pour servir à l'ét. des Melan.*, p. 51 (1862).

Il Doria fece ampia collezione di questa conchiglia nella Persia meridionale in un piccolo rivo d'acqua calda che scorre presso Kerman, ove vivono parecchie altre sorta di molluschi. È specie interessantissima per la sua estesa distribuzione geografica e per singolari proprietà fisiologiche. Essa vive d'ordinario nelle acque termali e trovasi in molte località d'Europa e d'Asia, dal Mediterraneo all'Oceano Indiano; fu rinvenuta in Algeria, in Egitto, nell'Asia Minore, all'isola di Francia, nelle

Indie Orientali, all'isola di Giava ecc.; il DESHAYES la scuoprì fossile nei terreni terziari della Morea, e il MORTILLET in quelli della collina Senese.

Dobbiamo al sig. MORELET una notevolissima osservazione intorno alla *Melania tuberculata*, che fu fatta di pubblica ragione nel *Giornale di Conchigliologia* (tom. III, p. 325, 1852). Egli verificò che tali molluschi sono vivipari, e che gli individui piccoli, durante un certo tempo dopo il loro nascimento, hanno costume di ricoverarsi nel corpo degli adulti entro una speciale cavità; ciò succede ad ore determinate e qualche volta in seguito a speciali cambiamenti nello stato dell'atmosfera.

Gli individui persiani di questa *Melania* presentano circa 32 millimetri di lunghezza e 10 di diametro: differiscono un poco da quelli che abitano il Nilo, imperocchè le coste loro sono più distanti: carattere di poco valore trattandosi di conchiglie mutabilissime, in cui talvolta gli ornamenti, coste e strie diventano tenuissimi e quasi scompariscono.

2. MELANIA, *sp. n.?*

Riferisco dubitativamente al genere *Melania* una conchiglietta, forse spettante ad una nuova specie, che il prof. LESSONA trasse dalle sabbie fossilifere di Baku. Avendo essa disgraziatamente l'apertura incompleta e l'apice asportato, ho creduto bene non assegnarle veruna denominazione specifica; tuttavia sembrami utile il farne cenno, poichè finquì, che io sappia, EICHWALD e gli altri naturalisti che si occuparono dei fossili di Baku non citarono fra essi un solo esempio di *Melania* o di *Melanopsis*. La conchiglia è turriculata e se fosse intera si comporrebbe di 7 o 8 giri; la sua lunghezza normale presumo debba esser di circa 10 millimetri e la sua larghezza di 4 $\frac{1}{2}$. I giri sono alquanto convessi, ed offrono coste longitudinali oblique nel numero di 8 per ciascuno; le suture sono visibilmente marginate; l'ultimo giro è alto quasi quanto $\frac{1}{3}$ della conchiglia, ed è circolarmente striato alla sua base.

Genere II. MELANOPSIS, LAMARCK.

1. MELANOPSIS MINGRELICA, BAYER.

Melanopsis mingrelica, MOUSSON, *Coq. rec. par* A. SCHLAEFLI, II, p. 91 (1863).

Di questa specie furono raccolti moltissimi esemplari dai tre naturalisti della missione nel lago di Paleaston presso Poti. Essa è stata assai ben descritta dal Mousson, che ebbe ad esaminare individui tipici di Reduktaleh e dell'interno della Mingrelia. Il succitato autore la considera a ragione come una modificazione della comune *Melanopsis praemorsa* di Linneo, la quale, come è noto, è frequentissima nell'Algeria, nell'Asia Minore, nelle isole dell'Arcipelago greco ecc. Gli individui più grandi, fra quelli di Poti, raggiungono 25 millimetri di lunghezza e quasi 12 di larghezza: essi sono più grossi e ventricosi della *Melanopsis praemorsa*, e l'apertura loro mi sembra più allungata e più stretta di quel che non sia nella detta specie: l'ultimo giro occupa circa i $^3/_5$ della lunghezza totale, ed è irregolarmente e fortemente striato nel senso longitudinale: il margine sinistro è fornito di una callosità giallastra o fulva, che presenta notevole spessezza nella parte che corrisponde all'estremo superiore della apertura; l'apice è ordinariamente eroso; il margine destro è acuto; la columella breve e sinuosa.

Var. *carinata*, Issel.

Anfractus ultimus obtuse carinatus; carina unica, media, irregulariter subtuberculata.

Questa varietà, molto caratteristica per la carena che orna il suo ultimo giro, fu trovata dal Doria insieme agli esemplari tipici. È cosa assai singolare che molte specie di *Melanopsis* si modificano frequentemente assumendo una o più carene.

2. Melanopsis Doriae, Issel.

Testa elongato-acuminata, solida, longitudinaliter striata, atro-castanea; anfractus 8-9 subplani, ultimus rotundatus, $^3/_7$ spirae aequans; sutura leviter impressa; apertura ovato-acuta, intus fusca; margo externus curvus acutus; columellaris arcuatus, callo tenui fusco munitus; columella brevis, basi vix emarginata. - Long. 24, diam. 8 mill.

Credo che questa specie sia nuova, e le appongo però il nome del mio ottimo amico Doria, il quale ne raccolse molti esemplari nelle acque calde di Kerman nella Persia meridionale. Essa è allungata, qualche volta erosa alla sommità; spesso inquinata da sostanze terrose e di color castagno scuro. La sua spira si compone di 8 a 9 giri pianeggianti;

sottilmente plicati nel senso della lunghezza, e accrescentisi con regolarità; le suture sono in alcuni individui decisamente marginate, la qual particolarità corrisponde sempre ad uno strozzamento nella parte mediana di ciascun giro. L'apertura è ovale, acuta superiormente; il margine destro è tagliente e curvo; il sinistro è velato da sottile callosità bruna; la columella è breve, quasi retta ed appena troncata. L'opercolo è piccolo, corneo, ovale, acuto superiormente e presenta un nucleo marginale, da cui si dipartono strie a guisa di raggi. Questa conchiglia è piuttosto variabile, specialmente nella dimensione delle pieghe longitudinali, che in certi casi assumono l'aspetto di vere coste. Essa somiglia non poco alla *Melanopsis Dufourii*, FERUSSAC ed alla *Melanopsis praemorsa*, LINNEO. Dalla prima si distingue facilmente perchè è più allungata, più regolare ed ha l'apertura costantemente più stretta, poi perchè il suo margine sinistro è soltanto provvisto di sottilissimo callo, e non ha la columella arcuata; dalla seconda differisce per esser più snella, scabra e grossolanamente striata, e finalmente per aver l'ultimo giro più breve in confronto degli altri.

IV. SOLARIADAE.

Genere I. SOLARIUM, LAMARCK.

1. SOLARIUM LAEVIGATUM, LAMARCK.

Solarium laevigatum, LAMARCK, *An. sans. vert.*, ed. 3, III, p. 537 (1844).
Solarium laevigatum, KIENER, *Icon. des Coq. viv.*, p. 5, tav. II, f. 3.

Riferisco a questa specie una conchiglia raccolta dal DORIA all'isola d'Ormus. Essa non differisce molto dal *Solarium perspectivum*, LINNEO; ha però l'ombellico più stretto, ed è più conoidea, inoltre le strie longitudinali da cui è ornata sono più sottili e distanti.

Il *Solarium laevigatum*, qual'è rappresentato nell'opera di KIENER, ha la spira assai più elevata di quel che non sia nell'esemplare comunicatomi dal DORIA; gli altri caratteri corrispondono però quasi perfettamente.

V. PALUDINIDAE.

Genere I. PALUDINA, Lamarck.

1. Paludina mamillata, Küster.

Paludina mamillata, Küster, in Chemnitz und Martini, *Conchyl. cab.*, ed. 2, Gatt. *Paludina*, p. 9, tav. II, f. 1-5, e p. 20, tav. IV, f. 5 (1852).
Vivipara mamillata, Bourguignat, *les Spic. malac.*, p. 131, tav. II, f. 1-2 (1862).
Paludina Duboisiana, Mousson, *Coq. rec. par* A. Schlaefli, II, p. 88 (1863).

Pochi individui ne furono raccolti dal prof. Lessona e dal sig. Doria nel lago di Paleaston presso Poti, ove trovasi insieme alla *Melanopsis mingrelica*, Bayer. Il Bourguignat che ne dà, nel libro suaccennato, una esatta descrizione, la crede specialmente propria alla Turchia europea, e dice che fu trovata presso Costantinopoli e Jassi, nella Dalmazia, nel Montenegro ed anche a Brussa nell'Asia Minore. Il Mousson le assegnò recentemente una nuova denominazione, dichiarando però, che egli la considera come una modificazione geografica della *Paludina fasciata*, Müller.

Questa conchiglia è molto affine alla *Paludina contecta*, Millet (*Paludina vivipara*, Müller), tanto comune in Italia, ed alla *Paludina fasciata*, Müller (*Paludina achatina*, Draparnaud), di Francia, e pei suoi caratteri più essenziali può dirsi propriamente intermedia fra l'una e l'altra. Essa è ovata, conoidea, piuttosto solida, striata longitudinalmente, di color bruno verdastro ed ornata per ciascun giro di tre zone più scure. La spira è ottusa, l'apice mammillato e frequentemente eroso. I giri sono nel numero di 6, regolarmente accrescentisi e divisi da profonde suture; l'ultimo raggiunge in altezza quasi la metà della conchiglia. L'apertura è mediocre ed angolosa superiormente. L'ombellico è ridotto a sottil fenditura. Gli esemplari della mia collezione presentano 25 millimetri di lunghezza e 18 di diametro; essi sono molto meno allungati, e assai più piccoli di quelli rappresentati nel suindicato libro del Bourguignat. Confrontati colla *Paludina contecta* e colla *Paludina fasciata*, appariscono meno ventricosi della prima ed un poco più della seconda; per la disposizione delle fascie e la colorazione somigliano notevolmente a quest'ultima. Offrono in oltre, circa la forma generale, non poca affinità colla *Paludina atra*, Jan, del lago di Garda; questa per altro se ne distingue facilmente a cagione della sua conchiglia spessa e solida, per l'acutezza dell'apice, per la sua colorazione bruno-violacea uniforme e per altri caratteri che sarebbe troppo lungo l'enumerare.

Genere II. BYTHINIA, GRAY.

1. BYTHINIA HEBRAICA, BOURGUIGNAT.

Bythinia hebraica, BOURGUIGNAT, *Amén. malac.*, p. 182, tav. 15, f. 7-9 (1856).

Questa conchiglietta, che fu dapprima scoperta in Siria, è comune nel Lago Goktscha o Lago Azzurro in Armenia, e vi fu rinvenuta dal comm. DE FILIPPI. Il sig. BOURGUIGNAT, cui ne ho comunicati alcuni individui, ha confermata la mia determinazióne.

2. BYTHINIA UZIELLIANA, ISSEL.

Testa minima, ovato-conoidea, tenuis, cornea, nitida, subrimata, striis longitudinalibus, obliquis, minutissimis munita; apice obtusiusculo; anfractus 5 convexi, ultimus rotundatus, 1/3 longitudinis superans; suturis impressis tenuissime marginatis; apertura ovato-rotunda, subangulata; peristomate simplici, continuo, acuto; operculo ignoto. - Long. 2 1/2, *diam.* 1 1/4 *mill.*

Il DORIA la trovò nell'ottobre del 1862 a Kerman nella Persia meridionale, in un ruscello d'acqua calda, che dà pure ricetto ad una *Melania*, ad una *Melanopsis*, ad una *Neritina* ecc.

Questa specie, sebbene sia certamente nuova, non presenta caratteri distintivi molto evidenti, però sembrami che una buona figura valga a darne adeguato concetto meglio che qualsiasi descrizione. Essa si riferisce alla sezione che ha per tipo la *Bythinia viridis*, cui appartengono moltissime forme affini. È ovata, conoidea, nitida, minutamente striata nel senso longitudinale ed ha l'apice alquanto ottuso. La spira si compone di 5 giri mediocremente convessi e divisi da suture lievemente marginate; il 4.° è un poco più rigonfio e sporgente dal lato sinistro che dal destro, come avviene in certe piccole Ferussacie. L'ultimo giro è regolarmente sviluppato, ed è alto circa quanto 1/3 della conchiglia. L'ombellico è ridotto a sottil fessura. L'apertura è regolare, quasi rotonda, un poco angolosa superiormente. Il peristoma è continuo ed acuto. Son lieto di dedicare questa conchiglietta al mio amatissimo amico VITTORIO UZIELLI, che fu il mio primo maestro in conchigliologia.

3. Bythinia variabilis, Eichwald.

Paludina variabilis, Eichwald, *Fauna caspico-caucasica*, p. 253, tav. XXXVIII, f. 6-7 (1842).

Questa specie fu raccolta dai professori Lessona e De Filippi nelle arene fossilifere, che abbondano sulle rive del Caspio recentemente sollevate, presso Baku. Secondo gli autori russi trovasi pur vivente ad Astrakan. Essa somiglia alla *Bythinia rubens*, Mencke ed alla *Bythinia tentaculata*, Müller, ma dalla prima differisce perchè presenta i giri della spira meno convessi ed ha suture meno profonde; dalla seconda si distingue per esser più regolare, meno allungata e per aver l'apertura quasi perfettamente tonda. È poi più spessa e solida e di minori dimensioni delle due suaccennate specie.

4. Bythinia triton, Eichwald.

Paludina triton, Eichwald, *Fauna caspico-caucasica*, p. 224, tav. XXXVIII, f. 8-9, (1842).

Il prof. Lessona e De Filippi la trassero dai terreni fossiliferi di Baku, ove è comunissima del pari che la precedente. Questa interessante specie è molto caratteristica, e non può confondersi con alcuna delle sue congeneri. Per la forma generale si avvicina piuttosto alle Rissoe che alle Bitinie. La conchiglia, che si trova ordinariamente ben conservata, è ovata, conica, solida e scolorata dalla fossilizzazione; la sua spira, allungata ed acuta, si compone di 8 giri un poco convessi e striati longitudinalmente. L'apertura è ovata, allungata ed angolosa alla parte superiore; il margine destro è acuto, ed essendo alquanto esteso inferiormente offre un profilo sinuoso; il sinistro è riflesso. Le dimensioni dei maggiori esemplari sono 11 millimetri di lunghezza e 5 di diametro.

5. Bythinia conus, Eichwald.

Rissoa conus, Eichwald, *Fauna caspico-caucasica*, p. 257, tav. XXXVIII, f. 16-17 (1842).

Questa fu trovata dal Prof. Lessona insieme alla precedente, ma in minor numero. Eichwald la descrive sotto il nome generico di *Rissoa*; diffatti si osserva in essa un aspetto rissoiforme caratteristico; nullameno è certamente conchiglia lacustre, e non esito a noverarla fra le Bitinie. A mia cognizione la *Bythinia conus* offre qualche similitudine con una sola specie parimente fossile, che abbonda nei depositi d'acqua dolce di Figline (val d'Arno superiore), e che fu descritta dal sig. Deshayes col nome di *Paludina subulata*: quest'ultima è però più ventricosa.

6. Bythinia Meneghiniana, Issel.

Testa elongato-turrita, conica, sub lente longitudinaliter striata, imperforata, apice acuminato; anfractus 10-11 *convexiusculi, regulariter accrescentes; sutura leviter impressa; anfractu ultimo rotundato, ad basim obscure spiraliter striato,* 1/3 *longitudinis aequante; apertura ovalis, superne angulata; margine dextro tenui producto; columellari reflexiusculo; columella brevis, arcuata. - Long.* 13 1/2, *lat.* 5 *mill.*

Di questa furono raccolti 3 individui dal sig. Lessona nei giacimenti fossiliferi di Baku. Essa è allungata, turriculata, munita di esili e rade strie d'accrescimento, ed è costituita di 10 giri un poco convessi, che si accrescono regolarmente. Le suture non sono molto impresse. L'ultimo giro è alquanto rigonfio, arrotondato, e vi si scorgono alla base leggiere striature spirali. L'apertura è mediocre, ovale, angolosa superiormente; il margine destro è sottile ed un poco protratto inferiormente; il columellare è breve, curvo ed alquanto riflesso.

La mia conchiglia non si avvicina per l'insieme dei caratteri che alla *Bythinia caspia* di Eichwald; ma se ne distingue per la maggior dimensione, per esser più allungata, per avere i giri più convessi e segnatamente l'ultimo più rigonfio e sviluppato. Piacemi assegnare a questa nuova specie il nome dell'egregio scienziato prof. G. Meneghini in segno di reverenza e di affetto.

7. Bythinia caspia, Eichwald.

Rissoa caspia, Eichwald, *Fauna caspico-caucasica*, p. 256, tav. XXXVIII, f 14-15 (1842).

Il sig. Lessona me ne comunicò pochi esemplari trovati colle specie suaccennate. Questa assume l'aspetto d'una *Turritella*, e sembra una *Bythinia triton*, in cui la spira abbia subito un allungamento, e si sia accresciuta di alcuni giri. Gli individui da me ispezionati sono fragili, imperforati e presentano 10 giri quasi pianeggianti; l'ultimo di essi è lungo 1/4 della totale lunghezza, che è di 9 millimetri. L'apertura è piuttosto piccola, ovata, angolosa superiormente; il margine destro è sottile ed arcuato, il columellare è lievemente riflesso e breve.

La *Bythinia triton* e le due ultime specie sopra indicate si direbbero graduate modificazioni di una sola forma primitiva, e costituiscono un piccolo gruppo ben definito.

VI. NERITIDAE.

Genere I. NERITA, LINNEO.

1. NERITA ALBICILLA, LINNEO.

Nerita albicilla, LINNEO, *Syst. nat.*, ed. 10, p. 778 (1758).
Nerita albicilla, LAMARCK, *An. sans vert.*, ed. 3, III, p. 485 (1844).

G. DORIA ne trovò alcuni individui viventi all'isola d'Ormus. La stessa specie fu anche raccolta al Capo di Buona Speranza, alle Indie Orientali, a Tongatabou, nel Mar Rosso ed in altre località.

Gli individui giovani presentano in confronto degli adulti il margine libero molto più esteso nel senso della larghezza, e la conchiglia un poco più depressa.

2. NERITA POLITA, LINNEO.

Nerita polita, LINNEO, *Syst. nat.*, ed. 10, p. 778 (1758).
Nerita polita, LAMARCK, *An. sans vert.*, ed. 3, III, p. 485 (1844)

Fu raccolta dal DORIA colla precedente, ma più scarsamente.

Questa è variabilissima sì nella forma che nella colorazione, ed assume talvolta vivacissime tinte. Secondo parecchi conchigliologi abita il Mare Indiano e la Nuova Irlanda.

Genere II. THEODOXUS (1), MONTFORT (1810).

NERITINA, LAMARCK (1822).

1. THEODOXUS FLUVIATILIS, LINNEO.

Nerita fluviatilis, LINNEO, *Syst. nat.*, ed. 10, p. 777 (1758).
Theodoxus lutetianus, MONTFORT, *Conch. syst.*, II, p. 351 (1810).
Neritina fluviatilis e *boetica*, LAMARCK, *An. sans vert.*, ed. 3, III, p. 475 (1844).

Var. *subthermalis*, BOURGUIGNAT.

Neritina thermalis, MOUSSON, *Coq. rec. par* A. SCHLAEFLI, II, p. 94 (1863).
Neritina subthermalis, BOURGUIGNAT, *in Litt.*

Molti esemplari ne furono trovati dal marchese DORIA nel lago di

(1) Sebbene la denominazione generica di LAMARCK sia prevalentemente adottata, credo bene imitar l'esempio del sig. BOURGUIGNAT, prescegliendo invece quella di MONTFORT, che è incontestabilmente più antica e perfettamente conforme alle norme della nomenclatura.

Paleaston presso Poti. È alquanto allungata, stretta, di forma regolare, solida; il suo colore è olivastro più o meno scuro; l'apice è costantemente eroso; il margine sinistro è quasi retto, un poco obliquo e di color bianco verdastro. Essa non è molto diversa dal comune *Theodoxus fluviatilis* tipico: posseggo un gran numero d'individui appartenenti a quest'ultima specie che provengono da Torino, da Vercelli, da Milano, da Monza, da Como, da Firenze, da Pisa, da Napoli, da Palermo e da molte altre località italiane, i quali diversificano maggiormente fra loro di quel che ciascuno di essi non differisca dalla varietà del lago di Paleaston. La *Neritina thermalis* di Boubée, che ho raccolta a S. Giuliano presso Pisa, si distingue dalla suaccennata varietà perchè è più globosa e più piccola, ed offre colorazione bruna con macchiette verdastre; a mio credere questa non merita neanche il titolo di specie.

2. Theodoxus lituratus, Eichwald.

Neritina liturata, Eichwald, *Fauna caspico-caucasica*, p. 258, tav. XXXVIII, f. 18-19 (1842).

Fu raccolto dal Lessona nel Murdab, lago comunicante col Caspio, e nel Caspio stesso in più luoghi e, allo stato fossile, anche a Baku. Secondo il Mousson si è rinvenuto parimente in Crimea.

Questa bella conchiglietta è ornata di numerose lineole spezzate nere e sottili che spiccano sovra un fondo giallo pallido; il suo labbro columellare è biancastro, ed offre due macchie scure, che tali appariscono due piccole aree in cui il labbro per la sua sottigliezza diventa diafano. Essa somiglia un poco alla varietà sopradescritta, ma se ne distingue per essere più allungata e compressa, e per la sua caratteristica colorazione. Dalla *Neritina danubialis* Ziegler differisce perchè è meno globosa, più piccola e più depressa.

3. Theodoxus Doriae, Issel.

Testa parvula, semi-globosa, oblique compressiuscula, tenuis subtilissime transversim striata, nigra vel fusca, lineolis albidis undulatis transversis ornata; apice semper eroso; spira laterali; anfractus 3, *ultimo reliquos quasi totaliter celante; suturis non impressis; apertura paululum dilatata, semicircularis, intus fusca; septo columellari simplici; valde descendente, compresso, edentulo sordido-virescente; labro tenuissimo, acuto. - Long.* 6, *lat.* 4 ¹/₄ *mill.*

Proviene dalle acque termali di Kerman (Persia meridionale) ove fu scoperta dal Doria che ne raccolse parecchi esemplari.

La conchiglia è semiglobosa, obliquamente compressa, sottile, e presenta tenui strie d'accrescimento; l'apice è sempre eroso; i giri sono nel numero di 3; l'ultimo ricuopre quasi completamente gli altri due. L'apertura è semicircolare e di mediocre dimensione; il setto columellare, di color verdastro sudicio, si inoltra nella apertura più profondamente di quel che in generale non si osservi; ne risulta che l'opercolo è alquanto profondo. Esso opercolo è nitido, di color giallastro, col margine orlato di bruno. Questa specie offre una colorazione nera o bruna con screziature più chiare; spesso è inquinata di una sostanza rossiccia, per cui direbbesi rugginosa.

3. Theodoxus schirazensis, Parreys.

Var. *major*, Bourguignat.

Neritina schirazensis, var. major, Bourguignat, *in Litt.*

Fu raccolta nel lago Goktscha dal De Filippi, che me ne inviò quattro individui, ed il Bourguignat me ne ha fatta conoscere la denominazione. Non ho potuto verificare da per me stesso se questa conchiglia sia esattamente determinata, essendo la specie di Parreys ancora inedita.

La varietà del lago Goktscha è semiglobosa, compressa, obliquamente e minutamente striata nel senso trasversale e di color nero; il suo apice è prominente ed ottuso; la spira si compone di 3 giri ½, divisi da suture ben visibili, l'ultimo dei quali ricuopre quasi totalmente gli altri. L'apertura è semicircolare, ed internamente presenta un color biancastro tendente all'azzurro; il setto columellare è bianco, piuttosto solido, ed ha il margine quasi retto; il margine destro è regolarmente arcuato e sottile. L'opercolo è poco profondo, di color giallo. Le dimensioni della conchiglia sono: 7 millimetri per la lunghezza, 5 ½ per la larghezza e 3 ½ per l'altezza. Essa specie offre qualche somiglianza colla *Neritina belladonna*, Mousson, di Smirne, e colla *Neritina peloponensis*, Recluz, della Siria e della Grecia; amendue però se ne distinguono per essere più globose e più piccole.

VII. TURBINIDAE.

Genere I. TURBO.

1. Turbo coronatus, Gmelin.

Turbo coronatus, Lamarck, *An. sans vert.*, ed. 3, III, p. 571 (1844).

G. Doria ne raccolse alcuni esemplari all' isola d'Ormus. A quanto asseriscono gli autori, si troverebbe anche nel Mar Rosso, nello stretto di Malacca, e nel mar delle Indie.

Genere II. TROCHUS.

1. Trochus obscurus, Wood.

Trochus obscurus, Wood, *Suppl.*, tav. 5, f. 26 (1828).
Trochus signatus, Jonas, *Zeitschr. für Malak.*, p. 171.
Trochus obscurus, Philippi, *Abbild.*, II, tav. VI, f. 3 (1847).
Trochus obscurus, Krauss, *Südafrik Moll.*, p. 98 (1848).

Ne ricevetti dal Doria 4 individui provenienti dall' isola d' Ormus. Somigliano molto al *Trochus canaliculatus*, Philippi (*Trochus Vieilloti*, Payraudeau).

2. Trochus Adansonii, Payraudeau.

Trochus Adansonii, Payraudeau, *Cat. des Coq. de Corse*, p. 127, tav. 6, f. 6-8 (1826).
Trochus adriaticus, Philippi, *En. Moll. Siciliae*, I, p. 182, tav. X, f. 24 (1836).

Questa conchiglia, abbondantissima in tutto il Mediterraneo, fu raccolta dai sigg. De Filippi e Lessona a Silivria sul mar di Marmara. Gli esemplari comunicatimi sono identici a quelli della Liguria e del Mar Tirreno.

3. Trochus pullatus, Anton.

Trochus pullatus, Philippi, *Zeitschr. für Malak.*, p. 123 (1848).
Trochus pullatus, Küster, in Chemnitz und Martini, *Conchyl. cab.*, ed. 2, Gatt. *Trochus*, tav. XXXIX, f. 3.

Questa elegantissima specie, trovata dal sig. Doria colla precedente, fu determinata dal sig. Deshayes.

La conchiglia è costituita di 6 giri ornati di coste trasversali di varia grossezza, minutamente granulate; l'ultimo è molto sviluppato, ed occupa circa $^2/_3$ dell'altezza totale. L'apertura è grande, subangolosa inferiormente, ed internamente madreperlacea; la columella è un poco incurva e breve, e l'ombellico è strettissimo.

Genere III. ROTELLA, Lamarck.

1. Rotella vestiaria, Linneo.

Trochus vestiarius, Linneo, *Syst. nat.*, ed. 12, p. 1230 (1767).
Rotella lineolata, Lamarck, *An. sans vert.*, ed. 3, III, p. 543 (1844).

Ne conservo nella mia collezione pochi esemplari trovati a Bender-Abbas dal Doria. Essi sono bianchi ed ornati di linee brune disposte a guisa di raggi intorno all'apice; la forma loro è la stessa che presentano gl'individui dell'Oceano Indiano. Questa specie s'incontra nell'Atlantico, alla Nuova Zelanda, e, secondo il Kiener, anche nel Mediterraneo.

VIII. PATELLIDAE.

Genere I. PATELLA, Linneo.

1. Patella vulgata, Linneo.

Patella vulgata, Linneo, *Syst. nat.*, p. 1258.

Il prof. Lessona raccolse a Trebisonda parecchie Patelle che mi sembrano riferirsi a questa specie. Esse sono per la forma loro somigliantissime a quelle che abbondano alla Rochelle ed in altre località del litorale francese. In quanto alla loro colorazione è bianca tendente al giallastro, e sono ornate di 10 raggi bruni.

IX. DENTALIDAE.

Genere I. DENTALIUM, Linneo.

1. Dentalium octogonum, Deshayes.

Dentalium octogonum, Deshayes, *Mém. de la Soc. d'Hist. nat. de Paris*, p. 225, tav. 16, f. 5-6.

Piccola conchiglia caratterizzata da 8 coste longitudinali. Ne ho veduto un solo esemplare trovato dal sig. Doria a Bender-Abbas.

X. HELICIDAE.

Genere I. SUCCINEA, Draparnaud.

1. Succinea Pfeifferi, Rossmässler.

Succinea Pfeifferi, Rossmässler, *Icon.*, I, p. 96, f. 46 (1853).
Succinea Pfeifferi, Mousson, *Coq. rec. par* A. Schlaefli, II, p. 83 (1863).

Me ne fu comunicato dal prof. De Filippi un solo esemplare trovato in Armenia sulle rive del Lago Goktscha o Lago Azzurro. Secondo il Mousson si raccoglie anche sul Caucaso a Tiflis e a Reduktaleh.

Genere II. ZONITES, Montfort.

1. Zonites lucidus, Draparnaud.

Helix lucida, Draparnaud, *Tabl. Moll.*, p. 96 (1801).
Zonites lucidus, Moquin-Tandon, *Moll. de France*, II, p. 76, tav. VIII, f. 29-35 (1855).
Zonites lucidus, Mousson, *Coq. rec. par* A. Schlaefli, II, p. 25 (1863).

Il prof. De Filippi ne raccolse un esemplare in Armenia, il quale è identico a quelli che si trovano nel Genovesato, e che spettano alla varietà *convexiuscula* (Requien, Cat., p. 45). Il sig. Mousson cita questa specie fra quelle della Transcaucasia russa.

Genere III. HELIX, Linneo.

1. Helix syriaca, Ehrenberg.

Helix syriaca, Ehrenberg, *Symb. phys.*, *Moll.*, I, n.° 8 (1831)
Fruticicola gregaria, Held, *in Isis*, p. 914 (1837).
Helix onychina, Philippi, *En. Moll. Siciliae*, II, p. 106 (1844).

Il prof. De Filippi ne raccolse alcuni esemplari presso Erivan in Armenia, ed il prof. Lessona la rinvenne nel Ghilan, provincia della Persia settentrionale. Questa specie è molto frequente lungo il litorale del Mediterraneo, nella Turchia europea, nella Siria, in Algeria, nell'isola di Cipro, nell'Istria, nell'Italia meridionale, ed in altre località. Gli individui persiani ed armeni sono più piccoli di quelli di Napoli, ma hanno ugual forma.

2. Helix Ravergiensis, Ferussac.

Helix Ravergii, Ferussac, *Bull. Zool.*, p. 200.
Helix limbata, Krynicki, *Bull. Soc. des Nat. de Moscou*, VI, p. 431, sp. 6.
Helix Ravergiensis, Pfeiffer, *Mon. Hel.*, I, p. 138 (1847).
Helix Ravergiensis, Mousson, *Coq. rec. par* A. Schlaefli, II, p. 40 (1863).

Fu raccolta dal prof. De Filippi in Armenia, e dal prof. Lessona in Persia nella provincia del Ghilan; dai malacologi russi fu rinvenuta in molte località del Caucaso.

È questa una specie ben distinta, la cui conchiglia è globosa, un poco conoidea, perforata, striata longitudinalmente, cornea e munita di una fascia bianca nella parte medesima dell'ultimo giro. La sua apertura è quasi rotonda; il margine destro acuto e munito internamente di un orliccio bianco, un poco riflesso nella porzione columellare.

3. Helix profuga, A. Schmidt.

Helix profuga, Mousson, *Coq. rec. par* A. Schlaefli, II, p. 33 (1863).

Proviene da Teheran, ove il marchese Doria ne trovò tre piccoli individui identici a quelli che abbondano nel Milanese.

Questa conchiglietta è fra le molte intorno alle quali i naturalisti non sono d'accordo; per ora imiterò il sig. Mousson noverandola fra le buone specie. Gli esemplari lombardi della *Helix profuga* mi sembrano sufficientemente distinti dalla *Helix fasciolata*, Poiret, per parecchi caratteri e segnatamente per la strettezza dell'ombellico; ma non saprei separarli dalla *Helix intersecta* di Brettagna (di Morlaix, di Vannes, di St-Brieuc).

4. Helix Langloisiana, Bourguignat.

Helix Langloisiana, Bourguignat, *Cat. des Moll. rec. par* M. De Saulcy, p. 34, tav. I, f. 39-41 (1854).

Fu trovata per la prima volta dal sig. De Saulcy sulle rive del Mar Morto; fu poi rinvenuta in molte altre parti della Siria. Il sig. Doria ne recò 15 esemplari raccolti a Schiraz.

Ho creduto utile il far figurare questa specie, perchè il disegno che si trova nel libro del Bourguignat è alquanto inesatto: la conchiglia vi è rappresentata come essendo più conoidea e più regolare di quel che naturalmente non sia; l'apertura poi è di troppo piccole dimensioni.

L'*Helix tergestina*, Megerle, è l'unica, nella mia raccolta, che sia molto affine colla *Helix Langloisiana*. Quest'ultima se ne distingue perfettamente perchè presenta l'ombellico più stretto, strie più profonde ed ha l'apertura alta quanto lunga. Le dimensioni dell'esemplare più voluminoso, fra quelli della Persia, sono: 11 millimetri pel diametro maggiore, 9 ½ pel minore e 6 ½ per l'altezza.

5. Helix derbentina, Andrzejowski.

Helix derbentina, Mousson, *Coq. rec. par* A. Schlaefli, II, p. 28 (1863).

Proviene dal Ghilan, e mi fu comunicata dal prof. Lessona. Questa è decisamente intermedia fra l'*Helix ericetorum*, Draparnaud e l'*Helix neglecta*, Draparnaud; dalla prima si distingue perchè ha l'ombellico più stretto e meno svasato e l'apice più acuto, dalla seconda diversifica per avere i giri un poco più turgidi ed in conseguenza le suture più profonde, e perchè non offre in alcun caso orliccio colorato, come suolsi trovare nella *Helix neglecta*. Sebbene tali differenze non abbiano gran valore, pure per la loro costanza bastano a definire la specie. Nell'ottimo lavoro del signor Mousson, che ho citato quasi in ogni pagina di questo catalogo, sono chiaramente esposti i rapporti dell'*Helix derbentina* con tutte le specie analoghe.

6. Helix Krynickii, Andrzejowski.

Helix Krynickii, Andrzejowski, *Bull. de la Soc. des Nat. de Mosc.*, VI, p. 434.
Helix cespitum, *var.*, *Fer.*, *Bull. Zool.*, p. 21 (1835).
Helix Krynickii, Mousson, *Coq. rec. par* A. Schlaefli, II, p. 6 e p. 28 (1863).

È piuttosto frequente in Grecia, in Turchia, sulle rive del Mar Nero e si estende altresì nella Tauria meridionale e nella Transcaucasia russa. Io ne posseggo un buon numero di individui raccolti dal Doria ad Isphahan, sopra degli alberi fruttiferi, nel giardino della missione cattolica di Djulfa.

Questa chiocciola si può considerare come una varietà geografica della *Helix cespitum*, Draparnaud, dell'Europa occidentale e meridionale, da cui si distingue per leggerissime differenze: è alquanto più piccola ed ha un ombellico comparativamente ristretto; la sua colorazione è ordinariamente giallastra con sottili fascie scure ed interrotte; ha però costantemente l'apice bruno.

7. Helix atrolabiata, Krynicki.

Helix atrolabiata, Krynicki, *Bull. de la Soc. des Nat. de Mosc.*, p. 425 (1833).
Helix atrolabiata, Krynicki, *Hel. ross.*, p. 157.
Helix atrolabiata, Krynicki, *Conch. ross.*, p. 51.
Helix atrolabiata, Pleiffer, *Mon. Hel.* I, p. 275 (1847)
Helix sylvatica, *var. Ferussac, Mag. de Zool.*, p. 21.
Helix atrolabiata, Mousson, *Coq. rec. par* A. Schlaefli, II, p. 55 (1863).

Il prof. Lessona raccolse nella provincia del Ghilan in Persia alcuni esemplari spettanti alle varietà *Pallasii* e *typica*, Mousson.

Questa specie rappresenta nella Georgia, ove è molto diffusa, l'*Helix nemoralis*, Linneo. Essa è caratterizzata da una conchiglia solida, fortemente striata, col peristoma e la fauce di color castagno o neri.

8. Helix stauropolitana, A. Schmidt.

Helix stauropolitana, A. Schmidt, *Malac. Blätter*, III, p. 70, tav. III, f. 1-3.
Helix stauropolitana, Mousson, *Coq. rec. par* A. Schlaefli, II, p. 54 (1863).

Var. *elegans*, Issel.

Testa major, magis elevata, fortiter striata; anfractibus primis lutescentibus, ultimis fascis 3 castaneo-fuscescentibus, interruptis et radiis castaneis ornatis.

Ecco un'altra specie essenzialmente caucasica, che fu trovata nel Ghilan dal prof. Lessona; egli me ne comunicò un solo esemplare. Questo si riferisce, a quanto credo, ad una varietà non ancora descritta, e presenta una conchiglia globosa, fortemente striata nel senso longitudinale, costituita di 5 giri $1/2$. I primi sono giallastri, gli altri di tinta più scura, sono ornati di screziature color castagno a guisa di raggi e di 3 larghe fascie brune un poco interrotte. L'ultimo giro assume in prossimità della apertura una direzione molto discendente; essa apertura è piuttosto piccola, arrotondata, obliqua, larga quanto alta. Il peristoma è sottile, bruno e riflesso. L'ombellico è totalmente otturato da una callosità. Le dimensioni di questa varietà sono: 30 millimetri pel diametro maggiore, 26 pel minore, 21 per l'altezza.

L'*Helix stauropolitana* non offre analogia se non colla *Helix atrolabiata*, Krynicki, dalla quale diversifica per esser più conoidea, di maggiori dimensioni e perchè manca della callosità bruna, che in quella riveste la fauce.

Genere IV. BULIMUS, Scopoli.

1. Bulimus interfuscus, Mousson.

Bulimus interfuscus, Bourguignat, *in Litt.*

Il Doria trovò questa chiocciola sull'Ararat, sopra cespugli d'astragalo, e ne portò a Genova un gran numero di esemplari ancora viventi. Io credeva che tal conchiglia fosse il *Bulimus Hohenackeri* di Krynicki, specie frequente in Armenia; ma avendone inviati alcuni individui al signor Bourguignat, egli mi asserì, che spettano invece ad una nuova specie descritta dal Mousson in una memoria, la quale si sta presentemente stampando. Siccome tengo in gran pregio l'autorità scientifica del sopradetto autore, ho adottato sulla di lui fede questa determinazione.

Gli esemplari comunicatimi dal Doria mi sembrano una forma orientale del comune *Bulimus detritus*; se ne distinguono però a cagion della spira più turricolata e più grande, e perchè l'apertura loro è più allungata ed internamente colorata in giallo (1). A questi segni caratteristici va congiunta una estrema variabilità, che ne scema l'importanza.

L'animale del *Bulimus interfuscus* è di mediocre dimensione, ed ha circa 20 millimetri di lunghezza e 6 di larghezza; è bilobo anteriormente, posteriormente di poco più largo che all'innanzi e terminato in punta; offre un color fulvo, che si cangia talvolta in bruno nella parte anteriore, ed è giallognolo all'indietro. Il tegumento del piede è diafano e coperto di tubercoletti poligoni ed allungati, ben visibili ad occhio nudo, specialmente nella regione del collo. Il collare non oltrepassa la conchiglia. I tentacoli maggiori sono lunghi circa 6 millimetri, hanno diametro mediocre, e sono distanti 1 millimetro $\frac{1}{2}$ l'uno dall'altro; presentano poi globuli oculari piccoli ed ovoidei. I tentacoli inferiori sono lunghi 1 millimetro $\frac{1}{2}$, ed alla base loro si trovano ad oltre 2 millimetri di distanza. Il muso è prominente e sporge fra i tentacoli inferiori; i lobi labiali hanno discreta estensione, e sono terminati in punta verso il collo.

---

(1) Se la figura del *Bulimus Hohenackeri*, Krynicki, che si trova nell'opera di Rossmässler (*Icon.*, p. 91, tav. LXXXIII, f. 912-913) è esatta, questa specie è alquanto più piccola e snella del *Bulimus interfuscus*.

2. Bulimus sidoniensis, Ferussac.

Helix sidoniensis, Ferussac, *Tabl. syst.*, p. 56, n.° 426 (1821).
Bulimus sidoniensis, Charpentier, *Zeitschr. für Malak.*, p. 141 (1847).
Bulimus sidoniensis, Reeve, *Conch. Ic.*, tav. LXXXIII, f. 915 (1849).
Bulimus sidoniensis, Küster, in Chemnitz und Martini, *Conchyl. Cab.*, ed. 2, Gatt. *Pupa*, p. 84, tav. 12, f. 8-9 (1852).
Bulimus sidoniensis, Rossmässler, *Icon.*, p. 12, tav. LXXXIII, f. 915 (1859).
Bulimus sidoniensis, Mousson, *Coq. rec. par* A. Schlaefli, II, p. 59 (1863).

Questa specie fu abbondantemente raccolta nel Ghilan dal professore Lessona, e trovasi pure in Imerezia, in Grecia ed in molte parti della Siria. Come è noto, essa è assai affine al *Bulimus syriacus*, col quale non si confonde perchè è sempre più piccola.

3. Bulimus polygiratus, Reeve.

Bulimus polygiratus, Reeve, *Conch. Ic.*, tav. LXXIX, sp. 578 (1849).

Parecchi piccoli *Bulimus* rinvenuti dal Doria a Bender-Abbas, sulla sponda del Golfo Persico, appartengono, secondo la mia estimazione, ad una specie che il Reeve descrive col nome di *Bulimus polygiratus*, e di cui non accenna la provenienza.

La conchiglia di questi molluschi è quasi cilindrica, allungata, nitida, di color bianco terroso, qualche volta subdiafana nei primi giri; essa è costituita di 9 a 10 giri pianeggianti, ornati di sottili strie longitudinali molto avvicinate fra loro e di strie concentriche regolari ed un poco distanti l'una dall'altra, che non si scorgono se non coll'aiuto d'una lente; la sua lunghezza ascende a 10 o 12 millimetri, il suo diametro a 6. L'ultimo giro della spira supera di poco in dimensione i precedenti; ha una direzione notevolmente ascendente, ed è qualchevolta subcarinato. Le suture sono mediocremente profonde. L'ombellico è del tutto otturato. L'apertura è piccola, ovale ed angolosa superiormente; il labbro destro è arcuato, munito di un piccolo orliccio bianco ed un poco riflesso; il columellare è quasi retto, obliquo e riflesso, e si congiunge superiormente col destro, mediante una sottile callosità.

Questa specie forma parte di un piccolo gruppo ben circoscritto, che comprende il *Bulimus pullus*, Gray (*Pupa cylindrica*, Hutton) dell'Arabia e dell'India; il *Bulimus contiguus*, Reeve, di Socotra; il *Bulimus subdiaphanus*, Pfeiffer (*Bulimus bamboucha*, Webb e Berthelot) delle isole del Capo Verde, e forse alcuni altri.

Il viaggiatore GAETANO OSCULATI alludeva probabilmente al *Bulimus polygiratus* quando scrisse di aver osservato fra i ruderi di Persepoli *alcune conchigliette turricolate e bianche analoghe al B. bamboucha*, WEBB (GAETANO OSCULATI, *Coleopteri raccolti nella Persia, Indostan ed Egitto, e note del viaggio*, p. 29).

4. BULIMUS SUBCYLINDRICUS, LINNEO.

Helix subcylindrica, LINNEO, *Syst. nat.*, ed. 12, p. 1248 (1767).
Helix lubrica, MÜLLER, *Verm. hist.*, II, p. 104 (1774),
Bulimus lubricus, BRUGUIÈRE, *Enc. méth., Vers.*, I, p. 311 (1789).
Cochlicopa lubrica, RISSO, *Hist. nat. Eur. mérid.*, IV, p. 80 (1826).
Cionella lubrica, JEFFREYS, *Trans. Linn. Soc.*, XVI, p. 347 (1830).
Achatina lubrica, MÉNKE, *Syn. Moll.*, p. 29 (1830).
Zua lubrica, LEACH, *Brit. Moll.*, p. 114 (1831).
Columna lubricus, CRISTOFORI e JAN, *Cat.*, n.° 6 (1832).
Styloides lubricus, FITZINGER, *Syst. Verz.* p. 105 (1833).
Achatina subcylindrica, DESHAYES, in ANTON, *Verz. Conch.*, p. 44 (1839).
Bulimus subcylindricus, MOQUIN-TANDON, *Hist. Moll.*, II, p. 304, tav. XXII, f. 15-19 (1855).
Ferussacia subcylindrica, BOURGUIGNAT, *Amén. malac.*, I, p. 209 (1856).
Zua lubrica, MOUSSON, *Coq. rec. par* A. SCHLAEFLI, p. 103 (1863).

Questa specie è una delle più diffuse sulla superficie della terra; secondo LOWEL REEVE non solo abita tutta l'Europa e l'Africa settentrionale, ma vive altresì nell'Asia centrale, dall'Amour al Cachemire e al Tibet, ed è abbondantissima in alcuni distretti degli Stati Uniti d'America e segnatamente in quello dell'Ohio (LOWEL REEVE, *The Land and Freschwater Mollusks ecc.*, pag. 93). Il marchese DORIA ne fece ampia raccolta a Soleymanié presso Teheran. Gli esemplari persiani sono di color bruno e nitidissimi; per la forma sono perfettamente simili a quelli che si trovano in Piemonte e in Lombardia.

5. BULIMUS DORIAE, ISSEL.

Testa rimata, ovato-elongata, attenuata, cornea, nitida, sub lente oblique striata; apice conico, obtuso, sutura impressa; anfractus 7 ½ *convexiusculi, ultimus turgidulus, ad aperturam paululum ascendens, ad perforationem compressus; apertura rotundata,* ⅓ *altitudinis aequans; peristoma album, expansiusculum, plano-reflexum; margine columellari arcuato, externo valde curvato; marginibus valde approximatis; paries aperturalis tuberculo lacteo, prope angulum aperturae munitus.* - *Long.* 6 ⅓, *lat.* 2 *mill.*

Questa specie fu trovata dal Doria sotto certi sassi in vicinanza di mura rovinate nel giardino di *Haescht Behescht* (Atrio del Cielo) ad Isphahan.

I tre esemplari che mi furono comunicati offrono una conchiglia ovata, allungata, nitida, obliquamente e lievemente striata, colla perforazione ridotta a sottil fenditura. L'apice è piuttosto ottuso. La spira si compone di 7 giri ½ un poco convessi, separati da suture ben visibili; l'ultimo è un poco turgido, assume presso l'apertura una direzione alquanto ascendente, ed è leggermente compresso nella parte ove si trova l'ombellico. L'apertura è arrotondata, più alta che larga, ed occupa circa un terzo della totale lunghezza della conchiglia. Il peristoma è bianco, piuttosto esteso, riflesso ed appianato; il margine columellare è arcuato e riflesso; il destro è più fortemente curvato e parimente riflesso; in prossimità del punto ove questo si inserisce sulla parete dell'apertura v'ha un piccolo tubercolo bianco ed allungato. I due margini sono convergenti e molti avvicinati.

Questo *Bulimus* ha una forma affatto caratteristica, e non esito ad assegnargli una nuova denominazione. Come era giusto, l'ho dedicato al valente naturalista e viaggiatore, a cui debbo la maggior parte delle conchiglie descritte in questa memoria.

6. Bulimus anatolicus, Issel.

Testa rimata, ovato-oblonga, oblique striatula, corneo-fusca; spira elongata, apice obtusiusculo, laevigato; sutura impressa; anfractus 8 *convexiusculi, ultimus* ²/₅ *longitudinis superans; apertura parum obliqua truncato-ovalis; peristoma reflexum; margine dextero curvato vix reflexiusculo; plica una obliqua, lactea, parvula, prope insertionem labri externi. - Long.* 11 ¹/₃, *lat.* 5 *mill.*

Ne fu trovato un esemplare a Trebisonda in Anatolia dal Doria, ed uno presso Erivan dal De Filippi.

Questa conchiglia ha l'ombellico ridotto a sottil fessura; è ovata, oblunga, obliquamente e debolmente striata, diafana, di color corneo scuro, coll'apice alquanto ottuso e levigato. La spira si compone di 8 giri crescenti regolarmente, un poco convessi e divisi da ben segnate suture; l'ultimo supera in altezza 1 ²/₃ dell'altezza totale. L'apertura è di dimensioni mediocri, un poco obliqua, incompletamente ovale ed angolosa superiormente. Il peristoma è poco sviluppato ed internamente bianco; il margine columellare è leggermente arcuato e riflesso; il destro è curvo ed appena riflesso. I due margini trovansi alquanto distanti l'uno dall'altro, ed in alcuni individui sono collegati da una callosità che si scorge difficilmente. Nel punto, ove il margine destro si inserisce sulla parete dell'apertura, si trova un tubercolo o meglio una piegolina bianca ed obliqua.

Mi rimangono ancora dei dubbi circa la determinazione di questa conchiglia; imperocchè certi *Bulimus*, che spettano allo stesso gruppo, variano assai nelle diverse regioni, in cui sono distribuiti, e le varietà estreme di una forma si confondono spesse volte con quelle di un'altra. La mia specie potrebbe forse essere una varietà molto spiccata del *Bulimus pupa*, Linneo, o del *Bulimus carneolus*, Ziegler; per altro dal primo essa differisce, perchè è più piccola, più allungata e di color più scuro, ed inoltre perchè presenta 8 giri invece di 7, ed ha l'apertura più regolare; credo che si distingua dal secondo perchè ha la protuberanza che accompagna l'inserzione del margine destro meno sviluppata; ho rilevato questo carattere differenziale, non dal confronto diretto fra le due conchiglie, ma soltanto dalla descrizione del *Bulimus carneolus* che si trova nel libro di Mousson, già altre volte citato (*Coq. rec. par* A. Schlaefli, II, p. 13). Aggiungerò che il sig. Bourguignat, che ha esaminato un individuo del sopradescritto *Bulimus*, lo ha pur dichiarato specie nuova.

7. Bulimus Bayeri, Parreys.

Chondrus Bayeri, Parreys, Mousson, *Coq. rec. par* A. Schlaefli, II, p. 67 (1863).

Una varietà di questa specie fu trovata dal sig. Doria nel giardino di Haescht Behescht ad Isphahan, ove è piuttosto frequente. In essa la conchiglia è ovata, ventricosa, di color corneo scuro ed obliquamente striata; l'apice è ottuso; la sua spira si compone di 7 giri ½, un poco convessi e separati da suture mediocremente profonde; l'ultimo occupa circa 1 ²/₅ dell'altezza totale. L'apertura è ovata, e presenta un peristoma bianco terroso, discretamente esteso e riflesso; il margine destro del peristoma è debolmente arcuato, ed offre superiormente e nella parte interna due piccole protuberanze, le quali mancano in alcuni individui; nel punto ove s'inserisce esso margine, si scorge sulla parete aperturale un tubercolo di maggiori dimensioni bianco ed allungato; la parete medesima è pur munita nella parte mediana d'una sottil piega, che s'interna obliquamente nell'apertura; il margine sinistro è leggermente curvo, ingrossato, ed inferiormente porta un tubercoletto, d'ordinario poco evidente, qualche volta appena visibile; i due margini mediocremente distinti l'uno dall'altro, sono collegati da una sottile callosità; l'ombellico è affatto chiuso. Le dimensioni di questa conchiglia sono: 14 millimetri di lunghezza e quasi 5 di larghezza.

Secondo il giudizio del Bourguignat, parecchi esemplari della stessa specie trovati dal De Filippi in Armenia appartengono alla varietà *Kubanensis* Bayer (Pfeiffer, *Novit.*, II, p. 159, tav. XLII, f. 9-11). Questi differiscono dalla forma sopradescritta, perchè sono un poco più piccoli, meno corpulenti, ed hanno i tubercoli e le pieghe dell'apertura più sviluppati. Offrono poi notevole analogia col *Bulimus tridens*, Müller, varietà *eximius*; ma se ne distinguono, perchè la conchiglia loro è più solida ed ha l'apertura più dilatata; inoltre il tubercolo, che si trova nel punto d'inserzione del labbro destro, è meno cospicuo nel *Bulimus tridens* che nel *Bulimus Bayeri*, e i due piccoli rilievi, che in quest'ultimo guarniscono internamente il margine destro, sono ridotti nel *Bulimus tridens* e nelle sue varietà ad un solo, che assume però maggiori proporzioni.

8. Bulimus tridens, Müller.

Helix tridens, Müller, *Verm. hist.*, II, p. 106 (1774).
Turbo tridens, Gmelin, *Syst. nat.*, p. 3611 (1788).
Bulimus tridens, Bruguière, *Encycl. méth.*, *Vers.*, II, p. 350 (1792).
Pupa tridens, Draparnaud, *Tabl. Moll.*, p. 60 (1801).
Jaminia tridens, Risso, *Hist. nat. Eur. mérid.*, IV, p. 90 (1826).
Chondrula tridens, Beck, *Ind. Moll.*, p. 87 (1837).
Torquilla tridens, Villa, *Conch.*, p. 24 (1841).
Chondrus tridens, Mousson, *Coq. rec. par* A. Schlaefli, II, p. 65 (1863).

Var. *eximius*, Rossmässler.

Pupa tridens, var. *eximia*, Rossmässler. *Icon.*, I, p. 81, f. 305 (1835).

Ne ho veduto solo un individuo proveniente dal Ghilan comunicatomi dal prof. Lessona. Questa varietà è anche noverata dal sig. Mousson fra i molluschi della Transcaucasia.

Var. *attenuatus*, Issel.

Testa paulo minor, cornea, attenuata, minus ventricosa; apertura 4-dentata, inferne subangulata; peristoma expansum. - Long. 11, *lat.* 4 *mill.*

Ho esaminati 10 esemplari di questa varietà trovati a Trebisonda dal marchese Doria. Essa è ben distinta pei seguenti caratteri: la sua conchiglia è più piccola del tipo ed apparisce di forma più piramidale; l'apertura è piuttosto piccola, inferiormente un poco angolosa e quadridentata; il margine destro presenta un tubercoletto di discreta dimensione, nel margine columellare ve ne ha un altro più piccolo, un terzo si trova nel punto d'inserzione del margine esterno, e finalmente v'ha una pieghetta alla parte media della parete aperturale; il peristoma è piuttosto esteso, ingrossato, bianco ed in qualche individuo debolmente roseo.

9° Bulimus Isselianus, Bourguignat.

Bulimus Isselianus, Bourguignat, *in Litt.*

Parecchi individui ne furono trovati dal prof. De Filippi presso il Lago Goktscha in Armenia. La seguente descrizione di questa nuova specie mi fu gentilmente comunicata dal sig. Bourguignat.

« *Testa profunde rimata, cylindraceo-oblunga, nitente, pallide grisea ac sub lente oblique arguteque striatula; spira oblongo-attenuata ac paululum acuminata; apice valido laevigato, obtusiusculo; anfractibus* 7 *lente regulariterque crescentibus (supremis valde convexis, ultimis convexiusculis), ac sutura in anfractibus prioribus profunda, in ultimis parum impressa separatis; ultimo* 1/3 *altitudinis aequante, antice late albolimbato, ad aperturam non descendente ac basi leviter subcompressiusculo; apertura fere verticalis, ovata, quadridentata; dente* 1 parietali, *mediano, crasso et valido;* 1 columellari, *ac duobus* palatalibus; *peristomate albido-incrassato, expansiusculo, praesertim ad basim, marginibus callo albido ad insertionem labri externi ac prope columellam tuberculifero, junctis. - Altit.* 8; *diam.* 4 *mill.* ».

Conchiglia cilindracea oblunga, nitida, di color bigio alquanto pallido, ornata di piccole strie oblique, assai sottili, visibili solamente col mezzo della lente. Fessura ombellicale profonda ed alquanto aperta. Spira attenuata, oblunga, leggermente acuminata. Apice valido, liscio ed alquanto ottuso. Giri nel numero di sette, crescenti lentamente e regolarmente; i primi sono molto convessi, gli altri lo sono in minor grado. Suture profonde, specialmente fra i giri superiori, e sempre meno evidenti fra gli ultimi. Ultimo giro uguale al terzo dell'altezza totale, leggermente compresso alla sua base, non discendente in prossimità dell'apertura, ed ornato presso il peristoma d'una fascia bianca discretamente larga. Apertura quasi verticale, di forma ovale e munita di 4 denti, disposti nel modo seguente: un dente parietale, robusto e spesso, nel mezzo della convessità del penultimo giro; un dente columellare e due altri palatali situati sul margine del peristoma. Peristoma biancastro, spesso, leggermente svasato segnatamente alla base. Margini connessi da una callosità bianca, tubercolosa presso l'inserzione del margine esterno e verso la columella.

10. Bulimus ghilanensis, Issel.

Testa profunde rimata, cylindraceo-oblonga, nitida, grisea vel fulvo-cornea; parum pellucida, sub valido vitro oblique striatula; spira oblongo-attenuata, apice laevigato, obtusiusculo; anfractibus 8 regulariter crescentibus (supremis convexiusculis, sequentibus minus convexis); sutura minutissime marginata, in prioribus impressa, in alteris impressiuscula; ultimo anfractu parum ascendente, $^1/_3$ altitudinis superante, prope umbilicum compressiusculo; apertura fere verticali, truncato-ovata, quadridentata; dente 1 *in pariete, pliciformi, mediano, valido;* 1 *columellari pliciformi, valido; duobus in palato, infero maximo, supero minuto; peristomate albo incrassato, expanso, reflexo; margine externo valde curvato; marginibus tenuissimo callo junctis.*

Di questa specie ricevetti sei esemplari dal prof. Lessona, il quale li raccolse nel Ghilan. Dapprima io la riteneva come una varietà estrema del *Bulimus Isselianus;* poi avendola studiata meglio, riconobbi che ne è perfettamente distinta.

Il *Bulimus ghilanensis* presenta una conchiglia munita di stretta e profonda perforazione, cilindraceo-oblunga, attenuata alla estremità, bigia o di color fulvo, tendente al corneo ed obliquamente e lievemente striata. L'apice è liscio ed alquanto ottuso. I giri sono nel numero di 8, crescenti regolarmente: i primi sono più convessi degli altri, ed in conseguenza presentano suture più profonde; esse suture sono sottilmente marginate. L'ultimo giro assume in prossimità dell'apertura una direzione un poco ascendente e supera $^1/_3$ dell'altezza totale; in vicinanza dell'ombellico è alquanto compresso. L'apertura è quasi verticale, ovata, e presenta 4 tubercoletti: uno sta in mezzo della parete aperturale, è pliciforme e discretamente grosso; un secondo, quasi identico, sta sulla columella; due altri poi alternanti coi primi si inseriscono sul palato; fra essi, quello che è posto superiormente è più piccolo dell' altro. Il peristoma è ingrossato, bianco e riflesso. I due margini sono collegati da una sottile callosità; il destro è incurvo, il sinistro quasi retto.

Genere V. PUPA, Lamarck.

1. Pupa quinquedentata, Born.

Turbo quinquedentatus, Born., *Mus. Vindobon.*, *Test.*, p. 370 (1778).
Pupa cinerea, Drap., *Hist. des Moll.*, tav. III, f. 53 (1805).
Pupa quinquedentata, Deshayes, in Lamarck, *An. sans vert.*, ed. 3, III, p. 530 (1844).

Fra le conchiglie raccolte dal prof. Lessona a Silivria vi ha un individuo di questa specie. Come è noto, essa è comune in Liguria, in Provenza, in Grecia, in Turchia ed in altri paesi non molto discosti dal Mediterraneo.

2. Pupa armeniaca, Issel.

Testa profunde rimata, ovato-cylindrica, obtusa, tenuissime oblique striata, fulvo-cornea, non nitens; anfractibus 7 convexiusculis, lente, regulariter crescentibus, sutura impressa separatis; ultimo $^1/_4$ longitudinis superante, ad aperturam vix ascendente, ad perforationem compresso, carinato; apertura parva, regularis; paries aperturalis denticulo remoto munitus; peristoma incrassatum, reflexiusculum patens; marginibus lateralibus subparallelis. Long. 3 *diam.*, 1 $^1/_2$ *mill.*

Fu raccolta in Armenia presso Erivan dal prof. De Filippi. A quanto credo, questa è una specie nuova; per altro non potrei asserirlo con tutta sicurezza, imperciocchè ne ho avuto in comunicazione un solo individuo. Essa presenta una conchiglia minuta, con profonda e stretta perforazione, di forma cilindrica ovata, un poco attenuata, ottusa, ornata di sottilissime strie oblique, di color fulvo tendente al corneo, non nitida. I suoi 7 giri sono un poco convessi, si accrescono lentamente e con regolarità, e son divisi da ben marcate suture; l'ultimo supera $^1/_4$ dell'altezza totale della conchiglia, ed assume direzione un poco ascendente in vicinanza dell'apertura; è poi alla sua base, nella parte prossima all'ombellico, compresso e carenato. L'apertura è piccola e regolare, e vi si scorge un piccolo dente inserito nel mezzo della parete aperturale ed alquanto all'indietro. Il peristoma è spesso, un poco riflesso ed appianato; i suoi margini sono brevi, debolmente arcuati e quasi paralleli.

Questa conchiglia è affine alla *Pupa muscorum*, Linneo; ma se ne distingue per le seguenti differenze: il suo diametro è maggiore in paragone dell'altezza; è più ottusa; i suoi giri hanno maggiore convessità; il suo peristoma è più ingrossato ed esteso.

Genere VI. CLAUSILIA, Draparnaud.

1. Clausilia canalifera, Rossmässler.

Clausilia canalifera, Rossmässler, *Icon.*, III, p. 17, tav. XII, f. 183.
Clausilia canalifera, Pfeiffer, *Mon. Hel.*, II, p. 410 (1848).

È rappresentata da un solo esemplare fra le specie raccolte in Armenia dal prof. De Filippi.

2. Clausilia Duboisi, Charpentier.

Clausilia Duboisi, Charpentier, *Journ. de Conch.*, p. 402, tav. XI, f. 14 (1852).
Clausilia Duboisi, Mousson, *Coq. rec. par A. Schlaefli*, II, p. 33 (1863).

Fu riscontrata dapprima in Crimea dal sig. Dubois, poi in Armenia dal sig. Schlaefli; il sig. Doria la raccolse abbondantemente a Trebisonda. Gli individui che provengono da quest' ultima località non sono perfettamente identici a quelli rappresentati dal Charpentier nel Giornale di Conchigliologia, e se ne diversificano specialmente per la forma dell'apertura, la quale offre un seno più stretto ad un canale meno evidente; ma tali dissomiglianze dipendono forse dalla inesattezza delle figure.

La *Clausilia Duboisi* è analoga alla *Clausilia nigricans* di Pulteney (Pulteney, Cat. Dors., p. 46); se ne distingue però assai facilmente per aver l'apertura più obliqua e piriforme, la striatura più marcata, il peristoma più esteso e bianco; per la forma dell'apertura, si avvicina anche un poco alla *Clausilia dubia*, DRAPARNAUD. Noterò parimente che in questa conchiglia le lamelle dell'apertura non sono costanti nel numero e nella forma: in alcuni esemplari la lamella parietale inferiore è semplice, in altri è bifida o trifida.

3. CLAUSILIA FOVEICOLLIS, PARREYS.

Clausilia foveicollis, CHARPENTIER, *Journ. de Conch.*, p. 399 (1852).
Clausilia foveicollis, MOUSSON, *Coq. rec. par* A. SCHLAEFLI, II, p. 82 (1863).

Si trova in molte parti della Transcaucasia; il prof. DE FILIPPI ne ha rinvenuto un individuo nel fosso della cittadella d'Erivan.

4. CLAUSILIA ERIVANENSIS, ISSEL.

Testa subrimata, parva, gracilis, fusiformis, minute oblique striato-costulata, corneo-fusca, subdiaphana; spira concavo-acuminata; apice laevigato, obtuso, mamillato; anfractibus 12, *supremis convexis, sequentibus planiusculis, sutura impressa separatis; ultimo compresso, basi filo leviter serrulato, unicristato; apertura parva, ficiformis, inferius canaliculata; peristoma continuum, acutum, reflexiusculum, partim serrulatum; sinulus parum obliquus, retractus; plica una parietali, albida, prominula, antice vix incrassata; margine dextero arcuato, reflexiusculo denticulato; sinistro minus curvato, superne edentulo. - Long.* 11 ½, *lat.* 2 ¾ *mill.*

Il prof. DE FILIPPI mi ha comunicato un esemplare di questa Clausilia, raccolto in Armenia presso Erivan; pei suoi distintivi e peculiari caratteri lo ascrivo ad una nuova specie.

La conchiglia presenta appena un rudimento di fessura ombellicale, è sottile, minutamente costulata, di color corneo scuro e subdiafana; la sua spira è molto allungata, ed offre un apice ottuso e mammillato. I giri sono nel numero di 12; i primi appariscono più convessi dei seguenti. Le suture sono mediocremente impresse. L'ultimo giro è alla sua base compresso e munito di una sottil cresta lievemente seghettata. L'apertura è piccola, stretta ed inferiormente canaliculata. Il peristoma è continuo, acuto, riflesso ed internamente denticulato; i piccoli denti, di cui esso è guernito, sono più evidenti sul margine destro, che sul sinistro, ed alla parte superiore di quest'ultimo mancano affatto. Il seno dell'apertura è piccolo, un poco obliquo e portato all'indietro; è limitato nel lato destro da una lamella parietale bianca, un poco prominente e debolmente dilatata all'innanzi. Il margine destro è curvo e riflesso; il sinistro è meno arcuato e più sottile. La lunella manca.

5. Clausilia Lessonae, Issel.

Testa non rimata, clavato-fusiformis, ventricosa, tenuiuscula, griseo-fulva, sub vitro oblique striata; apice valde obtuso, laevi, mamillato; anfractibus 12, *primis convexiusculis, alteris minus convexis; ultimo compresso, basi filo laevi, arcuato, unicristato; sutura leviter impressa; apertura piriformis elongata, inferius canaliculata; sinulus parum retractus; lamella superior parva, acuta, compressa; lamella inferior valde immersa, retro incurvata; plicis nullis; lunella nulla; peristoma continuum, acutum, non reflexum, solutum; margine dextero arcuato, sinistro quasi recto. - Long.* 13, *lat.* 4 *mill.*

Questa *Clausilia*, di cui ho esaminati 4 esemplari, proviene dal Ghilan. A quanto mi pare, essa si riferisce ad una nuova specie; però le assegno il nome dell' egregio prof. Lessona che me l'ha comunicata insieme a molte altre.

La suaccennata conchiglia manca di perforazione, è fusiforme, ventricosa, fragile, di color bigio tendente al fulvo (debbo notare però che non ho ispezionati individui freschi); il suo apice è assai ottuso, liscio e mammillato; le sue suture sono lievemente segnate. I giri sono nel numero di 12; i primi appariscono discretamente convessi, gli altri quasi appianati; l'ultimo è inferiormente compresso, e presenta alla sua base una cresta sottile, liscia ed arcuata. L'apertura è piriforme, allungata, obliqua ed inferiormente canaliculata. Il peristoma è continuo, acuto, poco esteso e non riflesso. Il margine destro è arcuato; il sinistro obliquo e quasi retto. Il seno dell'apertura è piccolo e situato un poco all'indietro. La lamella superiore è piccola e sottile; l'inferiore è un poco più sviluppata, ma si scorge appena perchè trovasi profondamente immersa nell'apertura; non vi hanno altre pieghe o lamelle, e la lunella manca parimente.

XI. CYCLOSTOMIDAE.

Genere I. CYCLOSTOMA, Lamarck.

1. Cyclostoma costulatum, Ziegler.

Cyclostoma costulatum, Pfeiffer, *Mon. Pulm.*, I, p. 224 (1852).
Cyclostoma costulatum, Krynicki, *Bull. de la Soc. des Nat. de Moscou*, p. 55 (1837).
Cyclostoma costulatum, Mousson, *Coq. rec. par* A. Schlaefli, II, p. 87 (1863).

Me ne furono comunicati parecchi individui raccolti dal sig. Doria a Trebisonda e dal prof. De Filippi nelle vicinanze d'Erivan. La stessa specie abita eziandio in altre località delle provincie caucasiche, e trovasi frequentemente sul litorale asiatico ed europeo del Mar Nero.

Questa conchiglia si distingue dal *Cyclostoma Olivieri*, Sowerby, della Siria per la sua piccola dimensione, per aver la spira meno elevata e le coste spirali più regolari; si diversifica poi dal *Cyclostoma glaucum*, Sowerby, perchè quest'ultimo è più grande, più allungato, ed ha le coste più minute.

2. Cyclostoma glaucum, Sowerby.

Cyclostoma glaucum, Pfeiffer, *Mon. Pulm.*, II, p. 122 (1852).
Cyclostoma glaucum, Mousson, *Coq. rec. par* A. Schlaefli, II, p. 87 (1863).

Il prof. Lessona ne rinvenne quattro esemplari nel Ghilan. Rilevo dall'ottimo lavoro del sig. Mousson testè citato, che il Pfeiffer indica Alessandretta come patria di questa specie, e che il Parreys ne ha ricevuti due individui dal Kurdistan. Questo *Cyclostoma* si distingue dal *Cyclostoma Olivieri*, Sowerby, di Siria per la sua dimensione più piccola, per la minor grossezza delle coste e per la colorazione che è fulva tendente al roseo, anzichè gialla.

Le due specie che ho noverate ed il *Cyclostoma Olivieri* sono manifestamente derivate dalle modificazioni di un solo tipo.

XII. LIMNAEIDAE.

Genere I. PLANORBIS, Müller.

1. Planorbis complanatus, Linneo.

Helix complanata, Linneo, *Syst. nat.*, ed. 10, p. 769 (1758).
Planorbis complanatus, Studer, *Faun. Helv.*, in Coxe *Trav. Switz.*, III, p. 435 (1789).
Planorbis marginatus, Draparnaud, *Hist. Moll.*, p. 45, tav. II, f. 11-13 (1805).
Planorbis complanatus, Mousson, *Coq. rec. par* A. Schlaefli, II, p. 86 (1863).

Fu abbondantemente raccolto dal prof. De Filippi nel Lago Goktscha o Lago Azzurro; è anche molto frequente nella Transcaucasia.

2. Planorbis subangulatus, Philippi.

Planorbis subangulatus, Philippi, *En. Moll. Siciliae*, II, p. 119, tav. XXI, f. 6 (1844).

Il prof. Lessona ne raccolse alcuni nel Murdab (lago comunicante col Caspio, situato nelle vicinanze di Rescht), i quali furono determinati dal sig. Bourguignat.

Genere II. ANCYLUS, Geoffroy.

1. Ancylus Jani, Bourguignat.

Ancylus capuloides, Jan, in Porro, *Malac. Com.*, p. 87, tav. I, f. 7 (1838).
Ancylus Jani, Bourguignat, *Cat. Anc.*, *in Journ. de Conch.*, IV, p. 185 (1853).

Var. *major*, Issel.

Testa major, fusco-cornea, paulo elevatior. - Long. 8 ½, *lat.* 6 ½, *alt.* 3 *mill.*

Ne ricevetti alcuni esemplari trovati dal prof. De Filippi nel fosso della cittadella di Erivan in Armenia. Essi somigliano alquanto alla forma siciliana, ma presentano maggiori dimensioni e la colorazione più oscura.

L'*Ancylus Jani* fu rinvenuto in Italia, in Francia, nella Spagna e recentemente anche nella Bosnia; non è dunque un fatto molto singolare la sua presenza in Armenia.

Genere III. LIMNAEA, Lamarck.

1. Limnaea palustris, Müller.

Buccinum palustre, Müller, *Verm. Hist.*, II, p. 131 (1774).
Limnaeus palustris, Draparnaud, *Tabl. Moll.*, p. 50 (1801).
Limnaea palustris, Moquin-Tandon, *Hist. Moll.*, II, p. 475, tav. XXXIV, f. 25-35 (1855).

Questa conchiglia, tanto comune fra noi, è pur frequentissima in Persia, nelle acque termali di Kermàn, ove fu raccolta dal sig. G. Doria. Il viaggiatore italiano G. Osculati asserisce, nella relazione di un suo viaggio in Oriente, d'averla osservata negli acquedotti di Isphahan (G. Osculati, *Coleopteri raccolti nella Persia, Indostan ed Egitto, e note del viaggio*, p. 29).

Gli esemplari persiani della *Limnaea palustris* sono perfettamente identici a quelli che vivono nelle paludi e nei fossi della provincia di Pisa.

2. Limnaea limosa, Linneo.

Helix limosa, Linneo, *Syst. nat.*, ed. 10, p. 774 (1758).
Limnaea limosa, Moquin-Tandon, *Hist. Moll.*, II, p. 465, tav. XXXIV, f. 11-12 (1855).

Var. *vulgaris*, Pfeiffer.

Limnaeus vulgaris, C. Pfeiffer, *Syst.*, p. 89, tav. IV, f. 22 (1821).

Questa varietà mi fu recata dal prof. Lessona che la trovò nel Murdab a poca distanza da Rescht.

3. Limnaea Defilippii, Issel.

Testa ampullacea, ventricosa, fragillima, diaphana, pallide flavescens vel cornea, longitudinaliter striatula, leviter malleata; spira brevi; apice acutiusculo; anfractibus 6-7, prioribus minutis, convexiusculis, regulariter crescentibus, sutura impressa, laeviter marginata separatis; ultimo anfractu magno inflato, prope aperturam paululum ascendente; apertura ovata, ampla; angulo aperturali superiori subobtuso; columella crassiuscula, sinuosa; peristomate acutissimo; margine dextero incurvato, extus prope aperturam labio parvulo reflexiusculo munito; marginibus callo crassiusculo, pallido junctis. - Long. 30, lat. 17 mill.

Il prof. De Filippi mi inviò pochi esemplari di questo mollusco trovati nel Lago Goktscha a 5500 piedi al disopra del livello del mare.

La conchiglia è rigonfia a guisa di ampolla, fragilissima, diafana, di color fulvo pallido o corneo, ornata di sottili strie longitudinali, e debolmente malleata nel senso trasversale; la sua spira è breve, l'apice un poco acuto. I giri sono 6 o 7 separati da suture mediocremente profonde e lievemente marginate; i primi si accrescono regolarmente, e sono piccoli e discretamente convessi; l'ultimo è ampio, rigonfio ed un poco ascendente in vicinanza dell'apertura; questa particolarità non si verifica però che negli individui adulti. L'apertura è ampia, ovata, e presenta superiormente un angolo che supera di poco il retto. La columella è discretamente ingrossata e sinuosa. Il peristoma apparisce, negli individui che ho esaminati, molto acuto e fragile; il margine destro è incurvato ed offre esternamente, ad una certa distanza dell'apertura, un orliccio riflesso e sottile; il sinistro è breve ed arcuato. I due margini sono congiunti da una callosità discretamente spessa e pallida.

Questa *Limnaea* è, per la sua forma generale, intermedia fra la *Limnaea stagnalis*, Linneo, e la *Limnaea auricularia*, Linneo; ma si avvicina più a quella che a questa. Si accosta anche notevolmente alla *Limnaea Doriana*, Bourguignat, di Sicilia, da cui però si diversifica essendo molto più fragile e sottile, e soprattutto per la sua columella sinuosa, anzichè retta.

La sopradescritta specie fu da me dedicata al chiarissimo prof. De Filippi.

4. Limnaea Lessonae, Issel.

Testa parvula, crassiuscula, solida, obeso-ampullacea, longitudinaliter striatula; spira valde brevi; apice laevi, obtuso; anfractibus 3 $^{1}/_{2}$, *sutura profunda separatis; primis convexis, regulariter crescentibus; ultimo magno, inflato, prope aperturam non ascendente; apertura ovato-rotundata, ampla; angulo aperturali superiori obtuso; columella crassiuscula, vix arcuata; peristomate simplici acuto; margine dextero semicirculari, sinistro brevi; marginibus callo tenui junctis. - Long.* 7, *lat.* 5 *mill.*

Ne ho ispezionato 3 individui perfettamente conservati, raccolti dal prof. Lessona nelle sabbie fossilifere di Baku.

Questa specie spetta al gruppo della *Limnaea auricularia*; ma pei suoi caratteri distintivi non può confondersi con altre. La sua conchiglia è piccola, piuttosto solida, obesa, rigonfia ed un poco striata longitudinalmente. La spira è molto breve; l'apice ottuso. I giri sono 3 ½, separati da profonde suture; i primi appariscono alquanto convessi, e si accrescono regolarmente; l'ultimo è grande, rigonfio e non assume direzione ascendente presso l'apertura. Essa apertura è ovata, arrotondata, ampia, e forma superiormente un angolo ottuso: la columella è piuttosto spessa ed appena arcuata. Il peristoma è semplice ed acuto; il margine destro è semicircolare; i due margini sono fra loro riuniti da una sottile callosità.

La sopra descritta conchiglia è certamente nuova; perciò le ho assegnato il nome dell'ottimo prof. LESSONA, da cui l'ho ricevuta.

5. LIMNAEA AURICULARIA, LINNEO.

Helix auricularia, LINNEO, *Syst. nat.*, ed. 10, p. 774 (1758).
Limnaeus auricularius, DRAPARNAUD, *Tabl. Moll.*, p. 48 (1801).
Limnaea auricularia, MOQUIN-TANDON, *Hist. Moll.*, II, p. 462, tav. XXXIII, f. 21-31 (1855).

Var. *persica*, BOURGUIGNAT.

Limnaea persica, BOURGUIGNAT, *in Litt.*

Fu raccolta dal DORIA nelle acque termali di Kerman (Persia meridionale). Essa si distingue pei seguenti caratteri: è più piccola del tipo, di color corneo oscuro; presenta i giri alquanto convessi e le suture profondamente segnate; l'ultimo giro è poco sviluppato; le sue dimensioni sono: millimetri 11 ½ per la lunghezza e 7 per la larghezza.

Il BOURGUIGNAT, cui ho comunicata questa conchiglia, la considera come una nuova specie; ma io non divido un tal modo di vedere, imperciocchè la *Limnaea* persiana somiglia assai alla comune *Limnaea auricularia*, la quale, come è noto, presenta estesissima distribuzione geografica, ed è oltremodo variabile.

MOLLUSCHI ACEFALI

I. VENERIDAE.

Genere I. VENUS, LINNEO.

1. VENUS FLAMMEA, GMELIN.

Venus flammea, LAMARCK, *An. sans vert.*, ed. 3, II, p. 617 (1839).

Il marchese DORIA ne raccolse un esemplare nel Golfo Persico, sulle rive dell'isola d'Ormus. La stessa specie vive anche nel Mar Rosso.

Genere II. CYTHEREA, LAMARCK.

1. CYTHEREA LILACINA, LAMARCK.

Cytherea lilacina, LAMARCK, *An. sans vert.*, ed. 3, II, p. 599 (1839).

Questa bella e voluminosa conchiglia, cui gli autori assegnano per patria l'Oceano Indiano, fu trovata insieme alla precedente dal sig. G. DORIA.

II. CARDIADAE.

Genere I. CARDIUM, LINNEO.

1. CARDIUM EDULE, LINNEO.

Cardium edule, FORBES e HANLEY, *Brit. Moll.* II, p. 15, tav. XXXII, f. 1-4.

Var. *rustica*, CHEMNITZ.

Cardium rusticum, CHEMNITZ, *Conch. Cab.*, VI, p. 201, tav. XIX, f. 197.
Cardium edule, var. *rustica*, JEFFREYS, *Brit. Conch.*, II, p. 287 (1863).

Questa varietà, la quale vive specialmente nelle acque salmastre e negli estuari, fu abbondantemente raccolta nel Caspio dal sig. LESSONA; secondo il MIDDENDORF essa abita anche la Lapponia russa, il lago di Aral ed il Mar Nero.

Gli individui del Caspio, che ho esaminati, sono di piccola dimensione, e per la forma differiscono pochissimo da quelli che si pescano nella Manica.

Genere II. DIDACNA, Eichwald.

1. Didacna trigonoides, Pallas.

Didacna trigonoïdes, Eichwald, *Fauna caspico-caucasica*, p. 271, tav. XXXIX, f. 5 (1842).

Ne ebbi alcune valve disgiunte recatemi dal Prof. Lessona. Questa è una specie molto caratteristica, che vive esclusivamente nel Caspio.

Genere III. MONODACNA, Eichwald.

1. Monodacna intermedia, Eichwald.

Monodacna intermedia, Eichwald, *Fauna caspico-caucasica*, p. 276, tav. XL, f. 5-7 (1842).

Il prof. De Filippi me ne inviò parecchi esemplari fossili tratti dai giacimenti di Baku. Questa elegante conchiglia presenta delle varietà molto spiccate ed assai diverse l'una dall'altra; ma fra esse, ispezionando un gran numero d'individui, si riscontrano sempre forme intermedie e graduati passaggi.

2. Monodacna catillus, Eichwald.

Monodacna catillus, Eichwald, *Fauna caspico-caucasica*, p. 277, tav. XL, f. 12 (1842).

Specie fossile trovata a Baku insieme alla precedente. I sigg. Lessona e De Filippi me ne comunicarono buon numero di esemplari, fra i quali sono rappresentate 2 o 3 varietà.

3. Monodacna Lessonae, Issel.

Testa ovato-elongata aequivalvis, inaequilatera, supra angulato-arcuata, infra subrecta, depressa, fragilis, striato-costata; costis minutis, planulatis, radiatis, striis concentrice decussatis; umbonibus minimis, vix prominentibus; cardo dente unico exiguo munitus; dentibus lateralibus nullis. - Long. 21, lat. 13, alt. 7 mill.

Ne ho ricevute dal prof. Lessona alcune valve fossili in perfetto stato trovate a Baku a poca distanza dal Caspio.

Nella sopra descritta specie, la conchiglia è trasversa, ovata, allungata, equivalve, inequilatera, superiormente munita di un angolo molto ottuso ed arcuata, inferiormente quasi retta. Essa è piuttosto fragile ed ornata di strie e di coste: queste ultime sono piccole, appianate, disposte a raggi, e gli interstizi loro corrispondono nell' interno delle valve ad un egual numero di rilievi; le coste poi sono intersecate da strie d'accrescimento poco profonde ed irregolari. Gli umboni sono piccoli e poco prominenti. La parte anteriore delle valve è di poco più estesa della posteriore; amendue i lati presentano il margine loro arrotondato. Il cardine della valva destra offre un dente piccolo, obliquo ed alquanto prominente; nella sinistra v'ha del pari un solo dente, ma più minuto ed allungato; i denti laterali mancano affatto nelle due valve.

Ho descritto questa nuova specie sotto il nome di *Monodacna Lessonae* in onore del prof. Lessona. Essa è affine ad una sola conchiglia fra quelle che ho noverate, cioè alla *Monodacna catillus*, Eichwald; ma se ne distingue per le seguenti differenze: è più appianata e compressa, più allungata, meno solida; ha gli umboni poco prominenti e non ricurvi; di più l'angolo formato dal cardine è più ottuso nella mia specie, di quel che non sia nella suaccennata.

4. Monodacna propinqua, Eichwald.

Monodacna propinqua, Eichwald, *Fauna caspico-caucasica*, p. 275, tav. XL, f. 3-4 (1842).

Il prof. De Filippi me ne comunicò alcuni bellissimi esemplari presi a Baku, i quali, benchè fossili, sono assai poco alterati.

Questa conchiglia assume dimensioni molto maggiori di quelle che presentano le altre del medesimo genere. Per la sua forma un poco trigona, per essere priva di coste e di strie longitudinali, ha l'aspetto di una *Venus* o d'una *Cytherea*, mentre i caratteri del suo cardine manifestano in essa una stretta affinità col genere *Cardium*.

Le 4 specie di *Monodacna* che ho menzionate, e segnatamente le 3 prime, sono alquanto mutabili; in esse varia singolarmente il rapporto fra la lunghezza e la larghezza delle valve.

Genere IV. ADACNA, Eichwald.

1. Adacna laeviuscula, Eichwald.

Adacna laeviuscula, Eichwald, *Fauna caspico-caucasica*, p. 281, tav. XXXIX, f. 1 (1842).

Fu abbondantemente raccolta nel Caspio dal prof. Lessona. È una bella conchiglia telliniforme, bianca, fragile, longitudinalmente costata, colle valve alquanto divergenti.

2. ADACNA VITREA, EICHWALD.

Adacna vitrea, EICHWALD, *Fauna caspico-caucasica*, p. 283, tav. XXXIX, f. 2 (1842).

Fu pescata vivente nel Caspio dal prof. LESSONA. Questa elegante conchiglia si distingue dalla precedente perchè è più trigona, di minor dimensione, e presenta coste longitudinali più sottili. Essa offre una bella colorazione rosea più o meno intensa, la quale è specialmente vivace sugli umboni, ed impallidisce lungo i margini.

3. ADACNA PLICATA, EICHWALD.

Adacna plicata, EICHWALD, *Fauna caspico-caucasica*, p. 280, tav. XXXIX, f. 3 (1842).

Fra i fossili di Baku apportati dal sig. DE FILIPPI, questa specie è solamente rappresentata da un modello interno malamente conservato, ma ancora ben riconoscibile.

III. MYTILIDAE.

Genere I. MYTILUS, LINNEO.

1. MYTILUS MINIMUS, POLI.

Mytilus minimus, POLI, *Test. Siciliae*, II, tav. XXXII, f. 1 (1795).
Mytilus minimus, LAMARCK, *An. sans vert.*, ed. 3, III, p. 22 (1844).

Ne ho ricevuti dal sig. LESSONA alcuni esemplari trovati a Trebisonda, i quali non sono dissimili da quelli che abbondano in Liguria.

Genere II. DREISSENA, VAN BENEDEN.

1. DREISSENA POLYMORPHA, PALLAS.

Mytilus polymorphus (partim), PALLAS, *Voy. Russ.*, *app.*, p. 202 (1754).
Mytilus Volgae, CHEMNITZ, *Conch. Cab.*, XI, p. 256, tav. CCV, f. 2028 (1795).
Mytilus Hagenii, BÄER, *Inst. solemn.*, in OKEN, *Isis*, V, p. 525 (1825).
Mytilus volgensis, GRAY, *Ann. Phil.*, p. 139 (1825); *Ind. Test. Supp.*, p. 8, tav. II, f. 6.
Mytilus arca, KICKX, *Descr. nouv. esp. de Moule* (1834).
Dreissena polymorpha, VAN BENEDEN, *Bull. Ac. Sc. Brux.*, I, p. 105 (1834); *Ann. Sc. Nat.*, tav. VIII, f. 1-11.
Tichogonia Chemnitzii, ROSSMÄSSLER, *Icon.*, I, p. 113, f. 69 (1835).
Mytilina polymorpha, CANTRAINE, *Ann. Sc. nat.*, VII, p. 308 (1837).

Il prof. Lessona ne ha raccolto presso Baku, nel Caspio, un gran numero di esemplari viventi, i quali aderivano fortemente, mediante il loro bisso, ad un pezzo di legno, e lo ricuoprivano tutto colle loro conchiglie. Come è noto, questa specie è frequente nel Volga, nel Danubio, nel Mar Nero, nonchè in molte località dell'Asia Minore, della Russia, della Germania, della Danimarca, dell'Olanda, del Belgio, della Francia, e dell'Inghilterra. Si ammette da molti, che essa sia stata introdotta nell'Europa occidentale soltanto da poco tempo; ma tal congettura non è ancora sanzionata da sufficienti osservazioni.

Avendo confrontato la *Dreissena* del Caspio con quella di Francia (del fiume Saône), osservai che quest'ultima presenta una conchiglia più larga e più acutamente carenata. Gli individui di Berlino (del fiume Spree) sono invece assai più somiglianti a quelli del Caspio.

2. Dreissena caspia, Eichwald.

Dreissena caspia, Eichwald, *Zur Naturgesch. des Casp. Meeres, in Nouv. Mém. Soc. des Nat. de Moscou*, p. 311, tav. X, f. 19-20 (1855).

A Baku i professori De Filippi e Lessona raccolsero alcuni individui fossili di questa specie, la quale, secondo Eichwald, trovasi ancora vivente nel Caspio.

La *Dreissena caspia* è una conchiglia che non si può confondere con alcuna delle sue congeneri; presenta le valve compresse, allungate, non carenate, il margine anteriore leggermente arcuato, il posteriore un poco concavo. I suoi umbomi sono acuti, divergenti ed un poco torti. L'estremità libera delle valve è arrotondata. Le dimensioni dell'esemplare più voluminoso che io abbia misurato sono: 20 millimetri per la lunghezza, 10 per la massima larghezza e circa 8 per la totale altezza.

3. Dreissena Eichwaldi, Issel.

Dreissena rostriformis (1), Eichwald, *Zur Naturgesch. des Casp. Meeres, in Nouv. Mém. Soc. des Nat. de Moscou*, p. 308, tav. X, f. 22-25 (2) (1855).

Testa oblongo-elongata, angusta, acuminata, anterius arcuata,

---

(1) Deshayes, in De Verneuil, *Mém. de la Soc. géol. de France*, III, tav. IV, f. 14-16.

(2) Questa specie e la precedente trovansi rappresentate nell'opera di Eichwald con figure molto inesatte.

posterius subrecta vel parum concava, concentrice striatula, dorso oblique subcarinato; margine inferiori rotundato; umbonibus acutis, retortis divergentibus, intus septiferis crassis. - Long. 20, lat. 7, alt. 8 mill.

Proviene da Baku, e la rinvenni in scarso numero frammezzo ai fossili trovati dai sigg. De Filippi e Lessona.

Eichwald nella sua storia naturale del Caspio la descrive sotto il nome di *Dreissena rostriformis*, Deshayes; ma tale determinazione fu dallo stesso sig. Deshayes, cui ho comunicato la conchiglia, riconosciuta erronea; in conseguenza ho creduto necessario di assegnare a questa specie una nuova denominazione, e le ho apposto il nome del naturalista che ne fu lo scopritore.

La *Dreissena Eichwaldi* presenta le valve allungate, strette, acuminate, munite di sottili strie d'accrescimento, parallele al margine. Esse sono anteriormente un poco arcuate, posteriormente quasi rette od un poco concave, ed offrono sul dorso una carena obliqua ed ottusa poco evidente, la quale in alcuni esemplari diventa appena sensibile. Il margine inferiore è arrotondato, gli umboni sono acuti, intorti ed alquanto divergenti; qualche volta la torsione degli umboni si estende a gran parte delle valve, le quali assumono allora un aspetto più irregolare. La conchiglia è internamente rivestita di uno smalto bianco, nitido, ma non iridescente. Il setto di ciascuna valva è piccolo, spesso e calloso.

La specie sopra descritta si avvicina per la forma e per le dimensioni alla *Dreissena caspia* più che a qualunque altra; ma se ne distingue facilmente per essere assai più stretta, munita di carena dorsale, e per meno importanti caratteri.

SPECIE MENZIONATE NEL PRESENTE CATALOGO

I. - SILIVRIA.

Nassa reticulata, Linn.
var. *prismatica*, Broc.
» *neritea*, Linn.
Trochus Adansonii, Payr.
Pupa quinquedentata, Born.

II. - ANATOLIA.

Cerithium mediterraneum, Desh.
Patella vulgata, Linn.
Bulimus tridens, Müll.
var. *attenuatus*, Iss.
Bulimus anatolicus, Iss.
Clausilia Duboisi, Charp.
Cyclostoma costulatum, Pfeiff.
Mytilus minimus, Poli.

III. - IMEREZIA.

Melanopsis mingrelica, Bay.
var. *carinata*, Iss.
Paludina mamillata, Küst.
Theodoxus fluviatilis, Linn.
var. *subthermalis*, Bourg.

IV. - CASPIO.

Theodoxus lituratus, Eichw.
Planorbis subangulatus, Phil.
Limnaea limosa, Linn.
var. *vulgaris*, Pfeiff.
Dreissena polymorpha, Pall.
Cardium edule, Linn.
var. *rustica*, Chemn.
Didacna trigonoides, Pall.
Adacna laeviuscula, Eichw.
Adacna vitrea, Eichw.

V. - BAKU.

Melania, sp. n.?
Bythinia variabilis, Eichw.
» *triton*, Eichw.
» *conus*, Eichw.
» *Meneghiniana*, Iss.
» *caspia*, Eichw.
Theodoxus lituratus, Eichw.
Limnaea Lessonae, Iss.
Monodacna intermedia, Eichw.
» *catillus*, Eichw.
» *Lessonae*, Iss.
» *propinqua*, Eichw.
Adacna plicata, Eichw.
Dreissena caspia, Eichw.
» *Eichwaldi*, Iss.

VI. - ARMENIA.

Bythinia hebraica, Bourg.
Theodoxus schirazensis, Parr.
var. *major*, Bourg.
Succinea Pfeifferi, Ross.
Zonites lucidus, Drap.
Helix syriaca, Ehrenb.
» *Ravergiensis*, Fer.
Bulimus interfuscus, Mouss.
» *anatolicus*, Iss.
» *Isselianus*, Bourg.
» *Bayeri*, Parr.
var. *kubanensis*, Bay.
Pupa armeniaca, Iss.
Clausilia canalifera, Ross.
» *foveicollis*, Parr.
» *erivanensis*, Iss.
Cyclostoma costulatum, Pleiff.
Planorbis complanatus, Linn.
Ancylus Jani, Bourg.
var. *major*, Iss.
Limnaea Defilippii, Iss.

VII. - PERSIA.

Melania tuberculata, Müll.
Melanopsis Doriae, Iss.
Bythinia Uzielliana, Iss.
Theodoxus Doriae, Iss.
Helix syriaca, Ehrenb.
» *Ravergiensis*, Fer.
» *profuga*, A. Schm.
» *Langloisiana*, Bourg.
» *derbentina*, Andrz.
» *Krynickii*, Andrz.
» *atrolabiata*, Kryn.
» *stauropolitana*, A. Schm.
var. *elegans*, Iss.
Bulimus sidoniensis, Fer.
» *polygiratus*, Reev.
» *subcylindricus*, Linn.
» *Doriae*, Iss.
» *Bayeri*, Parr.
» *tridens*, Müll.
var. *eximius*, Ross.
» *ghilanensis*, Iss.
Clausilia Lessonae, Iss.
Cyclostoma glaucum, Pfeiff.
Limnaea palustris, Müll.
» *auricularia*, Linn.
var. *persica*, Bourg.

VIII. - GOLFO PERSICO.

Nassa arcularia, Linn.
» *Deshayesiana*, Iss.
Columbella Doriae, Iss.
Ricinula intermedia, Kien.
Planaxis breviculus, Desh.
Oliva undata, Lam.
Cerithium moniliferum, Dufr.
Solarium laevigatum, Lam.
Nerita albicilla, Linn.
Nerita polita, Linn.
Turbo coronatus, Gmel.
Trochus obscurus, Phil.
» *pullatus*, Ant.
Rotella vestiaria, Linn.
Dentalium octogonum, Desh.
Venus flammea, Gmel.
Cytherea lilacina, Lam.

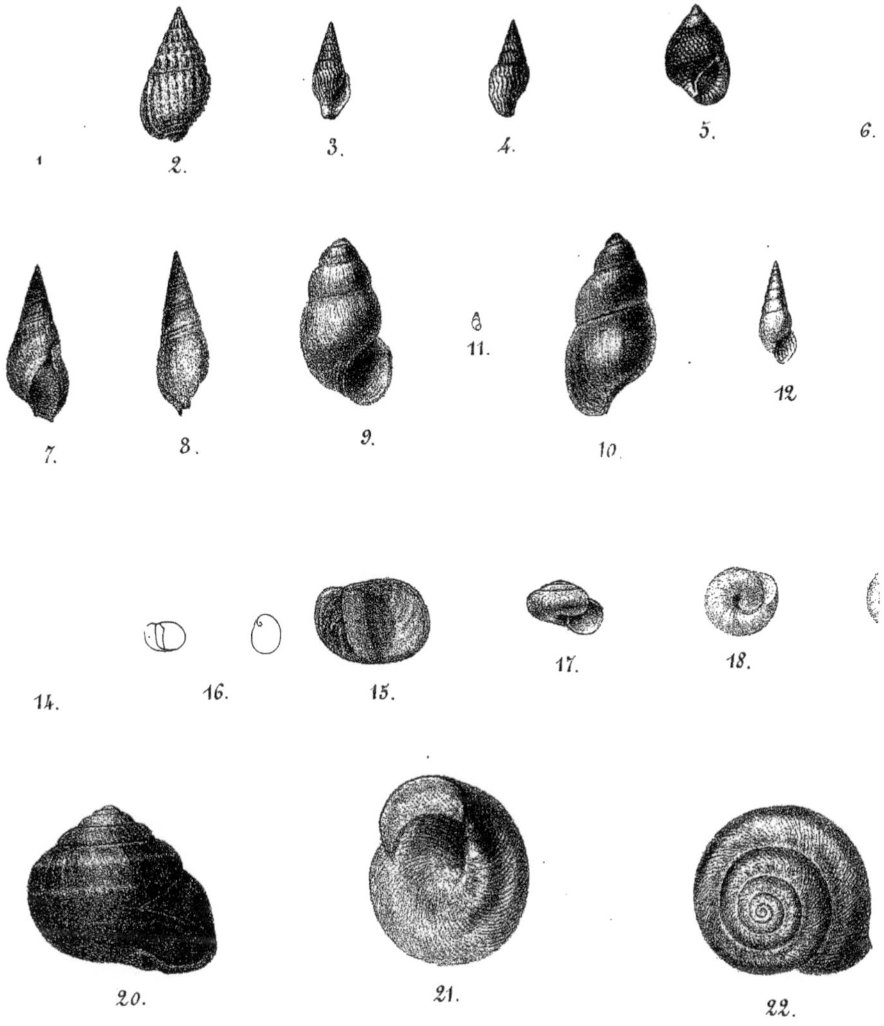

Lit. F.lli Doyen, Torino.

1_2. Nassa Deshayesiana, *Issel*. _ 3_4. Columbella Doriæ, *Issel*. _
5_6. Planaxis breviculus, *Deshayes*. _ 7_8. Melanopsis Doriæ, *Issel*. _
9_11. Bythinia Uzielliana, *Issel*. _ 12_13. Bythinia Meneghiniana, *Issel*. _
14_16. Theodoxus Doriæ, *Issel*. _ 17_19. Helix Langloisiana, *Bourguignat*.
20_22. Helix Stauropolitana, *A. Schmidt*, Var. elegans. _

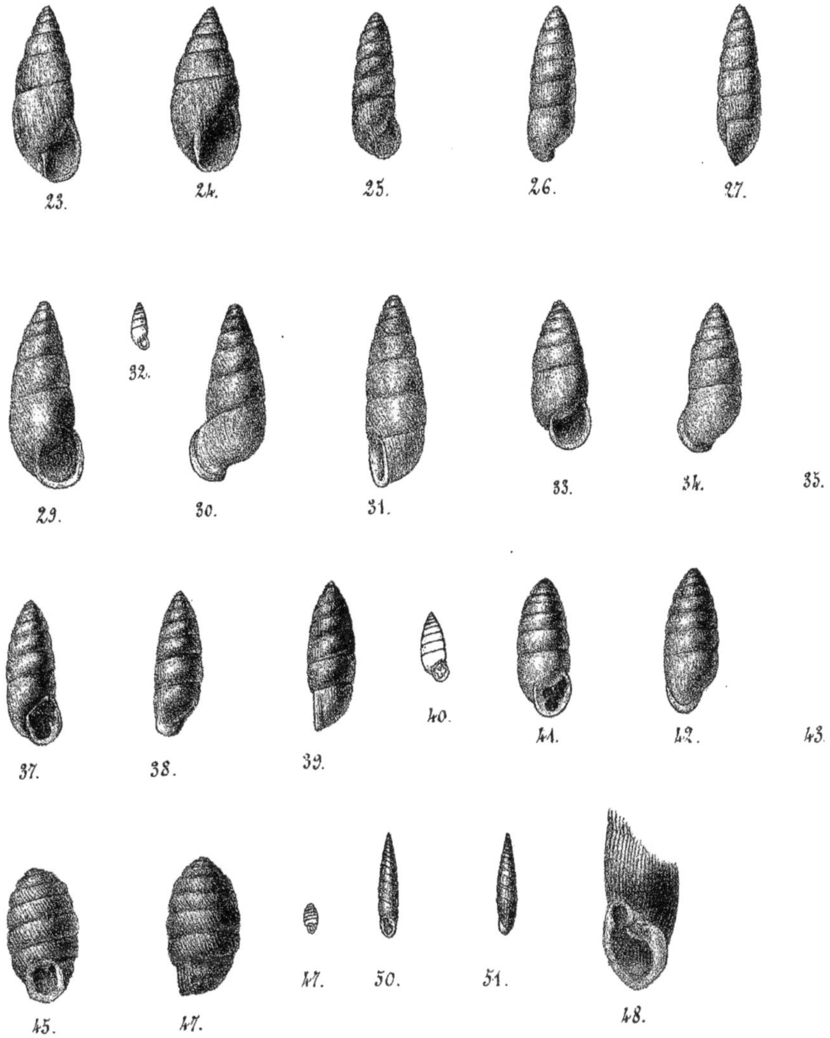

...rena dis. Lit. F.lli Doyen, Torino.

23_24. Bulimus interfuscus, *Mousson*. 25_28. Bulimus polygiratus, *Re*...
29_32. Bulimus Doriæ, *Issel*. —— 33_36. Bulimus Anatolicus, *Isse*...
37_40. Bulimus Isselianus, *Bourguignat*. 41_44. Bulimus Ghilanensis, *Isse*...
45_47. Pupa Armeniaca, *Issel*. —— 48_51. Clausilia Duboisi, *Charpe*...

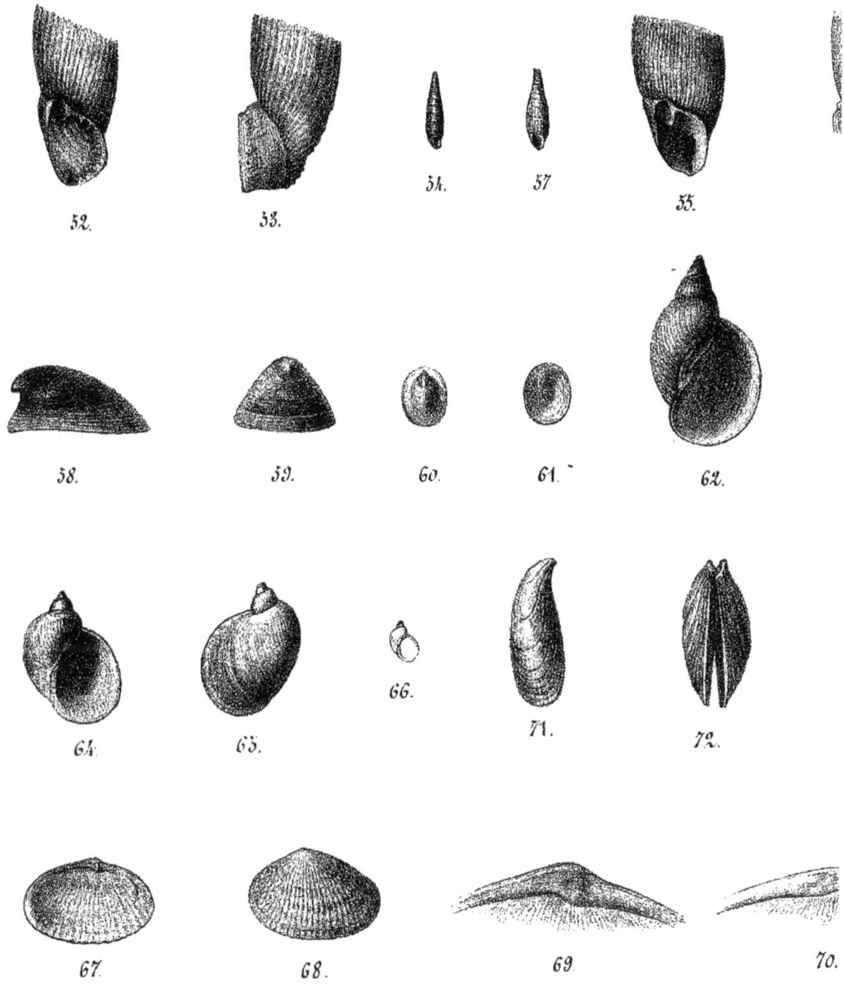

Lit. F.lli Doyen, Torino.

52_54. Clausilia Erivanensis, *Issel.* 55_57. Clausilia
58_61. Ancylus Jani, *Bourguignat;* Var. major
62_63. Limnæa Defilippii, *Issel.* 64_66. Limnæa Lessonæ, *Issel.*
67_70. Monodacna Lessonæ, *Issel.* 71_73. Dreissena Eichwaldi, *Isse*

DELLA CAGIONE

DELLA

MALATTIA DELLA VITE

E DEI

MEZZI DA USARSI PER DEBELLARLA

DEL PROFESSORE

ASCANIO SOBRERO

Letta ed approvata nella seduta del 15 gennaio 1865.

Sulla infermità che da 14 anni incirca devasta i vigneti di quasi tutta l'Europa, togliendo ai paesi vinicoli gran parte delle loro ricchezze; sulla cagione onde essa muove; sulle fasi che si osservarono nel suo apparire, diffondersi, e talvolta dileguarsi o mitigarsi; sui rimedi ai quali si può aver ricorso per combatterla, tanto si è detto e scritto, che impossibile per dir così sarebbe il farne un riassunto, quando a taluno venisse in mente questo pensiero, la cui attuazione sarebbe per soprammercato di poco o nissun vantaggio, se pure non paresse opportuno il registrare come serie e gravi le idee le più pazze e strane che mai si potessero generare in mente umana, come fu quella ad esempio di chi attribuì la crittogama della vite alla troppa consumazione di carbon fossile nelle locomotive, od a sognate emanazioni di vapori d'antimonio provenienti dalle vetraie, nelle quali (non fa quasi mestieri il dirlo) non si impiega e non si volatilizza antimonio. In alcuni la smania di dire il proprio parere, in altri un sincero desiderio di giovare, combattendo o scongiurando un flagello che affligge l'umanità, non sempre tuttavia congiunto alle cognizioni necessarie per trattare una questione scientifica, o paralizzato da preconcette opinioni, le quali se permettono il vedere, non lasciano tuttavia facoltà di giustamente osservare, fecero sì che nei giornali, ed anche negli atti delle Accademie si pubblicassero le più svariate sentenze intorno al morbo di cui discorriamo, e si proponessero rimedii curativi o preservativi, sui quali l'esperienza non tardò a pronunciare sentenza o di inutilità o di efficacia insieme e di perniciosa influenza troppo difficile ad evitarsi, a danno della pianta che vuolsi curare o tutelare.

Ma qnesti sforzi talvolta efficaci, più spesso impotenti per raggiungere lo scopo, hanno tuttavia condotto a questo risultamento, di cui possiamo pure rallegrarci, che, e la natura dell'infermità si scoprisse, e si trovasse per combatterla un rimedio, solo, ma incontestabilmente proficuo. Oramai non è più da mettersi in dubbio: la malattia della vite è dovuta ad una pianta crittogama; il solfo la distrugge e ridona all'agricoltore quel frutto prezioso che da quindici anni incirca gli era negato. L'esperienza ha mostrato abbondantemente la verità di quel detto di un agronomo francese: *Désormais qui aura du soufre aura du vin.*

La solforazione delle viti va diffondendosi anche in queste nostre provincie settentrionali d'Italia, dove la ripugnanza all'impiego del solfo fu più ostinata e pertinace che in altri paesi più avveduti, o più pronti nello accogliere i nuovi trovati. E questo favorevole benchè tardo accoglimento che si ebbe il prezioso rimedio, ha già portato i suoi frutti: intere provincie che dalla fatale crittogama erano ridotte alla più squallida povertà, ora si rialzano riconfortate, e vedono sotto la polvere solfurea maturarsi le loro uve, destinate ad arricchire i mercati di squisitissimi vini. Pertanto saggiamente operarono i municipii che promossero la solforazione, acquistando solfo e distribuendolo per l'uso ai loro amministrati; ed il Ministero d'agricoltura e commercio che non ha guari diffondeva per le stampe una istruzione popolare con cui si insegnano le migliori norme del solforare; ed i cittadini che seguendo le tracce di Monsignore Losanna, vescovo di Biella, si fecero campioni del solfo, e predicarono colla parola, cogli scritti, e coll'esempio, in questa crociata contro la fatale crittogama.

Dobbiamo qui ricordare come al primo apparire della crittogama fra di noi, quando l'indole sua non era ancora conosciuta, molti viticultori venissero in pensiero che la cagione della nuova infermità dovesse cercarsi nel suolo; e se rovistassimo i giornali agrarii troveremmo suggerite e lodate ora le lavorature al piè delle viti, ora le irrigazioni delle vigne (quando questo mezzo è possibile), ora le concimazioni con calcinacci, con gesso, con ceneri di vegetali ecc. Di tutti questi mezzi nissuno, per quanto sappiamo, rimase come mezzo efficace a raggiungere lo scopo.

Giova puranche ricordare che prima della comparsa della crittogama della vite, una analoga pianta parassita, egualmente funesta, erasi già manifestata sulla patata. In allora si torturarono le menti degli agronomi per cercar modo di opporsi al grave danno, col rinnovare i tuberi, col proporre nuovi concimi ecc., ed io stesso nel 1846 trovandomi fra gli scienziati italiani convenuti al congresso di Genova, quando nella sezione di chimica si venne a discorrere della malattia della patata, esternai l'opinione che la crittogama le divenisse infesta, perchè essa già intristiva; e che la cagione di questo fatto dovea ricercarsi nel suolo, probabilmente impoverito dei materiali necessari alla vegetazione del prezioso tubere. Rammentando allora come la patata vegeti e si svolga di preferenza nei terreni provenienti da rocce feldispatiche, e come le ceneri delle patate sieno molto ricche di potassa, io suggeriva, ad emendamento dei terreni destinati a tale coltura, le ceneri di legno, od altra sostanza che contenesse potassa. Tale sentenza io propugnava perchè convinto che una pianta non vegeta che in quel suolo in cui trova i materiali inorganici che le sono confacenti, ed il suo svolgersi, prosperare, e fruttificare è entro certi limiti in ragione dell'abbondanza in cui quei materiali le sono forniti. E questa teoria era in armonia cogli insegnamenti del professore Giusto Liebig, che mi è gloria l'aver avuto a maestro, e che, come è noto, combattè e combatte tuttora la teoria francese, che riguarda la fecondità dei terreni e l'azione fertilizzante dei concimi come unicamente connessa colla proporzione di azoto che in quelli ed in questi si contiene.

La teoria del professore Liebig ebbe numerosi fautori in Germania non solo, ma in Inghilterra specialmente, dove è al presente una eletta schiera di chimici, i quali usciti dalla scuola di Giessen, tradussero a benefizio della inglese agricoltura i principii attinti a quella scuola.

Infaticabile il Liebig nello svolgere e confermare la sua sentenza, poco tempo fa veniva appoggiandola su nuovi esperimenti appositamente istituiti sulla coltura della patata. Di questi sperimenti egli teneva parola in un discorso da lui pronunciato all'Accademia delle Scienze di Monaco in Baviera, e che trovasi inserto nel giornale della società chimico-agraria dell'Ulster (Irlanda), che si pubblica a Belfast, nel numero di maggio 1861.

Ci gioverà riportare tradotti i principali passi di questo documento, perchè sono appunto quelli che si riferiscono alla questione di cui intendiamo di occuparci.

« Nel corso dell'anno passato, dice il professore Liebig, si continuarono » gli sperimenti, diretti a stabilire le leggi che reggono la nutrizione delle » piante, nell'istituto di fisiologia vegetale di Monaco, sotto la direzione del » professore Naegeli e del dottore Zoeller. Tali sperimenti si fecero sulla » patata, pianta che dopo i cereali è la più importante come alimento.

» Si disposero per tal uopo tre aiuole contigue: l'una formata con ter» riccio vegetale (torba polverizzata); la seconda col medesimo terriccio » misto a sali ammoniacali, considerati quali i principali agenti dei con» cimi animali; e la terza collo stesso terriccio ancora, a cui si aggiun» sero i materiali fissi che costituiscono le ceneri della patata. Egual » numero di tubercoli della medesima qualità di patate si piantarono » nelle tre aiuole. I tuberi vegetarono, ed a suo tempo si svelsero le » piante, e si raccolsero i tuberi per esse generati. I raccolti si trova» rono di ricchezza molto diversa nelle tre aiuole, rappresentati cioè » da 100 per l'aiuola n.° 1, 120 pel n.° 2, e 285 pel n.° 3. Quest'ul» tima aiuola avea dato un prodotto in tuberi quasi doppio di quello » che si raccoglie da una pari estensione di una delle migliori terre » arative.

» I risultamenti di questo sperimento dimostrano in modo incontra» stabile che l'agricoltore può escludere dalle sue terre a patate i con» cimi animali, e sostituire ad essi una mistura fatta con giuste norme » di fosfati, di gesso, di ceneri di legno. La differenza dei tre esperi» menti non può attribuirsi che alla diversa composizione dei terreni, » poichè le altre circostanze tutte furono identiche.

» Queste indicazioni importanti per se stesse non sono tuttavia le » più rimarchevoli. Le patate che si raccolsero nelle aiuole 1 e 2, le » quali o mancavano dei materiali necessarii alla vegetazione, o solo ne » contenevano scarse proporzioni, divennero preda della malattia, la quale » si mostrò prima nei germogli, che divennero neri, e si estese poi in » poche settimane a tutta la parte interna del tubere. Per l'incontro le » patate della terza aiuola, concimata coi materiali confacenti alla pianta, » si conservarono intatte per lungo tempo, e non mostrarono indizio di » quei guasti che generalmente si attribuiscono all'oidio. Consegue per» tanto in modo incontestabile da queste osservazioni che le condizioni

» per le quali si favorisce il normale sviluppo delle piante, sono pur » quelle che prevengono la malattia, e che perciò la prima cagione di » questa deve ripetersi dal suolo. Se questo offre una quantità sufficiente » di elementi indispensabili alla organica attività, al lavoro della pianta, » questa ricaverà il potere di opporre una resistenza tanto forte che basti » a paralizzare ogni perniciosa influenza che dall'esterno sopraggiunga. » Questi fatti gettano grandissima luce sopra la malattia dei vegetali, e » particolarmente su quella della vite.

» Io non dubito punto che anche la malattia del baco da seta pro» venga in ultima analisi da esaurimento del suolo.

» Finora in nissuna località si potè giungere ad impedire per qual» siasi maniera il rinnovarsi della malattia della vite. Mentre nei primi » anni una sola solforazione discacciava l'oidio, sono ora insufficienti » quattro solforazioni per salvare il raccolto, e si è in diritto di prono» sticare che la solforazione finirà per diventare assolutamente inefficace.

» La malattia del baco da seta procede essenzialmente dalla circostanza » che le foglie del gelso non contengono più in sufficiente quantità gli » elementi necessarii per la nutrizione del baco. — Dobbiam conchiudere » da ciò, che il terreno su cui vegetano i gelsi, manca di quegli elementi » che la coltura ne ha tolto nel periodo di secoli, e che per nissuna » maniera vi si restituirono. I vermi da seta nutriti con questa foglia » muoiono prima di fare il bozzolo. Egli è così che la produzione della » seta nell'Italia superiore andò soggetta in questi ultimi 16 anni ad una » progressiva diminuzione. In tutte le località nelle quali si mostrò la » malattia delle uve, il gelso non può sostenere la produzione della seta; » e dove il baco produce il suo filo prezioso, la vite è sana. D'altra parte » il baco da seta è sano, e somministra seta, quando si nutrisca con foglie » di gelsi di nuova piantagione, fatta là dove non esistevano piante della » medesima specie, e dove per conseguenza il terreno ancora possiede » intera la sua ricchezza in materiali acconci a nutrire la pianta.

» È difficile (continua l'autore) far scorgere l'importanza di questi due » mali d'Italia, la cui maggior parte non produce più vino, liquido che » come bevanda ha valore eguale a quello che ha la birra in Germania. » Alla continua mancanza della produzione della seta, devesi l'essersi di» leguata la proverbiale opulenza della Lombardia, la quale è da temersi, » debba rimanersi irrevocabilmente povera. Migliaia di famiglie le quali » vivevano in una grande agiatezza, sono quasi ridotte alla miseria, e la

» fame sforza ad emigrare in massa la popolazione operaia, che prima » trovava una lucrosa occupazione nel lavorìo della seta. Tenute fiancheg- » gianti il lago di Como, che davano redditi ascendenti a più di cento- » mila franchi, sono vendibili pel quinto del loro valore.

» Si rammenti, conchiude il Liebig, che la terra la quale ha sommini- » strato all'uomo i più importanti suoi elementi, attende che questi stessi » elementi le si ridonino con sollecitudine e con discernimento: solo a » questa condizione l'uomo può assicurare un avvenire a se stesso, e la » sussistenza ai suoi discendenti. Le conseguenze dell'infrazione di questa » gran legge colpiranno in differenti modi i suoi figli, e la progenie di » questi fino alla centesima generazione. »

Queste parole dell'illustre chimico di Monaco inchiudono una sentenza chiaramente e ricisamente formulata, per la quale, non solo si dichiara la cagione della malattia della vite, e di quante altre più o meno ad essa somiglianti si lamentarono o si lamentano tuttora come devastatrici della nostra agricoltura, ma si segna una via unica da seguirsi, e che si guarentisce come certa per debellarle. E poichè il suolo è quello che pecca, e debbesi correggere, così per necessaria conseguenza ogni medicazione che non modifichi il suolo, o sarà inutile, e solo gioverà precariamente. Così il solfo, solo per poco potrà guarentire il raccolto dell'uva dalla crittogama, e poi sarà come inefficace rigettato e negletto. — A queste parole dà un gravissimo peso l'autorità di chi le pronunziava; chè il nome del Liebig si associa alle più interessanti scoperte nella chimica, ed alle più utili applicazioni di questa scienza all'agricoltura. Questa considerazione mi parve per alcun tempo di tanto valore, che molto esitai prima di avventurarmi a dire la mia opinione su questa gravissima questione, credendo sarebbe quasi temerità l'opporre il mio pensare a quello del mio maestro, a cui in aggiunta io professo rispetto e riconoscenza. Ma d'altra parte mi parve scorgere che l'opinione del prof. Liebig quando in tutta la sua pienezza si accogliesse, sarebbe perniciosa, se non esiziale ai paesi vinicoli, perchè annullerebbe gli immensi benefizii che loro arrecò la scoperta capitale (mi si permetta il dirlo) d'un sicuro rimedio contro la devastatrice crittogama. Rinunciare al solfo, sbandirlo come inutile, sarebbe a mio credere il far ritorno volontariamente alla misera condizione in cui ci trovammo otto o dieci anni fa, e che con colori così tristi e veri vien dipinta dal professore Liebig; cioè alla privazione quasi assoluta di uno dei precipui nostri raccolti, ed aggiungo, colla prospettiva di vedere i nostri vigneti in pochi anni compiutamente distrutti. — Fautore della solforazione; convinto per mia propria esperienza della utilità di questo mezzo profilattico e curativo contro la crittogama, io cercherò di addurre argomenti che provino che in questa via conviene insistere e perseverare. — Il professore Liebig, non è gran tempo, visitato a Monaco da un nostro giovane ingegnere delle miniere, che a lui mi permisi di dirigere con lettera, venne con esso in sul dire della crittogama della vite, e dopo lungo parlare, ed esposte le sue idee, che son quelle che furono più sopra formolate, soggiungeva: dite a Sobrero che si occupi di questa questione, egli vedrà che ho ragione. Pertanto esternando qui i miei pensamenti io secondo un invito che grandemente mi onora, e lo secondo colla certezza che il professore Liebig abbia caro che io manifesti liberamente la mia opinione, quand'anche dalla sua debba riuscire lontana.

La teoria del professore Liebig intorno alla necessità dei materiali inorganici che dal suolo si somministrino alle piante è verissima; ma per quanto io giudico non può applicarsi al caso delle viti che si infermarono, almeno nell'alta Italia, e specialmente in quelle regioni che io mi ebbi sott'occhio di preferenza. — La crittogama della vite sorprese le nostre vigne mentre in generale esse si trovavano tutt'altro che in condizione di deperimento. Prima del 1851, epoca in cui cominciarono a lamentarsi i danni dell'oidio, le nostre vigne, nella Langa, nell'Astigiana, a Pinerolo, a Biella ecc., e perfino nelle pianure le meno appropriate alla loro coltura, producevano abbondantissimo vino, che appunto per la gran copia in che si raccoglieva non trovava smercio che a prezzi vilissimi. — Ed ecco ad un tratto sopravvenir la malattia, fino a quel punto ignorata e sconosciuta, e subitamente invadere le vigne tutte, anche le migliori e più produttive, e distruggerne i raccolti. Questo fatto è incontestabile. Comparve la crittogama mentre le nostre vigne erano in condizione da non permettere di sospettare menomamente della loro fisiologica integrità. La vegetazione vi era rigogliosa e prima della crittogama, ed anche nei primi anni durante i quali questa si diffuse e prese radice presso di noi. E fu questa una delle ragioni per le quali i viticultori in sulle prime non credettero alla malattia; poi perduto il raccolto di un anno, e vedendo nella successiva primavera spuntare i nuovi tralci rigogliosi e nutriti, e mettere ampie foglie e numerosi grappoli, si lusingarono che la malattia non fosse che una accidentalità, e non si dovesse più rinnovare; la quale illusione molti (ed io fui del bel numero uno) nutrirono per più anni successivi, finchè il danno grave li consigliò a ricorrere alla solforazione. — Nel percorrere le varie pubblicazioni che si fecero nei giornali di agricoltura, in mezzo alle più disparate sentenze questa troviam pure, che la malattia della vite abbia origine da troppa forza, da troppa abbondanza di umori: del che si addusse come prova lo svolgersi in modo straordinario dal tronco delle viti inferme gemme spurie, od escrescenze di cellule anormali in forma di nodi non prima veduti nelle viti normalmente vegetanti; e troviamo pure da alcuni consigliato come rimedio (s'intende senza buon esito) il praticare sul tronco della vite e nella stagione di primavera, un salasso o cauterio, facendovi fori o ferite con un succhiello penetrante fino al midollo, per dar esito agli umori esuberanti.

Queste cose qui rammentiamo perchè sia eliminata ogni credenza di deperimento delle viti, precedente la crittogama. Il deperimento allora solo si mostrò reale, innegabile, tristissimo nei suoi effetti, esiziale non solo ai frutti, ma alle piante altresì, quando la crittogama, non debellata, vi ebbe imperversato liberamente pel corso di alcuni anni. Le viti allora si mostrarono gracili ed esili nei nuovi tralci, non maturarono i frutti dell'anno, non maturarono i nuovi legni per l'anno successivo, e per lo più perirono.

E la cosa doveva essere così. La crittogama non si limita a cagionare la perdita dei grappoli, ma appigliandosi a tutte le parti verdi della pianta su cui si innesta, ne sottrae gli umori, e ne impedisce lo svolgimento, quasi come la Cuscuta si appiglia al trifoglio facendolo intristire e poi uccidendolo. Ma questo deperimento non muove da cagione intrinseca alla pianta, la quale, se in tempo si distrugge la parassita crittogama, nuovamente si svolgerà e ritornerà al suo primitivo vigore. Io stesso ho perduto molte piante nella mia piccola vigna per tre o quattro anni di crittogama, ma dappoichè mi diedi alla solforazione, non ho più a lamentare la morte di viti, quantunque ne conti di età svariatissime da un anno a 25 o 30.

Dobbiamo qui rammentare un fatto che è destinato, per quanto parmi, a dilucidar la questione. La coltura della vite è nel maggior numero delle nostre vigne una coltura forzata. Qualunque sia la natura del suolo, si fa alla vite un terreno artificiale, quello che io mi credo da secoli è considerato come il migliore, e ciò si fa somministrando a ciascun cespo nuovo che si pianta un po' di terra arabile presa alla superficie del terreno circostante, poi una buona corba di concime, per lo più di stalla, ovvero di spazzature delle vie, foglie, deiezioni di animali; e poi tre buone fascine di legno, per lo più di quercia o di castago, o di robinia pseudoacacia, munite ancora delle loro foglie. Queste materie delle quali si riempie la fossa in cui si pianta la vite, rappresentano il nutrimento che ad essa è necessario per una vita di 25 a 30 anni. E ciò parmi bastevolmente dimostrato dacchè si conoscono viti piantate in questo modo che superano i trent' anni di piantagione, e sempre diedero grappoli e li maturarono; con quella norma certamente che in ciascun anno si moderi la produzione dei frutti col non lasciare alle piante che un certo numero di gemme fruttifere, in generale da 10 a 15 grappoli. La cosa essendo in tali termini, se la mancanza di materiali somministrati dal suolo fosse la cagione della crittogama, quelle viti soltanto avrebbero dovuto infermarsi che contavano 15 o 20 o 25 anni di piantagione. Il che disgraziatamente non fu. Ma v' ha di più. Da molti anni nei nostri paesi vinicoli si fa continuamente un lavoro di dissodamento di boschi, ai quali si sostituiscono le vigne. È un'opera di distruzione per la quale scompaiono le foreste e loro sottentrano i vigneti promettitori di più ubertosi prodotti. Le viti piantate in queste condizioni dovrebbero trovarsi per la natura del terreno sotto gli auspici i più favorevoli per resistere alla crittogama, tanto più, se oltre al trovarsi in un suolo che non servì mai alla nutrizione delle viti, esse ricevono ancora, come è uso generalmente, quella dote di concime e di fasci di legno che come dicemmo usasi porre nelle fosse nelle quali esse si piantano. Ebbene la crittogama ha pure aggredito questi vigneti così privilegiati, e sovr' esse ha menato strage e ne distrusse i raccolti.

Riassumiamo. Nelle Langhe, nelle Provincie di Pinerolo, di Torino, di Biella, sui colli in vicinanza di Torino, sulle pianure di Savigliano, di Racconigi ecc., la crittogama ha invase le vigne senza distinzione di età delle viti, come non fece differenza che potesse dirsi costante tra esposizioni varie nelle quali si trovassero le medesime (1).

---

(1) In alcuni luoghi tuttavia (nel Monferrato, nei dintorni di Bra ecc.) si osservò da alcuni che la crittogama aggredisce di preferenza le viti godenti la migliore esposizione, cioè a mezzodì e levante, mentre meno le si mostrarono soggette le viti esposte al nord. Ma neppure qui v'ha

Una sola osservazione pare confermarsi ogni anno, ed è che le uve più delicate per sapore ed aroma, sono le più facili ad infermarsi; e meno facilmente si infermano quelle che danno vini comuni. Esente poi finora in tutte le regioni dove si coltivò è l'uva così detta d'America, la quale oramai sarebbe l'unica di cui si popolerebbero le vigne, se il gusto del vino che con essa si produce, non fosse in generale considerato come ributtante.

Ma per venire a qualche caso speciale, mi piace di qui rammentare come un mio congiunto, ora fanno tre anni, piantasse in un cortile di sua abitazione, ed a modo di spalliera contro una parete due cespi di uva bianca che presso di noi si chiama Luglienga o Lugliatica, e come volendo che le tenere piante non solo attecchissero, ma presto si stendessero in lunghi rami a coprire il muro a cui si appoggiano, le fornisse alla radice di un letto alto niente meno di 70 ad 80 centimetri, fatto con concime di stalla, spazzature del cortile, calcinacci, ed ogni maniera di detriti organici che si trovarono disponibili. La quantità di materie concimanti era tale che io pensai non avessero quelle piante a soffrirne. Ebbene le piante attecchirono: vegetarono con tal robustezza che nel secondo anno coprivano coi loro tralci robusti, legnosi, quasi intera la parete; ma tanto nel primo come nel secondo anno si mostrarono inferme, e nell'autunno perdettero precocemente le foglie, bigie e puzzolenti per la molta crittogama che le copriva. Ora se mai furono piante ben nutrite dal suolo, queste lo furono senza fallo. E di tali esempi potrei addurne parecchi.

Io son pertanto più che convinto che, se al nutrimento fornito dal suolo deve por mente il saggio agricoltore (poichè la massima agraria del Liebig è inconcussa) quando egli voglia assicurarsi lunga vita alle sue viti, ed ubertoso prodotto; trattandosi di malattia generata dalla crittogama, egli non conseguirà lo scopo se non distrugga la causa immediata del male, se non ricorra alla solforazione, od a quell'altro mezzo, che tuttavia non si conosce, ma che produca gli effetti del solfo.

Qui pure, l'esperienza parla chiaro. Io nella mia piccola vigna e tutti

---

regola generale. Gioverà piuttosto qui rammentare quei fatti che dimostrano provenire la crittogama da germi trasportati dall'aria atmosferica. Tra questi fatti è conchiudente quello osservato dal Fabre e da lui notificato all'Amici, di un grappol d'uva che si mantenne immune dalla crittogama perchè rinchiuso in una bottiglia. Ricorderemo ancora che spesso una vite d'una certa estensione mostra una parte soltanto dei suoi rami affetta da crittogama, e l'altra sana; che i pergolati sono più soggetti alla crittogama che le viti tenute a spalliera e prossime al suolo ecc.

i viticultori che a mia conoscenza cosparsero di solfo le viti, non solo conservarono i raccolti, ma videro con sorpresa e gioia ad un tempo le loro piante esplicare una energia di vegetazione cui esse da parecchi anni non aveano mostrata (causa la crittogama). E questo fatto fu sorprendente, ora fanno cinque anni, quando per la prima volta praticai la solforazione nel mio poderetto, giacchè oltre al salvare i grappoli che nelle vigne attigue non solforate andarono perduti, io ebbi le mie viti ancora nel mese di ottobre ricche di foglie verdeggianti e come in piena vegetazione, mentre le vigne circostanti si mostravano coperte di foglie ingiallite, e morte assai prima dell'epoca della vendemmia.

La medicazione col solfo, mentre distrugge la crittogama, ridona alla pianta il suo naturale vigore, perchè restituisce alle medesime l'integrità del respirare, funzione tanto necessaria alla vita della pianta quanto l'assorbire dalle radici.

Io credo che su questi fatti non possa ammettersi possibile una illusione od un equivoco. Se la pianta medicata all'esterno vegeta, cresce, compie le sue fasi, somministra frutti abbondevoli e sani, e prepara per l'anno seguente tralci legnosi, grossi, nutriti, ricchi di gemme, io dovrò conchiudere che il terreno le fornì sufficiente dote di materiali nutritizii, e che l'esterna medicazione la sottrasse alla influenza di quella causa estrinseca che la rendeva incapace di compiere quelle funzioni complesse che ne costituiscono l'intera vita.

Ora questo è il caso delle viti sottoposte alla solforazione.

I casi di viti giovani o vecchie prossime ad intera rovina, ridotte per più anni di sofferta crittogama a non metter più che tralci meschinissimi e frutti incapaci di svolgersi a maturazione; e ricondotte alla pristina floridezza ed a meravigliosa vegetazione col mezzo della solforazione, senza che per nulla si mutassero le condizioni del suolo in cui esse vegetavano, sono a mia notizia moltissimi.

Piacemi qui di aggiungere una osservazione. Se la solforazione di una vite si fa imperfetta o parziale, sicchè non tutte le sue parti risentano l'influsso del solfo, si scorgerà lo svolgimento fisiologico delle foglie e dei frutti, colà manifestarsi dove il rimedio operò, e le altre parti potranno infermarsi e deperire. Spesso tra 15 o 20 grappoli d'uva, sanissimi e maturi pendenti da un ceppo di vite ne rinvenni uno o parecchi, i quali perchè sfuggiti alla solforazione eran coperti di muffa e perduti interamente. Non è raro, anzi è frequentissimo il caso di tralci lunghi due o tre metri, i quali robusti e sanissimi fin là dove si estese l'azione del solfo, mostrano poi a stagione innoltrata (nel settembre) in sulle foglie loro estreme manifesta la crittogama, e le foglie bigie ed accartocciate, e coperte di muffa dove non pervenne la solforazione. E finalmente io osservai non una ma cento volte grappoli ancor verdi ma prossimi al maturare coprirsi di crittogama, e risanarsi per pronta solforazione e spogliarsi di muffa, inturgidirsi e maturare sanissimi, non conservando della sofferta malattia che una traccia in forma di macchia bruna.

I fatti sovrallegati parlano eloquenti: distruggete la crittogama, e fogli e grappoli e tralci vegeteranno, cresceranno, si matureranno, purchè il suolo sia bastevolmente nutrito; ma lasciate che i germi della crittogama, che si innestano su tutte le parti verdi, si svolgano e si moltiplichino, e la pianta per quanto sia ricca di nutrimento somministrato dal suolo, intristirà, e dopo una lotta di alcuni anni, nei quali perderà frutti e foglie, perirà consunta (1).

Non ho mestieri di dire che sostenendo l'efficacia, anzi la necessità della solforazione delle viti, io intendo che questa operazione si faccia con tutte le norme che ora mai sono divenute volgari presso di noi, adoperando buon solfo, spargendolo su tutte le parti della pianta, rinnovandolo se il vento o la pioggia troppo sollecitamente l'abbia esportato ecc. Io pratico la solforazione da quattro anni, e sempre con eguale ed ottimo successo. Le Langhe solforano da 3 anni ed il loro raccolto d'uve va d'anno in anno crescendo. In una parola l'efficacia del solfo è dimostrata presso di noi per una esperienza generale, e che non si smentì mai nei suoi effetti salutari. E se volessi andar più oltre, potrei dire che a misura che si migliora la condizione delle viti, può ridursi la proporzione del solfo necessario a preservarle. Ma questo fatto è

(1) È qui il caso di far cenno di quei rimedii che si proposero contro la crittogama e che consistono nell'impiego di soluzioni di sostanze vischiose, quali la colla animale, la destrina ecc. Se un grappolo ancor verde si immerge in soluzione di una delle dette sostanze, esso rimarrà coperto da una patina proteggitrice, la quale impedirà che sovra gli acini si fissi e si svolga la crittogama. Ma due inconvenienti accompagnano l'uso di siffatti rimedi, che pure ebbero i loro lodatori e fautori. 1° Gli acini coperti di una patina impermeabile non si trovano più in condizione normale, non respirano più liberamente e malamente si svolgono. 2° La medicazione limitata al grappolo non impedisce che la crittogama si sviluppi sulle altre parti verdi della vite, le quali perciò si infermano, per modo che la pianta tutta viene a deperire. Tale è l'effetto che si osservò da coloro che fecero uso del rimedio Alciati e di altri ad esso consimili.

meno facile a dimostrarsi, perchè il numero delle solforazioni necessarie varia d'anno in anno per le diverse influenze di atmosfera calda o fresca, asciutta od umida, serena o piovosa, e varia a seconda delle esposizioni ecc. A me basta poter rassicurare i viticultori che essi hanno nel solfo il rimedio sicuro contro la crittogama della vite, e che l'esperienza ha dimostrata la verità di quella sentenza che adducemmo in sul principio di questa scrittura: *qui aura du soufre aura du vin* (1).

Qui poniamo fine a queste osservazioni per non aggredire di proposito gli altri argomenti che dal chiarissimo professore Liebig sono trattati insieme con quello della malattia della vite, cioè la crittogama delle patate e l'atrofia del baco da seta. Forse col tempo potrem pure toccar questi temi vitali per l'Italia, ed addurre fatti tendenti a spargere sovr'essi alquanto di quella luce che per ora non è che un desiderio. Ma già da questo momento ci sia permesso di dire che quanto alla malattia delle patate, ci pare che ad essa calzino gli stessi argomenti che adducemmo per la malattia delle viti. Mi basterà rammentare che, ora fanno 20 anni incirca, le patate erano tutte inferme e perdute nelle valli della Savoia ed in quelle del versante orientale delle Alpi, e che la malattia dopo un certo numero d'anni scomparve, ed ora non se ne parla quasi più: e ciò senza che la coltura di questo tubere siasi per nulla modificata; chè troppo ignoranti sono i nostri alpigiani per conoscere e mettere in pratica i principii della chimica applicata all'agricoltura. Parmi poter dire che la crittogama della patata siasi dileguata spontaneamente, come si dileguò il così detto *brusone* del riso, che menò strage nelle risaie per parecchi anni, ed ora più quasi non si conosce: a qual cagione questi fatti si debbono attribuire?

La questione della malattia del baco da seta è poi assai più intricata delle precedenti. Infatti possiam supporre qui tre casi possibili: che cioè 1.° la causa prima di tal morbo sia nel suolo, impoverito dei

(1) Noterò di passaggio che in quest' anno vidi una crittogama, analoga all'aspetto a quella della vite, su d'una pianta di euforbia che molto rigogliosa e spontanea si era sviluppata nella mia vigna. Che alcuni rosai del bengala mi si mostrano in tutti gli anni coperti di crittogama quando questa malattia si svolge sulla vite; e pure quei rosai sono di tanto vigore che continuano a vegetare ed a fiorire in tutto l'autunno ed anche nell'inverno. Ed infine rammenterò la strage che fece la crittogama sui pomi d'oro anche negli orti meglio concimati e diligentemente coltivati; stragi che si prevengono ora senza difficoltà spargendo solfo sopra le piante, e rinnovando se è d'uopo questa operazione.

materiali che debbono passare nel gelso, e quindi nel baco: e questa sarebbe la sentenza del Prof. Liebig; 2.° che la causa risieda nel baco stesso, in cui per circostanze non note siasi svolta una malattia, che infetta non solo gli individui ma intere le generazioni, e si propaga e distrugge il raccolto, tuttochè il gelso sia sano. E questa parmi sia l'opinione che presso i nostri bacologi è dominante; 3.° in fine che il gelso sia infermo di crittogama come la vite, e che questa parassita alteri l'alimento del baco, e ne cagioni l'atrofia. La quale ultima sentenza, messa pure innanzi da qualche bacologo, pare essere la meno accetta. Io per mio conto quando veggo le nostre piantagioni di gelsi, floride e rigogliose, le une secolari ed ancora immensamente produttive, le altre stabilite da pochi anni, in terreni nei quali non vegetò mai il gelso, e vigorosissime e sane come le antiche, e scorgo queste piante somministrar foglie abbondevoli, di colore verde scuro, permanenti fino al tardo autunno, ed inoltre fruttificare e maturare i frutti, io non so indurmi a credere che il terreno loro non somministri il necessario nutrimento. D'altronde parmi sia cosa oramai confermata che quando il seme del baco da seta è sano, i nostri gelsi tutti gli somministrano un nutrimento pel quale esso si svolge e compie regolarmente le fasi sue; e quando il seme proviene da origine infetta non prosperano i bachi, ed il loro raccolto si perde, qualunque sia la foglia di gelso che loro si somministra, di piante vecchie o giovani, di questa o di quell'altra piantagione. V' ha qui un mistero che il tempo potrà disvelare, ma che per ora è coperto di un velo densissimo.

Da ultimo aggiungerò che, almeno nell'Italia superiore, e per quanto mi consta, non si vide quella corrispondenza di contemporaneità accennata dal professore Liebig tra la malattia del baco da seta e quella della vite. Vi sono paesi nei quali non mai si mostrò la malattia della vite, e nei quali la malattia del baco da seta imperversò in alcuni anni come altrove, e si mostrò più o meno sulle diverse partite, a seconda del seme di bachi che ad esse si destinò. — In altri paesi la malattia della vite dominò e distrusse le uve per molti anni, e contemporaneamente si ebbero buone e sane partite di filugelli.

SULLA MISURA

DELLA

AMPLIFICAZIONE NEGLI STRUMENTI OTTICI

SULL' USO DI UN MEGAMETRO PER DETERMINARLA (1)

DI

GILBERTO GOVI

Memoria letta ed approvata nell'adunanza dell'8 febbraio 1863.

La maggior parte degli Ottici misura in modo diverso l'*ingrandimento* o l'*amplificazione* secondo che trattasi dei *Cannocchiali* o dei *Microscopii*, vale a dire degli stromenti destinati a guardar cose lontane, o di quelli che servono per veder oggetti vicini. Nei primi, essi dicono *ingrandimento* il rapporto fra la tangente dell'angolo che l'ultima imagine dell' oggetto sottende nel centro dell' oculare o nell' occhio di chi la guarda, e la tangente dell'angolo che l' oggetto sottende nel centro ottico dell' obbiettivo, o nell'occhio che lo contempli senza stromento dal punto dove sta l'osservatore. Nei Microscopii invece essi denominano *amplificazione* il rapporto fra la tangente dell'angolo sotteso dall'ultima imagine della cosa guardata nel centro dell'oculare o nell'occhio, e la tangente dell' angolo che la cosa stessa sottenderebbe guardandola a occhio nudo dalla distanza che essi dicono della vista distinta.

(1) L'Autore di questa Memoria avea già pubblicato nel *Monitore Toscano* del 20 agosto 1861 una descrizione sommaria del *Megametro* per garantire l'anteriorità della sua invenzione contro chi fosse insorto più tardi a contestargliela; e fu divisamento opportuno, chè nel 17° fascicolo del giornale *les Mondes*, diretto dall'Ab. Moigno, comparve il 4 giugno 1863 la descrizione d'un *Nuovo Micrometro Oculare* del sig. Enrico Soleil, il quale non è altro se non il *Megametro* mal inteso.

Il concetto d'*ingrandimento* è diverso perciò nei due casi, arbitrario sempre, perchè subordinato alla portata dei varii occhi, dalla quale dipende la grandezza dell'angolo sotteso al centro dell'oculare, e la così detta distanza della visione distinta. Quindi la necessità di specificare per ogni stromento la portata della vista per la quale venne misurata l'*amplificazione*, e una grande incertezza sul valore di questa, che si fa dipendere da un'unità di misura individuale ed arbitraria.

Ma l'*amplificazione* può venir definita in altro modo, così che ogni arbitrio scompaia, e una sola definizione valga per tutti gli stromenti e per tutte le viste. Basta per ciò considerarla come *il rapporto fra la grandezza* (lineare o superficiale) *effettiva dell'ultima imagine* (reale o virtuale) *data dallo stromento e la grandezza dell'oggetto dal quale essa proviene.* Le condizioni relative all'occhio dell'osservatore vengono escluse per tal modo dalla definizione. È ben vero che l'*amplificazione*, così definita, non è costante per un medesimo stromento, ma lo era forse più secondo le due definizioni adottate dagli scrittori d'ottica? Aveano ben essi l'abitudine di fissarne almanco un valore, supponendo paralleli fra loro i raggi di ciascun pennello luminoso uscente dall'oculare, ma codesta supposizione che implicava l'adattamento dell'occhio per vedere a distanza infinita, non poteva rispondere e non rispondeva quasi mai alla realtà, sendo più assai gli occhi miopi e i presbiti, o gl'iperpresbiti che i normali, sicchè l'*ingrandimento* teorico d'uno strumento differiva sempre dal suo ingrandimento effettivo (1).

Abbandonata quindi la classica definizione dell'*ingrandimento*, esso verrà considerato in questo scritto siccome *il rapporto fra le grandezze assolute dell'imagine* (reale o virtuale) *e dell'oggetto*, e ritenendolo variabile da un certo limite inferiore all'infinito, s'indicherà un modo bastantemente esatto per determinarlo in ogni circostanza.

Le imagini date dagli stromenti ottici possono distinguersi in *reali* e in *virtuali;* le prime situate effettivamente su di un piano esteriore allo stromento; le altre non occupanti un luogo direttamente assegnabile, ma deducibili dalla divergenza dei pennelli luminosi che emanano dallo stromento medesimo.

---

(1) In tutto questo lavoro non si tien conto, perchè non si saprebbe come tenerne conto, di quel giudizio che ciascun osservatore dà delle grandezze osservate, e che non dipende dalle loro vere dimensioni, ma da una operazione della mente non sottoponibile a leggi conosciute.

Una imagine reale si misura troppo facilmente perchè si possa disputare intorno alla sua grandezza. Essa è in un certo luogo dello spazio e basta, per averne le dimensioni, che la si faccia cadere sovra un piano il quale porti una misura lineare o superficiale da confrontarsi con essa. La grandezza dell'oggetto da cui viene l'imagine essendo nota, si avrà *l'amplificazione* (parola che risponderà spesso a *ristringimento*) dividendo il diametro o la superficie dell'imagine pel diametro o per la superficie dell'oggetto.

Ma allorquando trattasi d'imagini *virtuali*, la cosa non è più tanto semplice, e gli ottici, non avendo sinora pensato a misurarle direttamente, come si misurano le imagini reali, hanno tenuto le più diverse opinioni sul modo di valutarne la grandezza. E ciò ancora perchè l'occhio non valendo a stimare le distanze quando i raggi che lo penetrano son pochissimo divergenti, o i fascetti luminosi son ristrettissimi, potè sembrare vera a molti una teoria, secondo la quale tutte le imagini virtuali si consideravanò come poste all'*infinito*, o l'altra che le voleva alla così detta *distanza della visione distinta;* distanza che può variare indefinitamente, e che perciò non è accettabile come unità di misura. Quindi valori diversissimi per gl'*ingrandimenti* secondo il metodo impiegato nel misurarli e secondo la teoria che serviva di guida al metodo, per cui lo stesso sistema di lenti che ingrandiva 2000 volte secondo gli uni, poteva ingrandire 3 o 400 volte soltanto secondo gli altri. Tanta diversità di opinioni e di procedimenti in una materia apparentemente assai semplice, richiedeva l'invenzione di un metodo e la costruzione d'uno strumento, i quali potessero risolvere quella difficoltà che sì lungamente aveva trattenuto gli ottici e gli osservatori. Riflettendo al metodo di Maskelyne per la misura delle distanze focali de'grandi obbiettivi, considerando la squisita sensibilità del foco coniugato delle lenti per lievissime variazioni nella distanza degli oggetti, quando questi sian già prossimi al foco principale delle lenti stesse, s'intenderà facilmente dietro quali principii siasi potuto costruire un *misuratore degli ingrandimenti*, che dal suo ufficio di *misurare* appunto *gli ingrandimenti* si credè di poter chiamare *Megametro*.

Il *Megametro* si compone di una lente obbiettiva di foco piuttosto corto (da 6 a 10 centimetri) portata da un tubo, entro il quale può scorrere a sfregamento dolce un altro tubo munito di scaletta (*crémaillère*), perchè si possa muovere lentamente e gradatamente nel primo, e mettere al foco dell'obbiettivo una divisione micrometrica segnata sul vetro, e collocata davanti ad un oculare portato da questo secondo tubo. Lo strumento è insomma un piccolo cannocchiale *Kepleriano* od astronomico. Però il tubo scorrevole non è semplicemente destinato a mettere al foco dell'oculare le imagini date dall'obbiettivo; esso è diviso longitudinalmente in millimetri, e la sua guaina, cioè il tubo *porta-obbiettivo*, presenta una finestrella avente un lato a pendio, sul quale è segnato un *nonio* che dà i decimi di millimetro sulla scala del primo tubo. Il sistema oculare consiste in due tubi mobili l'uno nell'altro. Quello che s'insinua nel cannoncino scorrevole porta il micrometro e va sempre spinto dentro sino ad un orlo o ritegno, che determina la posizione della divisione micrometrica, rispetto alla scala del tubo esterno; l'altro in cui stanno la lente o le lenti oculari (*oculare di* RAMSDEN), si può spingere innanzi o in dietro nel primo, perchè ogni occhio metta alla sua portata l'imagine del micrometro. — In un *Megametro* ben fatto il nonio deve essere sullo zero della scala, quando il cannocchiale sia disposto per vedere gli oggetti lontanissimi, o, come si suol dire, per guardare all'infinito. Una serie di tubi che si possano avvitare gli uni in capo agli altri permette di osservare collo stesso strumento oggetti lontanissimi e corpi od imagini situati a un decimetro o meno dall'obbiettivo. La lunghezza di ciascun tubo addizionale dev'esser tale, quand'è fissato sul tubo scorrevole ricondotto allo zero, da portar il micrometro alla stessa distanza dall'obbiettivo, alla quale trovavasi allorachè il tubo graduato che lo sosteneva era tratto fuori il più possibile dal tubo *porta-obbiettivo*. Gli altri tubi fanno successivamente per quello che li precede l'ufficio che il primo fa pel tubo graduato. In questa guisa avvitando gli uni agli altri codesti tubetti si passa per gradi insensibili dalla minima alla massima lunghezza del cannocchiale, evitando gli inguainamenti che darebbero poca solidità allo strumento, e ne discentrerebbero ad ogni istante le lenti.

Il cannocchialino così disposto si fissa su d'un piede o si colloca mediante un anello con viti di pressione sullo strumento ottico del quale vuolsi determinare il potere amplificante.

Ognuno vede che se la scala è a zero quando il cannocchiale riceve raggi paralleli, bisognerà tirar fuori il tubo *porta-oculare* tanto più, quanto più i raggi incidenti sull'obbiettivo divergeranno, cioè, quanto più l'oggetto osservato si accosterà al *Megametro;* perchè l'imagine obbiettiva si allontanerà sempre più dalla lente che la produce e l'oculare *micrometrico* dovrà indietreggiare per raggiungerla. Quando si conosca la lunghezza focale principale F dell'obbiettivo, se ne dedurrà facilmente l'allungamento da darsi al sistema per una certa distanza d dell'oggetto, mediante la formola approssimativa $\frac{1}{F}=\frac{1}{f}+\frac{1}{d}$, dalla quale si ricava $f=\frac{dF}{d-F}$, e quindi l'allungamento a, partendo dallo zero della scala, $a=f-F$, ossia $a=\frac{F^2}{d-F}$. Si ricaverebbe poi con eguale facilità dall'allungamento misurato a, la distanza d dell'oggetto osservato mediante la: $d=F\left\{\frac{F}{a}+1\right\}$. Il *Megametro* può dunque servire a riconoscere con una certa precisione la distanza del punto luminoso che si considera, purchè non siano troppo diverse le due quantità d ed F, nel qual caso il processo darebbe risultati incertissimi. Il grado di precisione, cui si può giugnere col *Megametro* nella misura delle distanze, dipende dalla perfezione de' vetri che lo compongono, dalla cortezza del foco dell'oculare e dalla prossimità maggiore o minore del punto osservato all'obbiettivo. Se si supponga un oculare di foco cortissimo, uno spostamento di un decimo di millimetro o meno dell'imagine obbiettiva basterà ad appannarla sensibilmente; ora un decimo di millimetro di variazione della distanza focale coniugata f risulterà da alterazioni tanto più piccole nella lontananza dell'oggetto dall'obbiettivo, quanto più esso oggetto s'approssimerà al foco principale anteriore dell'obbiettivo medesimo. Ecco perchè, non volendosi misurare col *Megametro* il luogo d'imagini lontanissime, è parso conveniente di prendere un obbiettivo di 7 centimetri all'incirca di foco, perchè in tal caso un millimetro in più od in meno sulla distanza d'un oggetto posto a 30 centim., per esempio, dal *Megametro* è nettamente avvertito dall'oculare e quindi dall'osservatore. Al di qua dei 30 centimetri, anche i decimi di millimetro possono essere misurati, quantunque la loro misura sia di poca utilità nella pratica. Si possono avere d'altronde obbiettivi di ricambio per adattar lo strumento a maggiori od a minori distanze, e proporzionare così la sua sensibilità alla natura della osservazione nella quale deve essere adoperato.

Costruito in tal modo il *Megametro*, si tratta d'impiegarlo a determinare la grandezza vera delle imagini reali o virtuali, o in altri termini alla misura degl'*ingrandimenti* de' cannocchiali, de' microscopii e de' telescopii.

Per intendere come esso possa servire comodamente e sicuramente a quest'uso, basta rammentarsi che per ogni distanza dell'oggetto guardato dallo stromento, il micrometro oculare deve essere portato in una posizione determinata, affinchè esso e l'imagine dell'oggetto si trovino in un medesimo piano, e siano veduti simultaneamente colla massima precisione possibile. Un piccolo spostamento dell'oggetto facendo avanzare o retrocedere l'imagine rispetto al piano del micrometro, l'oculare mostrerà subito in essa una certa confusione, la quale dirà non esser quello il punto preciso che conviene al micrometro per quella tal posizione dell'oggetto.

Suppongasi dunque una scala sull'avorio o sul vetro, divisa in millimetri, per esempio, o in mezzi millimetri, o in decimi di millimetro, e collocata davanti al *Megametro;* e s'immagini d'aver dato dapprima allo strumento tutta la lunghezza che può assumere coll'avvitare l'uno all'altro i tubi che lo costituiscono. Accostando o allontanando la scala che serve di mira, si procuri di trovare il luogo, di dove essa appare distintissima nel piano focale dell'oculare. Si misuri allora l'intervallo che separa la mira dall'obbiettivo del *Megametro* e si noti la distanza misurata, poi si noti ancora la posizione attuale dello zero del nonio sulle divisioni del tubo scorrente; è chiaro che ogni qual volta contemplando un oggetto, per averne una imagine distinta dovrassi rimettere lo strumento nelle stesse condizioni di lunghezza, quell'oggetto si troverà precisamente lontano dall'obbiettivo della distanza notata in codesta prima osservazione. Si guardi poi nello stesso tempo quante divisioni del micrometro oculare abbraccino una divisione della scala obbiettiva, cioè 1 millimetro, 1 decimo, 1 centesimo di millimetro ecc., e si noti pure codesto numero, dal quale verrà data immediatamente la grandezza in unità metriche dell'oggetto osservato, solo che si contino le parti del micrometro oculare occupate dalla sua imagine. Allontanato poi l'oggetto dal *Megametro* di 1 millimetro, di un centimetro o di tale altra quantità che più parrà conveniente, a seconda della sensibilità dell'obbiettivo e dell'oculare, si rifaccia per questa nuova posizione della mira ciò che si fece per la prima, si notino cioè la sua distanza, la posizione dello zero del nonio e le parti del micrometro oculare corrispondenti ad 1 millimetro, per es. delle divisioni obbiettive. Procedendo così, di millimetro in millimetro per le piccole distanze, di centimetro in centimetro, o di decimetro in decimetro per le maggiori, si costruisca una tavola a tre colonne, nella quale rimpetto alle divisioni indicate dallo zero del nonio, quando il cannocchialino porta tutti i suoi tubi, o tre soltanto, o due, od uno, o il solo tubo scorrevole, siano indicate le distanze corrispondenti della mira davanti all'obbiettivo e il numero di parti del micrometro oculare corrispondenti a 1 millimetro della mira stessa. Terminato codesto lavoro preparatorio, la misura di un ingrandimento riesce cosa facilissima e meravigliosamente spedita. Suppongasi infatti che si abbia un'imagine virtuale dietro una *lente*, della quale si voglia conoscere il luogo e la grandezza. Pongasi per maggiore semplicità che una tale imagine sia quella di un micrometro diviso sul vetro in decimi, in 100ⁱ o in 1000ⁱ di millimetro. Messo il *Megametro* davanti alla lente nel luogo che occuperebbe l'occhio dell'osservatore, si guardi per esso allungandolo od accorciandolo, finchè l'imagine delle divisioni poste dietro la *lente* appaia distintissima nel piano dove son quelle del *micrometro megametrico*. Si legga la posizione occupata dal nonio e si noti quante divisioni oculari siano abbracciate da una di quelle che son vedute attraverso alla *lente*. Presa quindi la tavoletta già costruita, vi si cerchi il numero corrispondente al dato allungamento, tenendo conto della quantità e dell'ordine dei tubi aggiunti se ve ne fossero, dirimpetto a quel numero si leggerà la distanza della imagine virtuale dall'obbiettivo del *Megametro*, e accanto ad essa l'ingrandimento. S'intende facilmente che dove i termini successivi della tavoletta procedano per piccole differenze, si potranno ottenere con una semplice proporzione i termini intermedii. Così, se per vedere un'imagine virtuale col *Megametro* che l'autore deve alla cortesia del Prof. G. B. Amici, vi fossero stati aggiunti i tubi 1, 2, 3, 4, e si fosse letta sul nonio la divisione 22, si troverebbe essere di 103 millimetri la distanza della imagine virtuale dall' obbiettivo megametrico, e siccome a una tale distanza 1 millimetro della mira occuperebbe 2,188 divisioni oculari, se 1 decimo di millimetro visto attraverso alla *lente* ne occupasse 6,564, ciò indicherebbe che quel decimo di millimetro fatto imagine virtuale per opera della lente e portato da essa a 103 millimetri di distanza, occuperebbe là una larghezza equivalente a 3 millimetri. Ora 3 millimetri essendo 30 decimi di millimetro, la lente avrebbe ingrandito 30 volte l'imagine di quel decimo di millimetro osservato per essa.

Codesto modo di misurare gl'ingrandimenti è semplicissimo e spedito, quando l'oculare dello strumento che si vuole studiare porti un micrometro diviso in parti di noto valore, e fissato a quella distanza che meglio conviene a chi dee servirsene. Ma spesso gli oculari non portano micrometro, e non hanno che una croce di fili o neppur questa, ma guardano l'imagine obbiettiva senza determinarne il luogo, che rimane in balia di chi osserva, ed è perciò variabilissimo pei diversi osservatori. In codesto caso non si può più misurare l'ingrandimento del solo oculare, ma si può determinar quello di tutto lo strumento. Se trattasi d'un cannocchiale, si pone a una certa distanza davanti ad esso una mira divisa in parti di metro e si fa guardare da chi vuol conoscerne l'amplificazione, poi, messo il *Megametro* davanti all'oculare, si procura di veder nettamente la stessa imagine e di contare le divisioni del micrometro occupate da un millimetro della mira. Colla solita tavoletta si trovano poi la distanza di quella imagine e l'ingrandimento o la diminuzione sofferti dalle dimensioni dell'oggetto per opera del sistema lenticolare. Si potrebbe con due osservazioni a due distanze diverse ottenere anche separati l'ingrandimento del sistema obbiettivo e quello dell'oculare, ma d'ordinario la ricerca può limitarsi all'amplificazione data dall'intero sistema.

Col microscopio si opererebbe nella medesima guisa; si porrebbe cioè un micrometro sotto l'obbiettivo e si guarderebbe col *Megametro* l'imagine oculare assegnandone il luogo e la grandezza, e così si avrebbe l'ingrandimento totale. Nel caso poi che si è considerato da principio, in quello cioè d'uno strumento avente un micrometro oculare, l'amplificazione totale si ottiene agevolmente misurando col micrometro oculare l'ingrandimento dato dall'obbiettivo, e moltiplicando questo per quello dell'oculare, determinato dal *Megametro*.

Procedendo così nella misura delle *amplificazioni* si arriva ad un risultato in apparenza paradossale, si trova cioè una data imagine *infinitamente più grande dell'oggetto* da cui proviene, e ciò quando i raggi che muovono dall'oggetto siano paralleli all'uscire dallo strumento. Ma il paradosso è soltanto apparente, e l'amplificazione è davvero infinita, poichè il confronto della grandezza dell'oggetto e della sua imagine non potendosi fare se non sovrapponendoli, quando l'imagine dà raggi paralleli ciò vuol dire che essa è a distanza infinita dall'occhio; ora un oggetto finito portato a distanza infinita sottenderà un angolo infinitamente piccolo, mentre l'imagine sua ne sottende uno finito, dunque l'imagine sarà infinitamente grande per rapporto all'oggetto. In questo caso speciale si può ricorrere per indicare l'*ingrandimento* alla convenzione imaginata dagli ottici, la quale consiste nel paragonare l'angolo sotteso dall'imagine virtuale situata ad infinita distanza, coll'angolo che sottende l'oggetto dal luogo ove si trova, se è molto lontano e si guardi a occhio nudo; oppure nel confrontare l'angolo della imagine con quello che sottenderebbe l'oggetto contemplato a occhio nudo da una distanza di 25 o 30 centimetri, o meglio ancora dalla *Unità di distanza*, cioè dalla distanza di un *metro*. Il paragone di tali angoli riesce facile col *Megametro*, perchè avendosi da esso immediatamente la grandezza dell'imagine in parti del micrometro oculare, e potendosi avere nello stesso modo quella dell' oggetto guardato attraverso al *Megametro* solo, si hanno così le due tangenti di codesti angoli, o piuttosto il loro rapporto, supposto eguale il raggio per ambedue, e quindi *l'amplificazione* secondo quegli scrittori che la misurano in siffatto modo. Più diretto ancora poi riesce il calcolo degli angoli quando si suppone l'oggetto a 25 o 30 centimetri o ad un *metro*, poichè allora la tangente dell'angolo sotteso dall'imagine si ha dividendo il semidiametro di essa imagine per la sua distanza, e quella dell'angolo sotteso dall'oggetto, indicando in metri la sua mezza larghezza nota, o dividendola pel numero che esprime il classico intervallo della *visione distinta*. Nel qual modo di esprimere le amplificazioni ognuno vede facilmente quanta parte si conceda all'arbitrio, ma l'uso invalso e le gravi autorità alle quali si appoggia manterranno ancora lungamente fra gli ottici codesta vecchia abitudine nata coi primi strumenti e originata da certe idee metafisiche sull'attitudine dell'occhio a giudicare delle distanze.

Galileo, cui la natura aveva dato un maraviglioso istinto geometrico, misurò sempre gl' ingrandimenti paragonando la grandezza dell'oggetto e della sua imagine col sovrapporli nello stesso luogo dello spazio, il che otteneva guardando l' imagine con uno degli occhi, mentre osservava coll'altro l'oggetto. Ora i nostri organi visivi (supposti due occhi sani ed eguali in acume) sono così costituiti, che quando l'uno di essi si appunta su cose situate in un certo luogo, l'altro spontaneamente si accomoda per veder chiaramente alla stessa distanza, nè per gagliarda volontà si può costringere un occhio a veder per esempio a 20 centimetri, mentre l'altro osserva un punto situato ad 1 metro. Quindi Galileo guardando direttamente un oggetto remoto, mentre col suo cannocchiale ne considerava l'imagine, poneva necessariamente questa nel luogo dell'oggetto, e però il confronto delle due grandezze riusciva esattissimo. Soltanto l'ineguaglianza che in quasi tutti gli uomini si verifica fra la forza di un occhio e quella dell'altro, rende frequentemente impraticabile codesto metodo razionalissimo, e lo rende ancora difficile la differenza talvolta enorme fra le dimensioni dell'oggetto e dell'imagine per cui non è più possibile all'occhio di valutarne il rapporto. Aggiungasi che per le grandi distanze superiori ai 60 o 70 metri, l'occhio non si altera più sensibilmente col variar della distanza, cosicchè non è più facile di sovrapporre veramente l'oggetto e l'imagine, ma più spesso si collocano senza avvedersene in piani diversi. È vero però che le variazioni degli angoli sottesi divengono in tal caso sommamente piccole per enormi differenze nelle distanze, per cui si può ancora senza grave danno impiegare il metodo di Galileo o della doppia vista anco allorquando si tratti di cose molto remote.

La misura dell'amplificazione nei cannocchiali fondata sulla conoscenza delle lunghezze focali dell'obbiettivo e dell'oculare, per cui l'ingrandimento risulta eguale al quoziente della prima divisa per la seconda, suppone vero ciò che Huygens imaginò, che cioè i raggi i quali escono dall'oculare siano paralleli quando è un occhio sano che li raccoglie, il che non si verifica quasi mai. E il *Dinametro* di Ramsden, che Adams riprodusse col nome di *Auzometro*, e che pure si raccomanda da molti e s'adopera spesso nella misura delle amplificazioni, riposa sullo stesso principio; non sussistendo più il rapporto teorico fra l'apertura dell'obbiettivo e il diametro della sua imaginetta al foco reale dell' oculare, quando i raggi non escano paralleli da questo, se giunsero paralleli su quello. Nè altrimenti operano il *Dinametro* a doppia imagine di Ramsden e di Dollond, fatto con mezze lenti, o quello di Arago a prisma birifrangente, i quali perciò serviranno utilmente in quei casi soltanto, nei quali più che il rapporto delle vere grandezze dell'oggetto e dell'imagine sua, si voglia quello degli angoli sottesi da ambedue a *diverse* distanze. Il processo descritto da Pouillet pel confronto delle grandezze nei cannocchiali è un perfezionamento del metodo di Galileo, e per le piccole distanze può sostituirsi al *Megametro*, quantunque la sensibilità dell'occhio non sia mai tale da potersi metter a confronto con quella di una buona lente obbiettiva e d' uno squisito oculare. Pei microscopi l'uso della *camera lucida* facilita la misura degli ingrandimenti, purchè si proietti esattamente l' imagine sul piano dove si deve paragonare coll' unità di misura; però, l' adattarsi l'occhio nostro non per la vista chiara d' un sol punto, ma per quella d'un certo tratto meno o più lungo (*linea d' accomodazione*), secondochè si guarda più dappresso o a maggior distanza, fà che non sempre si conducano a vero contatto il piano dell'imagine e quello della misura. Il *Megametro*, riducendo minimo l'errore possibile anche in questo caso, facilita un confronto che potrebbe altrimenti (nel caso di viste presbiti per esempio) riescire difficilissimo. Finalmente il *Megametro* si presta benissimo all'ufficio di *Optometro* o misuratore della forza visiva, ed a quello di *Focometro* per determinare le distanze focali delle lenti, convergenti o divergenti che siano, e si adatta con somma semplicità alla ricerca delle costanti introdotte da Gauss nella teoria degli *Stromenti ottici*, quando in essi vogliasi tener conto della grossezza dei vetri.

DI UN BAROMETRO AD ARIA

OD

AERIPSOMETRO

PER LA MISURA DELLE PICCOLE ALTEZZE

DI

GILBERTO GOVI

Memoria letta ed approvata nell'adunanza del 29 marzo 1863.

Il Termometro di Drebbel può facilmente convertirsi in Barometro mantenendo costante la temperatura del gaz in esso racchiuso sotto una data pressione, e misurando o le variazioni di volume del gaz, o l'altezza della colonna liquida che vale a serbare invariato il suo volume primitivo. In quasi tutti i trattati d'Ipsometria trovasi indicato l'uso di siffatto stromento, al quale si è dato il nome di *Barometro svizzero*; soltanto il *Barometro svizzero* dei trattati non riconduce al volume primitivo il gaz in esso racchiuso, nè lo lascia dilatarsi liberamente, e però esige correzioni che non sempre riescono esatte e viziano talvolta considerevolmente i risultati delle osservazioni.

Si può invece ottenere uno stromento assai migliore, combinandone le varie parti in un modo analogo a quello, secondo cui si trovano disposte nell'apparecchio di Regnault per la misura del coefficiente di espansione dei gaz, apparecchio che diventa così un vero *Barometro*.

Codesto *Barometro*, destinato specialmente alla misura delle piccole differenze di livello, e che potrebbe chiamarsi *Aeripsometro*, le altezze venendo misurate con esso per le variazioni di forza elastica dell'aria contenutavi, componesi d'un serbatoio o recipiente di vetro o di altra materia, cilindrico, sferico, o altrimenti foggiato, chiuso da per tutto fuorchè in un punto di dove si prolunga con un tubetto sottile, che alzandosi verticalmente termina in una chiavetta (*robinetto*) a tenuta d'aria. Un po' al disotto della chiavetta s'innesta nel primo tubicino verticale un tubetto orizzontale che dopo breve tratto ripiegasi in giù verticalmente e sbocca in un tubo più largo piegato ad U. Il tubo ad U presenta due rami, quel primo cioè nel quale ha sfogo il tubetto, ed un secondo parallelo al primo molto più lungo (lungo da 50 a 60 centimetri almeno) e aperto liberamente alla sua parte superiore. In questo secondo ramo del largo tubo si muove in su e in giù un cilindro massiccio (*Tuffatoio*) di diametro più piccolo del diametro interno del tubo, e che si può arrestare là dove più convenga. Nella ripiegatura orizzontale del tubo ad U è adattata una chiavetta che può interrompere la comunicazione fra i due rami del tubo, lasciarla libera, o permettere l'uscita del liquido dall'un ramo o dall'altro a volontà. I due rami del tubo ad U s'appoggiano contro una tavoletta, nella quale è incastrata una divisione metrica presso il ramo lungo ed aperto. Contro ad essa si può far correre un indice che tiri seco un nonio destinato a frazionare i millimetri. La tavoletta e i tubi son messi verticali mediante un piede a viti e un livello. Il piccolo tubetto che partito dal serbatoio sbocca nel braccio corto del tubo ad U, porta un tratto orizzontale, inciso coll'acido fluoridrico o col diamante, in un punto che corrisponde allo zero della scala metrica vicina.

Costruito così lo stromento, ecco in qual modo s'adopera. Chiudesi il serbatoio in un vaso di metallo brunito, o di legno o d'altra sostanza che conduca male, poco irradii, e poco assorba il calore. Nel vaso si pone ghiaccio pesto, od acqua, la cui temperatura si procuri di mantenere invariabile, o calugine o cotone che si oppongano alle rapide variazioni di calore del serbatoio. Il ghiaccio che va fondendosi è però sempre da preferirsi alle altre materie per la maggiore costanza della sua temperatura. Conviene proteggere dal riscaldamento o dalla refrigerazione anche la maggior parte del tubetto che va dal serbatoio al tubo ad U, affinchè la porzione dello stromento che più si risentirebbe delle variazioni termiche si trovi al coperto da esse. Aperta la chiavetta che chiude il tubicino del serbatoio, si versi allora dell'acqua colorata nel tubo lungo ed aperto, cosicchè il liquido, equilibrandosi nel tubo ad U, giunga sino al tratto segnato sul tubetto sottile. La chiavetta alla parte inferiore del tubo ad U permette di ottenere questo risultato con moltissima accuratezza, dando modo di far uscire a goccia a goccia l'acqua che si fosse versata dapprima in troppa quantità nel lungo tubo.

Si può anche ottenere lo stesso intento valendosi del cilindro pieno (*Tuffatoio*), mobile nel lungo tubo, poichè basta versar dapprima nel tubo ad U. meno liquido che non occorra per giugnere al tratto fisso, e compensare poi con una porzione di cilindro immersa nell'acqua, la parte di colonna che manca per giugnere al segno. Terminata codesta operazione si chiuda la chiavetta del serbatoio che resterà così pieno d'aria a 0° (se nel vaso che lo circonda si pose ghiaccio soppesto) o ad un'altra temperatura $t°$ data da un buon termometro, e sotto una pressione h indicata da un barometro a mercurio nel momento in cui la chiavetta fu chiusa. Il volume di codesta aria rimarrà costante se si riconduca sempre il liquido sino al segno che corrisponde allo zero della scala. Se la pressione esterna varierà in più od in meno, la forza elastica del gaz imprigionato nel serbatoio ne sarà soverchiata o riescirà più gagliarda. Nel primo caso si vedrà il liquido salire su pel tubetto come se volesse entrare nel recipiente. Bisognerà allora aprire la chiavetta del tubo ad U e lasciarne uscir acqua finchè essa raggiunga lo zero nel tubetto. L'indice col nonio portato allora al livello dell'acqua nel lungo tubo segnerà l'altezza della colonna liquida (da ridursi in mercurio) che dallo zero in giù misura l'eccesso della pressione esterna su quella h, sotto la quale fu serrata l'aria nel serbatoio. Volendosi servire invece del cilindro mobile per ristabilire il volume del gaz, bisognerebbe immergerlo molto dapprincipio nel liquido, cosicchè la maggior parte della colonna nel tubo aperto fosse tenuta alta, perchè spostata dal *Tuffatoio*. Passando allora ad una seconda stazione dove la pressione $h_{\prime}$ fosse maggiore di h', il liquido si ricondurrebbe al suo livello nel tubicino, sollevando il cilindro nel braccio libero del tubo ad U. Quando poi la pressione esterna decresca, l'elasticità dell'aria rinchiusa prevalendo, il liquido s'alzerà nel lungo ramo del tubo ad U abbandonando lo zero nel tubetto. Basterà quindi affondare il cilindro solido nell'acqua del lungo tubo per innalzarne il livello, così che il liquido torni allo zero nel piccolo tubo. L'indice col nonio, portandolo a fior dell'acqua nel tubo lungo, segnerà in questo caso al disopra di zero (riducendo sempre la colonna in mercurio) la differenza fra la pressione primitiva dell'aria nel serbatoio e la pressione attuale dell'atmosfera. S'intende facilmente che il liquido misuratore delle variazioni della pressione essendo acqua e non mercurio, le colonnette misurate saranno 13,59593 volte più alte che se fossero di mercurio, e quindi di altrettanto minori gli errori possibili nella stima di tali variazioni di fronte a quelli che si possono commettere coi Barometri ordinarii.

Nelle applicazioni del Barometro alla Ipsometria l'errore di un decimo di millimetro nella misura delle pressioni può riescire gravissimo quando si tratti di piccole differenze di livello (se la pressione è prossima a 760^{mm} e la temperatura eguale a $0°$, 1 mill. di variazione nel Barometro corrisponde a $10^m,5$ circa di cambiamento d'altezza; se la pressione fosse di 330^{mm} e la temperatura di $0°$, 1 mill. di mercurio corrisponderebbe a più di 24 metri). L'*Aeripsometro* invece, il quale per 0,1 di millimetro del Barometro a mercurio dà una variazione assai maggiore ed eguale a $1^{mm},36$, quantità che si può misurare comodamente sulla scala dello stromento, permette quasi di contare sui centesimi del millimetro che si convertono in settimi o poco meno. Supposto il Barometro a 760^{mm}, se lo si innalzi d'un metro, s'avrà quindi un abbassamento nel mercurio di $0^{mm},09$ e nell'Ipsometro aeridrico un sollevamento di $1^{mm},22$. Se il Barometro fosse a 741^{mm} (Torino, *media*), un metro d'altezza darebbe $0^{mm},093$ di variazione pel mercurio, $1^{mm},26$ per l'Ipsometro ad acqua.

Tolto quindi al Barometro svizzero il difetto gravissimo che gli veniva dalla variabilità simultanea di volume e di tensione del gaz contenutovi, e ridottolo un esatto misuratore della elasticità dei gaz, parmi che si possa utilmente adoprarlo nelle livellazioni o nelle altimetrie che non trascendano i 100 metri, ed anco i 1000 metri, ricorrendo ad un ottimo Barometro a mercurio per conoscere la pressione nel punto di partenza.

È inutile avvertire, che bisogna sempre avere accanto all'*Aeripsometro* un termometro sensibilissimo che misuri la temperatura dell'aria circostante, come se si operasse col Barometro ordinario.

Non sarebbe però affatto impossibile di valersi d'un *Aeripsometro* anche senza il confronto del Barometro a mercurio, purchè si volesse far uso pel calcolo, non della formola di Halley completata da Laplace, ma di quella di Sir George Shuckburgh Evelyn, dimostrata da Leslie, da Robison e da M. Babinet, la quale si riduce semplicemente ad

$$X = 15986^m,3 \cdot \frac{h - h_{\prime}}{h + h_{\prime}} \cdot \left\{ 1 + 0,0018 (t + t_{\prime}) \right\},$$

dove X è la differenza di livello cercata; h l'altezza barometrica alla prima stazione, $h_{\prime}$ quella dell'altra stazione (tutte e due corrette e ridotte alla stessa temperatura) e t e $t_{\prime}$ sono le temperature dell'aria corrispondenti alle pressioni h ed $h_{\prime}$. Si può anzi senza tema di gravi errori scrivere più semplicemente la formola così:

$$X = 16000^{m} \cdot \frac{h - h_{\prime}}{h + h_{\prime}} \cdot \left\{ 1 + \frac{2(t + t_{\prime})}{1000} \right\}.$$

Se coll'*Aeripsometro* si parta da una stazione inferiore dove si preparò lo strumento senza conoscerne la pressione, e si salga ad un'altezza X nota, di 10, di 20 o di più metri, si otterrà una variazione di pressione eguale a $K = h - h_{\prime}$ (riducendo la colonna d'acqua a colonna equivalente di mercurio). Dal valore trovato K e dalla formula di Shuckburgh si dedurrà facilmente:

$$h = \frac{K}{X} \cdot \left\{ 8000^{m} + 0,5X + 16(t + t_{\prime}) \right\}.$$

Si troverà cioè l'altezza del Barometro nel punto di dove si partì, e quindi la distanza verticale di tutti gli altri punti successivi dove si volesse portare lo strumento, e pei quali si avessero delle variazioni $K_{\prime}$, poichè si otterrebbe in tal caso:

$$X_{\prime} = \frac{32K_{\prime}(500 + (t + t_{\prime}))}{2h - K_{\prime}}.$$

L'*Aeripsometro* può essere ridotto sotto forme assai più comode pel trasporto, che non siano quelle poc'anzi descritte, e si può ancora ingrandirne la sensibilità col sostituire all'acqua l'alcool o l'etere, tenendo però conto in ogni caso della tensione dei vapori alla temperatura del serbatoio, e della dilatazione o della contrazione del liquido adoperato (1).

---

(1) Volendo salire a grandi altezze senza allungar troppo il tubo aperto, si può introdurre nel serbatoio aria dilatata, o frazionare la salita, aprendo la chiavetta del serbatoio in una stazione abbastanza elevata dove si sian già prese e l'altezza e la pressione, e riducendovi il liquido a non premere più sul gaz.

Invece del tuffatoio cilindrico si può adattare allo strumento una piccola tromba aspirante o premente a volontà, che v'introduca liquido o ne tolga.

L'*Aeripsometro* potrebbe servire ancora lasciando il gaz dilatarvisi o costringervisi liberamente, e mantenendo sempre nulla la differenza di livello del liquido nelle due braccia del tubo ad U; ma la misura delle variazioni di volume del gaz così ottenuta riuscirebbe sempre meno comoda e meno precisa di quella dei suoi mutamenti di elasticità.

Lightning Source UK Ltd.
Milton Keynes UK
UKHW010140310119
336487UK00010B/690/P

9 780282 058296